Steve Cafferty

Kosmos–Atlas
Bäume der Welt

Steve Cafferty

Kosmos-Atlas Bäume der Welt

1500 Arten, über 750 Abbildungen

KOSMOS

Baumrekorde

Die Welt der Bäume ist voller Rekorde, Superlative und wundersamer Gestalten.

• Der älteste Baum
Mindestens zwei Dutzend Baumarten weltweit erreichen – nachzählbar an den Jahrringen – ein Lebensalter von über 1000 Jahren. Bei den kalifornischen Mammutbaum-Arten *Sequoia sempervirens* und *Sequoiadendron giganteum* ist am gefällten Stamm ein Höchstalter von 3212 Jahren dokumentiert. Die Grannen-Kiefer *(Pinus longaeva)* in den White Mountains in den südwestlichen USA ist durch Jahrringzählung auf über 4700 Jahre datiert. Der älteste Baum der Welt ist vermutlich die Fortingall-Eibe *(Taxus baccata)* in Perthshire/Schottland. Sie ist wohl älter als 5000 Jahre und wird von manchen Fachleuten sogar auf rund 9000 Jahre geschätzt. Deutschlands ältester Baum ist mit einem Alter von rund 2000 Jahren ebenfalls eine Eibe – sie wächst in der Nähe von Balderschwang im Allgäu.

• Der kleinste Baum
Als kleinsten aller Bäume bezeichnete bereits der schwedische Naturforscher Carl von Linné im Jahre 1753 die arktisch-alpin verbreitete Kraut-Weide *(Salix herbacea)*, ein Gehölzwinzling, viel kleiner als ein Bonsai und gerade einmal streichholzlang.

• Der höchste Baum
Die drei höchsten noch stehenden Exemplare des Immergrünen Mammutbaums *(Sequoia sempervirens)* wachsen im Redwood Creek Grove in Humboldt County/Nordkalifornien. Sie messen 112,9 m bzw. 112,4 m und 111,3 m Höhe. Ein historisches Rekordmaß erreichte auch ein 1872 in Victoria/Australien gefällter australischer Riesen-Eukalyptus *(Eucalyptus regnans)* – er war bei einem Durchmesser von 5,5 m stolze 132,5 m hoch.

• Der massivste Baum
Vom Riesen-Mammutbaum *(Sequoiadendron giganteum)* tragen die größten heute noch stehenden Vertreter individuelle Namen wie Giant Grizzly oder General Grant. Das größte noch stehende und wachsende Exemplar ist der General Sherman Tree im Sequoia National Park/USA – fast 85 m hoch, beim Wurzelanlauf knapp 12 m dick und in 55 m Höhe immer noch mit 4 m Durchmesser. Sein größter Ast ist über 40 m lang und im Durchschnitt etwa 2 m dick. Der gesamte Holzvorrat wird auf 1498 m³ geschätzt – das ist so viel, wie auf einem Hektar eines mitteleuropäischen Mischwaldes wächst.

• Der seltenste Laubbaum
Von dem auf der Osterinsel beheimateten Toromiro *(Sophora toromiro)* brachte der schwedische Forschungsreisende Thor Heyerdahl von seiner berühmten Expedition (1955–1956) einige Samen des vermutlich letzten Exemplars nach Europa. Ein Mitte der 1990er Jahre im Botanischen Garten Bonn entdecktes Toromiro-Exemplar gab Anlass, eine Wiedereinführung dieser endemischen Baumart auf die Osterinsel anzugehen.

• Der seltenste Nadelbaum
Im Frühherbst 1994 entdeckte der Botaniker David Nobilis in einer feuchten Schlucht des Wollemi-Nationalparks in den berühmten Blue Mountains bei Sydney/Australien eine Baumart, deren nächsten Verwandten man bis dahin nur als Fossilien aus der Jura- bzw. Kreidezeit kannte. Sie erhielt den wissenschaftlichen Namen *Wollemia nobilis* nach dem Wuchsgebiet sowie dem Entdecker. Unterdessen kennt man drei getrennte Populationen dieser Wollemikiefer mit zusammen etwa 100 Individuen.

Inhalt

Bäume der Welt

Die meisten Menschen mögen Bäume. Diese enorm großen Gewächse erfreuen uns, wo immer wir leben. In der Großstadt lockern sie wirkungsvoll die graue steinerne Monotonie langer Häuserzeilen auf und lassen uns selbst in einem denkbar naturfernen Umfeld den Wechsel der Jahreszeiten erleben. Bäume sind aber auch ein wichtiger Teil der ländlichen Kulturlandschaft. Wo Bäume fehlen, pflanzt man sie gezielt an. Bäume bieten Schutz, Bauholz, Brennmaterial und nützliche Früchte.

Für viele Landschaften sind gerade die Bäume ausgesprochen typisch: Mitteleuropa hat seine schattigen Rot-Buchen und knorrigen Stiel-Eichen, der Mittelmeerraum seine Ölbäume und Zypressen. In den nordöstlichen USA sind die Hickory- und Ahorn-Arten typisch, in Kalifornien die gigantischen Mammutbäume, im Süden des Kontinents die schwarzgrünen Eichen und im pazifischen Nordwesten die hochwüchsigen Douglasien und Lebensbäume. Dieser prächtige Band führt die gesamte erstaunliche Bandbreite der Baumarten dieser Erde vor Augen. Um sie zu sehen, muss man gar nicht weit reisen: Im 21. Jahrhundert findet sich selbst in unserer nächsten Umgebung

eine ungewöhnliche Artenvielfalt an Bäumen, da zahlreiche Arten aus allen Kontinenten bei uns als Ziergehölze in Parks, Gärten und Wäldern eingeführt wurden.

Unsere Emotionen für Bäume sind ungebrochen, das Gefühl für Wälder hat sich im Laufe der Generationen jedoch stark verändert. Früher galt ein großer, wilder Wald als unheimlicher, gefährlicher Ort oder gar als grüne, undurchdringliche Hölle. Heute geben ungezügelte Abholzung, Waldsterben und Klimawechsel eher Anlass zur Sorge um den Fortbestand der Wälder. Bäume brauchen heute sogar unsere Hilfe, um zu überleben – aber dieser Sachverhalt ist keineswegs in allen Fällen vergleichbar. Der seltsame Ginkgobaum und die erst kürzlich entdeckte Wollemikiefer sind Überlebende der mesozoischen Nacktsamerwälder, in denen die Dinosaurier lebten. Über Jahrmillionen hinweg schwanden ihre Population und gerieten fast an den Rand des Aussterbens. Wiederentdeckt und gerettet gedeihen sie nun auch in Gartenkultur und sind damit buchstäblich in eine neue Existenzphase eingetreten. Diese Botschaft ist ein Auftrag: Wenn wir Bäume wertschätzen, werden wir uns auch um sie bemühen. Ihre Nachkommen werden dann auch unsere künftigen Generationen erfreuen.

Colin Pendry
B.Sc., Ph.D.
Tropenwaldbotaniker
Royal Botanic Garden Edinburgh/Schottland

Zum Umgang mit diesem Buch

Die Bäume werden in diesem Buch mit ausführlichem Erläuterungstext, Abbildungen, Bestimmungstabellen, Informationskästen zu den wichtigsten Gattungen und einer Übersichtskarte ihrer natürlichen Verbreitung vorgestellt. Die Erläuterungstexte bieten Angaben zu einzelnen Arten, Erkennungsmerkmalen, forstlicher, gärtnerischer oder holzwirtschaftlicher Bedeutung und anderen erwähnenswerten Besonderheiten der jeweiligen Gattungen. Die Tabellen führen alle wichtigen Arten der behandelten Gattung auf (mit Ausnahme sehr umfangreicher Taxa, wo nur die wichtigsten Arten berücksichtigt werden können) und nennen deutsche Namen (sofern solche existieren), Verbreitung, besondere Artkennzeichen sowie Einzelheiten ihrer Verwendung. Wo es sich anbietet, sind die Arten in den Übersichtstabellen nach ihren natürlichen Verwandtschaftsgruppen (Untergattungen, Sektionen, Reihen etc.) gruppiert. Wo eine solche Einteilung nicht möglich ist, werden die Arten in künstliche Gruppen (mit der Bezeichnung Gruppe I, II, III usw.) gegliedert. Bei manchen Verwandtschaftsgruppen sind tabellarische Bestimmungsschlüssel eingearbeitet, die mit Buchstaben codiert sind. Die erste Schlüsselalternative trägt den Buchstaben A, die Alternative dazu AA oder mitunter auch AAA. Weitere Schlüsselfragen verwenden die Folgebuchstaben des Alphabets und sind nach B, BB, C, CC usw. angeordnet.

Bei den Arten finden sie Größenangaben, beispielsweise für Blätter. Diese benennen meist die üblichen Durchschnittswerte, aber manchmal auch die Extreme. Die Angabe (10)12–15(17) cm bedeutet demnach, dass ein Blatt üblicherweise 12–15 cm groß ist, aber auch 10 bzw. 17 cm groß sein kann.

Wissenschaftliche Pflanzennamen

Während der letzten Jahre haben sich viele wissenschaftliche Benennungen der Pflanzen geändert. Entdeckungen in der Natur und Neubearbeitungen von Herbarmaterial gaben häufig Anlass zu Umbenennungen und Neuklassifizierungen von Familien und Gattungen. Die wissenschaftliche Benennung und Einordnung der Arten folgt im Wesentlichen dem Werk „Blütenpflanzen – Evolution oberhalb der Artebene" von G. L. Stebbins. Bei einzelnen Bäumen sind jedoch weitere aktuelle Entwicklungen und Nachträge berücksichtigt worden. Alle hier aufgeführten Pflanzenfamilien sind systematisch nach ihrer Entwicklungshöhe angeordnet. Nur im Kapitel über die Tropenbäume sind sie alphabetisch sortiert.

Klimazonen

Für jede Gattung und ihre wichtigsten Arten werden am Ende des jeweiligen Textes die Klimazone(n) mit dem Buchstaben K benannt, in denen das betreffende Taxon beheimatet ist. Die Zusatzzahl hinter dem Kürzel K gibt die jeweils zutreffende Klimazone entsprechend der Klimazonenkarte für Nordamerika und Europa an, die Sie auf Seite 39 finden. Eine weitere Differenzierung erfolgt nicht. Da jedoch die Tropen allesamt den Klimazonen 9–10 angehören, sind im Abschnitt Tropenbäume zusätzliche Angaben erforderlich, weil das lokale Mikroklima vor allem in den Bergregionen stärker abweichen kann.

Wie man klassifiziert

Die Klassifikation ordnet die heute lebenden ebenso wie die fossilen Arten nach steigender Ähnlichkeit und fasst sie zu größeren Sippen zusammen. Das Ergebnis ist eine Abfolge von Rangstufen wie Klassen, Ordnungen und Familien, die im besten Fall auch die jeweiligen Verwandtschaften der Arten widerspiegelt und dann ein natürliches System darstellt.

Alle behandelten Baumarten werden nach ihrer Familienzugehörigkeit aufgeführt. Nur im Abschnitt über die Tropenbäume sind die Gattungen alphabetisch sortiert. Das unten stehende Beispiel zeigt, wie sich die unterschiedlichen Bezeichnungen mit typografischen Mitteln darstellen:

Salicaceae

Weiden, Pappeln – *Salix*

Der Familienname (hier Salicaceae) erscheint in kursiver Schrift. Jeder Gattungseintrag erscheint dann mit seinem wissenschaftlichen, kursiv gesetzten Namen. Die meisten Bäume tragen zudem eingeführte deutsche Namen, die in halbfett gesetzten Buchstaben erscheinen. Der heute jeweils gültige wissenschaftliche Artname wird ebenfalls kursiv gesetzt. Mitunter existieren aber noch weit verbreitete frühere Namen (Synonyme), die ebenfalls aufgeführt werden – immer in Klammern und zusätzlich mit dem Symbol „=".

Aus Gründen der Eindeutigkeit und Genauigkeit sind fachsprachliche Begriffe im Prinzip unentbehrlich. In diesem Buch wird die Fachterminologie jedoch auf ein Minimum beschränkt. Alle verwendeten Fachbegriffe erläutert ein Glossar ab Seite 277. Außerdem sollte man in Zweifelsfällen auch immer wieder den folgenden Abschnitt „Was ist ein Baum?" (Seite 9–23) zu Rate ziehen.

Was ist ein Baum?

Schon immer hat man die Pflanzen in Kräuter, Sträucher und Bäume eingeteilt. Von daher ist der Begriff Baum weitgehend vertraut. Als Baum stellen wir uns eine mehrjährige Pflanze vor, die eine beträchtliche Wuchshöhe erreicht. Sie entwickelt einen einzelnen, oft mächtigen Stamm, der ab einer gewissen Höhe eine reich verzweigte Krone trägt. Eine weitere Besonderheit der Bäume ist ihre beachtliche Verschiedenartigkeit – hinsichtlich der Wuchsformen, wie sie sich bei Nadelhölzern, Laubbäumen, Palmen, Bambus, Baumfarnen und einigen Kakteen zeigen, aber auch in den Lebenszyklen und der Bedeutung für Flora und Fauna in den Lebensgemeinschaften, die von ihnen abhängen. Schließlich haben Bäume auch einen nicht zu unterschätzenden ästhetischen Wert.

Zwei Merkmale zeichnen einen Baum aus: der dicke Einzelstamm und die darauf sitzende Krone mit Ästen, Zweigen und Blättern. Sträucher sind meist niedrigwüchsig. Ihr Stamm ist weniger auffällig, und meist sind sie ohnehin mehrstämmig. Ihre Krone beginnt gewöhnlich unmittelbar über dem Boden. Dennoch ist die Unterscheidung von Baum und Strauch nicht immer eindeutig. Gelegentlich kann ein kleiner Baum aussehen wie ein großer Strauch. Auch der menschliche Einfluss ist zu berücksichtigen. Von vielen Baumarten existieren besondere Kultursorten (Cultivare), die höchstens die Wuchshöhen von mittelgroßen Sträuchern erreichen. Außerdem kann gelegentlicher oder regelmäßiger Schnitt die Baumgestalt nachhaltig beeinflussen und ihn strauchig erscheinen lassen. Doch ob Baum oder Strauch, beide beginnen ihr individuelles Leben als winziger Keimling.

Gestaltmerkmale

Bäume als Individuen kennt man aus Parkanlagen, Gärten und besonderen Gehölzsammlungen (Arboreten), wo man Vertreter verschiedener Arten genauer miteinander vergleichen kann. In solchen Pflanzungen bzw. Sammlungen fällt sofort auf, dass jede einzelne Art sich durch eine besondere Merkmalskombination auszeichnet und von den anderen Arten unterscheidet. Tatsächlich haben wir alle praktisch schon seit dem Kindesalter – wenn auch unbewusst – einzelne Gestaltmerkmale erlernt und sie zur Unterscheidung der Arten verwendet. Wichtige Merkmalsbereiche sind die Rinde oder Borke, die Blätter, Knospen oder die Art der Verzweigung. Sie alle machen in ihrer Gesamtheit das Besondere und Unverwechselbare einer bestimmten Baumart aus.

Abgesehen von einzeln gepflanzten Vertretern, deren Anordnung meist ein bestimmter gärtnerischer Plan zugrunde liegt, bilden Bäume in der Natur meist größere Bestände, die man üblicherweise als Gehölze, Wälder oder Forsten bezeichnet. In der Fachsprache der Vegetationskundler oder Pflanzensoziologen stellen diese Artengefüge besondere Pflanzengesellschaften dar, die man in Abhängigkeit von Wuchsort, Verbreitungsgebiet und Klima beschreiben kann. Der Begriff Wald oder Forst ist oft ebenfalls aus der Kindheit vertraut. Die meisten Menschen verbinden damit die Vorstellung von einer größeren und dunklen Baumansammlung.

Dieses zunächst vielleicht naive Bild weist zwei botanisch bemerkenswerte Züge auf: In den Wäldern der Nordhalbkugel dominiert einerseits oft tatsächlich nur eine Baumart (oder höchstens zwei bis drei), und andererseits stehen die Bäume so eng, dass ihre Kronen dicht aneinanderschließen und nur wenig Licht bis zum Boden vordringen lassen. In diesem Buch liegt der Betrachtungsschwerpunkt auf dem Baum als Individuum, doch ist es bemerkenswert, wie außerordentlich verschieden die nordhemisphärischen Nadel- und Laubwälder von der ursprünglichen Vegetation der feuchten Tropen sind. Auf der Nordhalbkugel ist es üblich, die Waldtypen nach ihrer dominanten Leitart zu bezeichnen, beispielsweise nach Eiche (*Quercus* spp.), Buche (*Fagus* spp.), Kiefer (*Pinus* spp.) oder Fichte (*Picea* spp.). – dies sind Waldgesellschaften, die in Europa oder in Nordamerika weit verbreitet sind. In den feuchten Tropen begegnet man in den Regenwäldern dagegen einer überbordenden Fülle verschiedener Arten in unterschiedlicher Wuchsform, Wuchshöhe und Beblätterung. Jedes dieser unterschiedlichen Individuen ist für die Struktur des Ganzen gleich bedeutsam. Nichts ist typischer für Tropenwälder als die schlanken, hohen Baumgestalten, die das übrige Kronendach weit überragen.

Strukturelle Vielgestaltigkeit

Ebenso bemerkenswert ist die strukturelle Vielfalt der einzelnen Bäume selbst. Eines der erstaunlichsten Beispiele ist sicherlich der Banyan (*Ficus benghalensis*), eine in Indien weit verbreitete immergrüne Art. Sie wird bis zu 26 m hoch, entwickelt lange, fast waagerecht abstehende Äste, die in kurzen Abständen büschelweise Luftwurzeln zum Boden schicken. Diese wurzeln sich ein, wachsen kräftig in die Dicke und bilden somit zusätzliche Stützen. Banyans weisen die größten, am weitesten ausladenden Kronen aller Bäume auf. Mit seinen zahlreichen Stützwurzeln kann ein einzelner Baum sogar aussehen wie ein kleiner Wald. Der Banyan gilt in Indien als heilig. Zum ersten Mal wurde er im vierten vorchristlichen Jahrhundert anlässlich des Eroberungszuges von Alexander dem Großen nach Indien erwähnt.

Unser besonderes Interesse gilt daher der strukturellen Vielgestaltigkeit, die sich mit einfachen botanischen Begriffen fassen lässt.

OBEN Der dickstämmige Banyan *(Ficus benghalensis)* entwickelt zahlreiche Luftwurzeln, die nach Bodenkontakt ihrerseits zu tragfähigen säulenförmigen Stämmen heranwachsen. Für die Hindus hat der Baum wegen seines hohen Alters religiöse Bedeutung und wird oft als Heiligtum verehrt.

LINKE SEITE Die Atemwurzeln (Pneumatophoren) der Sumpfzypresse *(Taxodium distichum)* entwickeln sich auf überstauten Böden und wachsen ungefähr meterhoch über den Wasserspiegel. Diese Riesen stehen im Atchafalaya Basin in Louisiana/USA.

Baumgestalten

Zwei Grundformen sind den meisten Menschen bekannt – die schlanke Spindelgestalt eines „Tannenbaums" und die mehr buschige, reich verzweigte Krone eines Laubbaums. Nach diesem einfachen Gestaltunterschied lassen sich tatsächlich zwei unterschiedliche Verwandtschaftsgruppen, die Nadelhölzer und die Laubhölzer, einigermaßen zuverlässig trennen. Zwei weitere, aber weniger häufige Wuchsformen sind ebenfalls recht vertraut, darunter die schlanke Säulengestalt einer Pyramiden-Pappel (*Populus nigra* 'Italica') und die klassische Schopfkrone einer Palme. Botaniker unterscheiden zahlreiche weitere Wuchsformen. Tatsächlich zeigt der genauere Blick auf die winterkahlen Gehölze die Verzweigungseigenheiten der einzelnen Arten. Alle Merkmale der Wuchsform und der Verzweigung gehen auf Ereignisse in der Sprossspitze zurück, in der die teilungsaktiven Gewebe sitzen. Sie sind sämtlich Ausdruck besonderer Entwicklungsprogramme im Erbgut der betreffenden Art, die allerdings von der Umwelt beeinflusst werden, stets jedoch unter strenger physiologischer Kontrolle. Dieser Befund führt uns zu einer ersten wichtigen Feststellung: Jeder Baum besteht – unabhängig von Art und Wuchsort – aus einer eindrucksvoll organisierten Ansammlung von Zellen und Geweben. Ein Holzanatom beschreibt und kennzeichnet einen Baum im Rahmen seiner Zell- und Gewebekonstruktionen.

Für den geübteren Blick zeigt ein Baum daher eine charakteristische Form oder, in der Fachsprache der Botaniker, eine Typmorphologie. Sie ist der Ausdruck langfristiger äußerer Einflüsse, die sich in anatomischen Details festlegen, obwohl sie physiologischer Natur sind. So wie jede Baumart ihre kennzeichnende äußere Form zeigt, weist auch ihr innerer Aufbau unterschiedliche und oft sogar einzigartige Merkmale auf. Für mikroskopisch arbeitende Botaniker eröffnet sich damit das faszinierende Feld der vergleichenden Holzanatomie.

Die Allgemeinform einer Baumart ist jedoch nicht allzu eng festgelegt oder gar unwandelbar. Jeder Beobachter kennt davon sicherlich zahllose Alltagsbeispiele. Manche Gestaltmerkmale sind zwar ziemlich konstant, aber andere variieren in weiten Grenzen, zumal innerhalb geografisch weiträumiger Verbreitungsgebiete. Ein eindrucksvolles Beispiel dafür liefert die Douglasie *(Pseudotsuga menziesii)* in den verschiedenen Teilbereichen ihres riesigen nordamerikanischen Areals. Ebenso lässt sich als Beispiel Lawsons Scheinzypresse *(Chamaecyparis lawsoniana)* anführen, die in der Kultur außerordentlich typenreich, aber gewöhnlich nur langsam wächst, in den Wäldern der nordamerikanischen Westküste aber als raschwüchsiger Waldriese mit bis zu 60 m Höhe auftritt.

Bei den immergrünen Nadelbäumen wie den Kiefern, Fichten und Tannen ergibt sich die charakteristische, gattungs- bzw. arttypische Silhouette aus den Wachstums-

Die Küsten-Douglasie (*Pseudotsuga menziesii*) ist bemerkenswert raschwüchsig und legt jedes Jahr bis über 1 m Wuchshöhe zu.

eigenheiten des sogenannten Leittriebs an der Kronen-
spitze und den davon beeinflussten Seitentrieben. Eine
ausgeprägte Dominanz des Leittriebs und ein rasches
Längenwachstum führen zu den bemerkenswert
schlanken Kronengestalten der Engelmann-Fichte *(Picea
engelmannii)* in den Rocky Mountains. Ein stärker
gebremstes Wachstum des Leittriebs führt dagegen zu
den eher rundlichen Kronengestalten mancher europäischer Kiefer-Arten, darunter der so kennzeichnend
schirmkronigen Pinie *(Pinus pinea)*. Bei der Gewöhnlichen Wald-Kiefer *(P. sylvestris)* kann man solche Effekte
sowohl im geschlossenen Bestand wie auch bei frei
stehenden Exemplaren beobachten. Schließlich finden
sich auch bemerkenswerte Unterschiede im Erscheinungsbild der Arten, wenn man sich den geografischen
Höhen-, Breiten- oder Längengrenzen ihrer natürlichen
Areale nähert. An den jeweiligen Verbreitungsgrenzen
entwickeln die Arten nur selten ihre typische Form und
erscheinen oft auffallend kurzstämmig oder gar missge-
staltet, sodass gelegentlich sogar die sichere Artdiagnose
ziemlich schwierig ist. Allzu leicht übersieht man, dass
gerade die kleinen, knorrigen und kurzschäftigen Exemplare, die weit im Norden oder in größerer Meereshöhe
wachsen, dennoch erstaunlich alt sein können und vielleicht schon nach Jahrhunderten zählen.

Nicht allzu viele Baumarten bleiben über vier oder gar
fünf Jahrhunderte wüchsig und gesund. Dazu gehört
beispielsweise die Stiel-Eiche *(Quercus robur)*. Einige
Arten leben jedoch beträchtlich länger. Von der Eibe
(Taxus baccata) kennt man verein-
zelte Exemplare, die mehrere
Tausend Jahre alt sind. Zu den
Rekordhaltern unter den Bäumen
gehören die beiden Mammut-
baumarten der westlichen USA, der
Riesenmammutbaum *(Sequoiadendron giganteum)* sowie der
Küstenmammutbaum *(Sequoia
sempervirens)*. Uralte Exemplare sind
auch vom Drachenbaum *(Dracaena
draco)* bekannt, der zu den ältesten
einkeimblättrigen Pflanzen gehört.
Bei allen diesen Arten ist eine
Lebensspanne von mehr als zwei
Jahrtausenden verbürgt. Von der
nordamerikanischen Grannen-Kiefer
(Pinus longaeva) ist sogar ein Alter
von über 4000 Jahren dokumentiert.

In der Praxis beendet die forstliche Nutzung die Lebensspanne der
Bäume vorzeitig. Auch im Siedlungsraum werden die Bäume aus Sicher-
heitsgründen meist lange vor ihrem
natürlichen Ende gefällt, weil abge-
hende Äste natürlich eine öffentliche
Gefahr darstellen. Wichtig ist in
solchen Fällen natürlich immer, dass
die ausgefallenen Bäume durch
Nachpflanzung rechtzeitig ersetzt
werden. Baumfreie Landschaften
und Siedlungsräume wirken ausge-
räumt, öde und irgendwie trostlos.

Stamm und Holzaufbau

Wenn man ein Kind einen Baum malen lässt, wird es mit
dem Stamm beginnen, dann ein paar Äste hinzufügen
und schließlich das Astwerk festhalten. Der Baumstamm
ist im Allgemeinkonzept dieser Lebensform eben der
wichtigste Bestandteil. Auffälligkeit und Abmessungen
eines Baumstamms können beträchtlich variieren.

In den Tropen bezeichnet man Bäume mit besonders
massiven und dickschäftigen Stämmen, aber eher
schmächtigen Kronen, als pachycaul, während Vertreter
mit vergleichsweise schlanken Stämmen und buschigen
Kronen leptocaul sind. Bei vielen Baumarten von geringer
Wuchshöhe und selbst bei ausgewachsenen Individuen
größerer Arten wie bei der Eibe *(Taxus baccata)* oder den
Altwelt-Zedern *(Cedrus* spp.*)* ist oft kein einzelner, klar
abgrenzbarer Stamm zu erkennen. Bei fast allen übrigen
heimischen Baumarten wie den Eichen, Buchen und
Eschen sitzt die Krone auf einem einzelnen und ziemlich
kräftigen Stamm. Auch bei den heimischen Nadelbäumen liegen vergleichbare Verhältnisse vor.

Die Stammbildung ergibt sich aus dem Wachstum
einer radial organisierten Sprossachse, die von der
Sprossspitze bis zum Wurzelansatz reicht. Zunächst, so
bei der Buche, ist die Grenze zwischen Sprossachse und
Wurzel, der sogenannte Wurzelhals, nicht allzu deutlich.
Im weiteren Wachstum verhalten sie sich völlig unter-
schiedlich. Vor allem die schon frühzeitig verholzte
Sprossachse wird im Laufe der Jahre zum mächtigen

OBEN Weiden und Engelmann-
Fichten wachsen am Ufer des
Medicine Lake im Jasper National
Park (Alberta / Kanada).

LINKS Typisch für die Kalifornische
Stein-Eiche *(Quercus agrifolia)* ist
die schwärzliche, längsstreifige
Stammrinde. Viele Eichen-Arten
sind bemerkenswert langlebig
und werden über 800 Jahre alt.

Stamm des ausgewachsenen Baumes. Im dichten Bestand wird das Wachstum der Seitenäste stark behindert. In engständigen Kiefern- und Fichtenpflanzungen bleiben die bereits mehrere Jahrzehnte alten Exemplare deshalb bis weit nach oben ohne Äste. Mitunter werden die unteren Äste auch durch forstliche Pflege entfernt. Baumexemplare der gleichen Art, die sich im Freistand entwickeln, sehen jedenfalls immer völlig anders aus.

Viele Palmen-Arten, darunter auch Ölpalme (Elaeis guineensis), Dattelpalme (Phoenix dactylifera) und Kokospalme (Cocos nucifera), unterscheiden sich im Wachstum von den meisten anderen Bäumen dadurch, dass ihr Stamm unverzweigt bleibt und nur an der Spitze einen Schopf riesiger Blätter trägt. Palmen wachsen völlig anders als die übrigen Nadel- und Laubbäume. Ihr Holzkörper ähnelt zwar im chemischen Aufbau dem üblichen Holz und ist extrem hart, entsteht aber auf völlig anderem Wege. Auch bei vielen Tropenhölzern unterscheiden sich Stammform und -aufbau von den Verhältnissen bei den Bäume der gemäßigten nördlichen Breiten beträchtlich. Der berühmte afrikanische Baobab (Adansonia digitata) etwa trägt eine unverhältnismäßig schmächtige Krone auf einem sehr dicken Stamm.

Der Baobab (Adansonia digitata) ist in der afrikanischen Savanne während der Trockenzeiten oft das einzige belaubte Gehölz, da der dicke Stamm mit seinem fleischigen Weichholz in der Regenzeit große Mengen Wasser speichert. Den Menschen und auch vielen Tieren dient er dann als Wasserreservoir.

Grundsätzlich ist der Holzaufbau aus Zellen und Geweben bei Nadel- und Laubbäumen recht ähnlich. Die Unterschiede liegen fast nur in den verwendeten Zelltypen an sich. Grundsätzlich besteht ein Stamm aus verschiedenen Gewebeschichten: Von außen nach innen sind es die schützende Rinde bzw. Borke, der den Zuckersaft führende Bastteil (Phloem) und das wasserführende, stützende Holz (Xylem). Zwischen Phloem und Xylem befindet sich als sehr schmales Band teilungsaktiver Zellen das Kambium, von dem die Bildung neuer Gewebeschichten ausgeht – nach außen das sekundäre Phloem, nach innen das sekundäre Xylem. Mit dem Holzteil erfüllen die Bäume zwei verschiedene Funktionen – einerseits die notwendige mechanische Stabilität für viele Dutzende Meter Wuchshöhe, aber andererseits auch die nach rein physikalischen Gesetzmäßigkeiten ablaufende Wassernachführung aus dem Boden. Bei den Nadelhölzern erfüllen alle vorhandenen Zellen und Gewebe beide Aufgaben gleichzeitig. Unter den Laubhölzern kommt es bei den besonders hoch entwickelten Holztypen zu einer funktionellen Trennung: Das Stamminnere ist die Stütze, während die Wasserleitung nur außen erfolgt.

Holzaufbau

Wir betrachten nun diese verschiedenen Stammschichten etwas genauer und gehen dabei vom Holzkörper aus, der den größten Massenanteil eines Stammes ausmacht und ein wichtiges Handelsgut darstellt. Bei den Laubhölzern besteht der Holzkörper im Wesentlichen aus den folgenden fünf Komponenten:

1. Wichtigstes Strukturelement sind die Gefäße (Tracheen). Sie entstehen aus übereinanderliegenden Zellen, deren Querwände aufgelöst werden und so eine durchgängige Röhre bilden. Diese Röhren sind die Wasserleitungen der Pflanze und im funktionstüchtigen Zustand tot.

2. Ein großer Teil des Holzes besteht aus toten Holzfasern, die aus langen, englumigen und dickwandigen Zellen mit spitzen Enden zusammengesetzt sind. Sie bilden die stabile Grundmasse des Holzes und somit eine Art Matrix, in die die Gefäße eingebettet sind. Härte und Beständigkeit des Holzes hängen vor allem von den Eigenschaften der Holzfasern ab.

3. Die meisten Hölzer enthalten auch dünnwandige, lebende, in axialer Richtung verlaufende Zellen, die man Holzparenchym nennt. Oft sind sie mit den Stärkekörnern als Energiereserve beladen und liegen meist zwischen den dickwandigen toten Holzelementen.

4. Das Holzparenchym steht in direktem physiologischem Kontakt zu den sogenannten Markstrahlen, die ihrerseits parenchymatisch sind und aus horizontal verlaufenden Reihen bzw. Stapeln dünnwandiger, lebender Zellen mit Speicheraufgaben bestehen. Diese Markstrahlen sind am Stammquerschnitt auch mit bloßem Auge als feine, radial verlaufende Linien zu sehen.

5. Schließlich weist das Holz meist auch noch Tracheiden auf. Bei den sehr ursprünglich aufgebauten Nadelhölzern ersetzen sie die Tracheen und bei vielen Laubhölzern (beispielsweise Buche) auch die Holzfasern. Tracheiden erfüllen zwei Aufgaben. Erstens übernehmen sie im

Als Lignin bezeichnet man aus Kohlenstoff, Wasserstoff und Sauerstoff bestehende organische Moleküle, die jedoch sehr kompliziert zusammengesetzt sind. Bei unterschiedlichen Baumarten kommen verschiedene Lignintypen vor. Nadelholzlignin unterscheidet sich holzchemisch von Laubholzlignin stärker als die Ligninvarianten innerhalb der beiden Verwandtschaftsgruppen. Die Lignineigenschaften bestimmen die Festigkeit und Beständigkeit der Hölzer und somit deren Marktwert.

RECHTS Die Jahrringe eines Baumstumpfes sind Wachstumsringe und lassen das Alter des Baumes leicht bestimmen. Jeder Ring steht für eine jährliche Wachstumsperiode. Die Ringe aufeinander folgender Jahre können abhängig von der jeweiligen Witterung schmaler oder breiter ausfallen. Trockene Jahre führen zu schmaleren Ringen.

UNTEN Das Rasterelektronenmikroskop zeigt eindrucksvolle Bilder des Holzaufbaus, hier von einer Wald-Kiefer *(Pinus sylvestris)* in 500-facher Vergrößerung.

Stamm die Wasserleitung und zweitens dienen sie als stützende Elemente. Vor allem an den Enden sind ihre Zellwände mit besonderen und sehr dünnwandigen Vorrichtungen, den Tüpfeln, ausgestattet, die dem aufsteigenden Wasserstrom die Passage erleichtern.

Bereits kurz nach ihrer Anlage werden die Zellwände der Tracheen, Tracheiden und Holzfasern mit der Holzsubstanz Lignin imprägniert und ausgesteift. Nach dem planmäßigen Absterben der Zellen bleibt das stabile Zellmuster erhalten. Daher kann man selbst am sehr alten Baumstamm im mikroskopischen Bild die charakteristische komplexe Anordnung seiner verschiedenen dickwandigen und tragfesten Funktionsteile erkennen, die alle einmal aus lebenden Zellen entstanden, aber im funktionstüchtigen Reifezustand tot sind. Nur die Markstrahlen sind auch im gealterten Baumstamm lebendig und stoffwechselaktiv. Alle Zellen im Stamm leiten sich aus der Tätigkeit des Kambiums auf der Grenze zwischen Bast und Holz ab. Als teilungsaktives Gewebe (Meristem) ist gerade das Kambium für den Baum während seiner gesamten Lebenszeit von wichtiger Bedeutung. Nicht wenige Baumarten sind relativ dünnborkig bzw. dünnrindig. Bei ihnen liegt der nur aus wenigen Lagen noch sehr dünnwandiger Zellen bestehende Kambiumring ziemlich weit außen und ist damit relativ ungeschützt. Verletzungen des Kambiums haben daher mehr oder weniger schwere Wachstumsstörungen zur Folge. Diese Verletzungen gehen in der Naturlandschaft von Tieren aus (sogenannte Verbissschäden), aber auch durch umstürzende Nachbarbäume oder von Blitzschlag. In der Zivilisationslandschaft sind es eher die Stoßstangen ungeschickt eingeparkter Autos.

Jahrringe

Bekanntlich bilden die markanten Ringe, die man am Querschnitt des gefällten Holzes erkennt, das jährliche Wachstum des Stammes ab. Aber wie entstehen die Jahrringe nun genau? Die Antwort ergibt sich aus Art und Anzahl der Zellbildung durch das Kambium während der Vegetationsperiode. Im Frühjahr gibt das Kambium nach innen vor allem relativ großlumige, aber dünnwandige Holzzellen ab (Frühholz). Im Übergang zum Sommer werden die jeweils neu gebildeten Holzzellen dagegen kleinlumiger und dickwandiger (Spätholz). Im Frühholz

sind auch die Wasser leitenden Tracheen bei vielen Baumarten, beispielsweise bei Eiche (*Quercus* spp.) und Esche (*Fraxinus excelsior*), besonders großkalibrig – solche Hölzer nennt man daher ringporig. Bei anderen wie den Weiden (*Salix* spp.) und beim Apfelbaum (*Malus domestica*) sind sie dagegen im Früh- und im Spätholz ungefähr von gleichem und meist kleinem Kaliber. Daher nennt man diese Hölzer zerstreutporig. Abgesehen von den größeren oder kleineren Tracheen markiert die unterschiedliche Zellwanddicke von Früh- und Spätholz die jeweilige jährliche Wachstumsgrenze. Ebenso liegen die Dinge bei dem rein aus Tracheiden aufgebauten Holz der Nadelbäume. Ein Jahrring besteht daher immer aus aufeinander folgenden dünnwandigen Früh- und dickwandigen Spätholzelementen.

Bei den baumförmigen Einkeimblättrigen wie den Palmen tritt dagegen kein Jahreswachstum mit Jahrringen auf, da in diesen Stämmen kein gürtelförmiges Kambium enthalten ist und folglich auch kein sekundäres Dickenwachstum möglich ist. Nur in ganz wenigen Fällen, beispielsweise beim Drachenbaum (*Dracaena draco*), kommt auf völlig andere Weise ein sekundäres Dickenwachstum zustande. Hier werden im gesamten Stammgewebe einzelne Zellen meristematisch und damit teilungsaktiv. Statt jedoch strikt nur Phloemelemente nach außen und Xylemteile nach innen abzugeben wie beim üblichen Dickenwachstum, bilden die Meristemzellen beim Drachenbaum in den Randbereichen des Stammes jeweils nur komplette neue Leitbündel. Im Querschnittbild eines solchen Stammes sind daher die für die Stoffleitung zuständigen Leitungsbahnen des Xylems (Wasser und anorganische Ionen aus dem Boden) sowie des Phloems (Assimilate aus den Blättern) nicht wie üblich in konzentrischen Ringen angeordnet, sondern ziemlich unregelmäßig und inselartig in das Grundgewebe eingebettet.

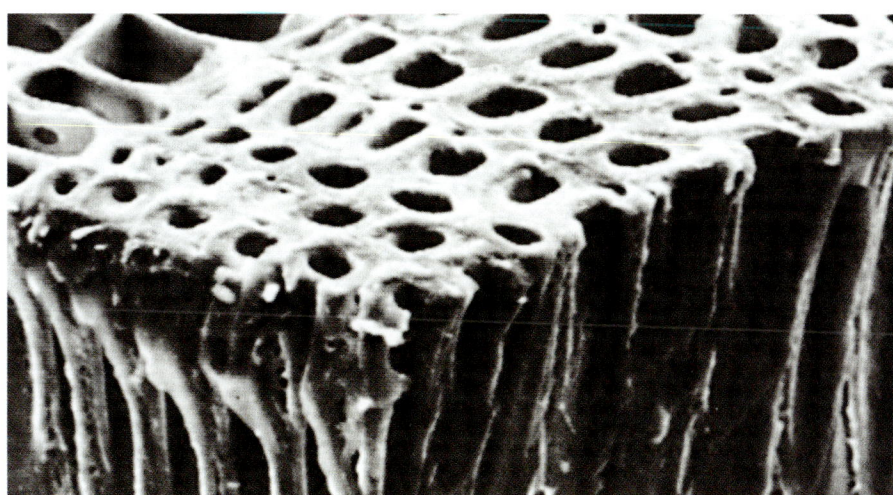

Andere Holzmerkmale

Holzanatomen untersuchen und beschreiben das Holz, indem sie es von drei verschiedenen Schnittrichtungen her betrachten: Außer dem Querschnitt kann man ein Stammstück in Längsrichtung radial (entlang eines Radius) oder senkrecht dazu tangential (von der Stammoberfläche her) schneiden. Die mikroskopischen Details dieser Ansichten reichen aus, um ein vollständiges Bild der jeweiligen Holzanatomie zu gewinnen. Oft kann man danach sogar ein Holz artgenau bestimmen – selbst bei hölzernen Fundstücken ur- und frühgeschichtlicher Epochen. Daneben weist das Holz weitere Eigenheiten auf, die man meist schon mit bloßem Auge oder einer Handlupe erkennen kann. Dazu gehören die typische Färbung, die Dichte (spezifisches Gewicht) und das Aussehen der Borke. Die Färbung kann im Stamminneren anders ausfallen als in der Stammperipherie. Entsprechend unterscheidet man das dunkle Kernholz vom hellen Splintholz. Im Handel gilt das Kernholz als besonders wertvoll. Es ist in unterschiedlichem Maße mit verschiedenen Stoffen wie Harzen oder Phenolen imprägniert, die als natürliche Konservierungsmaterialien dienen. Bei manchen Hölzern fällt das Kernholz auffallend dunkel aus, beispielsweise beim fast schwarzen Ebenholz *(Diospyros ebenum)* oder tiefpurpurn wie beim Blutholzbaum *(Haematoxylon campechianum)*.

Verschiedene Hölzer unterscheiden sich beträchtlich in ihrem spezifischen Gewicht. Davon hängen der Handelswert und die technischen Verwendungsmöglichkeiten ab. Das relativ schwere Teakholz *(Tectona grandis)* ist deswegen besonders wertvoll, weil es bemerkenswert fest und durch Stoffeinlagerung sehr beständig ist. Im Unterschied dazu schätzt man das amerikanische Balsaholz *(Ochroma* spp.*)* wegen seiner ungewöhnlichen Leichtigkeit ebenso wie das Holz der westafrikanischen Baumart *Triplochiton scleroxylon.* In jedem Fall hängen die Verwendungsmöglichkeiten eines Holzes unmittelbar von seinen anatomischen Eigenheiten ab, die das mikroskopische Bild zeigt. Der Handels- und Gebrauchswert eines Holzes wird auf den Seiten 32–39 behandelt. Die Verkernung des zentralen Teils eines Baumstammes ist ein komplexer Vorgang: Einzelne noch lebende Zellen (Holzparenchymzellen) wachsen durch die Tüpfelverbindungen in die Hohlräume der Wasserleitbahnen ein und verstopfen diese – der zentrale Stammbereich scheidet damit aus der Wasserversorgung des Baumes aus. Wo kein Wasser mehr strömt, können sich normalerweise auch keine Holz zerstörenden Organismen mehr ansiedeln. Manchmal gelingt es Pilzen oder Bakterien jedoch, sich aus der Peripherie nach innen vorzuarbeiten, womit wiederum unkontrolliert Wasser einbricht. Diesen Vorgang bezeichnen die Forstleute als Nassverkernung.

RECHTE SEITE Bei den Nutzhölzern unterscheidet man grob in Nadelhölzer bzw. Nacktsamer (mit relativ weichem Holz) und Laubhölzer oder Bedecktsamer (mit oft festerem Holz). Der Stamm besteht aus mehreren lebenden und toten Gewebeschichten. Ganz außen liegt die Borke bzw. Korkschicht, die das lebende Stamminnere vor Schädlingen und insbesondere vor Wasserverlust bewahrt. Sie geht auf die Tätigkeit eines eigenen Korkkambiums zurück. Unter dem toten Korkgewebe befindet sich der lebende Bast (Phloem). Hier verlaufen gewöhnlich die Transportbahnen für die Verteilung der durch Fotosynthese gewonnenen Zuckerverbindungen aus den Blättern. Das Phloem entsteht aus den nach außen abgegebenen Zellen des Kambiums, einer hauchdünnen, nur wenige Zellen dicken Lage. Abgestorbenes Phloem wird ebenfalls zu einem Bestandteil der Borke. Der größte Teil eines Baumstamms ist der Holzkörper (Xylem), der sich von den inneren Kambiumzellen ableitet. Hier verlaufen die jährlich in den Jahrringen erneuerten Wasserleitbahnen von den Wurzeln zu den Blättern. Nach einigen Jahren gibt das Xylem seine Wasserleitfunktion an die jüngeren Elemente ab, erfüllt nur noch mechanische Aufgaben und wird gegebenenfalls mit Stoffwechselabfällen angefüllt. Auf diese Weise entsteht das farblich meist stärker abgehobene Kernholz.

LINKS Mit Ausnahme der Borke bzw. Rinde wird der Baumstamm im Sägewerk in Schwaden mit gerundeter Außenflanke sowie in Bretter, Leisten und Balken zerlegt. Alternativ kann man Stämme durch lange Messer zu Furnieren schälen oder als Rohstoff für die Papierherstellung zerkleinern.

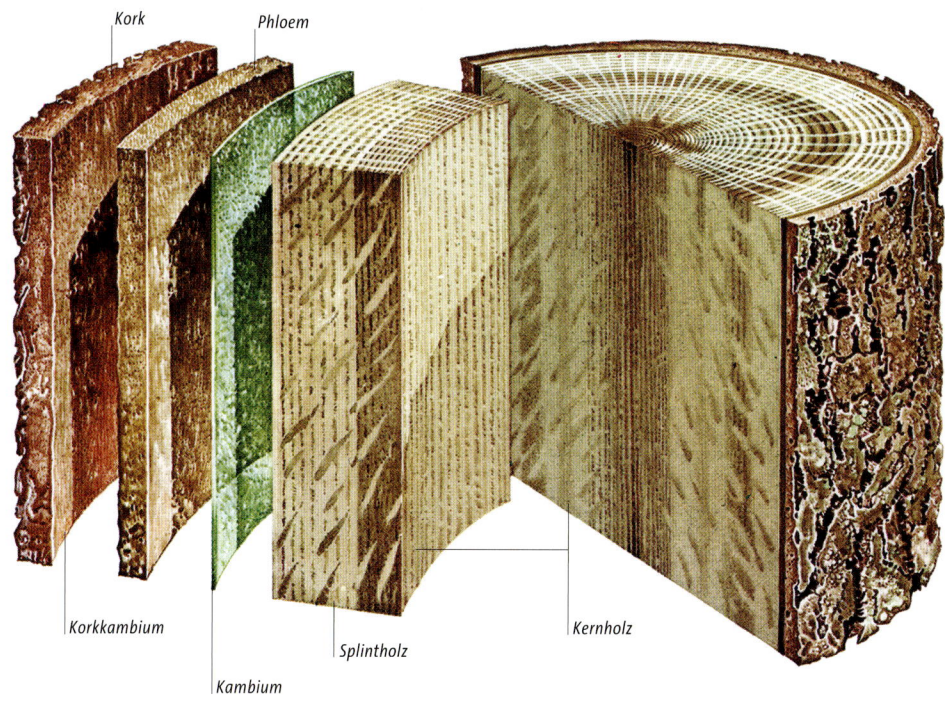

Kork   Phloem

Korkkambium

Kambium

Splintholz

Kernholz

Kiefer *(Pinus* sp.)   Eiche *(Quercus* sp.)

UNTEN Die lichtmikroskopischen Aufnahmen von Querschnitten dreier verschiedener Hölzer (75-fach vergrößert) zeigen deutliche Unterschiede, die sich vor allem aus der Zellwanddicke und der dadurch bedingten Färbung ergeben. Der linke Schnitt zeigt Balsaholz mit seinen auffallend dünnwandigen Holzzellen und großlumigen Gefäßen. Das mittlere Bild zeigt Buchsbaumholz, das als zerstreutporiges Holz mit seinen dickwandigen Tracheiden und kleinkalibrigen, gleichmäßig verteilten Gefäßen schon wesentlich kompakter ist. Rechts ist das extrem schwere und dichte Ebenholz dargestellt: Sein Holz besteht aus zahlreichen, eng gepackten und sehr dickwandigen Holzfasern, während die Gefäße (Tracheen) locker verteilt sind und teilweise nachträglich eingelagerte Substanzen enthalten.

Die Borke

Ein lebender Baum braucht eine Borke bzw. Rinde. Botanisch gesehen ist die Rinde das gesamte Gewebe außerhalb des Kambiumzylinders und besteht daher aus verschiedenen Elementen. Ihr innerer Teil ist der Bast, der vom Kambium nach außen abgegeben wird, ihr äußerer die Korkschicht, die auf ein eigenes Korkkambium zurückgeht (vgl. Abbildung auf S. 16). Gelegentlich unterscheiden die Holzanatomen einen mit langen Fasern verstärkten Hartbast vom faserfreien Weichbast, der die lebenden Elemente des Phloems enthält. Im allgemeinen Sprachgebrauch versteht man unter Rinde nur die äußerlich sichtbare, oft sehr raue bis rissige und dann als Borke bezeichnete Fassade eines Stammes. Das Phloem ist – obwohl relativ dünn – ein absolut lebenswichtiger Teil des Stammes, denn in seinen Bahnen verlaufen die Zuckerströme von der Produktionsstätte Blatt in alle anderen Baumbereiche.

Die äußere Rinde hat vor allem Schutzfunktion. Nicht selten sieht man an Gehölzen größere Beschädigungen der Rinde durch Tiere. Einige Baumarten haben gegen Fraßschäden besondere Abwehrmechanismen entwickelt, beispielsweise Brennhaare (manche Feigenbaum-Verwandte), lange Dornen (*Acacia* spp.) oder Kooperationen mit bestimmten aggressiven Insekten, die große Pflanzenfresser wirksam fernhalten. Größere Verletzungen des Phloems, vor allem der Wegfall eines kompletten Phloemringes, enden für einen Baum immer tödlich, weil dann die Versorgung der Wurzeln mit organischen Stoffen aus den grünen Teilen nicht mehr möglich ist. Daher ist auch massiver Parasitenbefall für den Baum enorm schädlich. Die gefürchteten Borkenkäferlarven fressen nämlich gar nicht die tote Borke, sondern minieren zerstörerisch im lebenden Bast.

Schon lange weiß man, dass im Phloem organische Stoffe mit bemerkenswerter Geschwindigkeit transportiert werden, aber immer noch sind die Details dieser Stoffleitung nur ungenügend bekannt. Das Phloem ist bei den meisten Bäumen ein sekundäres Gewebe, das seine Herkunft der laufenden kambialen Teilungstätigkeit ebenso verdankt wie das sekundäre Xylem oder Holz. Bei manchen Bäumen werden einige der Phloemelemente zu langen, stabilen Fasern und bilden dann den Hartbast, während bei anderen das Phloem parenchymatisch bleibt und nur den Weichbast umfasst. Ebenso wie das Holz stellt das Phloem also ein recht komplexes Gewebe dar, dessen funktionale Teile jährlich erneuert werden. Die Markstrahlen des Holzes reichen über das Kambium hinweg bis in den Bast und weiten sich hier – im mikroskopischen Schnittbild gut zu erkennen – zu charakteristischen trompetenförmigen Keilen auf.

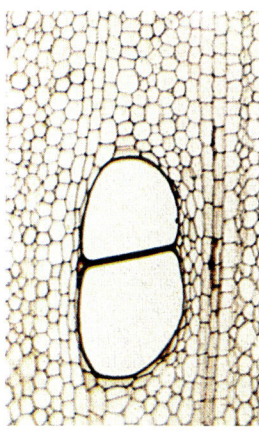

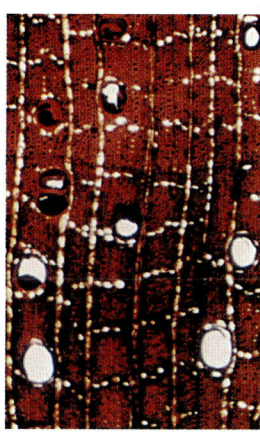

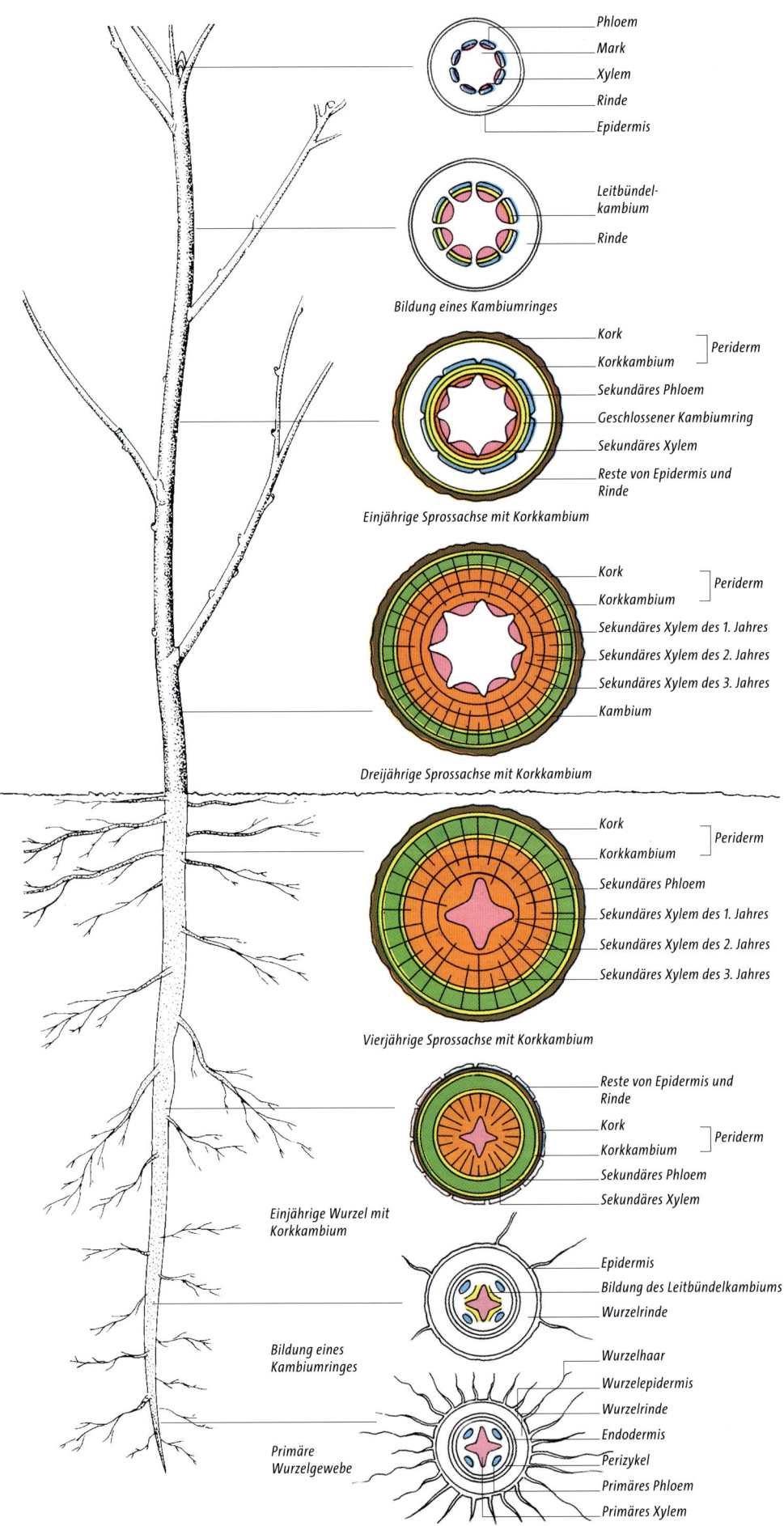

Phloem
Mark
Xylem
Rinde
Epidermis

Leitbündel-kambium
Rinde

Bildung eines Kambiumringes

Kork
Korkkambium ⎤ Periderm
Sekundäres Phloem
Geschlossener Kambiumring
Sekundäres Xylem
Reste von Epidermis und Rinde

Einjährige Sprossachse mit Korkkambium

Kork
Korkkambium ⎤ Periderm
Sekundäres Xylem des 1. Jahres
Sekundäres Xylem des 2. Jahres
Sekundäres Xylem des 3. Jahres
Kambium

Dreijährige Sprossachse mit Korkkambium

Kork
Korkkambium ⎤ Periderm
Sekundäres Phloem
Sekundäres Xylem des 1. Jahres
Sekundäres Xylem des 2. Jahres
Sekundäres Xylem des 3. Jahres

Vierjährige Sprossachse mit Korkkambium

Reste von Epidermis und Rinde
Kork
Korkkambium ⎤ Periderm
Sekundäres Phloem
Sekundäres Xylem

Einjährige Wurzel mit Korkkambium

Epidermis
Bildung des Leitbündelkambiums
Wurzelrinde

Bildung eines Kambiumringes

Wurzelhaar
Wurzelepidermis
Wurzelrinde
Endodermis
Perizykel
Primäres Phloem
Primäres Xylem

Primäre Wurzelgewebe

In der noch ganz jungen Sprossachse eines Baumes besteht die äußere Gewebeschicht aus einer grünen Haut, die man auch Epidermis nennt. Diese Gewebeanordnung in der jungen Pflanze lässt jedoch kein nennenswertes Dickenwachstum zu. Dazu ist ein zusätzlicher Abschluss erforderlich, der mit dem zunehmenden Umfang eines Zweiges, Astes oder Stammes durch Zellvermehrung und -vergrößerung (oder beiden) Schritt hält. Normalerweise entwickelt sich daher eine neue Wachstumszone, das sekundäre Meristem. Man nennt es Korkkambium oder Phellogen. Sobald dieses besteht, kann der Baum an Umfang zunehmen und behält dennoch stets eine schützende Außenlage. Schichtweise von diesem Korkkambium abgegliederte Lagen von Korkgewebe, die nur von eingestreuten Atemporen (Lentizellen) durchbrochen sind, bilden nun die Rinde als schützende Haut der Gehölze. Meist muss sich bei wachsendem Stammdurchmesser bzw. -umfang auch das Korkkambium regelmäßig erneuern. Tatsächlich wird es in den tieferen Rindenschichten jeweils neu angelegt. Wenn ein zunächst noch grüner junger Ast oder der Stamm eines Sämlings seine Färbung nach Grau oder Bräunlich verändert, deutet der Farbwechsel die Anlage und Tätigkeit des ersten Korkkambiums an. Normalerweise sind die Korkschichten bei den Bäumen nur relativ dünn. Bei der Kork-Eiche (Quercus suber) und wenigen anderen Arten werden sie jedoch ausnahmsweise besonders üppig.

Die gesamte Rinde ist also für den Baum eine sehr wichtige und unentbehrliche Einrichtung, weil hier einerseits die Leitbahnen für die organischen Stoffe verlaufen und andererseits die Abschirmung gegen die Außenwelt stattfindet. Bei manchen Baumarten finden sich in der Rinde zusätzlich Steinzellnester aus Zellen mit enorm harten und sehr dicken Zellwänden. Die Rinde vieler Bäume enthält größere Mengen Gerbstoffe (Tannine). Beim Kautschukbaum (Hevea brasiliensis) verlaufen darin besondere Milchröhren (Lactiferen), deren Milchsaft man zur Kautschuk- bzw. Gummiproduktion in technischem Maßstab gewinnt.

In vielen Fällen weist die Rinde gattungs- oder arttypische Merkmale auf und kann daher als Bestimmungshilfe dienen. Sogar ein unerfahrener Beobachter kann leicht zwischen der tiefrissigen Borke einer Eiche (Quercus spp.), der strangförmig zerrissenen Rinde einer Robinie (Robinia pseudoacacia) oder der plattig abschilfernden Borke der Platanen (Platanus spp.) unterscheiden. Bei den Birken (Betula spp.) löst sich die silbrigweiße Borke in papierdünnen Streifen ab. Obwohl die Borke der meisten Nadelbäume ziemlich kleinschuppig ist, zeigt sie sich bei den nordamerikanischen Mammutbäumen (Sequoiadendron bzw. Sequoia) dickschwammig-faserig und daher ziemlich weich.

Schon die Naturvölker unterschieden viele verschiedene Baumarten nach besonderen Kennzeichen ihrer Borke. Heute untersucht man die verschiedenen Borkenmerkmale vor allem auf wissenschaftlicher Basis. Bemerkenswert erscheint in diesem Zusammenhang, dass das gut erkennbare Bestimmungsmerkmale liefernde Borkengewebe im mikroskopischen Schnittbild äußerst komplexe und nicht einfach zu deutende Zellmuster zeigt. Obwohl Borke nur aus toten Zellen besteht, ist sie keineswegs eintönig oder uninteressant.

Das Wurzelsystem

Stoffaufnahme und Verankerung im Boden sind die beiden Hauptaufgaben des Wurzelsystems. Wenn ein Baumsame keimt, wächst daraus ein Sämling. Der Sämling eines Laubbaums zeigt zwei tiefgrüne Keimblätter (Kotyledonen). Darunter befindet sich ein als Hypokotyl bezeichnetes Stück Sprossachse, das ungefähr auf Bodenniveau ziemlich undeutlich in den Wurzelhals der Primärwurzel übergeht. Anfangs ist die junge Primärwurzel genetisch so programmiert, dass sie positiv geotrop in den Boden wächst. Bald jedoch legt sie zahlreiche Seitenwurzeln an und verzweigt sich. Die Seitenwurzeln entstehen im Wurzelinneren und enden in der Wurzelspitze. Im Bereich der Wurzelspitze tragen die Wurzeln einen Filz mikroskopisch kleiner Wurzelhaare, die für die Wasser- und Nährsalzaufnahme aus der Bodenlösung zuständig sind.

Bei den meisten Baumarten setzt schon relativ bald das sekundäre Dickenwachstum auch im Wurzelbereich mit der Anlage von Holz und Bast durch die Teilungstätigkeit des Kambiums ein. Obwohl die Gewebeanordnung in der jungen Wurzel zunächst völlig anders aussieht als in der Sprossachse, gleicht sich die Anatomie später zunehmend an: Eine in die Dicke gewachsene Wurzel weist einen inneren Holzkörper auf, der vom Wurzelkambium umgeben ist und nach außen in die Wurzelrinde übergeht. Die Ähnlichkeiten im inneren Aufbau bilden sich dagegen im äußeren Aussehen überhaupt nicht ab. Wurzeln tragen niemals Blattorgane und bringen normalerweise auch keine Knospen hervor. Wurzeln sind gewöhnlich auch nicht grün und verzweigen sich auf eine nur ihnen eigene Weise. Die wachsende Wurzelspitze wird von einer besonderen Wurzelhaube geschützt, während sie sich durch den Boden zwängt. Diese Haube (Kalyptra), die der wachsenden Sprossachsenspitze fehlt, wird ständig aus tieferem Gewebe erneuert.

Die weiteren anatomischen Details des Wurzelfeinbaus sind hier entbehrlich. Dafür ist das Wurzelsystem als Ganzes von besonderem Interesse, vor allem seine Größe und die Reichweite im Boden. Das Wurzelwerk ist von Art zu Art äußerst verschieden. Viele Nadelbäume sind sogenannte Flachwurzler und werden daher leichter von Stürmen umgeworfen (Windwurf). Der Windwurfteller eines vom Sturm umgerissenen Baumes zeigt jedoch immer nur einen Teil des gesamten Wurzelsystems, denn dessen seitliche Reichweite übertrifft gewöhnlich den Kronendurchmesser bei Weitem. Nach zuverlässigen Schätzungen beträgt die Gesamtlänge aller Feinwurzelverzweigungen eines ausgewachsenen Baumes viele Dutzend Kilometer. Der scheinbar freie Bodenraum zwischen zwei Wald- oder Parkbäumen ist also tatsächlich von Wurzelsystemen durchsetzt. Die Konkurrenz zwischen den Individuen findet demnach vor allem im Wurzelraum statt.

Partnerschaft im Untergrund

Das Beziehungsgefüge zwischen dem Wurzelsystem eines Baumes, dem Boden und der darin lebenden Mikroflora ist ausgesprochen komplex. Abiotische (chemisch-physikalische) und biotische (organismische) Umweltfaktoren spielen dabei eine Rolle. Trotz umfangreicher Forschung versteht man diese sogenannte Rhizosphäre immer noch wenig. Dennoch ist genügend bekannt, dass die Beziehungen zwischen den Feinwurzeln eines Baumes und der Bodenmikroflora äußerst wichtig und folgenreich für alle Beteiligten sind.

Das vielleicht eindrucksvollste und besonders gründlich untersuchte Beispiel einer symbiontischen, also für beide Partner positive Beziehung betrifft die Mykorrhiza – das funktionelle Zusammengehen von Baumwurzeln und Bodenpilzen der Laubstreu. Eine Mykorrhiza zeigt sich als feine Ummantelung einer Feinwurzelspitze mit einem Geflecht mikroskopisch kleiner Pilzhyphen, die man zusammen als Myzel bezeichnet. Teile der Hyphen dringen in Zellzwischenräume der Wurzelrinde vor. Sie regen die Verzweigung der Feinwurzeln an und ermöglichen somit die Bildung weiterer Kontaktbereiche zum Myzel. Daher sehen Mykorrhizen oft etwas korallenartig aus. Wald-Kiefer *(Pinus sylvestris)* und Rot-Buche *(Fagus sylvatica)* sind bekannte Beispiele, doch kommen Mykorrhizen auch bei allen übrigen Waldbaum-Arten vor. Aus dem Zusammenschluss ziehen beide Partner ihre Vorteile: Der Baum vergrößert über das angeschlossene Pilzmyzel seine Reichweite im Boden beträchtlich und verbessert somit seine mineralische Versorgung über die weit verzweigten Wurzeln, während der Pilzpartner für seinen eigenen Stoffwechselbetrieb organische Stoffe vom Baum erhält.

Die Wurzeln der Erlen *(Alnus* spp.) haben eine andere Form der Partnerschaft entwickelt. Hier begründet das Wurzelwerk eine innige Betriebsgemeinschaft mit Stickstoff bindenden Bakterien. Deren genaue Artzugehörigkeit kennt man jedoch nicht, da sie sich nicht im Labor kultivieren lassen. Man stellt sie in die Gattung *Frankia* und damit in die Gruppe der pilzähnlichen, fädigen Bakterien (Aktinomyceten). Ähnliche Verbindungen kennt man auch von anderen Baumarten. So sind etwa die Wurzelknöllchenbakterien der Schmetterlingsblütengewächse ein bestens untersuchtes Beispiel dafür. Die bakteriellen Partner dieser Assoziationen gehören in die Gattung *Rhizobium*.

Wurzelumbildungen

Bäume zeigen gelegentlich auffällige Umbildungen ihrer Wurzeln. Bei tropischen Bäumen sind die Wurzelansätze häufig stark abgeflacht und flankieren als brettartige Stützgebilde meterhoch die Stammbasis. In anderen Fällen, beispielsweise bei den Schraubenbäumen der Gattung *Pandanus* und vielen anderen Mangrovegehölzen, bildet sich im unteren Stammbereich ein vielfältiges Stützsystem aus zahlreichen Luftwurzeln. Ähnliche Luftwurzeln sind auch von vielen Feigenbaum-Arten *(Ficus* spp.) bekannt. Sie erreichen hier nicht immer den Boden und hängen dann als bärtige Gebilde im Geäst. In besonderen Fällen dienen spezielle Wurzeln auch als Belüftungsorgane wie im Fall der eigenartigen Atemknie der Sumpfzypressen *(Taxodium distichum)*. Lange Zeit blieb völlig unverstanden, wie denn die atmosphärische Luft durch die Atemwurzeln bis zur Tiefe vordringt, denn die einfache Diffusion reicht dafür nicht aus. Heute kennt man dafür einen raffinierten Prozess, die sogenannte Thermoosmose. Sie geht letztlich von den Blättern aus.

OBEN Die Brettwurzeln von *Sloanea caribea* stützen im eng bestückten Regenwald zusätzlich den Stamm.

LINKE SEITE Die Grafikfolge zeigt Bildung und Tätigkeit der verschiedenen Gewebe beim sekundären Dickenwachstum von Sprossachse und Wurzel. In Stamm und Wurzel entwickeln sich zwei verschiedene Kambien, durch deren Teilungstätigkeit neue Gewebe entstehen: Der Kambiumzylinder bildet Holz (Xylem) und Bast (Rinde), während die Korkkambien sekundäre Abschlussgewebe liefern, die die dünne Epidermis der jungen Pflanzen ersetzen.

zugespitzt *spitz* *grannenspitzig*

schlankspitzig *bespitzt* *ausgerandet*

haarspitzig *verkehrt herzförmig* *abgerundet*

gestutzt *abgeschnitten*

OBEN Blattspitzen

UNTEN Blattränder

bewimpert *gekerbt* *gezähnt*

glatt *eingeschnitten* *geschlitzt*

rückwärts gezähnt *gesägt* *gefranst*

gebuchtet *dornig* *gewellt*

RECHTS Trieb der Rot-Buche (*Fagus sylvatica*) mit seinen Hauptelementen

GANZ RECHTS Gewebebau eines typischen Laubblattes im Querschnitt: Das Mesophyll besteht oben aus dem engen Palisadenparenchym und unten aus dem lückigen Schwammparenchym. Die meisten Chloroplasten, in denen die Fotosynthese stattfindet, führt das Palisadengewebe.

UNTEN Blattbefestigung an der Sprossachse

wechselständig *stängelumfassend* *herablaufend*

 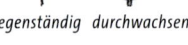

gegenständig *durchwachsen* *gestielt*

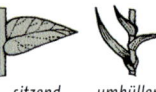

sitzend *umhüllend* *mit Nebenblättern*

Die Blätter

Die Blätter der Bäume zeigen nahezu zahllose Varianten in Größe und Umriss. Manchmal sind die Blattorgane sogar so klein und unauffällig, dass man sie kaum erkennen kann. Beispiele dafür sind die Kängurubäume (*Casuarina* spp.) tropischer Küsten und viele Nadelhölzer. Botanisch gesehen sind selbst diese winzigen Schuppengebilde bauplanmäßig echte Blätter. Nach der Lage der Achselknospe sind auch die zusammengesetzten bzw. gefiederten Blätter als solche klar zu erkennen, wie im Fall von Walnuss (*Juglans* spp.), Esche (*Fraxinus* spp.) oder Sumach (*Rhus* spp.), deren einzelne Fiedern der Ungeübte leicht für Einzelblätter halten könnte. Dagegen nennt man die Blätter von Eichen (*Quercus* spp.), Ulmen (*Ulmus* spp.) oder Linden (*Tilia* spp.) einfach oder ungefiedert, obwohl sie sich im Umriss stark unterscheiden. Zur genaueren Kennzeichnung der vielen verschiedenen Blattformen haben die Botaniker daher ein Spezialvokabular entwickelt, damit man sich in Fachkreisen besser verständigen und auch die Beschreibung tropischer oder anderer nicht heimischer Baumarten verstehen kann. Manche tropische Baumarten tragen außergewöhnlich große Blätter, beispielsweise die Gattung *Anthocleista* aus Westafrika: Ihre Blattspreite kann bis zu 1 m lang und fast ebenso breit werden. Besonders große Blätter kommen auch bei Einkeimblättrigen vor, beispielsweise bei Bananen und Palmen.

Blattfunktionen

Bedeutsamer als die bloße Blattbeschreibung sind die Funktionen der Blätter bzw. die Deutung ihrer strukturellen Eigenheiten im Blick auf die physiologischen Aufgaben als Produktionsstätten organischer Stoffe. Im Frühsommer zeigt sich die Belaubung der Laubbäume in unterschiedlichen Grüntönen. Alle typischen Laubblätter sind eine bemerkenswerte Kompromisslösung zwischen maximaler Oberflächenvergrößerung für einen optimalen Lichtgenuss mit Aufnahme von Kohlenstoffdioxid für die Kohlenstoffassimilation durch Fotosynthese einerseits und der Vorsorge gegen unnötige Wasserverluste durch Transpiration andererseits. Diese Erfordernisse erklären die großflächig ausgebreitete Blattspreite (Lamina), die langen Blattstiele zur bestmöglichen Positionierung, die zahlreichen, jedoch mikroskopisch kleinen Spaltöffnungen (meist) auf der Blattunterseite und schließlich die Abdichtung durch eine schützende Cuticula. Die Blattnervatur, manchmal auch Aderung genannt, ist einerseits Stützsystem, enthält aber auch Leitgewebe für den Stofftransport zwischen Blatt und Sprossachse.

Der Grundbauplan eines Laubblattes ist ziemlich einheitlich, obwohl es zahlreiche Abwandlungen gibt. In allen Blättern bildet die Epidermis den Abschluss der Blattgewebe nach außen. Normalerweise ist sie nur eine Zelllage dick und besteht aus lebenden Zellen. Ihre Außenwände sind stark verdickt und wasserabweisend imprägniert (Cuticula). Die untere Epidermis ist durch die Spaltöffnungen (Stomata) zum kontrollierten Gasaustausch durchlöchert. Die eigentlichen Produktionsanlagen des Blattes liegen in den grünen Geweben des Mesophylls. Jede seiner Zellen enthält zahlreiche grüne Chloroplasten, in denen die Fotosynthese abläuft. Die obere Mesophyllschicht nennt man Palisadenparenchym, in dem die dicht stehenden, säulenförmigen Zellen nur durch sehr enge Zwischenräume getrennt sind. Im darunterliegenden Schwammparenchym finden sich dagegen sehr große und geräumige Zellzwischenräume. Die meisten Chloroplasten befinden sich im Palisadenparenchym.

Jedes Baumblatt zeigt somit eine erstaunliche strukturelle Angepasstheit an seine eigentliche funktionelle Aufgabe, die lichtabhängige Synthese von Zuckern und anderen organischen Stoffen aus den beiden einfachen Rohstoffen Wasser und Kohlenstoffdioxid.

Zweigachse mit Achselknospe

Blattstiel

Lentizelle

Blattspreite

Mittelrippe

Blattadern

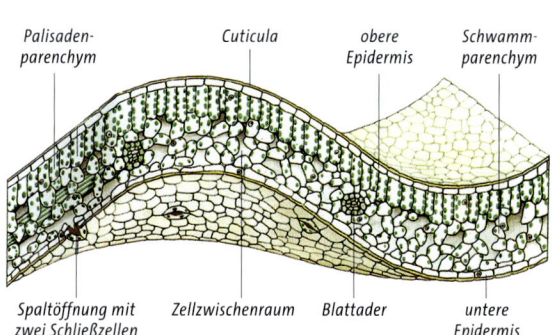

Palisadenparenchym *Cuticula* *obere Epidermis* *Schwammparenchym*

Spaltöffnung mit zwei Schließzellen *Zellzwischenraum* *Blattader* *untere Epidermis*

LINKS Sumpfzypressen (*Taxodium* spp.) in den Wäldern im warm temperierten Klima des Reelfoot Lake National Wildlife Refuge in Tennessee/USA: Als Ausnahme unter den Nadelbäumen werfen sie ihre Blätter ab – entweder jährlich oder in unregelmäßigen Abständen.

UNTEN Blattumrisse

nadelförmig   *geöhrt*   *herzförmig*

keilförmig   *dreieckig*   *gefingert*

elliptisch   *schwertförmig*   *sichelförmig*

spießförmig   *lanzettlich*   *linealisch*

verkehrt herzförmig   *verkehrt lanzettlich*   *schief*

länglich   *verkehrt eiförmig*   *rundlich*

 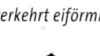

oval   *eiförmig*   *handförmig gelappt*

 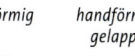

handförmig geteilt   *handförmig geschnitten*   *fußförmig*

peltat   *gefiedert*   *doppelt gefiedert*

fiederteilig   *fiederschnittig*   *doppelt fiederteilig*

nierenförmig   *pfeilförmig*   *spatelig*

gekämmt   *dreizählig*

Klima und Jahreszeiten

In der Umwelt der verschiedenen Klimate unterliegen die Blätter unterschiedlichen Stresssituationen. In den feuchten Tropen besteht nur wenig Bedarf an einer schützenden, Wasser abweisenden Cuticula, während Baumarten trockenerer (semiarider) Gebiete eher Blätter eines Strukturtyps tragen, den man als Sklerophyll bezeichnet: Die Spreiten dieser Blätter sind fest und starr, meist kleinflächig und mit einer dickenden Cuticula überzogen – klare Anzeichen für eine Anpassung an Wassermangel. Die Unterschiede der verschiedenen Klimazonen bilden sich somit im Aussehen ihrer jeweiligen Pflanzenwelt ab. Der Artenreichtum der Tropen ist zwar faszinierend, aber dennoch können Baumarten mit so unterschiedlichen Blattgestalten wie Eiche, Buche, Birke und Esche alle im gleichen Klimagebiet vorkommen.

Nur vergleichsweise wenig ist über die individuelle Ökonomie der einzelnen Baumarten bekannt. Ein bekannter und dennoch auffälliger Vorgang ist der herbstliche Blattfall in den gemäßigten nördlichen Breiten. Er kommt vergleichbar auch in den wärmeren Regionen vor und steht hier im Zusammenhang mit dem Beginn der trockenen Jahreszeit. Aus der Perspektive der Bäume ist der Laubfall eine Schutzmaßnahme. Sie ermöglicht den Bäumen eine Drosselung ihrer Aktivität und eine Ruhephase während einer ungünstigen Jahreszeit. Blattfall ist eine Eigenart vor allem der zweikeimblättrigen Laubbäume, ist aber auch für einige Nadelholzgattungen typisch, darunter beispielsweise für die Lärchen (*Larix* spp.) und die Sumpfzypressen (*Taxodium* spp.). Die sogenannten Immergrünen tragen ständig eine grüne Belaubung, aber auch sie wechseln ihre Blätter von Zeit zu Zeit. Die einzelnen Blätter bleiben auch bei diesen Arten nur wenige Jahre in Betrieb.

Blätter sind enorm unterschiedlich und bieten somit zahlreiche Bestimmungsmerkmale an. Obwohl die Blattgestalt auch am gleichen Baum stärker variieren kann (so etwa im Fall der Maulbeerbäume (*Morus* spp.), weisen die Blätter leicht auf die Artzugehörigkeit hin. Dabei spielen auch mikroskopische Details eine wichtige Rolle, wie beispielsweise Art und Ausmaß der Behaarung. Andererseits können die Blätter nicht näher verwandter Arten recht ähnlich aussehen wie im Fall der Ahorn-Arten (*Acer* spp.) und der Platanen (*Platanus* spp.). In den Tropen ist die Anzahl äußerst ähnlicher und damit verwechselbarer Blattgestalten noch viel größer. In wenigen Fällen ist die Blattform so einzigartig, dass sie sofort eine klare Artdiagnose zulässt. Beispiele sind die fächerförmigen Blätter des Ginkgobaums (*Ginkgo biloba*) oder die viereckigen Blätter der Tulpenbäume (*Liriodendron* spp.). Auch die Winterknospen der laubwerfenden Arten sind verräterisch. Solche Merkmale schätzen natürlich auch die Paläobotaniker, wenn sie fossiles Pflanzenmaterial einordnen möchten. In glücklichen Fällen sind auch die etwas widerstandfähigeren, aber äußerst kennzeichnenden Blattepidermen erhalten. Auf diese Weise gelang es sogar, anhand des fossilen Mageninhalts die bevorzugte Nahrung ausgestorbener Tierarten zu analysieren.

Der hier verfügbare Raum lässt es nicht zu, ausführlichere Betrachtungen zum Thema Blattvariation anzustellen oder darüber nachzudenken, dass die Blätter eines Baumes schließlich auch die Lebensstätten anderer Organismen sind. So finden sich etwa zahllose Blattbewohner unter den Flechten, Pilzen und Insekten. Von diesen wiederum ernähren sich weitere Arten wie die Vögel. Auch dieser Aspekt unterstreicht klar die Rolle der grünen Pflanzen als unersetzliche Primärproduzenten für alle Lebewesen und auch den Menschen.

Blüten und Früchte

Die nüchterne Sprache der Wissenschaft beschreibt Blüten meist als fruchtbare (fertile) Einrichtungen zur sexuellen Vermehrung, die von unfruchtbaren (sterilen) Hüllelementen umgeben sind. Gerade die Blütenhülle mit ihren Kelch- und Kronblättern bildet auch bei vielen Baumarten den auffälligsten Teil der Blüten. Bei zahlreichen Bäumen wie den Kätzchenblühern fehlt allerdings eine plakative Blütenhülle. Ihre fertilen Blütenteile werden lediglich von unscheinbaren, oft sogar nur schuppenartigen Hochblättern eingeschlossen.

Bestäubung und Befruchtung

Die Zapfen der Nadelbäume stellen einen speziellen Blüten(stands)typ dar. Mit anderen Blüten teilen sie die Aufgabe, Mikrosporen (Pollenkörner) hervorzubringen und diese auf die Empfangseinrichtungen der weiblichen Blütenteile transportieren zu lassen. Bei den meisten Koniferen sind die weiblichen Blütenstände anfangs grün und weich. Erst in der Reife werden sie zu kompakten, eventuell auch kräftig verholzten Gebilden. Anders liegen die Dinge bei den von einem fleischigen Samenmantel umhüllten Samen der Eiben (*Taxus* spp.) oder den Beerenzapfen mancher Wacholder-Arten (*Juniperus* spp.).

Bei den Nadelbäumen produzieren die nur aus Staubblättern bestehenden männlichen Blüten eine Unzahl mikroskopisch kleiner, meist gelber Pollenkörner. Diese bilden auf der weiblichen Blüte einen Pollenschlauch, der die männlichen Geschlechtszellen überträgt. Zielorgan der vom Wind verbreiteten Pollenkörner sind die weiblichen Blütenstände (Zapfen), deren noch weiche Samenschuppen dann weit offen stehen und damit den Zugang zu den frei liegenden Samenanlagen ermöglichen. Jede Samenanlage ist eine besonders große Spore (Megaspore), die von schützenden Zellschichten (Integumenten) umhüllt ist. Im Inneren befindet sich die Eizelle. Nach der Befruchtung entwickelt sich die Samenanlage zum Samen, der ebenfalls hüllenlos auf der Samenschuppe liegt. Von daher erklärt sich die Bezeichnung Nacktsamer oder Gymnospermen der gesamten Verwandtschaftsgruppe. Von der Bestäubung bis zur Befruchtung vergeht bei manchen Nadelhölzern mehr als ein Jahr.

Bei den Bedecktsamern (Angiospermen) – die im Kontext dieses Buches Laubbäume genannt werden – finden sich stärker abgewandelte Einrichtungen und eine größere Bandbreite verschiedener Blütentypen. Die meisten tragen außen einen Kelch aus Kelchblättern (Sepalen), eine Krone aus Kronblättern (Petalen; mitunter auch Blumenblätter genannt) sowie die fruchtbaren Teile, die Pollen produzierenden Staubblätter und einen geschlossenen Fruchtknoten mit den Samenanlagen. Gerade dieser rundum geschlossene Fruchtknoten ist das (namengebende) Hauptmerkmal der Bedecktsamer. Von Anfang an befinden sich die Samenanlagen und später die Samen in einem ummantelten Hohlraum und liegen zu keinem Zeitpunkt frei bzw. nackt wie bei den Gymnospermen. Folglich muss es für die Landung der Pollenkörner ein besonderes Empfangsorgan geben – die Narbe (Stigma), die eventuell auf einem verlängerten Stielchen (Griffel) sitzt. Die Pollenübertragung zwischen den Blüten erfolgt durch den Wind oder durch Tiere wie Insekten,

Vögel und Fledermäuse. Nach der Platzierung auf der Narbe keimt aus dem Pollenkorn ein Pollenschlauch, der durch das Griffelgewebe bis zu den Samenanlagen im Fruchtknoten geführt wird und dort durch eine winzige Öffnung (Mikropyle) eindringt. Erst jetzt bricht die Pollenschlauchspitze auf und überträgt zwei männliche Geschlechtszellen. Einer davon verschmilzt mit der Eizelle und löst damit die Samenbildung aus. Wie bei den Nadelhölzern sind Bestäubung (der Narbe) und Befruchtung (der Eizelle) räumlich und zeitlich getrennt. Der Abstand ist jedoch gewöhnlich kürzer.

Die Evolution hat außerordentlich viel Erfindungsreichtum darauf verwandt, die Pollenübertragung zu optimieren. Entsprechend finden sich in den Blüten zahlreiche Sonderbildungen und spezielle Anpassungen. Einerseits finden sich die einfach konstruierten Blüten der windbestäubten Arten, beispielsweise bei den Kätzchenblühern Birke (*Betula* spp.) oder Hasel (*Corylus* spp.). Ihre Blüten setzen Unmengen von Pollen an die Luft, produzieren keinen Nektar und entwickeln keine Einrichtungen, die auf Tiere irgendwie attraktiv wirken. Die Weiden (*Salix* spp.) besitzen zwar ebenfalls recht einfache Blüten, produzieren jedoch Nektar und werden folglich überwiegend von Insekten bestäubt.

Völlig anders zeigen sich dagegen die auffälligen und attraktiv blumigen Blüten anderer Arten, die auch der Laie ohne Weiteres als „Blütenpflanzen" erkennt. Fast jede dieser Arten ist an bestimmte Tiere als Pollentransporteur angepasst. In den gemäßigten Breiten sind dies überwiegend verschiedene Insektengruppen, in den Tropen dagegen auch Vögel und Fledermäuse (in Australien auch Beuteltiere). Die von Wirbeltieren bestäubten Arten besitzen oft ziemlich große, oft scharlachrote Blüten. Von Fledermäusen bestäubte Blüten öffnen sich meist erst in den Abendstunden, sind eher von verhaltener Färbung, verströmen aber sehr starke Düfte. Beispiele finden sich vor allem bei den Myrtaceae und bei den Kakteen.

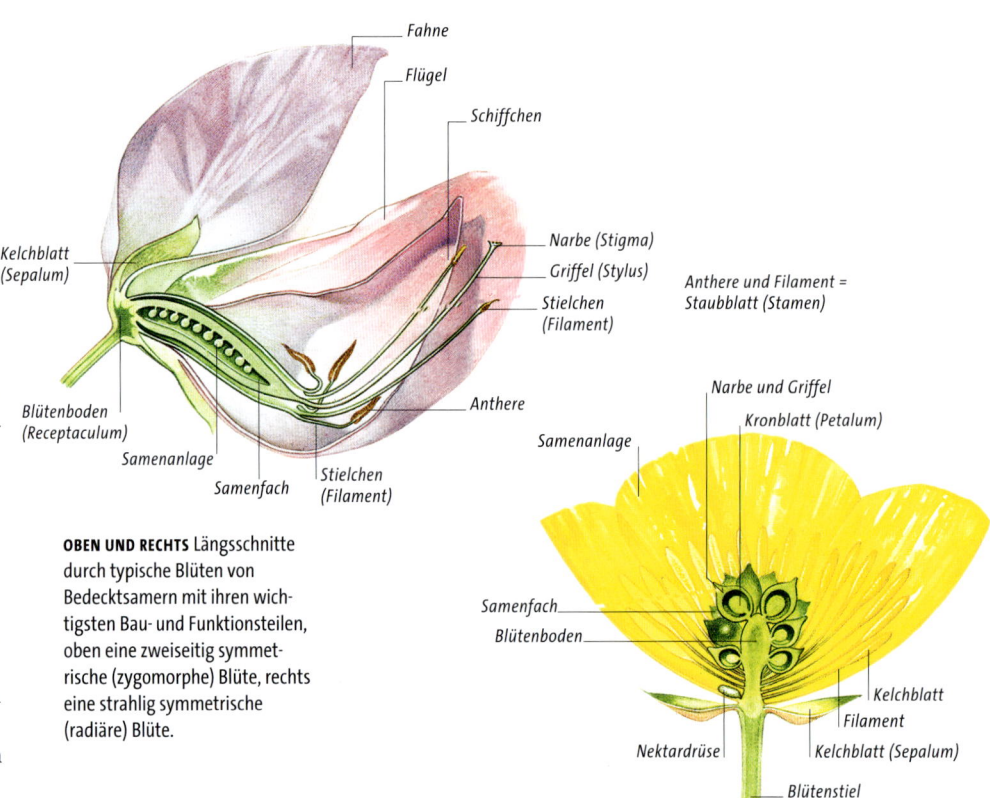

Fahne
Flügel
Schiffchen
Narbe (Stigma)
Griffel (Stylus)
Stielchen (Filament)
Kelchblatt (Sepalum)
Anthere und Filament = Staubblatt (Stamen)
Blütenboden (Receptaculum)
Samenanlage
Samenfach
Stielchen (Filament)
Anthere
Narbe und Griffel
Kronblatt (Petalum)
Samenanlage
Samenfach
Blütenboden
Kelchblatt
Filament
Nektardrüse
Kelchblatt (Sepalum)
Blütenstiel

OBEN UND RECHTS Längsschnitte durch typische Blüten von Bedecktsamern mit ihren wichtigsten Bau- und Funktionsteilen, oben eine zweiseitig symmetrische (zygomorphe) Blüte, rechts eine strahlig symmetrische (radiäre) Blüte.

UNTEN Zapfenaufbau: Detail der Schuppenanordnung im reifen Zapfen mit **1** Deckschuppe, **2** Samenschuppe und **3** Samen, der sich aus der befruchteten Eizelle entwickelt hat. Bei den Douglasien (*Pseudotsuga* spp., Zeichnung a und b) sind die beiden Schuppentypen verschieden gestaltet. Bei den Lebensbaum-Arten (*Thuja* spp., Zeichnung c und d) sind Deck- und Samenschuppe verschmolzen und bilden eine einheitliche Zapfenschuppe (**4**). Zeichnung a und c sind Seitenansichten des Längsschnitts, b und d Ansichten von oben. Als Samenschuppe bezeichnet man oft diejenige, die unabhängig von ihrer Entstehung im reifen Zapfen am auffälligsten ist.

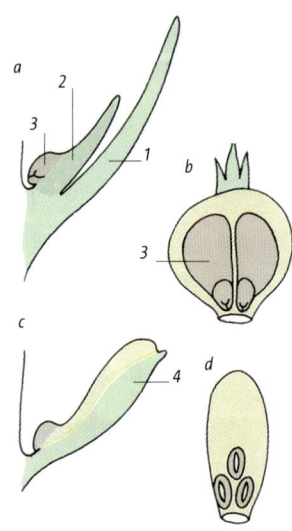

a
2
3
1
b
3
c
4
d

Mit dem Begriff Baumblüte verbindet man meist nur das Bild blühender Kirsch- und Mandelbäume (*Prunus* spp.), dazu auch von Apfelbäumen (*Malus* spp.) oder einiger weiterer dekorativer Parkgehölze. Tatsächlich entwickeln jedoch alle Laubbäume Blüten, denn sonst wäre keine sexuelle Fortpflanzung möglich. Die Vielfalt der Blütenformen zeigt der systematische Hauptteil dieses Buches.

In den feuchten Tropen blühen die Bäume artabhängig meist ganzjährig. Jede Art richtet sich in ihrer Blührhythmik auf die Präsenz der planmäßigen Bestäuber ein, auch wenn man diese noch nicht in jedem einzelnen Fall genau kennt. In den nördlichen, gemäßigten Breiten fällt die Baumblüte gewöhnlich in Frühjahr und Sommer. Darauf müssen sich die verschiedenen Hautflügler wie Bienen, Hummeln und Schwebfliegen entsprechend einrichten.

Die Blüte ist gleichsam das Vorspiel der Samenbildung und Fruchtreife. Botanisch gesehen ist die Frucht ein Fruchtknoten im Zustand der Reife. Die darin eingeschlossenen Samen enthalten eine embryonale Pflanze der nächsten Generation. Fremdbestäubung vorausgesetzt, enthält dieser pflanzliche Embryo infolge genetischer Rekombination ein anders zusammengesetztes Erbgut als die Elternpflanzen. Dieser Sachverhalt war in der Evolution der Arten äußerst bedeutsam und bleibt es für die Entwicklung neuer Genotypen für die Zwecke der Land- und Forstwirtschaft.

Ebenso wie die Blüten lassen sich auch die zahlreichen Varianten von Baumfrüchten in verschiedene Typen einteilen. So unterscheidet man beispielsweise die trockenen Schließfrüchte, darunter die Kapseln, von den eher fleischigen Früchten. Bei den Beerenfrüchten ist die gesamte Fruchtwand fleischig, bei den Steinfrüchten nur der mittlere Teil, während die innere Schicht steinhart wird und den Samen mit einer festen Wand umgibt. Nicht der Kirschkern ist also der Samen, sondern nur sein relativ weicher Inhalt.

Samenausbreitung

Die verschiedenen Fruchtformen versteht man nur, wenn man sie im ökologischen Zusammenhang mit der Samenausbreitung betrachtet. Die trockenen Kapselfrüchte der Pappeln und Weiden entlassen große Mengen winziger Samen an feinen, haarigen Fallschirmchen, die der Wind über große Entfernungen verfrachtet. Die fleischigen Beeren- und Steinfrüchte werden dagegen fruchtverzehrenden Tieren gleichsam zum Verzehr und als Nahrung angeboten. Vögel spielen in deren Ausbreitung eine bedeutende Rolle, wie so mancher Holundersämling an geradezu unwahrscheinlichen Wuchsplätzen zeigt. In solchen Fällen spricht man von Darmpassage, da die Vögel zwar das Fruchtfleisch verdauen, die Samen jedoch unbeschadet wieder ausscheiden und irgendwo absetzen.

Beide Strategien garantieren eine weiträumige Samenverfrachtung und sind in der Natur für die Ausbreitung (auch) der Gehölzarten von großer Bedeutung. Mitunter sind die Ausbreitungsmechanismen nicht so offensichtlich, beispielsweise bei den superschweren Samenkörnern der Rosskastanien (*Aesculus* spp.) oder anderen Früchten bzw. Samen, die für Tiere nicht unbedingt attraktiv erscheinen. Selbst die seltsamen Flügelfrüchte der Ahorn-Arten (*Acer* spp.) schaffen es jedoch, einen winzigen Embryo irgendwo fernab von der Mutterpflanze erfolgreich zu platzieren. Das Gleiche gilt für die Explosionsfrüchte des Sandbüchsenbaums (*Hura crepitans*) aus dem tropischen Amerika. Die extrem leichten Flügelfrüchte der Eschen, die geflügelten Samen der Kiefern oder die großflächigen Segelfrüchte der tropischen Baumfamilie der Bignoniaceae sind hinsichtlich der Reichweite sicherlich erfolgreicher. Die Kokosnuss, botanisch eigentlich eine Steinfrucht, ist ungewöhnlich schwer – sie wird überwiegend durch Meeresströmungen ausgebreitet.

Keimung

Wenn ein Same keimt und eine junge Pflanze zu wachsen beginnt, wirken sofort verschiedene Umweltfaktoren kontrollierend und steuernd ein. Bodenreaktion, Mineralstoffgehalt, Wasserführung und Temperatur müssen stimmen, wenn der Sämling überleben soll. Entscheidend ist jedoch ein Faktorengefüge, das man unter dem Sammelbegriff Konkurrenz bzw. Wettbewerb fassen kann. Darunter sind nicht nur die Wirkungen zahlreicher anderer eng benachbarter Pflanzen am gleichen Wuchsplatz zu verstehen, sondern auch die Effekte der Tierwelt und nicht zuletzt des Menschen. Das erste Mähen des Rasens im Frühjahr köpft gewöhnlich eine große Anzahl von Ahorn-Keimlingen oder von anderen Baumarten. Obwohl die meisten Samen im Nährgewebe oder in ihren Keimblättern einen gewissen Nährstoffvorrat enthalten, ist dieses Startkapital dann schon erschöpft, bevor der Sämling genügend erstarkt und selbstständig geworden ist. Erst nach diesen kritischen Phasen kann ein junger Baum schließlich frei heranwachsen. Bezeichnenderweise gehört also ein Baum während seiner Individualentwicklung nacheinander allen Schichten an, die den Stockwerkbau eines typischen Waldökosystems auszeichnen. Die Verlustraten auf den unteren Ebenen sind beträchtlich. Sie können nur durch eine genügend große Diasporenzahl (Früchte, Samen) ausgeglichen werden.

OBEN Die Flügeldoppelfrüchte des Spitz-Ahorns *(Acer platanoides)* sind bumerangförmig. Jeder geflügelte Teil ist eine eigene Frucht mit Samen und wird vom Wind über eine gewisse Entfernung verfrachtet.

UNTEN Kiefernzapfen, hier in unterschiedlichem Reifegrad zu sehen, sind das Ergebnis der Befruchtung weiblicher Blütenstände. Erst im Zustand der Vollreife öffnen sich die Schuppen und entlassen die dünnhäutig geflügelten Samen.

Die Winterknospe der Rosskastanie (*Aesculus hippocastanum*) ist von einer dichten Packlage klebriger und deswegen wasserabweisender Knospenschuppen umgeben. Im Inneren befinden sich die noch unentfalteten, aber schon weitgehend fertigen Blätter und Blütenstandsanlagen. Im Frühjahr wachsen die Knospenschuppen temperaturbedingt und geben ihr Innenleben frei, sodass sich Blätter und Blütenstände rasch entfalten können – vorausgesetzt, sie haben im Winter Tieftemperaturen erfahren und sind dadurch entsprechend konditioniert. Wenn man sie während des Winters unter gleichmäßig warmen Bedingungen hält, verharren die Knospen in ihrem Ruhezustand.

Das Wachstum der Bäume

Wie Bäume wachsen, ist ein äußerst komplexer Vorgang. Umfangreiche Abhandlungen hat man speziell diesem Gegenstand gewidmet. Die erfolgreiche Anzucht und Kultur besonders der fremdländischen Arten sind von besonderem Interesse für die Forstwirtschaft. Oft besteht das Hauptproblem darin, für eine bestimmte Art überhaupt einen geeigneten Standort zu finden. Teilweise hat man allerdings auch eher ungeeignet erscheinende Standorte für den erfolgreichen forstlichen Anbau nutzen können, wie die großflächigen Pflanzungen der Sitka-Fichte *(Picea sitchensis)* auf den nährstoffarmen Moorböden Nordeuropas zeigen. In natürlichen Waldbeständen besteht allerdings meist eine enge Beziehung zwischen den ökologischen Ansprüchen der Leitarten und den jeweiligen Bodeneigenschaften. Rot-Buche gedeiht vorzüglich auf Kalkböden, Stiel-Eiche eher auf schweren Lehmböden, Birke auf nährstoffarmen Sandböden und Erle entlang staunasser Bach- oder Flussufer. Das Gedeihen einer bestimmten Art hängt somit eng von den Standortbedingungen ab. Die ökologische Reichweite vieler weit verbreiteter Arten ist jedoch oftmals viel größer.

Am nachhaltigsten beeinflussen die Wasser- und die mineralische Nährstoffversorgung sowie die Temperatur das Gedeihen der Bäume, wobei Letztere oft der begrenzende Faktor ist. Diesen Zusammenhang zeigt vor allem das jahreszeitlich begrenzte Baumwachstum in den nördlichen Breiten. Daneben sind hier noch zwei weitere Aspekte des Lichtfaktors bedeutsam, einerseits die Tageslänge und andererseits die absolute Beleuchtungsstärke. Bei der Bewertung eines Standortes sieht man sich meist vor der schwierigen Aufgabe, im Gelände die Einflussstärke der höchst verschiedenen Umweltfaktoren voneinander zu unterscheiden, von denen jeder auf seine Weise das Wachstum beeinflusst.

Weil diese Unterscheidung in den seltensten Fällen möglich ist, begnügt man sich meist mit eindeutig messbaren Größen, beispielsweise mit den jährlichen Zuwachsraten, der Produktivität, der Nettoassimilationsrate oder anderen in eindeutige Zahlen zu fassenden Werten. Auf welche Weise die Bäume ihre Wachstumsleistungen erbringen, liegt außerhalb des Rahmens dieser kurzen Einführung. Daher mag es genügen zu erwähnen, dass das Kambium im Frühjahr (vgl. S. 15–16) durch die Wirkung bestimmter Pflanzenhormone (Auxine) in den

Knospen aktiviert wird. Während die gesamte Sprossachse und besonders das Meristem an der Sprossspitze aus ihrer Winterruhe erwachen, werden die im Vorjahr eingespeicherten Nährstoffvorräte aufgebraucht und Energie freigesetzt, die für Zellvermehrung und -vergrößerung benötigt wird. Unverzüglich beginnt der Kambiumring mit seiner Teilungstätigkeit und gliedert neue Xylem- und Phloemelemente ab. Diese wiederum ermöglichen einen raschen Transport der mobilisierten Nährstoffe und sonstiger Bedarfsstoffe zu den Verbrauchsorten in den Wachstumsregionen. In jeder Zelle setzt eine beträchtliche Stoffwechseltätigkeit ein. Dazu gehören Atmungsvorgänge, Fotosynthese, Proteinbiosynthese, die Baustoffanlieferung für neue Zellwände und viele andere zelluläre Vorgänge. Auf diesem Hintergrund ist leicht vorstellbar, welches komplexe Gefüge hier im Verborgenen am Werk ist.

Äußeres Zeichen dieser verborgenen Betriebsamkeit auf der Ebene der Zellen ist die Blattentfaltung im Frühjahr. Wenn man berücksichtigt, dass ein gewöhnliches Laubblatt aus etwa 15 Millionen Zellen besteht, begreift man ansatzweise das Ausmaß der unvorstellbaren Zellproduktion in jedem einzelnen Waldbaum. Nur die Summenereignisse dieser Abläufe sind zu sehen: Die Knospen brechen auf, und die Blätter entfalten sich. Triebe verlängern sich. Das gleichzeitig einsetzende Dickenwachstum der Stämme ist dagegen nicht so leicht wahrnehmbar. Bei raschwüchsigen Arten wie etwa bei Birken ist das rapide Längenwachstum in den ersten Jahren recht gut zu verfolgen. Mit zunehmendem Alter verlangsamt sich das Tempo jedoch, obwohl der Baum während seines gesamten Lebens jährlich allseitig wächst und an Masse zulegt. Zumindest in den gemäßigten Breiten liegt die jährliche Umfangzunahme der meisten Waldbäume in Brusthöhe (ca. 1,5 m) bei etwa 2,5 cm. Dies gilt natürlich nur für Bäume unter günstigen Standortbedingungen und ohne nennenswerte Behinderung im Kronenraum durch Überschattung. Mithilfe dieses Durchschnittswertes lässt sich umgekehrt das Alter eines stehenden Baumes abschätzen. Ein Baum mit einem Brusthöhenumfang von etwa 2,5 m ist demnach ungefähr 100 Jahre alt.

Einige Ausnahmen zu dieser Regel sind

– Riesenmammutbaum *(Sequoiadendron giganteum)*
– Küstenmammutbaum *(Sequoia sempervirens)*
– Libanon-Zeder *(Cedrus libani)*
– Küsten-Douglasie *(Pseudotsuga menziesii)*

Die Bildfolge zeigt den Lebenszyklus einer Douglasie *(Pseudotsuga menziesii)* vom Sämling bis zur forstlichen Holzernte. Forstlich genutzte Bäume werden im besten Alter und bei voller Vitalität lange vor dem natürlichen Ende gefällt.

a Junge Exemplare, etwa 8- bis 9-jährig, werden als Weihnachtsbäume verkauft.

b Im Alter von 30–40 Jahren beginnen die unteren Äste abzusterben. Der Baum kann jetzt für die Papierindustrie geerntet werden.

c Auch im Alter von 50–60 Jahren ist der Baum für die Papierindustrie von Interesse. Geradschäftige Stämme verwendet man auch als Masten.

d Mit etwa 100 Jahren nutzt man den Stamm als Konstruktionsholz oder schält ihn zu Furnieren.

e Nach etwas mehr als 100 Jahren verlangsamt sich das Wachstum, aber die Stämme sind immer noch als Bauholz zu verwenden. Ein ausgewachsener Baum erreicht eine Wuchshöhe von etwa 100 m.

f Nach einigen Jahrhunderten beginnt der natürliche Verfall; die Rinde löst sich ab, und das Holz verrottet.

g Schließlich sterben auch die oberen Kronenteile ab.

h Der Stamm ist durch Pilze so geschwächt, dass er von selbst zu Boden geht.

– Südbuche *(Nothofagus* spp.)
– Zerr-Eiche *(Quercus cerris)*
– Tulpenbaum *(Liriodendron tulipifera)* sowie
– Hybrid-Platane *(Platanus × acerifolia),*

die jährlich etwa 5–7,5 cm Umfangszunahme erreichen, während es bei

– Wald-Kiefer *(Pinus sylvestris)*
– Rosskastanie *(Aesculus hippocastanum)* sowie
– Holländische Linde *(Tilia × europaea)*

gewöhnlich weniger als 2,5 cm im Jahr sind.

In anderen geografischen Regionen herrschen abweichende Wuchsbedingungen vor. In den feuchten Tropen reichen zwei Jahre mehr oder weniger ununterbrochenen Wachsens aus, um einen Baum mehrere Meter hoch werden zu lassen. Am Rand der großen Wüstengebiete ist neben den hohen Temperaturen vor allem der Wassermangel ein wichtiger Kontrollfaktor des Wachstums. Nur wenige spezialisierte Arten gedeihen unter solchen

Bedingungen, und dazu gehören ausgesprochen langsamwüchsige Formen. In der hohen Arktis ist die Temperatur der einschneidenste Faktor. An windoffenen Küsten beeinflussen die ständige Windschur ebenso wie die Salzgischt das Wachstum und verformen die Bäume zu seltsamen Gestalten. Das Leben setzt sich offenkundig trotz aller Widrigkeiten durch. Umso größer ist die Überraschung, wenn parasitische Pilze wie die Ulmenpest *(Ceratocystis ulmi)* in kurzer Zeit in weiten Gebieten die meisten Ulmen absterben lassen. Trotz detaillierter Kenntnis der Baumbiologie sind solche Schädlingswellen kaum aufzuhalten, obwohl die Forstwirtschaft vorzugsweise heimische, resistente Arten verwendet und nach den Regeln des biologischen Waldbaus arbeitet. Mitunter ist sie jedoch ebenso machtlos wie im Fall der verheerenden Brände in den zundertrockenen Eukalyptuswäldern Australiens, die sich meist aus natürlichen Ursachen (Blitzschlag) entzünden.

a   b   c   d   e   f   g   h

Wälder

Zu etwa 30 Prozent bedecken Wälder die Kontinente, von den Tropen bis zu den hohen Breiten (auf der Nordhalbkugel bis etwa 70 Grad nördlicher Breite) und von Meeresniveau bis etwa 3800 m Höhe. Wo das Klima zu trocken, zu kalt oder zu rau ist, werden die Wälder durch Grasland, Moore, Tundren oder Trockengebüsche ersetzt. In diesen Vegetationsformen sind die Bäume von untergeordneter Bedeutung.

Wälder entwickeln sich überall dort, wo es eine genügend lange Vegetationsperiode mit Jahresdurchschnittstemperaturen nicht unter 10 °C gibt. Außerdem benötigen sie eine ausreichende Wasserversorgung und Windschutz.

Das Ökosystem Wald

Alle Wälder hängen in besonderem Maße von den regional vorherrschenden Bedingungen ab, beeinflussen aber auch umgekehrt ihren Standort und schaffen unterschiedliche Kleinklima, die wiederum auf andere Pflanzen und Tiere der Lebensgemeinschaft Wald wirken. Das Kronendach nimmt so viel Sonnenlicht auf oder strahlt es zurück, dass nur etwa ein Prozent bis zum Waldboden vordringt. Der Waldboden ist deshalb spürbar kühler als im Freiland. Baumbestände dämpfen wirksam die Windgeschwindigkeit. Im Wald ist es daher feuchter. Außerdem ziehen zahlreiche Tierarten den Schutz im Wald dem offenen Freiland vor. Auch der Boden wird von den Waldbäumen beeinflusst. Die Wurzeln entnehmen große Mengen Wasser, und die herabfallende Laubstreu bestimmt die physiko-chemischen Bodeneigenschaften. Laubstreu wird durch Bodenorganismen in Humus umgewandelt, und dieser dient wiederum als mineralische Nährstoffreserve für das Baumwachstum. Blätter mit hohem Gehalt an organischen Säuren oder stärker ligninhaltige Strukturen wie die Nadelblätter zersetzen sich jedoch nur langsam, bilden eine Rohhumusauflage und lassen den Waldboden versauern. Weichere, weniger säurehaltige Blätter vermodern dagegen ziemlich rasch und bilden tiefgründige, nährstoffreiche Mullböden. Die Mykorrhizen (vgl. S. 17) führen ihren Bäumen Mineralstoffe zu, die von zersetzenden Pilzen aus der Streu gewonnen werden. Dadurch werden die Waldbäume weniger abhängig von der jeweiligen Bodenqualität. In den meisten Waldgesellschaften ist der größte Teil der Nährstoffvorräte im lebenden Gewebe der Bestandsmitglieder enthalten. Durch ständiges Materialrecycling über die verschiedenen Nahrungsketten bleibt der Gesamtvorrat an mineralischen Nährstoffen in natürlichen Wäldern auch über längere Zeiten relativ konstant. Abholzung unterbricht diese Stoffkreisläufe und verschwendet die Stoffvorräte. Damit werden nicht nur die Lebensräume selbst zerstört, sondern auch die Bodenfruchtbarkeit. Dann veröden ganze Landstriche.

Forstlich und ökologisch unterscheidet man im Wald verschiedene Stockwerke. Das Kronendach stellen die Kronen der höchsten Waldbäume. In manchen Wäldern, beispielsweise im Tieflandregenwald, überragen einzelne besonders lichtbedürftige Urwaldriesen das Hauptkronendach. Unter der oberen Kronenschicht kann sich je nach Waldtyp eine zweite aus kleineren Bäumen entwickeln. Weiter unten folgt dann die Strauchschicht, die meist aus schattenverträglichen Arten zusammengesetzt ist. Die Krautschicht mit Farnen, Waldgräsern und Waldmoosen bilden die unterste Lage grüner Pflanzen. Bei sommergrünen Wäldern findet meist ein eindrucksvoller Aspektwechsel statt: Nur im Frühjahr breiten sich die Blütenteppiche der Waldbodenpflanzen aus. Meist wird übersehen, dass auch der Waldboden eine eigene und höchst lebendige Schicht darstellt – hier wachsen vor allem die unentbehrlichen Bodenpilze.

Walddynamik

Im globalen Maßstab ist die Artenzusammensetzung eines Waldes vor allem vom Klima bestimmt. Regional sind dagegen eher die vorherrschenden Bodeneigenschaften wirksam. Kleinräumig betrachtet entfaltet jeder Wald seine eigene Dynamik. Unter dem schattigen Kronendach gedeihen nur Waldbodenpflanzen, die mit wenig Licht auskommen und die starke Wurzelkonkurrenz ertragen. Viele Waldbäume haben große, nährstoffreiche Samen. Ihre Keimlinge können sich daher auch im Schatten entwickeln und so im Wettbewerb mit konkurrierenden Pflanzen bestehen. Sogenannte Starklichtarten gedeihen dagegen nur in den besser durchlichteten Bestandslücken, die auf Lichtungen durch Kronenbruch, Feuer oder Erdrutsche entstehen. Die Samen solcher Arten sind oft nur recht klein, äußerst zahlreich und vom Wind verfrachtet. Da solche Arten die Bestandslücken auffüllen, bezeichnet man sie auch als Pionierarten. In den Wäldern der gemäßigten Breiten Europas sind es beispielsweise Birken, Hainbuchen und Eichen, während Ahorn, Buchen und Eschen eher als Schattholzarten gelten. Auf die Pioniere folgen die Schattholzarten und ersetzen sie schließlich. So umfasst ein Wald immer Phasen der Lückenfüllung, der Reife und des Verfalls. Ein natürlicher Wald besteht somit aus einem Mosaik verschiedenaltriger Baumgruppen. In Raum und Zeit herrscht hier also eine beachtliche Dynamik, die erst

OBEN Konkurrenzstarke Sämlinge einer Schattholzart füllen allmählich eine Bestandslücke aus.

LINKE SEITE Die beeindruckenden Herbstfarben von Ahorn, Birke und Buche verzaubern einen Berghang im Cape Breton Highlands National Park / Kanada.

das vor wenigen Jahren von den Waldökologen entwickelte Mosaik-Zyklus-Konzept angemessen verdeutlicht. Der moderne Waldbau und die forstliche Nutzung berücksichtigen diese Sachlage in zunehmendem Maße.

Auf diesem Hintergrund erscheint es mehr als zweifelhaft, ob es in einem Wald überhaupt ein stabiles Gleichgewicht oder eine Artkonstanz gibt. Nur eine Katastrophe oder auch ein Klimawandel können hier früher oder später zu größeren Veränderungen führen. Im Übrigen ist auch die nacheiszeitliche Wiederbewaldung noch lange nicht abgeschlossen – viele Baumarten weiten ihr Verbreitungsgebiet immer noch polwärts aus, nachdem sie sich während der Vereisungszeiten auf südliche Rückzugsgebiete beschränken mussten. Das Waldbild der Gegenwart kann daher sicherlich keine Beschreibung eines Endzustandes sein, sondern lediglich eine Momentaufnahme aus einem höchst dynamischen Gesamtablauf.

Die Wälder der Erde

Auf etwa 50 Millionen km² Festlandsfläche der Erde stellen Wälder die Endstufe der natürlichen Vegetationsentwicklung – die sogenannte Klimavegetation – dar, obwohl der Mensch seit Jahrtausenden nachhaltig eingreift und auch in Europa weite Flächen völlig entwaldet hat. In der Biogeografie teilt man die Biosphäre in verschiedene Großlebensräume, Klimagürtel oder Biome ein. In Gebieten mit einem anderen Klima haben auch die vorherrschenden Wälder ein anderes Aussehen. Andererseits können sich die Erscheinungsbilder der Wälder ähneln, auch wenn sie auf verschiedenen Kontinenten wachsen und aus anderen Arten aufgebaut werden.

Die weltweit artenreichste Waldgesellschaft ist der tropische Tieflandregenwald. Hohe Temperaturen und eine konstant hohe Luftfeuchtigkeit lassen in diesem Großlebensraum unglaublich viele Arten gedeihen. Eigenartigerweise ist die enorme Wüchsigkeit nicht nachhaltig nutzbar. Wenn man den Regenwald rodet, werden die wenigen im Boden enthaltenen Nährstoffe von den Regenfällen rasch ausgewaschen. Eine landwirtschaftliche Nutzung ist daher nur sehr kurzfristig möglich.

NATURWALDREGIONEN DER ERDE

Die Kartendarstellung zeigt die Verbreitung der Hauptwaldtypen vor dem Eingreifen des Menschen.

- Immergrüne tropische Regenwälder
- Mediterrane Hartlaubvegetation
- Regenwald der gemäßigten Breiten
- Sommergrüne Wälder der gemäßigten Breiten
- Borealer Nadelwald
- Jahreszeitlich trockener (halb immergrüner) Monsunwald der Tropen

Tropischer Regenwald

Tropische Regenwälder kommen zwischen 25° nördlicher und südlicher Breite vor und nehmen heute (noch) etwa 18 Millionen km² Fläche ein. Sie verteilen sich auf drei große Gebiete auf verschiedenen Kontinenten, das Amazonasbecken, die Guinea-Kongo-Region und Südostasien (Malayischer Archipel) von den westlichen Ghats (Indien) bis zu den gebirgigen Inseln des westlichen Pazifik. Kleinere Regenwaldgebiete finden sich in der Küstenregion Brasiliens, in Mittelamerika und der Karibik, ferner im östlichen Madagaskar und auf den Maskarenen. Regenwälder gedeihen in Regionen mit einer Jahresdurchschnittstemperatur von über 20 °C und einer jährlichen Niederschlagsmenge von mehr als 2000 mm bei mindestens 100 mm im trockensten Monat. Die Böden dieser Wälder sind tiefgründig verwittert, aber ausgelaugt und ziemlich nährstoffarm.

Regenwälder sind überaus artenreich. An den Ostflanken der Anden hat man auf einem Hektar 307 verschiedene Baumarten gezählt. In diesem Biom leben schätzungsweise mehr als 100000 verschiedene Pflanzenarten. Ständig werden neue Arten entdeckt und beschrieben. In allen drei großen Regenwaldgebieten kommen vor allem zahlreiche Arten der Fabaceae, Myrtaceae und Euphorbiaceae vor, während in den südostasiatischen Regenwäldern die Dipterocarpaceen und in Südamerika die Lecythidaceae vorherrschen.

Tieflandregenwälder stellen den nach Aufbau und Artenzahl komplexesten Waldtyp dar. Das Hauptkronendach entfaltet sich in etwa 30–50 m Höhe, einzelne Riesen überragen es bis zu 60–80 m. Darunter gedeihen kleinere Bäume, ferner Palmen und Baumfarne. Baumsämlinge sind zahlreich, aber nur an den Waldrändern oder auf Kahlhiebflächen können sie sich rasch entwickeln. Kletterpflanzen (Lianen) sind häufig. Viele Arten stützen ihre schlanken, hohen Stämme mit breiten Brettwurzeln. Epiphyten, in der Hauptsache Orchideen, Farne und – in Amerika Bromelien sowie Kakteen – sind häufig und zahlreich.

Drei weitere und vom Tieflandregenwald verschiedene Regenwaldtypen verdienen Erwähnung:

Heidewald (Catinga und Campos in Südamerika) gedeiht auf gut wasserzügigen, nährstoffarmen, sauren Sandböden und besteht aus dicht wachsenden, eher kleineren Bäumen. Im Extrem reicht das Kronendach nur bis zu 5 m hoch. Die festen, ledrigen Blätter sind meist kleinflächig und reflektieren stark das auftreffende Sonnenlicht. Sie vermodern nur sehr langsam und bilden daher am Waldboden eine mächtige Streuauflage. Strukturell sind diese Heidewälder vom Tieflandregenwald grundverschieden, sind weniger artenreich, enthalten aber zahlreiche, nur hier vorkommende Baumarten.

obere Kronenschicht
50 m

40 m

Hauptkronenschicht
30 m

20 m

10 m
Unterwuchs

Schichtenbau eines afrikanischen Tieflandregenwaldes: Die Hauptkronenschicht ist dicht geschlossen, sodass dem Unterwuchs nur wenig Licht bleibt. Die hochwüchsigen Bäume haben meist sehr schlanke Stämme, ihre Äste greifen vor allem im Kronenraum ineinander und stützen sich. Den das Hauptdach überragenden Bäumen fehlt dieser wechselseitige Halt. Stattdessen entwickeln sie meist ausgeprägte Brettwurzeln.

Berglandregenwald oder Gebirgsnebelwald, der manchmal auch Wolkenwald genannt wird, stockt in den tropischen Gebirgen in oder oberhalb der Wolkendecke, die sich regional verschieden zwischen 600 und 3000 m erstreckt. Typisch ist ein vergleichsweise niedriges, aber dichtes Kronendach aus Baumarten mit kleinen, lederigen Blättern ähnlich wie im Heidewald. Man vermutet daher, dass die Baumarten trotz anderer klimatischer Verhältnisse ökologisch unter dem gleichen Druck stehen. Im Unterschied zum Heidewald sind die Bäume im Gebirgsnebelwald jedoch dicht von Epiphyten umhüllt, worunter sich zahlreiche seltene Orchideenarten finden. Auch der Waldboden ist von krautigen Arten und Moosen bewachsen. Oft entwickeln sich hier mächtige Torfpakete.

Mangrove ist ein tropischer Gezeitenwald an tidebeeinflussten Weichbodenküsten. Er bildet an fast allen tropischen Küsten einen bis mehrere Kilometer breiten Gürtel. Typisch sind immergrüne, dicke, lederige Blätter. Vielfach entwickeln sich die Sämlinge der Mangrovegehölze noch auf der Mutterpflanze und wurzeln sich beim Herabfallen rasch im weichen Boden ein. Mehrere Typen von Luftwurzeln verankern die Bäume im weichen Sediment. Außerdem kommen hier Atemwurzeln (Pneumatophoren) vor, da die tieferen Bodenschichten nahezu sauerstofffrei sind.

Bis vor etwa 50 Jahren hielt sich die Nutzung der tropischen Regenwälder in Grenzen. Seither haben eine wachsende Bevölkerungsdichte und der gesteigerte Bedarf an Landwirtschaftsfläche die Regenwälder stark dezimiert und bedrohen dieses empfindliche Ökosystem auch weiterhin auf allen Kontinenten. Rund 40 Prozent der Tieflandregenwälder sind bereits verschwunden. Einige Länder, die zuvor mit ihren eigenen Holzvorräten wirtschaften konnten, sind unterdessen infolge Misswirtschaft und fehlender Wiederaufforstung zu Importgebieten geworden.

Ranger haben im warm-gemäßigten Nadelwald des Yosemite National Parks in Kalifornien/USA gezielt einen Waldbrand gelegt, um die Streu des Waldbodens zu vermindern und die Keimung neuer Sämlinge zu erleichtern.

Die Stein-Eiche *(Quercus ilex)* übersteht die jahreszeitliche Trockenheit der Estremadura in Spanien. Die meisten Stein-Eichenwälder wurden hier zwischen dem 16. und 19. Jahrhundert gerodet.

Jahreszeitlich trockene Tropenwälder

Sie werden auch Monsun- oder Savannenwälder genannt und erstrecken sich in einem breiten Gürtel nördlich und südlich der Regenwaldgebiete, die in Indien sogar bis auf 30° nördlicher Breite reichen. Dieses Biom bedeckt ungefähr eine Fläche von 7,5 Millionen km². Die jährlichen Durchschnittstemperaturen betragen etwa 20–30 °C, der jährliche Niederschlag liegt bei 1500–2500 mm. Lediglich der Wechsel trockener und feuchter Jahreszeiten unterscheidet diesen Waldtyp vom Regenwald, wobei die winterliche Trockenzeit vier bis sechs Monate dauern kann. Während der Trockenzeit werfen viele Baumarten ihre Blätter ab und gehen bis zur nächsten Feuchtperiode in eine Ruhephase über. Die Blüte findet meist unmittelbar vor dem Blattaustrieb statt, sodass die Wälder in dieser Zeit geradezu spektakulär bunt sein können. Im Vergleich zu den Regenwäldern sind die Trockenwälder niedriger.

Ihr Kronendach erreicht nur selten 30 m. Die Bäume sind kleiner, und nur wenige Individuen überragen den geschlossenen Bestand. Lianen und Epiphyten sind seltener. Die Trockenwald-Baumarten sind zwar oft enge Verwandte der Regenwaldbäume, aber ihr Artenreichtum ist geringer und die Bestandsstruktur einfacher.

Trockenwälder finden sich im gleichen Klimagürtel wie die Savannen, aber überwiegend auf etwas fruchtbareren Böden. Alle Savannenbäume sind an Feuer angepasst. Durch Waldbrände kann sich ein Trockenwald in eine Savanne wandeln. Schon seit Längerem sind die tropischen Trockenwälder unter menschlichem Einfluss stärker zurückgedrängt worden als die Regenwälder, weil sich ihre Standorte bei angenehmerem Klima viel besser für die landwirtschaftliche Nutzung eignen. Sie sind einfacher zu roden, weil sie weniger Biomasse aufweisen. Weltweit sind daher nur wenige Trockenwaldgebiete geblieben. So sind beispielsweise nur noch zwei Prozent der mittelamerikanischen Regenwälder ökologisch intakt gegenüber etwa 65 Prozent amazonischem Regenwald.

Mediterraner Hartlaubwald

Er gedeiht in Regionen mit ausgeprägtem Winterregenmaximum und nimmt etwa 1,8 Millionen km² Fläche ein. Außer in einem schmalen Streifen rund um das Mittelmeer findet man diesen Waldtyp an den Südostküsten Afrikas, Australiens und Südamerikas sowie entlang der kalifornischen Küste. Die Sommer sind trocken und heiß, die Winter dagegen mild und feucht. Die jährliche Niederschlagsmenge liegt bei 500–1000 mm, trifft aber unregelmäßig ein, sodass es Perioden mit beachtlicher Wasserknappheit gibt. Das Frühjahr ist die Hauptwachstums- und Blühsaison. Die Vegetation besteht aus einem Mosaik von Talwäldern, lückigem Wald, verschiedenen Gebüschformationen und offenem Grasland. Eichen-Arten dominieren den Hartlaubgürtel im Mittelmeergebiet und in Kalifornien. Eukalyptus-Arten sind die Leitformen in Australien, Südbuche *(Nothofagus* spp.) und Akazien *(Acacia* spp.) in Südamerika sowie Ölbaum *(Olea* spp.), Eisenholz *(Sideroxylon* spp.) und Sumach *(Rhus* spp.) in Südafrika. Viele Arten tragen kleine, harte, graugrüne und eventuell stärker behaarte Blätter mit minimalem Wasserverlust während der Trockenzeiten. Obwohl dieses Biom nur eine kleine Fläche einnimmt, ist die hier vertretene Artenzahl beachtlich.

Der Mittelmeerraum ist seit der Antike eine der kulturellen Wiegen der Menschheit. Rodung mit anschließender Bodenerosion hat in vielen Gebieten die ursprüngliche Vegetation vernichtet. Ursprünglich wuchsen hier ausgedehnte Bestände der bis zu 18 m hohen Stein-Eiche *(Quercus ilex)* mit artenreichem Unterwuchs aus Sträuchern und Kräutern. Diese Wälder sind auf vielen ehemaligen Standorten weitflächig durch Gebüschformationen ersetzt, die man als Macchie bezeichnet. Sie sind bemerkenswert artenreich, werden aber durch häufige Brände ebenso zerstört wie durch starke Beweidung. Unter diesen Bedingungen entwickeln sie sich gewöhnlich zur niedrigwüchsigen Garrigue. Diese mediterrane Strauchvegetation ist nicht auf das Mittelmeergebiet beschränkt: In Kalifornien nennt man sie chaparral; in Chile heißen sie matorral und in Südafrika fynbos.

Sommergrüne Laubwälder der gemäßigten Breiten

Für die meisten Menschen der Nordhemisphäre sind die sommergrünen Laubwälder der vertrauteste Waldtyp. Diese Wälder bilden die natürliche Vegetation großer Gebiete in Europa, im östlichen Nordamerika, im südlichen Südamerika sowie im südöstlichen Australien und in Neuseeland. Zusammen nehmen sie etwa 7 Millionen km² Fläche ein. In ihrem Wuchsgebiet beträgt die Jahresdurchschnittstemperatur 5–20 °C, während die jährlichen Niederschlagsmengen zwischen 500 und 2500 mm ausmachen. Die Niederschlagsverteilung über die Jahreszeiten variiert allerdings beträchtlich. Winterfröste sind häufig, und in einigen Teilgebieten sind die Winter lang und sehr kalt.

Die Leitarten der sommergrünen Laubwälder sind auf der Nordhalbkugel Eichen (*Quercus* spp.), Buchen (*Fagus* spp.), Ahorn (*Acer* spp.) und Ulmen (*Ulmus* spp.). In Südamerika und Neuseeland sind es die Südbuchen (*Nothofagus* spp.) und in Australien die zahlreichen *Eucalyptus*-Arten. Im östlichen Nordamerika erstreckt sich die Laubwaldzone in einem vergleichsweise schmalen Streifen von Florida bis Kanada. In Ostasien stocken sie in Nordjapan und den gegenüberliegenden Festlandbereichen. Hier unterscheidet man zahlreiche Waldgesellschaften. In Europa sind sie dagegen relativ einheitlich und außerdem artenarm. Viele Laubbaumarten wurden hier während der Eiszeiten von den großen ost-westlich verlaufenden Faltengebirgen (Pyrenäen, Alpen, Karpaten) daran gehindert, weiter südlich liegende Überdauerungsräume zu erreichen und starben daher aus.

Im Aufbau sind die Laubwälder ziemlich ähnlich. Meist reicht die Kronenschicht 20–30 m hoch. Der Unterwuchs besteht aus nur wenigen Straucharten und teilweise aus dichter Krautvegetation. Da während des unbelaubten Zustandes viel Licht bis zum Waldboden vordringt, können hier zumindest jahreszeitlich befristet zahlreiche Bodenpflanzen gedeihen.

Der Blattabwurf im Herbst ist eine Anpassung an die tiefen Wintertemperaturen und Schwierigkeiten der Wasserversorgung bei Frost. Vor dem Blattabwurf wird das Blattgrün (Chlorophyll) abgebaut, während neue Pigmente wie Carotenoide und Anthocyane entstehen und spektakuläre Farbspiele zustande bringen. Auslösendes Signal sind nicht die tieferen Temperaturen der Herbsttage, sondern die abnehmende Tageslänge. Ebenso ist die wiederum zunehmende Tageslänge im Frühjahr an der Steuerung des Laubaustriebs beteiligt, sodass die Knospen an warmen Wintertagen nicht vorzeitig aufbrechen. Um genügend Stoffvorräte durch Fotosynthese anlegen zu können, benötigen die Laub werfenden Gehölze eine Vegetationsperiode von mindestens 200 Tagen Dauer.

In Europa und seit dem 18. Jahrhundert auch in Nordamerika wurden die Wälder in weiten Gebieten gerodet. In den letzten Jahrzehnten hat man jedoch in vielen Gebieten umfangreiche Aufforstungen ehemaliger landwirtschaftlicher Nutzflächen vorgenommen. Auch in Deutschland hat der Waldflächenanteil seit dem Zweiten Weltkrieg beträchtlich zugenommen. Der Vergleich neuer Aufnahmen mit älteren Fotos der gleichen Gegend ist in dieser Hinsicht äußerst aufschlussreich.

Die Meereshöhe bestimmen ebenso wie die geografische Breite den Waldtyp. Die Espe (*Populus tremuloides*) ist die Leitart der Gebirgswälder in Colorado/USA und gedeiht besonders in kühleren Klimazonen. Ihre Verwandte, die Zitter-Pappel (*Populus tremula*), bildet in Europa keine Reinbestände, sondern ist lediglich Pionier- oder Begleitart.

Immergrüne Regenwälder der gemäßigten Breiten

Dieser Großlebensraum ist in mehrere Teilgebiete zerlegt. Den größten Flächenanteil findet man in den Küstengegenden des westlichen Nordamerika von Kalifornien bis Alaska. Kleinere Bereiche finden sich im südöstlichen Australien, in Tasmanien, Neuseeland und Chile. Die jährlichen Niederschlagsmengen übersteigen 2000 mm und verteilen sich gleichmäßig über das ganze Jahr. Alle Teilgebiete haben milde, ozeanisch beeinflusste Klimate, und die Temperaturen fallen selten unter den Gefrierpunkt.

In Kalifornien reichen die Regenwälder wegen der häufigen Sommernebel bis in das Verbreitungsgebiet der mediterranen Hartlaubvegetation. Bemerkenswerteste Leitart ist hier der Küstenmammutbaum *(Sequoia sempervirens)*, mit bis über 110 m Wuchshöhe eine der größten Baumarten der Welt. Auch die übrigen Leitarten dieses Bioms sind immergrün, darunter die Küsten-Douglasie *(Pseudotsuga menziesii)*, der Riesen-Lebensbaum *(Thuja plicata)* sowie verschiedene Fichten- *(Picea* spp.) und Tannen-Arten *(Abies* spp.). Die meisten dieser Baumarten sind bemerkenswert langlebig. In Australien ist neben anderen Arten der Karri *(Eucalyptus diversicolor)* eine der wichtigsten Leitformen, in Tasmanien und Neuseeland sind es die Südbuchen *(Nothofagus* spp.) und in Chile zusätzlich die Gattung *Fitzroya*. Der Artenreichtum ist gewöhnlich geringer als in den sommergrünen Laubwäldern der gemäßigten Zonen.

Das Kronendach erstreckt sich meist in 40–60 m Höhe, die Baumstämme erreichen bis zu 20 m Umfang. Nur wenig Licht dringt bis zum Waldboden vor, und die Streu bildet einen sauren Moder. Nur wenige krautige Arten gedeihen dort neben den Baumsämlingen.

Wegen ihrer beträchtlichen Holzvorräte sind diese Wälder kommerziell äußerst attraktiv und daher in vielen Teilgebieten abgeholzt worden. Infolgedessen sind unterdessen auch zahlreiche Tierarten gefährdet, beispielsweise mehrere Eulen- und Spechtarten. Heftige Auseinandersetzungen zwischen Umweltschützern und der Holzwirtschaft sind regelmäßig in den Medien. Unterdessen sind auch in den USA und in Kanada umfangreiche Wiederaufforstungen im Gange.

Boreale Nadelwälder

In Eurasien bezeichnet man die Wälder dieses Bioms als Taiga. Sie erstrecken sich auf der Nordhemisphäre in einem (ursprünglich) geschlossenen Band bei etwa 60° nördlicher Breite von Norwegen bis zur russischen Pazifikküste und von den Küsten Alaskas bis Neufundland. Kleinere Vorkommen dieses Waldtyps finden sich in den Hochgebirgen, darunter in den Alpen, den Appalachen und in Teilen des Himalaya. Auf der Südhalbkugel haben sie keine Entsprechung, weil es hier in vergleichbar geografischer Breitenlage keine großen Landmassen wie auf der Nordhalbkugel gibt.

Insgesamt nehmen die borealen Wälder eine Fläche von rund 12 Millionen km² ein. Die Jahresdurchschnittstemperatur beträgt nur −5 bis 5 °C, die jährlichen Niederschlagsmengen summieren sich auf 200–2000 mm. Die Winter sind sehr lang und kalt. In Zentralsibirien sinken die Temperaturen bis auf −50 °C.

In Aufbau und Bestandsstruktur sind diese Wälder ziemlich einfach. Der Kronenraum erstreckt sich in 30–40 m Höhe. An den nördlichen Verbreitungsgrenzen sowie im Hochgebirge bleiben die Wuchshöhen jedoch kleiner. Leitarten dieser immergrünen Wälder sind Fichten *(Picea* spp.), Kiefern *(Pinus* spp.) und Tannen *(Abies* spp.), in den kältesten Regionen Sibiriens auch Lärchen *(Larix* spp.). Die Strauchschicht bilden einige immergrüne Arten wie Wacholder *(Juniperus* spp.) und verschiedene Vertreter der Heidekrautgewächse. Daneben kommen aber auch zahlreiche Weiden- und Erlen-Arten vor. Am Waldboden entwickeln sich oft mächtige Torfpakete.

Feuer ist einer der wichtigsten Störfaktoren, überwiegend ausgelöst durch Blitzschlag. Die hochwüchsigen Bäume sind dagegen mäßig geschützt, beispielsweise durch eine besonders dicke Borke. Außerdem öffnen sich die Zapfen einiger Arten erst nach kurzer Hitzeeinwirkung. In den durch Brand entstandenen Bestandslücken setzt dann rasch die Keimung des Samendepots ein. Daher zeigen auch die ausgedehnten Nadelwälder der borealen Zone kein einheitliches Aussehen, sondern bestehen überwiegend aus einem Mosaik ungleichaltriger Bestände. In jüngster Zeit hat man vor allem in Russland mit einer intensiven Abholzung der riesigen Waldgebiete begonnen.

Verschiedene Nadelbaumarten, darunter die Engelmann-Fichte *(Picea engelmannii)* und die Dreh-Kiefer *(Pinus contorta)*, gedeihen an der Baumgrenze im Bryce Canyon National Park in Utah / USA.

Baum und Mensch

Seit Urzeiten entnehmen die Menschen den Wäldern Material zum Hausbau, für Möbel, Zäune und als Brennstoff. Erst im vorletzten Jahrhundert begann man über eine nachhaltige Bewirtschaftung der Wälder nachzudenken, und erst in jüngster Zeit ist die Endlichkeit dieser Ressourcen deutlich geworden.

Wälder bedecken heute (noch) etwa ein Drittel der Landfläche. Sie sind in Artenzusammensetzung und Bestandsstruktur außerordentlich verschieden und umfassen zwergwüchsige Gehölze mit fast unmerklichem Zuwachs in der Arktis ebenso wie die enorm artenreichen tropischen Regenwälder. Ausgedehnte Gebiete dichter Nadelwälder in Nordeuropa und in Nordamerika gehören ebenso zum Bild wie die offenen Baumbestände der Savannen und anderer Trockengebiete der Erde.

Forstwirtschaft

Den Weltvorrat an Holz schätzt man auf 386 Milliarden m³, davon etwa zwei Drittel Laub- und ein Drittel Nadelholz. Der gesamte jährliche Einschlag beträgt etwa 3,4 Millionen m³, etwa ein Drittel davon Nadelholz. Mehr als die Hälfte werden als Brennholz verfeuert.

Den enormen Reichtum der Wälder hat der Mensch praktisch seit Beginn seiner Kulturgeschichte ausgebeutet und die ursprüngliche Waldfläche dabei auf weniger als die Hälfte reduziert. Schon in der Jungsteinzeit wurden kleinere Waldflächen mit Feuer und Werkzeug für den Anbau von Nutzpflanzen gerodet. Man befestigte die Ansiedlungen mit Holzkonstruktionen gegen wilde Tiere und verfeindete Gruppen. Noch zu Beginn der Eisenzeit war West- und Mitteleuropa weithin von Wald bedeckt – Fichten, Kiefern und Birken in Skandinavien, Buchen und Eichen in Mitteleuropa, Kiefern in West- und Südeuropa. Der Mensch nutzte die Holzvorräte als Baumaterial, aber auch zur Gewinnung von Holzkohle für die beginnende Metallverarbeitung. Rodungsflächen dienten fortan nicht nur dem Pflanzenbau, sondern auch als Weideflächen für die Haustiere. Später trieb man die Haustierherden gleich in den Wald und beschleunigte damit seinen Niedergang. Die Ausbeutung ist längst noch nicht zu Ende. Jährlich werden weltweit etwa 10 Millionen Hektar Waldfläche vernichtet – durch Holzeinschlag (Russland, Nordamerika) oder durch Wanderfeldbau (Afrika, Südamerika, Asien). Andererseits hat man in den gemäßigten und nördlichen Breiten die Waldflächen durch gezielte Aufforstung seit dem 19. Jahrhundert zumindest in Teilgebieten auch wieder vermehrt.

Mit zunehmender Industrialisierung ist der Holzbedarf weltweit beträchtlich gestiegen. Außer als Bau- und Konstruktionsmaterial verwendet man Holz jetzt auch für andere technische Zwecke, etwa für Papier, Pappe oder diverse Verbundwerkstoffe. Angesichts der rapide wachsenden Weltbevölkerung ist von einem steigenden Bedarf an Holz und Holzprodukten auszugehen, sodass die Waldflächen weltweit weiterhin schwinden werden.

Außer der Bereitstellung von Holz erfüllen die Wälder zahlreiche weitere Aufgaben, die für das Wohlergehen des Menschen von grundlegender Bedeutung sind. Wälder verhindern die Bodenerosion, bremsen Lawinen und dämmen Hochwässer ein. Sie schützen landwirtschaftliche Nutzflächen und mildern das lokale Kleinklima. Sie greifen regulierend in den Wasserhaushalt der Landschaft ein und filtern die Luft. Schließlich sind sie Lebensraum zahlreicher Pflanzen- und Tierarten, die ihrerseits eine wertvolle Ressource darstellen. Spricht man von Schönheit und Reiz einer Landschaft, sind fast immer die eingestreuten Baumgruppen oder größeren Waldgebiete einer Region gemeint. Für die wachsende Stadtbevölkerung nicht nur der Ballungsgebiete sind Wälder als Erholungsräume unentbehrlich.

Die moderne Forstwirtschaft sieht sich damit vor dem Problem, wie sie einerseits die wirtschaftliche Nachfrage nach Holz erfüllen, andererseits aber auch die Waldökosysteme schützen und entwickeln soll, um alle Wohlfahrtswirkungen des Waldes zu sichern, die gewöhnlich nicht direkt in finanziellen Größenordnungen auszudrücken sind. Diese Herausforderung ist nur auf der Basis einer mittel- und langfristigen verantwortlichen Forstpolitik zu begegnen. Die Lösung kann nur darin bestehen, auf der Grundlage wissenschaftlich gesicherter Erkenntnisse eine nachhaltige Bewirtschaftung der Wälder zu praktizieren, die nicht mehr Material entnimmt, als das Ökosystem in der gleichen Zeit bereitstellen kann. Wirtschaft und Sicherung der Umwelt müssen sich daher unbedingt ausgleichen.

Waldbau ist die Kunst, einen Wald einzurichten und nach ökologischen Gesichtspunkten zu pflegen. Dazu gehören ein umfassendes Wissen von Bau und Leben der Waldbäume und der zahlreichen, miteinander vernetzten Umweltfaktoren. Jede Baumart stellt an ihren Wuchsplatz unterschiedliche ökologische Ansprüche, erträgt Extreme des Bodens oder des Klimas auf unterschiedliche Weise und reagiert entsprechend mit unterschiedlichen Ertragsleistungen. In Kenntnis dieser Faktorengefüge muss die Forstwirtschaft Aufbau und Entwicklung der Wälder eines bestimmten Gebietes verantwortungsvoll lenken.

Auch wenn ein neuer Bestand begründet ist, benötigt er weiterhin ständige Pflege und Fürsorge. Regelmäßige Durchforstung entnimmt überzählige Stämme und schafft Freiraum für eine bessere Entwicklung der verbleibenden. Zur Zeit der Hiebreife gilt die Aufmerksamkeit der nächsten Baumgeneration. Dazu gehören die Förderung der Naturverjüngung, die Nachpflanzung der gleichen oder einer anderen Baumart nach der Stammentnahme sowie ein schützender Altbestand, unter dem

OBEN Die nordamerikanische Sumpf-Kiefer *(Pinus palustris)* ist relativ unempfindlich gegen Waldbrände. Sie überlebt daher auch planmäßig gelegte Feuer, die – wie hier in Florida – der Bekämpfung nicht heimischer Straucharten dienen. Die aufkeimenden Sämlinge profitieren von der Düngewirkung der Asche.

LINKE SEITE Bäume beleben die Stadtlandschaft, besonders wenn sie in Wuchshöhe und Kronengestalt mit der Bebauung harmonieren. Das Bildbeispiel stammt vom Campus der Universität von Minnesota in Minneapolis/USA.

Aufforstung ist die Wiederbegründung von Waldbeständen in Gegenden, wo der Wald dem Bergbau oder der Landwirtschaft weichen musste oder durch Klimaereignisse zerstört wurde.

sich der Jungwuchs besser entwickeln kann. In der modernen Forstwirtschaft praktiziert man verschiedene Holzernteverfahren, um die Bestandsregeneration unter den jeweiligen Bedingungen zu optimieren. Anstelle des ökologisch kaum vertretbaren flächenweiten Kahlhiebs mit anschließender kompletter Neubestockung wird heute vielfach die Einzelstammernte durchgeführt, bei der aus dem Bestand immer nur einzelne, hiebreife Baumindividuen entnommen werden. Dessen Wuchsplatz übernimmt dann meist der natürliche Jungwuchs. Auf diese Weise entstehen Wälder von ungleichaltrigem und meist auch artenreichem Aufbau. Diese Hiebart bezeichnet man in der Fachsprache auch als Plenterbetrieb. Im Gebirge ist es vor allem deswegen von Vorteil, weil es der Bodenerosion entgegenwirkt.

Aufforstung ist die Neubewaldung von Standorten, die eventuell sehr lange und mitunter sogar für Jahrhunderte waldfrei waren. Dabei kann es sich um aufgegebene, weil unrentable landwirtschaftliche Nutzfläche handeln oder um Industrieflächen, die durch Aufschütten von Abraum aus dem Bergbau entstanden sind, wie beispielsweise in den Rekultivierungsgebieten über ehemaligen Braunkohletagebauen westlich von Köln oder in der Lausitz. In allen Fällen leistet die Aufforstung den Wiederaufbau einer Baumschicht nach längerer Zeit einer anderen Nutzung und unter Bedingungen, die von der Bewirtschaftung eines bestehenden Waldes völlig abweicht.

Aufforstung dient dazu, den industriellen Bedarf an Nutzholz zu sichern, dient aber auch der Landschaftsästhetik oder der Verbesserung des Mikro- bzw. Mesoklimas in waldarmen Gebieten. Die gegenwärtig jährlich aufgeforstete Fläche beläuft sich weltweit auf etwa 5 Millionen Hektar, aber bei gleichzeitigem Kahlhieb von etwa 15 Millionen Hektar beträgt der jährliche Waldverlust immerhin rund 10 Millionen Hektar. In vielen Ländern hat man gewaltige Aufforstungsprogramme umgesetzt. Ein bemerkenswert erfolgreiches Beispiel in den USA war der Tennessee-Tal-Plan in den 1930er-Jahren, der riesige, von der Versteppung bedrohte Landgebiete wieder fruchtbar werden ließ. Seit den 1990er-Jahren sind in den Ländern der Europäischen Union etwa 1 Million Hektar ausgegliederte Landwirtschaftsfläche aufgeforstet worden. Große Aufforstungsprogramme sind zurzeit auch in Kanada, China, Russland, Südafrika und Indien im Gange.

Technisch unterscheidet sich die Wiederaufforstung beträchtlich von der Verjüngung bestehender Wälder. Die mit Wald zu bestockenden Böden sind meist verdichtet oder an Nährstoffen verarmt. Von Tieren oder Schädlingen drohen größere Gefahren als in einem stabilen Waldökosystem. Häufig muss der Boden weitflächig umbrochen werden, damit die Feinwurzeln eindringen können. Aufforstungsflächen mit Staunässe müssen drainiert werden, in Hanglagen sind dagegen Maßnahmen gegen den erosiven Abtrag von Feinerde zu treffen. In felsigen Bereichen muss man gelegentlich Mutterboden auftragen. Eine Düngung vor allem mit anorganischen Phosphorverbindungen ist fast immer erforderlich.

Für die Aufforstung verwendet man nicht immer diejenigen Baumarten, die in den ursprünglichen Wäldern des Gebietes heimisch waren. Die industrielle Nachfrage benötigt raschwüchsige Arten. Je nach klimatischem Umfeld benötigt man zudem besonders widerstandsfähige Pionierarten. Oft fällt die Wahl dabei auf Nadelhölzer fremder Herkunft, die in den natürlichen Wäldern der Region nicht vorkommen. In Australien und Neuseeland ist die Monterey-Kiefer (*Pinus radiata*) aus Kalifornien die hauptsächlich genutzte Art. Die Kuba-Kiefer (*Pinus caribaea*) aus den südöstlichen USA wird häufig in Südafrika angepflanzt, und die Sitka-Fichte (*Picea sitchensis*) aus dem nordwestlichen Nordamerika sieht man überall in Europa.

Nur wo es die Ausgangsbedingungen erlauben, erfolgt die Aufforstung mit Laubholzarten wie Eichen, Erlen, Pappeln und Birken oder – wie in Spanien und Italien – auch mit Eukalyptus. Je schwieriger die Bedingungen sich darstellen, desto geringer sind die Aussichten auf eine erfolgreiche Begründung artenreicher Mischbestände. In jedem Fall ist die Erstaufforstung nur der Beginn einer Wiederbegründung von Wald, die sich generell nach Jahrzehnten bemisst. Auch eine Monokultur mit Nadelbaumarten kann für den betreffenden Standort ökologisch ein Gewinn sein. Schutz vor Beweidung und anderen Schädigungen, vor Wind und Bodenabtrag und die Erhaltung einer genügenden Bodenfeuchte stehen am Beginn einer Ereigniskette, die eine Neupflanzung am gewählten Standort allmählich wieder in ein komplexes, funktionierendes Ökosystem überführen.

Aufwertung bestehender Wälder

In zunehmendem Maße bemüht sich die Forstwirtschaft darum, die bestehenden Wälder aus Gründen der Umweltvorsorge zu erhalten, statt sie durch Holzplantagen bzw. monotone Wirtschaftsforsten vom Reißbrett zu ersetzen. Gleichzeitig steht natürlich das Ziel im Vordergrund, die mögliche Nutzholzproduktion zu steigern. Die tropischen Regenwälder hat man wegen ihrer wertvollen Hölzer ausgebeutet und die Standorte in kurzfristig nutzbare Landwirtschaftsflächen umgewandelt. Auf solchen Flächen stellen sich besondere waldbauliche Probleme. Eine natürliche Regeneration ist schwierig, und die Einführung gebietsfremder Arten beschleunigt nur die weitere Zerstörung der Ökosysteme.

In der Vergangenheit konnte sich die nationale Forstpolitik darauf beschränken, den Holzeinschlag nach dem steigenden Bedarf der Anschlussindustrien zu richten. Vor allem die Entwicklungs- und Schwellenländer setzten ihren Wald einfach dafür ein, Kapital für andere Wirtschaftsvorhaben zu gewinnen oder die Landwirtschaftsfläche zu vergrößern. Heute stellt sich die Lage anders dar: Angesichts der schwindenden eigenen natürlichen Wälder ist zur Bewahrung der eigenen Ressourcen eine strikte Befolgung der auf Nachhaltigkeit bedachten Forstgrundsätze erforderlich.

Auf diesem Hintergrund stellt sich für die nationale Forstpolitik eine Reihe von Problemen. Vor allem ist die Wertschöpfung aus den vorhandenen Waldbeständen gegen die Umweltzerstörung und die Bewahrung intakter Ökosysteme abzuwägen. Die Hauptaufgaben des multifunktionalen Waldes sind festzulegen. Dies kann eher in Schutz- als in Nutzprojekten bestehen, etwa durch die Einrichtung von Nationalparks, die langfristig ebenfalls einen enormen Gewinn abwerfen. Ferner ist festzulegen, wie der Wald den nationalen Zielen dienen kann und soll.

Walderzeugnisse

Wälder stellen im globalen Maßstab eine der bedeutendsten Ressourcen nachwachsender Rohstoffe dar. Wälder sind der Lebensraum einer Vielzahl von Pflanzen-, Pilz- und Tierarten, dazu auch Heimat zahlreicher Menschen, die von dieser Umwelt abhängig sind, weil sie daraus Nahrung, Baumaterial, Feuerungsgut und andere Bedarfsgüter entnehmen. Wälder sind aber auch die Rohstofflieferanten einer hochgradig diversifizierten Holz verarbeitenden Industrie.

Erstaunlicherweise dokumentieren die meisten Statistiken über Waldnutzung und Walderzeugnisse, dass etwa die Hälfte des jährlichen Holzeinschlags als Feuerungsmaterial verwendet wird – entweder als Brennholz oder als Holzkohle. Etwa drei Milliarden Menschen sind direkt davon abhängig.

Das industrielle Hauptnutzungsgut der Wälder ist der Rohstoff Holz und die daraus gefertigten Produkte, neben Bauholz auch Furniere, Sperrholz, Spanplatten, Holzchips und Zellstoff. Nebenprodukte der Waldwirtschaft sind Laub, Waldheu, gerbstoffhaltige Rinden, Kork, Ziergehölze, Heilpflanzen und Drogen, Pilze und Beeren, fette und ätherische Öle, Harze, Terpentin, Kautschuk, Zuckersaft, Fasern, Flecht- und Bindematerial, Farbstoffe und viele weitere Materialien. Zu denken ist aber auch an fossile Primärenergieträger wie Torf, Braun- und Steinkohle, die schließlich auf die Produktivität früherer Wälder zurückgehen.

Holznutzung

Rohstoff der Holzindustrien sind entweder die kompletten Bäume oder nur die Stämme. Hiebreife Bäume werden gefällt, entastet und entrindet. Die so vorbereiteten Stämme werden in Sägewerken in Bretter, Balken oder Leisten zerlegt. Nach Angaben der FAO (Food and Agricultural Organization der Vereinten Nationen) wurden 2002 etwa 3,4 Milliarden m³ Holz verbraucht – etwa 50 Prozent mehr als noch 1970. Die Holzindustrie verarbeitet davon knapp die Hälfte zu Schnittholz, der Rest dient als Brennmaterial. Etwa zwei Drittel des Schnittholzes wird derzeit als Bauholz (Balken, Bretter, Bohlen, Schienenschwellen u. a.) und für holzbasierte Werkstoffe wie Sperrholz oder Spanplatten verwendet. Das verbleibende Drittel geht in die Papierherstellung oder wird für andere Zwecke aufbereitet, beispielsweise für Verbundwerkstoffe, synthetische Fasern, Anstrichmittel, Sprengstoffe, für die Gerberei oder die Destillation. Die Hälfte des produzierten Papiers wird als Verpackungsmaterial verwendet, die andere Hälfte für hochwertige Schreib- und Druckpapiere. Nur etwa ein Siebentel wird zu Zeitungspapier.

Angesichts des stetig wachsenden Holzbedarfs werden in vielen Ländern Waldgebiete gerodet und anschließend in landwirtschaftliche Nutzfläche umgewandelt. Auf lange Sicht werden sich die Holz exportierenden Länder vor allem von ihren eigenen wirtschaftlichen Interessen leiten lassen.

Große Waldgebiete liegen fernab zivilisierter Gebiete mit geeigneter Infrastruktur – ihre Nutzung ist aufwendig und schwierig. Wiederbegründete Forsten machen zurzeit nur etwa fünf Prozent der gesamten nutzbaren Waldfläche aus. Der weitaus größere Teil des Holzeinschlags erfolgt also in industriellem Maßstab in Wäldern, die nicht vom Menschen begründet sind und in die zuvor kein Kapital investiert wurde. Holz – vor allem Edelholz der gehobenen Werteklassen für Möbel und Innenausbau – wird also voraussichtlich ebenso wie die übrigen Rohstoffe in Zukunft nicht nur knapper, sondern auch wesentlich teurer. Wertholz (in aller Regel Laubholz) wächst langsamer und ist in der forstlichen Pflege aufwendiger. Die Umtriebszeiten sind hier wesentlich länger als bei Holz für die Papierproduktion oder für Feuerungsmaterial. Qualitativ hochwertiges Teakholz ist erst ab einem Alter von 60 Jahren hiebreif. Fichtenholz kann man dagegen bereits nach nur einem Jahrzehnt für die Papierherstellung ernten und Pappelholz bereits nach fünf Jahren.

Nebennutzungen des Waldes

Schon seit Urzeiten versorgte der Wald die Menschen außer mit Holz auch mit zahlreichen weiteren Bedarfsgütern. Die Bedeutung der sogenannten Nebennutzungen hat sich allerdings im Laufe der Zeit und mit neuen Technologien verlagert. Der Schiffsbedarf mag dafür als Beispiel dienen. Diesen Begriff kennt man seit dem 16. Jahrhundert. Er fasst alle für den Schiffsbau benötigten Materialien, neben Holz vor allem Pech und Teer, die fast ausschließlich von Kiefern stammen. Diese Stoffe benötigte man zum Abdichten der Holzrümpfe und zum Imprägnieren von Tauwerk. Bis weit in die Neuzeit hinein hingen Flotte und Marine der seefahrenden Nationen von der geregelten Versorgung mit solchen Materialien ab.

Heute verwenden die Schiffsausrüster zwar überwiegend Produkte der chemischen Industrie, aber deren

In Nadelforsten erntet man ausgewählte hiebreife Bäume einzeln. Vor der Weiterverarbeitung werden sie entastet und oft auch entrindet.

Rohstoffe stammen vielfach nach wie vor aus den Wäldern. Die von Bäumen direkt oder indirekt abgeleitete Produktpalette ist beachtlich. Sie umfasst Ligninabkömmlinge, ätherische Öle, Ahornsirup, Harze, Alkaloide und andere Arzneistoffe, Gerbstoffe, Wachse, Vitamine, organische Säuren, Rohkautschuk, Rohgummi und viele andere. Lokal sind die Farbstoffe Naturindigo und Hämatoxylin immer noch von Bedeutung, obwohl die synthetisch erhaltenen Färbemittel längst den weltweiten Markt beherrschen.

Viele Waldpflanzen tragen essbare Früchte bzw. Samen. Beispiele sind Kakao, Kaffee, Tee, Bananen und diverse Gewürze. Den Milchsaft der Kautschukbäume gewinnt man durch Anzapfen der Rinde von Wald- oder von Plantagenbäumen. Chicle, die Basis von Kaugummi, ist ebenfalls ein Naturprodukt und wird aus der Rinde eines Regenwaldbaumes gewonnen. Alle fünf Jahre wird der Baum dazu angeritzt.

Viele Waldbäume führen arzneilich wertvolle Inhaltsstoffe. In den Wäldern des tropischen Amerikas ist beispielsweise der Chinarindenbaum *(Cinchona* sp.) beheimatet, aus dem man das fiebersenkende Alkaloid Chinin gewinnt. Vom Brechnussbaum *(Strychnos nuxvomica)* gewinnt man das hochgiftige Strychnin, das in der richtigen Dosierung allerdings ein wertvoller Arzneistoff ist. Auch der Grundstoff des gefürchteten Pfeilgiftes Curare stammt von südamerikanischen Regenwaldbäumen. Bereits diese Beispiele zeigen, dass auch die moderne Pharmakologie und Medizin auf besondere Naturstoffe angewiesen ist. Deswegen ist es wichtig, die beachtliche genetische Vielfalt der natürlichen Regenwälder zu bewahren. Außerdem sind längst noch nicht alle potenziell medizinisch interessanten Inhaltsstoffe der Waldpflanzen bekannt oder genügend erforscht.

Wald und Gesellschaft

Seit Urzeiten haben die Menschen die Bäume verehrt. Sie dienten ihnen als religiöse Symbole oder gar als Gottheiten. Oftmals schätzten und respektierten sie die Bäume aber auch nur, weil diese besonders imposant aussahen. In der nordischen Sage ist Yggdrasil, die Weltenesche, ein gewaltiger Baum mit weit ausladender Krone, der Himmel, Erde und Hölle verbindet. Auch den alten Griechen waren besondere Bäume oder Haine heilig. Sie weihten sie besonderen Gottheiten, dem Zeus beispielsweise die Eiche, der Athene den Ölbaum, dem Apoll den Lorbeer. Solche Verehrung konnte allerdings nicht verhindern, dass man die Wälder rodete, aber zumindest einzelne beeindruckende Baumexemplare ließ man als religiöse Stätten stehen. Diese Sitte sollte man heute wieder aufleben lassen. Die Verpflanzung besonderer Bäume ist bereits um 1500 v. Chr. aus dem alten Ägypten überliefert. Plinius und Theophrast beschrieben erprobte Verfahren der Baumpflege und -zucht. Die traditionelle Wertschätzung der Bäume spiegelt sich zudem in vielen Orts- und Flurnamen wider. Sie drückt sich aber ebenso in fast allen Sprachen auch in Gedichten, Liedern, Sagen und Erzählungen aus.

Im Wesentlichen erst im Mittelalter entdeckte man den Wald als vielfältige Rohstoffquelle. Entsprechend forderte die sich entwickelnde Gesellschaft, aus feudalem Waldbesitz die Rohstoffe für Handel und Handwerk nutzen zu können. Bis in das 14. Jahrhundert waren Waldverwaltung und -nutzung vor allem eine landesherrliche Angelegenheit. Viele Wälder dienten dem Jagdvergnügen der Obrigkeit und waren daher Banngebiete. Die Nutzungsbeschränkung schwand jedoch in dem Maße, wie die Nachfrage nach den Waldgütern beispielsweise für den Schiffsbau oder die Verhüttungsindustrien stieg. Die Wunden dieser oft recht ungeregelten Waldausbeutung heilte die gleichermaßen wachsende Landwirtschaft. Im Ergebnis waren die europäischen Wälder bereits zu Beginn der Neuzeit weithin reduziert und wurden nie wieder ersetzt. Dennoch wuchs auch die Sorge um die weitere Versorgung beispielsweise mit Brennmaterial. Eine der frühesten Verordnungen zum Schutz von Wäldern stammt aus dem Jahre 1581. Sie schränkte die Nutzung der Eichenwälder südlich von London ein, deren Holz man zuvor rücksichtslos zu Holzkohle für die wachsende Metallindustrie des Landes verarbeitet hatte.

Die intensive Waldnutzung der frühen Neuzeit brachte jedoch auch mancherlei Annehmlichkeiten. In diese Zeit fallen die großen Entdeckungs-, Forschungs- und Eroberungsreisen – allesamt ermöglicht durch den Schiffsbau aus den Hölzern der heimatlichen Waldbestände. Aus den neu entdeckten Ländern brachte man Tausende zuvor unbekannter und seltsam anmutender Pflanzen mit und kultivierte sie in den Gärten zu Hause, darunter auch zahlreiche Baumarten. Gerade bei der wohlhabenden Oberschicht standen die neu entdeckten Hölzer in besonderem Ansehen.

Bezeichnenderweise fällt in diese Zeit auch der Beginn der Landschaftsgärten, in denen Bäume oder Baumgruppen die Hauptrolle spielen. Spezielle Baumsammlungen oder Arboreten entstanden, und im 18. Jahrhundert legte man vor allem in Großbritannien und Frankreich an den Adelssitzen künstliche Landschaften mit exotischen Baumarten an. Diese Entwicklung erreichte ihren Höhepunkt im 19. Jahrhundert.

Bäume in der Stadtlandschaft

Zwei Weltkriege haben in Europa zahlreiche Städte und die umliegenden Landschaften zerstört. Beim Wiederaufbau waren auch die Grünanlagen neu zu begründen, zumal man erkannt hatte, in welchem Maße gerade Bäume zur Verbesserung der Wohn- und Lebensqualität im städtischen Umfeld beitragen. Sowohl im städtischen wie auch im ländlichen Raum wurden Straßen- und Parkbäume in großem Umfang gepflanzt. Üblicherweise wenden die Kommunen beträchtliche Finanzmittel auf, um den Baumbestand zu pflegen und zu vergrößern. In manchen Großstädten, beispielsweise in Köln, werden jedes Jahr mehrere Tausend Bäume an Straßen, öffentlichen Gebäuden oder in Grünanlagen neu gepflanzt. Zudem gibt es unterdessen in vielen Gemeinden besondere Baumsatzungen, die das Fällen von Bäumen selbst auf Privatgrundstücken untersagen oder zumindest einschränken. Größere gehölzbestandene Grüninseln in den Städten sind teilweise nach dem Bundesnaturschutzgesetz als geschützte Landschaftsbestandteile ausgewiesen und damit langfristig gesichert.

Trotz gewachsenen Umweltbewusstseins und entsprechender Schutzbestimmungen geht die Zerstörung von Bäumen in vielen Gebieten weiter – und dies nicht nur in den Wäldern, die durch Holzeinschlag ruiniert werden. So manche bilderbuchreife Allee hat dem Straßenneubau oder der Straßenerweiterung weichen müssen. Parkplätze für den ruhenden Verkehr oder Einkaufscenter vor den Städten versiegeln Flächen, auf denen viel besser zur Umfeldverbesserung Bäume wachsen sollten. Auch der Vandalismus fordert unter den Bäumen im Siedlungsraum seine Opfer. „Verbissschäden" durch die Stoßstangen ungeschickt eingeparkter Autos, der unüberlegte winterliche Einsatz von Auftausalzen, Antackern von Plakaten oder sonstigen Anschlägen, dazu auch das Ausleeren von Putzwasser auf den Baumscheiben oder andere chemische Attacken schädigen die Bäume oft so, dass sie nur noch kümmerlich wachsen und schließlich absterben.

Viele Baumverluste sind einfach einer blinden und naiven Fortschrittsgläubigkeit zuzuschreiben. Die Neuausweisung von Baugebieten gehört dazu. Auch der Bau neuer Autobahnen quer durch wertvolle Waldgebiete (beispielsweise die A565 bei Bonn) ist ein ökologischer Anachronismus, wenngleich die Straßenplaner fallweise durch öffentlichen Protest gezwungen wurden, ihre Trassenpläne zu revidieren. Die Gesetzgebung für den Natur- und Landschaftsschutz sieht bei großen öffentlichen Bauvorhaben (beispielsweise beim Bau neuer Bahnstrecken) zwar ökologische Ausgleichsmaßnahmen vor, doch gibt es bei deren Umsetzung immer noch beachtliche Vollzugsdefizite.

Bäume sind mehr als nur eine schmückende Zutat. Eine flankierende Allee schützt vor gefährlichen Windturbulenzen und bietet in sommerlicher Hitze angenehmen Schatten. Waldstreifen entlang stark frequentierter Verkehrswege reduzieren den Schallpegel. Bäume, einzeln oder in Gruppen, mildern zudem die lineare Brutalität so mancher moderner Architektur ab, indem sie die Monotonie ungegliederter Fassaden auf- und unterbricht.

Jedes Tief- und Hochbauvorhaben greift in den Boden und damit in den Grundwasserspiegel ein. Die neu entstehenden Baukörper versiegeln Fläche und schließen sie vom Wasserhaushalt aus. Beim Verlegen von Rohren und anderen Versorgungsleitungen werden oft die Wurzeln der benachbarten Gehölze gekappt. Die davon betroffenen Bäume geraten unter Wasserstress und zeigen Mangelerscheinungen, ablesbar an verfrühtem Blattfall oder geringem Wachstum, was letztlich auch Auswirkungen auf ihre Standsicherheit hat. Ein Baum hat keine Ausweichmöglichkeit und stirbt schließlich ab, wenn sein Umfeld allzu stark verändert bzw. beeinträchtigt wird.

Auch in Privatgärten geht man nicht immer verantwortungsvoll mit Bäumen um. Verstümmelungen durch unprofessionellen Schnitt führen oft zum Absterben. Viele Gartenbesitzer stutzen oder kappen ihre Bäume, um die Astdichte zu verringern, damit sich im Herbst nicht so viel Falllaub ansammelt oder um das Herabtropfen von Honigtau zu verringern, der angeblich dem Autolack schadet. Die vermeintlichen Ärgernisse lassen sich allerdings nur für kurze Zeit beheben. Der Baum lässt jedoch neue Zweige sprießen, und nach wenigen Jahren ist die Krone dichter als je zuvor.

Im Siedlungsraum sind die Grundstücke heute meist nicht mehr so bemessen, dass man darauf große Waldbäume pflanzen könnte. Daher empfiehlt es sich, als Pflanzgut Arten von typischerweise kleinerem Wuchs auszuwählen, darunter beispielsweise Ebereschen *(Sorbus aucuparia)*, Felsenbirne *(Amelanchier canadensis)* oder eine der kleineren Ahorn-Arten wie *Acer griseum* bzw. *Acer hersii*. Wegen ihrer später sehr ausladenden Kronenform weniger geeignet sind dagegen Eichen, Buchen oder Rosskastanien.

In ländlichen Räumen geht es den Bäumen mitunter auch nicht gut. In vielen Gebieten nahmen Hecken den Wuchsplatz von Bäumen oder Baumgruppen ein und erfüllen so einen Teil der ursprünglichen Waldfunktionen. Durch Krankheiten wie das Ulmensterben und das Roden vieler Heckenzeilen ist das Bild der ländlichen Fluren ärmer geworden. Den Landwirten sind Gehölzsäume an den Ackerrainen im Wege, weil sie die Bearbeitung der Flächen erschweren oder die Wurzeln Schäden an den teuren Geräten verursachen. Fallweise kann man diese Bedenken nachvollziehen. Andererseits gibt es jedoch in jeder Hofflur auch kleinere Flächen, die nicht zu bestellen oder anderweitig zu nutzen sind. Dort könnte man problemlos Baumgruppen oder Gebüsche anpflanzen. Das Gleiche gilt für den Saumbereich von Viehweiden. Schatten spendende Gehölzpflanzungen sind für die Weidetiere oft eine Wohltat. Zur verantwortlichen Tierhaltung gehört eben auch solche Vorsorge. Zudem sind die Hof- oder Flurgehölze ein wertvoller Lebensraum für zahlreiche Wildtiere und dienen damit der zusätzlichen Vernetzung von Kleinlebensräumen der Kulturlandschaft.

Der Natur nachempfunden, aber nicht natürlich: Gärtnerisch gestaltete Parkanlage mit Gehölzgruppen und Blumenrabatten in einem aufgelassenen Steinbruch in den berühmten Butchard Gardens auf Vancouver Island / Kanada

Manchmal hat auch ein verbliebener Baum in einem Neubaugebiet trotz seines stark veränderten Umfeldes eine Überlebenschance.

Erholungsgebiete

Erholungsgebiete

Mit dem Anwachsen und der größeren Mobilität der Stadtbevölkerung in der westlichen Welt stieg auch deren Bedarf an Erholungsgebieten. Aus diesem Bedürfnis entstand der Begriff Erholungswald – Waldstücke oder größere Waldgebiete, die überwiegend nach den Gesichtspunkten ihrer Erholungsfunktion und ihrer Bedeutung für die Landschaftsästhetik und weniger als Stätten der Holzproduktion bewirtschaftet werden. In vielen Regionen Mitteleuropas hat man dazu vor allem im Umkreis der Ballungsgebiete in den verbliebenen Waldlandschaften Naturparke eingerichtet – in Deutschland sind es zurzeit rund 90. Die Entfernung zu den Citybereichen und die Erreichbarkeit bestimmen den Besucherdruck in solchen Gebieten, in denen man mit Rücksicht auf die Entfaltung der Natur nicht ohne Besucherlenkung auskommt. Das Management der stadtnahen Erholungswälder ist oft die Aufgabe der kommunalen Behörden. In vielen Städten Deutschlands bestehen Stadtforstämter, die sich um die Pflege und die Entwicklung der stadteigenen Waldgebiete kümmern. Auch in anderen Regionen, beispielsweise in Kanada, kennt man den Begriff der „urbanen Forstwirtschaft", die vor allem den Erholungsinteressen der Bevölkerung gilt und dafür auch besondere Angebote bereithält, aber gleichzeitig auch die Holzproduktion im Auge hat. Im Unterschied zu einigen anderen Ländern sind in Deutschland nach dem Bundeswaldgesetz von 1975 die Wälder grundsätzlich zugänglich, auch die Privatwälder. Die Besucher müssen lediglich das Wegegebot beachten. Zudem führen viele regionale Wanderrouten oder die großen Fernwanderwege (auch) durch die größeren Waldgebiete. Ein berühmtes Beispiel ist der Rennsteig im Thüringer Wald. Nach europäischem Vorbild hat man Fernwanderwege auch in nordamerikanischen Waldgebieten angelegt wie im Fall des beliebten Appalachian Trail, der vom Bundesstaat Maine bis nach Georgia führt.

Erholungswald und Wirtschaftswald sind demnach zumindest in Mitteleuropa fast identisch und werden forstlich so behandelt, dass die sozialhygienischen Aspekte ebenso berücksichtigt werden wie die forstfiskalischen. Weil es hier infolge einer jahrhundertlangen Beeinträchtigung so gut wie keine Naturwälder mehr gibt und Wald, obwohl von den meisten Erholungssuchenden als unverfälschte Natur verstanden, fast immer Kulturlandschaft darstellt, arbeitet also die Forstwirtschaft auf mehreren Ebenen mit unterschiedlichen Zielsetzungen. In vielen Waldgebieten mit entsprechendem Entwicklungspotenzial versucht man außerdem, den ursprünglichen Urwaldzustand wiederherzustellen. Auf solchen Waldparzellen, Naturwaldzellen genannt, ruhen alle forstlichen oder sonstigen waldwirtschaftlichen Eingriffe. Auch in den Nationalparkgebieten, darunter im erst vor kurzem eingerichteten Nationalpark Eifel, gilt das Interesse unter anderem der Entwicklung der einzigartigen Buchenwälder auf sauer verwitterten Böden zum Urwaldzustand und somit als nationales Erbe.

Die Bewahrung des Waldes in seinen vitalen Funktionen für Natur und Landschaft ist allerdings nicht nur eine behördliche Aufgabe. Jeder einzelne Besucher hat hier seinen individuellen Beitrag zu leisten. Die Aufgabe, Natur und Landschaft im besiedelten und unbesiedelten Bereich zu bewahren und zu entwickeln, wie es das Bundesnaturschutzgesetz bereits in seinem §1 formuliert, ist gewiss nicht einfach oder konfliktfrei, aber im Interesse eines funktionierenden Naturhaushalts schlicht unverzichtbar.

Klima – der entscheidende Faktor

Abgesehen vom nachhaltigen menschlichen Einfluss auf die Wälder der Erde, wozu auch die globale Erwärmung durch Industrialisierung und Verbrennen fossiler Energieträger gehört, bildet die heutige räumliche Verteilung der verschiedenen Waldtypen mit ihren unterschiedlichen Waldgesellschaften ihre jeweiligen klimatischen Ansprüche ab. Im einfachsten Fall drückt sich darin die Minimaltemperatur aus, unterhalb derer ein bestimmter Waldtyp nicht mehr existieren kann.

In der Klima- und Biogeografie unterscheidet man schon seit langem die gürtelartig gestaffelten Klimazonen der Erde. Das US-Landwirtschaftsministerium, das auch für die Forstwirtschaft zuständig ist, hat auf der Grundlage der durchschnittlichen Jahrestiefsttemperaturen für Nordamerika zehn Klimazonen definiert, von Zone 1 (Arktis, unter –45 °C) bis Zone 10 (Tropen, –1 bis 5 °C). Diese Zonengliederung zeigt die Karte auf der rechten Seite. Sie dient den Botanikern und Vegetationskundlern ebenso als Standard wie allen übrigen Spezialisten, die sich mit der Biogeografie befassen. Aus Vergleichsgründen hat man eine analoge Gliederung für Europa entwickelt. Anpassungen erfolgten lediglich für das ozeanisch und im Wesentlichen durch den warmen Golfstrom beeinflusste Nordwesteuropa. Für die britischen Inseln und das südwestliche Skandinavien sind daher andere Klimazonen typisch als für nordamerikanische Gebiete gleicher Breitenlage: Zone 8 in Europa entspricht beispielsweise Zone 9 in den USA.

In den folgenden Textteilen werden diese Klimazonen (abgekürzt mit dem Großbuchstaben K) bei der Vorstellung der Gattungen bzw. Arten am Ende des Textes erwähnt. In der Gartenbaufachliteratur sind diese Zusatzangaben eingeführte Praxis, weil sonst bei weniger häufig kultivierten Arten Unklarheit über ihre klimatischen Ansprüche bestehen. Mitunter ist jedoch eine genauere Klimakennzeichnung schwierig, beispielsweise bei Hybriden oder bei Zuchtsorten, die so in der Natur nicht vorkommen und mitunter sogar Elternarten aus verschiedenen Klimagebieten aufweisen wie etwa im Fall der Hybrid-Platanen.

Wälder und Forsten in den USA und in Europa	
Gebiet/Land	**Prozent Waldfläche (Stand 2000)**
USA	24,7
Europa	46,0
Deutschland	30,7
Frankreich	27,9
Belgien	22,2
Großbritannien	11,6
Niederlande	11,1
Dänemark	10,7
Irland	9,6
Quelle: FAO der Vereinten Nationen	

KLIMAZONEN IN NORDAMERIKA: ZONEN DER JAHRESTIEFSTTEMPERATUREN

Quelle: FAO der Vereinten Nationen

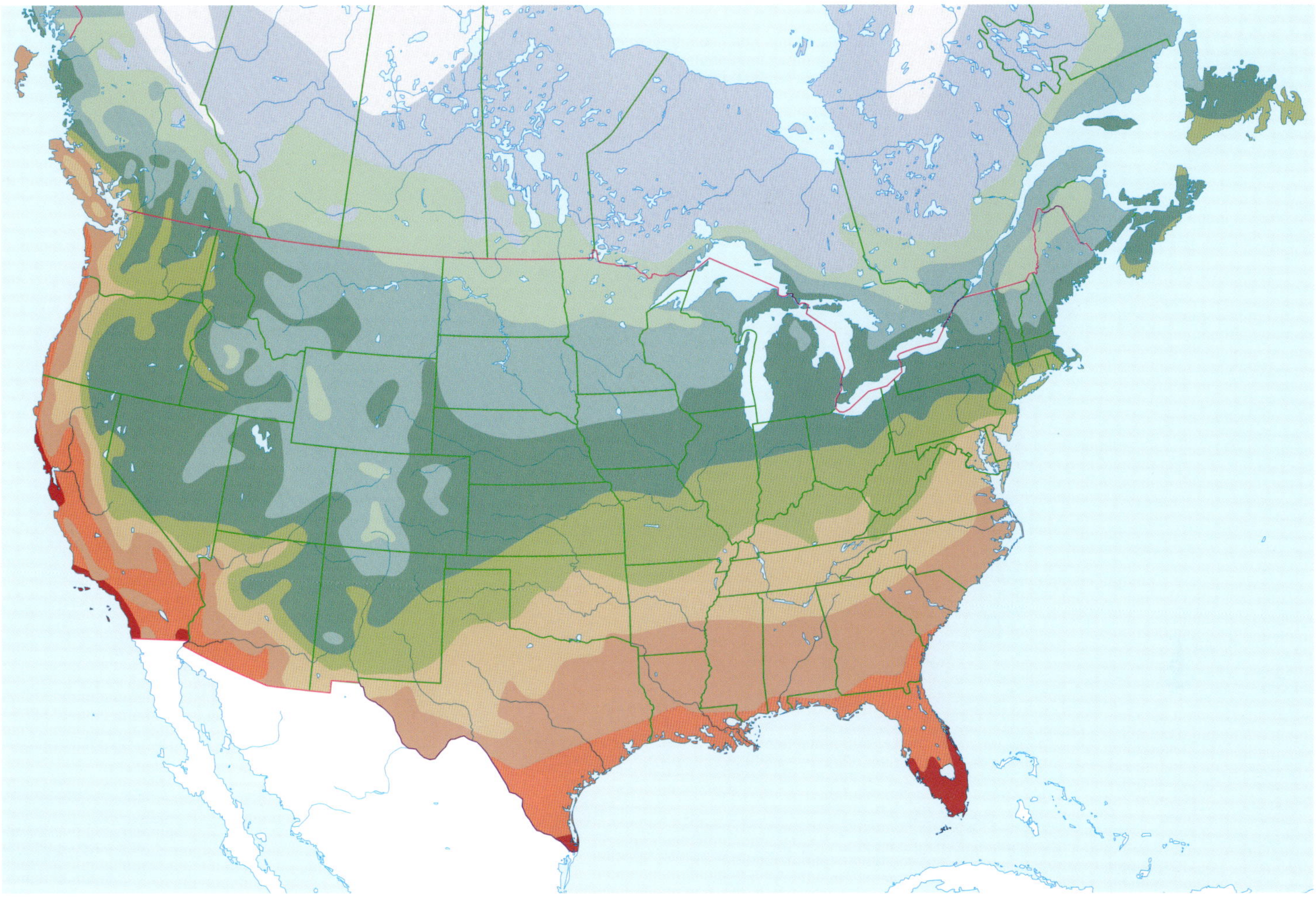

KLIMAZONEN IN EUROPA: ZONEN DER JAHRESTIEFSTTEMPERATUREN

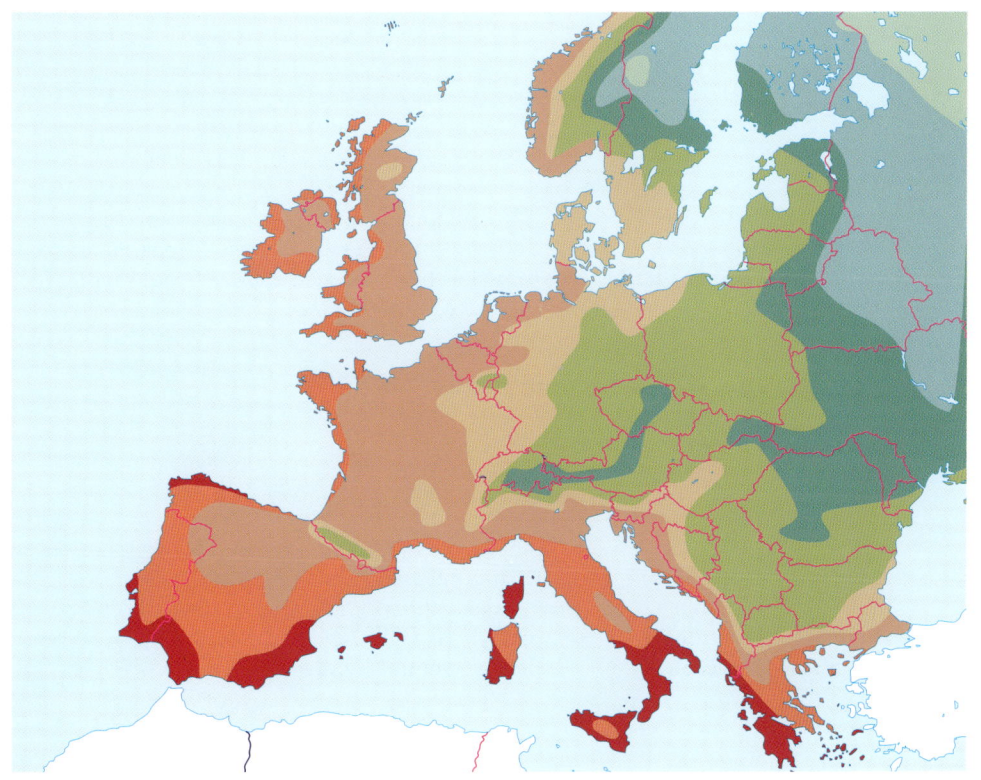

Staffelung der Tiefsttemperaturen in Nordamerika

Zone

1	unter -45 °C
2	-45 bis -40 °C
3	-40 bis -34 °C
4	-34 bis -29 °C
5	-29 bis -23 °C
6	-23 bis -17 °C
7	-17 bis -12 °C
8	-12 bis -7 °C
9	-7 bis -1 °C
10	-1 bis 5 °C

Staffelung der Tiefsttemperaturen in Europa

Zone

1	unter -45 °C
2	-45 bis -40 °C
3	-40 bis -34 °C
4	-34 bis -29 °C
5	-29 bis -23 °C
6	-23 bis -17 °C
7	-17 bis -12 °C
8	-12 bis -7 °C
9	-7 bis -1 °C
10	-1 bis 5 °C

Bäume aller Art

Die drei Hauptgruppen der Bäume lassen sich meist sehr einfach nur anhand eines einzigen Merkmals unterscheiden – nämlich die Blattform. Man grenzt die Nacktsamer mit ihren überwiegend nadel- oder schuppenförmigen Blättern von den bedecktsamigen Laubhölzern ab, bei denen die Blätter großflächig und einfach oder zusammengesetzt sind. Deren Blätter sind meist deutlich kleiner als die der dritten Gruppe, der Einkeimblättrigen. Hierher gehören beispielsweise die Palmen, bei denen die Blätter zwar ebenfalls großflächig sind, aber eher an Fächer oder Farnwedel erinnern.

Palmen sind hauptsächlich tropisch verbreitet. Nur einige der insgesamt etwa 2700 heute unterschiedenen Arten kommen auch in den subtropischen oder gemäßigten Regionen vor. Sie stellen eine entwicklungsgeschichtlich sehr alte Gruppe dar, die ursprünglich in den Tropen wohl weitaus artenreicher vertreten waren.

Heute sind die Nadelhölzer die einzigen Nacktsamer, die in nennenswerter Artenzahl und Biomasse vorkommen. Ihre Geschichte reicht etwa 300 Millionen Jahre zurück. Heute bestimmen sie das Erscheinungsbild der Wälder vor allem in den kühleren und kalten Klimagebieten, beispielsweise in der ausgedehnten nördlichen borealen Zone und in den Hochgebirgen weltweit. Ihr beachtlicher Erfolg im Vergleich beruht vermutlich auf der Entwicklung trockenheitsresistenter Nadel- und Schuppenblätter. Andere Nacktsamer von Baumgestalt sind heute noch durch zwei andere recht unterschiedliche Verwandtschaftsgruppen vertreten, auf der einen Seite durch den eigenartigen Ginkgobaum *(Ginkgo biloba)* und andererseits durch die Palmfarne (Cycadeen). Beide versteht man als Überbleibsel einer Flora, die den Höhepunkt ihrer Entfaltung im Erdmittelalter (Mesozoikum) vor etwa 225 bis 65 Millionen Jahren erlebte. Ihre Entwicklungsgeschichte reicht jedoch mindestens so weit zurück wie die der Nadelbäume.

Die einzigen weiteren altertümlich anmutenden Baumformen, die man heute noch findet, sind die Baumfarne, die nur einen kleinen Teil der insgesamt vielleicht über 10000 Farnarten stellen. Fossilnachweise von Baumfarnen datieren bis zu 190 Millionen Jahre zurück. Insgesamt entwickelten sich die Farne aber bereits vor über 350 Millionen Jahren. Zwischen Baumfarnen, Cycadeen und Palmen bestehen bemerkenswerte Ähnlichkeiten, obwohl sie sich in recht unterschiedlichen Epochen der Erdgeschichte entwickelten und auch in der Art ihre Vermehrung unterschiedliche Wege gingen.

Die letzte hier zu erwähnende Gruppe baumförmiger Pflanzen sind die Baumkakteen, die in besonderem Maße an die schwierigen Umweltbedingungen trockener Wüsten angepasst sind. Nach botanischen Gesichtspunkten könnte man sie den Laubbäumen zuschlagen, denn sie sind zweikeimblättrige Bedecktsamer. Weil jedoch die meisten Arten keine flächigen Blätter, sondern stattdessen Dornen entwickeln, und weil im Wesentlichen nicht ein massiv verholztes Achsensystem, sondern das wasserspeichernde, fotosynthetische Gewebe den mechanischen Halt gibt, sind sie zumindest in ihrem Erscheinungsbild von einem üblichen Laubbaum grundverschieden. Sie werden getrennt behandelt.

Nadelhölzer, Laubhölzer, Palmen und Baumkakteen nehmen in diesem Kapitel den größten Raum ein, doch werden auch der Ginkgobaum, die Baumfarne und die Cycadeen angemessen berücksichtigt. Der den Nadelhölzern gewidmete Teil führt alle weltweit bekannten Gattungen auf, obwohl viele Arten aus Asien oder der Südhemisphäre auf der Nordhalbkugel nur als gärtnerische Formen zur Verwendung in Steingärten vorkommen. Der außerordentliche Artenreichtum der Laubhölzer verbietet es, sie in der gleichen Ausführlichkeit zu behandeln. Daher beschränkt sich das Kapitel auf den Artenbestand der kühlen, gemäßigten, warm-gemäßigten und mediterranen Klimazonen. Die Laubbäume der Tropen werden dagegen in einem eigenen Kapitel vorgestellt. Die Auswahl der Gattungen ist verständlicherweise immer dann schwierig, wenn sie überwiegend strauchige Arten und nur wenige Baumarten umfassen. Sie wurden hier dennoch aufgenommen und immer dann in einiger Ausführlichkeit vorgestellt, wenn sie bedeutsam sind, unabhängig davon, ob sie baum- oder strauchförmig wachsen. Die Einkeimblättrigen, wozu Palmen zählen, und die Baumkakteen finden sich entweder unter den Laubhölzern der gemäßigten Breiten oder im Abschnitt über die Tropengehölze, je nach Schwerpunktverbreitung.

LINKE SEITE Buchen sind wichtige Laubwaldbäume der gemäßigten Breiten der Nordhalbkugel. Mehrere Arten und Varietäten werden wegen ihres dekorativen Laubs auch gärtnerisch verwendet.

UNTEN Die Arktische Weide *(Salix arctica)* ist ein Zwergstrauch, der nie höher als 60 cm wird. In der Tundra Nordamerikas und Eurasiens wächst sie mit kriechenden Stämmen und bildet so ausgedehnte, teppichartige Spaliere. Die winzigen windbestäubten Blüten stehen in aufrechten Kätzchen und sind eingeschlechtig.

Baumfarne

Im Unterschied zu allen anderen Bäumen sind die Baumfarne echte Farnpflanzen der Klasse Filicopsida und daher im Prinzip enge Verwandte bekannter heimischer Wedelfarne wie des Wurmfarns (*Dryopteris filix-mas*) oder des Adlerfarns (*Pteridium aquilinum*). Bei den meisten krautigen Farnen besteht die Sprossachse jedoch aus einem kurzen, gedrungenen (Wurmfarn) oder relativ langen (Adlerfarn) Wurzelstock oder Rhizom. In beiden Fällen entspringen die großen Blätter oder Wedel, wie man sie bei den heimischen Farnen nennt, direkt in Bodennähe am Rhizom.

Alle Baumfarne gehören zu den beiden Familien Cyatheaceae oder Dicksoniaceae. Die Sprossachse wächst aufrecht und bildet einen kräftigen Stamm, der an seiner Spitze einen großen Blattschopf trägt. Dieses baumförmige Wachstum kommt allerdings auch bei *Sadleria* vor, einer zu den Rippenfarngewächsen (Blechnaceae) gehörenden Gattung und teilweise auch in der Gattung *Blechnum* selbst, beispielsweise bei *Blechnum gibba*. Nur bei den Vertretern der Cyatheaceae und Dicksoniaceae erreichen die Vertreter jedoch eine nennenswerte Größe und ökologische Bedeutung. Die folgende Darstellung beschränkt sich daher auf diese Formen.

Aussehen

Der Stamm der Baumfarne weicht in seinem Aufbau beträchtlich von dem einer bedecktsamigen Holzpflanze ab. Erstens bilden Baumfarne kaum Verzweigungen und wenn doch, teilt sich der Stamm gabelig in zwei gleich starke Äste. Gelegentlich entwickeln sich Seitenäste aus Adventivknospen in den Achseln älterer Blätter, beispielsweise bei *Cyathea mexicana*. Zweitens besitzen Baumfarne keine echte Rinde. Die äußere Schicht ist zwar fest

Dicksonia antarctica trägt die für Baumfarne typischen, mehrfach gefiederten Blätter. Sie stehen spiralig und dicht gedrängt in einem Schopf am Ende des Stammes. Baumfarne wachsen nur sehr langsam mit etwa 2,5–5 cm im Jahr. Die Sporen entwickeln sich an der Wedelunterseite.

und rau, entsteht aber durch die Basen abgestorbener Blätter und bietet somit Moosen, Flechten und anderen Epiphyten Ansiedlungsmöglichkeiten. Schließlich weisen die Baumfarne noch kein so ausgeprägtes massives Wurzelsystem wie Nadel- oder Laubhölzer auf. Am unteren Stammteil setzen zahlreiche dünne Adventivwurzeln an, die sich verfilzen, den Stammdurchmesser fast verdoppeln und ihn auf diese Weise auch stützen. Baumfarne werden bis etwa 25 m hoch, aber bei solchen Wuchshöhen benötigen sie oft zusätzlichen Halt durch benachbarte Pflanzen.

Die innere Gewebeorganisation eines Baumfarns ist im Vergleich zu den höher entwickelten Bäumen noch recht einfach, obwohl sie bereits über ein Xylem (für den Wassertransport) und ein Phloem (für die Fernleitung gelöster organischer Stoffe) verfügen. Im Unterschied zu den Nackt- und den Bedecktsamern entwickeln ihre Stämme jedoch keine Sekundärgewebe, und deshalb kann kein sekundäres Dickenwachstum stattfinden. Xylem- und Phloembahnen sind zu Bündeln (Meristelen) zusammengefasst, die in faseriges Grundgewebe (Sklerenchym) eingebettet sind und zusammen eine sogenannte Dictyostele bilden.

Die Blätter umstehen den Stamm spiralig und bilden an seiner Spitze eine gedrängte Rosette, geschützt durch Schuppen und Haare. Die Zahl der voll entwickelten Blätter variiert mit der Art. Bei *Cyathea contaminans* sind es nur fünf bis sechs, bei *C. atrox* dagegen bis zu 40. Bei manchen Arten lösen sich die Blätter nach dem Absterben ab und hinterlassen am Stamm eine deutliche Blattnarbe. Bei anderen, beispielsweise bei *Dicksonia antarctica* und *Cyathea pseudomuelleri*, bleiben die Blattstiele und bilden eine dauerhafte Ummantelung. Der Blattbau entspricht demjenigen eines typischen Wedelfarns. Meist ist die Spreite 2- bis 4-fach geteilt oder gefiedert. Mittelrippe (Rhachis) und Blattstiel können mit Schuppen oder Dornen besetzt sein (wie bei *Cyathea*) oder tragen steife Borsten (wie bei *Dicksonia*). Die Blattgewebe erinnern im Aufbau an die Bedecktsamer, zeigen jedoch in Schichtdicke oder Trockenheitsanpassungen nur wenig Varianz. Beidseits der Blattstiele finden sich spitze Auswüchse (Pneumathoden genannt). Sie regeln am jungen Blatt die Belüftung der tieferen Gewebeschichten und kontrollieren den Wasserhaushalt.

Vermehrung

Wie bei allen Farnen erfolgt die Vermehrung über Sporen, die in besonderen Sporenbehältern an der Blattunterseite entstehen. Bei manchen Arten, beispielsweise bei *Cyathea lurida*, unterscheiden sich die sporentragenden Blätter von den nichtsporentragenden und sind weniger flächig entwickelt. Die Sporenbehälter (Sporangien) stehen in dichten Gruppen (Sori) zusammen, die anfangs von einem grünen, häutigen Schleier (Indusium) bedeckt sind. Die Baumfarne stellen also die Sporophytengeneration dar. Aus den keimenden Sporen entwickelt sich der sehr kleine Gametophyt, die geschlechtliche Generation. Er hat das Aussehen eines dünnen, keilförmigen Blättchens und trägt die Gameten bildenden Einrichtungen.

Der weibliche Gamet, die Eizelle, wird von einem begeißelten männlichen Gameten befruchtet. Die so entstandene Zygote ist die erste Zelle eines neuen Sporophyten. Bis zur ersten Sporenreife benötigt er zehn bis fünfzehn Jahre.

Arten und Familien

Bei den Baumfarnen unterscheidet man die beiden Familien Cyatheaceae und Dicksoniaceae. Zu den Cyatheaceae gehören die Gattungen *Cyathea* und *Cremidaria*, wobei die letztere gelegentlich zur ersteren gerechnet wird. Zu den Dicksoniaceae gehören alle übrigen Gattungen, neben *Dicksonia* auch *Cystodium*, *Culcita*, *Thyrsopteris*, *Cibotium* und *Calochlaena*. Zwei weitere Gruppen, die Familie Lophosoriaceae und die Gattung *Metaxya*, werden hier nicht behandelt.

Die Unterschiede zwischen den Cyatheaceae und den Dicksoniaceae stellen sich folgendermaßen dar: Die Cyatheaceae tragen an der Stammspitze, auf der Mittelrippe und am Blattstiel Schuppen. Die Sori sitzen eher in der Spreitenmitte als am Rande. Die Indusien fehlen oder sind schüssel- bis becherförmig und können bei einigen Arten den gesamten Sorus bedecken. Die Dicksoniaceae andererseits haben steife, borstenförmige Haare und entwickeln die Sori eher randständig. Sie werden zur Blattmitte hin von dünnen, lappigen Indusien geschützt, zur anderen Seite von den zurückgeschlagenen Blatträndern.

Verbreitung

Alle 25 *Dicksonia*-Arten sind auf der Südhalbkugel verbreitet. In Neuseeland kommen sie von Meeresniveau bis in etwa 600 m Höhe in den *Nothofagus-Podocarpus-Dacrydium*-Wäldern vor. Am Südrand ihres Verbreitungsgebiets erträgt *Dicksonia squarrosa* sogar regelmäßigen Frost. In Südostaustralien und Tasmanien ist *D. antarctica* ein wichtiges Bestandsmitglied der *Nothofagus*-Wälder. Die Art bildet dort einen bis zu 3 m hohen Unterwuchs unter dem dichten Kronendach. Die jungen Baumfarne gedeihen nämlich auch dann noch, wenn sie nur etwa ein Prozent des auf die Kronenaußenseite auftreffenden Lichtes erhalten. Dichte Haare bedecken die Wachstumszonen der Dicksonien, sodass sie auch Waldbrände überstehen. Die Gattung ist außerdem in den Tropengebieten von Neuguinea und dem Malayischen Archipel heimisch. *Dicksonia blumei* erreicht sogar Sumatra und Luzon und wächst dort im Regenwald in der mittleren Bergstufe. Acht *Dicksonia*-Arten kommen im tropischen Amerika vor und reichen im Fall von *D. cicutaria* nördlich bis Mexiko. Die Gattung fehlt in Afrika, jedoch kommt *D. arborescens* als Endemit auf der Insel St. Helena vor. Fossile Baumfarne sind schon aus jurassischen Gesteinen bekannt. Eine als *Coniopteris hymenophylloides* bezeichnete Form erinnert stark an eine heutige *Dicksonia*.

Dicksonia fibrosa wird von den Maoris in Neuseeland „Whekiponga" genannt und liefert Baumaterial für Hütten und Zäune. Die Stämme sind sehr beständig, und außerdem glaubt man, dass Ratten sich nicht durch das zähe Material nagen können. Außerdem verwenden die Maoris diese Art zum Bau und zur Dekoration ihrer Zeremonienhäuser (Ruanga-Häuser). Die Stammoberflächen werden vorsichtig abgeschabt, bis das dekorative grauschwarze Muster der Blattbasen hervortritt.

Die Gattung *Cyathea* umfasst über 600 Arten, ist überall in den Tropen verbreitet und reicht nördlich bis zum Himalaya und der japanischen Insel Honshu *(C. spinulosa)*, südlich bis Tasmanien *(C. australis)* und zur Südspitze Neuseelands, wo *C. smithii* in den aus *Metrosideros lucida* aufgebauten Wäldern wächst – stellenweise sogar am Eisrand des Franz-Josef-Gletschers. Sonst sind Baumfarne dieser Gattung ziemlich häufig in den Regenwäldern Süd- und Südostasiens und bilden ansehnliche Bestände in der mittleren und oberen Bergstufe, besonders in den Nebel- bzw. Wolkenwäldern. In Neuguinea, Sumatra und Sulawesi kommen sie im offenen Grasland oberhalb der Baumgrenze (3000 m) vor. Obwohl jede Pflanze viele Sporen hervorbringt, ist die Ausbreitung oder Keimung eigenartigerweise nicht allzu effektiv, sodass die meisten Arten nur ein stark eingeschränktes Verbreitungsgebiet aufweisen. Fast jede Bergkette hat ihre eigenen Endemiten, wie beispielsweise *C. pseudomuelleri* am Mt. Wilhelmina. Einige Arten sind jedoch weiter verbreitet und kommen im gesamten kontinentalen oder insularen Südostasien häufig in Sekundärwäldern oder an Flussläufen vor, darunter *C. contaminans*.

In Afrika ist die Gattung weniger stark vertreten. Eine in der Savanne vorkommende Art, *C. dregei*, erträgt gelegentliche Brände. In der Neuen Welt liegt das Mannigfaltigkeitszentrum der Gattung, hauptsächlich als Waldart, im tropischen Südamerika von Mexiko im Norden bis Paraguay im Süden.

In ihrem gesamten Verbreitungsgebiet werden die *Cyathea*-Arten von den Menschen als Baumaterial verwendet. Meist lässt man sogar die Baumfarne stehen, wenn ein Stück Regenwald für die Anlage von Gärten gerodet wird. Die Maoris stellen aus *C. dealbata* (= Ponga) und anderen neuseeländischen Arten Krüge und andere Gefäße her, die man daher Ponga-Ware nennt. Die bearbeiteten Oberflächen zeigen hübsche Muster aus Leitbündeln bzw. Blattspuren und sehen ausgesprochen dekorativ aus. Sie verwenden auch das Mark der jüngeren Stämme als eine Art Sago und verzehren die jungen Blätter als Gemüse, ähnlich wie die Menschen in Neuguinea, Borneo oder Indonesien. Die getrockneten Blätter dienen als Lagerstatt. In Sabah nutzt man ausgehöhlte Stämme als Bienenstöcke.

Die am unteren Stammende zahlreich entwickelten Adventivwurzeln verwendet man gärtnerisch schon lange in der Orchideenkultur, entweder in größeren Stücken oder zerkleinert in Pflanzgefäßen. Alle *Cyathea*- und *Dicksonia*-Arten unterliegen dem Washingtoner Artenschutzabkommen.

Nur selten sieht man Baumfarne als Zierpflanzen in größeren tropischen Parks. Meist sind es Dicksonien oder *Cyathea medullaris*. Die Vermehrung ist wegen der geringen Keimrate der Sporen schwierig. Wenn die Pflanzen allerdings erstarkt sind, benötigen sie nur wenig Pflege. In Europa sieht man gelegentlich *Dicksonia antarctica* in Gewächshäusern.

Baumfarne (hier eine *Dicksonia antarctica*) wachsen mit einem mäßig dicken Stamm, der am oberen Ende einen dichten Blattschopf trägt. Sie zeigen jedoch im Unterschied zu den Nadel- und Laubbäumen kein sekundäres Dickenwachstum und entwickeln daher auch keinen massiven Holzkern. Festigungselemente des Stammes sind die zahlreichen, miteinander verfilzten Adventivwurzeln. Am unteren Stammende abgeschlagene Baumfarne wurzeln sich bei ausreichender Feuchtigkeit rasch wieder ein und wachsen weiter.

Der Ginkgobaum

Der Ginkgobaum (*Ginkgo biloba*) ist der einzige lebende Vertreter einer einst recht artenreichen Ordnung baumförmiger Nacktsamer. Der wissenschaftliche Artname leitet sich aus dem Japanischen ab und soll Silberpflaume bedeuten. Die moderne Schreibweise beruht allerdings auf einem Übertragungsfehler.

Im Buddhismus gilt der Ginkgobaum als heilig und wurde in China und Japan schon vor Jahrhunderten an Tempelanlagen angepflanzt. In der westlichen Welt wurde er erst im 18. Jahrhundert bekannt. Eines der ältesten Exemplare Deutschlands wächst im Heidelberger Schlosspark. Zeitweilig nahm man an, die Art habe nur als Kultobjekt an Tempeln überlebt. Allerdings soll sie noch in einer kleinen Wildpopulation an der Provinzgrenze zwischen Chekiang und Anwhei im östlichen China vorkommen. Während der letzten 200 Jahre pflanzte man Ginkgobäume weltweit in Parks und an Straßen an. Er ist erstaunlich widerstandsfähig gegen Schädlinge und Luftverschmutzung. So gedeiht er prächtigst sogar in den Straßenschluchten von Manhattan.

Die Ordnung Ginkgoales hatte ihren Höhepunkt im Mesozoikum, vor allem vor etwa 150 Millionen Jahren im Jura, und damit zu einer Zeit, als die Dinosaurier die Fauna beherrschten. Die Gattung *Ginkgo* selbst reicht vermutlich ebenso bis in diese Epoche zurück. Die gesamte Verwandtschaftsgruppe war damals ziemlich artenreich. *Ginkgo* oder sehr nahestehende Gattungen waren weltweit verbreitet und hatten an der damaligen Pflanzenwelt einen bedeutenden Anteil. Blattfossilien finden sich stellenweise reichlich in Flusssedimenten aus dem Erdmittelalter. Bereits gegen Ende des Erdmittelalters starben viele Formen aus, weitere folgten im Laufe des Tertiärs. Nur die eine Art *Ginkgo biloba* überdauerte.

Aussehen

Ginkgobäume erreichen ein Alter um 1000 Jahre und bilden imposante Kronengestalten. Junge Bäume haben meist nur einen kräftigen Leittrieb, aus dem sich der Hauptstamm entwickelt. Die Seitenäste streben etwas unregelmäßig auseinander und verleihen der Krone im unbelaubten Zustand ein charakteristisches Aussehen. Ungewöhnlich ist die Blattform: Die Spreite ist lang gestielt und fächerförmig. Die Blattnervatur ist mehrfach gabelig, ähnlich wie bei manchen Farnen (beispielsweise dem Venushaarfarn). Vor dem herbstlichen Blattfall verfärbt sich das Laub goldgelb.

Ginkgobäume sind zweihäusig. Die zunächst in Europa gepflanzten Exemplare waren männlich. Erst 1814 wurde bei Genua auch ein weibliches Exemplar gepflanzt. Bei manchen heutigen Parkexemplaren sind jedoch männliche Äste auf weibliche Unterlagen gepfropft und umgekehrt. Die männlichen Blüten bestehen nur aus Staubblättern und ähneln denjenigen von Nadelbäumen. Die Samen entwickeln sich meist paarweise auf langen Stielen an belaubten Kurztrieben. *Ginkgo* bildet also keine Zapfen wie die Koniferen. Die Samen sind von einem weichen, fleischigen Samenmantel eingehüllt, der in Ostasien als Delikatesse gilt. Bei Zerfall riechen diese unangenehm nach ranziger Butter. Aus diesem Grund pflanzt man in öffentlichen Anlagen überwiegend die geruchsneutralen männlichen Exemplare.

Wie bei den Palmfarnen (vgl. S. 43) kommen begeißelte männliche Gameten vor. In vielerlei Hinsicht verläuft die Samenbildung bei den Palmfarnen und bei *Ginkgo* ähnlich. Das spricht nicht unbedingt für eine nähere Verwandtschaft, sondern ist lediglich Ausdruck einer noch recht ursprünglichen Merkmalskombination.

Verbreitung

Ginkgobäume gedeihen auf der Nordhalbkugel in fast allen gemäßigten Klimazonen. Hinsichtlich der Bodenqualität sind sie nicht besonders anspruchsvoll, bevorzugen aber gut besonnte Wuchsplätze. Man pflanzt sie in Parks und großen Gärten als Solitäre, gelegentlich aber auch in Alleen. Eine 'Fastigiata' genannte Gartenform entwickelt nur steif aufrechte Äste, während die Varietät 'Pendula' hängende Äste trägt und 'Tremonia' einen schlank pyramidalen Kronenumriss zeigt. Neuerdings kultiviert man Ginkgobäume in Plantagen – beispielsweise auch in der oberrheinischen Tiefebene –, weil in den grünen Blättern ein interessanter Wirkstoff entdeckt wurde, der die Durchblutung des Gehirns fördert und somit den Alterungsprozess zumindest deutlich verzögern kann. Die Gewinnung dieses pharmakologisch interessanten und so bei den Nacktsamern einzigartigen Wirkstoffs gelingt allerdings nur über ein recht kompliziertes Verfahren, da die Substanz ziemlich labil ist. Das besonders formschöne Ginkgoblatt hat ferner auch Künstler angeregt – vor allem in der Zeit des Jugendstils.

UNTEN UND RECHTE SEITE Den Ginkgobaum (*Ginkgo biloba*) erkennt man leicht an seinen unverwechselbaren, halb zweilappigen Blättern. Am Langtrieb sitzen sie wechselständig, am Kurztrieb büschelig. Die leicht erhabenen Blattadern sind gabelig verzweigt wie bei Farnwedeln.

Palmfarne

Die Palmfarne oder Cycadeen umfassen heute nur noch etwa zehn lebende Gattungen. Sie stellen recht archaisch anmutende Holzpflanzen dar, die zwar wie Palmen aussehen, aber auch an Farne erinnern und dennoch mit keiner dieser Gruppen enger verwandt sind. Vielmehr stellen sie die zweitgrößte Verwandtschaftsgruppe der Nacktsamer dar. Von den Nadelbäumen unterscheiden sie sich in vielen Merkmalen, vor allem durch ihre großen, palmenähnlichen Blätter, aber auch in Details der Fortpflanzung.

Zusammen mit dem Ginkgobaum (vgl. S. 44) bezeichnet man die Cycadeen oft als „lebende Fossilien", denn die gesamte Gruppe erreichte den Höhepunkt ihrer Formenentfaltung bereits vor etwa 200 Millionen Jahren im Mesozoikum (Erdmittelalter). Seither haben einige Formenkreise überdauert, ohne nennenswerte evolutionsbedingte Veränderungen erfahren zu haben. Den ältesten fossilen Nachweis eines Palmfarns kennt man aus dem Perm (spätes Paläozoikum oder Erdaltertum, etwa 240 Millionen Jahre vor der Gegenwart) in Form eines Samen tragenden Organs und einigen anderen Resten, die sehr an die Verhältnisse in der Gattung *Cycas* erinnern. Während der Trias und im Jura im Mesozoikum waren die Cycadeen weit verbreitet und offensichtlich auch ziemlich häufig, wie man aus zahlreichen Fossillagerstätten in Flusssedimenten schließen kann. Da fossile Pflanzen immer nur in Einzelteilen überliefert sind, hat man auch von den Cycadeen des Erdmittelalters nur wenige Formen lebensecht rekonstruieren können.

Verbreitung

Die aktuelle geografische Verbreitung spricht für ein hohes entwicklungsgeschichtliches Alter. Die Gattung *Cycas* mit ihren 17 Arten ist am weitesten verbreitet: Sie reicht von Polynesien über Madagaskar und nördlich bis Japan. *Stangeria* mit nur einer Art ist auf Südafrika beschränkt. *Encephalartos* mit ungefähr 46 Arten ist im tropischen und südlichen Afrika weit verbreitet. Die beiden *Bowenia*-Arten kommen im nördlichen Australien vor. *Macrozamia* mit 15 Arten und *Lepidozamia* mit zwei Arten (manchmal zu *Macrozamia* gestellt) sind ebenfalls in Australien beheimatet. *Ceratozamia* (zehn Arten) und *Dioon* (zehn Arten) findet man in Mexiko und Mittelamerika. *Microcycas* (eine Art) kommt nur auf Kuba vor, und *Zamia* (40 Arten) ist im gesamten tropischen Amerika weit verbreitet. Dieses Verbreitungsbild – ein sogenanntes disjunktes Areal – deutet man als Hinweis auf den Reliktcharakter der Cycadeen-Gattungen, die nur in relativ kleinen Gebieten überdauern konnten.

Aussehen

Da die Cycadeen entwicklungsgeschichtlich sehr alte Pflanzen sind, wundert es nicht, dass sie mancherlei ursprüngliche Besonderheiten aufweisen. Viele Arten erinnern im Aussehen an Palmen, denn sie entwickeln einen unverzweigten Stamm und tragen an dessen oberem Ende einen mächtigen Blattschopf. Man weiß nicht genau, ob diese Eigenart als ursprüngliches oder als abgeleitetes Merkmal zu verstehen ist, weil das Aussehen

Die Cycadeen haben eine besondere wissenschaftliche, aber kaum eine wirtschaftliche Bedeutung. Vor allem schätzt man sie wegen ihrer ungewöhnlichen Pflanzengestalt.

fossiler Formen zweifelhaft ist. *Macrozamia hopei* aus Queensland/Australien gilt als größte Art und erreicht 20 m Wuchshöhe. Die meisten heutigen Cycadeen entwickeln nur einen gedrungenen, unterirdischen Stamm, der jedoch vermutlich als reduziert bzw. abgewandelt gelten kann. Bemerkenswert sind das generell sehr langsame Wachstum und die Langlebigkeit. Einige lebende Exemplare sind wohl mehr als 1000 Jahre alt. Sie bringen nur in größeren Zeitabständen jeweils einen neuen Blattkranz hervor und setzen dann ihr Wachstum wieder für mehrere Jahre aus.

Wie alle heutigen Nacktsamer sind die Cycadeen Holzpflanzen, aber ihr Holz ist bemerkenswert weich und schwammig. Die Blattfiedern der zusammengesetzten Blätter weisen bei den meisten Arten gabelig verzweigte und parallel verlaufende Blattadern auf. Nur bei *Cycas* kommt eine größere Mittelader vor, während die Fiedern bei *Stangeria* eine farnähnliche Aderung mit Mittelader und gabelig verzweigten Seitenadern zeigen.

Auch das Wurzelsystem lässt einige Besonderheiten erkennen. Einige Wurzeln dringen bis zur Bodenoberfläche auf und verzweigen sich dort zu korallenähnlichen Massen. Diese Wurzeln enthalten in einer besonderen, peripher gelagerten Zellschicht mikroskopisch kleine Cyanobakterien, die atmosphärischen Stickstoff binden und diese dann als Verbindungen ihrem Wirt zuführen.

Alle Cycadeen sind getrenntgeschlechtlich – die Pflanzen sind entweder männlich oder weiblich. Außer bei den weiblichen *Cycas*-Exemplaren entstehen die Fortpflanzungseinrichtungen in massiven endständigen Zapfen. Eine Knospe an der Zapfenbasis übernimmt anschließend das weitere Längenwachstum. Bei weiblichen *Cycas*-Pflanzen werden keine Zapfen angelegt. Vielmehr entstehen die Samen produzierenden Megasporophylle, die wie vereinfachte vegetative Blätter aussehen, anstelle eines normalen Blattkranzes. Anschließend setzt der Stamm sein normales Wachstum mit normal grünen Blättern fort.

Eine der vielen Besonderheiten aus der sexuellen Vermehrung dieser Pflanzen sind die begeißelten männlichen Gameten, die sich schwimmend fortbewegen. In jedem Pollenkorn entwickeln sich nach der Bestäubung der offen liegenden Samenanlage zwei davon. Sonst kommen begeißelte männliche Gameten bei den höheren Pflanzen nur noch beim Ginkgobaum vor.

Manchmal nennt man die Cycadeen auch Sagopalmen, weil das weiche Stammmark bei einigen Arten sehr stärkereich ist, darunter beispielsweise bei *Cycas circinalis* und bei *C. revoluta*. Tatsächlich lässt sich daraus eine Art Sago gewinnen. Die großen Samenkerne einiger Arten sind ebenfalls essbar, müssen jedoch besonders zubereitet werden, weil sie sonst giftig sind. *Cycas*-Arten kultiviert man als Zierpflanzen in Gewächshäusern oder in wärmeren Gebieten auch im Freiland. Am häufigsten sieht man *Cycas revoluta*, vor allem im Mittelmeergebiet.

Nadelbäume

Die Nadelhölzer stellen eine entwicklungsgeschichtlich alte Verwandtschaftsgruppe dar, deren Fossilbericht bis zum ausgehenden Karbon (etwa vor 300 Millionen Jahren) zurückdatiert. Die Vertreter etlicher Familien kennt man nur als Fossilien. Auch die heute noch lebenden Familien sind recht ursprünglich: Die Araukariengewächse (Araucariaceae) und die Sumpfzypressengewächse (Taxodiaceae) existierten bereits im Jura (vor ca. 195 Millionen Jahren), während die Kieferngewächse (Pinaceae) zumindest bis zur Kreidezeit (vor ca. 135 Millionen Jahre) zurückgehen.

Die Koniferen und Eiben umfassen heute noch 70 Gattungen, die sich auf neun Familien verteilen. Sie sind die nach Artenzahl und wirtschaftlicher Bedeutung wichtigste Verwandtschaftsgruppe der Nacktsamer. Die beiden übrigen Nacktsamergruppen umfassen die nur mit je einer Art repräsentierte Klasse der Ginkgobäume sowie die Palmfarne (Cycadeen).

Die Koniferen sind scharf getrennt in die auf der Nord- und die auf der Südhalbkugel vertretenen Verwandtschaftsgruppen. Die Ursache dafür liegt vermutlich weit zurück in der Erdgeschichte, als sich die Kontinentmassen auf nur zwei große Landblöcke verteilten, die vom ost-westlich weltumspannend verlaufenden Tethysmeer getrennt waren. Möglicherweise sind weitere Faktoren am heutigen Verbreitungsbild beteiligt. So starben zweifellos auch viele Formen aus. Zur Jura- und Kreidezeit gab es auch in Europa und anderen nordhemisphärischen Gebieten Araukariengewächse. Auch besiedelten bestimmte Gattungen, die heute auf kleine Vorkommen beschränkt sind, einst viel größere Gebiete. Der Küstenmammutbaum (Sequoia sempervirens) kommt heute nur in einem schmalen Streifen im westlichen Nordamerika vor. Seine Gattung war jedoch noch im Tertiär auf der gesamten Nordhalbkugel verbreitet. Ebenso kennt man viele ostasiatische Gattungen, die ursprünglich eine wesentlich weitere Verbreitung aufwiesen. Die Vereisungen der letzten zwei Millionen Jahre hat eben viele Formen ausgelöscht oder verdrängt.

Die meisten Nadelhölzer bevorzugen die kühleren Klimazonen der höheren Breiten oder der Gebirge. Nur wenige kommen auch im tropischen oder subtropischen Tiefland vor. Bis heute dominieren natürliche Nadelwälder weite Gebiete der höheren Breiten, obwohl sie auch dort schon vielfach abgeholzt wurden. Viele Nadelhölzer liefern ein wertvolles und daher wirtschaftlich wichtiges Holz und werden daher auch weit außerhalb ihres natürlichen Verbreitungsgebietes forstlich angebaut. Die Monterey-Kiefer (Pinus radiata) etwa, ursprünglich nur in einem kleinen Gebiet in Kalifornien beheimatet, findet man heute in großen Monokulturen in Südafrika, Australien und Neuseeland.

Im Fachhandel gilt das Holz der Nadelbäume als Weichholz. Die Bezeichnung ist nicht korrekt, da es auch bei den Laubbäumen zahlreiche Weichholzarten gibt und das leichteste Holz überhaupt ebenfalls von einem Laubbaum stammt. Andererseits kann auch Nadelholz bemerkenswert hart und widerstandsfähig sein, beispielsweise

das Holz der Eibe (Taxus baccata). Nadelholz ist generell homogener aufgebaut als Laubholz, denn es besteht grundsätzlich nur aus Tracheiden (vgl. S. 8). Man verwendet es vorzugsweise als Bauholz, aber auch für verschiedene andere industrielle Zwecke (Papier-, Textil-, Chemikalienherstellung). Nadelholzharz ist die Hauptquelle von Terpentin und anderen Substanzen für die Farb-, Duftstoff- und pharmazeutische Industrie. Die Samenkerne mancher Kiefern-Arten sind essbar, beispielsweise von der mediterranen Pinie (Pinus pinea). Als Nahrungslieferant sind die Arten jedoch generell von untergeordneter Bedeutung.

Dagegen spielen sie gärtnerisch eine große Rolle. Zahlreiche Varietäten hat man aus den Wildformen gezüchtet, vor allem von Vertretern der Kieferngewächse (Pinaceae) und Zypressengewächse (Cupressaceae). In einem nahezu unübersichtlichen Sortenbild findet man sie in Parkanlagen, auf Friedhöfen und in Privatgärten. In der Kultur entstanden sogar Gattungsbastarde. Das bekannteste Beispiel ist die bemerkenswert wüchsige × Cupressocyparis leylandii, die in einer britischen Baumschule spontan aus der Kreuzung zwischen Chamaecyparis nootkatensis und Cupressus macrocarpa entstand und vor allem für Sichtschutzhecken sehr beliebt ist.

Taxonomie der Nadelhölzer

Die nadel- bzw. schuppenblättrigen Nacktsamer stellen innerhalb dieser Verwandtschaftsgruppe nur eine Klasse Pinopsida dar. Einschließlich der Eibenverwandten gehören zu den Nadelhölzern neun Familien, die in der nachfolgenden Übersicht vorgestellt werden. Manche Botaniker fassen die Eibengewächse (Taxaceae) zumindest als eigene Ordnung auf. Eines der Argumente dafür ist, dass die Samen nicht in den für die Koniferen typischen Zapfen entwickelt werden. Darin stehen die Eibengewächse jedoch nicht allein. Die südhemisphärischen Steineibengewächse (Podocarpaceae) und die Kopfeibengewächse (Cephalotaxaceae) bilden ebenfalls keine richtigen Zapfen. Oft gruppiert man diese Familien zusammen mit den ebenfalls zapfenlosen Phyllocladaceae als „Taxoide", um sie von den übrigen fünf Familien, den „Pinoiden", klar zu unterscheiden. Die Einordnung der Wacholder (Gattung Juniperus, Familie Cupressaceae) bei den Pinoiden erscheint zunächst ungewöhnlich, da viele Arten fleischige Beerenzapfen entwickeln. Die genauere Überprüfung zeigt jedoch, dass hier lediglich die zur Reife fleischig werdenden Zapfenschuppen täuschen.

Auch ausbreitungsbiologisch ist die Trennung in Pinoide und Taxoide bedeutsam, da die erste Gruppe ihre Samen hauptsächlich vom Wind ausbreiten lässt (mit Ausnahme einiger Juniperus-Arten) und die letztere (einschließlich Juniperus) auf Ausbreitung durch Tiere setzt. In Mitteleuropa nimmt beispielsweise die Wacholderdrossel gerne die Beerenfrüchte von Juniperus communis als Zusatznahrung.

Die nadel- bzw. schuppenblättrigen Nacktsamer fasst man häufig auch unter der Bezeichnung Koniferen (= Zapfenträger) zusammen, obwohl die ebenfalls hierher gehörenden Eibenverwandten keine Zapfen entwickeln und streng genommen nicht dazu gehören. Für die Nadelhölzer ohne echte Zapfen hat man daher die Bezeichnung Taxoide gewählt und grenzt sie damit begrifflich von den Pinoiden mit echten Zapfen ab. Die Samen entwickelnden Zapfen der Pinoiden sind nach botanischen Kriterien keine Einzelblüten, sondern komplexere Blütenstände, während die nur Pollen produzierenden männlichen Gebilde tatsächlich Einzelblüten sind. Den Begriff Zapfen verwenden wir in diesem Buch nur für aus dem weiblichen Blütenstand abgeleitete Gebilde. Im Angelsächsischen ist dagegen auch die Bezeichnung „männlicher Zapfen" für die männliche Blüte üblich. Auch der Begriff „Blüte" wird in der Fachwelt nicht immer einheitlich verwendet. Manche Taxonomen verwenden ihn nur für die Reproduktionsorgane der Bedecktsamer und grenzen diese als „Blütenpflanzen" von den Nacktsamern ab. In diesem Buch verwenden wir den Begriff Blüte für alle entsprechenden Strukturen der Nackt- und der Bedecktsamer. Beide großen Verwandtschaftsgruppen sind in diesem Sinne Blüten- oder Samenpflanzen.

LINKE SEITE Auch wenn es auf den ersten Blick nicht erkennbar ist, besteht dieser Primärwald im Olympic National Park (Washington/USA) aus verschiedenen Koniferenarten. Die schlanke Kronenform ist für viele Arten typisch.

Merkmale der einzelnen Nadelholzfamilien

Pinaceae – Kieferngewächse

Blätter nadelförmig und wie die Zapfenschuppen spiralig angeordnet, erscheinen jedoch manchmal durch Drehung ihrer Blattbasen zweizeilig gekämmt. Knospen schuppig; männliche Blüten und weibliche Zapfen auf der gleichen Pflanze (einhäusig); Zapfenschuppen von zweierlei Typ, nämlich Deckschuppen und Samenschuppen. Samenschuppen entstehen in den Achseln der Deckschuppen und tragen oberseits zwei Samenanlagen mit der Öffnung zur Abstammungsachse. Daraus entwickeln sich nach Bestäubung und Befruchtung die dünnhäutig geflügelten Samen. Mikrosporophylle (Staubblätter) der männlichen Blüten mit zwei Pollensäcken. Pollen mit zwei anhängenden Luftkammern (außer *Larix*, *Tsuga* und *Pseudotsuga*). Auf der Nordhalbkugel weit verbreitet.

Umfassen zwölf Gattungen: *Abies* (Tanne), *Cathaya*, *Cedrus* (Zeder), *Hesperopeuce*, *Keteleeria*, *Larix* (Lärche), *Nothotsuga*, *Picea* (Fichte), *Pseudolarix* (Goldlärche), *Pseudotsuga* (Douglasie) und *Tsuga* (Hemlock). *Cathaya* ist eine in China verbreitete Gattung. Im Westen sind keine näheren Informationen darüber verfügbar.

Taxodiaceae – Sumpfzypressengewächse

Blätter linealisch bis pfriemlich und ebenso wie die Zapfenschuppen spiralig angeordnet (außer bei *Metasequoia*, hier stehen sie gegenständig); Knospen nicht schuppig; einhäusig, Zapfenschuppen nicht in Deck- und Samenschuppen differenziert, Teile bleiben verbunden und tragen zwei oder mehr nach außen oder nach innen gerichtete Samenanlagen; Samen in manchen Gattungen geflügelt. Mikrosporophylle mit zwei bis neun Pollensäcken; Pollen ohne Luftkammern.

Neun Gattungen, davon acht auf der Nordhemisphäre: *Athrotaxis* (Tasmanzeder), *Cryptomeria* (Sicheltanne), *Cunninghamia* (Spießtanne), *Glyptostrobus* (Wasserfichte), *Metasequoia* (Urweltmammutbaum), *Sequoia* (Riesenmammutbaum), *Sequoiadendron* (Mammutbaum), *Taiwania*, *Taxodium* (Sumpfzypresse).

Sciadopityaceae – Schirmtannengewächse

Früher zu den Taxodiaceae gestellt, heute aufgrund mehrerer Merkmale als eigene Familie mit nur einer Art abgetrennt. Einhäusig; Schuppenblätter kurz und an den Zweigen anliegend. Nadeln in endständigen spiraligen Wirteln. Männliche Blüten mit mehreren Schuppen und jede mit zwei Pollensäcken. Zapfen einzeln, Schuppen spiralig mit je fünf bis neun Samenanlagen.

Araucariaceae – Araukariengewächse

Blätter schmal bis breit mit paralleler Aderung, ebenso wie die Zapfenschuppen spiralig angeordnet; ein- oder zweihäusig; Deck- und Samenschuppen nicht unterschieden, bilden gemeinsame Struktur mit nur einer Samenanlage. Reifer Same fällt zusammen mit seiner Zapfenschuppe. Männliche Blüten relativ groß; Mikrosporophylle mit bis zu zwölf Pollensäcken; Pollen ohne Luftkammern.

Drei Gattungen, hauptsächlich auf der Südhemisphäre: *Agathis* (Kaurifichte), *Araucaria* (Araukarie), *Wollemia* (Wollemikiefer). Die Araukarienwälder wurden in Chile schon vor Jahrzehnten völlig unkontrolliert ausgebeutet. Nur im argentinischen Teil des südamerikanischen Verbreitungsgebietes wurden die Bestände wegen der größeren Entfernungen zu den Hauptverkehrsachsen zunächst nur relativ wenig genutzt. Unterdessen hat sich das Bild auch hier gewaltig verändert. Die Verwüstung der ehemals prächtigen Wälder ist nicht aufzuhalten.

Der natürliche Wald aus Wald-Kiefern *(Pinus sylvestris)* ist in Schottland auf den meisten seiner Standorte abgeholzt worden und besteht nur noch aus kleinen Beständen. Typisch für Wald-Kiefern sind die schlanken Stämme und die unregelmäßige Krone.

Cupressaceae – Zypressengewächse

Altersblätter meist klein und schuppenförmig, nur die Jugendblätter mitunter auch nadelförmig, meist paarweise gegenständig, seltener in Dreier-Wirteln; ein- oder zweihäusig, Zapfen kugelig, etwa 2–3 cm im Durchmesser; Zapfenschuppen paarig und entweder schildförmig oder abgeflacht dachziegelartig, reif verholzt oder beerenartig (bei *Juniperus*). Samenschuppen mit ein oder mehreren geraden Samenanlagen; Samen geflügelt oder einfach. Bei *Juniperus* beschränken sich die Samenschuppen auf ein Paar (oder einen Wirtel aus drei bis acht); sie verwachsen und werden fleischig. Die typischen Zapfen dieser Familie deutet man als Verwachsungsprodukte von Samen- und Deckschuppen.

20 Gattungen: *Actinostrobus, Austrocedrus, Calocedrus* (Flusszeder), *Chamaecyparis* (Scheinzypresse), *Cupressus* (Zypresse), *Diselma, Fitzroya, Fokienia, Juniperus* (Wacholder), *Libocedrus, Microbiota, Neocallitropsis, Papuacedrus, Pilgerodendron, Platycladus, Tetraclinis, Thuja* (Lebensbaum), *Thujopsis, Widdringtonia*.

Podocarpaceae – Steineibengewächse

Blätter außer bei *Microcachrys* spiralig angeordnet und entweder schuppen- oder nadelförmig; ein- oder zweihäusig. Zapfen auf wenige Schuppen beschränkt und zur Reifezeit mit nur einem Samen aus einer umgekehrten Samenanlage, meist eingebettet in ein fleischiges, als Fruchtschuppe gedeutetes Gewebe (= Epimatium); Zapfen können auf einem fleischigen, fußförmigen Stiel sitzen (daher *Podocarpus* = „Fußfrucht"). Pollenkörner meist geflügelt. Die Familie kommt fast nur auf der Südhalbkugel vor. Nur wenige Arten sind auch nördlich des Äquators verbreitet.

17 Gattungen: *Acmopyle, Afrocarpus, Dacrycarpus, Dacrydium, Falcatifolium, Halocarpus, Lagarostrobus, Lepidothamnus, Microcachrys, Microstrobus, Nageia, Parasitaxus, Podocarpus* (Steineibe), *Prumnopitys, Retrophyllum, Saxegothaea, Sundacarpus*.

Phyllocladaceae – Flachzweigeibengewächse

Früher der vorherigen Familie zugeordnet, weist die Gattung *Phyllocladus* so viele Besonderheiten auf, dass man sie nunmehr in einer eigenen Familie führt. Ein- oder zweihäusige immergrüne Bäume. Zweige mit Endknospe und blattartig abgeflachten Kurztrieben (Phyllokladien) mit stark reduzierten, schuppenförmigen Blättern. Männliche Blüten in zylindrischen Kätzchen gruppenweise an den Zweigenden. Zapfen einzeln in den Blattachseln am Rande der Phyllokladien.

Cephalotaxaceae – Kopfeibengewächse

Blätter an den Haupttrieben spiralig gestellt, erscheinen jedoch an den Seitentrieben zweizeilig. Drei bis fünf Pollensäcke. Meist zweihäusig. Zapfen stark vereinfacht, nur mit wenigen Paaren kreuzgegenständiger einfacher Deckschuppen mit je zwei Samenanlagen. Der reife Zapfen enthält jedoch meist nur einen großen Samen, steinfruchtartig mit fleischiger Hülle (= Arillus) und einer dünnen hölzernen Samenschale.

Zwei Gattungen: *Amentotaxus* und *Cephalotaxus* (Kopfeibe) mit zusammen zehn Arten, die alle auf der Nordhalbkugel verbreitet sind.

Im dichten Bestand entwickeln Wald-Kiefern *(Pinus sylvestris)* lange, schlanke Stämme, die als Nutzholz sehr gefragt sind.

Taxaceae – Eibengewächse

Von manchen Pflanzensystematikern als eigene Klasse Taxopsida mit der Ordnung Taxales und der einzigen Familie Taxaceae aufgefasst, weil sich die Samen achselständig am Ende kurzer Seitentriebe entwickeln, während sie bei den typischen Koniferen seitenständig sitzen. Immergrüne Bäume oder Sträucher; Nadelblätter mehr oder weniger linealisch, spiralig angeordnet, erscheinen mitunter zweizeilig; normalerweise zweihäusig; Staubblätter (Mikrosporophylle) mit drei bis acht (oder neun) Pollensäcken, Pollen ungeflügelt. Samen gehen aus der einzigen Samenanlage ohne Deckschuppe hervor, zur Reife von lebhaft gefärbtem Samenmantel (Arillus) umgeben. Harzkanäle fehlen. Eiben wachsen gewöhnlich nur sehr langsam – der Durchmesser nimmt meist nur um 1 mm im Jahr zu. Größere Bäume haben daher ein sehr hohes Alter.

Vier Gattungen: *Austrotaxus* (auf der Südhalbkugel); nordhemisphärisch verbreitet sind *Pseudotaxus, Taxus* (Eibe) und *Torreya* (Nusseibe).

Pinus nigra var. *maritima*

Die Monterey-Kiefer *(Pinus radiata)* ist an den warmen, feuchten Pazifikküsten Nordamerikas beheimatet.

Pinaceae

Kiefern – *Pinus*

Die Gattung umfasst annähernd 100 Arten immergrüner Bäume, die von Natur aus fast ausschließlich auf der Nordhalbkugel der Alten und der Neuen Welt verbreitet sind. Ihr Verbreitungsgebiet reicht vom Malayischen Archipel (gerade südlich des Äquators), dem nördlichen Südamerika und Mittelamerika bis zur nördlichen Waldgrenze am Übergang zur Arktis.

Kiefern sind Bäume mit meist pyramidaler Krone. Nur wenige Arten wachsen strauchförmig. Zwei Blattformen kommen vor, Schuppen und Nadelblätter. Die spiralig angeordneten und nur kurzlebigen Schuppen an den Langtrieben sind stark reduziert und trockenhäutig. In ihrer Achsel entwickeln sich Kurztriebe, welche die langen Nadelblätter meist in Büscheln von (1) 2–5 (8) Einzelnadeln tragen. Die Nadelblätter werden erst nach fünf oder mehr Jahren abgeworfen.

Männliche Blüten und weibliche Blütenstände entwickeln sich getrennt auf den gleichen Individuen.

PINACEAE

Pinus
KIEFERN

Artenzahl: 93

Verbreitung: Nördliche gemäßigte Regionen, Mittelamerika und Indonesien

Verwendung: Nutzholz, Zellstoff- und Harzgewinnung; zahlreiche Arten in Varietäten als Park- und Ziergehölze

Die männlichen Blüten sind kurz, zylindrisch und kätzchenartig. Die weiblichen Blütenstände bestehen aus spiralig gestellten Deckschuppen an einer zentralen Spindel, in deren Achsel die Samenschuppen mit je zwei Samenanlagen an der Unterseite stehen. Zur Reife verdicken sich die rhombischen Spitzen der Samenschuppen zu einem breiten Schuppenschild (Apophyse), der in der Mitte (Nabel) einen Dorn oder Stachel trägt. Die Zapfen können aufrecht stehen, gekrümmt sein oder hängen.

Bestäubung

Wie alle Koniferen sind auch die Kiefern windblütig. Der schwefelgelbe Pollen wird in großen Mengen freigesetzt. Die Windverbreitung der einzelnen Pollenkörner unterstützen zwei seitlich ansitzende Luftsäcke. Zwischen der Bestäubung und der Befruchtung vergeht fast ein Jahr. Erst danach wächst der kleine und kompakte weibliche Blütenstand zu einem großen, zunächst grünen (blaugrünen) und später hellbraunen Zapfen heran. Frühestens im Herbst des Folgejahres sind die geflügelten Samen reif. Bei manchen Arten dauert die Samenreife auch drei Jahre. Die Flügel sind meist deutlich länger als der Samen.

Die Grannen-Kiefer *(Pinus longaeva)* ist eine der bemerkenswertesten Arten der Gattung. Sie kommt in den US-amerikanischen Bundesstaaten Colorado, Utah, Nevada und Arizona in den Rocky Mountains vor. Unter den Hochgebirgsbedingungen wächst sie allerdings nur extrem langsam und bildet knorrige, oft verkrüppelt erscheinende Gestalten. Für einige Exemplare ist ein Alter von rund 6000 Jahren nachgewiesen. Sie gehören damit zu den ältesten Lebewesen der Welt.

Pinus ist die Typform und gleichzeitig die einzige Gattung der Unterfamilie Pinoideae innerhalb der Familie Pinaceae. Sie zeichnen sich dadurch aus, dass die Langtriebe ausschließlich häutige Schuppenblätter tragen. Die besonders langen und schlanken Nadelblätter schließen im ersten Jahr ihre Entwicklung ab und bleiben meist für mehrere Jahre am Zweig.

Nach Tannen, Fichten und Kiefern benannte Arten gehören zu diesen Gattungen:		
Bezeichnung	**Wissenschaftlicher Name**	**Familie**
Brasiltanne	*Araucaria angustifolia*	Araucariaceae
Chilekiefer	*Araucaria araucana*	Araucariaceae
Farnkiefer	*Phyllocladus trichomanoides*	Phyllocladaceae
Gummikiefer	*Landolphia kirkii*	Apocynaceae
Hoopkiefer	*Araucaria cunninghamii*	Araucariaceae
Huonkiefer	*Lagarostrobus franklinii*	Podocarpaceae
Kaurifichte	*Agathis* spp. (besonders *A. australis*)	Araucariaceae
Norfolktanne	*Araucaria heterophylla*	Araucariaceae
Paranakiefer	*Araucaria angustifolia*	Araucariaceae
Queenslandkiefer	*Hakea leucoptera*	Proteaceae
Rotholzkiefer	*Dacrydium cupressinum*	Podocarpaceae
Schirmtanne	*Sciadopitys verticillata*	Sciadopityaceae
Schraubenkiefer	*Pandanus* spp.	Pandanaceae
Shekiefer	*Podocarpus elatus*	Podocarpaceae
Weißkiefer	*Podocarpus elatus*	Podocarpaceae
Williamkiefer	*Athrotaxis selaginoides*	Taxodiaceae
Zimmertanne	*Araucaria heterophylla*	Araucariaceae
Zypressenkiefer	*Callitris* spp.	Cupressaceae
Zypressenkiefer	*Callitris glaucophylla*	Cupressaceae

Pinus wallichiana

Bedeutung

Kiefernholz gehört zu den am meisten verwendeten Nutzhölzern. Forstlich bedeutende Arten sind Wald-Kiefer *(Pinus sylvestris)*, Monterey-Kiefer *(P. radiata)* und Korsische Schwarz-Kiefer *(Pinus nigra* var. *salzmannii).* Das Holz verwendet man als Bauholz oder für Möbel in der Tischlerei. Durch seinen Harzgehalt ist es sehr beständig. Getränkt mit Teerölen verwendet man es für Masten, Bahnschwellen oder zur Wegbefestigung. Von manchen Arten gewinnt man Harz durch Anschneiden der Rinde und destilliert es zu Terpentin und Kolophonium. Eine alternative chemische Aufbereitung ergibt Pech und Teer. Das ätherische Kiefernnadelöl erhält man ebenfalls durch Destillation. Man verwendet es in der Pharmazie.

OBEN LINKS Die formenreiche Dreh-Kiefer *(Pinus contorta)* ist auch mit sehr wenig Boden auf den Felsformationen des Bryce Canyon National Park in Utah/ USA zufrieden. Die Art erkennt man an ihrer relativ dünnen Borke und den langen, meist hellgrünen Nadeln. Die Zapfen öffnen sich zur Samenfreisetzung nur unter Feuereinwirkung.

Kiefern sind gärtnerisch außerordentlich beliebte Ziergehölze, entweder einzeln oder in Gruppen gepflanzt. Ausgesprochen dekorative Arten sind die besonders langschäftige Dreh-Kiefer *(P. contorta* var. *latifolia),* die Strand-Kiefer *(P. pinaster),* ferner Pinie *(P. pinea)* und Weymouth-Kiefer *(P. strobus).* Zwergformen kennt man von der Tempel-Kiefer *(P. bungeana),* der Berg-Kiefer *(P. mugo).* Betont kleinwüchsig ist auch die Varietät 'Beuvronensis' der Wald-Kiefer *(P. sylvestris).*

Die Monterey-Kiefer *(P. radiata)* hat sich vor allem an den Küsten als Windschutz bewährt. In Neuseeland, wo sie forstlich kultiviert wird, gedeiht sie auch auf sehr armen Böden. Pinienkerne sind die Samen der Pinie *(P. pinea).* Sie sind relativ groß, verlieren schon früh ihre Flügel und sind in der mediterranen Küche als pignoli bzw. pignons sehr beliebt. Für Tiere sind sie eine wichtige Nahrung.

Die Vermehrung erfolgt meist generativ über die Samen. Kulturformen lassen sich auch pfropfen. In den Baumschulen werden die Sämlinge etwa alle zwei Jahre umgesetzt, um ein kräftiges Wurzelwachstum anzuregen. Viele Arten gedeihen gleichermaßen auf unterschiedlichen Böden, sofern sie wasserzügig sind. Einige Arten bevorzugen jedoch Kalkböden.

Umgangssprachlich verwendet man das Wortattribut -kiefer, -fichte oder auch -tanne für eine Anzahl Pflanzen, die nicht einmal entfernt zu den Kieferngewächsen gehören, wie die tabellarische Auflistung auf dieser Seite zeigt. K2–4

Die wichtigsten Kiefern-Arten

P. wallichiana

Untergattung Strobus – Weichholzkiefern

Nadelblätter mit einem Leitbündel. Schuppige Scheiden der Kurztriebe werden jedes Jahr abgeworfen. Basis der Schuppenblätter nicht herablaufend. Holz mit wenig Harz. Holz relativ weich.

A Nadelblätter zu je 5
B Nadelblätter am Rand gesägt (Lupe!)

Pinus cembra Arve, Zirbe, Zirbel-Kiefer Alpen, nordöstliches Russland und Nordamerika. Baum, 10–25 (40) m hoch. Triebe dick braunfilzig. Nadelblätter dunkelgrün, 5–12 cm lang, ohne weiße Linien. Reifer Zapfen 5–8 cm, Zapfenschild unbedornt. Samen flügellos. K5
'Aureovariegata' Gartenform mit gelblichen Nadelblättern
'Stricta' Säuliger Wuchs mit aufrechten Ästen

P. lambertiana Zucker-Kiefer Nordamerika. Baum, 50–100 m hoch. Triebe filzig. Nadelblätter 7–10 cm lang, mit deutlichen weißen Linien. Reifer Zapfen 30–50 cm; Samen mit langen Flügeln. K7

P. peuce Rumelische Kiefer Balkan-Gebirge. Baum, 10–20 m hoch. Triebe grünlich, unbehaart. Nadelblätter 7–12 cm lang. Reifer Zapfen zylindrisch, 8–15 cm, mit dicken Schuppen. Samen 8–10 mm mit längerem Flügel. K5

P. strobus Weymouth-Kiefer, Strobe Nordamerika. Baum, 25–50 m hoch. Triebe unbehaart. Nadelblätter 6–14 cm lang, weich, biegsam. Reifer Zapfen meist gekrümmt, 8–20 cm lang, mit flachem Fortsatz. Samen gefleckt, 6–7 mm mit längerem Flügel. K3

P. wallichiana (P. griffithii, P. excelsa) Tränen-Kiefer, **Himalaja-Kiefer** Vom Himalaja westlich bis Afghanistan. Baum, meist bis zu 35 m hoch, gelegentlich bis zu 50 m. Triebe unbehaart, bläulich bereift. Nadelblätter 12–20 cm lang. Reifer Zapfen 15–25 cm lang, mit flachem, gestreiftem Schild und länglichem Nabel. Samen 8–9 mm mit längerem Flügel. K7

BB Nadelblätter am Rand glatt (Lupe!)

P. aristata Grannen-Kiefer Südwestliches Nordamerika. Buschiger Baum bis zu 15 m. Triebe blass orange, früh verkahlend. Nadelblätter 2–4 cm lang. Reifer Zapfen 4–9 cm lang, Nabel mit gekrümmtem, 6–8 mm langem Dorn. K6

AA Nadelblätter zu je 1–4

P. bungeana Tempel-Kiefer Nordwestliches China. Baum, 20–30 m hoch. Triebe unbehaart. Nadelblätter zu je 3, 5–10 cm lang, glattrandig. Reifer Zapfen 5–7 cm lang, Schuppenschild auf dem Nabel mit breit aufgesetztem, gekrümmtem Dorn. Samen 8–12 mm mit kurzem Flügel. Borke löst sich wie bei den Platanen in großen

Schuppen ab und lässt den Stamm buntscheckig erscheinen. K7

P. cembroides Mexikanische Stein-Kiefer Arizona bis Mexiko. Baum, 6–7 m hoch. Triebe dunkelorange, früh verkahlend. Nadelblätter zu 1–4, 2–5 cm lang, am Rand fein gesägt (Lupe). Reifer Zapfen kugelig, 2,5–5 cm, Schild mit breitem Nabel. Samen 1,5–3 cm, mit sehr schmalem Flügel. K7–8

Untergattung Pinus – Hartholzkiefern

Nadelblätter mit zwei Leitbündeln. Schuppige Scheide der Nadelblätter bleibend. Schuppenblattbasis herablaufend. Holz mit reichlich Harz und ziemlich fest.

C Nadelblätter meist zu 3 (bei *P. halepensis* und *P. radiata* auch zu 2)
D Nadelblätter nicht länger als 15 cm

Pinus halepensis Aleppo-Kiefer Mittelmeergebiet, Westasien. Baum, 10–15 m hoch. Nadelblätter 6–15 cm lang, oft zu 2. Reifer Zapfen 8–12 cm lang. Zapfenschild abgeflacht mit stumpfem Nabel ohne Dorn. K8–9

P. radiata Monterey-Kiefer Kalifornien. Baum, 20–30 m hoch. Nadelblätter mitunter zu 2, 10–15 cm lang. Reifer Zapfen 7–14 cm, dick, schief, ungestielt, gekrümmt. Zapfenschild rundlich mit kleinem Stachel. K4

P. rigida Pech-Kiefer Östliche USA. Baum, 10–15(25) m hoch. Nadelblätter steif, 7–14 cm lang. Reifer Zapfen symmetrisch, 3–7 cm lang, Nabel groß mit langem, gebogenem Stachel. K4

DD Nadelblätter länger als 15 cm

Pinus coulteri Coulters Kiefer Südliches Kalifornien und Mexiko. Baum, bis zu 25 m hoch. Triebe bereift. Nadelblätter 15–30 cm. Reifer Zapfen sehr massiv, 25–35 cm lang. Zapfenschild aufgebogen mit großem Nabel und kräftigem Dorn. Samen mit großem Flügel. K8

P. palustris Sumpf-Kiefer Östliche USA. Baum bis zu 40 m. Knospenschuppen weiß berandet. Triebe unbereift. Nadelblätter 20–45 cm lang. Reifer Zapfen 15–20 cm lang, fast ungestielt, Nabel mit kurzem, gebogenem Stachel. Samen mit häutigem Flügel von doppelter Samenlänge. K8–9

P. strobus

P. contorta

P. sylvestris

Die Nadelblätter der Kiefern stehen an Kurztrieben und fast immer in Büscheln zu 2–5. An deren Basis befindet sich eine trockenhäutige Scheide. Die Nadeln jedes Kurztriebs ergänzen sich zu einem Zylinder bzw. (im Querschnitt) zum Vollkreis. Die einzelnen Nadeln können sehr lang sein und auffällige Spaltöffnungsreihen als feine weiße Linien tragen.

P. ponderosa

P. halepensis

P. radiata

P. pinaster

P. nigra var. maritima

P. ponderosa Gelb-Kiefer Westliches Nordamerika. Baum, 50–75 m hoch. Triebe unbereift. Nadelblätter zu je 2, 4 oder 5, 12–25 cm lang. Reifer Zapfen gelblich grün, fast ungestielt, 8–15 cm lang. Nabel mit kräftigem, gekrümmtem Stachel. K4

P. jeffreyi Jeffreys Kiefer Westliches Nordamerika. Der Gelb-Kiefer sehr ähnlich, aber Triebe bereift. Reifer Zapfen größer. Harz duftet angenehm nach Citrus-Noten. K6

P. taeda Loblolly-Kiefer Östliche und südöstliche USA. Baum, 20–30(50) m hoch. Triebe unbereift. Nadelblätter (12)15–25 cm lang, hellbläulich grün. Zapfen sitzend, 6–12 cm lang: Nabel verlängert sich in einen dreieckigen, leicht gekrümmten Dorn. Samen 6–7 mm mit bis zu 2,5 cm langem Flügel. K7

CC Nadelblätter zu je 2
E Nadelblätter bis etwa 8 cm lang

P. sylvestris Wald-Kiefer, Föhre Nord- und Mitteleuropa, Westasien; in Nordamerika eingebürgert. Baum, 20–40 m hoch. Oberer Stammteil glatt und rötlich. Nadelblätter 2–7 cm, bläulich grün, oft gedreht. Reifer Zapfen 3–7 cm. Nabel symmetrisch mit kleinem Stachel. Mehrere Gartenformen mit unterschiedlichem Wuchs. K2

P. mugo Berg-Kiefer Gebirge Mitteleuropas. Der Wald-Kiefer ähnliche und ziemlich formenreiche Art; wächst oft strauchig und wird dann als Latschen-Kiefer bzw. Legföhre bezeichnet. Nadelblätter kräftig grün. K2

P. contorta Dreh-Kiefer Küstengebiete des westlichen Nordamerika. Baum bis zu 10 m. Nadelblätter 3–5 cm lang, steif, gedreht. Reifer Zapfen auffällig schief, 2–5 cm lang. Stachel auf dem Nabel lang, brechen leicht ab. Formenreich. K7

EE Nadelblätter meist länger als 8 cm

P. pinea Pinie, Schirm-Kiefer Mittelmeergebiet. Baum, 15–25 m hoch, mit charakteristisch pilzhutförmiger, dichter Krone. Nadelblätter 10–20 cm lang. Reifer Zapfen kugelig, 6–9 cm lang. Die essbaren Samen sind bis zu 18 mm lang und reif ungeflügelt. K8–9

P. halepensis Aleppo-Kiefer Nadelblätter mitunter auch zu je 3. Weitere Beschreibung s. S. 54.

P. radiata Monterey-Kiefer Nadelblätter meist zu je 3. Weitere Beschreibung s. S. 54.

P. thunbergii Japanische Schwarz-Kiefer Japan. Baum, bis zu 30 m hoch. Winterknospen grauweiß, nicht harzend, Schuppen an den freien Spitzen bewimpert. Nadelblätter (6)8–11 cm lang. Kurztriebscheide mit 2 langen Fortsätzen. Reifer Zapfen 4–6 cm lang. Nabel mit oder ohne Stachel. K5–6

P. pinaster (P. maritima) Strand-Kiefer Westliches Mittelmeergebiet. Baum, bis zu 30 m. Winterknospen nicht harzig. Nadelblätter 10–20 cm lang, steif. Kurztriebscheide ohne Fortsätze. Reifer Zapfen symmetrisch, in Gruppen, 9–18 cm lang. Nabel mit kräftigem Stachel. K8

P. nigra Schwarz-Kiefer Österreich, Balkanhalbinsel. Baum, 20–40(50) m hoch. Borke charakteristisch dunkelgrau und tiefrissig gefeldert. Nadelblätter 9–16 cm lang, schwarzgrün, steif. Reifer Zapfen symmetrisch, 5–8 cm lang, Nabel meist mit kurzem Stachel. Formenreich, wird in vier Unterarten von unterschiedlicher geografischer Verbreitung gegliedert. K4

Im Frühjahr lockern die hellgrünen Triebe und Blüten das etwas düstere Erscheinungsbild der Monterey-Kiefer *(Pinus radiata)* sichtlich auf.

Fichten – *Picea*

Zur Gattung *Picea* gehören etwa 40 Arten immergrüner Bäume, die auf der Nordhalbkugel in den kalt gemäßigten Klimaten der Alten und Neuen Welt weit verbreitet sind – vom Polarkreis bis zu den Hochgebirgen in den Breiten um den nördlichen Wendekreis.

Fichten entwickeln gewöhnlich schmal kegelförmige Kronen mit regelmäßig abstehenden oder unregelmäßiger hängenden Ästen. Typisch ist die rötlich braune Borke der meisten Arten. Die Zweige sind im Unterschied zu den Tannen raspelartig rau, da die Nadelblätter in holzigen, vorspringenden, herablaufenden Nadelkissen stecken. Die Winterknospen sind meist nicht harzig. Die Nadelblätter sind spiralig angeordnet, erscheinen aber oft – vor allem an der Zweigunterseite – kammförmig bzw. gescheitelt. Sie treten in zwei Formen auf: Bei vielen Arten sind sie deutlich vierkantig mit rhombischem Querschnitt oder flach und tannenähnlich. Jedes Nadelblatt führt zwei Harzkanäle, die sich aber nicht über die gesamte Nadellänge erstrecken.

Männliche Blüten und weibliche Blütenstände entwickeln sich getrennt auf den gleichen Pflanzen, die männlichen achselständig in gelben bis rötlichen und kätzchenartigen Büscheln, die weiblichen endständig. Junge weibliche Blütenstände sind grünlich oder karminpurpurn. Jede Samenschuppe trägt unterseits zwei Samenanlagen. Nach der Bestäubung entwickelt sich der Blütenstand noch im gleichen Jahr zum reifen Zapfen. Fichtenzapfen hängen und lösen sich bei der Reife nicht in einzelne Schuppen auf, sondern fallen als Ganzes herab. Die flachen Samen sind geflügelt.

Die meisten Fichten-Arten gedeihen (auch) auf feuchten, kalten Böden. Auf flachgründigen Böden sind sie jedoch nicht allzu windfest. Auf günstigeren Standorten wurzeln sie sich auch tiefer ein und bieten einen wirksamen Windschutz.

In Nordamerika haben die drei Arten Rot-Fichte *(Picea rubens)*, Schwarz-Fichte *(P. mariana)* und Schimmel-

Das kühle, feuchte Klima der Küstengebiete von Oregon/USA sagt der Sitka-Fichte *(Picea sitchensis)* und anderen Arten der Gattung sehr zu. Im ausreichend durchlichteten Bestand entwickeln die Bäume horizontal abstehende Äste, auf denen sich Moose und Flechten ansiedeln. Typischerweise bleiben die größeren Äste und Zweige auch dann noch am Stamm, wenn sie bereits länger abgestorben sind.

Fichte *(P. glauca)* wirtschaftlich die größte Bedeutung, vor allem als Zellstoff- bzw. Holzschlifflieferanten für die Papierindustrie. In Europa ist die Gewöhnliche Fichte *(P. abies)* die bedeutsamste und auch weit außerhalb ihres natürlichen Areals forstlich die am häufigsten kultivierte Art. Daneben finden sich hier auch Nadelforste mit nordamerikanischen Arten, vor allem mit der erstaunlich anspruchslosen Sitka-Fichte *(P. sitchensis)* und der Stech-Fichte *(P. pungens)*, die ebenfalls auf verschiedenen Bodenqualitäten gedeiht.

Fichtenholz ist relativ weich und im Anschnitt fast ohne typischen Geruch. Da es sich leicht bearbeiten und polieren lässt, verwendet man es im Möbel- und Musikinstrumentenbau, als Bau- und Grubenholz, für Spanplatten, Sperrholz oder für Verpackungen. Gebietsweise gewinnt man aus Fichtenholz durch Destillation Terpentin sowie aus den Trieben ätherische Öle für medizinische Zwecke. Früher diente Fichtenrinde zum Gerben.

Die Gewöhnliche Fichte *(P. abies)* ist in Mitteleuropa immer noch der am meisten verwendete Weihnachtsbaum. Andere Fichten werden (allzu häufig) als Ziergehölze angepflanzt, darunter Gartenformen der Engelmann-Fichte *(P. engelmannii)* und der Stech-Fichte *(P. pungens)*. Von mehreren Arten sind auch Zwergformen für Kleingärten oder Friedhöfe im Angebot. K2–9

Die wichtigsten Fichten-Arten

Gruppe I

Nadelblätter abgeflacht mit Ober- und Unterseite sowie unterseits zwei weißlichen Spaltöffnungsbändern. Oberseits meist dunkelgrün und nur selten heller gestreift.

A Erstjährige Seitentriebe behaart

***Picea omorika* Serbische Fichte** Südeuropa (Balkangebirge). Baum, bis zu 30 m. Nadelblätter auf den hori-

P. pungens

P. omorika

PINACEAE

Picea
FICHTEN

Artenzahl: 40

Verbreitung: Nördliche gemäßigte Breiten

Verwendung: Wirtschaftlich bedeutsam für die Holz- und Papierindustrie; vielfach als Ziergehölze angepflanzt

P. sitchensis

P. omorika

P. abies

zontalen Ästen mehr oder weniger gescheitelt, dünn, beidseits gekielt, (8)12–18 × 2 mm, plötzlich zugespitzt. Reifer Zapfen 3–6 cm lang, länglich-eiförmig. K5

***P. breweriana* Siskiyou-Fichte** Westliche USA. Baum, bis zu 40 m. Nadelblätter an hängenden Zweigen radial angeordnet, 2–2,2(3) cm lang, auf beiden Seiten leicht konvex, spitz. Reifer Zapfen 6–12 cm lang, zylindrisch; Zapfenschuppen glattrandig. K6

AA Erstjährige Seitentriebe behaart

***P. jezoensis* Yedo-Fichte, Ajan-Fichte** Nordöstliches Asien, Japan. Baum, bis zu 50 m. Nadelblätter 1–2 cm lang, spitz, aber nicht stechend. Reifer Zapfen 4–8 cm lang, länglich-zylindrisch. Die Varietät *hondoensis* trägt kürzere Nadelblätter und lässt sich leichter kultivieren als die Art. K5

***P. sitchensis* Sitka-Fichte** Küstenregionen der westlichen USA. Baum, bis zu 60 m. Nadelblätter 1,5–2,5 cm lang, steif, stechend spitz, konvex, auf beiden Seiten leicht gekielt. Reifer Zapfen 6–10 cm lang, länglich-zylindrisch. K7

Gruppe II
Nadelblätter vierkantig und im Querschnitt quadratisch bis rautenförmig, ebenso breit wie hoch, jede Flanke mit drei bis fünf feinen weißlichen Spaltöffnungslinien, keine Spaltöffnungsbänder.

B Erstjährige Seitentriebe unbehaart, nur bei *P. abies* und *P. asperata* mitunter leicht behaart; zumindest die obersten Nadelblätter nach vorne über den Trieb gebogen

C Untere Nadelblattreihen mehr oder weniger zwei- oder mehrzeilig gescheitelt, wobei sich die oberen über-lappen

***Picea abies* Gewöhnliche Fichte** Mittel- und Nordeuropa. Baum, bis zu 50(70) m. Nadelblätter 1–2(2,5) cm lang, grün. Reifer Zapfen zylindrisch, 10–15 cm lang. Trieb gelegentlich fein flaumig behaart. Zahlreiche Sorten, darunter auch zwergwüchsige. K5

***P. glauca* Schimmel-Fichte, Weiß-Fichte** Nördliche USA (Alaska) und Kanada. Baum, bis zu 30 m. Nadelblätter 8–18 mm lang, bläulich grün, beim Zerreiben unange-nehm riechend. Reifer Zapfen zylindrisch-länglich, 3,5–5 cm lang. K3

CC Untere Nadelblattreihen nicht gescheitelt, aber mehr oder weniger nach unten gekrümmt

***Picea smithiana* Himalaja-Fichte** Himalaja. Baum, 30–50 m hoch. Winterknospen harzig. Nadelblätter 2–4(5) × 1 mm, spitz. Reifer Zapfen 12–15(18) cm lang, zylindrisch. K9

***P. asperata* Raue Fichte** Westliches China. Baum, bis zu 25 m. Winterknospen mehr oder weniger harzig. Triebe gelblich braun, mitunter behaart. Nadelblätter undeutlich radial angeordnet, 1–1,8 cm lang, mitunter gebogen, spitz. Reifer Zapfen 8–10 cm lang, zylindrisch-länglich. K6

***P. schrenkiana* Schrenks Fichte** Zentralasien. Baum, bis zu 35 m. Winterknospen nicht harzig. Triebe grau. Nadelblätter radial (spi-ralig) angeordnet, 2–3,5 cm lang, mitunter gebogen, spitz. Reifer Zapfen 7–10 cm lang, zylindrisch-länglich; Zapfenschuppen glattrandig. K6

BB Erstjährige Seitentriebe unbehaart. Alle Nadelblätter gebogen, radial oder undeut-lich radial angeordnet und im Winkel von 45–90° abstehend, die oberen nicht über den Trieb gebogen. Reife Zapfen länger als 5 cm.

***Picea polita* Tigerschwanz-Fichte** Japan. Baum, bis zu 40 m. Nadelblätter 1,5–2 cm lang,

Junge weibliche Blütenstände der Sitka-Fichte *(Picea sitchensis)* fallen durch ihre kräftig hellrote Färbung auf. Bei anderen Arten treten auch Karmin- oder Purpurtöne auf. Die männlichen Blüten sind fast immer gelb.

P. pungens

P. smithiana

OBEN RECHTS Reifende Zapfen der Schimmel-Fichte *(Picea glauca)*, eine im nördlichen Nordamerika bestandsbildende Fichten-Art

gebogen, sehr steif, stechend spitz, glänzend dunkelgrün. Reifer Zapfen 8–10 cm lang. K6

P. pungens **Stech-Fichte** Südwestliche USA. Baum, bis zu 50 m mit horizontal abstehenden Ästen. Nadelblätter auf der Zweigoberseite dichter als unterseits, 1,5–2,5 cm lang, leicht eingekrümmt, bei der am häufigsten kultivierten Form auffallend grünlich blau bis bläulich weiß bereift, steif, stechend spitz. Reifer Zapfen 6–10 cm lang, zylindrisch-länglich. Diese Beschreibung kennzeichnet die am häufigsten angepflanzten Cultivare 'Glauca' mit horizontalen sowie 'Koster' mit hängenden Ästen. K3

BBB Erstjährige Seitentriebe behaart. Untere Nadelblattreihen abstehend gescheitelt, die oberen nach vorne überlappend. Bei *P. asperata* und *P. mariana* sind die Nadelblätter allerdings mehr oder weniger radial angeordnet.
D Endknospe an der Basis mit einem Kranz pfriemenförmiger Schuppen, Zapfen höchstens 5 cm lang

Picea mariana **Schwarz-Fichte** Nordwestliches Nordamerika. Baum, 20–30 m hoch. Junge Triebe drüsig, behaart. Nadelblätter 7–15 mm lang, mitunter bläulich, mit Spaltöffnungslinien auf der triebzugewandten Flanke, stumpf. Reifer Zapfen eiförmig. K3

P. rubens **Rot-Fichte** Von Kanada südwärts bis North Carolina. Baum, bis zu 30 m. Nadelblätter 1–1,5 cm lang, plötzlich zugespitzt, dunkel- bis hellgrün, auf der triebzugewandten Flanke mehr als doppelt so viele Spaltöffnungslinien wie gegenüber. Reifer Zapfen 3–4(5) cm lang, länglich. K3

DD Endknospe an der Basis ohne Schuppenkranz, Zapfen länger als 5 cm

Picea engelmannii **Engelmann-Fichte** Westliches Nordamerika. Baum, 20–50 m hoch, auffallend kurzästig. Erstjähriger Trieb gelblich grau, drüsig-flaumig. Nadelblätter 1,5–2,5 cm lang, spitz, obere Reihen nach vorne über den Trieb gebogen, beim Zerreiben von unangenehmem Geruch. Reifer Zapfen bis zu 8 cm lang. K3

P. obovata **Sibirische Fichte** Nordeuropa und Nordasien. Baum, bis zu 50 m. Erstjähriger Trieb braun, fein flaumig. Nadelblätter 1–1,8 cm lang, spitz. Reifer Zapfen 6–8 cm lang, zylindrisch-eiförmig. Schuppen glattrandig. K2

P. orientalis **Kaukasus-Fichte** Kleinasien und Kaukasus. Baum, bis zu 50 m. Nadelblätter 6–8(12) mm lang, dunkelgrün, glänzend, stumpf. Reifer Zapfen 6–9 cm lang, zylindrisch-eiförmig. K3

Gruppe III
Nadelblätter gescheitelt, im Querschnitt viereckig, aber leicht abgeflacht und daher breiter als hoch. Auf der triebzugewandten Flanke (Oberseite) mehr als doppelt so viele Spaltöffnungslinien wie gegenüber (Unterseite) (Lupe). Zapfen länger als 5 cm.

Picea alcoquiana **Zweifarbige Fichte** Japan. Baum, bis zu 25 m. Haupttrieb behaart, Seitentriebe kahl. Endknospe ohne basalen Schuppenkranz. Nadelblätter 1–2 cm lang, mit 5–6 Spaltöffnungslinien auf jeder oberen Flanke und nur 2 auf den unteren. Reifer Zapfen 6–12 cm lang, zylindrisch-länglich. K6

P. glehnii **Sachalin-Fichte** Japan. Baum, bis zu 40 m. Trieb rötlich braun. Endknospe an der Basis mit Kranz pfriemenförmiger Schuppen. Nadelblätter 6–12 mm lang mit 2 weißen Spaltöffnungslinien oben und 1 oder 2 unterbrochenen Reihen auf den unteren Flanken, stumpf oder spitz. Reifer Zapfen 5–8 cm lang, zylindrisch-länglich. K6

P. likiangensis **Likiang-Fichte** Westliches China. Baum, bis zu 30 m. Trieb grau-gelblich. Die beiden oberen Nadelblattreihen dachziegelartig angeordnet und nach vorne weisend. Nadelblätter 8–15 mm lang, mit 2 weißen Spaltöffnungslinien oben und 1 oder 2 unterbrochenen Reihen auf den unteren Flanken, spitz. Reifer Zapfen 5–8 cm lang, zylindrisch-länglich. K6

Tannen – *Abies*

Die Gattung umfasst knapp 50 Arten immergrüner Bäume, die vor allem in den Gebirgswäldern der Nordhalbkugel beheimatet sind – in Mittel- und Südeuropa, in Vorderasien und Nordafrika, in Asien im Himalaja und nördlich davon, ferner in Japan und in großen Gebieten Nordamerikas. Die umgangssprachliche Bezeichnung vieler Nadelbaumarten nimmt es indessen mit den Gattungsgrenzen nicht ganz genau. Eine Douglastanne oder eine Hemlocktanne sehen zwar tannenähnlich aus, gehören aber nicht zur Gattung *Abies*, sondern bilden eigene Formenkreise. In der Forstfachsprache bezeichnet man gelegentlich auch die heimische Fichte als Rottanne, was nicht unbedingt zur Verwandtschaftsklärung beiträgt. Schließlich ist der Begriff Tanne so etwas wie eine Allgemeinbezeichnung für alle Nadelbäume. Auch das bekannte Weihnachtslied vom Tannenbaum meint nicht unbedingt einen Vertreter von *Abies*.

Echte Tannen sind im Prinzip einfach zu erkennen. Typische Gattungsmerkmale sind der aufrecht stehende Zapfen, der sich bei der Reife in seine einzelnen Zapfenschuppen auflöst und daher nie als Ganzes vom Baum fällt, ferner die immer einzeln stehenden Flachnadeln sowie ein rundliches, fußartiges Nadelpolster, das nicht über die Zweigrinde hinausragt, sodass Tannenzweige im Unterschied zu denen der Fichte immer relativ glatt sind.

PINACEAE

Abies
TANNEN

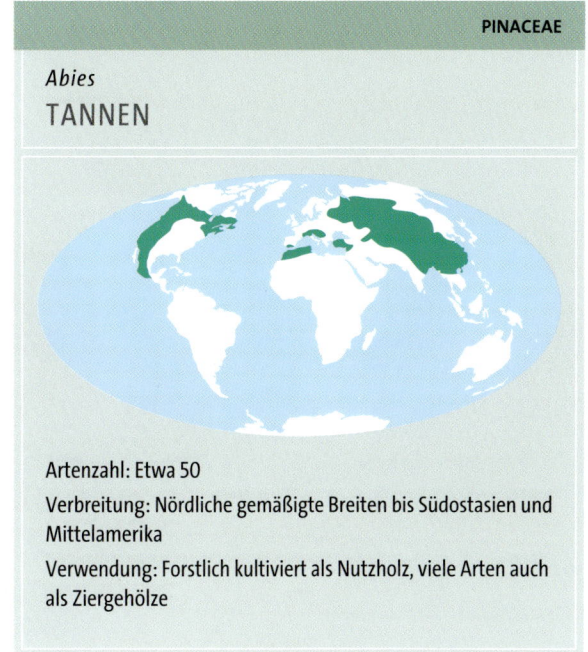

Artenzahl: Etwa 50

Verbreitung: Nördliche gemäßigte Breiten bis Südostasien und Mittelamerika

Verwendung: Forstlich kultiviert als Nutzholz, viele Arten auch als Ziergehölze

Etwa 30 Arten kultiviert man heute entweder forstlich oder als Parkgehölze auch weit außerhalb ihrer natürlichen Verbreitungsgebiete. Außer der heimischen Weiß-Tanne *(Abies alba)* sind vor allem die Küsten- oder Riesen-Tanne *(A. grandis)*, die früher als Edel-Tanne *(A. nobilis)* zusammengefasste Formengruppe (heute *A. procera)* und die Nordmann-Tanne *(A. nordmanniana)* in Parks und großen Gärten häufig zu sehen. Tannen benötigen generell einen gut wasserversorgten, tiefgründigen Boden in feuchten Klimaten und vor allem saubere Luft. In immissionsbelasteten Industrieregionen oder in den Innenstadtbereichen gedeihen sie schlecht oder überhaupt nicht. Die Fraser-Tanne *(A. fraseri)* und die Balsam-Tanne *(A. balsamea)* verwendet man in Nordamerika (USA und Kanada) häufig als Weihnachtsbaum. In Mitteleuropa hat die Nordmann-Tanne *(A. nordmanniana)* die entsprechenden Märkte erobert.

Tannen sind relativ anfällig für Schädlinge, vor allem Blattlausarten der Gattung *Adelges*. Die Blattlaus *Adelges picae* ist in Europa bisher lediglich als Lästling aufgetreten, hat aber in Kanada schon größere Bestände der Balsam-Tanne *(A. balsaminea)* in allen Lebensstadien vernichtet.

Tannenholz ist meist einheitlich weißlich, hellgelb oder rötlich und zeigt keine Unterschiede zwischen Kern und Splint. Harzkanäle fehlen meist. Das Holz ist relativ weich und lässt sich hervorragend bearbeiten. Man verwendet es gern für den Innenausbau und für Möbel, aber auch für Musikinstrumente. Die nordamerikanischen Tannenhölzer werden auch als Bauholz sowie für Masten und Zäune verwendet, da sie sich mit Schutzmitteln gut imprägnieren lassen. Früher fertigte man daraus auch Bottiche und andere Behälter für Lebensmittel.

Bei manchen Arten entwickelt die Rinde junger Bäume auffällige Harzblasen. Aus dem Harz kann man durch Destillation Terpentin und als nicht flüchtigen Rest Kolophonium gewinnen. Kanadabalsam aus der Balsam-Tanne ist ein in der Mikroskopie gerne verwendetes Eindeckmittel für Präparate. K2–9

UNTEN Die neuen Triebe der Balsam-Tanne *(Abies balsamea* 'Prostrata') sind zunächst zitronengelb, bevor sie die typische Blaugrünfärbung der älteren Nadelblätter annehmen.

LINKS Die als Parkgehölz gerne verwendete Edel-Tanne *(Abies procera)* imponiert nicht nur durch ihre Wuchshöhe. Ihre schlanke Kronengestalt ist das Ergebnis von relativ raschem Wachstum. In der Natur wird sie bis zu 60 m hoch.

Die wichtigsten Tannen-Arten

Gruppe I
Alle Nadelblätter flach (sofern nicht anders angegeben) und in einer Ebene angeordnet oder wenigstens die oberen gescheitelt.

Abies alba (A. pectinata) Weiß-Tanne Gebirge Mittel- und Südeuropas. Baum, bis zu 50 m. Triebe behaart, nicht gefurcht. Winterknospen nicht harzig. Nadelblätter 1,5–3 cm lang, etwas ausgerandet, unterseits mit 2 weißen Spaltöffnungsbändern. Harzkanäle seitlich. K5

A. balsamea Balsam-Tanne In Nordamerika bis zum Polarkreis weit verbreitet; liefert den bekannten Kanadabalsam (Tannenharz). Baum, bis zu 25 m. Triebe behaart, nicht gefurcht. Winterknospen harzig. Nadelblätter 1,5–2,5 cm lang, vorne ausgerandet, unterseits mit 4–9 weißlichen Spaltöffnungsbändern. Harzkanäle in der Mitte. K3

A. concolor Colorado-Tanne Gebirge in Colorado und Südkalifornien, New Mexico, Arizona und Mexiko. Baum, bis zu 40 m. Triebe fein behaart oder kahl; Winterknospen harzig. Nadelblätter 4–6 cm lang, beidseits mit weißen Spaltöffnungsbändern, vorne nicht ausgerandet. Harzkanäle seitlich. K5

A. grandis Küsten-Tanne, Riesen-Tanne Westliches Nordamerika. Baum, bis zu 100 m; gedeiht auch in Kultur sehr gut, wird dann aber nur etwa 50 m hoch. Bemerkenswert schädlings- und kälteresistent. Triebe olivgrün, fein behaart bis kahl. Nadelblätter 3–6 cm lang, vorne ausgerandet, weiße Spaltöffnungsbänder nur unterseits. Harzkanäle seitlich. K6

A. magnifica Prächtige Tanne Westliche USA von Oregon bis Kalifornien. Baum, bis zu 70 m. Triebe fein rostrost behaart; Winterknospen harzig. Nadelblätter 2,5–4 cm lang, im Querschnitt viereckig, vorne nicht ausgerandet, Spaltöffnungsbänder auf allen Flanken. Harzkanäle seitlich. K6

A. procera (A. nobilis) Edel-Tanne Kaskadengebirge von Washington bis nördliches Oregon. Baum, bis zu 80 m. Forstlich häufig verwendet, erreicht dann etwa 50 m. Triebe fein rostbraun behaart; Winterknospen harzig. Nadelblätter 2,5–3,5 cm lang, flach oder oberseits gefurcht, vorne kaum ausgerandet, Spaltöffnungsbänder auf beiden Seiten. Harzkanäle seitlich. K6

A. spectabilis Himalaja-Tanne Nordwestlicher Himalaja. Baum, bis zu 50 m. Triebe rötlich braun, in den Furchen behaart; Winterknospen harzig. Nadelblätter 2,5–6 cm lang, vorne ausgerandet; Spaltöffnungsbänder nur unterseits. Harzkanäle seitlich. K8

Gruppe II
Nadelblätter flach, nicht gescheitelt wie bei Gruppe I, sondern einander auf der Zweigoberseite dicht überlappend. Triebe behaart.

Abies amabilis Purpur-Tanne Gebirge in Britisch Kolumbien, Alberta, Oregon und Washington/USA. Baum, bis zu 80 m; in der Kultur nur bis zu 30 m und blattlausanfällig. Winterknospen harzig. Nadelblätter 2–3 cm lang, vorne stumpf oder ausgerandet; Spaltöffnungsbänder nur unterseits. Harzkanäle seitlich. K6

A. koreana

A. magnifica

A. procera

A. cilicica Kilikische Tanne Gebirge Kleinasiens, Nordsyriens und Antitaurus. Baum, bis zu 30 m. Winterknospen wenig oder nicht harzig, nur mit wenigen freien Schuppen an der Spitze. Nadelblätter 2–3 cm lang, vorne wenig ausgerandet; weißliche Spaltöffnungsbänder nur unterseits. Harzkanäle seitlich. Zapfen mit versteckten Deckschuppen. K6

A. nordmanniana Nordmann-Tanne Nördlicher Kaukasus, Kleinasien. Baum, bis zu 50 m. Der Kilikischen Tanne sehr ähnlich, Schuppen der Winterknospen jedoch nicht frei und Zapfen mit vorspringenden Deckschuppen. K5

A. pinsapo

A. alba

Gruppe III
Nadelblätter weder überlappend noch gescheitelt, sondern aufwärts oder zur Seite gebogen und flach.

Abies koreana Korea-Tanne Korea. Baum, bis zu 18 m; in Kultur häufig auch kleinwüchsig bis strauchig. Winterknospen leicht harzig. Nadelblätter 1–2 cm lang, nach unten verschmälert; Spaltöffnungsbänder nur unterseits. Harzkanäle in der Mitte. K6

Gruppe IV
Nadelblätter radial angeordnet.

Abies cephalonica Griechische Tanne Gebirge Griechenlands. Baum, bis zu 30 m. Winterknospen harzig. Nadelblätter flach, 2–3 cm lang, scharf zugespitzt; weiße Spaltöffnungsbänder nur unterseits. Harzkanäle seitlich. K6

A. pinsapo Spanische Tanne Südspanien. Baum, bis zu 25 m, gerne auf Kalkböden. Winterknospen harzig. Nadelblätter 1,5–2 cm, dick, steif, nicht scharf zugespitzt. Harzkanäle in der Mitte. Sehr dekorativ, wird häufig in Parks gepflanzt. K7

A. nordmanniana

A. procera

A. koreana

A. nordmanniana

Hemlocks oder Schierlingstannen – *Tsuga*

Zur Gattung *Tsuga* (nach dem japanischen Wort für die Gattung benannt) gehören 14 Arten immergrüner Bäume oder gelegentlich strauchig wachsender Arten, die in Nordamerika, Japan, China, Taiwan und im Himalaja beheimatet sind. Im Umriss sind sie meist breitkronig pyramidenförmig. Die Zweige sind waagerecht oder leicht hängend. Die Nadelblätter sitzen auf einer vorspringenden, herablaufenden Basis, sind flach, kurz gestielt und an den Zweigen radial (spiralig) angeordnet, erscheinen aber durch Drehung ihres Stielchens dennoch zweizeilig gescheitelt. Nach dem Abfallen bleibt am Zweig eine halbkreisförmige Narbe.

Fichten unterscheiden sich von den Hemlocks, die man auch Hemlock- oder Schierlingstannen nennt, durch ihre ungestielten, sitzenden Nadelblätter, die stärker vorspringenden Nadelkissen und die gewöhnlich deutlich längeren Zapfen, obwohl diese bei *Tsuga mertensiana* und bei der mutmaßlichen hybriden Form *T. × jeffreyi* bis zu 7 cm lang werden. Die männlichen Blüten sind sehr klein und nur bis zu 5 mm lang, meist hellgelb bis weißlich, aber gelegentlich auch leicht rötlich. Die Zapfen sind meist kleiner als 2,5 cm. Sie hängen und reifen im ersten Jahr, bleiben aber jahrelang an den Zweigen. Die kleinen Samen (je zwei unter jeder Samenschuppe) sind geflügelt.

Hemlocks bevorzugen nährstoffreiche und wasserzügige Böden. Die Vermehrung erfolgt gewöhnlich durch Samen, bei den Gartenformen auch durch Stecklinge oder Pfropfung. Außer den zahlreichen Varietäten meist aus der Art *Tsuga canadensis* sind zahlreiche Gattungsbastarde bekannt, darunter *Tsuga × Picea* (= *Tsuga-Picea*), *Picea × (Tsuga-Picea)* und *Keteleeria × Tsuga*.

Das Holz verwendet man häufig als Bauholz. Das Harz ist unter der Bezeichnung Kanadapech im Handel. Die gerbstofffreie Rinde wird bei der Lederherstellung genutzt. Die Westliche Hemlock *(T. heterophylla)* wird

An den waagerecht abstehenden oder leicht hängenden Ästen ist die Westliche Hemlock *(Tsuga heterophylla)* recht gut zu erkennen. Dieses Erscheinungsbild ist auch für andere Arten der Gattung typisch. Die Nadelblätter duften beim Zerreiben aromatisch.

außer der Forstkultur besonders häufig als Ziergehölz verwendet.

Tsuga gehört zusammen mit den übrigen tannenähnlichen Formen zur Unterfamilie Abietoideae. Ausgrenzendes Typmerkmal dieser Verwandtschaftsgruppe innerhalb der Familie Kieferngewächse ist der einzelne, immer mittig unter dem zentralen Nadelleitbündel liegende Harzkanal.

PINACEAE

Tsuga
HEMLOCK, SCHIERLINGSTANNE

Artenzahl: 14

Verbreitung: Gemäßigtes Nordamerika und Ostasien

Verwendung: Park- und Ziergehölz, Forstkultur für Nutzholz und einige Zusatzprodukte

Die wichtigsten Hemlock-Arten

Nadelblätter nur in einer Ebene ausgebreitet (gescheitelt), flach, leicht gefurcht.

Tsuga sieboldii **Japanische Hemlock** Südjapan. Baum, am natürlichen Standort bis zu 30 m, in der Kultur meist deutlich kleiner. Triebe kahl. Nadelblätter vorne ausgerandet, glattrandig. Zapfen hängend, eiförmig, 2,3 1,2 cm, reif dunkelbraun, mit flachen Zapfenschuppen. Borke rosagrau, anfangs glatt mit horizontalen Streifen, später schuppig gefeldert. K6

T. canadensis **Kanadische Hemlock** Östliches Nordamerika. Baum, 25–30 m hoch. Triebe fein behaart. Nadelblätter am Rand fein gesägt, unterseits mit deutlichen Spaltöffnungsbändern, Ränder grün. Zapfen zahlreich an Seitentrieben, eiförmig, 2 × 1 cm, reif kaffeebraun. Borke anfangs orangebraun, im Alter dunkel purpurgraubraun. Zahlreiche Gartenformen. K5

T. heterophylla **Westliche Hemlock** Küstenregionen des westlichen Nordamerika. Baum, 30–60 m hoch. Triebe behaart. Nadelblätter 0,5–1 cm lang, am Rand gesägt, unterseits mit undeutlichen Spaltöffnungsbändern, Ränder nicht grün abgesetzt. Hängende Zapfen zahlreich an Seitentrieben, stumpf eiförmig, 2–3 cm lang, anfangs grün-purpurn, später reif hellbraun. Borke zunächst graugrün und glatt, im Alter dunkelbraun und rissig. K6

T. diversifolia **Nordjapanische Hemlock** Japan. Baum, am natürlichen Standort bis zu 25 m, als Ziergehölz deutlich kleiner und strauchig. Triebe rundum behaart. Nadelblätter glattrandig, 8–15 mm lang, vorne ausgerandet. Hängende Zapfen zahlreich an Seitentrieben, zylindrisch-eiförmig, 2–2,8 cm lang, reif glänzend dunkelbraun. Borke orangebraun mit rötlichen Rissen. K5

T. chinensis **Chinesische Hemlock** Westliches China. Baum, bis zu 50 m. Triebe behaart. Nadelblätter bis zu 2,5 cm lang, glattrandig oder wenig gesägt, vorne leicht ausgerandet. Zapfen länglich eiförmig, bis etwa 3 × 1 cm, anfangs grünlich, reif rotbraun. Borke anfangs dunkelgraugrün mit helleren Streifen, im Alter sehr schuppig und dunkelgraubraun. K6

T. caroliniana **Carolina-Hemlock** Gebirge der südöstlichen USA. Baum, bis zu 15 m, gelegentlich auch bis zu 25 m. Triebe behaart. Nadelblätter 8–18 mm lang, glattrandig, vorne nicht oder wenig ausgerandet, unterseits mit auffälligen weißen Spaltöffnungsbändern. Zapfen länglich eiförmig, 2,5 × 1,5 cm, anfangs grün-purpurn, reif orangebraun. Borke zunächst dunkelrotbraun mit gelben Poren, später rissig und dunkelpurpurgrau. K6

Anhand von Nadeln oder Pollen sehr genau bestimmbare Fossilien von Arten der Gattung *Tsuga* sind aus dem jüngeren Tertiär (insbesondere Miozän in Nordamerika und Pliozän in Ostasien) bekannt. Ungefähr gleich alte Fossilien aus Europa sind die beiden Arten *Tsuga europaea* und *Tsuga moenana*.

T. canadensis

T. canadensis

T. heterophylla

Nothotsuga

Die Gattung *Nothotsuga* mit der einzigen Art *Nothotsuga longibracteata* aus China wurde ursprünglich zu *Tsuga* gestellt. Baum, bis zu 10 m Höhe. Nadelblätter glänzend hellgrün, mit Spaltöffnungsbändern auf beiden Seiten. Nur wenig kultiviert. Das Holz dieser Art ist wie bei den *Tsuga-Arten* relativ weich und nur von geringem wirtschaftlichem Wert. K8

Hesperopeuce

Die Gattung *Hesperopeuce* umfasst nur eine Art Berghemlock *(Hesperopeuce mertensiana)* aus dem westlichen Nordamerika. Sie wurde ursprünglich ebenfalls zu *Tsuga* gestellt, bildet jetzt aber eine eigene Gattung wegen der spiralig gestellten blaugrünen Nadelblätter. Baum, 30–50 m. Zapfen fichtenähnlich, büschelig an den Zweigenden, anfangs grün, reif dunkelrotbraun. Borke braunorange mit feinen Längsrissen. K5

Douglasien – *Pseudotsuga*

Etwa 20 verschiedene Douglasien-Formen sind bisher beschrieben worden, aber nur vier gelten als „gute" Arten. Sie sind im westlichen Nordamerika, in China, Japan und Taiwan beheimatet und gedeihen auf verschiedenen Standorten, am besten auf feuchten, jedoch gut wasserzügigen Böden.

Douglasien sind immergrüne Bäume, anfangs mit pyramidenförmiger, später jedoch mit weiter ausladender Krone. Ihre Winterknospen sind charakteristisch spindelförmig, ähnlich wie bei der Buche. Die Zweige tragen leicht abstehende ovale Blattpolster. Die Blätter sind nadelförmig, oberseits rinnig und spiralig angeordnet, jedoch in eine Ebene gedreht (außer bei *Pseudotsuga japonica*), unterseits mit Spaltöffnungsreihen in zwei weißlichen Bändern. Jedes Blatt enthält zwei Harzkanäle und ein zentrales Leitbündel. Männliche und weibliche Blütenstände entwickeln sich getrennt auf den gleichen Individuen. Die männlichen Zapfen sind kurz und kätzchenartig mit zahlreichen Pollensäcken; die weiblichen stehen endständig und bestehen aus zahlreichen, stark harzenden Schuppen. Auch am reifen Zapfen überragen die langen, dreispitzigen Deckschuppen die kompakteren Samenschuppen. Die Samen sind geflügelt.

Der Gattungsname *Pseudotsuga* bedeutet „falsche Hemlock" und unterstellt eine nahe Verwandtschaft mit *Tsuga*. Die Douglasien unterscheiden sich von diesen jedoch durch die auffälligen, dreispitzigen, lang vorspringenden Deckschuppen und die eher rundlichen Blattbasen. Von der Gattung *Abies* (Tanne), in die man die Douglasien ursprünglich stellte, unterscheidet sie sich durch ihre aufrechten Zapfen, die sich bei der Reife in die einzelnen Schuppen auflösen, während die Zapfenspindel auf dem Zweig bleibt. Außerdem fehlen bei *Abies* die vorspringenden Deckschuppen.

Das Holz der Küsten-Douglasie *(Pseudotsuga menziesii)* ist sehr gefragt und in den USA eines der wichtigsten Nutzhölzer. Obwohl die Art im westlichen Nordamerika etwa die Hälfte der Waldbedeckung stellt, gibt die ungezügelte Abholzung ohne gleichzeitige Wiederaufforstung Anlass zur Sorge. Das Holz ist fest und kommt in verschiedenen Qualitäten auf den Markt. Man verwendet es vor allem als Bauholz für Häuser, Brücken und Boote sowie für Masten und Stangen. Hochwüchsige Douglasien sind außerdem imposante Parkbäume, vor allem einzeln und im Freistand. Die Art wird daher auch in Europa gerne als Ziergehölz gepflanzt und ist seit Jahrzehnten auch im forstlichen Anbau. K6–8

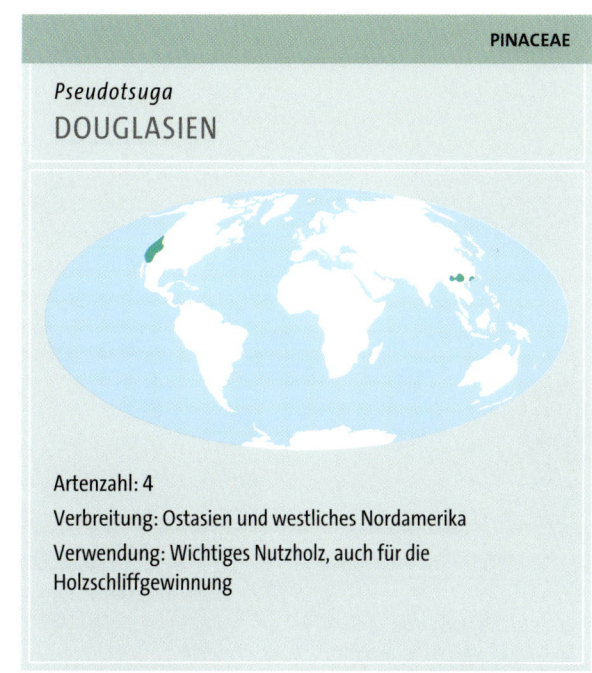

PINACEAE

Pseudotsuga
DOUGLASIEN

Artenzahl: 4
Verbreitung: Ostasien und westliches Nordamerika
Verwendung: Wichtiges Nutzholz, auch für die Holzschliffgewinnung

Die Küsten-Douglasie *(Pseudotsuga menziesii)* wurde nach dem schottischen Botaniker David Douglas (1798–1834) benannt. Sie wird im westlichen Nordamerika forstlich intensiv genutzt. Die unteren Äste werden bei älteren Exemplaren in Parks und Arboreten häufig entfernt, um den ästhetischen Gesamteindruck zu steigern.

P. menziesii

P. japonica

P. macrocarpa

Die Douglasien-Arten

Gruppe I

Nadelblätter scharf zugespitzt oder leicht stumpf, jedoch nicht rundlich oder ausgerandet. Zapfen 5–18 cm.

***Pseudotsuga menziesii (P. douglasii, P. taxifolia)* Küsten-Douglasie** Westliches Nordamerika bis Mexiko. Baum, bis zu 100 m. Triebe behaart, selten kahl. Nadelblätter 2–3 cm lang, spitz oder stumpf, oberseits dunkelgrün oder leicht bläulich. Zapfen 5–10 cm lang, dreispitzige Deckschuppen meist gerade, seltener aufgebogen. Zerrieben duften die Nadeln angenehm nach Citrus-Noten. K8
var. *glauca* Östliche Rocky Mountains von Montana bis Mexiko. Baum, bis zu 40 m. Nadelblätter kürzer und dicker als bei der reinen Art, stumpf zugespitzt, bläulich, duften beim Zerreiben nach Terpentin. Zapfen 6–7,5 cm lang, Deckschuppen an den Spitzen meist aufgebogen. Typische Exemplare werden mitunter als Colorado-Douglasie abgegrenzt, sind jedoch über viele Zwischenformen mit der reinen Art verbunden. Meist nur als Ziergehölz gepflanzt. K8

***P. macrocarpa* Großzapfen-Douglasie** Südwestliches Kalifornien. Baum, 12–16 (25) m. Nadelblätter 2,5–3,5 cm lang, hellgrün. Zapfen 10–18 cm lang, Deckschuppen kürzer als bei *P. menziesii*. Durch die auffällige Zapfengröße von den übrigen Arten leicht unterscheidbar. K8

Gruppe II

Nadelblätter vorne stumpf und breit gerundet, Zapfen 3–6 cm lang.

***Pseudotsuga japonica* Japanische Douglasie** Südöstliches Japan. Baum, 15–30 m. Zweige kahl. Nadelblätter stumpf und ausgerandet, weisen in allen Richtungen nach vorne, kaum regelmäßig in einer Ebene ausgebreitet, blass graugrün. Zapfen 3–5 cm lang, nur mit wenigen (15–20) Schuppen. K6

***P. sinensis* Chinesische Douglasie** Westliches China. Baum, bis etwa 20 m. Zweige behaart, rötlich braun. Blätter 2,5–3 cm lang, in einer Ebene ausgebreitet. Zapfen 5–6 cm lang. K8

P. macrocarpa

P. menziesii

Als Ausnahme unter den Nadelbäumen sind alle Lärchen sommergrün und bieten beim Umfärben vor dem herbstlichen Blattfall meist spektakuläre Aspekte.

L. decidua

L. kaempferi

Lärchen – *Larix*

Die Gattung umfasst etwa neun Arten sommergrüner, gewöhnlich raschwüchsiger Bäume in den kühleren Bergklimaten der Nordhemisphäre.

Lärchen entwickeln eine mehr oder weniger pyramidenförmige Kronenform mit meist unregelmäßig abstehenden Ästen in Quirlen. An den Langtrieben stehen die Blätter spiralig, an den kompakten Kurztrieben in auffälligen, dichten Büscheln. Die weiblichen Zapfen stehen aufrecht. Zur Blütezeit sind die Zapfenschuppen auffällig karminrot. Sie reifen noch im gleichen Jahr, sind zuletzt hell- bis dunkelbraun und bleiben noch für viele Jahre am Baum. Unter jeder Samenschuppe entwickeln sich zwei dünn geflügelte Samen. Reife Zapfen sind eine wichtige Bestimmungshilfe. Zur Blütezeit sind die Deckschuppen deutlich größer als die Samenschuppen, werden aber in der Reife meist von den Samenschuppen überdeckt.

Lärchen gedeihen am besten auf wasserzügigen, lockeren bis lehmig-kiesigen Böden im Bergland, dagegen kaum auf vernässten oder staunassen Böden der Niederungen. Das Holz ist fest und beständig. Man verwendet es gerne als Konstruktionsmaterial sowie für Propeller. Wegen ihres raschen Wachstums werden viele Arten auch häufig forstlich kultiviert. Allerdings sind Lärchen anfällig für verschiedene Schädlinge.

Früher verwendete man Lärchenrinde zum Gerben und Färben, gelegentlich auch in der Medizin (vor allem in der Tierheilkunde). Im Sommer geben die weichen Nadeln eine weißliche, süß schmeckende Substanz ab, die man stellenweise als Lärchen-Manna bezeichnet. Sie enthält einen in der Natur sonst relativ seltenen Zucker, nämlich das Trisaccharid Melicitose. K1–8

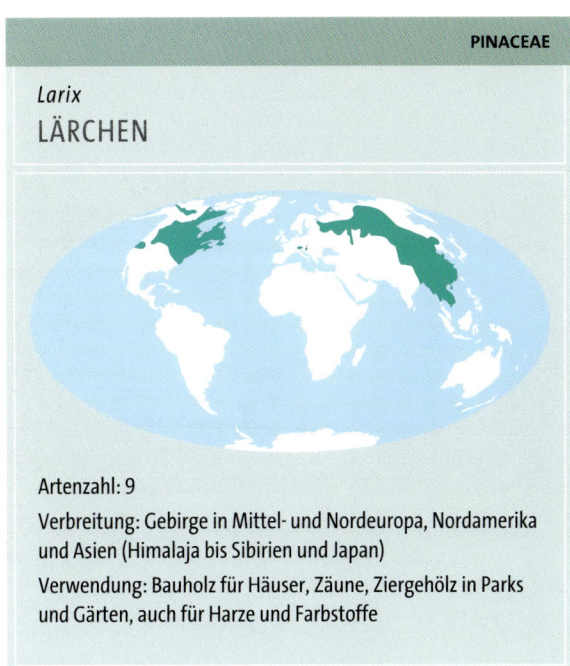

PINACEAE

Larix
LÄRCHEN

Artenzahl: 9

Verbreitung: Gebirge in Mittel- und Nordeuropa, Nordamerika und Asien (Himalaja bis Sibirien und Japan)

Verwendung: Bauholz für Häuser, Zäune, Ziergehölz in Parks und Gärten, auch für Harze und Farbstoffe

L. × eurolepis
(L. kaempferi × L. europaea)

L. decidua

L. kaempferi

L. laricina

L. gmelini

Die wichtigsten Lärchen-Arten

Sofern nicht anders angegeben, weisen die unten aufgeführten Arten alle verborgene Deckschuppen auf, die die
Samenschuppen nicht überragen.

Gruppe I

Blätter unterseits mit zwei deutlichen grauweißen oder
grünlich weißen Bändern.

Larix kaempferi (L. leptolepis) Japanische Lärche Japan.
Baum, bis zu 30 m. Nadelblätter 2–3,5 cm lang, jedes
grauweiße Unterseitenband mit 5 Spaltöffnungsreihen. Zapfen bis zu 3,5 cm lang, Samenschuppen am
Rand aufgebogen, rötlich braun, etwas rau. Raschwüchsig, häufig in Parks angepflanzt und auch in
Europa forstlich verwendet. K1–7

L. griffithiana Sikkim-Lärche Östliches Nepal, Sikkim,
Tibet. Baum, bis zu 20 m. Nadelblätter 3–4 cm lang,
unterseits mit grünlich weißen Bändern. Zapfen aufrecht, zylindrisch, zahlreich, purpurbraun, 6–11 cm lang,
Deckschuppen als feine Spitzen erkennbar. Rinde
rötlich braun, schuppig. Gedeiht am besten in milden
Lagen. K7

Gruppe II

Blätter unterseits ohne weiße Bänder.

Larix laricina Amerikanische Lärche Nördliches Nordamerika. Baum, bis zu 20 m. Nadelblätter bis zu 3 cm lang.
Zweige kahl. Zapfen 1,5 × 1 cm mit 12–15 Schuppen,
außen kahl und glänzend, an den Spitzen gerade oder
leicht aufgebogen. Rinde tiefrosa oder rötlich braun,
feinschuppig, aber nicht rissig. Erträgt feuchte, torfige
Böden. K1–4

L. gmelini Dahurische Lärche Nordöstliches Asien. Baum,
bis zu 30 m. Nadelblätter bis zu 30 cm lang. Zweige

meist fein behaart. Zapfen 2–2,5 cm lang
mit 20–40 (50) Schuppen, außen kahl
und glänzend, an den Enden gerade oder
wenig aufgebogen. Rinde rötlich braun
und schuppig. K1–4

L. decidua (L. europaea) Europäische Lärche
Nord- und Mitteleuropa, Sibirien. Baum,
bis zu 35 m hoch. Nadelblätter 2–3 cm.
Zapfenschuppen 40–50, gerade, vorne
nicht eingekrümmt oder umgebogen,
außen leicht flaumig bis kurzfilzig.
Samenschuppen etwa halb so lang wie
die Deckschuppen. Borke anfangs grünlich graubraun und bei jungen Bäumen
weich, später bei älteren Bäumen zunehmend längsrissig. K2

L. russica (L. sibirica) Sibirische Lärche Ostrussland und
Sibirien. Baum, bis zu 30 m. Nadelblätter 1,5–3 cm lang.
Zapfenschuppen zur Spitze hin leicht aufgebogen,
außen flaumig bis filzig. Die Samenschuppen erreichen
etwa 1/3 der Länge der Deckschuppen. K2

L. eurolepis Hybrid-Lärche Wüchsiger natürlicher Bastard
aus L. decidua und L. kaempferi, wobei die Pollen von
der ersteren Art stammen. Die Hybriden stehen in allen
Merkmalen zwischen den Eltern, ebenso die daraus
gezogenen Sämlinge. Borke rötlich braun. Gegen
Insekten und Pilzbefall etwas widerstandsfähiger als
andere Arten der Gattung. K5

L. occidentalis Westamerikanische Lärche Nordamerika
von British Columbia über Oregon und Washington bis
Idaho. Baum, bis zu 55 m. Nadelblätter 3–5 cm lang.
Zapfen eiförmig, 3–5 cm lang, reif purpurbraun.
Samenschuppen überragen die Deckschuppen als
lange Spitzen. Borke purpurgrau mit tiefen, helleren
Rissen. K5

OBEN UND RECHTS Lärchen entwickeln zweierlei Triebe: Die
schlanken Langtriebe tragen die
Nadelblätter einzeln und spiralig,
während sie an den kompakten
Kurztrieben in Büscheln zu 20–40
sitzen. Im Winter sind diese
Bäume kahl.

Goldlärchen – *Pseudolarix*

Die Goldlärche *(Pseudolarix amabilis = P. kaempferi)* ist ein prächtiger blattabwerfender, bis zu 40 m hoher Nadelbaum. Seine Nadelblätter verfärben sich im Herbst vor dem Blattfall kräftig goldgelb, woraus sich auch ihr chinesischer Name „chin-lo-sung" = „goldene, nadelwerfende Kiefer" erklärt.

Pseudolarix amabilis ist die einzige anerkannte Art der Gattung und kommt nur in den Provinzen Chekiang sowie Kiangsi im östlichen China vor. Eine zweite Art, *P. pourieli*, aus Zentralchina wurde zwar vorgeschlagen, aber man kennt sie bisher nur von vegetativem Material. Dieses zeigt große Ähnlichkeit zu *P. amabilis* und könnte von einem jungen Exemplar dieser Art stammen.

Die Nadelblätter von *Pseudolarix amabilis* sind etwa 4–6,5 cm lang und 2–3 mm breit. Sie stehen einzeln spiralig angeordnet an den Langtrieben und hinterlassen nach dem Abfallen vorstehende Blattbasen, weshalb sich die Zweige rau anfühlen. An den charakteristisch keulenförmigen Kurztrieben stehen sie dagegen büschelig. Die Blüten(stände) ähneln denen von *Larix*. Die männlichen Blüten bilden etwa 2,5 cm große Kätzchen, die weiblichen Blütenstände entwickeln sich auf dem gleichen Baum zu Zapfen, die etwa 5 × 1 cm groß sind und aus dicken, spitzen, holzigen Schuppen bestehen.

Die Goldlärche unterscheidet sich von den *Larix*-Arten, zu denen man sie ursprünglich stellte, durch die etwas kräftigeren Nadelblätter, die gebogenen, keuligen Kurztriebe und die leicht zugespitzten und nicht stumpf gerundeten Zapfenschuppen, die sich zur Reifezeit ablösen (bei den Lärchen bleibt der Zapfen erhalten). *Pseudolarix* ist in den wärmeren Regionen der gemäßigten Breiten winterhart, wächst jedoch nur recht langsam. Die Art benötigt nährstoffreiche, tiefgründige, wasserzügige und kalkfreie Böden. K6

LINKS Die Gegenlichtaufnahme zeigt die endständigen Nadelbüschel auf den gebogenen, durch Jahrringe gegliederten Kurztrieben. Die Nadelblätter beginnen mit der herbstlichen Umfärbung.

Zedern – *Cedrus*

Die Gattung *Cedrus* umfasst ansehnliche immergrüne Bäume. Gewöhnlich unterscheidet man die vier Arten *Cedrus atlantica, C. brevifolia, C. deodara* und *C. libani.* Manche Autoren halten sie jedoch nur für geografische Rassen der gleichen Art. Dieser Status ist nicht mit Gewissheit auszuschließen, doch nach gärtnerischen Kriterien und entsprechend der Benennungstradition bleibt man meist beim benannten Artenkonzept. Zedern sind nur in der Alten Welt beheimatet.

Alle Arten entwickeln Lang- und Kurztriebe. Auf den Kurztrieben sitzen die immergrünen, je nach Art 0,5–5 cm langen Nadelblätter. Die männlichen Blüten sind aufrechte, eiförmige oder konische Kätzchen bis zu 2 cm Länge, die sich eigenartigerweise erst im Herbst öffnen. Die weiblichen Blütenstände sind aufrecht und etwa 1 cm lang. Die Zapfenreife benötigt zwei bis drei Jahre. Die reifen Zapfen sind 5–10 cm lang. Die flachen Zapfenschuppen lösen sich einzeln von einer zentralen und bleibenden Spindel ab. Meist versamen sich die Bäume erst im Alter von 40–50 Jahren.

Zedern gedeihen am besten in gut wasserzügigen Lehm- oder Sandböden. Die Vermehrung erfolgt meist über die Samen. Reife Zapfen werden im Frühjahr geerntet und warm gelagert, bis sich die Schuppen öffnen und die sofort keimfähigen Samen freigeben. Die Sämlinge pflanzt man im folgenden Frühjahr im Freiland aus. Abgesehen von der nur wenig kultivierten *C. brevifolia* sind von allen anderen Arten mehrere Gartenformen bekannt. Besonders häufig sieht man die blaunadelige Form der Atlas-Zeder (*Cedrus atlantica* 'Glauca'), die man gerne als Ziergehölz verwendet.

Zedernholz ist weich, aber beständig. Man verwendet es als Bauholz und für Möbel. Zedernharz diente früher zum Einbalsamieren. K7–8

OBEN Die Atlas-Zeder *(Cedrus atlantica)* entwickelt eine imposante Kronengestalt mit weit abstehenden Ästen.

LINKS Die fassförmigen, männlichen Blüten der blaunadeligen Atlas-Zeder *(Cedrus atlantica)* haben sich noch nicht geöffnet.

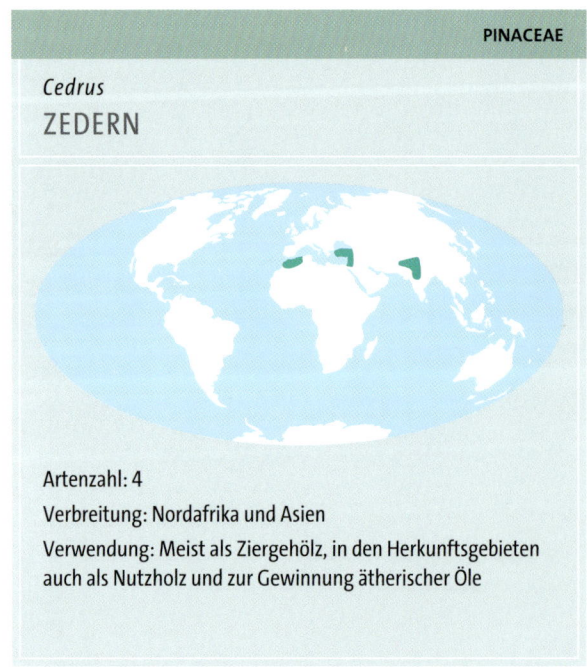

PINACEAE

Cedrus
ZEDERN

Artenzahl: 4

Verbreitung: Nordafrika und Asien

Verwendung: Meist als Ziergehölz, in den Herkunftsgebieten auch als Nutzholz und zur Gewinnung ätherischer Öle

Zedern bzw. Zypressen außerhalb der Gattung *Cedrus* sind:

Bezeichnung	Wissenschaftlicher Name	Familie
Afrikazeder	*Juniperus procera*	Cupressaceae
Alaskazeder	*Chamaecyparis nootkatensis*	Cupressaceae
Australische Rotzeder	*Toona* spp.	Meliaceae
Bermudazeder	*Juniperus bermudina*	Cupressaceac
Bleistiftzeder	*Juniperus virginiana*	Cupressaceae
Flusszeder	*Libocedrus decurrens*	Cupressaceae
Gelbzeder	*Chamaecyparis* spp.	Cupressaceae
Gipfelzeder	*Arthrotaxis laxifolia*	Taxodiaceae
Gliederzypresse	*Tetraclinis articulata*	Cupressaceae
Goazeder	*Cupressus lusitanica*	Cupressaceae
Himalaja-Bleistiftzeder	*Juniperus oxycedrus*	Cupressaceae
Himalaja-Schwarzzeder	*Alnus nitida*	Betulaceae
Japanzeder	*Cryptomeria* spp.	Taxodiaceae
Kapzeder	*Widdringtonia nodiflora*	Cupressaceae
Mahoganyzeder	*Entandrophragma* spp.	Meliaceae
Oregonzeder	*Chamaecyparis lawsoniana*	Cupressaceae
Östliche Rotzeder	*Juniperus virginiana*	Cupressaceae
Phönizische Zeder	*Juniperus phoenicea*	Cupressaceae
Rauchzypresse	*Austrocedrus chilensis*	Cupressaceae
Rotzeder	*Juniperus virginiana*	Cupressaceae
Schmuckzypresse	*Callitris* spp.	Cupressaceae
Schuppenzeder	*Libocedrus* spp.	Cupressaceae
Sibirische Zeder	*Pinus cembra*	Pinaceae
Spitzzeder	*Juniperus oxycedrus*	Cupressaceae
Stinkzeder	*Torreya taxifolia*	Taxaceae
Strandzeder	*Casuarina* spp.	Casuarinaceae
Weihrauchzeder	*Calocedrus decurrens*	Cupressaceae
Weißzeder	*Chamaecyparis thyoides*	Cupressaceae
Weißzeder	*Melia azedarach*	Meliaceae
Westindische Zeder	*Cedrela* spp.	Meliaceae
Westliche Rotzeder	*Thuja plicata*	Cupressaceae
Zedern-Ulme	*Ulmus crassifolia*	Ulmaceae

C. libani

C. libani

C. atlantica

Die Zedern-Arten

***Cedrus atlantica* Atlas-Zeder** Nordafrika (Algerien). Pyramidenförmiger Baum, bis zu 40 m, mit aufrechtem Leittrieb und aufsteigenden Seitenästen, die nicht waagerecht abstehen. Nadelblätter 2,5 cm lang. Zapfen 5–7 × 4 cm, mit flacher oder leicht eingedrückter Spitze. Die Varietät 'Glauca' (Blauzeder) hat durch Wachsauflage bläulich erscheinende Nadelblätter. K7

***C. brevifolia* Zypern-Zeder** Gebirge Zyperns. Breitkroniger Baum, bis zu 12 m mit geradem bis aufgebogenem Leittrieb. Nadelblätter 5–6 mm lang. Zapfen 7 × 4 cm, vorne eingedrückt und mit kurzem Nabel. K7

***C. deodara* Himalaja-Zeder** Westlicher Himalaja. Baum mit anfangs pyramidenförmiger, später unregelmäßiger Krone, bis etwa 60 m, mit überhängendem Leittrieb und hängenden Zweigenden. Nadelblätter 2,5–5 cm lang, mit kurzer Stachelspitze. Zapfen 7–10 × 5–6 cm, fassförmig mit gerundeter Spitze. K8

***C. libani* Libanon-Zeder** Libanon, Taurus, Syrien. Breitkroniger Baum, bis zu 40 m mit aufrechtem Leittrieb und charakteristisch waagerecht abstehenden Hauptästen, die gleichsam Etagen bilden. Nadelblätter 2,5–3 cm lang. Zapfen 8–10 × 4–6 cm mit flacher oder leicht eingedrückter Spitze. K7

C. deodara

Goldtannen – *Keteleeria*

Die zu den Kieferngewächsen (Pinaceae) gehörende Gattung *Keteleeria*, für die die gärtnerische Bezeichnung Goldtanne vorgeschlagen wurde, umfasst etwa vier klar unterscheidbare Arten. Einige Autoren gehen aber auch von bis zu neun Arten aus. Die Bäume ähneln echten Tannen (Gattung *Abies*), tragen aufrechte Zapfen, die jedoch als Ganzes abfallen, während sie sich bei *Abies* in einzelne Schuppen auflösen. Die Nadelblätter von *Keteleeria* sind oberseits und meist auch unterseits gekielt. Die Unterseite ist heller als bei Eiben und ohne auffällige Spaltöffnungsbänder.

Keteleeria-Arten kommen im südwestlichen, zentralen und westlichen China sowie bis nach Taiwan und Indochina vor. Sie wachsen pyramidenförmig bis breitkronig mit wirtelig gestellten Ästen. Die Nadelblätter sind linealisch bzw. leicht verschmälert, stehen spiralig, aber gescheitelt. Die ziemlich großen und aufrechten Zapfen reifen im ersten Jahr. Sie bestehen aus breiten, kräftigen Samenschuppen mit etwa halb so langen, gabelig geteilten Deckschuppen und entwickeln auf ihrer Unterseite zwei tannenähnliche Samen.

Die in manchen Werken auch Zederntannen genannten Vertreter dieser Gattung führen nach neueren Untersuchungen bemerkenswerte Alkaloide, die als Arzneistoffe Bedeutung erlangen könnten. Aus dem jüngeren Tertiär kennt man fossile Formen, darunter auch solche aus Nordamerika.

Keteleeria-Arten sind in den gemäßigten Breiten nur bedingt winterhart und werden daher selten angepflanzt. Gelegentlich zu sehen sind die Arten *K. davidiana* aus Westchina und Taiwan sowie *K. fortunei* aus Ostchina. Die letztere Art sieht man am häufigsten in Italien. K7–10.

Taxodiaceae

Mammutbäume – *Metasequoia, Sequoiadendron, Sequoia*

Zu den Mammutbäumen gehören heute nur noch drei Gattungen mit je einer Art, während einige Dutzend Arten fossil bekannt sind. Der Urweltmammutbaum *(Metasequoia glyptostroboides)* unterscheidet sich von *Sequoia* und *Sequoiadendron* durch die sommergrünen Nadelblätter, weswegen chinesische Botaniker vorgeschlagen haben, die Gattung in eine eigene Familie Metasequoiaceae zu stellen. Die Gattung wurde 1941 nach fossilem Material beschrieben. Sie war offenbar schon seit der Kreidezeit (vor etwa 135 Millionen Jahren) und bis in das untere und mittlere Tertiär bis vor etwa 26 Millionen Jahren auf der gesamten Nordhalbkugel weit verbreitet. Der lebende Baum wurde dagegen im gleichen Jahr in den chinesischen Provinzen Hupeh und Szechuan gefunden und erst 1945 beschrieben. Aus Samen, die das berühmte Arnold-Arboretum in Boston/Massachusetts (USA) erhielt, kam die Art 1948 in Kultur. Heute ist sie in der gemäßigten Zone als Ziergehölz weit verbreitet und erweist sich hier als recht winterfest.

Obwohl sich weibliche Blütenstände und Zapfen entwickeln, bleibt der Samenansatz meist aus, da die männlichen Blüten offenbar keinen fertilen Pollen bilden. Forstlicher Anbau erscheint wegen des bemerkenswert raschen Wachstums mit Zuwachsleistungen bis zu 1 m im Jahr aussichtsreich. Nach etwa zehn Jahren verlangsamt sich das Wachstum allerdings. In Kultur gedeiht *Metasequoia* auf lockeren, nährstoffreichen Böden auch in Gärten sehr gut.

Im Aussehen und im herbstlichen Blattabwurf erinnert der Urweltmammutbaum an die Sumpfzypresse *(Taxodium distichum)*. Bei *Metasequoia* sind die Kurztriebe jedoch gegenständig, nicht wechselständig wie bei

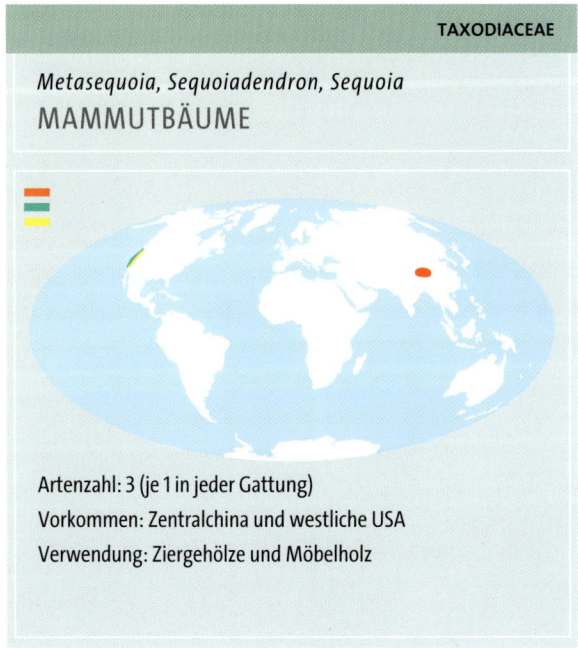

TAXODIACEAE

Metasequoia, Sequoiadendron, Sequoia
MAMMUTBÄUME

Artenzahl: 3 (je 1 in jeder Gattung)
Vorkommen: Zentralchina und westliche USA
Verwendung: Ziergehölze und Möbelholz

Sequoiadendron giganteum

OBEN LINKS Die gedrehte Basis der Nadelblätter von *Keteleeria davidiana* ist im oberen Bildteil gut zu erkennen. Durch die Drehung erscheinen sie gescheitelt.

RECHTE SEITE Der imposante Stamm eines Immergrünen Mammutbaums *(Sequoia sempervirens)* überragt klar seine durchaus hochwüchsige Nachbarschaft.

Der General Sherman Tree im Sequoia National Park/Kalifornien, ein Riesenmammutbaum *(Sequoiadendron giganteum)*, ist 84 m hoch. Er ist nicht der höchste Baum der Welt, aber sicher der massivste.

Taxodium. Die Art ist resistent gegen Schädlinge und Krankheiten.

Der Riesenmammutbaum *(Sequoiadendron giganteum)* kommt von Natur aus nur an den Westhängen der Sierra Nevada in Kalifornien/USA vor. Ursprünglich stellte man die Art zusammen mit dem Immergrünen Mammutbaum in die gleiche Gattung *Sequoia*. Gemeinsame Merkmale beider Arten sind der Riesenwuchs und die schwammige, dicke Borke. Gelegentlich kommen Verwechslungen mit der Japanischen Sicheltanne *(Cryptomeria japonica)* vor, die jedoch bis zu 1,5 cm lange Nadelblätter mit eingekrümmten Spitzen aufweist, während sie bei *Sequoiadendron* nur etwa 1 cm lang sind, pfriemenförmig aussehen und gerade Spitzen haben.

Die Vermehrung erfolgt meist über die Samen, gelingt aber auch durch Stecklinge, am besten gegen Ende des Sommers. Aufrechte Triebe eignen sich dazu am besten. Bei Verwendung von Seitentrieben sollte man diese nach dem Einwurzeln zurückschneiden, damit sich aus Ruheknospen aufrechte Leittriebe entwickeln können.

Die noch vorhandenen Bestände des Riesenmammutbaums stehen heute unter Naturschutz, sodass kein Holz

mehr auf dem Markt ist. Früher verwendete man es als Bau- und Möbelholz, da es außerordentlich beständig ist. Allerdings lässt es sich wegen seiner Festigkeit nur schwer bearbeiten.

Die kräftig wachsende und besonders langlebige Art wird gerne als Ziergehölz in Parks oder in Alleen verwendet. Die Varietät 'Aureum' mit blass goldgelben Nadelblättern ist weniger raschwüchsig. 'Pendulum' ist ein Cultivar mit hängenden Ästen.

Die geradezu gigantisch erscheinenden und meist mehrere Tausend Jahre alten Riesenmammutbäume haben bei ihrer Entdeckung eine so große Begeisterung hervorgerufen, dass man ihnen sogar individuelle Namen gab: Der General Sherman Tree im Sequoia National Park/Kalifornien ist etwa 3000 Jahre alt und mit seinen rund 2000 Tonnen Biomasse der massivste Baum der Welt.

Der Immergrüne Mammutbaum *(Sequoia sempervirens)*, auch Küstensequoie genannt, ist heute der einzige Vertreter seiner Gattung. Von Natur aus kommen die erstaunlich hochwüchsigen und durchweg bis über 100 m hohen Bäume nur in einem schmalen, nebelbeeinflussten Küstenstreifen vom südwestlichen Oregon bis zum mittleren Kalifornien (bis etwa zur Monterey-Halbinsel) vor, meist nicht weiter als 40 km von der Küste entfernt und nur in Meereshöhen bis zu 1000 m. Rekordhöhenmaße bis über 120 m sind verbürgt. Der Stammdurchmesser dieser Riesen liegt bei etwa 10 m. Die Art wird weit über 1000 Jahre alt, durchschnittlich aber nur etwa 400–800 Jahre.

Sequoia sempervirens bevorzugt feuchte, nährstoffreiche und tiefgründige Böden bei hoher Luftfeuchtigkeit. In Kalifornien bildet er küstennah stellenweise sogar Reinbestände. Auf trockeneren und flachgründigeren Hängen erreicht die Art nicht die beeindruckenden Höhen der Individuen aus den Niederungen. Ungewöhnlich für Nadelbäume entwickeln sich an der Stammbasis Wasserreiser (Schösslinge). Auch die Stümpfe gefällter Bäume regenerieren durch Stockausschlag. Diese Fähigkeit ist insofern bedeutsam, dass zwar reichlich Samen entwickelt werden, deren Keimrate jedoch erstaunlich gering ist. Außerdem ertragen die Sämlinge keinen Schatten.

Das Holz von *Sequoia* ist dunkelrotbraun, weshalb man die Art auch Redwood (Rotholz) nennt. Es lässt sich relativ gut bearbeiten und ist als Bau- oder Möbelholz sehr gefragt. Der Handel bietet fehlerfreie Langhölzer bis zu 2 m Dicke, was andererseits aber einen bedauerlichen Raubbau an den vorhandenen Restbeständen mit sich bringt.

Ähnlich wie der Riesenmammutbaum wird auch der Immergrüne Mammutbaum wegen seines dekorativen Wertes sehr gerne als Parkbaum verwendet. Die Varietät 'Adpressa' ist eine schlankkronige Gartenform mit kleineren und in der Jugend cremefarbenen Nadelblättern. Die wissenschaftlichen Namen für die Mammutbäume, die beide erst in der Mitte des 19. Jahrhunderts zum ersten Mal beschrieben wurden, haben oft gewechselt. So hat man für beide Gattungen berühmte Figuren der Geschichte bemüht und beispielsweise solche Gattungsnamen *Washingtonia* bzw. *Wellingtonia* vorgeschlagen. K5–8

Metasequoia glyptostroboides

Metasequoia glyptostroboides

Sequoia sempervirens

Sequoiadendron giganteum

LINKS UND UNTEN Die Mammutbaum-Arten lassen sich anhand ihrer Blätter und Zapfen leicht unterscheiden. Der immergrüne *Sequoiadendron* trägt spitze, wacholderähnliche Nadelblätter, während bei der immergrünen *Sequoia* zwei Formen vorkommen – an Seitentrieben sind die Blätter nadelförmig, an den Langtrieben eher schuppenartig eingekürzt. *Metasequoia* ist sommergrün. Die Blätter stehen an gegenständigen Kurztrieben.

UNTEN *Sequoia* gedeiht vor allem im Bereich des Nebelgürtels entlang der US-pazifischen Westküste von Oregon bis zur Monterey-Halbinsel.

Sequoiadendron giganteum

Die Mammutbaum-Arten

Einhäusige Nadelbäume mit hölzernen Zapfen und spiralig gestellten Zapfenschuppen, nur die großen Samenschuppen sind sichtbar, die damit verwachsenen Deckschuppen nicht. Nadelblätter einzeln oder paarweise, nadel- oder pfriemenförmig, immer- oder sommergrün, spiralig gestellt oder gescheitelt.

Metasequoia glyptostroboides Urweltmammutbaum Provinzen Hupeh und Szechuan (China). Baum, am natürlichen Standort bis zu 40 m, in Kultur bisher etwa 20 m. Krone kegelförmig. Borke anfangs orangebraun und schuppig, später dunkelbraun und längsfurchig. Nadelblätter sommergrün, hellgrün, in einer Ebene ausgebreitet, flach, linealisch, 2–4 cm × 2 mm. Männliche Blüten in kleinen, eiförmigen Büscheln zu 2–5 an der Blattbasis. Weibliche Blütenstände zylindrisch, gestielt, mit etwa 12 grünen Schuppen. Reifer Zapfen etwa 2,5 cm lang, hellbraun. Samen geflügelt. K5

Sequoiadendron giganteum Riesenmammutbaum Wird auch Wellingtonie oder Riesenredwood genannt. Kalifornien. Baum, bis etwa 100 m. Krone anfangs kegelförmig, später unregelmäßig. Borke hellbraun, dick, weich, faserig, tiefrissig gefurcht. Nadelblätter immergrün, wechselständig, pfriemenförmig-lanzettlich, 3–7 mm lang, mitunter auch bis zu 12 mm. Männliche Blüten sitzend, 4–8 mm lang, gelb. Weibliche Blütenstände elliptisch. Reifer Zapfen 5–8 × 4–5,5 cm, holzig, hängend; Zapfenschuppen flach, rautenförmig, jede Samenschuppe mit 3–9 Samen, Reife im zweiten Jahr. Samen 3–6 mm lang, blassbraun, geflügelt. K7

Sequoia sempervirens Immergrüner Mammutbaum, Küstenmammutbaum, Küstensequoie, Redwood Südliches Oregon bis mittleres Kalifornien. Baum, bis zu

120 m oder mehr. Krone kegelförmig. Borke braun, dick, weich, faserig, gefurcht. Nadelblätter immergrün, dunkelgrün, wechselständig, an Langtrieben mehr oder weniger spiralig angeordnet, an beiden Enden verschmälert, bis zu 6 mm lang, an der Spitze einwärts gekrümmt. An Seitentrieben mehr oder weniger zweizeilig, leicht sichelförmig, 6–18 mm lang. Männliche Blüten sehr klein, etwa 1,5 mm lang. Reife Zapfen hängend, eiförmig, etwa 2,5 cm lang; Zapfenschuppen schief abgeflacht, kantig, abfallend; Samenschuppen tragen jeweils 2–5 geflügelte Samen. K8

Sumpfzypressen – *Taxodium*

Die Gattung *Taxodium* umfasst zwei relativ nah verwandte Arten sommergrüner bis fast immergrüner Bäume, die Sumpfzypressen. Heimisch sind sie in den südwestlichen USA sowie in Mexiko. Die Kurztriebe bleiben an den Zweigen und tragen dann Achselknospen am Ende der Jahrestriebe oder werden im Herbst bzw. unregelmäßig abgeworfen, wobei Knospen fehlen. Die Blätter sind bleichgrün, abgeflacht oder pfriemenförmig, bei den sommergrünen meist zweizeilig in einer Ebene angeordnet, bei den immergrünen eher spiralig. Männliche und weibliche Zapfen entwickeln sich auf der gleichen Pflanze. Die männlichen Blüten bilden hängende Kätzchen. Die weiblichen Blütenstände reifen im gleichen Jahr und bilden kugelige, 1–2,5 cm breite Zapfen mit zahlreichen schildförmigen, außen unregelmäßig vierseitigen Schuppen. Jede Schuppe trägt zwei dreikantige Samen.

Die am häufigsten angepflanzte Art ist die Gewöhnliche Sumpfzypresse *(Taxodium distichum)* – ein großer, eindrucksvoller Baum mit hellgrünen, weichen Blättern. Von Natur aus bevorzugt sie sumpfige Niederungen und Flussufer, gedeiht aber auch auf trockeneren Standorten. Auf vernässten oder überstauten Böden bilden die Wurzeln eigenartige, ungefähr meterhohe Atemknie, die der Wurzelatmung dienen. Sie wirken ähnlich wie die Atemwurzeln von Mangrovegehölzen und anderen tropischen Feuchtgebietsspezialisten.

Die Montezuma- oder Mexikanische Sumpfzypresse *(Taxodium mucronatum)* wird seltener angepflanzt als die vorige Art. Sie ist in Mexiko heimisch und dort immergrün, in kühleren Klimaten jedoch nur sommergrün. In der mexikanischen Ortschaft Santa Maria del Tule nahe der Stadt Oaxaca wächst ein El Gigante genanntes Exemplar, das längst als historische Landmarke gilt. Der spanische Eroberer Hernán Cortés erwähnte diesen Baum bereits im Bericht seiner Expedition im Jahre 1520. Lange Zeit nahm man an, dieser Baum besitze weltweit den

TAXODIACEAE

Taxodium
SUMPFZYPRESSEN

Artzahl: 2
Verbreitung: Südöstliches und westliches Nordamerika sowie Mexiko
Verwendung: Häufig in Parks und als Nutzholz angepflanzt

T. ascendens

T. distichum

T. mucronatum

T. ascendens

OBEN RECHTS Die Sumpfzypresse *Taxodium distichum* trägt ihre Nadelblätter an fiederig erscheinenden Kurztrieben und hat eine tiefrissige Borke (oben). Die arttypischen Atemknie unterstützen in vernässten Böden die Wurzelatmung (Sumpfwald in South Carolina/USA).

dicksten Stamm, doch zeigte sich später, dass er aus drei miteinander verbundenen Baumindividuen besteht.

Meist wird nur das Holz von *Taxodium distichum* genutzt. Es ist relativ weich und zeigt nur wenig Schwund, ist beständig gegen Insektenbefall und erträgt Feuchtigkeit. Daher verwendet man es gerne für Verpackungen, Röhren, Ventilatoren, Zäune und Gartenmöbel. K7–9

Die Sumpfzypressen-Arten

T. distichum

***Taxodium distichum* Gewöhnliche Sumpfzypresse** Südöstliche USA, westlich bis Illinois und Missouri sowie Arizona. Baum, 30–50 m. Äste meist waagerecht abstehend, Krone anfangs kegelförmig, im Alter mehr rundlich. Blätter abstehend, hellgrün, 8–18 mm, spiralig angeordnet, jedoch an der Basis gedreht und daher in einer Ebene ausgebreitet; im Herbst rötlich braun bis kupferfarben, fallen einzeln oder zusammen mit dem Kurztrieb. In Europa meist nur in größeren Gehölzsammlungen und in Botanischen Gärten zu sehen. K7

***T. mucronatum* Mexikanische Sumpfzypresse** Mexiko. Wuchshöhe wie *T. distichum*, gedeiht jedoch außerhalb ihrer Heimat nicht besonders gut. Im Unterschied zu *T. distichum* (halb-)immergrün, mit längeren männlichen Blütenständen, deren Pollensäcke sich erst im Herbst öffnen. K9

Spießtannen – *Cunninghamia*

Die Gattung *Cunninghamia* umfasst nur zwei (eventuell drei) Arten, die in China und Taiwan heimisch sind. Die Lanzettblättrige Spießtanne (*Cunninghamia lanceolata*) ist nur selten in Kultur zu sehen, stellt aber in China einen bedeutenden Holzlieferanten dar. Alle Arten sind immergrüne Bäume mit abstehenden Ästen. Die Nadelblätter sind sehr steif, linealisch-lanzettlich, am Rande gesägt, unterseits weißbandig und meist zweizeilig gescheitelt, obwohl sie spiralig stehen. Die männlichen Blüten sind länglich und stehen in endständigen Büscheln. Die annähernd kugeligen Zapfen erscheinen auf dem gleichen Baum und bestehen aus ziemlich dünnen, etwas ledrigen, überlappenden, gesägten und zugespitzten Schuppen ohne erkennbare Deckschuppen. Aus den drei umgekehrt liegenden Samenanlagen gehen schmal geflügelte Samen hervor.

Nur in den wintermilderen Gegenden sind die Spießtannen hinreichend kälteresistent. Daher sieht man sie relativ selten in Kultur und dann auch nur an geschützten Stellen. Die Stubben gefällter Stämme neigen zum Stockausschlag. Die Vermehrung erfolgt gewöhnlich über Samen, ist aber auch durch Stecklinge möglich.

Zwei Arten sind unstrittig anerkannt: *Cunninghamia lanceolata* aus Süd- und Westchina wird etwa 25 m hoch und trägt 3–6 cm × 2–6 mm große Nadelblätter, diese unterseits mit zwei breiten, weißen Spaltöffnungsreihen. Die reifen Zapfen sind 2,5–5 cm lang. Aus dem Holz zimmert man vor allem Särge. *Cunninghamia konishii* aus Taiwan wird ebenso hoch, doch sind die Nadelblätter mit 1,8–2,8 cm × 2 mm kleiner. Die Spaltöffnungsbänder sind eher unauffällig, die reifen Zapfen etwa 2,5 cm lang. Die fragliche Art *C. kawakamii*, ebenfalls aus Taiwan, steht in ihren Merkmalen zwischen den benannten Arten und könnte auch ein Bastard oder eine Varietät von *C. konishii* sein. K8–9.

OBEN Die Lanzettblättrige Spießtanne *(Cunninghamia lanceolata)* sieht immer etwas unordentlich aus und eignet sich daher kaum als Ziergehölz. Ihr Holz wird dagegen in China sehr geschätzt.

UNTEN Die Nadelblätter von *Cunninghamia konishii* sind deutlich schmaler als bei *C. lanceolata*. Sie sollen etwa acht Jahre lang an den Zweigen bleiben. Bei *C. lanceolata* werden sie höchstens fünf Jahre alt.

Tasmanzedern, Schuppenfichten – *Athrotaxis*

Zur Gattung *Athrotaxis* stellt man drei Arten immergrüner Bäume bzw. Sträucher, die alle in den Gebirgen Tasmaniens vorkommen. Die Nadelblätter stehen spiralig und sind schuppen- oder pfriemenförmig. Die Arten sind wie üblich einhäusig. Die Zapfen reifen im ersten Jahr, sind angenähert kugelig und bestehen aus fünf bis 25 spiralig angeordneten hölzernen Samenschuppen. Die Deckschuppen sind damit mit Ausnahme der Spitzenregion verwachsen. Die Samenschuppen sind nach außen verbreitert, die Samen geflügelt.

Die Gewöhnliche Tasmanzeder (*Athrotaxis cupressoides*) ist ein bis zu 12 m hoher Baum. In seiner Heimat im mittleren und westlichen Tasmanien kommt er bis in etwa 1000 m Höhe vor. In Kultur wird er allerdings nur etwa 6 m hoch. Die Triebe sind rundlich, die nur 3 mm langen, schuppenförmigen, kreuzgegenständigen Blätter sind überlappend dicht gepackt, im Umriss rautenförmig und an den fein gesägten Rändern durchscheinend. Die reifen Zapfen sind nur etwa 12 mm lang und bestehen aus sechs Schuppen, wobei die Deckschuppen als feine Spitzen vorragen. *Athrotaxis cupressoides* unterscheidet sich von den beiden übrigen Arten durch die schuppenartigen Blätter, die dem Trieb in ganzer Länge eng anliegen und unterseits keine Spaltöffnungsbänder aufweisen.

Die König-Wilhelm-Schuppenfichte (*Athrotaxis selaginoides*) wird in ihrer Heimat im westlichen Tasmanien bis zu 33 m hoch. Die Blätter sind 7–12 mm lang, lanzettlich bis pfriemenförmig, leicht eingekrümmt und im Winkel von etwa 30° nach vorne gerichtet. Sie stehen weniger dicht als bei der vorigen Art, von der sich *Athrotaxis selaginoides* außerdem durch die beiden deutlichen Spaltöffnungsbänder auf der Blattunterseite unterscheidet, während die Blattränder nicht durchscheinend sind.

Die Gipfelzeder (*Athrotaxis laxifolia*) steht in ihren Merkmalen zwischen den benannten Arten. Sie wird etwa 10 m hoch und kommt in den Gebirgen im westlichen Tasmanien vor. Die Nadelblätter stehen leicht ab, sind 4–6 mm lang, am Rande durchscheinend und mit zwei deutlichen Spaltöffnungsbändern ausgestattet.

Gewöhnlich bevorzugt man für gärtnerische Zwecke die im Erscheinungsbild schönere und kräftig grüne Varietät *japonica*, die regelmäßig kegelförmige Kronen mit rundlicher Spitze entwickelt. Auch in Mitteleuropa ist sie absolut winterfest und gedeiht am besten an kühlen, feuchten Standorten mit nährstoffreichen Lockerböden. Die Vermehrung erfolgt meist über Samen. Mehrere Gartenformen sind bekannt. 'Elegans' wird besonders häufig angepflanzt, sieht aber oft etwas unordentlich aus. Deren Nadelblätter werden 2–3 cm lang. Im Sommer sind sie grün, wechseln aber zum Winter zu rötlich bronzefarben. Bei dieser Gartenform entwickeln sich aber nur selten Zapfen.

In Japan verwendet man die Varietät *japonica* auf großen Flächen auch forstlich. Sie schmückt zudem viele Tempelanlagen und deren Zuwege. Das Holz ist beständig, leicht zu bearbeiten und schädlingsresistent. Man verwendet es als Bauholz und für Möbel. Die Rinde dient zum Eindecken von Dächern. K7

Regional nutzt man das Holz der *Athrotaxis*-Arten für verschiedene technische Zwecke und in der Kunsttischlerei. Alle drei Arten sind in den gemäßigten Breiten nur bedingt winterhart. K9

Sicheltannen – *Cryptomeria*

Die Japanische Sicheltanne (*Cryptomeria japonica*) ist die einzige Vertreterin ihrer Gattung, kommt aber in zwei deutlich verschiedenen, geografisch getrennten Formen vor. Die am häufigsten in Kultur zu findende Form ist die var. *japonica* aus Japan, während die var. *sinensis* in China beheimatet ist.

Sicheltannen sind immergrüne Bäume mit rötlich brauner Borke, die sich in Längsstreifen ablöst. Die Nadelblätter stehen spiralig in fünf Zeilen, sind mehr oder weniger pfriemenförmig, 6–12 mm lang und an der Basis leicht herablaufend. Männliche und weibliche Blüten erscheinen auf dem gleichen Zweig. Die männlichen Blüten bilden ährenartig dichte Büschel und bestehen aus zahlreichen Pollensäcken. Aus den weiblichen Blütenständen reifen im gleichen Jahr die 2–3 cm langen, gestielten, aufrechten Zapfen, die aus 20–30 keilförmigen Samenschuppen bestehen. Der Außenrand jeder Samenschuppe ist scheibenförmig und trägt einen gebogenen Dorn. Die Schuppenränder weisen meist drei bis fünf kurze Fortsätze auf.

Die Varietät *japonica* ist etwas dichtwüchsiger. Ihre Äste stehen stärker ab, und die Nadelblätter sind kräftiger als bei *sinensis*. Die Zapfen bestehen aus ungefähr 30 Samenschuppen, jede davon mit fünf Samen. Die etwas offenere Varietät *sinensis* trägt am Ende leicht hängende Zweige. Die Zapfen bestehen nur aus etwa 20 Samenschuppen, jede davon mit nur zwei Samen.

Wasserfichten – *Glyptostrobus*

Die Wasserfichte (*Glyptostrobus lineatus = G. pensilis*) ist ein kleiner sommergrüner Baum aus Südchina und wird in ihrer Heimat häufig als Ziergehölz angepflanzt, weil man ihr nachsagt, sie bringe den Hausbewohnern Glück und begünstige die Ernteerträge von Reis. In den gemäßigten Breiten ist sie allerdings nur mäßig winterhart und daher außerhalb ihres Areals nur selten in Kultur zu sehen. Wie die Sumpfzypresse *(Taxodium distichum)* bevorzugt auch die Wasserfichte feuchte Standorte.

Glyptostrobus ist mit *Taxodium* nahe verwandt und unterscheidet sich in den birnenförmigen, gestielten Zapfen, die aus dünnen, verlängerten, nicht schildförmigen Samenschuppen bestehen. Die einzelnen Schuppen sind am Vorderrand grob gezähnt. Die länglichen Samen sind geflügelt und nicht wie bei *Taxodium* dreikantig. Die jungen Triebe bleiben kahl. Die Blätter an den Langtrieben sind spiralig angeordnet und tragen Achselknospen, während die Kurztriebblätter zusammen

RECHTS Die Sicheltanne (*Cryptomeria japonica*) entwickelt eine attraktiv rotbraune Borke. Die Krone sieht im Alter etwas ungeordnet aus.

mit den Kurztrieben im Herbst abfallen. Ihnen fehlen die Achselknospen.

Die Langtriebblätter sind schuppenförmig, etwa 2–3 mm lang und überlappen sich gegenseitig. Die Blätter der abfallenden Kurztriebe sind nadelförmig, 8–12 mm lang und etwa 1 mm dick. Sie sind zweizeilig in einer Ebene angeordnet. Die Blüten sind wie üblich einge-schlechtig und entwickeln sich getrennt auf dem gleichen Individuum. Die männlichen Blüten bilden hängende Büschel. Die Zapfen sind reif etwa 18 mm lang und ebenso lang gestielt. K9

Taiwanie – *Taiwania*

Zur Gattung *Taiwania* gehören drei sehr ähnliche, immer-grüne Baumarten, die man ebenso als geografische Rassen oder Unterarten der einen Spezies *T. cryptomero-ides* auffassen könnte. Sie kommen im südwestlichen China, in Taiwan und in der Mandschurei vor.

Taiwania cryptomeroides ist ein bis zu 60 m hoher Baum, erreicht aber in der Kultur allenfalls 16 m. Die Blätter kommen in zwei Typen vor: An jungen und sterilen Trieben sind sie pfriemenförmig, bis zu 18 mm lang und eingekrümmt wie bei *Cryptomeria*. Auf beiden Seiten tragen sie ein breites, blaugrünes Spaltöffnungs-band. An älteren und fertilen Zweigen sind die Blätter eher schuppenförmig, höchstens 6 mm lang, im Umriss dreieckig und überlappend. Die reifen Zapfen sind ange-nähert kugelig und bis zu 11(15) mm lang. Sie bestehen aus zahlreichen rundlichen Samenschuppen mit je zwei Samenanlagen. Die Samen sind geflügelt. Bei der ver-wandten *Cunninghamia* trägt jede Samenschuppe drei Samenanlagen.

Taiwania cryptomeroides ist in den gemäßigten Breiten kaum winterhart und braucht daher bei Kultur einen Kälteschutz. K9

Sciadopityaceae

Schirmtannen – *Sciadopitys*

Die Schirmtanne *(Sciadopitys verticillata)* ist ein immer-grüner Baum mit pyramidenförmiger Krone. In der Natur wird sie bis zu 40 m hoch, in der Kultur bleibt sie deutlich darunter. Sie besiedelt Standorte bis in 1000 m Höhe.

Die Borke ist glatt und löst sich in dünnen Stücken ab. Die Blätter treten in zwei Formen auf: Die jeweils zu 20–30 zusammenstehenden Wirtelblätter sind 9–12 cm × 2–3 mm große Doppelnadeln, die paarweise seitlich verwachsen sind. Die Spaltöffnungen liegen nur in einer schmalen, rinnigen Vertiefung auf der Unterseite. Jeder Nadelblattwirtel erinnert im Aussehen an einen kleinen Schirm. In den Internodien zwischen den Wirteln stehen dreieckige, schuppenförmige, leicht überlappende Blätter, die anfangs grün sind, sich aber im zweiten Jahr braun verfärben.

Die männlichen Blüten erscheinen in endständigen Büscheln und bestehen aus spiralig angeordneten Pollensäcken. Die Zapfen stehen einzeln auf dem glei-chen Baum und besitzen zahlreiche keil-förmige Samenschuppen. Nur im jungen Zustand sind die zunächst deutlich größeren Deckschuppen zu sehen. Der Zapfen reift im zweiten Jahr, ist holzig, eiförmig, 8–12 × 3–5 cm groß. Die Schup-penränder sind leicht aufgebogen. Die Samen sind abgeflacht eiförmig, bis zu 12 mm lang und schmal geflügelt.

Die Art wächst recht langsam und in gemäßigten Breiten winterhart. Die Vermehrung erfolgt im Allgemeinen durch die Samen. Man sieht Schirm-tannen nicht allzu häufig als Ziergehölze, obwohl sie ausgesprochen dekorativ sind. Das Holz ist recht beständig und wasserfest. Man verwendet es daher gerne beim Bootsbau. In früheren Epochen der Erdgeschichte war die Gattung nicht auf Ostasien beschränkt. In den rheinischen Braunkohlelagern wurden fossile Nadelblätter von *Sciadopitys*, die an ihrer charak-teristischen Doppelung klar zu erkennen sind, ebenso gefunden wie im Braun-kohlenrevier der Lausitz. In den Flözen sehen die Nadeln wie Grasblätter aus, weswegen die Bergleute die entsprechenden Schichten auch als Graskohle bezeichneten. Für die Braun-kohle war die Gattung also sehr bedeutsam. K6

LINKS Die Wasserfichte *(Glyptostrobus lineatus)* ist ein naher Verwandter der Sumpf-zypresse *(Taxodium distichum)*, bildet jedoch nicht deren charak-teristische Atemwurzeln aus.

UNTEN *Taiwania cryptomeroides* überragt in Kultur viele andere Koniferen.

Araucariaceae

Araukarien – *Araucaria*

Die nach einem spanischen Wort für die Indianersprachen Südamerikas benannte Gattung umfasst immergrüne Nadelbäume, die nur auf der Südhalbkugel beheimatet sind, vor allem in Südamerika, Australasien und einigen Inseln im Südpazifik. Dazu gehört die auch in Mitteleuropa als Ziergehölz verwendete Chilenische Araukarie (*Araucaria araucana*), die man auch Chile- oder Andentanne nennt, die Zimmer- oder Norfolktanne (*A. heterophylla* = *A. excelsa*) oder die sogenannte Brasil-Araukarie oder Paranakiefer *(A. angustifolia)*. *Araucaria* ist sehr eng verwandt mit der Gattung *Agathis*, jedoch sind deren Samen nicht eng an die Samenschuppe angeheftet.

Die Araukarien sind stattliche Bäume mit wirtelig gestellten Ästen. Die Borke älterer Stämme und Äste ist durch die Überbleibsel abgestorbener Blätter rau. Die Nadelblätter sind langlebig, flach, breit dreieckig oder pfriemenförmig. Bei manchen Arten kommen abweichend aussehende Jugendblätter vor. So sind beispielsweise bei der Art *Araucaria cunninghamii* die Blätter an den Zweigen älterer Äste und vor allem an blühenden Trieben nur wenige Millimeter lang, relativ dicht angeordnet, vorne sehr spitz, auf dem Rücken gekielt und deutlich einwärts gekrümmt. An jüngeren Pflanzen sind sie dagegen bis zu 2 cm lang, stehen spreizend ab, sitzen mit breiter Basis an und laufen am Zweig etwas herab. Diese beiden stark abweichenden Blattgestalten sind mitunter jedoch durch fließende Übergänge verbunden. Araukarien sind überwiegend zweihäusig. Die zahlreichen männlichen Blüten stehen dichtbüschelig an den Zweigenden. Sie sind bei manchen Arten wie *Araucaria angustifolia* mit rund 15 cm Länge und 3 cm Durchmesser

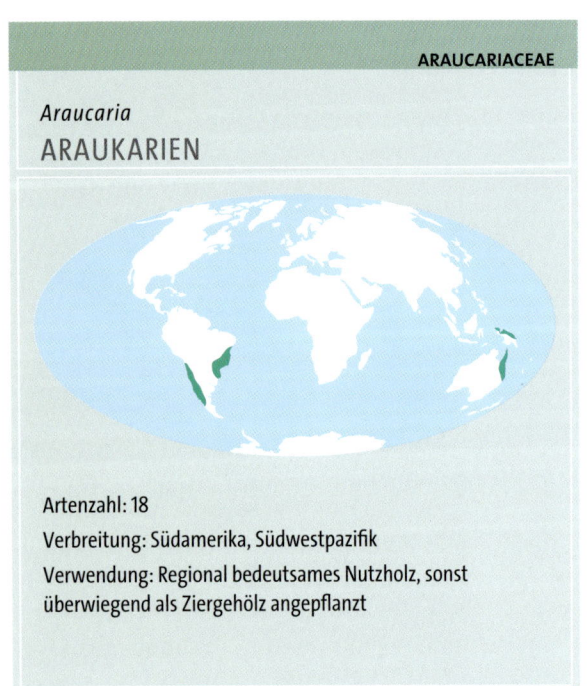

ARAUCARIACEAE

Araucaria
ARAUKARIEN

Artenzahl: 18

Verbreitung: Südamerika, Südwestpazifik

Verwendung: Regional bedeutsames Nutzholz, sonst überwiegend als Ziergehölz angepflanzt

ungewöhnlich groß, bei einigen Formen sogar noch länger. Die großen, kugeligen Zapfen reifen erst im zweiten oder dritten Jahr und bestehen aus kräftigen, verholzten Schuppen, die bei der Samenreife abbrechen. Jede Samenschuppe trägt einen geflügelten Samen.

Araukarienholz ist harzig, geradfaserig und leicht zu bearbeiten. *Araucaria araucana*, *A. bidwillii* und *A. cunninghamii* sind bedeutende Holzlieferanten. Das Holz wird überwiegend für den Innenausbau und für Möbel verwendet, auch für die Kunsttischlerei und für Drechselarbeiten, gelegentlich auch für die Holzschliffgewinnung. In seinen technischen Eigenschaften ähnelt es dem Holz der Wald-Kiefer.

Im 19. Jahrhundert war die Chilenische Araukarie als Ziergehölz vor allem in Großbritannien wegen ihres exotischen Aussehens außerordentlich beliebt. Der britische Sammler Archibald Menzies brachte 1795 Samen mit nach Europa, die er anlässlich eines Essens mit dem chilenischen Vizekönig zur Seite gebracht hatte. Die eigentliche Beliebtheitswelle setzte aber erst nach 1840 ein. Noch heute sieht man vor allem in Südengland und in Nordfrankreich Chilenische Araukarien in Hausgärten. Die Art ist allerdings anspruchsvoll, benötigt gute Böden sowie höhere Luftfeuchtigkeit. In den immissionsbelasteten Vorstädten der Industriezentren gedeiht sie daher nicht besonders gut. In Deutschland sieht man prächtige Exemplare auf der Insel Helgoland.

Außer *A. araucana* sind auch die Samen von *A. bidwillii* essbar und für die Bewohner der Ursprungsgebiete eine wichtige Zusatznahrung. In bestimmten Gebieten haben die Regierungen daher den unkontrollierten Einschlag reglementiert.

Die Norfolk-Araukarie *(A. heterophylla)* wird in Mitteleuropa meist als Topfpflanze gezogen und heißt daher auch Zimmertanne. Nur in den küstennahen und sehr wintermilden Gebieten Westeuropas gedeiht sie auch im Freiland.

Die eigenartige Kandelaberform der Chile-Araukarie *(Araucaria araucana)* ist gleichsam ein Wahrzeichen der andinen Vegetation im mittleren und südlichen Chile.

A. araucana

Die wichtigsten Araukarien-Arten

Gruppe I
Nadelblätter breit und flach, etwa 1,8 cm lang. Zapfenschuppen ohne oder nur mit stark reduzierten Flügeln.

Araucaria araucana Chilenische Araukarie, Andentanne
Chile und westliches Argentinien. Baum, 30–50 m, mit abstehenden, kräftigen, auf gebogenen Ästen von eigenartigem Aussehen. Nadelblätter 2,5–5 × 2,5 cm, dicht dachziegelartig angeordnet, im Umriss oval-lanzettlich mit breiter Basis, fest, scharf zugespitzt. Zweihäusig. Männliche Blüten in kätzchenartigen Büscheln. Reife Zapfen kugelig, 15–20 cm dick; Samen meist etwas zusammengedrückt, der Samenschuppe angeheftet, mit gebogenem Anhängsel. K8

A. bidwillii Queensland-Araukarie, Bunya-Bunya Küstengebiete von Queensland/Australien. Raschwüchsiger Baum, bis zu 50 m. Hauptäste waagerecht, jüngere Zweige hängend. Nadelblätter an sterilen Trieben 18–25 × 4–11 mm, lanzettlich mit schmaler Basis, sehr spitz; Blätter der fertilen Triebe steifer und eingekrümmt, 1,5–2,5 cm lang. Zweihäusig. Männliche Blüten büschelig an den Zweigenden, zylindrisch, kätzchenartig, 15–18 × 13 mm. Reife Zapfen bis zu 30 × 23 cm und bis zu 5 kg schwer; Samenschuppen zahlreich, mit umgebogener Spitze. Samen bis zu 6,5 × 2,5 cm groß, birnenförmig, mit angedeutetem Flügel. Essbar. K9

A. angustifolia Brasil-Araukarie, Paranakiefer Brasilien und Argentinien. Baum, bis zu 35 m mit flacher Krone; Äste zu 4–8 in Wirteln. Nadelblätter mit verlängerter Spitze, ledrig fest, Spaltöffnungsbänder nur unterseits. Blätter der sterilen Triebe 3–6 × 0,5 cm, erscheinen gegenständig, an fertilen Trieben kürzer und spiralig gestellt. Reife Zapfen bis zu 12 × 17 cm dick; Samenschuppen mit steifem, umgebogenem Fortsatz. Samen 5 × 2 cm, hellbraun. Steht *A. araucana* nahe, doch sind die Blätter etwas weicher und weniger dicht. Holz relativ weich und lokal wichtiges Handelsgut. K9

Gruppe II
Nadelblätter mehr oder weniger pfriemenförmig bis breit oval oder kürzer als 1 cm. Samenschuppen breit geflügelt.

Araucaria heterophylla Norfolk-Araukarie, Zimmertanne
Nur auf der Norfolk-Insel im Südpazifik. Stattlicher, äußerst dekorativer Baum, bis zu 70 m. Hauptäste horizontal abstehend, Seitenverzweigungen manchmal hängend, meist jedoch aufrecht. Nadelblätter an jungen Seitentrieben und sterilen Trieben 8–13(15) mm lang, abstehend, nicht allzu dicht, an fertilen Trieben dichter, eingekrümmt, überdeckend, 6–7 mm lang, mit gebogener Spitze, ohne deutlich erkennbare Mittelrippe. Männliche Blüten büschelig, kätzchenartig, 3,5–5 cm lang. Reife Zapfen angenähert kugelig, 10–12 cm dick. Samen mit breiten Flügeln, diese mit flachem, dreieckigem, gebogenem Dorn. Vor allem im Mittelmeergebiet häufig als Park- und Ziergehölz angepflanzt. In Mitteleuropa fast nur in Topfkultur. Viele Kulturvarietäten. K9

A. heterophylla

A. araucana

Mit ihren wirtelig gestellten Ästen sieht die Norfolk-Araukarie (*Araucaria heterophylla*) ausgesprochen dekorativ aus und wird daher auch in Zimmerkultur gehalten.

A. cunninghamii Moretonbuchtkiefer Hauptsächlich in New South Wales und Queensland/Australien, ferner in Neuguinea. Baum, 60–70 m. Borke löst sich typischerweise in Ringe und Bänder ab. Äste horizontal, Verzweigungen überwiegend an den Enden gehäuft. Nadelblätter der sterilen Seitenzweige und an jungen Exemplaren meist lanzettlich, 8–15(19) mm lang, gerade abstehend, mit scharfer Spitze: Blätter an älteren Exemplaren und an fertilen Trieben dichter, kürzer, eingekrümmt und kurz zugespitzt. Männliche Blüten zu 2–3 büschelig, 5–7,5 cm lang, kätzchenartig. Reife Zapfen breit elliptisch, etwa 10 × 7,5 cm dick, mit vorspringenden, steifen Samenschuppenspitzen. Samen schmal geflügelt. K9

A. columnaris Neukaledonische Araukarie Neukaledonien und Polynesien. Baum, steht *A. heterophylla* sehr nahe und wird auch mitunter so benannt. Fertile und ältere Triebe mit dicht stehenden, überlappenden, eingekrümmten Nadelblättern, diese mit deutlich erkennbarer Mittelrippe, erinnern an eine Peitschenschnur. Blätter an sterilen und jüngeren Trieben dreieckig bis lanzettlich. K9

A. balansae Neukaledonien. Baum, 12–18 m. Äste mehr oder weniger horizontal, an den Enden nach unten gebogen. Nadelblätter sehr dicht, breit pfriemenförmig, bis etwa 3 mm, innenseits mit Spaltöffnungsbändern. Reife Zapfen endständig an kurzen Trieben, oval, 6–7,5 × 5–6,5 cm; jede Samenschuppe mit hartem, bis zu 8 mm langem Dorn. Steht *A. columnaris* nahe, die jedoch größere Blätter entwickelt. K9

A. heterophylla

Kaurifichten – *Agathis*

Die Gattung *Agathis* stellt einige ausschließlich tropisch verbreitete Koniferen. Etwa 20 Arten sind bisher beschriebenen worden, doch könnten fünf oder mehr auch nur Unterarten darstellen. Sie kommen in den feuchtesten Regenwäldern des Malaischen Archipels vor, auf Sumatra, den Philippinen und den Fidschi-Inseln, ferner in den subtropischen Regenwäldern Nordostaustraliens (Queensland) sowie auf der Nordinsel von Neuseeland.

Kaurifichten, mitunter auch Dammaratannen genannt, sind weder Fichten noch Tannen, sondern eigenständige Formen innerhalb der Familie Araucariaceae. Sie wachsen zu stattlichen, dickstämmigen Bäumen mit breiten Kronen heran und sind generell zweihäusig. Von den Araukarien unterscheiden sie sich dadurch, dass ihre Samen nicht den Samenschuppen angeheftet sind, sondern frei abstehen. Die Nadelblätter sind größer, eher flach und kaum pfriemenförmig oder lanzettlich. Die Samen sind ungleich geflügelt.

Das Holz der *Agathis*-Arten gilt als sehr wertvoll und wird vor allem im Bootsbau verwendet, daneben aber auch zu Furnieren und in der Drechslerei. Meist ist es sehr fest, ausgesprochen beständig, gut zu bearbeiten und weitgehend astfrei. Alle Teile der Pflanze führen Harz

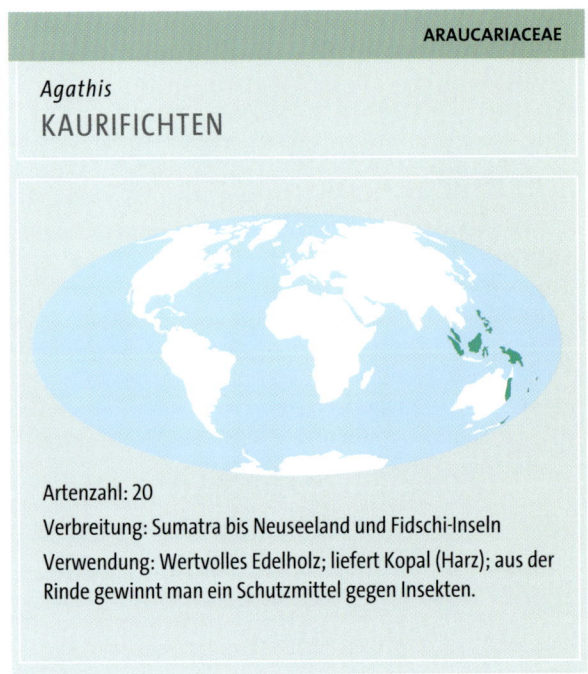

ARAUCARIACEAE

Agathis
KAURIFICHTEN

Artenzahl: 20

Verbreitung: Sumatra bis Neuseeland und Fidschi-Inseln

Verwendung: Wertvolles Edelholz; liefert Kopal (Harz); aus der Rinde gewinnt man ein Schutzmittel gegen Insekten.

Die Neuseeländische Kaurifichte *(Agathis australis)* kommt auf der Nordinsel von Neuseeland vor und ist eines der wertvollsten Edelhölzer.

(Kaurigummi), das bei manchen Arten spontan austritt und sonst nach Verletzung fließt. Früher hat man daraus verschiedene Derivate gewonnen, die als Kopal oder Dammar gehandelt und als Bernsteinersatz unter anderem zu Schmuckstücken verarbeitet wurden. Die Bezeichnung Dammar leitet sich ab vom Artnamen *Agathis dammara*, früher auch *Dammara alba* oder *Agathis alba* genannt. Auch von anderen Arten wie *A. robusta* und *A. australis* lässt sich dieses gesuchte Material gewinnen. Es ist auch fossil in Torflagern aus Regionen bekannt, in denen heute keine Kaurifichten mehr vorkommen. Durch Destillation gewinnt man daraus Terpentin und verwandte Produkte.

Die natürlichen Vorkommen der Kaurifichten sind so stark übernutzt worden, dass staatliche Schutzbemühungen einsetzen mussten. Die heute immer noch gehandelten Hölzer stammen meist von Einzelvorkommen im Regenwald, jedoch lassen forstliche Anpflanzungen auf Java hoffen, dass die natürlichen Ressourcen erhalten bleiben. K9

Wollemikiefer – *Wollemia*

Die einzige in dieser Gattung geführte Art *Wollemia nobilis* wurde erst im Frühherbst 1994 von David Nobilis in einer feuchten Schlucht des Wollemi-Nationalparks in den berühmten Blue Mountains bei Sydney entdeckt. Sie steht *Agathis* nahe, entwickelt aber dreierlei Blätter und ist seit 2005 in Kultur. Die nächsten Verwandten des Baumes kannte man bis dahin nur als Fossilien aus der Jura- bzw. Kreidezeit. Die Neuentdeckung erhielt als wissenschaftlichen Namen die Bezeichnung des Wuchsgebietes und des Entdeckers. Für den deutschen Sprachraum ist auch der Name Wollemie tauglich, weil die neue Art keine wirkliche Kiefer ist. Von der Art gibt es insgesamt nur etwa 100 Individuen in der Natur. K9

Cupressaceae

Zypressen – *Cupressus*

Zur Gattung *Cupressus* gehören nach heutiger Einschätzung etwa ein Dutzend Arten. Sie ist in der Alten und der Neuen Welt weit verbreitet, von Westasien und dem Himalaja bis ins Mittelmeergebiet und ferner von Oregon/USA bis Mexiko.

Zypressen sind immergrüne Bäume, seltener auch Sträucher. Ihre Zweige sind dicht mit kleinen, kreuzgegenständigen, randlich feinst gesägten Schuppenblättern besetzt. An älteren Zweigen können die Blätter auch eher pfriemenförmig, größer und abstehend sein. Generell sind die Arten einhäusig – männliche und weibliche Blüten entwickeln sich auf verschiedenen Ästen der gleichen Pflanze. Die reifen Zapfen sind meist kugelig bis breit elliptisch, meist dicker als 1 cm und bestehen aus sechs bis zwölf zuletzt verholzten, schildförmigen Samenschuppen. Jede von ihnen trägt sechs bis zwölf, manchmal auch bis zu 20 mehr oder weniger geflügelte Samen, die entweder glatt oder mit Harzbläschen besetzt sind. Die Zapfenreife nimmt etwa 18 Monate in Anspruch.

Nach der Neufestlegung der Gattungsgrenzen sind einige Arten in die Gattung *Chamaecyparis* (Scheinzypresse) gestellt worden. Fast immer lassen sich die Vertreter dieser beiden Gattungen klar unterscheiden: Bei *Chamaecyparis* ordnen sich die Endverzweigungen laubblattartig flächig in einer Ebene an und bilden sogenannte Phyllomorphe, die entweder waagerecht oder senkrecht stehen. Bei *Cupressus* sind die Endverzweigungen dagegen weniger flächig, sondern weisen in alle Richtungen und erscheinen nicht als Phyllomorphe. *Chamaecyparis* ist zudem deutlich winterhärter als *Cupressus*, die vor allem in Nordeuropa als kälteempfindlich gelten. Beide Gattungen sind jedoch sehr eng miteinander verwandt, was im Übrigen auch der Gattungsbastard × *Cupressocyparis* unterstreicht.

In klimatisch geeigneten Reinluftgebieten sind Zypressen hinsichtlich des Bodens nicht besonders anspruchsvoll und gedeihen auf Lehm ebenso wie auf Sand, sofern die Wasserversorgung ausreicht. Das gilt beispielsweise für die weltweit häufig angepflanzte Monterey-Zypresse (*Cupressus macrocarpa*), die insbesondere in Küstennähe bemerkenswert gut gedeiht. Die Vermehrung erfolgt meist über die Samen. Gärtnerisch erzeugte Cultivare sind auch durch Stecklinge und fallweise sogar durch Pfropfung zu vermehren.

Obwohl Zypressen für verschiedene Pilz- und Bakterienerkrankungen anfällig sind, liefern sie ein wertvolles, weil gut zu bearbeitendes und beständiges Nutzholz. Zypressenholz verwendet man als Baumaterial oder für Zäune und Pfosten, kaum jedoch für Verpackungen, da der intensive Geruch empfindliche Güter beeinträchtigen könnte. Die meisten im Handel angebotenen Zypressenhölzer stammen von den Arten *C. macrocarpa* und *C. sempervirens*. Beide Arten werden häufig als Ziergehölze angepflanzt, jedoch nur in wintermilden oder sogar frostfreien Gebieten. *C. macrocarpa* wird heute weltweit verwendet und eignet sich auch für Sichtschutzhecken. Alle Vertreter der Gattung *Cupressus* gehören zusammen mit weiteren acht Gattungen der Unterfamilie Cupressoideae an, die sich durch dachziegelartig übergreifende Zapfenschuppen auszeichnen. Die zweite Unterfamilie sind die Calitroideae. Die trennenden Merkmale sind blatt- und holzanatomischer Natur. Fossil sind Vertreter von *Cupressus* schon seit Jurazeit aus dem Erdmittelalter bekannt, und zwar aus entsprechenden Gesteinen aus Israel. Außerdem hat man im Bernstein zahlreiche Reste dieses Verwandtschaftskreises gefunden. K6–9

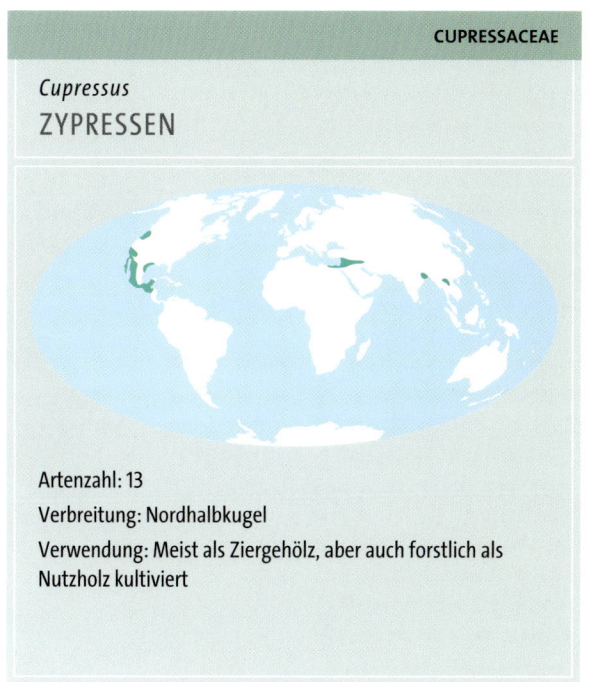

CUPRESSACEAE

Cupressus
ZYPRESSEN

Artenzahl: 13

Verbreitung: Nordhalbkugel

Verwendung: Meist als Ziergehölz, aber auch forstlich als Nutzholz kultiviert

Die schlanksäulige Mittelmeer-Zypresse (*Cupressus sempervirens*) ist neben der Pinie das Leitgehölz der mediterranen Region. Ihr natürliches Verbreitungsgebiet erstreckt sich bis in den Nordiran. Von Natur aus wächst die Art in immergrünen Mischwäldern, wird aber heute vielfach als Park- und Gartengehölz angepflanzt.

Die wichtigsten Zypressen-Arten

Gruppe I

Blätter stark harzend, auf der Rückseite drüsig. Endverzweigungen nach allen Seiten abstehend, nicht laubblattartig flächig ausgebreitet.

Cupressus macnabiana Macnab-Zypresse Hauptsächlich Nordkalifornien. Strauch oder kleiner Baum, bis zu 12 m. Seitenzweige etwas zusammengedrückt. Schuppenblätter kräftig grün bis bläulich, etwa 1 mm lang, dicht stehend, Enden verbreitert und stumpf. Reife Zapfen 12–19 mm breit mit 6–8 Samenschuppen. K8

C. arizonica Rauborkige Arizona-Zypresse Arizona, New Mexico, Mexiko. Baum, 15–25 m. Borke rau, rötlich braun, später zunehmend grau, nicht abschilfernd. Seitenzweige nicht zusammengedrückt: Schuppenblätter spitz, dunkelgrün bis graugrün, etwa 2 mm lang, randlich fein gezähnt (Lupe). Reife Zapfen 15–25 mm breit mit 6–8 Samenschuppen. K6–8

C. glabra Glattborkige Arizona-Zypresse Arizona. Baum, 7–18 m. Borke kirschrot, glatt, jedes Jahr abschilfernd. Seitenzweige nicht zusammengedrückt. Schuppenblätter 1,5–2 mm lang, durch Harz weißfleckig, am Rand fein gezähnt (Lupe), graugrün, gekielt. Reife Zapfen 2–2,5 cm breit, meist mit 8(5–15) Samenschuppen, jede mit vorstehendem Nabel. Erträgt Kalkböden und ist bemerkenswert trockenheitsresistent. K7

Gruppe II

Blätter nicht auffällig harzend oder auf der Rückseite drüsig, aber mitunter mit feinem Schlitz oder kleiner Grube und dann die Endverzweigungen flächig in eine Ebene gerückt.

A Endverzweigungen als Phyllomorphe in eine Ebene gerückt und mehr oder weniger horizontal angeordnet; Zapfen annähernd kugelig und 8–16 mm breit

Cupressus lusitanica var. benthamii Mexikanische Zypresse, Goazeder Mexiko. Baum, bis zu 33 m. Schuppenblätter glänzend dunkelgrün, mit rückenseitiger Grube, vorne spitz. Reife Zapfen 12–15 mm breit, mit 6–8 Samenschuppen, jede mit vorspringendem Nabel, wenig oder nicht zurückgebogen. Samen glatt. K8

C. torulosa Himalaja-Zypresse Westlicher Himalaja und Szechuan/China. Baum, bis zu 50 m. Endverzweigungen mehr oder weniger abgeflacht, gekrümmt und peitschenschnurartig. Schuppenblätter etwa 1,5 mm lang, vorne abgestumpft, auf der Rückseite mit Grube. Reife Zapfen ungefähr 12 mm breit, mit 8–10 Samenschuppen. Samen zu je 6–8 pro Samenschuppe, mit kleinen Wülsten. K9

AA Endverzweigungen nicht in eine Ebene gerückt, sondern nach allen Seiten abstehend; Zapfen 1–4 cm lang oder breit

Cupressus macrocarpa Monterey-Zypresse Kalifornien. Baum, bis zu 25 m, anfangs mit pyramidenförmiger, später mit breit ausladender Krone. Schuppenblätter 1–2,5 mm lang, dicht gepackt, mit anliegenden Enden,

C. macrocarpa

× Cupressocyparis leylandii

C. macrocarpa

ziemlich spitz, duften zerrieben nach Citrus-Noten. Reife Zapfen kugelig, 2,5–4 × 1,7–2,5 cm, mit 8–12(14) Samenschuppen, jede mit einem kräftigen, kurzen, stumpfen Nabel. Samen fein wulstig. Unterscheidet sich mit ihren großen Zapfen von allen anderen Arten der Gattung. Vor allem in wintermilden Küstengegenden als Windschutz angepflanzt. K8

C. sempervirens Mittelmeer-Zypresse, Italienische Säulen-Zypresse „Klassische" Zypresse des Mittelmeergebietes einschließlich seiner Inseln, von der Südschweiz bis zu den Gebirgen im Nordiran. Baum, bis zu 30 m. Zweige entweder abstehend (var. *horizontalis*) oder typischerweise steil aufrecht (var. *sempervirens*). Schuppenblätter um 1 mm lang, dunkelgrün, rautenförmig, vorne abgestumpft, duften beim Zerreiben wenig oder nicht. Reife Zapfen annähernd kugelig, 2,5–3 × 2 cm, mit 8–14 Samenschuppen. Die schlanksäulige Typform ist ausgesprochen dekorativ und wird schon seit der Antike bevorzugt in Parkanlagen, Alleen und größeren Hausgärten angepflanzt. Noch kompakter ist die Gartenform 'Stricta'. K8

C. goveniana Gowen-Zypresse Kalifornien. Strauch oder kleiner Baum, bis zu 20 m. Triebe purpurbraun. Schuppenblätter 1–2 mm lang, mitunter mit zentraler rückenseitiger Grube, grau- bis schwarzgrün, beim Zerreiben von angenehm harzigem Aroma. Reife Zapfen kugelig, 1–1,5 cm dick, mit 6–8 Samenschuppen, jede mit niedrigem, stumpfem Nabel. Samen glatt. K8

C. lusitanica Mexikanische Zypresse, Goazeder Von Mexiko bis zu den Gebirgen von Guatemala. Baum, bis zu 30 m. Äste meist abstehend und an den Enden überhängend. Endverzweigungen nicht flächig in eine Ebene gerückt, sondern nach allen Seiten abstehend (vgl. var. *benthamii* oben). Schuppenblätter 1,5–2 mm lang, spitz, blau- bis graugrün, mit abstehenden Spitzen, beim Zerreiben ohne auffälliges Aroma. Reife Zapfen 12–16 mm breit, mit 6–8 Samenschuppen, jede mit spitzem Nabel und oft etwas hakig. Samen glatt, mitunter schwach geflügelt. K9

C. sempervirens

Alle Zypressen-Arten tragen kleine Schuppenblätter, die der Zweigachse eng anliegen. Die Zapfenschuppen von *Cupressus macrocarpa* zeigen mitunter vorspringende Leisten. Bei *C. sempervirens* sind die Samenschuppen entweder flach oder tragen einen leicht erhöhten Nabel.

Hybridzypressen – × *Cupressocyparis*

× *Cupressocyparis* ist ein Gattungsbastard: Die Form × *Cupressocyparis leylandii* entstand spontan aus der Kreuzung der kalifornischen Monterey-Zypresse (*Cupressus macrocarpa*) und der Nootka-Scheinzypresse (*Chamaecyparis nootkatensis*) aus dem pazifischen Nordwesten der USA.

Man nimmt an, dass ×*Cupressocyparis* im Jahre 1888 in einer britischen Baumschule in Leighton Hall (Scropshire) entstand, wo Sämlinge der Nootka-Scheinzypresse gezogen wurden und eine Monterey-Zypresse in der Nähe stand. Im gleichen Betrieb wurden 1911 Sämlinge von *Cupressus macrocarpa* gezogen, von denen man bis jetzt fast ein Dutzend Klone isoliert, die sich in Erscheinungsbild, Färbung und Verzweigung unterscheiden. Die wichtigsten sind 'Green Spire', 'Haggerston Gray', 'Leighton Green', 'Naylor's Blue' und 'Stapehill'. Zwei weitere × *Cupressocyparis*-Hybriden mit der Nootka-Scheinzypresse als einem Elter sind unterdessen bekannt: × *C. notabilis* (= *Chamaecyparis nootkatensis* × *Cupressus glabra*) und × *C. ovensii* (= *Chamaecyparis nootkatensis* × *Cupressus lusitanica*).

Seit etwa 1950 schätzt man die Hybridzypressen als raschwüchsige Gehölze, die sich besonders gut für Windschutzpflanzungen und Sichtschutzhecken eignen. Meist verwendet man heute die aus Stecklingen vermehrte, ungewöhnlich raschwüchsige, wenig anspruchsvolle und winterharte × *Cupressocyparis leylandii*. Aus der Entfernung betrachtet ähnelt sie eher der Nootka-Scheinzypresse als der Monterey-Zypresse, entwickelt sich aber weitaus säuliger und aufrechter. Schuppenblätter und Zweige sind weniger abgeflacht als bei der Nootka-Scheinzypresse und zeigen mehr die schlanke Gestalt wie bei der Monterey-Zypresse. Die reifen Zapfen stehen in ihren Merkmalen ungefähr in der Mitte zwischen den Elternarten.

Hybridzypressen ertragen Heckenschnitt und bilden dichte, mittelhohe Hecken bis etwa 2 m. Niedrighecken lassen sich damit nicht erzielen.

Das Holz der Hybriden ist von guter Qualität und kann im Plantagenbetrieb erzeugt werden.

Scheinzypressen – *Chamaecyparis*

Die Gattung ist ausschließlich auf der Nordhalbkugel verbreitet, mit Arten an der West- und Südostküste Nordamerikas sowie weiteren in Japan und Taiwan. Sie sind sämtlich frostbeständig, immergrün und im Umriss pyramidenförmig – somit im Erscheinungsbild einer echten Zypresse (Gattung *Cupressus*) recht ähnlich. Allerdings sind im Unterschied dazu die Endverzweigungen zu flächigen Phyllomorphen in eine Ebene gerückt. Dieses Merkmal teilen sie mit den Lebensbäumen (Gattung *Thuja*). Die Schuppenblätter sind ziemlich klein und kreuzgegenständig. Nur junge Blätter sind mitunter auch pfriemenförmig. Die Arten sind gewöhnlich einhäusig. Die reifen Zapfen sind kugelig und recht klein – bis höchstens 1 cm dick. Die Samenreife erfolgt im gleichen Jahr mit Ausnahme von *Chamaecyparis nootkatensis*, die etwa 18 Monate benötigt. Die Samen sind leicht zusammengedrückt und breit geflügelt. Die Arten bevorzugen feuchte, aber keine staunassen und weitgehend kalkfreie Böden.

Das Holz der Scheinzypressen ist qualitativ sehr wertvoll, ziemlich leicht, aber dennoch beständig, gut zu bearbeiten und kaum anfällig für Holz zerstörende Insekten- oder Pilzbefall. Fast jede Art hat ihre Eigenheiten hinsichtlich Farbe und Geruch des Holzes. Hochgeschätzt wird unter anderem das (allerdings nahezu geruchlose) Holz der Taiwan-Scheinzypresse (*C. formosensis*). Sie wird bis zu 50 m hoch und über 3000 Jahre alt. Auch das Holz der Nootka-Scheinzypresse ist sehr geschätzt. Man verwendet es gerne als Bauholz, für Bodenbeläge, Möbel, Zaunpfähle, Gleisschwellen und im Schiffbau. Der Handel führt es oft unter der nicht eindeutigen Bezeichnung Gelbzypresse, die man auch für andere Arten verwendet. In Japan ist das Holz der Hinoki-Scheinzypresse (*C. obtusa*) sehr gefragt und wird für Holzarbeiten höchster Qualität eingesetzt, da es meist eine sehr schöne Maserung zeigt. Eine andere japanische Art ist die Sawara-Scheinzypresse (*C. pisifera*), die man ebenfalls als Nutzholz vor allem für Bauzwecke verwendet.

Außerhalb ihrer natürlichen Verbreitungsgebiete werden Scheinzypressen und ihre zahlreichen Cultivare häufig in Parks, Friedhöfen und großen Gärten angepflanzt. Eine der am häufigsten kultivierten Arten ist *C. lawsoniana* aus den westlichen USA. Von dieser Art sind über 200 Gartenformen bekannt, darunter auch zahlreiche zwergwüchsige. Scheinzypressen eignen sich für Hecken und bieten hervorragenden Sichtschutz. Sie gedeihen zudem auf recht unterschiedlichen Standorten und sogar im Schatten. K3–9

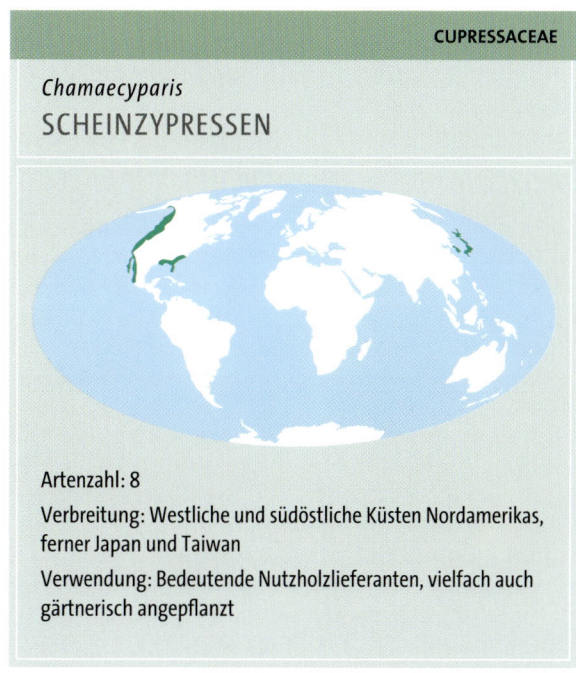

CUPRESSACEAE

Chamaecyparis
SCHEINZYPRESSEN

Artenzahl: 8

Verbreitung: Westliche und südöstliche Küsten Nordamerikas, ferner Japan und Taiwan

Verwendung: Bedeutende Nutzholzlieferanten, vielfach auch gärtnerisch angepflanzt

× *Cupressocyparis leylandii*

Zwergwüchsige Gartenformen verwendet man gerne für Steingärten, Grabstätten oder kleinere Vorgärten. Besonders beliebt ist die kleine und ziemlich kompakte *Chamaecyparis lawsoniana*.

Männliche Blüten karminrot. Reife Zapfen etwa 8 mm breit mit meist 8 Schuppen, jede mit 2–4 Samen. Häufig angepflanzt und in zahlreichen Cultivaren verfügbar. K8–9

C. obtusa Hinoki-Scheinzypresse Japan, mit der var. *formosana* in Taiwan. Baum, bis zu 40 m, pyramidenförmig. Schuppenblätter auffallend stumpf, ohne Drüsen, die weißen Unterseitenmarken Y-förmig. Kantenblätter etwa doppelt so lang wie die übrigen. Reife Zapfen 8–10 mm breit mit 8(–10) Schuppen, jede mit bis zu 5 Samen. Zahlreiche Cultivare. Verträgt weder Kalk noch Trockenheit. K3

C. pisifera Sawara-Scheinzypresse Japan. Baum, bis zu 50 m. Schuppenblätter mit abstehenden Spitzen, alle von ungefähr gleicher Größe und nur undeutlich drüsig. Reife Zapfen 6(8) mm breit mit 10(12) Schuppen, jede mit 1–2 Samen. Zahlreiche Cultivare. K3

Gruppe II

Unterseite der Phyllomorphe von der gleichen Färbung wie die Oberseite oder nur wenig heller, ohne weißliche oder bläuliche Zeichnung. Kantenblätter ungefähr von der gleichen Größe wie die Flächenblätter oder nur wenig länger.

Chamaecyparis thyoides Weiße Scheinzypresse Östliches Nordamerika. Baum, bis zu 25 m. Zweige deutlich zusammengedrückt und Phyllomorphe nur wenig einheitlich horizontal angeordnet. Schuppenblätter beidseits bläulich grün, mit großen Drüsen. Reifer Zapfen 6(7) mm breit. K3

C. nootkatensis Nootka-Scheinzypresse Westliches Nordamerika. Baum, 30–40 m, mehr oder weniger kegelförmig mit abstehenden Ästen, an den Enden überhängend. Phyllomorphe horizontal ausgebreitet, an den Seiten hängend, sodass der Eindruck eines Kreissegmentes entsteht. Endverzweigungen nicht sehr zusammengedrückt. Schuppenblätter oberseits grün, unterseits heller, ohne erkennbare Drüsen. Reife Zapfen 10–12 mm breit mit 4–6 Schuppen, jede mit 2–4 Samen. K8

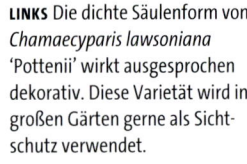

LINKS Die dichte Säulenform von *Chamaecyparis lawsoniana* 'Pottenii' wirkt ausgesprochen dekorativ. Diese Varietät wird in großen Gärten gerne als Sichtschutz verwendet.

UNTEN *Chamaecyparis lawsoniana* hat eine rötlich braune, längsfurchige Borke. Die Schuppenblätter liegen den Achsen eng an. Die Zapfen sind nur etwa 8 mm breit und bestehen aus acht Schuppen. Zur Reifezeit sind sie braun. *Chamaecyparis nootkatensis* unterscheidet sich durch ihre spitzen Schuppenblätter, die beim Zerreiben sehr unangenehm riechen. Unterseits zeigen sie keine weißlichen Zeichnungen. Die Zapfenschuppen tragen eine vorspringende Spitze. Die Borke ist relativ dünn und nicht tief längsfurchig.

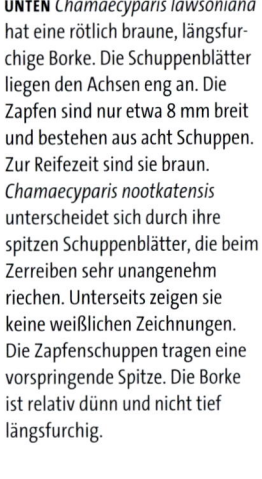

Die wichtigsten Scheinzypressen-Arten

Gruppe I

Unterseite der Phyllomorphe teilweise weißlich oder wenigstens bläulich grün, besonders an den Blatträndern (Lupe). Kantenblätter deutlich größer (meist zweimal länger) als die Flächenblätter und eng anliegend – mit Ausnahme von *C. pisifera*, bei der alle Blätter ungefähr die gleiche Größe haben. Blattenden spitz, leicht abstehend.

Chamaecyparis formosensis Formosa-Scheinzypresse

Taiwan. Baum, am natürlichen Standort bis zu 65 m Höhe und 24 m Umfang. Kanten- und Flächenblätter gleich lang, etwa 2,5 mm, gekielt oder mit drüsiger Grube, dunkelgrün, leicht bronzefarben, unterseits oft weißlich, duften beim Zerreiben nach verrottendem Tang. Reife Zapfen 8–9 mm breit, elliptisch, mit 10–11 Schuppen, auf der Außenseite runzlig. Je Samenschuppe 2 eiförmige Samen mit schmalen Flügeln und Harzwarzen. Die Art steht *C. pisifera* sehr nahe, unterscheidet sich aber in Farbe und Form der Blätter sowie im Duft beim Zerreiben derselben. Am Mt. Morrison in Taiwan bildet sie zwischen 2300 und 3300 m Höhe zusammen mit *C. obtusa* Reinbestände. Im Ursprungsgebiet wichtiger Holzlieferant, äußerst beständig gegen Pilz- und Insektenbefall, aber durch Übernutzung stark gefährdet. K8

C. lawsoniana Lawsons Scheinzypresse Im äußersten Westen der USA. Baum, 25–50 m, mit spitzkegeliger Krone und abstehenden Ästen, an den Enden überhängend. Kantenblätter der Endverzweigungen 2,5–3 mm lang, Flächenblätter nur halb so lang, alle spitz und mit drüsigen Punkten, im Gegenlicht durchscheinend.

C. nootkatensis

C. lawsoniana

C. lawsoniana

Lebensbäume – *Thuja*

Zur Gattung *Thuja* gehören fünf immergrüne Arten mit zahlreichen Varietäten. Sie wachsen strauch- oder baumförmig und sind sowohl in Nordamerika als auch in Ostasien beheimatet. Als Bäume entwickeln sie eine pyramidenförmige Krone. Die jungen Endverzweigungen sind typischerweise als Phyllomorphe ausgestaltet und in einer Ebene angeordnet. Die Schuppenblätter stehen kreuzgegenständig. Alle Arten sind einhäusig. Die sehr kleinen männlichen Blüten stehen zahlreich büschelig an kurzen Zweigenden. Die einzeln stehenden Zapfen richten sich zur Reifezeit auf. Nur die mittleren beiden von drei dachziegelartig angeordneten Zapfenschuppen sind fertil und tragen gewöhnlich zwei Samen auf der Unterseite.

Viele Lebensbaum-Formen pflanzt man als Ziergehölze an. Sie gedeihen auf recht unterschiedlichen Böden, auf wasserzügigem Lehm ebenso wie auf Sandböden. In großen Gärten und Parkanlagen verwendet man gerne hochwüchsige Cultivare von *Thuja plicata* und *T. occidentalis*. Vor allem *T. plicata* verträgt auch häufigen Schnitt und eignet sich daher gut für Sichtschutzhecken. *T. occidentalis* gedeiht auch in kühleren Klimaten. Die zahlreichen zwergwüchsigen Gartenformen sind für Steingärten und als Grabbepflanzung beliebt.

Thuja-Holz ist relativ leicht, gut zu bearbeiten und harzfrei. Es wird häufig für den Hausbau, für Masten und Zaunpfähle genutzt. Die faserige innere Rinde hat man früher als Füllmaterial für Polsterungen verwendet. In den USA fertigt man aus dem Riesen-Lebensbaum *(T. plicata)* Holzschindeln als Dachdeckmaterial. Als Nutzholz hat sich diese Art auch im kühlen Schottland bewährt, im wärmeren Südengland dagegen weniger, da sich häufig Trockenrisse bilden. Vor allem aus den Stämmen des Riesen-Lebensbaumes haben die Indianer Nordamerikas ihre Totempfähle und Einbäume gefertigt. K 6–8

Die Lebensbaum-Arten

***Thuja occidentalis* Abendländischer Lebensbaum** Östliches Nordamerika. Baum, bis zu 20 m. Unterseite der Phyllomorphen ohne weißliche Zeichnung, meist gelblich oder bläulich grün. Alle Schuppenblätter der Hauptachsen auf der Rückseite mit großer Drüse (Lupe). Reife Zapfen 8–12 mm lang und mit 8–10 Schuppen, nur die Hälfte davon fertil. Zahlreiche Varietäten. K7–8

***T. plicata* Riesen-Lebensbaum** Westliches Nordamerika. Baum, 30–60 m. Unterseite der Schuppenblätter mit mehr oder weniger deutlicher, weißer X-Zeichnung und nur undeutlichen Drüsen. Blätter riechen beim Zerreiben stark aromatisch. Reife Zapfen etwa 12 mm lang mit 10–12 Schuppen, alle mit schmalem Stachel. Nur die Hälfte ist fertil. Zahlreiche Varietäten. K7

***T. standishii* Japanischer Lebensbaum** Japan. Baum, bis zu 18 m. Phyllomorphe nicht deutlich abgeflacht. Schuppenblätter ohne Drüsen, die unterseitigen mit dreieckiger, weißlicher Zeichnung. Duften beim Zerreiben nicht aromatisch. Reife Zapfen mit 8–10 dachziegelartig angeordneten Schuppen, nur die mittleren 4 fertil. K7

***T. koraiensis* Koreanischer Lebensbaum** Korea. Breiter Strauch oder kleiner, schlanker Baum, bis zu 8 m. Phyllomorphe stark abgeflacht. Schuppenblätter auffällig drüsig, oberseits dunkelgrün, unterseits fast weiß. Riechen beim Zerreiben nicht aromatisch. Reife Zapfen 8–12 mm lang, mit 4 Paaren Schuppen, von denen nur die mittleren fertil sind. K6

***T. sutchuenensis* Szechuan-Lebensbaum** Nordöstliches Szechuan/China. Die Art ist bislang nur wenig bekannt und noch nicht in Kultur. K6

OBEN *Thuja plicata* 'Zebrina' zeichnet sich durch zweifarbige Zweige aus.

T. plicata

CUPRESSACEAE

Thuja
LEBENSBÄUME

Artenzahl: 5

Verbreitung: Nordamerika, China, Japan und Taiwan

Verwendung: Nutzholz, häufige Verwendung als Ziergehölz in zahlreichen Gartenformen, Gewinnung von ätherischem Öl

---

T. occidentalis

T. occidentalis

T. standishii

Alle Lebensbaum-Arten tragen eine relativ dünne Streifenborke, aus der sich Dachdeckmaterial fertigen lässt. Die Schuppenblätter von *T. plicata* sind oberseits glänzend grün, unterseits heller mit weißen Marken. Bei *T. occidentalis* sind sie oberseits dunkelgrün, unterseits gelblich grün; beim Zerreiben duften sie nach Äpfeln. Die Schuppenblätter von *T. standishii* sind oberseits gelblich grün; unterseits zeigen die Blattbasen graue Flecken. Zerrieben duften sie nach Zitrone.

RECHTS Flusszedern *(Calocedrus decurrens)* am natürlichen Standort in Kalifornien. Obwohl das Holz sehr beständig ist, wird es forstlich kaum kultiviert.

UNTEN Die stark abgeflachten Zweige (Phyllomorphe) unterscheiden *Thujopsis dolabrata* von den fünf Lebensbaum-Arten.

Microbiota – *Microbiota*

Die erstmals 1923 beschriebene Gattung steht der Gattung *Thuja* sehr nahe und kommt nur im östlichen Sibirien vor. Sie enthält nur die eine Art *Microbiota decussata*, die wenig bekannt und bisher nicht in Kultur ist. K7

Morgenlandlebensbaum – *Platycladus*

Ursprünglich wurde die einzige Art dieser Gattung, *Platycladus orientalis*, wegen ihrer fleischigen Zapfenschuppen und der ungeflügelten Samen zu *Thuja* gestellt und Morgenländischer Lebensbaum genannt. *Platycladus* ist in Nord- und Westchina verbreitet und bildet bis zu 10 m hohe Bäume. Schuppenblätter rückseitig mit kleiner Drüse. Endverzweigungen als Phyllomorphe, hauptsächlich vertikal gestellt, beidseits gleichfarben grün. Zapfenschuppen dick, an den Enden gekrümmt. Reife Zapfen 1,5–2,5 cm lang, meist mit sechs Schuppen. Zahlreiche Gartenformen. K7

Hiba – *Thujopsis*

Die Gattung enthält nur die einzige Art *Thujopsis dolabrata*, die sich von *Thuja* durch die stärker abgeflachten Endverzweigungen unterscheidet. Außerdem entwickelt jede fertile Samenschuppe drei bis fünf Samen (bei *Thuja* nur zwei).

Der Hibalebensbaum ist ein bis zu 15 m hoher Baum mit pyramidenförmiger Krone, wächst in Kultur aber auch strauchig. Die Schuppenblätter stehen kreuzgegenständig, sind 4–6 mm lang, die Kantenblätter leicht abstehend und spitz, die Flächenblätter eher stumpf, beide unterseits weißlich bis auf einen schmalen grünen Saum. Die Blüten sind wie bei vielen Gattungen und Arten der Familie einhäusig verteilt und sitzen gewöhnlich endständig. Die kleinen männlichen Blüten sind zylindrisch, 5–7 mm lang und umfassen 12–20 gegenständige hellgelbe bis weißliche Staubblätter. Die unscheinbaren weiblichen Blütenstände sind eher unauffällig und bestehen aus sechs bis zehn dicken, etwas fleischigen und gegenständigen Schuppen mit jeweils vier bis fünf Samenanlagen. Sie stehen auch zur Reifezeit aufrecht, die sie im gleichen Jahr wie die Blüte abschließen. Reife Zapfen sind breit eiförmig und bis zu 15 mm lang, mit sechs bis acht Schuppen und vorne oberseits mit Wulst. Die Samen sind geflügelt.

In der Kultur ist der Hibalebensbaum in den gemäßigten Breiten winterhart und wird wegen seines dekorativen Erscheinungsbildes gerne als Ziergehölz gepflanzt. Anhand der breiteren Schuppenblätter, der dichteren Beblätterung bis zur Basis, der rundlicheren Zapfen und der dickeren Zapfenschuppen ist er leicht von typischen *Thuja*-Vertretern zu unterscheiden. Mehrere Cultivare sind bekannt, darunter die gelbe 'Aurea', die scheckige 'Variegata' und die zwergwüchsige 'Nana'.

In Japan verwendet man gerne das feste, beständige Holz für Bauten. Aus der Rinde wird ein Dichtungsmaterial für Fugen hergestellt. K7

Schuppenzedern – *Libocedrus*

Nach moderner Auffassung gehören zu dieser Gattung fünf Arten; zwei davon sind in Neuseeland heimisch, drei in Neukaledonien. Es handelt sich um immergrüne Bäume bzw. Sträucher mit abgeflachten Zweigenden. Die Jugendblätter sind kurz und nadelig, die Altersblätter schuppenförmig und kreuzgegenständig. Die Arten sind einhäusig. Die reifen Zapfen bestehen aus zwei Paar

CUPRESSACEAE

Libocedrus
SCHUPPENZEDERN

Artenzahl: 5
Verbreitung: Neukaledonien und Neuseeland
Verwendung: Lokal wichtige Nutzhölzer

kreuzgegenständigen, holzigen, schaligen Schuppen; nur das oberste Schuppenpaar ist fertil. Jede Schuppe ist auf der Außenseite mehr oder weniger stark bedornt. Die Samen sind ungleich geflügelt.

Nur zwei Arten sieht man (relativ selten) in Kultur. *Libocedrus bidwillii*, auch Pahautea genannt, stammt aus Neuseeland und wächst dort als bis zu 25 m hoher Baum bis in 2000 m Höhe. Die Endverzweigungen sind abgeflacht. Die Jugendblätter sind von zweierlei Gestalt: die Flächenblätter etwa 1 mm lang, die Kantenblätter etwa 3 mm lang. Die Altersblätter sind schuppenförmig, eng anliegend, dreieckig und etwa 2 mm lang. Die reifen Zapfen sind eiförmig, etwa 1 cm lang. Die vier Schuppen tragen einen hornförmigen Stachel. Nur zwei Schuppen entwickeln je einen Samen. Die als Kawaka bezeichnete Art *L. plumosa* (= *L. doniana*) stammt ebenfalls aus Neuseeland und wird bis zu 33 m hoch. Auch ihre Endverzweigungen sind stark abgeflacht. Die Kantenblätter sind etwa 5 mm lang, die Flächenblätter nur etwa 1 mm. Die schuppenförmigen Altersblätter überlappen sich und liegen der Achse eng an. An den Kanten sind sie 3 mm lang, auf den Flächen nur wenig über 1 mm. Die reifen Zapfen sind eiförmig, 10–15 mm lang und bestehen aus vier Schuppen mit gekrümmtem Rückendorn. Jede fertile Schuppe entwickelt nur einen Samen. In gemäßigten Klimaten sind beide Arten nur bedingt winterhart. Ihr beständiges und angenehm duftendes Holz ist nur lokal von Bedeutung. Es ist wegen seines wasserabstoßenden Öls sehr widerstandsfähig.

Die übrigen Arten der Gattung sind *L. austro-caledonica*, *L. chevalieri* und *L. yateensis*. K9

Flusszedern – *Calocedrus*

Die Gattung *Calocedrus* umfasst drei Arten von den Pazifikküsten Nordamerikas, in China und Taiwan. Die immergrünen Endverzweigungen sind typischerweise zu Phyllomorphen abgeflacht. Die Schuppenblätter stehen kreuzgegenständig, sind ungefähr von gleicher Länge und überlappen sich an den Rändern. Nur die Spitzen stehen leicht ab. Alle Arten sind einhäusig, seltener auch zweihäusig. Die männlichen Blüten sind länglich und bestehen aus 6–16 Pollensäcken. Die Zapfen entwickeln sich auf anderen Zweigen, sind länglich-elliptisch und bestehen aus drei Paar zuletzt verholzten Schuppen, von denen jede einen gekrümmten, hornartigen Fortsatz trägt. Nur das mittlere Schuppenpaar ist fertil und entwickelt je zwei Samen. Die innersten (obersten) Schuppen sind meist verwachsen, die äußeren (untersten) deutlich kürzer und meist umgebogen. Der Zapfen reift im ersten Jahr und besteht aus fünf verholzten Schuppen mit rückwärts gerichteten Dornfortsätzen, die zur Reifezeit weit klaffend gespreizt sind. Nur die beiden mittleren Zapfenschuppen tragen Samen. Die Samen tragen zwei ungleiche Flügel.

Die drei heutigen Flusszeder-Arten wurden früher zur Gattung *Libocedrus* gestellt. Ein wichtiges Unterscheidungsmerkmal sind jedoch die nahezu gleich langen Kanten- und Flächenblätter. Die auch als Weihrauchzeder

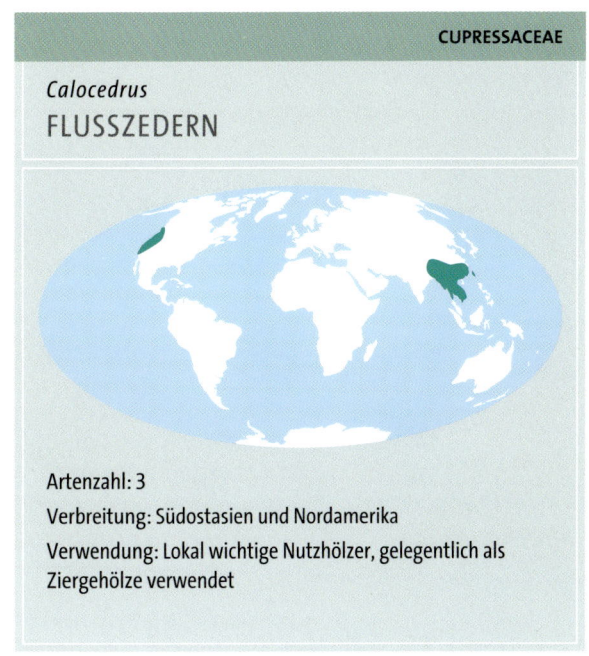

CUPRESSACEAE

Calocedrus
FLUSSZEDERN

Artenzahl: 3
Verbreitung: Südostasien und Nordamerika
Verwendung: Lokal wichtige Nutzhölzer, gelegentlich als Ziergehölze verwendet

bezeichnete Art *Calocedrus decurrens* wird am natürlichen Standort bis zu 45 m hoch und entwickelt eine schmal kegelförmige Krone. Die Borke ist rötlich braun und tiefrissig gefurcht. Die Schuppenblätter laufen an der Achse lang herab und sind an den vordersten Seitenzweigen etwa 3 mm lang, an den Haupttrieben jedoch deutlich länger. Die männlichen Blüten sind etwa 6 mm lang. Die reifen, hängenden Zapfen messen 18–25 mm, sind anfangs fleischig und zuletzt verholzt. Diese Flusszedern-Art kommt zwischen 1000 und 2750 m Höhe in Oregon/USA vor.

C. decurrens ist die mit Abstand bekannteste Art der Gattung. Sie ist winterhart und kann daher in vielen Gebieten als Ziergehölz angepflanzt werden. Mindestens sechs Cultivare sind bekannt, darunter die besonders schlanksäulige 'Columnaris', die gärtnerisch häufig verwendet wird. Sie ist hinsichtlich des Bodens wenig anspruchsvoll, erträgt aber keine Luftverschmutzung. Die Vermehrung erfolgt meist über die Samen, gelingt aber auch durch Stecklinge. Das leichte, angenehm duftende Holz ist beständig. Man verwendet es für Blei- und Buntstifte, für Kästen und weitere verschiedene Tischlereierzeugnisse.

Calocedrus macrolepis ist ein bis zu 35 m hoher Baum. Er unterscheidet sich von der vorigen Art durch die größeren, bis zu 8 mm langen Schuppenblätter an den seitlichen Endverzweigungen. Außerdem entwickelt jede fertile Zapfenschuppe nur einen Samen. Im natürlichen Verbreitungsgebiet im südlichen China an der Grenze zu Burma ist sie recht selten und in der Kultur nicht winterfest, gedeiht aber in wärmeren Klimaten.

Calocedrus formosana steht *C. macrolepis* sehr nahe, aber ihre Schuppenblätter sind nur etwa 2 mm lang. Sie tragen auf den Kantenblättern zwei Spaltöffnungsreihen, während es bei *C. macrolepis* vier sind. Die Art ist auf Taiwan heimisch und kommt dort in Laubwäldern bis fast in 2000 m Höhe vor. Über das Verhalten in Kultur ist wenig bekannt. K7–9

Ausgewachsene Exemplare von *Calocedrus decurrens* (früher *Libocedrus decurrens*) sind stattliche Baumgestalten. Die Art eignet sich auch in den gemäßigten Breiten als Parkbaum.

Rauchzypressen – *Austrocedrus*

Die Gattung umfasst nur eine Art, die Chilenische Rauchzypresse *(Austrocedrus chilensis)*, die in Chile sowie in Argentinien beheimatet ist. Früher stellte man sie zu *Libocedrus*. Davon unterscheidet sie sich jedoch durch die stärker dimorphen Schuppenblättern: Die Kantenblätter sind fast viermal so lang wie die Flächenblätter (bei *Libocedrus* nur etwa doppelt so lang). Außerdem sind sie im Umriss nicht dreieckig, sondern mehr rautenförmig bis oval. Die Zapfen bestehen aus vier klappigen Schuppen, von denen aber nur zwei fertil sind und je ein bis zwei ungleich geflügelte Samen entwickeln.

Die Chilenische Rauchzypresse ist ein immergrüner, bis zu 25 m hoher Baum, erreicht aber in Kultur in den gemäßigten Breiten allenfalls 15 m. Die Endverzweigungen sind als Phyllomorphe entwickelt. Die Schuppenblätter sind kreuzgegenständig angeordnet. Die Kantenblätter sind bis zu 4,5 mm lang, die Flächenblätter nur etwa 1 mm. Die männlichen Blüten sind etwa 3 mm lang und bestehen aus zahlreichen Pollensäcken. Die reifen Zapfen stehen einzeln und sind verholzt. Jede der vier klappigen Schuppen trägt oben außen einen kleinen Höcker. Nur die beiden oberen, 8–12 mm langen Schuppen sind fertil und deshalb länger als die sterilen.

In den gemäßigten Breiten ist die Art einigermaßen winterhart und gedeiht recht gut auf feuchten, aber wasserzügigen Böden. Dennoch ist sie außerhalb botanischer Gärten nur selten in Kultur zu sehen. Die Vermehrung erfolgt meist durch Stecklinge. Das angenehm duftende Holz ist beständig und wird lokal handwerklich genutzt. Da es voller Astmarken sitzt, ist es handwerklich zwar relativ schwer zu bearbeiten, weist aber andererseits einen besonderen dekorativen Wert auf. Im Ursprungsgebiet zunehmend forstlich kultiviert. K8–9

Papuacedrus – *Papuacedrus*

Die einzige Art *Papuacedrus papuaria* dieser auf den Molukken und in Neuguinea beheimateten Gattung fasste man ursprünglich als drei verschiedene, allerdings zweifelhafte Arten auf und stellte sie zu *Libocedrus*. Davon unterscheidet sich *Papuacedrus* jedoch in Blattform und Zapfenaufbau. Die männlichen Blüten weisen zahlreiche, nicht kreuzgegenständige Schuppenwirtel auf. Die reifen Zapfen bestehen aus vier klappigen Schuppen, die außen einen kurzen, stumpfen Stachel tragen. Nur die beiden oberen Schuppen sind fertil und entwickeln je zwei gleich geflügelte Samen. *Papuacedrus* ist die einzige Koniferengattung, die ausschließlich in den Tropen vorkommt. Von den übrigen Zypressengewächsen unterscheidet sie sich durch die spiralig angeordneten Schuppen in den männlichen Blüten. Dieses spezielle Merkmal könnte eine gewisse Verwandtschaft zu den Sumpfzypressengewächsen (Taxodiaceae) andeuten, bei denen ähnliche Verhältnisse vorliegen.

Papuacedrus papuaria var. *arfakensis* kommt in Neuguinea im Arfak-Gebirge bis in etwa 1000 m Höhe vor und wird etwa 35 m hoch. Der Kronenumriss ist pyramidenförmig, die Schuppenborke rötlich braun. Die Jugendblätter werden bis zu 2 cm lang, sind fast krautig und nach vorne verbreitert. Die Flächenblattpaare werden von den Kantenblättern mehr oder weniger überdeckt, sind nach vorne verschmälert und an der breitesten Stelle etwa 1 cm breit. Die Altersblätter sind kleiner, dunkler grün und weiten sich vorne zu einer stumpfen Spitze. Die reifen Zapfen entwickeln sich auf anderen Zweigen als die männlichen Blüten, aber auf dem gleichen Baum. Die beiden oberen (inneren) Schuppen sind schmal-oval und messen etwa 12 × 8 mm. Die Art wird kaum kultiviert. K9

Pilgerodendron – *Pilgerodendron*

Die Gattung umfasst ebenfalls nur eine Art, die ursprünglich zu *Libocedrus* gestellt wurde, von der sie sich in Blattform und Zapfenaufbau unterscheidet: *Pilgerodendron uviferum* kommt nur in den Anden Südchiles und Argentiniens (einschließlich Patagonien und Feuerland) vor. Der immergrüne Baum wird etwa 25 m hoch, wächst gelegentlich aber auch als Strauch. Die Endverzweigungen sind im Umriss viereckig, die Schuppenblätter kahnförmig, einheitlich 3–8 mm lang, kreuzgegenständig, liegen der Achse eng an und nur am leicht stumpfen Vorderende frei.

Die reifen Zapfen sind 8–12 mm lang und bestehen aus zwei Paar klappigen, verholzten Schuppen, die außen einen gekrümmten Dorn tragen. Nur die beiden oberen Schuppen entwickeln je einen bis zwei ungleich geflügelte Samen.

Gelegentlich wird *Pilgerodendron uviferum* mit *Fitzroya cupressoides* verwechselt, deren Blätter vorne breiter und zur herablaufenden Basis verschmälert sind. Die Zapfen bestehen aus drei Paar Schuppen.

Pilgerodendron sieht man selten in Kultur. Das Holz ist nur lokal von Bedeutung. K9

OBEN LINKS *Pilgerodendron uviferum* kommt in den Anden vor und ist lokal ein wichtiges Nutzholz.

LINKS Die charakteristischen Schuppenblätter der Chilenischen Rauchzeder *(Austrocedrus chilensis)* sind kreuzgegenständig angeordnet.

Zypressenkiefern, Schmuckzypressen – *Callitris*

Zur Gattung *Callitris* gehören 14 in Australien beheimatete, immergrüne Arten, die dort vor allem in den Trockengebieten vorkommen. Sie wachsen als Sträucher oder kleine Bäume und sind gewöhnlich einhäusig. Die Altersblätter sind schuppenförmig und in anliegenden, an der Spitze freien Dreierwirteln angeordnet. Die Jugendblätter sind 6–12 mm lang und zu Viererwirteln arrangiert. Die männlichen Blüten stehen einzeln oder in Büscheln und sind länglich-zylindrisch. Die reifen Zapfen sind länglich-kugelig, 2–3 cm lang und stehen einzeln oder in Gruppen. Ihre sechs bis acht klappigen, dicken, verholzten, ungleich großen und meist spitzen Schuppen sind warzig geadert oder glatt. Jede entwickelt zwei bis neun geflügelte Samen.

Tetraclinis und *Widdringtonia* sind nahe verwandte Gattungen, deren Zapfen meist nur aus vier Schuppen bestehen. Bei *Tetraclinis* stehen die Blätter zu je vier zusammen, bei *Widdringtonia* in gegenständigen Paaren.

In Mitteleuropa benötigen die Schmuckzypressen im Winter ein schützendes Gewächshaus. Zu den am häufigsten kultivierten Arten gehört *Callitris columellaris* (= *C. arenosa*) aus New South Wales und den Südküsten von Queensland – ein langsamwüchsiger Baum von etwa 25 m Höhe. Sein Holz ist sehr wohlriechend, resistent gegen Schadinsekten und wird gerne in der Kunsttischlerei verwendet.

C. endlicheri aus New South Wales, dem nordöstlichen Victoria und Queensland ist ebenfalls ein ungefähr 25 m hoher Baum. Das fein gemaserte Holz wird wie bei der vorigen Art verwendet.

C. preissii (= *C. robusta*) stammt aus dem südlichen und westlichen Australien, wächst als Strauch oder auch als bis zu 30 m hoher Baum.

C. rhomboidea ist ein 10–15 m hoher Baum, der in Australien fast überall verbreitet, aber nur stellenweise häufig ist. In Neuseeland wurde die Art eingebürgert und ist dort nun heimisch.

C. oblonga ist ein Strauch oder kleiner, bis zu 8 m hoher Baum in Tasmanien.

Das Holz der Zypressenkiefern bzw. Schmuckzypressen ist festfaserig, hart, wohlriechend und nimmt problemlos Polituren an. Die Maserung ist oftmals sehr beeindruckend. Durch natürliche Inhaltsstoffe ist es resistent gegen Holz zerstörende Insekten und Pilze. Man verwendet es im Holzbau, für Möbel und in der Drechslerei. Aus der Rinde gewinnt man Harz und Gerbstoffe. Aus den Blättern, Zweigen und Zapfen lassen sich durch Destillation ätherische Öle gewinnen.

Die Gattung *Callitris* ist die Typform der Unterfamilie Callitroideae innerhalb der Zypressengewächse (Cupressaceae). Sie zeichnen sich allesamt durch klappige und stark verholzte Zapfenschuppen aus. K9

CUPRESSACEAE

Callitris
ZYPRESSENKIEFERN, SCHMUCKZYPRESSEN

Artenzahl: 14
Verbreitung: Australien
Verwendung: Wertvolles Tischler- und Drechslerholz; Harze und Duftöle

Actinostrobus – *Actinostrobus*

Die Gattung umfasst drei Arten einhäusiger Bäume aus Westaustralien. Mitunter wachsen sie auch nur als reich verzweigte Sträucher, die man außerhalb ihrer Heimat aber fast nie zu sehen bekommt. Die dicken Schuppenblätter stehen zu je drei in Wirteln und liegen den Achsen eng an. Die Zapfen sind kugelig und entwickeln geflügelte Samen. Von *Callitris* unterscheiden sie sich durch sterile Schuppen an der Zapfenbasis. K9

Callitris preissii wächst in seiner westaustralischen Heimat als Strauch oder kleiner Baum.

Wacholder – *Juniperus*

Die Gattung *Juniperus* ist die mit Abstand artenreichste innerhalb der Familie Zypressengewächse. Man teilt sie in zwei Untergattungen ein: Zu *Oxycedrus* gehören die Arten, die ihre Beerenzapfen aus nur drei Schuppen bilden und ausschließlich nadelförmige Blätter in Dreierwirteln entwickeln. Bei der zweiten Untergattung *Sabina* entstehen die Beerenzapfen überwiegend aus sechs Schuppen, und nur die nadelförmigen Jugendblätter stehen in Dreierwirteln, während die Folgeblätter schuppenförmig und kreuzgegenständig angeordnet sind.

Die Gattung umfasst etwa 50 immergrüne Strauchbzw. Baumarten. Sie sind auf der Nordhalbkugel weit verbreitet, reichen nördlich bis zum Polarkreis und im Süden bis in äquatoriale Breiten. Der auch in Mitteleuropa vorkommende Gewöhnliche Wacholder *(Juniperus communis)* ist in allen gemäßigten Klimaten besonders weit verbreitet.

Bei *Juniperus* kommen zwei Blatttypen vor: Die üblichen Altersblätter sind klein, schuppenförmig, kreuzgegenständig, der Achse eng anliegend und überdeckend. Die Jugendblätter sind dagegen größer und schmal nadelförmig, meist gegenständig oder zu je drei wirtelig angeordnet. Einige Arten entwickeln nur die nadelige Jugendblattform. Bei manchen Arten läuft die Blattbasis an der Achse herab, bei anderen – so auch beim heimischen Wacholder – ist die verdickte Blattbasis vom übrigen Blatt durch eine Einschnürung getrennt. Die eigentliche Verbindung zur Achse ist also viel dünner. Solche Blätter bezeichnet man als gegliedert.

Die Schuppenblätter sind bei einigen Arten randlich fein gezäht (Lupe) und sonst glattrandig. Die Blüten sind eingeschlechtig und entweder ein- oder zweihäusig verteilt. Die männlichen Blüten stehen einzeln oder in kleinen kätzchenartigen Büscheln. Die weiblichen Zapfen bestehen aus drei bis acht fleischigen, spitzen Schuppen, die zuletzt verschmelzen und einen charakteristischen Beerenzapfen bilden. Die Beerenzapfen sind oft saftig und bereift; sie reifen meist erst im zweiten oder dritten Jahr und enthalten artabhängig einen bis zwölf Samen.

Die Vermehrung erfolgt gewöhnlich durch Samen, doch beträgt die Keimdauer bis zu fast einem Jahr. Gärt-

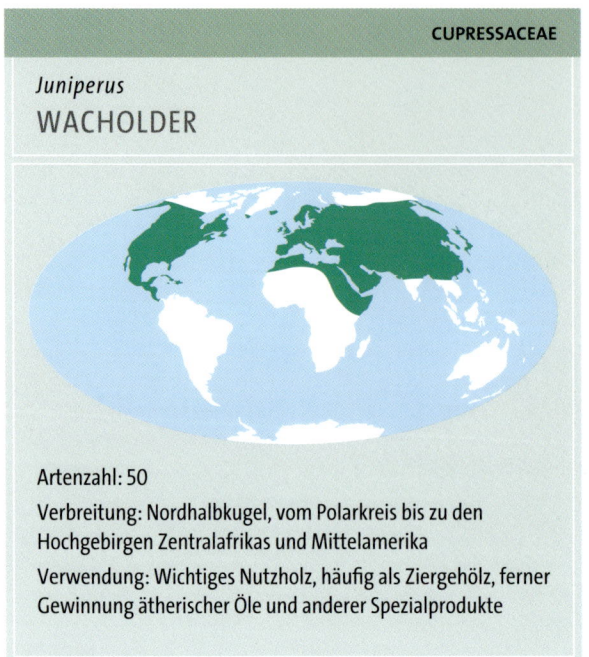

CUPRESSACEAE

Juniperus
WACHOLDER

Artenzahl: 50
Verbreitung: Nordhalbkugel, vom Polarkreis bis zu den Hochgebirgen Zentralafrikas und Mittelamerika
Verwendung: Wichtiges Nutzholz, häufig als Ziergehölz, ferner Gewinnung ätherischer Öle und anderer Spezialprodukte

nerisch vermehrt man Cultivare daher überwiegend durch Stecklinge oder durch Pfropfung.

Wacholderholz ist meist beständig und gut zu bearbeiten. Die natürliche Imprägnierung mit ätherischen Ölen verhindert Insekten- und Pilzbefall. Das Holz verwendet man beim Hausbau, vor allem für Schindeln, aber auch für Möbel, Kleinteile und Pfähle. In Burma zimmert man aus dem Holz von *J. recurva* var. *coxii* bevorzugt Särge. Die Bleistiftzeder genannte Art *Juniperus virginiana* wird in der Schreibwarenindustrie verarbeitet. Aus Sägemehl und anderen Abfällen dieser Art gewinnt man durch Destillation das Zedernholzöl, das in der Mikroskopie immer noch als Immersionsöl für hochauflösende Objektive verwendet wird. *Juniperus oxycedrus* liefert ein in der Pharmazie Oleum cadinum genanntes Öl, das man früher zur Behandlung von Hautkrankheiten (Schuppenflechte) einsetzte. Heute wird es weitgehend durch Produkte aus Steinkohlenteer ersetzt. Das ätherische Öl verschiedener Arten verwendet man außerdem in der Parfümerie. Wacholderöl, aus unreifen Beerenzapfen destilliert, verleiht auch verschiedenen Spirituosen ihr spezifisches Aroma. Die Bezeichnung Gin leitet sich vom italienischen Wort ginepro bzw. dem französischen genévier oder dem niederländischen genever für *Juniperus* ab. Aus dem giftigen Sadebaum *(Juniperus sabina)* gewinnt man durch Destillation junger Blätter ein ätherisches Öl, das stark harntreibend wirkt und zeitweise auch für Abtreibungen verwendet wurde.

Viele Wacholder-Arten sind langsamwüchsig und winterhart. Daher werden sie in Gärten, Parkanlagen oder auf Friedhöfen gerne als Ziergehölze verwendet. Besonders häufig angepflanzt werden der Chinesische Wacholder *(J. chinensis)* und Formen der Bleistiftzeder *(J. virginiana)*. Von allen gärtnerisch verwendeten Arten gibt es auch zwergwüchsige Formen. Als Bodendecker eignen sich besonders die beiden Arten *J. horizontalis* (aus Nordamerika) sowie *J. procumbens* (aus Japan) neben Kriechformen des heimischen *J. communis*. K2–9

Die sogenannte Bleistiftzeder *(Juniperus virginiana)* wird in verschiedenen Formen auch gärtnerisch verwendet. Sie benötigt wasserzügige und kalkhaltige Böden.

Die wichtigsten Wacholder-Arten

Gruppe I: Caryocedrus

Blätter immer nadel- bzw. pfriemenförmig, abstehend, zu je 3 wirtelig, Basis abgegliedert und an der Achse etwas herablaufend, oberseits weißstreifig durch Spaltöffnungs-reihen. Zapfen achselständig. Zweihäusig. Samen ge-wöhnlich 3.

***Juniperus drupacea* Syrischer Wacholder** Griechenland, Kleinasien, Syrien. Baum, 10–12 m. Krone meist schmal pyramidenförmig. Nadelblätter schmal lanzettlich, 15–25 × 3–4 mm, oberseits mit 2 weißen Spaltöffnungs-bändern, die durch die Mittelrippe getrennt werden. Beerenzapfen kugelig, 1,5–2,5 cm, braun oder bläulich bereift. K8

Gruppe II: Oxycedrus

Blätter immer nadelförmig, zu je 3 im Wirtel, abgeglie-dert, am Trieb aber nicht herablaufend, oberseits mit weißem Spaltöffnungsband.

***Juniperus communis* Gewöhnlicher Wacholder, Heide-Wacholder** Kosmopolitisch. Strauch oder kleiner Baum, bis zu 12 m. Nadelblätter stechend spitz, 10–15 × 1–2 mm, oberseits mit weißem Spaltöffnungsband, dieses breiter als die grünen Blattränder, nur an der Basis von der Mittelrippe geteilt. Beerenzapfen kugelig, 5–6 mm, blau bereift. K2–6
'Hibernica' ('Stricta') Besonders dichtnadelige Garten-form, Zweige so nach außen gebogen, dass sich die dunkelblaugrüne Unterseite zeigt.
***J. communis* spp. *nana* (= *J. sibirica*) Berg- oder Alpen-Wacholder** Niederliegender Strauch, Nadelblätter kaum stechend, an windoffenen Standorten beispiels-weise der Alpen und der Arktis.
Eine Anzahl weiterer als eigene Arten beschriebener Formen fasst man heute eher als geografische Rassen auf, darunter die var. *depressa* aus Nordamerika sowie die var. *hemispherica* aus Südeuropa.

***J. rigida* Nadel-Wacholder, Tempel-Wacholder** Japan, Korea, Mandschurei. Baum, bis zu 13 m, mitunter auch strauchig mit hängenden Ästen. Nadelblätter schmal, 13–25 × 1 mm, stechend spitz, oberseits tiefrinnig mit einzelnem Spaltöffnungsband, das schmaler ist als die grünen Blattsäume, unterseits gekielt. Beerenzapfen kugelig, schwarzbraun, bereift, 6–8 mm dick. K6

***J. oxycedrus* Rotbeeriger Wacholder, Stachel-Wacholder** Von Nordafrika und Spanien ostwärts bis Syrien und Kaukasus. Strauch oder kleiner Baum, bis zu 10 m. Nadelblätter lanzettlich, 12–18 × 1–1,5 mm, stechend spitz, oberseits mit 2 hellen Spaltöffnungsbändern zwi-schen grünen Blatträndern. Beerenzapfen kugelig, kräftig rotbraun, 6–12 mm dick. K9

Der Utah-Wacholder *(Juniperus oxysperma)* ist eine extrem langsamwüchsige Art und wird über 600 Jahre alt. Im ariden Klima ihrer Heimat entwickelt diese Art besonders eigenartige Wuchsformen.

J. communis

J. communis

J. chinensis
(männliche Blüten)

J. oxycedrus

J. virginiana

J. chinensis
(Beerenzapfen)

OBEN RECHTS Die Bezeichnung Stachel-Wacholder für die Art *Juniperus oxycedrus* ist treffend gewählt. Die Nadelblätter sind unverschämt spitz und schmal – eine wirksame Anpassung zur Einschränkung der Wasserverluste durch Transpiration an den natürlichen Trockenstandorten.

Gruppe III: Sabina

Blätter überwiegend schuppenförmig, zumindest an älteren Trieben, gelegentlich jedoch ausschließlich pfriemenförmig (nadelig); wenn so, dann auch immer an der Achse herablaufend und paarig oder in Dreier-Wirteln angeordnet. Zapfen endständig.

Juniperus recurva Hänge-Wacholder Burma, Südwestchina, östlicher Himalaja. Strauch oder kleiner Baum, bis zu 10 m, mit abstehenden, hängenden Ästen. Blätter immer nadelförmig und zu je 3 im Wirtel, dicht, überlappend, 3–6 × 1 mm, sehr spitz, oberseits mit weißem Spaltöffnungsband, ohne erkennbare grünliche Mittelrippe, am Grunde nicht abgegliedert. Beerenzapfen eiförmig, 8–10 mm dick, reif purpurbraun bis schwarz. K8

J. recurva var. coxii ist ein großer Baum mit größeren, bis zu 1 cm langen, weniger dicht stehenden Nadelblättern, oberseits mit 2 weißen Spaltöffnungsbändern. Mitunter als eigene Art aufgefasst, kann aber ebenso auch als Extremform einer ohnehin sehr variablen Spezies verstanden werden.

J. phoenicea Phönizischer Wacholder Mittelmeergebiet, Algerien, Kanarische Inseln. Strauch oder kleiner Baum, bis zu 6 m. Blätter hauptsächlich schuppenförmig, dachziegelartig angeordnet und eng anliegend, zu 2–3, um 1 mm lang, fein gezähnt. Nadelblätter nur selten vorhanden, dann zu 3 im Wirtel und bis zu 6 mm lang. Beerenzapfen kugelig, braun bis rötlich braun, etwa 8 mm dick. Exemplare auf den Kanaren erreichen ungewöhnliche Wuchshöhen und sind bis zu 1000 Jahre alt. Sie wurden als eigene Art *J. canariensis* beschrieben, aber dieses Konzept ist nicht allgemein anerkannt. K8–9

J. thurifera Spanischer Wacholder Nordafrika, Südwesteuropa, Kleinasien, Kaukasus. Baum, bis zu 12 m. Schuppenblätter mehr oder weniger rautenförmig, kreuzgegenständig, überdeckend, eng anliegend, an Leittrieben manchmal nur zu 3; Nadelblätter in gegenständigen Paaren, 5–6 mm lang, oberseits mit 2 weißen Spaltöffnungsbändern. Beerenzapfen kugelig, 8 mm dick, bläulich. Samen etwa 4. K9

J. chinensis Chinesischer Wacholder Himalaja, China, Mongolei, Japan. Baum, bis zu 20 m, mitunter auch nur strauchförmig. Blätter entweder einheitlich schuppenförmig, 1,5 mm lang, rautenförmig, dicht, überdeckend und eng anliegend, mit stumpfer Spitze oder mit wenigen 8–12 mm langen Nadelblättern, zu je 3 im Wirtel (selten auch zu 2 gegenständig), oberseits mit weißem, durch die Mittelrippe getrenntem Spaltöffnungsband, glattrandig, stechend spitz. Beerenzapfen kugelig, 6–8 mm dick, braun. Variable Art mit zahlreichen Cultivaren. K3–9

J. sabina Sadebaum Mitteleuropa. Großer Strauch, bis zu 5 m. Die zerriebenen Triebe riechen sehr unangenehm. Blätter hauptsächlich schuppenförmig, rautenförmig, dachziegelähnlich angeordnet, eng anliegend, um 1 mm lang, auf dem Rücken mit Drüse. Nadelblätter bis zu 5 mm lang, spitz, unterseits bläulich, oberseits mit vorspringender grüner Mittelrippe. Beerenzapfen kugelig bis eiförmig, 5–6 mm dick, bräunlich bis bläulich schwarz, hängend. Zahlreiche Cultivare. K2–3

J. virginiana Virginischer Wacholder, Bleistiftzeder Östliche und mittlere USA. Baum, bis zu 30 m, mit aufrechten oder abstehenden Ästen, letzte Verzweigungen höchstens 1 mm dick. Blätter hauptsächlich schuppenförmig, um 1,5 mm lang, dachziegelähnlich angeordnet und eng anliegend, spitz, mit kleiner Rückendrüse. Nadelblätter gegenständig oder zu 3 im Wirtel, sehr spitz, 5–6(8) mm lang, oberseits bläulich, glattrandig. Beerenzapfen eiförmig-kugelig, etwa 6 mm dick, bläulich grün. Zahlreiche Cultivare. K9

Feuerlandzypressen – *Fitzroya*

Zur Gattung *Fitzroya* gehört nur die eine immergrüne Art *Fitzroya cupressoides*, die in Chile und Argentinien beheimatet ist und etwa 3000 Jahre alt werden kann. Am natürlichen Standort werden die Bäume bis etwa 50 m hoch, wobei der rötliche, tieffurchige Stamm bis zu 9 m Durchmesser erreicht. Die bis zu 3 mm langen, dunkelgrünen Blätter stehen ab und sind meist in Dreier-Wirteln angeordnet. Ihre Blattbasen laufen an der Achse herab. Ihre Spitzen sind leicht eingekrümmt. Die Art ist einhäusig, kann aber auch zweihäusig auftreten. Die männlichen Blüten stehen einzeln und umfassen etwa 24 Pollensäcke. Die Zapfen bestehen aus drei alternierenden Wirteln, jeder mit drei klappigen Schuppen, wobei nur die beiden oberen Schuppenwirtel fertil sind und zwei bis sechs geflügelte Samen entwickeln. Zur Reife sind sie kugelig, verholzt, 6–8 mm dick und tragen an der Spitze eine Drüse, die ein angenehm duftendes Sekret abgibt.

Die Feuerlandzypresse verhält sich in der Kultur in den gemäßigten Breiten winterhart, wächst dort aber meist nur strauchförmig. Die gärtnerische Vermehrung erfolgt gewöhnlich durch Stecklinge, die zum Sommerende hin entnommen werden sollen. Die meisten in Kultur befindlichen Exemplare sind weiblich. Wegen der ausbleibenden Bestäubung kommt es daher nicht zum Samenansatz. Das Holz ist recht beständig und ähnelt technisch dem der kalifornischen Mammutbäume. Allerdings ist es nur lokal von Bedeutung. *Fitzroya* gehört zu den eindrucksvollsten Baumgestalten der Erde. Leider ist die Art durch rücksichtsloses Abholzen am natürlichen Wuchsgebiet sehr selten geworden. K8

Widdringtonie – *Widdringtonia*

Zur Gattung *Widdringtonia* gehören drei im tropischen und südlichen Afrika beheimatete, meist als immergrüne Sträucher wachsende Arten. Sie ähneln den Vertretern der Gattung *Callitris*, doch sind die Altersblätter kleiner und kreuzgegenständig (bei *Callitris* zu je drei). Die schmale, anliegende Basis jedes Schuppenblattes verbreitert sich nach vorne zu einer flachen, dreiteiligen, abste-henden Spitze. An jungen Trieben sind die Blätter nadelförmig und spiralig angeordnet. Die Arten sind zweihäusig. Die reifen Zapfen sind holzig, mehr oder weniger kugelig und bestehen meist aus nur vier Schuppen, die je fünf zweiflügelige Samen entwickeln.

Widdringtonien sind in der Kultur in gemäßigten Breiten einigermaßen winterhart, doch sind sie nur selten in Gärten oder Sammlungen zu sehen. *Widdringtonia cupressoides* ist ein bis zu 4 m hoher Strauch und in Südafrika vom Tafelberg bei Kapstadt bis zu den Drakensbergen verbreitet. Die Hauptäste sind 10–20 cm dick, die Jugendblätter 12 × 1 mm groß, die Altersblätter schuppenförmig. Die Zapfenschuppen sind glatt und 12–18 mm. Jeder Zapfen enthält etwa 20–30 Samen.

W. cedarbergensis (= *W. juniperoides*) kommt in den südafrikanischen Cedarbergen bis in etwa 1300 m Höhe vor und wächst als bis zu 20 m hoher Baum. In der Kultur entwickelt sich die Art dagegen nur zum Strauch. Die nadelförmigen Jugendblätter sind 15–18 × 1 mm groß, die Altersblätter schuppenförmig. Die reifen Zapfen stehen einzeln auf kurzen Seitentrieben, sind kugelig, etwa 8–18(25) mm dick und bestehen aus vier, seltener sechs, rauen, stachelspitzigen Schuppen. Das Holz dieser Art wird für Möbel und den Innenausbau verwendet, hat aber nur lokal Handelswert. Da es kaum von Holz zerstörenden Insekten befallen wird, stellt man daraus auch Zaunpfähle und -latten her. Bemerkenswert ist vor allem seine ausgeprägte Resistenz gegen Termiten, die in tropischen sowie subtropischen Gebieten zu den besonders gefürchteten Holzzerstörern gehören. Gründe für die Beständigkeit sind toxische Inhaltsstoffe und wasserabweisende Komponenten im Holz. Die Arten werden als gesuchte Nutzhölzer auch forstlich kultiviert. K6

Neocallitropsis – *Neocallitropsis*

Die einzige Art *Neocallitropsis pancheri* dieser Gattung (= *N. araucaroides*) kommt in Neukaledonien vor, steht der Gattung *Callitris* nahe, sieht aber eher wie ein Vertreter von *Araucaria* aus. Als Baum wird sie etwa 10 m hoch. Die Zweige sind mit acht Zeilen steifen, eingekrümmten Blättern bedeckt und sehen daher zylindrisch aus. Jedes Blatt ist etwa 6 × 5 mm groß, unterseits gekielt, vorne spitz und randlich gesägt. Die eiförmigen männlichen Blüten sind 12 × 6 mm groß und bestehen aus etwa acht Reihen Schuppen, die sitzende Pollensäcke tragen. Die Zapfen stehen an den Enden kurzer Seitenzweige und bestehen aus vier alternierenden Wirteln mit je vier spitz zulaufenden Schuppen, die je einen Samen entwickeln. Bei den ähnlichen *Callitris*-Arten bestehen die Zapfenwirtel nur aus sechs bis acht Schuppen. Die Art wird kaum kultiviert. K9

OBEN *Widdringtonia nodiflora* (= *W. cupressoides*) ist in den Drakensbergen in Südafrika weit verbreitet und häufig.

LINKS Die schmucke *Fitzroya cupressoides* ist die einzige Vertreterin ihrer Gattung.

Diselma – *Diselma*

Die Gattung umfasst nur die eine Art *Diselma archeri*, die man ursprünglich zur Gattung *Fitzroya* stellte. Sie ist endemisch im westlichen Tasmanien (Gebiet des Lake St. Clair) und gedeiht in Höhen wenig oberhalb 1000 m. Der kleine, immergrüne Baum wird etwa 8 m hoch und zeigt charakteristisch kleine, kreuzgegenständige oder wirtelige, birnenförmige, stumpfe Schuppenblätter, die höchstens 1 mm lang sind. *Diselma* ist zweihäusig. Die Zapfen sind angenähert kugelig, nur etwa 2 mm dick und bestehen aus vier Schuppen, von denen nur die beiden oberen fertil sind und je zwei dreiflügelige Samen hervorbringen. Diese Zapfen gehören zu den kleinsten innerhalb des gesamten Verwandtschaftskreises. Die Art ist nur sehr selten in Kultur und besitzt keinen Handelswert. K9

Fokienie – *Fokienia*

Vermutlich umfasst die Gattung *Fokienia* nur die eine in China heimische und bis nach Indochina verbreitete Art *F. hodginsii*. Die als *F. maclurei* beschriebene Form gilt als Synonym, während *F. kawaii* nicht eindeutig abgegrenzt ist. *Fokienia hodginsii* ist ein immergrüner, bis zu 13 m hoher Baum mit abgeflachten Zweigen, die in eine Ebene gerückt sind und Phyllomorphe darstellen. Die Blätter sind schuppenförmig, 3–8 mm lang und von zweierlei Größe: Die kürzere Form findet sich nur auf älteren Trieben. Sie sitzen in vier Zeilen, sind jeweils gleich lang, an den Zweigkanten jedoch etwas schmaler als auf den Flächen. Die Spitzen sind abgestumpft. Die kugeligen Zapfen sind etwa 2,5 cm dick und bestehen aus 12–16 schildförmigen Schuppen, die in der Mitte eine warzige Vertiefung aufweisen. Sie reifen erst im zweiten Jahr und tragen zwei Samen an jeder fertilen Schuppe. Diese ungewöhnliche Art sieht man nur sehr selten in Kultur. K9

Gliederzypressen – *Tetraclinis*

Tetraclinis articulata ist die einzige Art ihrer Gattung und kommt in Nordafrika, Südspanien und auf Malta vor. Sie steht *Callitris* und *Widdringtonia* sehr nahe, unterscheidet sich von diesen Gattungen jedoch schon auf den ersten Blick durch ihre deutlich zu Phyllomorphen abgeflachten Endverzweigungen sowie durch die Schuppenblätter, die kreuzgegenständig angeordnet sind. Der immergrüne Baum wird bis zu 50 m hoch und trägt aufrechte, verzweigte Äste. Die Kantenblätter sind mitunter etwas länger als die Flächenblätter. Beide zeigen herablaufende Blattbasen, während die freien Enden kahnförmig und spitz sind. Die Zapfen stehen einzeln endständig, sind etwa 8–12 mm dick und kugelig. Sie bestehen aus zwei Paar nicht schildförmigen, verholzten Schuppen von dreieckigem Umriss mit stumpfer Spitze. Sie sind außen gefurcht und enden in einem kurzen Stachel. Nur das obere (innere) Schuppenpaar ist fertil und entwickelt zwei bis neun breit geflügelte Samen.

Wegen ihrer Fähigkeit, hohe Temperaturen und auch längere Trockenperioden schadlos zu überstehen, pflanzt man die Art in ihrem Ursprungsgebiet häufig an. In den gemäßigten Breiten sind Gliederzypressen allerdings nicht winterhart.

Das Holz hat man lange Zeit sehr geschätzt und schon in der Römerzeit genutzt. Es ist hart, duftet süßlich, zeigt eine hübsche Maserung und wurde überwiegend für den Möbelbau verwendet. Außerdem liefert der Baum ein als Sandarak bezeichnetes Harz, das man früher für Lacke und Polituren verwendete. K9

Podocarpaceae

Steineiben – *Podocarpus*

Podocarpus ist eine sehr artenreiche Gattung immergrüner Sträucher und Bäume, die man wegen ihrer bezeichnenden Holzfärbung auch Gelbhölzer nennt. Einige der hierzu gehörenden Arten hat man früher in die Gattung *Taxus* (Eibe) gestellt, weil sie ähnliche, von einem fleischigen Mantel umhüllte Samen entwickeln. Die Trennung der beiden Gattungen ist nicht einfach und die Deutung bestimmter Strukturen bei einzelnen Arten ziemlich schwierig.

Etwa 115 Arten sind bisher beschrieben worden, von denen allgemein aber nur 94 als einwandfrei anerkannt sind. Sie kommen in den Subtropen der Alten und der Neuen Welt vor, mehrheitlich auf der Südhalbkugel.

Die Blätter stehen meist wechselständig, sind in der Form recht verschieden und reichen von klein und schuppenförmig bis zu größeren, 35 × 2 cm großen Gebilden. Details ihrer Anatomie verwendet man zur weiteren Unterteilung der Gattung. Die meisten Arten sind zweihäusig, wenige allerdings einhäusig. Die männlichen Blüten stehen einzeln oder büschlig. Die weiblichen Blütenstände sind meist stark vereinfacht und bestehen aus höchstens vier Deckblättern, von denen jedoch nur eine fertil ist und eine oder zwei umgekehrte Samenanlagen trägt. Die sterilen Schuppen bleiben entweder klein oder vergrößern sich zu einer mantelartigen Struktur, die man Epimatium nennt. Bei vielen Arten verwachsen die sterilen Deckschuppen mit dem oberen Teil des kurzen, verdickten Stiels, auf dem sie sitzen. Dann bilden sie oft einen sehr farbigen, fleischigen Boden (Receptaculum) bzw. ein fußartiges Gebilde, auf dem der Samen reift. Von einigen Arten ist dieses Receptaculum essbar. Der Samen ist meist eiförmig bis kugelig und erinnert mit seiner weichen äußeren Hülle und der harten inneren an eine Steinfrucht. Der Direktvergleich dieser Gebilde mit den Zapfen der Koniferen ist unklar. Man vermutet, dass die Deckblätter den Deckschuppen entsprechen und das Epimatium einer Samenschuppe. Die Podocarpaceen entwickeln angesichts dieser Sonderbildungen somit keine Holzzapfen.

In ihren Ursprungsgebieten liefern die Steineiben wertvolle Nutzhölzer. Große Bedeutung haben beispielsweise die südafrikanischen Arten *P. falcatus* und *P. latifolius*, ferner die in Australien beheimateten *P. elatus* und *P. amarus* sowie die in Neuseeland vorkommende Art *P. totara*. Deren Bezeichnung ist aus der Maorisprache abgeleitet; in deren Tradition ist dieser Baum als „Totara" tief verwurzelt.

Die meisten Arten sind in den gemäßigten Breiten nicht winterhart, doch gibt es einige Ausnahmen. Die der Gattung *Podocarpus* nahestehende *Prumnopitys andinus* kann ähnlich wie die Gewöhnliche Eibe *(Taxus baccata)* als Hecke angepflanzt werden. Sie gedeiht auch auf Böden über Kalkgestein. Andere winterharte Arten sind *Podocarpus salignus*, *P. totara*, *P. alpinus* und *P. nivalis*. Die letztere Art ist gleichsam eine neuseeländische Alpen-Steineibe und wächst als Spalierstrauch mit liegenden Ästen.

K7–9

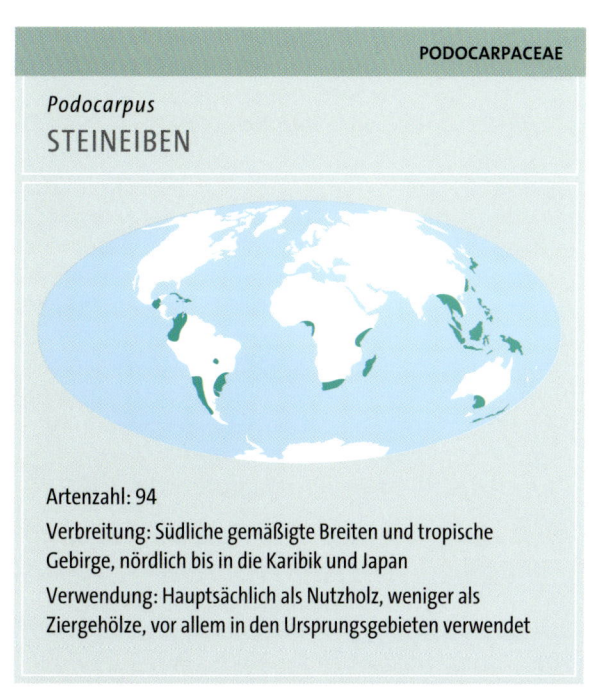

PODOCARPACEAE

Podocarpus
STEINEIBEN

Artenzahl: 94

Verbreitung: Südliche gemäßigte Breiten und tropische Gebirge, nördlich bis in die Karibik und Japan

Verwendung: Hauptsächlich als Nutzholz, weniger als Ziergehölze, vor allem in den Ursprungsgebieten verwendet

Podocarpus falcatus ist ein imposanter Waldbaum des östlichen und südlichen Afrikas und wird bis zu 45 m hoch. Die Abbildung zeigt ein Exemplar im Tsitsikama National Park in Südafrika. Die Art liefert ein wertvolles Holz.

Die wichtigsten Steineiben-Arten

Blätter mit Hypoderm, Hypodermfasern oder gut entwickeltem Transfusionsgewebe. Receptaculum gut entwickelt, fleischig bis lederig.

A Blätter linealisch bis schmal lanzettlich, selten größer als 25 × 12 mm, eibenähnlich

B Typischerweise strauchförmig. Blätter rundlich bis spitz, nicht nach vorne verschmälert, nicht büschelig

Podocarpus alpinus Gebirge in Victoria und New South Wales (Australien) sowie Neuseeland. Dichter Strauch, seltener kleiner Baum, 4–5 m. Blätter 6–12 mm lang, vorne stumpf, zweizeilig angeordnet. Samen eiförmig, 5–6 mm, einzeln oder zu 2, rot, auf fleischigem Fuß. K9

P. nivalis Gebirge Neuseelands. Dichter Strauch, bis zu 2 m. Blätter unregelmäßig angeordnet, 6–18 mm lang, spitz. Samen nussartig auf rotem, fleischigem Fuß. K7

BB Bäume mit steifen, nach vorne verschmälerten und spitzen Blättern

Podocarpus totara Neuseeland. Massiver Baum, bis über 30 m. Blätter unregelmäßig oder zweizeilig angeordnet, 10–20 × 2 mm an älteren Trieben, fast sitzend. Samen meist einzeln, annähernd kugelig, etwa 12 mm dick, auf rotem, dickem Fuß. K9
var. hallii Manchmal als eigene Art aufgefasst, ist ähnlich, aber kleiner. Die Blätter sind länger, die Samen spitz und nicht gerundet.

AA Blätter lanzettlich bis oval, über 25 mm lang, nicht eibenähnlich

Podocarpus macrophyllus China, Japan. Kleiner Strauch oder Baum, bis zu 20 m. Blätter dicht und unregelmäßig angeordnet, etwa (15)10 × 0,5 cm, oberseits mit vorstehender Mittelrippe. Männliche Blüten büschelig. Samen einzeln, elliptisch-eiförmig, etwa 1 cm dick, auf purpurnem, fleischigem Fuß. Mehrere Varietäten. K9

P. salignus Chile. Baum, bis zu 20 m. Blätter 5–10(12) × 0,4–0,6 cm, oberseits mit vorstehender Mittelrippe, oft etwas sichelförmig. Männliche Blüten einzeln oder zu wenigen, aber nicht ährig. Samen einzeln, länglich, etwa 8 × 3 mm, rot, auf dünnstieligem, fleischigem Fuß. Wertvolles Nutzholz. K9

P. rubigenus Chile, südliches Argentinien. Baum, bis zu 25 m, in Kultur jedoch meist nur strauchförmig und dichtastig. Blätter unregelmäßig angeordnet, gelegentlich auch zweizeilig, 2,5–3,5 × 0,3–0,4 cm, stachelspitzig, gerade oder leicht sichelförmig, unterseits bläulich grün. Männliche Blüten büschelig. Samen länglich-eiförmig, ca. 8 mm dick, auf verdicktem Fuß. K9.

Podocarpus nivalis, eine der strauchförmig wachsenden Arten der umfangreichen Gattung, erinnert in der Wuchsform und in der Nadelgestalt an die heimischen Eiben.

Andere Gattungen der Podocarpaceae

Afrocarpus
Drei Arten im tropischen und südlichen Afrika, früher innerhalb der Gattung *Podocarpus* in die Sektion *Afrocarpus* gestellt, aber heute als eigene Gattung aufgefasst. Blätter wechselständig und andeutungsweise spiralig, beidseits mit Spaltöffnungen.

Afrocarpus dawei Uganda. Baum, bis zu 33 m. Blätter ledrig, 1,2–4,8 × 0,3–0,4 cm. Samen braun bis purpurn, bereift, annähernd kugelig, etwa 2 cm dick. Bedeutendes Nutzholz. K9

Dacrycarpus
Gattung mit neun Arten, früher als eigene Sektion innerhalb der Gattung *Podocarpus* geführt. Verbreitung von Südostasien bis Neuseeland. Blätter nadel- bis pfriemenförmig oder flach. Deckblatt mit der äußeren Samenhülle verwachsen und ebenso lang wie der Samen. Receptaculum fleischig.

Dacrycarpus dacrydioides Neuseeland. Baum, bis zu 50 m. Blätter junger Exemplare weich, 8 mm lang, zweizeilig angeordnet, bei älteren Exemplaren schuppenförmig und spiralig gestellt; mitunter sind auch beide Typen vorhanden. Samen nussartig, schwarz, 6 mm dick, auf rotem, fleischigem Fuß. Bedeutendes Nutzholz. K9

Falcatifolium
Erst unlängst vorgeschlagene Gattung, die fünf von Malaysia bis Neukaledonien verbreitete Arten umfasst. Sehr auffällig sind bei den Arten dieser Gattung die stark abgeflachten, zweireihig angeordneten und sichelförmig geschwungen Blätter, die im wissenschaftlichen Gattungsnamen anklingen. K9

Halocarpus
Gattung mit drei Arten in Neuseeland. Jugendblätter linealisch, Altersblätter schuppenförmig, dicht stehend. Samen mit weißem Mantel. *Halocarpus biformis* in den Gebirgen Neuseelands wird etwa 10 m hoch und stellt ein wichtiges Nutzholz dar. K9

Lagarostrobus
Zu dieser Gattung gehört nur die eine Art *Lagarostrobus franklinii*, die man früher zu *Dacrydium* stellte. Sie ist in Tasmanien und Neuseeland heimisch. Die schuppenförmigen Blätter weisen oberseits einzelne Spaltöffnungen auf. Die Blüten stehen büschelig an den überhängenden Zweigenden. Attraktives Gehölz, stellt ein bedeutendes Nutzholz dar. K9

Lepidothamnus
Die drei Arten dieser neuen Gattung wurden früher zu *Dacrydium* gestellt. Sie sind in Neuseeland und im südlichen Chile heimisch und wachsen eher strauchig als baumförmig, vor allem *Lepidothamnus laxifolius*, der bodenanliegende Spaliere bildet und daher gerne als Erosionsschutz verwendet wird. Blätter dünn, abstehend, an älteren Trieben kürzer und dicker als an jungen. Samen mit auffälligem, rotem Mantel. K9

Nageia

Die erst kürzlich eingerichtete Gattung umfasst fünf Arten, die zuvor zu *Podocarpus* gestellt wurden. Bäume, bis etwa 40 m. Blätter mehr oder weniger gegenständig angeordnet, vielnervig, 5 × 2,5 cm, doppelt so lang wie breit. Heimisch in Südostasien. Einige Arten werden als Ziergehölze verwendet. *Nageia wallichiana* ist die einzige in Indien endemische Nadelholzart.

Nageia nagi China, Japan, Taiwan. Baum, bis zu 25 m, in Kultur jedoch meist strauchförmig. Blätter lederig, eiförmig, 5 × 2,5 cm. Samen pflaumenähnlich, etwa 1,2 cm dick, auf leicht verdicktem Stiel. K9

Parasitaxus

Erst kürzlich eingerichtete Gattung mit der einzigen in Neukaledonien endemischen Art *Parasitaxus ustus*, die man früher zu *Podocarpus* stellte. Sie wird etwa 1 m hoch und ist die einzige bekannte Art unter den Nacktsamern, die parasitisch lebt, und zwar ausschließlich auf *Prumnopitys taxifolia*, die zur gleichen Familie gehört. Blätter kupferrot, schuppenförmig, überlappend. Nach anderen Berichten soll *Parasitaxus* auch auf *Falcatifolium taxoides* parasitieren. Auf jeden Fall ist diese Art die einzige bekannte parasitisch lebende Form unter den Nacktsamern. K9

Prumnopitys

Die acht früher in der Sektion *Stachycarpus* der Gattung *Podocarpus* geführten Arten bilden nun eine eigene Gattung. Sie sind in Mittel- und Südamerika, Neuseeland und Neukaledonien heimisch. Blätter ohne Hypodermis und ohne Transfusionsgewebe, nicht länger als 0,5–3 cm, meist angenähert zweizeilig. Receptaculum wenig ausgeprägt, meist nicht fleischig.

Prumnopitys andinus Südchilenische Anden. Baum, bis zu 17 m, in Kultur meist nur als Strauch. Blätter linealisch, 2–3 × 0,5–0,7 cm, oft deutlich zweizeilig, unterseits mit 2 hellen Spaltöffnungsbändern. Samen in den oberen Blattachseln auf kurzem, schuppigem Stiel, mit gelblich grünem, weiß gesprenkeltem Mantel, annähernd kugelig, etwa 2 cm dick. K9

P. spicatus Neuseeland. Baum, 20–25 m, mit dichten, zuletzt aufrechten Trieben. Blätter schuppenförmig, 6–12 mm lang, unterseits bläulich grün. Männliche Blüten etwa 4 mm lang, sitzend, zu etwa 20 in Büscheln auf kurzen, steifen Seitenzweigen. Samen kugelig, etwa 8 mm dick, schwarz, bläulich bereift, ohne fleischige Basis. Das Holz ist handelsgeeignet und wird häufig verwendet. K9

P. ferrugineus Neuseeland (hauptsächlich Südinsel). Baum, 17–30 m. Blätter denen der Gewöhnlichen Eibe *(Taxus baccata)* ähnlich, etwa 18–30 × 2 mm, an älteren Bäumen nur etwa halb so groß, an den Rändern eingerollt. Männliche Blüten 6–18 mm lang, einzeln. Samen einzeln, fast sitzend, etwa 18 mm dick, mit kurzer Spitze, leuchtend rot mit wachsigem Belag. Holz sehr fest, für Verwendung im Außenbereich nur nach Imprägnierung geeignet. K9

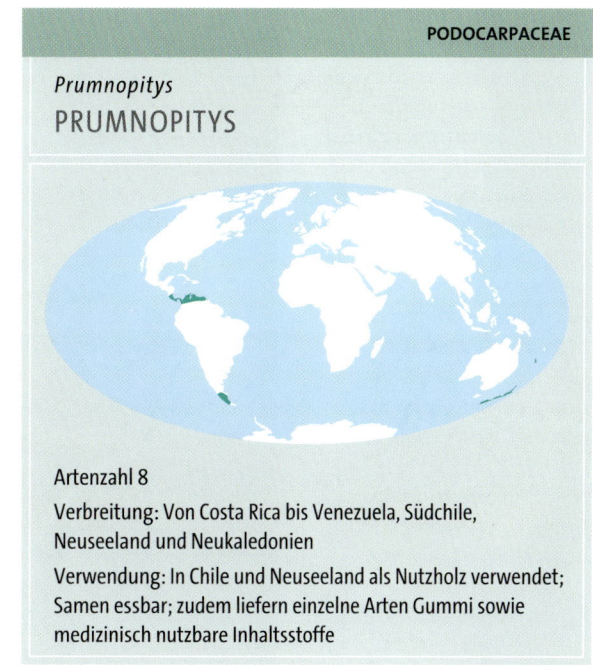

PODOCARPACEAE

Prumnopitys
PRUMNOPITYS

Artenzahl 8

Verbreitung: Von Costa Rica bis Venezuela, Südchile, Neuseeland und Neukaledonien

Verwendung: In Chile und Neuseeland als Nutzholz verwendet; Samen essbar; zudem liefern einzelne Arten Gummi sowie medizinisch nutzbare Inhaltsstoffe

Retrophyllum

Gattung mit fünf Arten, früher in die Sektion *Polypodiopsis* innerhalb der Gattung *Podocarpus* gestellt. Blätter kreuzgegenständig, häufig aber auch zweizeilig in eine Ebene gerückt; Spaltöffnungen beidseitig. Die Arten sind in weit auseinanderliegenden Gebieten beheimatet, nämlich Südamerika, südpazifische Inseln, Neukaledonien und Fidschi-Inseln. Geringer Handelswert und kaum kultiviert. K9

Sundacarpus

Die Gattung besteht nur aus der Art *Sundacarpus amara*. Blätter ohne Hypodermis, aber mit Transfusionsgewebe, etwa 5 × 0,6 cm, mehr oder weniger spiralig angeordnet. Receptaculum wenig entwickelt und meist nicht fleischig. Kommt im nordöstlichen Australien, in Neuirland, auf den Philippinen und in Indonesien vor. Kein besonderer dekorativer Wert, lokal aber Nutzholz. K9

P. andinus

P. andinus

P. andinus

Harzeiben – *Dacrydium*

Dacrydium ist eine Gattung immergrüner Bäume und weniger Straucharten mit zusammen etwas mehr als 20 Arten. Sie sind in Chile, Neuseeland, Tasmanien, Australien, Neukaledonien, Neuguinea, Malaysia, auf den Philippinen und den Fidschi-Inseln beheimatet. Zwei Blattformen kommen vor: Die Jugendblätter sind weich und pfriemenförmig-nadelig, die Altersblätter dagegen klein, schuppenförmig, sehr dicht stehend, ledrig und überlappend. Oft kommen beide Blattformen auch auf dem gleichen Exemplar vor. Die Arten sind zweihäusig. Die männlichen Blüten stehen in Kätzchen in den Achseln der oberen Blätter. Die Samen entwickeln sich endständig an Seitenzweigen. Die Samen sind von einem Mantel umgeben.

Zur Gattung *Dacrydium* gehören etliche Baumarten von stattlichem Wuchs, beispielsweise *Dacrydium cupressinum*. Daneben kommen aber auch kleinere Arten vor wie *D. bidwillii* aus Neuseeland, ein aufrechter oder liegender Strauch bis höchstens 3 m Höhe, oder *D. laxifolium*, ein anderer Spalierstrauch aus den Gebirgen Neuseelands, der nur wenige Handbreit hoch wird.

Einige Arten sind als Nutzholzlieferanten bedeutsam, darunter *D. cupressinum*, eine endemische Art in Neuseeland. Dieser Baum entwickelt eine pyramidenförmige Krone und wird über 30 m hoch mit Zweigen, die einer Zypresse ähnlich sind. Das Holz wird zum Hausbau, als Schienenschwellen, für Möbel und Kleinteile verwendet. Ebenfalls von wirtschaftlicher Bedeutung ist die neuseeländische Art *D. colensoi*. K9

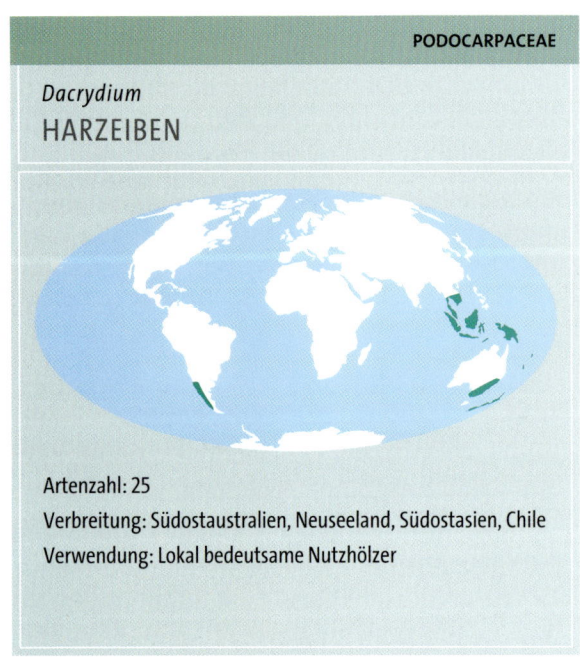

PODOCARPACEAE

Dacrydium
HARZEIBEN

Artenzahl: 25
Verbreitung: Südostaustralien, Neuseeland, Südostasien, Chile
Verwendung: Lokal bedeutsame Nutzhölzer

Für *Dacrydium cupressinum* sind die hängenden Zweige typisch.

Saxegothaea – *Saxegothaea*

Zu dieser Gattung gehört nur die eine immergrüne Art *Saxegothaea conspicua* aus Chile, ein bemerkenswerter, mehr oder weniger kegelförmig wachsender und meist ziemlich buschiger, bis zu 13 m hoher Baum. Die Beblätterung erinnert an die heimische Gewöhnliche Eibe *(Taxus baccata)*. Die gegenständigen Zweige hängen oder sind wirtelig zu drei bis vier angeordnet. Die Blätter sind mehr oder weniger zweizeilig arrangiert, obwohl sie spiralig inseriert sind. Sie sind linealisch, 12–25 mm lang und tragen eine deutliche, hornförmige Spitze. Die Art ist einhäusig. Die männlichen Blüten sind etwa 1 mm lang und stehen nahe der Triebspitze. Die Samenstände entwickeln sich einzeln und sind von überdeckenden, stachelspitzigen, fleischigen, blaugrauen Schuppen eingehüllt. Sie entstehen durch randliche Verwachsung der einzelnen Deckschuppen und enthalten bei der Reife höchstens ein Dutzend kleiner Samen, da die übrigen Samenanlagen planmäßig unentwickelt bleiben. Das reife Gebilde ist somit zapfenartig, annähernd kugelig und 12–20 mm dick. Aus den umgekehrten Samenanlagen entwickeln sich breit eiförmige, etwa 4 mm dicke Samen mit einem knapp angedeuteten Mantel.

In den wärmeren Gebieten der gemäßigten Breiten ist die Art winterhart. Sonst ist Winterschutz ratsam. Die gärtnerische Vermehrung erfolgt am besten über Stecklinge, die jedoch langsam wachsen. Das beständige Holz ist leicht zu bearbeiten, aber nur lokal bedeutsam. K8

Microstrobus – *Microstrobus*

Die Gattung umfasst nur zwei Arten immergrüner Sträucher, die in den feuchteren Regionen Tasmaniens und Südostaustraliens beheimatet sind. Die Blätter sind schuppenförmig, überdeckend und spiralig in vier bis fünf Längszeilen angeordnet. Die Samenstände sind sehr klein und bestehen aus vier bis acht spelzenartigen Deckschuppen.

Beide Arten sind nur selten in Kultur zu sehen. *M. fitzgeraldi* aus New South Wales/Australien überdauert am ehesten die Wuchsbedingungen der gemäßigten Breiten. Dieser buschige Strauch wird etwa 2,2 m hoch und trägt schlanke, lange Äste mit zahlreichen dünnen Trieben. Die gekielten Blätter sind 2–3 mm lang, stehen von der Achse ab und sind an der Spitze leicht eingekrümmt. Der Samenstand ist etwa 2–3 mm lang. Die Samen sind nur etwa halb so lang wie die tragenden Deckschuppen.

Die zweite Art ist *M. niphophilus* aus den Gebirgen Tasmaniens, ein buschiger, kompakter Strauch bis etwa 2 m. Typisch sind die etwas kleineren Blätter, die ebenfalls sehr dicht stehen. K9

Acmopyle – *Acmopyle*

Zu dieser Gattung gehören drei Arten immergrüner Bäume mit eibenähnlichen Nadelblättern. Sie sind in Neukaledonien und auf den Fidschi-Inseln beheimatet. In den gemäßigten Breiten der Nordhalbkugel sind sie nicht winterhart. *Acmopyle pancheri* aus Neukaledonien wird jedoch manchmal in Gewächshäusern kultiviert. Als Baum wird sie bis zu 16 m hoch und entwickelt aufrechte Äste. Die Blätter sind linealisch-lanzettlich, 8–20 × 2–3 mm groß, vorne stumpf und stehen zweizeilig. Oberseits verläuft ein unterbrochenes Spaltöffnungsband, unterseits sind sie eher silbrig. Bei *Acmopyle pancheri*, einem bis zu 20 m hohen Baum in den Gebirgswäldern Neukaledoniens, sind die Blätter an den Zweigen dick schuppenförmig, an kurzen achselständigen Zweigen dagegen lanzettlich und leicht sichelförmig gebogen. Die männlichen Blüten sind 3–4 cm lang und stehen büschelig zu zweit oder dritt an den Zweigenden. Die Samenstände sind ebenfalls endständig und bestehen aus je neun sterilen Schuppen und einer fertilen, die allesamt miteinander verwachsen sind und ein fleischiges, etwas warziges Receptaculum bilden.

Die Gattung steht *Dacrydium* und *Podocarpus* recht nahe, unterscheidet sich aber am meisten durch die Besonderheiten der Samenstandstruktur. Einige Autoren stellen sie auch zu den Eibengewächsen (Taxaceae). K9

Microcachrys – *Microcachrys*

In dieser Gattung ist nur die eine Art *Microcachrys tetragona* aus den Gebirgen Tasmaniens bekannt. Sie wächst strauchförmig und meist niederliegend mit schlanken, vierkantigen Zweigen. Die Schuppenblätter sind am Rand behaart und überlappen sich. Sie sind 1–2 mm lang und in vier Längszeilen angeordnet. Die Art ist ein- und zweihäusig. Die eiförmigen männlichen Blüten sind ungefähr 3 mm lang. Die Samenstände messen 6–8 mm und bestehen aus zahlreichen Schuppen. Reif sind sie rot, fleischig und etwas durchscheinend. Jede Schuppe trägt einen umgekehrten Samen mit fleischigem, scharlachrotem Samenmantel (Epimatium).

In den gemäßigten Breiten der Nordhalbkugel ist die Art nur wenig winterhart und daher in Kultur nicht häufig zu sehen, obwohl sie in ihrer Wuchsform und mit den kräftig gefärbten Samen sehr dekorativ aussieht. K9

LINKS *Saxegothaea conspicua* zeigt eine sehr dichte, immergrüne Beblätterung und entwickelt kegelförmige Kronen. Sie wurde erst in der Mitte des 19. Jahrhunderts von Europäern entdeckt. Der englische Artname „Prinz-Albert-Eibe" ehrt den Gemahl von Königin Victoria.

OBEN Beblätterung und Samenstände von *Microcachrys tetragona*

Phyllocladaceae

Farneiben – *Phyllocladus*

Zu dieser Gattung gehören fünf Arten immergrüner Bäume und Sträucher, die auf Borneo, den Philippinen, den Molukken und in Australasien beheimatet sind. Auffälligstes Kennzeichen sind die abgeflachten, breiten Kurztriebe, die wie Blätter aussehen und Phyllokladien darstellen, ähnlich wie beim europäischen Mäusedorn *(Ruscus aculeatus)*. Die eigentlichen Blätter sind dagegen nur schuppenförmig und stehen an Langtrieben.

Einige Arten sind in den Wärmegebieten der gemäßigten Breiten einigermaßen winterfest, doch entwickeln sie in der Kultur kaum ihre eindrucksvollen Phyllokladien. *Phyllocladus trichomanoides* var. *alpinus* von den Gebirgen der Nord- und Südinsel Neuseelands ist ein bis zu 10 m hoher Strauch oder Baum. Die Phyllokladien sind gekerbt oder leicht gelappt, ungefähr rautenförmig, 6–38 × 3–18 mm groß. Die Samen, je drei bis vier, entwickeln sich in fruchtartigen, kugeligen, reif roten Gebilden. *P. trichomanoides* kommt in Neuseeland bis in 800 m Höhe vor. Der Baum wird etwa 20 m hoch und entwickelt Stämme bis zu 3 m Durchmesser. Die Zweige stehen wirtelig. Die Phyllokladien sind in der Jugend rötlich überlaufen, bis zu 2,5 cm lang, im Umriss eiförmig bis länglich und etwas gelappt. Die Art ist einhäusig. Die Samenstände stehen in Gruppen zu etwa sieben an den Spitzen endständiger Phyllokladien. Das reif fruchtartige Gebilde besteht aus einem nussartigen Samen in einem basalen, fleischigen Becher, der aus verwachsenen Schuppen hervorging. Das Holz dieser Art ist sehr beständig. Aus der Rinde gewinnt man Gerbstoffe und einen roten Farbstoff. K9

Cephalotaxaceae

Kopfeiben – *Cephalotaxus*

Zur Gattung *Cephalotaxus* gehören sechs Arten immergrüner Bäume oder Sträucher. Sie sind in China, Japan und Indien (Khasi Hills und Assam) heimisch. Ähnlichkeiten bestehen zu den Nusseiben *(Torreya)*, doch sind die Blätter nicht stachelig bzw. dornig. Die Zweige stehen gegenständig oder wirtelig. Junge Triebe sind rinnig und durch Spaltöffnungen fein weißlich gepunktet. Die Blätter sind eibenähnlich, zumindest an den Seitentrieben spiralig angeordnet und erscheinen meist zweizeilig. Oberseits lassen die Blätter eine vorspringende Mittelrippe erkennen, unterseits fallen zwei Spaltöffnungsbänder auf.

Typischerweise sind die Arten zweihäusig, mitunter aber auch einhäusig. Die männlichen Blüten entwickeln sich büschelig in den Blattachseln. Die Samenstände stehen an der Zweigbasis und bestehen aus fünf Paar Schuppen mit je zwei Samenanlagen. Gewöhnlich entwickelt sich nach der Befruchtung nur eine davon im zweiten Jahr zum reifen, gestielten, grünpurpurnen,

elliptischen, etwa 2,5 cm dicken Samen. Die Samenhülle ist außen fleischig, innen hart und erinnert daher an eine Steinfrucht.

Die Chinesische Kopfeibe *(Cephalotaxus fortunei)* aus dem zentralen China ist ein bis zu 13 m hoher Baum, wächst aber in Kultur meist nur strauchförmig. Die rötlich braune Borke bricht schuppig auf. Die Nadelblätter sind 5–8 cm lang, nach vorne verschmälert und zweizeilig angeordnet. Die Japanische Kopfeibe *(C. harringtonia)* ist ähnlich und wächst in Kultur ebenfalls nur als Großstrauch. Die plötzlich zugespitzten Nadelblätter sind 2–5 cm lang und entlang den Trieben V-förmig angeordnet. Diese Art wird oft angepflanzt. Die beiden Varietäten var. *drupacea* und var. *harringtonia* sind nur aus der Kultur bekannt. Die Gartenform 'Prostrata' eignet sich als Bodendecker.

In den gemäßigten Breiten sind die Kopfeiben winterhart und ertragen in etwa die gleichen Bedingungen wie die heimische Eibe *(Taxus baccata)*, obwohl sie auf Kalkböden nicht gut gedeihen. Sie vertragen Schnitt und eignen sich daher auch für Heckenpflanzungen. Der Handelswert des Holzes ist gering. K6–9

Amentotaxus – *Amentotaxus*

Zu *Amentotaxus* gehören eine bis vier Arten, die man früher zu den Eibengewächsen (Taxaceae) stellte. Es sind immergrüne Sträucher oder kleine Bäume, die in Indien und China beheimatet sind. Die Triebe stehen gegenständig, die Blätter sind kreuzgegenständig, nadelförmig, unterseits deutlich gekielt; auf beiden Seiten des Kiels verläuft ein weißliches Spaltöffnungsband. Die Arten sind zweihäusig. Die sitzenden männlichen Blüten bilden zu (1)2–4(5) hängende Büschel. Die weiblichen Blüten stehen einzeln und entwickeln sich zur Reifezeit zu einem steinfruchtartigen Gebilde in der Achsel einer Deckschuppe. Der Samen dieser Gehölze ist von einem orangeroten, oben offenen Mantel und unten von Schuppen eingehüllt.

Typart ist *Amentotaxus argotaenia*, ein bis zu 4 m hoher Strauch mit 4–7 cm × 6 mm großen Blättern. Sie ist bislang nicht in Kultur. Die übrigen Arten sind *A. cathayensis* und *A. yunnanensis* aus China sowie *A. formosana* aus China und Taiwan. Die Gattung wurde fossil im Tertiär von Sachsen nachgewiesen und vor allem an holzanatomischen Merkmalen identifiziert. K6

Taxaceae

Eiben – *Taxus*

Zu den Eiben gehören sieben Arten bzw. Varietäten von strauch- oder baumförmigem Wuchs. Die Gattung ist auf der Nordhalbkugel in den gemäßigten Breiten der Alten und Neuen Welt weit verbreitet. Nur eine Art, *Taxus mairei*, kommt äquatornah auf der indonesischen Insel Sulawi vor. Obwohl sie von vielen Autoren zu den Koniferen gerechnet werden, fehlen den Eiben die typischen Zapfen. Außerdem kommen in den Nadelblättern und im Holz keine Harzkanäle vor. Aus diesen Gründen schließt man die Familie Taxaceae aus den Koniferen aus und führt sie in einer eigenen Ordnung Taxales.

Die Nadelblätter sind linealisch, an aufrechten Trieben mehr oder weniger spiralig angeordnet, an den horizontalen dagegen überwiegend zweizeilig. Die männlichen und weiblichen Blüten entwickeln sich einzeln auf verschiedenen Individuen – die Art ist also zweihäusig. Zur Reife wird der nussartige Samen von einem fleischigen Samenmantel (Arillus) eingehüllt. Dieses Gebilde ist auffällig karminrot und wird gelegentlich als Eibenbeere bezeichnet. Diese Bezeichnung ist botanisch jedoch nicht korrekt. Vegetativ könnte man Eiben eventuell mit Tanne oder Hemlock verwechseln. An den unterseits einheitlich hellgrünen Nadeln, denen auffällige Spaltöffnungsbänder fehlen, ist die Gattung *Taxus* aber eindeutig zu unterscheiden. Bei *Abies* und *Tsuga* sind Spaltöffnungsbänder immer vorhanden.

Mit Ausnahme des Samenmantels sind alle Teile außerordentlich giftig. Auch der nussartige Samen enthält toxische Stoffe, sodass man Kindern nicht

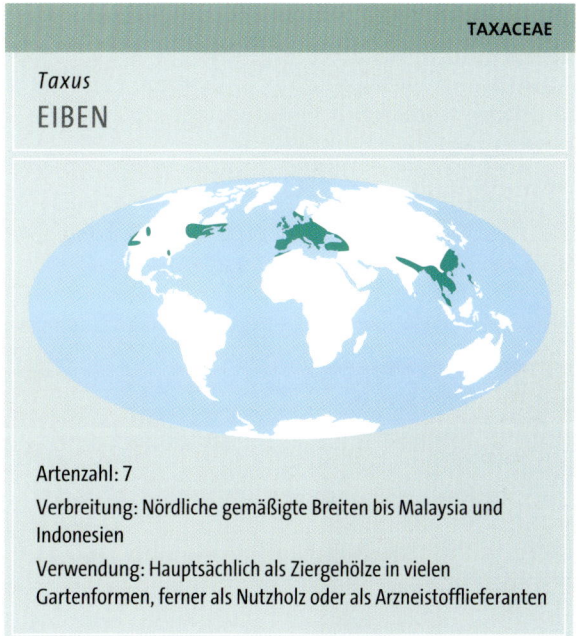

TAXACEAE

Taxus
EIBEN

Artenzahl: 7

Verbreitung: Nördliche gemäßigte Breiten bis Malaysia und Indonesien

Verwendung: Hauptsächlich als Ziergehölze in vielen Gartenformen, ferner als Nutzholz oder als Arzneistofflieferanten

empfehlen sollte, die süßlich schmeckenden Samenmäntel zu verzehren. Die Giftstoffe sind eine Mischung verschiedener Alkaloide und werden zusammen als Taxine bezeichnet. Die Vergiftung äußert sich in schwerer Gastritis und Lähmung der Herz- bzw. Atemtätigkeit. Auch für Tiere, insbesondere für Pferde, ist die Eibe giftig.

In schweren Vergiftungsfällen tritt der Tod nach Krämpfen plötzlich ein. Gegenmaßnahmen sind daher schwierig. Die beste Vorsorge ist daher Vorsicht. Bei Haustieren hilft meist nur eine Magenöffnung und die Entfernung des Inhalts. Entlang von Koppeln und Weiden sollte man daher keine Eiben anpflanzen oder verhindern, dass Pflanzenfresser an Eiben weiden. Auch die getrockneten Teile sind giftig. Sie sollten daher unerreichbar für Weidetiere entsorgt werden.

Eiben waren früher in Mitteleuropa viel häufiger als heute. Fossil sind sie vor allem anhand ihres charakteristischen Holzes leicht zu erkennen, das einzigartige Spiralverdickungen in den Tracheiden aufweist.

Eiben gedeihen auf nahezu allen Böden, auch auf Torf- und Kalkböden. Sie ertragen allerdings keine Staunässe. Die gärtnerische Vermehrung erfolgt meist über die Samen, bei den Cultivaren auch durch Stecklinge, durch Pfropfung oder durch Senkerbildung.

Eibenholz ist feinfaserig, beständig, hart, aber elastisch. Traditionell fertigte man daraus Bögen, und im Bogenschießsport sind Geräte aus Eibenholz (für die Bogenrückseite), kombiniert mit dem Holz der Hickory (für die Bogenvorderseite), immer noch von gewisser Bedeutung. Trotz seiner beachtlichen Qualität wird das Holz sonst nur wenig genutzt, allenfalls für Drechselarbeiten, Furniere für Intarsien oder für Werkzeuggriffe.

Fünf Arten sind in Kultur, am häufigsten die Gewöhnliche Eibe *(Taxus baccata)*. Dieses etwas düster wirkende Nadelgehölz pflanzte man früher sehr gerne auf Kirchhöfen an. In Irland und Großbritannien sind viele Kirchhofeiben nachweislich über 1000 Jahre alt. Die Motive für diese traditionellen Verbindungen mögen religiöser Natur sein, doch gibt es auch praktische Gründe: Die Kirch- und Friedhöfe waren im Allgemeinen für das Weidevieh unzugänglich und wurden auch von unbeaufsichtigten Kindern gemieden. Zumindest hier waren also keine Vergiftungsopfer zu befürchten.

Eiben werden in zahlreichen Gartenformen als Ziergehölze angepflanzt. Sie ertragen den Schnitt und können daher auch als Hecken verwendet werden. Annette von Droste-Hülshoff hat ihnen in ihrem Gedicht „Die Taxushecke" ein literarisches Denkmal gesetzt. K2–9

Die wichtigsten Eiben-Arten

Gruppe I
Nadelblätter nach vorne allmählich verschmälert, nicht plötzlich zugespitzt (vgl. *T. mairei*). Schuppen der Winterknospen nicht gekielt.

Taxus baccata Gewöhnliche
Eibe Europa, Nordafrika, Westasien. Baum, 12–20 m, mit rundlicher Krone, mitunter auch mehrstämmig. Nadelblätter 1–2,5 cm lang, meist in einer Ebene zweizeilig, an der Basis plötzlich in einen kleinen Stiel verschmälert. Samen mit auffälligem fleischigem, scharlachrotem Samenmantel. Samen etwa 6 mm lang. Giftig. Zahlreiche Gartenformen.
'Fastigiata' Säulen-Eibe Häufig verwendete Gartenform in großen Parks von Schlössern und Landsitzen. K6

Gruppe II
Nadelblätter vorne plötzlich zugespitzt (vgl. *T. mairei*). Schuppen der Winterknospen nicht gekielt.

Taxus cuspidata Japanische Eibe Japan.
Baum, 16–20 m. Nadelblätter 1,5–2,5 cm × 1–2 mm, nicht flach in einer Ebene angeordnet, sondern V-förmig gestellt. Samen wie bei *T. baccata*. Mehrere Cultivare. K4

T. canadensis Kanadische Eibe Kanada und
nordöstliche USA. Kleiner, oft liegender Strauch, bis etwa 1 m hoch. Nadelblätter 1,3–2 cm × 1–2 mm, zweizeilig flach in einer Ebene. Samen wie bei *T. baccata*. K2

T. brevifolia Pazifische Eibe Westliches Nordamerika, von
British Columbia bis Kalifornien. Baum, 5–15(20) m, seltener auch strauchig. Nadelblätter 1–2,5 × 2 mm, zweizeilig flach in einer Ebene. Samen wie bei *T. baccata*. K4

T. mairei (T. chinensis) Chinesische Eibe In China weit ver-
breitet, ferner in Taiwan, auf den Philippinen und Sulawesi, obwohl Zweifel bestehen, ob alle diese Vorkommen die gleiche Art repräsentieren. Strauch oder Baum, bis zu 12 m. Nadelblätter 1,5–4 × 2,4 cm, gerade oder leicht gekrümmt, nach vorne verschmälert oder plötzlich zugespitzt, unterseits dicht mit winzigen Warzen bedeckt. Samen ähnlich wie bei *T. baccata*. K6

Hinweis:
In Kultur sind auch einige Hybriden, darunter *T. × hunnewelliana* (= *T. cuspidata* × *T. canadensis*) und *T. × media* (= *T. cuspidata* × *T. baccata*).

T. cuspidata

T. baccata (Oberseite)

T. baccata (Unterseite)

T. baccata

LINKS Die scharlachroten Samenmäntel der Gewöhnlichen Eibe *(Taxus baccata)* sind auch für Vögel äußerst attraktiv, die die Samen schadlos verzehren, aber unverdaut wieder ausscheiden. Die Samenmäntel sind die einzigen ungiftigen Teile der Pflanze.

Nusseiben – *Torreya*

Die Gattung *Torreya* besteht je nach Auffassung aus sechs
oder acht Arten immergrüner Bäume, die in Nordamerika und Ostasien beheimatet sind. Sie sind mit den
echten Eiben (Gattung *Taxus*) eng verwandt, doch stehen
die Äste und Zweige gegenständig oder nahezu gegenständig. Außerdem weisen die Nadelblätter eine scharfe,
stechende Spitze auf und tragen auf der Unterseite zwei
schmale, aber deutliche helle Spaltöffnungsbänder.
Ferner enthalten sie einen zentralen Harzkanal. Die Arten
sind überwiegend zweihäusig. Der Samen reift erst im
zweiten Jahr, wird völlig von einer dünnen, fleischigen
Schicht eingehüllt und ist daher steinfruchtartig. Bei
Taxus ist der Samen von einem basalen Samenmantel
umhüllt, und die Nadelblattunterseiten sind einheitlich
grün ohne Spaltöffnungsband. Harzkanäle fehlen. Nusseiben sind nur in den wärmeren Gebieten der gemäßigten
Breiten winterhart.

Die Kalifornische Nusseibe *(Torreya californica)* ist ein
bis zu 20 m hoher Baum und in den Küstengebieten Kali-
forniens heimisch. In der Sierra Nevada steigt sie bis auf
fast 2000 m Höhe auf. Die zweijährigen Triebe sind
rötlich braun. Die Nadelblätter messen 3–6 cm × 3 mm
und duften nach Zerreiben stark aromatisch. Der eiförmige Samen ist etwa 3,5 cm dick und purpurn gestreift.

Die zweite amerikanische Art ist die Florida-Nusseibe
oder Stinkeibe *(T. taxifolia)*, ein bis höchstens 18 m hoher
Baum aus dem südwestlichen Florida. Die zweijährigen
Triebe sind gelblich grün. Die Nadelblätter messen
2,5–3 cm × 3 mm und duften nach Zerreiben eigenartig
streng, aber nicht unangenehm. Die Spaltöffnungsbänder
verlaufen nicht in grubigen Rinnen. Die 2,5–3 cm dicken
Samen haben den gleichen eigenartigen Geruch. Die Art
ist sehr kälteempfindlich.

Die Chinesische Nusseibe *(T. grandis = T. nucifera* var.
grandis) ist ein bis zu 25 m hoher Baum aus dem östlichen
und zentralen China. In Kultur wächst sie fast nur

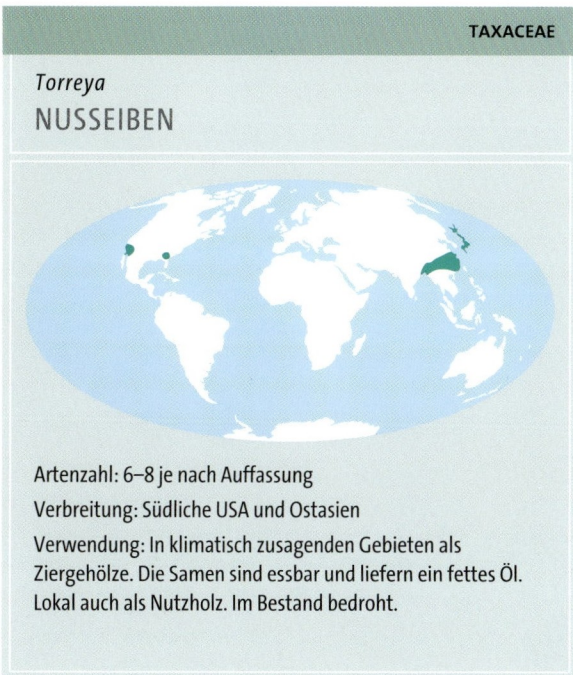

TAXACEAE

Torreya
NUSSEIBEN

Artenzahl: 6–8 je nach Auffassung

Verbreitung: Südliche USA und Ostasien

Verwendung: In klimatisch zusagenden Gebieten als
Ziergehölze. Die Samen sind essbar und liefern ein fettes Öl.
Lokal auch als Nutzholz. Im Bestand bedroht.

strauchförmig. Die zweijährigen Triebe sind gelblich
grün. Die Blätter duften nach Zerreiben fast nicht. Ihre
Spaltöffnungsbänder liegen vertieft in Rinnen. Die
Samen sind elliptisch. In einigen chinesischen Provinzen
(Zheijang und Anhui) werden besonders großsamige
Sorten dieser Art angepflanzt, weil die ölreichen Samen
wie Nüsse – eventuell nach besonderer Zubereitung –
gegessen werden.

Die am meisten winterfeste Art ist die Japanische
Nusseibe *(T. nucifera)*, ein bis zu 25 m hoher Baum, aber
wie die vorige Art in Kultur allenfalls strauchförmig. Die
zweijährigen Triebe sind rötlich braun. Die Blätter duften
nach Zerreiben stark aromatisch, die Spaltöffnungsbänder verlaufen in Rinnen. Die grünlich purpurnen
Samen sind eiförmig und essbar. K7–9

Südeiben – *Austrotaxus*

Die Gattung enthält nur die eine immergrüne Art *Austrotaxus spicata*, die in Neukaledonien beheimatet ist. In der
Beblätterung erinnert sie an *Podocarpus*, in der Form des
Samens eher an *Taxus*. Auch die männlichen Blüten
zeigen Anklänge an *Podocarpus*, aber Unterschiede zu
Taxus, wo sie sechs bis 14 kopfig gedrängte Pollensäcke
aufweisen.

A. spicata ist ein immergrüner, bis zu 25 m hoher Baum
mit buschiger Krone. Sie kommt in feuchten Hangwäl-
dern in Höhen von 400–1000 m vor. Die spitzen Nadelblätter sind linealisch und stehen spiralig. Sie sind etwa
8–12 × 4 mm groß, randlich umgeschlagen, unterseits
gekielt und oberseits rinnig. Die männlichen Blüten
stehen achselständig in 15 mm langen dichten, ährigen
Büscheln, die weiblichen dagegen einzeln. Der Samen ist
steinartig, 12–16 mm lang und von einer fleischigen, gelblichen, mantelartigen Hülle umschlossen. K9

Scheineiben – *Pseudotaxus*

Zu dieser Gattung gehört nur die in China beheimatete
Art *Pseudotaxus chienii*. Sie unterscheidet sich von *Taxus*
im Feinbau der Blattepidermis, der die kleinen warzigen
Erhebungen rund um die Spaltöffnungen fehlen. Außerdem weisen die männlichen Blüten sterile Schuppen auf,
und der Samenmantel ist nicht rot, sondern weiß.
P. chienii ist ein immergrüner, zweihäusiger Strauch von
2–4 m. Die weiblichen Blüten sind kurz gestielt und
weisen etwa 15 gegenständige Schuppen auf, von denen
die oberste etwa 4–5 mm lang ist und die Samenanlage
überdeckt. K6

Laubbäume der gemäßigten Breiten

Die Umgangssprache unterscheidet die Laubhölzer von den nacktsamigen Nadelhölzern (Klasse Pinopsida). Als Laubbäume fasst man alle zu den Bedecktsamern (Angiospermen, heute Klasse Magnoliopsida bzw. Blütenpflanzen im engeren Sinne) gehörenden und baumförmig wachsenden Gehölze zusammen. Zu den Laubhölzern zählt man in der Praxis meist nur diejenigen Baumarten, die zu den Zweikeimblättrigen (Dicotyledoneae, heute Unterklassen Magnoliidae und Rosidae) gehören, also Arten umfassen, deren Samen zwei Keimblätter aufweisen. Abgesehen von den zweikeimblättrigen Bäumen kommen baumförmige Vertreter auch in der anderen Unterklasse Einkeimblättrige (Monocotyledoneae, heute Liliidae) vor, zu der Arten mit nur einem Keimblatt im Samen gehören. Monocotyle Gehölze unterscheiden sich von den dicotylen durch völlig anders gestaltete Blätter und durch ihre abweichende Art der Stammbildung. Deren wichtigste Vertreter sind die Palmen, die im Kapitel „Bäume der Tropen" (s. S. 246–276) behandelt werden.

Die meisten Laubhölzer tragen flächige Blätter. Ihre Fortpflanzungseinrichtungen sind die mit einer sterilen Hülle umgebenen Blüten. Bei den meisten Nacktsamern sind die Blätter dagegen nadel- oder schuppenförmig und die weiblichen Blütenstände als Zapfen organisiert. Bei allen Bedecktsamern befinden sich die Samenanlagen, die den weiblichen Gameten (Eizelle) beherbergen, eingeschlossen und von außen nicht sichtbar im Fruchtknoten, während die Samenanlagen bei den Nacktsamern offen und frei zugänglich auf einer Schuppe (Fruchtblatt) liegen. Der Aufbau des Holzes ist bei Nackt- und bei Bedecktsamern ebenfalls recht verschieden (vgl. S. 12).

Die bedecktsamigen Blütenpflanzen sind die erfolgreichsten und beherrschenden Pflanzen der gegenwärtigen Flora. In ihrer Evolution gingen die Nackt- und die Bedecktsamer zwar aus einer gemeinsamen Vorfahrenlinie aus, doch sind die Angiospermen wesentlich jünger. Nach dem Fossilbericht traten die ältesten Bedecktsamer im mittleren Jura (vor etwa 170 Millionen Jahren) auf. Ihre bedeutendste Entwicklung vor allem in Gestalt von Bäumen erfuhren sie in den Tropen. Bis heute weisen die Tropenwälder den größten Artenreichtum an Blütenpflanzen und die größte Biodiversität an Laubbaumarten auf. Von diesen stammesgeschichtlichen Mannigfaltigkeitszentren wanderten viele Arten in die gemäßigten Breiten mit jahreszeitlich wechselnden Klimaten ab, die sich durch geringere Niederschläge, zeitweilig aussetzende Niederschlagsphasen sowie wechselnde Kalt- und Warmperioden auszeichnen. Viele Laubbaumarten haben sich an diese Bedingungen angepasst und die Fähigkeit zum herbstlichen Blattabwurf entwickelt. Sie können so die schwierigen Temperaturbedingungen des Winters im Ruhezustand überdauern und kehren gleichsam wieder in das aktive Leben zurück, wenn im Frühjahr die Temperaturen steigen.

Abgesehen von ihrer ökologischen und landschaftsästhetischen Bedeutung haben die Laubbäume in ihren Verbreitungsgebieten auch wirtschaftlich einen hohen Stellenwert. Sie liefern Nahrung, Brennmaterial, Baustoffe und Rohmaterial für Papier, dazu auch arzneilich bedeutsame Inhaltsstoffe sowie weitere industriell verwertbare Substanzen wie Gerbstoffe, Pigmente, Duftöle und Rohkautschuk. Zudem werden viele Arten gärtnerisch als Ziergehölze verwendet.

Systematik der Laubbäume

Die botanische Klassifizierung der Laubbäume ist komplizierter und unübersichtlicher als bei den Nacktsamern. Bei den Bedecktsamern unterscheidet man heute etwas mehr als 500 verschiedene Pflanzenfamilien. Etwa 90 davon umfassen ausschließlich baumförmig wachsende Vertreter. In vielen Angiospermenfamilien finden sich allerdings krautige neben holzigen Vertretern, während die Nadelholzfamilien generell nur strauch- oder baumförmige Arten aufweisen. In der Evolution traten die Bäume vor den Kräutern auf. Entsprechend umfasst die ursprünglichste Blütenpflanzenfamilie, die Magnoliengewächse, ausschließlich Sträucher und Bäume. Als besonders ursprünglich geltende Merkmale (abgeleitete Kennzeichen zum Vergleich in Klammern) sind die großen, radiärsymmetrischen Blüten mit zahlreichen unverwachsenen Teilen (kleine zweiseitig symmetrische Blüten mit weniger und verwachsenen Teilen), die zahlreichen oberständigen Fruchtknoten aus einzelnen Fruchtblättern (unterständige Fruchtknoten aus wenigen, verwachsenen Fruchtblättern) sowie die sich öffnenden Früchte (gegenüber Schließfrüchten). Eine wichtige Leistung der Evolution war die Entwicklung windbestäubter Bäume, bei denen die Kelch- und die Kronblätter entweder fehlen oder stark vereinfacht sind. Ihre fertilen Blütenteile sind meist zu hängenden Kätzchen angeordnet. Diese anemophilen bzw. anemogamen Bedecktsamer produzieren ähnlich wie die windbestäubten Nacktsamer Unmengen von Pollen. Viele Pflanzensystematiker bewerteten die Windbestäubung bei den Angiospermen als ursprünglich. Nach moderner Auffassung sollen sich die windblütigen Bedecktsamer jedoch aus tierbestäubten Verwandtschaftsgruppen entwickelt haben, womit die Windbestäubung bei diesen Arten eher ein abgeleitetes Merkmal darstellt.

In diesem Kapitel werden alle diejenigen Laubbaumgattungen behandelt, deren Vertreter entweder in den gemäßigten Breiten beheimatet sind oder hier bzw. in den wärmeren Regionen wie dem Mittelmeergebiet als Ziergehölze verwendet werden. Die Gattungen werden in der Reihenfolge ihrer Familien vorgestellt, der die zunehmende Entwicklungshöhe zugrunde liegt. Das hier verwendete System entspricht weitgehend dem Grundlagenwerk „Flowering Plants – Evolution Above the Species Level" von G. I. Stebbins mit aktuellen Nachträgen aus weiteren modernen Werken.

LINKE SEITE Ulmen (*Ulmus* spp.) finden sich von Natur aus in den Auenwäldern an Flüssen, wurden aber durch gezielte Pflanzung viel weiter verbreitet.

Magnoliaceae

Magnolien – *Magnolia*

Die Gattung *Magnolia* umfasst etwa 100 Arten in Ostasien sowie Nord- und Südamerika. Sie gehören zu den
dekorativsten Laubgehölzen überhaupt. Der Gattungsname erinnert an Pierre Magnol (1638–1715), einen der
ersten Direktoren des Botanischen Gartens von Mont-
pellier sowie Professor für Botanik und Medizin. Die
geografische Verbreitung zeigt das gleiche unzusammenhängende Muster wie bei der verwandten Gattung *Liriodendron* (Tulpenbaum) aus der gleichen Familie. In Asien
kommen die *Magnolia*-Arten im breiten Dreieck vom östlichen Himalaja über Japan bis zum Malayischen Archipel
(Java) vor. In Nordamerika sind sie in den östlichen USA
und im äußersten Südwesten von Ontario/Kanada verbreitet und reichen südlich zu den Westindischen Inseln
sowie bis Mexiko, Mittelamerika und den nördlichen Teil
Südamerikas. Über 50 Arten sind asiatisch verbreitet und
dort überwiegend Gebirgsbewohner, und etwa ebenso
viele Arten sind tropisch. Nur die in den gemäßigten
Breiten beheimateten Arten sind für Mitteleuropa als
Ziergehölze geeignet.

Die Magnolien tragen große, einfache und wechselständige Blätter. Die bei den meisten Arten ziemlich
pelzigen Knospen unterscheiden sich in der Größe: Die
Endknospe enthält gewöhnlich die Blütenanlage und
wird bis zu 5 cm lang, die Seitenknospen bleiben deutlich
kleiner. Die Blütenknospe wird nur von einer großen
Schuppe eingehüllt. Die ansehnlichen, auffälligen Blüten
stehen einzeln endständig an kurzen Seitentrieben. Die
gesamte Blütenhülle ist kronblattartig (petaloid) und
besteht aus sechs bis neun oder selten mehr wirtelig
angeordneten Blättern. Diese nicht in Kelch- und Kronblätter unterschiedenen Hüllblätter werden oft als
Tepalen bezeichnet, obwohl bei manchen Arten die
äußeren kleiner sind und an Kelchblätter erinnern. Die
Frucht ist kegelförmig.

Seit Jahrhunderten werden Magnolien in Europa als
Ziergehölze angepflanzt. Die früheste verwendete Art ist
die 1688 eingeführte amerikanische *M. virginiana*.
Weitere vier amerikanische Arten gelangten 1786 nach

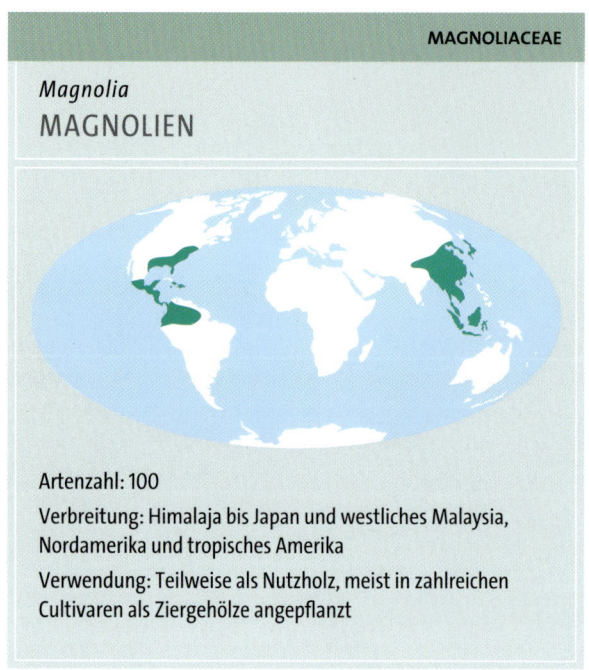

MAGNOLIACEAE

Magnolia
MAGNOLIEN

Artenzahl: 100

Verbreitung: Himalaja bis Japan und westliches Malaysia,
Nordamerika und tropisches Amerika

Verwendung: Teilweise als Nutzholz, meist in zahlreichen
Cultivaren als Ziergehölze angepflanzt

Europa, darunter auch *M. grandiflora*, eine immergrüne
Art, die heute in allen Wärmegebieten als Park- oder
Gartengehölz angepflanzt wird. Die erste aus Asien
eingeführte Art war *M. coco* (1786) aus Java, ein nicht
winterfester, immergrüner, bis zu 1 m hoher Strauch
mit nachtduftenden Blüten, der in Südostasien häufig
als Ziergehölz verwendet wird. Ihr folgten wenig später
weitere Arten wie die besonders frühblütige *M. heptapeta*
und die etwas spätere *M. liliiflora*, zwei Arten, die man
in China und Japan schon lange anpflanzt. Bis zum Ende
des 19. Jahrhunderts wurden aus Nordamerika und Japan
sieben weitere Arten eingeführt, dazu auch die prächtige
M. campbellii aus dem Himalaja, doch dauerte es bis weit
in das 20. Jahrhundert, bis die heute für Gärten und Parks
in gemäßigten Klimata verfügbaren Arten auch alle verfügbar waren. Heute listen die Baumschulkataloge rund
28 *Magnolia*-Arten auf, darunter auch drei immergrüne.

Die Beliebtheit der Magnolien als Ziergehölze verdan-
ken sie der bemerkenswerten Schönheit ihrer besonders
großen Blüten, vor allem der Arten *M. campbellii*, *M. sargentiana*, *M. dawsoniana*, *M. sprengeri*, *M. denudata*,
M. salicifolia, *M. kobus* und *M. stellata*. Heute gibt es
zudem zahlreiche Hybriden und Cultivare, die entweder
spontan entstanden oder besonders gezüchtet wurden.
Eine der am häufigsten verwendeten Hybriden ist
M. × soulangiana (= *M. heptapetala × liliiflora*), die man
in Europa seit den 1820er Jahren kennt und verwendet.
Sie ist heute in zahlreichen weiteren Cultivaren im
Angebot.

Magnolien benötigen einen tiefgründigen, wasserzügigen und humusreichen Boden. Manche Formen gedeihen auch auf Kalkböden. Einige Arten liefern ein
brauchbares Nutzholz, darunter *M. grandiflora* aus den
östlichen USA und die japanische *M. hypoleuca* (häufig
unzutreffend *M. obovata* genannt) sowie *M. campbellii*
aus dem östlichen Himalaja. Nach dem Laubfall bleiben
von den Blättern mancher Arten die Blattnervenskelette
zurück und ergeben hübsches Dekorationsmaterial. K4–9

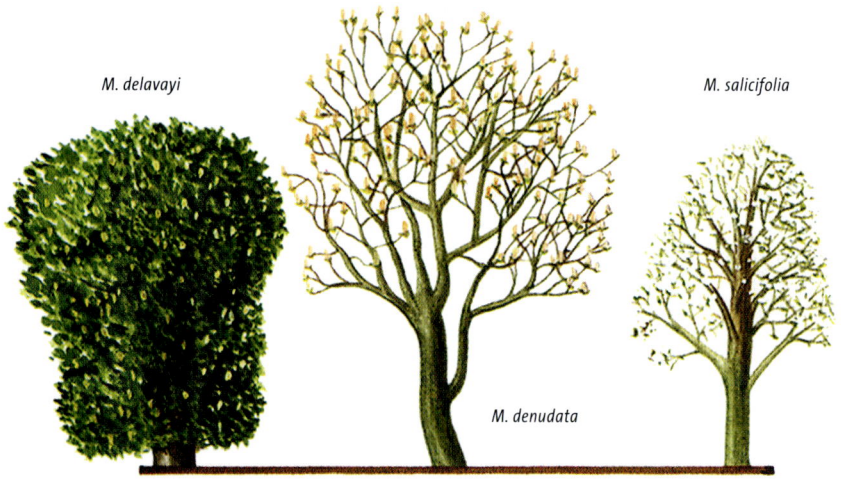

M. delavayi

M. salicifolia

M. denudata

Die wichtigsten Magnolien-Arten

Untergattung Magnolia

Umfasst acht Sektionen mit Arten der gemäßigten Breiten und der Tropen, bei denen die Staubbeutel sich zur Innenseite öffnen. Die Blüten erscheinen nach den Blättern. Hüllblätter in gleichen Kreisen. Blätter immer- oder sommergrün. Fruchtform verschieden.

Sektion Gwillimia

18 immergrüne Arten mit Nebenblättern an den Blattstielen und kurzen, nicht abfallenden Schnabelspitzen an den Fruchtblättern.

Magnolia delavayi Yunnan, China. Großer, buschiger Baum, bis zu 12 m. Blätter eiförmig bis länglich und sehr lederig, bis zu 30 cm lang und 15 cm breit. Blüten mit 6 grünweißen Hüllblättern. Staubbeutel strohgelb. K9

M. coco Südöstliches China. Aufrechter Strauch, 2–4 m hoch. Blätter länglich, 9–15 cm lang, lederig, oberseits glänzend. Blüten nickend mit 3 grünen äußeren Hüllblättern und 6 etwas fleischigen, weißen inneren. K9

M. henryi Yunnan, Nordthailand. Baum, 6–8 m. Blätter keilförmig, 20–65 cm lang und 7–22 cm breit, lederig. Blüten mit 8 oder 9 Hüllblättern. K9

M. championi Hongkong. Strauch oder kleiner Baum, bis zu 4 m. Blätter elliptisch, 7–15 cm lang und 2,5–5 cm breit, lederig. Blüten kugelig, cremeweiß, stark duftend, mit 10 Hüllblättern. K9

Sektion Lirianthe

Magnolia pterocarpa Indien, Myanmar. Baum, ähnlich *M. henryi*, aber mit flachen, bemerkenswert langen Schnabelfortsätzen an den Fruchtblättern. K9

Sektion Rytidiospermum

Neun sommergrüne Arten. Blätter an den Zweigenden büschelig gehäuft.

Magnolia macrophylla Südöstliche USA. Baum oder großer Strauch, 10–15 m. Blätter länglich oval, außergewöhnlich groß, 30–100 cm lang, am Grunde geöhrt herzförmig. Blüten bis zu 35 cm breit, 6 weiße, am Grunde purpurne Hüllblätter. K6

M. tripetala Östliche USA. Kleiner, stark verzweigter Baum, bis zu 12 m. Blätter verkehrt-eiförmig, 30–60 cm lang und 18–30 cm breit. Blüten groß, weiß, duften unangenehm. Frucht hellrosa. Ähnlich sind *M. macrophylla* ssp. *ashei* (USA), *M. fraseri* (USA) und *M. dealbata* (Mexiko). K5

M. hypoleuca Japan. Großer Baum, bis zu 30 m. Blätter verkehrt-eiförmig, bis zu 45 cm lang und 20 cm breit. Blüten mit 2 unterschiedlichen Kreisen von Hüllblättern – die äußeren rotbraun und grünlich, die inneren groß, duftend, blasscremegelb. K6

M. officinalis Östliches China. Großer Baum, bis zu 22 m. Blätter elliptisch bis verkehrt-eiförmig, bis zu 35 cm lang und 18 cm breit. Blüten groß, duftend. Hüllblätter cremeweiß, etwas fleischig. K8

M. rostrata China, Tibet, Myanmar. Baum, bis zu 24 m. Blätter verkehrt-eiförmig bis länglich, bis zu 50 cm lang und 20 cm breit. Äußerer Hüllblattkreis der Blüten grünlich, fleischig, innerer weiß. K9

Sektion Magnoliastrum

Magnolia virginiana **Sumpf-Magnolie** Östliche USA. Halbimmergrüner Baum, bis zu 20 m. Blätter länglich-eiförmig, 6–10 cm lang, oberseits glänzend grün, unterseits bläulich weiß. Blüten kugelig, cremeweiß, stark duftend. Fruchtstand leuchtend rot. K5

Sektion Oyama

Magnolia sieboldii **Siebolds Magnolie** Japan, Korea, China. Kleiner, sommergrüner Baum, bis zu 7 m. Blätter verkehrt-eiförmig oder länglich, 9–15 cm lang. Blüten lang gestielt, becherförmig, reinweiß. Staubblätter zahlreich, karminrot. K7

M. sinensis Westchina. Großer, breitkroniger Strauch, 4–6 m. Blätter dünn, länglich-elliptisch, 8–12 cm lang und 3–5 cm breit. Blüten becherförmig, duftend, weiß, mit 12 Hüllblättern. Staubblätter mit roten Stielen. Fruchtblätter rot. K7

M. wilsonii China. Breiter Strauch oder kleiner Baum, bis zu 8 m. Blätter und Blüten ähnlich wie bei *M. sinensis*. K7

M. globosa Sikkim, Yunnan. Kleiner Baum, bis zu 8 m. Blätter häutig, 10–25 cm lang, oval, vorne spitz, am Grunde herzförmig. Blüten weiß mit 9 Hüllblättern und purpurner Knospenschuppe. K9

Sektion Theorhodon

15 Arten immergrüner, überwiegend in der Karibik beheimateter Bäume. Blüten mit sitzenden Fruchtblättern.

Magnolia cubensis Kuba. Baum, bis zu 20 m. Blätter schmal eiförmig, 6–8 cm lang und 2,5–4 cm breit, lederig. Blüten klein, weiß. K7

M. domingensis Haiti. Baum, bis zu 4 m, mit abstehenden Ästen. Blätter verkehrt-eiförmig, dick, lederig, 7–11 cm lang und 4–7 cm breit. Blüten unbekannt. K6

M. grandiflora **Immergrüne Magnolie** Südöstliche USA. Großer Baum mit pyramidenförmiger Krone, bis zu 30 m. Blätter oval bis länglich, 12–25 cm lang und 6–20 cm breit. Blüten sehr groß, bis zu 30 cm breit. Hüllblätter cremeweiß, dick. Staubblätter purpurn. Frucht rostbraun. In zahlreichen Varietäten angepflanzt. Nahe verwandte Arten sind
M. emarginata (Haiti),
M. ekmannii (Haiti),
M. pallescens (Dominikanische Republik),
M. hamori (Dominikanische Republik),
M. portoricensis (westliches Puerto Rico) sowie
M. splendens (östliches Puerto Rico). K6

M. sieboldii

M. virginiana

M. hypoleuca

M. delavayi

M. denudata

M. salicifolia

M. stellata

M. liliflora

Sektion Gynodium

Magnolia nitida Nordwestliches Yunnan. Südosttibet, nordöstliches Myanmar. Strauch oder Baum, 6–15 m. Blätter eiförmig-länglich, bis zu 10 cm lang und 2,5–5 cm breit, immergrün, stark glänzend. Blüten cremeweiß oder gelb. Frucht kurzgestielt. Samen leuchtend goldrot. K9

M. kachirchirai Taiwan. Einziger anderer Vertreter dieser Sektion und ähnlich wie *M. nitida*. K7

Sektion Maingola

Zehn tropisch-asiatische Arten mit kurzgestielten Blättern und freien Nebenblättern.

Magnolia griffithii Assam, Myanmar. Baum, bis zu 10 m. Blätter elliptisch-länglich und spitz, 18–30 cm lang und 8–12 cm breit. Blüten weiß-gelb, klein, den Blättern gegenüber stehend. K8

M. pealiana Assam. Der vorigen Art ähnlich, Blätter jedoch kleiner und kahl. K8

Untergattung Pleurochasma

Drei Sektionen mit sommergrünen Baumarten der gemäßigten Breiten. Die Staubbeutel öffnen sich seitlich. Blüten öffnen sich vor dem Blattaustrieb oder tragen einen vereinfachten kelchartigen Kreis äußerer Hüllblätter und erscheinen dann mit den Blättern. Früchte zylindrisch oder länglich und meist etwas gedreht.

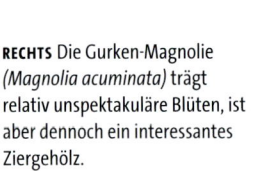

M. grandiflora

Sektion Yulana

Fünf Arten mit neun annähernd gleichen Hüllblättern. Blüten öffnen sich vor dem Blattaustrieb.

Magnolia denudata Yulan-Magnolie Yulan, Zentralchina. Baum, bis zu 18 m, breitkronig, Stamm bis zu 2,5 m Umfang. Blätter verkehrt-eiförmig-länglich, 8–18 cm lang und 8–12 cm breit. Blüten sehr groß, reinweiß, glockig, mit 9 fleischigen Hüllblättern. Wurde als erste Art der Gattung schon während der Tang-Dynastie als Ziergehölz kulliviert. Nahestehende weitere Arten aus China sind *M. sprengeri*, *M. dawsoniana* und *M. sargentiana*. K6

Sektion Buergeria

Fünf Arten der gemäßigten Breiten mit reduziertem äußeren Hüllblattkreis. Blüten erscheinen vor den Laubblättern.

Magnolia kobus Kobushi-Magnolie Nördliches Japan. Großer, laubwerfender, rundkroniger Baum, 20–35 m. Junge Zweige und Triebe riechen beim Zerreiben aromatisch. Blätter verkehrt-eiförmig, 8–12 cm lang. Blüten weiß, mit 6 Hüllblättern. K5

M. salicifolia Weidenblättrige Magnolie Japan (Gebiet des Mt. Hakkoda). Schlank-pyramidenförmiger Baum, 5–7 m. Blätter schmal oval bis lanzettlich, bis zu 10 cm lang. Blüten wie bei *M. kobus*. K6

M. stellata Stern-Magnolie Japan. Reichästiger Strauch, bis zu 5 m hoch und ebenso breit. Rinde junger Triebe riecht beim Zerreiben aromatisch. Blätter schmal länglich, bis zu 9 cm lang. Blüten reinweiß mit 12–18 Hüllblättern. Weniger bekannte ähnliche Arten sind *M. blondii* (östliches China) und *M. cylindrica* (Nord- und Zentralchina). K4

Sektion Tulipastrum

Magnolia acuminata Gurken-Magnolie Östliche USA. Großer Baum mit pyramidenförmiger Krone, 20–30 m. Blätter länglich, hellgrün, 12–35 cm lang, unterseits behaart. Blüten grünlich gelb, becherförmig, aufrecht, duften leicht. Frucht gurkenartig. K4

M. cordata Östliche USA. Strauch oder Baum, bis zu 10 m. Blätter breit eiförmig, 8–15 cm lang. Blüten becherförmig, gelb, innere Hüllblätter mit rötlichen Strichen. K4

M. liliiflora Purpur-Magnolie China. Großer, kräftiger Strauch, 2–4 m. Blätter länglich oval, 9–20 cm lang, nach vorne zugespitzt, oberseits glänzend dunkelgrün, unterseits flaumig. Blüten mit außen weinroten und innen weißen Hüllblättern. K6

Die Tulpenbaum-Arten

Liriodendron tulipifera Amerikanischer Tulpenbaum Nordamerika, von Neuschottland südwärts bis Florida und den mittleren Westen, mit bestem Wuchs in der Allegheny-Region. Stattlicher, dekorativer, sommergrüner Baum mit pyramidenförmiger Krone, bis zu 60 m hoch. Blätter wechselständig, 7,5–20 cm lang, lang gestielt, vorne gestutzt. Blüten grünlich weiß, am Grunde gelblich orange, tulpenähnlich. Fruchtknoten reifen zu geflügelten ein- bis zweisamigen Nüssen, diese dicht gepackt an einer spindelförmigen Säule. K4

L. chinense Chinesischer Tulpenbaum Stellenweise in Zentralchina, dort zuerst 1875 im Lushan-Gebirge entdeckt. Dichtkroniger Baum und kleiner als *L. tulipifera*, bis zu 20 m hoch. Blätter ähnlich, unterseits fein behaart (Lupe). Blüten kleiner und grünlich. K8

Tulpenbäume – *Liriodendron*

Die Gattung *Liriodendron* umfasst nur zwei Arten sommergrüner Bäume, nämlich *L. tulipifera* aus Nordamerika und *L. chinense* aus dem zentralen China. Beide Arten sind auch in Mitteleuropa winterhart. Dennoch findet man die ostasiatische Art hier nur selten in Kultur, obwohl sie schon zu Beginn des 20. Jahrhunderts eingeführt wurde. *Liriodendron tulipifera* ist raschwüchsig und entwickelt sich am natürlichen Standort zu einem stattlichen, bis zu 60 m hohen Baum. Er gehört zu den am frühesten aus Nordamerika nach Europa eingeführten Baumarten. Einige Importe aus dem 17. Jahrhundert gedeihen immer noch in den Parkanlagen britischer Landsitze. Die Gartenform 'Fastigiata' entwickelt sich schlankkronig.

Die Blätter von *Liriodendron tulipifera* sind wechselständig und vorne charakteristisch spatenförmig gestutzt. Die tulpenähnlichen Blüten stehen einzeln endständig an kurzen Seitentrieben. Die drei äußeren Blütenhüllblätter sind zurückgeschlagen, die sechs inneren grünlich und innen an der Basis orangegelb. Die zahlreichen Staubblätter umstehen eine dicht gepackte Säule von Fruchtknoten. Die Blüten erscheinen von Mai bis Juli auf mindestens 20-jährigen Bäumen.

Die Art gedeiht am besten auf nährstoffreichen, tiefgründigen Böden, erträgt aber kein Umpflanzen. In großen Gärten und Parkanlagen wirkt sie außerordentlich dekorativ. Im Herbst färben die Blätter goldgelb um.

Das Holz ist feinfaserig, hellgelb und wird gerne für Zimmerarbeiten, Möbel und für den Bootsbau verwendet. Es splittert nicht und ist gut zu bearbeiten. Der Rinde sagt man medizinische Wirkungen nach.

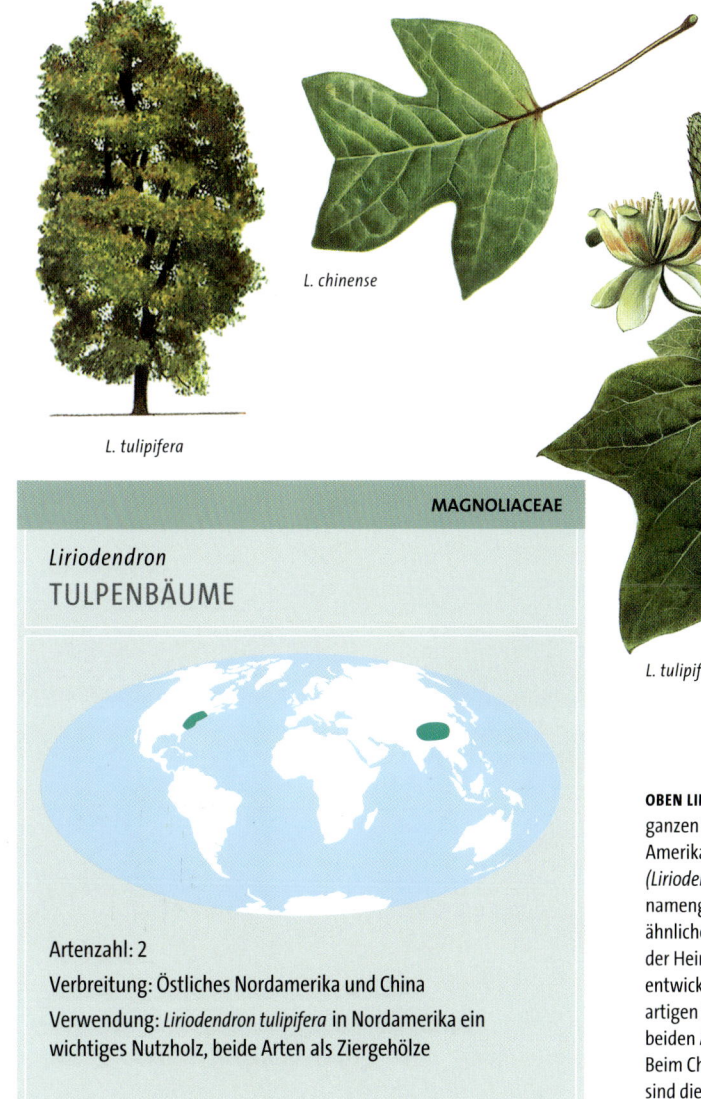

L. chinense

L. tulipifera

MAGNOLIACEAE

Liriodendron
TULPENBÄUME

Artenzahl: 2

Verbreitung: Östliches Nordamerika und China

Verwendung: *Liriodendron tulipifera* in Nordamerika ein wichtiges Nutzholz, beide Arten als Ziergehölze

L. tulipifera

OBEN LINKS Fast während des ganzen Sommers trägt der Amerikanische Tulpenbaum *(Liriodendron tulipifera)* seine namengebenden, einer Tulpe ähnlichen Blüten. Die Art wird in der Heimat 45–60 m hoch und entwickelt einen starken, säulenartigen Stamm. Die Blätter der beiden Arten sind sehr ähnlich. Beim Chinesischen Tulpenbaum sind die Blattbuchten jedoch etwas ausgeprägter und die Mittelrippe länger.

Lauraceae

Lorbeer – *Laurus*

Die Lorbeerbäume gehören zur Gattung *Laurus*, die nur drei Arten umfasst, den Echten Lorbeerbaum *(Laurus nobilis)*, den Kanaren-Lorbeer *(L. canariensis)* und den Azoren-Lorbeer *(L. azorica)*, den man früher zu *L. canariensis* stellte. Alle Arten sind immergrüne Sträucher oder Bäume mit kahlen Zweigen. Die Blätter sind ebenfalls kahl, glattrandig und duften nach dem Zerreiben intensiv aromatisch. Die Blüten sind eingeschlechtig-zweihäusig und erscheinen in kleinen Büscheln. Die Blütenhülle besteht aus vier Kelchblättern. Männliche Blüten enthalten meist zwölf Staubblätter, deren Staubbeutel sich klappig öffnen. In den weiblichen Blüten finden sich vier Staminodien. Die Beerenfrucht wird von der bleibenden Blütenhülle eingeschlossen.

Laurus nobilis ist der klassische Lorbeerbaum, der im antiken Griechenland dem Apoll geweiht war und als Symbol des Sieges und der Ehre galt. Bis heute bezeichnet man die Nobelpreisträger und andere Ausgezeichnete als Laureaten, und der akademische Titel Bachelor ist eine Verballhornung des lateinischen *baccalaureus* = Lorbeerfrucht. Früher durften die Bachelors nicht heiraten, weil man fürchtete, sie würden dadurch von ihren weiteren Studien abgehalten.

Außerhalb seines Verbreitungsgebietes Mittelmeerraum ist der Echte Lorbeer heute weit verbreitet. Die aromatisch duftenden Blätter sind ein wichtiges Küchengewürz. In den etwas wintermilderen Gegenden ist er genügend kälteresistent und gedeiht auf verschiedenen, wasserzügigen Böden, aber nur an sonnigen Standorten. Außerdem erträgt er Schnitt. Die Blätter enthalten ein ätherisches Öl mit der kampferartig riechenden Hauptkomponente Cineol. Öle ähnlicher Zusammensetzung sind weit verbreitet und finden sich beispielsweise auch bei vielen Vertretern der Myrtengewächse, darunter *Eucalyptus globulus* (Eukalyptusöl) oder *Melaleuca quinquenervia* (Cajaputöl), ferner in einigen Vertretern der Korbblütengewächse wie der Gattung *Artemisia* (Beifuß).

Der Kanarische Lorbeerbaum *(L. canariensis)* ist ein bis zu 20 m hoher Baum. Seine Blätter sind mit 6–12 cm Länge größer als die der vorigen Art, die jungen Triebe sind behaart. Die ähnlich aussehende, aber auf den Azoren vorkommende Form wird heute als selbstständige Art aufgefasst. Beide Arten sind weniger winterfest und daher selten in Kultur.

Der Zusatz „Lorbeer-" findet sich bei einer ganzen Reihe von Pflanzennamen, die jedoch nicht zu den Lorbeergewächsen gehören (s. Tabelle S. 111), beispielsweise Lorbeerkirsche bzw. Kirschlorbeer *(Prunus laurocerasus,* Rosengewächse) oder Japanlorbeer *(Aucuba japonica,* Hartriegelgewächse). Beide Arten tragen ähnliche, immergrüne, etwas ledrige und glattrandige Blätter. Bei *Aucuba japonica* sind sie jedoch durch eine Virusinfektion, die den Blattgrünfarbstoff Chlorophyll abbaut, mitunter gelbscheckig. Den Echten Lorbeer erkennt man am charakteristischen Aroma der zerriebenen Blätter und dem typischerweise durchscheinenden Blattrand. K8–9

Berglorbeer – *Umbellularia*

Der immergrüne Kalifornische Berglorbeer *(Umbellularia californica)*, auch Oregonmyrte oder Kopfwehbaum genannt, ist die einzige Art der Gattung und küstennah von Oregon bis Kalifornien verbreitet. Der stark aromatisch duftende Baum wird bis zu 40 m hoch, wächst aber in Kultur meist nur strauchförmig.

Die wechselständigen Blätter sind glänzend dunkelgrün, länglich-oval, 6–12 cm lang und nach vorne verschmälert. Die zwittrigen, kleinen Blüten erscheinen zahlreich in kleinen achselständigen, gestielten Dolden, die 8–15 mm breit sind. Bei der nahe verwandten Gattung *Sassafras* stehen sie in Trauben. Die Blüten öffnen sich zwischen Spätwinter und zeitigem Frühjahr. Die Blütenhülle besteht nur aus sechs Kelchblättern. Die Staubblätter verteilen sich auf vier Kreise, wobei der innerste Staubblattkreis steril ist (= Staminodien). Die Staubbeutel öffnen sich mit vier Öffnungen (bei *Laurus* mit zwei). Aus dem einzigen Fruchtknoten entwickelt sich eine pflaumenartige, 2–2,5 cm lange Steinfrucht.

Die Blätter riechen nach Zerreiben außerordentlich stark aromatisch, woraus sich die im Ursprungsgebiet verbreitete umgangssprachliche Bezeichnung Kopfwehbaum erklärt. Schon das Sitzen unter einer *Umbellularia* soll Probleme verursachen. Bei empfindlichen Personen können tatsächlich Haut- und Augenreizungen auftreten. Aus diesem Grunde wird die Art kaum gärtnerisch verwendet, obwohl sie sich für Schattenstandorte eignet. Jedoch ist sie nur in wärmeren Gegenden genügend winterfest, benötigt aber nährstoffreiche, kalkfreie Böden. Das Holz ist hart und dicht. Es wird für Drechselarbeiten und Intarsien verwendet.

OBEN *Umbellularia californica* wird am natürlichen Standort in den Siskiyou-Wäldern/Kalifornien bis zu 40 m hoch. Wegen des durchdringenden Geruchs wird die Art aber kaum in Sammlungen oder Gärten gehalten.

LINKS Der Kirschlorbeer *(Prunus laurocerasus)*, auch Lorbeerkirsche genannt, zeichnet sich durch glänzend dunkelgrüne Blätter und traubige, weiße Blütenstände aus Mit den echten Lorbeer-Arten *(Laurus* spp.) ist die Art nicht näher verwandt.

GANZ LINKS Der Echte Lorbeer *(Laurus nobilis)* ist als Ziergehölz sehr beliebt. In Formschnitt gebracht, sieht man ihn häufig auch als Kübelpflanze vor Hotels und Restaurants.

Gehölze, die als Lorbeer bezeichnet werden

Bezeichnung	Wissenschaftlicher Name	Familie
Alexandrinischer Lorbeer	*Calophyllum inophyllum*	Hypericaceae
Berglorbeer	*Kalmia polifolia*	Ericaceae
Berglorbeer	*Umbellularia californica*	Lauraceae
Chilelorbeer	*Laurelia sempervirens*	Menispermaceae
Echter Lorbeer	*Laurus nobilis*	Lauraceae
Ekuadorlorbeer	*Cordia allodora*	Boraginaceae
Fleckenlorbeer	*Aucuba japonica*	Aucubaceae
Indischer Lorbeer	*Terminalia alata*	Combretaceae
Japanlorbeer	*Aucuba japonica*	Aucubaceae
Kampferlorbeer	*Cinnamomum camphora*	Lauraceae
Kanaren-Lorbeer	*Laurus canariensis*	Lauraceae
Kirschlorbeer	*Prunus laurocerasus*	Rosaceae
Lorbeerrose	*Kalmia polifolia*	Ericaceae
Lorbeer-Seidelbast	*Daphne laureola*	Thymelaeaceae
Portugiesischer Lorbeer	*Prunus lusitanica*	Rosaceae
Schaflorbeer	*Kalmia angustifolia*	Ericaceae
Sumpflorbeer	*Magnolia virginiana*	Magnoliaceae
Tasmanischer Lorbeer	*Anopterus* spp.	Grossulariaceae

Die Blätter von *Sassafras albidum* zeigen verschiedene Formen, doch sind sie stets drei- oder mehrlappig. Sie sind 8–18 cm lang mit glänzend dunkelgrüner Oberseite. Zerriebene Blätter riechen intensiv süßlich nach Zitrusfrüchten und Vanille.

Fieberbäume, Fenchelholzbäume – *Sassafras*

Die Gattung *Sassafras* umfasst drei Arten laubwerfender Bäume mit je einer Art in Nordamerika, China und Taiwan. Am bekanntesten ist der Seidige Fenchelholzbaum *(S. albidum = S. officinale)*, der 30–35 m hoch wird und in den östlichen USA beheimatet ist.

Alle drei Arten tragen glattrandige oder vorne je nach Alter dreilappige Blätter. Gelblich grüne, eingeschlechtige Blüten erscheinen in kurzen Trauben vor dem Blattaustrieb. Die Arten sind zwei- oder einhäusig. Kronblätter fehlen; die Blütenhülle besteht aus sechs Kelchblättern. Männliche Blüten haben neun Staubblätter, weibliche einen einzigen Fruchtknoten und ganz selten auch wenige funktionstüchtige Staubblätter. Die reife, eiförmige Steinfrucht ist schwarz.

Beim Seidigen Fenchelholzbaum ist die Borke grau und längsfurchig, in ziemlich regelmäßigen Abständen aber quer gerissen. Die Blätter sind vom Spreitengrund dreinervig und verschieden gestaltet, entweder glattrandig und keilförmig (junge Triebe) oder an der Spitze drei- oder mehrlappig (ältere Triebe). Sie riechen beim Zerreiben sehr stark nach Orange und Vanille. Bei älteren Bäumen entwickeln sich nur wenig dreilappige Blätter. Die schwarzblaue Steinfrucht ist etwa 1 cm dick und entwickelt sich auf einem kräftig roten Stiel. In Mitteleuropa ist die Art winterhart und wird oft als Parkgehölz angepflanzt. Die Blätter färben im Herbst gelb-rosa um und sind zuletzt orange bis karminrot. Die Art benötigt nährstoffreiche, feuchte Böden.

Das ätherische Öl ist in allen Teilen enthalten. Früher wurde es zum Aromatisieren von Tabak und Getränken verwendet. Sassafrasöl aus der getrockneten inneren Rinde enthält etwa 80 Prozent des Phenolkörpers Safrol und wurde gegen Läuse und zur Linderung von Insekten-

stichen verwendet, außerdem gegen Verdauungsbeschwerden. Der ältere Artname *S. officinale* deutet auf den früheren medizinischen Gebrauch. Nachdem bekannt wurde, dass das ätherische Öl im Tierversuch Leberkrebs hervorrufen kann, wurde es auch in vielen Ländern als Zusatz zu kosmetischen Erzeugnissen verboten.

Das beständige Holz wird in Amerika für Zäune und als Brennmaterial genutzt. Die Indianer fertigten aus den Stämmen Kanus. K5–8

Winteraceae

Winterrinde – *Drimys*

Zu dieser Gattung gehören etwa elf Arten immergrüner Sträucher und kleiner Bäume, deren Rinde und andere Teile pfefferartig scharf aromatisch riechen. Sie sind in Australien (einschließlich Tasmanien), Neukaledonien, Malaysia sowie Mittel- und Südamerika beheimatet. Die Blätter sind glattrandig, kahl; Nebenblätter sind entweder sehr klein oder fehlen. Die Blüten stehen in achselständigen Büscheln, gelegentlich auch einzeln, und sind meist weniger als 5 cm breit.

In der Kultur sind die *Drimys*-Arten nur in wärmeren Gegenden Europas winterhart. Längere Frostperioden überstehen sie nicht und benötigen daher ausreichenden Kälteschutz oder Überwinterung im Warmhaus. Die bekannteste und am häufigsten in größeren Sammlungen oder Parks angepflanzte Art ist die aus Südamerika stammende und recht dekorative *Drimys winteri*.

Sie wächst meist als 8–16 m hoher Baum, kann aber auch strauchförmig bleiben. Die Blätter sind mehr oder weniger elliptisch bis verkehrt-lanzettförmig und werden 20 cm lang. Die weißen Blüten duften, sind bis zu 4 cm breit und bestehen aus 4–20 Kronblättern. Aus dem

WINTERACEAE

Drimys
WINTERRINDE

Artenzahl: 11

Verbreitung: Mittel-/Südamerika, Malaysia, Australien, Tahiti

Verwendung: Die getrockneten Früchte werden als Pfefferersatz verwendet. In Wärmegebieten werden einige Arten als Heckengehölze gepflanzt.

Fruchtknoten entwickelt sich eine fleischige Beere. *Drimys winteri* var. a*ndina* kommt in den Anden von Feuerland bis Mexiko vor und ist nach Kapitän Winter benannt, der unter Sir Francis Drake segelte. Er sammelte die stark aromatische Rinde im Bereich der Magellan-Straße und kurierte damit den Skorbut seiner Mannschaft. Diese Form ist zwergwüchsig, wird nur etwa 1 m hoch und ist außerordentlich reichblütig.

Den Bergpfeffer *(D. lanceolata = D. aromatica)* findet man mitunter ebenfalls in Kultur. Er ist ein in Ostaustralien und Tasmanien beheimateter Strauch oder kleiner Baum bis zu 5 m Höhe. Die Triebe sind rot und die Blätter elliptisch bis länglich, 1,5–7 cm lang und kurzgestielt. Die weißen Blüten stehen büschelig. Jede Blüte ist bis zu 13 mm breit. Die Art ist zweihäusig. Die männlichen Blüten enthalten bis zu 24 rötliche Staubblätter, die weiblichen nur einen Fruchtknoten. Die Steinfrucht schmeckt pfefferig scharf und wurde regional als Gewürz verwendet. K4–8

Cercidiphyllaceae

Katsurabäume – *Cercidiphyllum*

Als Ziergehölz ist der schmucke, sommergrüne Katsurabaum *(Cercidiphyllum japonicum)* aus China und Japan sehr beliebt. Die Gattung enthält nur zwei Arten. *C. japonicum* wurde ursprünglich aus Japan beschrieben und ist dort mit bis zu 30 m Höhe der größte sommergrüne Laubbaum. In China kommt er als var. *sinensis* vor und wird sogar bis zu 40 m hoch. In Kultur bleibt er meist wesentlich kleiner und wächst zudem mehrstämmig.

Die Blätter sind herzförmig und erinnern ein wenig an die des Judasbaums *(Cercis siliquastrum)*. Sie sind gegenständig und am Blattstiel-Spreitenübergang etwas geknickt. Im Herbst verfärben sie sich über zarte Karminrottöne goldgelb. Bei diesem großartigen Farbwechsel zeigen sich viele Varianten. Die unscheinbaren Blüten stehen einzeln. Kronblätter fehlen. Die Art ist zweihäusig. Die männlichen Blüten haben einen winzigen Kelch und etwa 15–20 Staubblätter. Bei den weiblichen Blüten sind die vier Kelchblätter etwas größer und führen vier bis sechs (selten nur drei) Fruchtknoten mit langen, purpurroten Griffeln. Die grün-gelbliche Frucht ist eine Schote, die Samen sind geflügelt.

In Mitteleuropa ist die Art winterhart, leidet aber unter Spätfrösten. In Parks und Hausgärten eignet sie sich bestens auch für Schattenstandorte, erträgt aber auch volle Sonne und benötigt nährstoffreiche, feuchte Böden. Das feinfaserige Holz wird im Ursprungsgebiet für Möbel und den Innenausbau verwendet.

Die systematische Einordnung der Gattung ist umstritten. Molekularbiologische Daten sprechen nicht für die hier vorgenommene Platzierung bei den Magnoliales, sondern eher in der Nähe der Hamamelidales. Ein Teil dieser Unsicherheit ergibt sich aus der Struktur der weiblichen Blüten, die man entweder als Einzelblüte oder als stark verkürzten Blütenstand auffassen kann. K5

OBEN Die dekorative Winterrinde *(Drimys winteri)* blüht im Frühsommer und entwickelt 10–12 cm breite, halbkugelige Blütenstände. Die Einzelblüten sind bis zu 2,5 cm lang, gestielt und zeigen cremeweiße, innen gelbliche Kronblätter.

UNTEN Der Katsurabaum *(Cercidiphylllum japonicum)* ist auch im Herbstaspekt während der Laubfärbung sehr dekorativ, da die Blätter ein wechselndes Farbspiel inszenieren. Die fallenden Blätter duften angenehm, was der Art den Namen Lebkuchenbaum eingetragen hat.

Platanaceae

Platanen – *Platanus*

Die Platanen sind sommergrüne, meist sehr stattliche Bäume, deren Borke sich in großen Platten ablöst und einen buntscheckigen Stamm hinterlässt. Zur Gattung *Platanus* gehören neun Arten, die bis auf *Platanus orientalis* (Südosteuropa bis Himalaja) sowie *P. kerrii* (Indochina) alle in Nordamerika heimisch sind. Nicht alle Arten sind in Mitteleuropa ausreichend winterhart (vgl. Auflistung auf S. 115).

Alle Teile der Platanen sind mit feinen Sternhaaren besetzt. Die Blätter sind wechselständig und drei- bis neunlappig geteilt (außer bei *P. kerrii* mit länglich-elliptischen Blättern). Der lange Blattstiel ist an der Basis verdickt und umschließt die Achselknospe kappenartig.

Die Nebenblätter fallen frühzeitig ab. Die Arten sind einhäusig, die Blüten also eingeschlechtig. Sie stehen allein bis zu mehreren in kugeligen Blütenständen auf langen Stielen. Die sieben bis acht schmalen Kelchblätter sind frei und behaart. Die männlichen Blüten bestehen aus drei bis acht Staubblättern und ebenso vielen löffelförmigen Kronblättern. In den weiblichen Blüten findet sich die gleiche Anzahl Fruchtknoten, die am Grund einen Kranz langer Haare aufweisen. Zur Reifezeit entwickeln sie sich zu dichtbüscheligen Trauben einsamiger Nüsse, die jeweils zusammen mit ihrem Haarschopf freigesetzt werden.

Platanen pflanzt man vor allem wegen ihres dekorativen und – im städtischen Umfeld – ökologischen Wertes an. Sie gedeihen am besten in tiefgründigen Lehmböden. Schon im Altertum schätzte man die Morgenländische Platane *(Platanus orientalis)* als Schattenspender, wie man bei Vergil in seinem berühmten Lehrgedicht über den Gartenbau nachlesen kann („Platanen sind groß genug, den Zechern Schatten zu geben."). Die Amerikanische Platane *(P. occidentalis)* wird ebenfalls sehr häufig als Park- oder Straßenbaum verwendet, vor allem im amerikanischen Südwesten. Sie wird bis zu 50 m hoch. In Mitteleuropa gedeiht sie jedoch nicht besonders gut.

Die in den Städten an Straßen und Plätzen verwendete Ahornblättrige Platane *(P. × hispanica = P. × acerifolia, P. × hybrida)* ist auch im Stadtklima relativ unempfindlich und gedeiht in versiegelten Böden ebenso wie an Gewässerrändern. In vielen europäischen Städten gehört sie zum Bild der Straßen und Plätze. In London pflanzt man sie bereits seit dem 18. Jahrhundert an, kurz nachdem sie im Botanischen Garten von Oxford entdeckt wurde. Dort entstand sie vermutlich aus der Kreuzung von *P. orientalis* mit *P. occidentalis*. Wie ihre amerikanische Elternart entwickelt sie eine breite Krone mit starken, abstehenden Ästen auf kräftigem Stamm, von dem sich die dünne Borke in handflächengroßen Platten löst. Im Winter sehen die baumelnden Kugelfrüchte ausgesprochen dekorativ aus. Andererseits vermutet man, dass die Sternhaare und die Haarschöpfe der Früchte die Atemwege reizen und Katarrhe auslösen. Die Pollen können Allergien auslösen. Das Holz ist relativ fest und beständig. Man verwendet es für kunstgewerbliche Objekte, Furniere und zum Schnitzen. Im offenen Kamin brennt es mit leichter Flamme.

Da die Platanen-Arten ziemlich ähnlich sind, hat man auch die bisher nicht bestätigte Vermutung geäußert, sie seien lediglich verschiedene Formen einer hochgradig variablen Art. K7–9

Die Ahornblättrige Platane (P. × hispanica 'Acerifolia') ist eine auch an schwierigen Standorten mit verdichteten Böden bemerkenswert wüchsige Form. Sie eignet sich daher auch für Alleen und als Straßenbegleitgehölz.

P. occidentalis

P. orientalis

P. × hispanica
'Acerifolia'

PLATANACEAE

Platanus
PLATANEN

Artenzahl 9 oder nur 8

Verbreitung: Nördliche Halbkugel

Verwendung: Gelegentlich als Nutzholz, meist jedoch als Zier-
und Straßenbäume, vor allem *P. × hispanica* 'Acerifolia', die
auch belastete Großstadtstandorte hervorragend erträgt

P. × hispanica 'Acerifolia'

Die Ahornblättrige Platane wird
bis etwa 30 m hoch und bildet
breite, runde Kronen auf geradem,
kräftigem Stamm. Die Borke ist
bräunlich oder graugrün. Sie
hinterlässt nach dem Abschuppen
gelbliche oder weißliche Flecken,
die zum Schmuckwert des Baumes
beitragen.

Die wichtigsten Platanen-Arten

Gruppe I
Fruchtstandkugeln zu je 3–7, selten nur 2. Blätter meist tief
gelappt.

***Platanus orientalis* Morgenländische Platane** Südeuropa
(Balkan), Kreta, Asien, Himalaja. Baum, bis zu 30 m. Borke
abschilfernd, graugrün. Blätter 20 cm breit, 5- bis 7-lappig,
Buchten relativ seicht, meist grob gezähnt, unterseits
kahl. Kugelige Fruchtstände zu 2–6, jeder bis zu 2,5 cm
dick. Die Einzelfrüchte sind an der Basis mit Haarschopf
versehene einsamige Nüsschen. Diese im Erscheinungsbild sehr formschöne Art mit geradem, bis in die Kronen-
spitze zu verfolgendem Stamm entwickelt besonders
breite und schattige Kronen. Sie wird dennoch nur selten
in Parkanlagen oder großen Gärten angepflanzt. Von den
bekannten Varietäten sind einige vermutlich Hybriden.
Die var. *insularis* (Zyprische Platane) wird oft dieser Art
zugewiesen. K7

***P. racemosa* Kalifornische Platane** Baum, bis zu 40 m. Blätter
15–30 cm breit, 5-lappig, seltener nur 3-lappig, zumindest
unterseits filzig. Blattlappen glattrandig oder mit wenigen
groben Zähnen. Kugelige Fruchtstände zu 2–7, jeder etwa
2,5 cm dick. Außerhalb des südwestlichen Nordamerikas
selten zu sehen. K8

P. wrightii Mexiko und angrenzende südliche USA. Baum, bis
zu 25 m. Blätter tief gelappt mit 3–5 lanzettlichen, fast
glattrandigen Lappen, anfangs beidseitig filzig behaart,
unterseits später kahl. Kugelige Fruchtstände zu 2–5,
meist gestielt und glatt. Nüsse rundlich, oft mit anhaf-
tendem Griffelrest. Steht *P. racemosa* sehr nahe und oft
nur als deren Varietät aufgefasst. Die Blätter sind jedoch
deutlich tiefer gelappt und an der Basis herzförmig, und
die Zahl der Fruchtstände übersteigt selten 4. K8

Gruppe II
Gestielte Fruchtstandkugeln zu je 1–2, selten mehr. Blätter
meist mit seichteren Buchten.

***Platanus occidentalis* Amerikanische Platane** Östliche und
südöstliche USA. Ansehnlicher Baum, bis zu 50 m. Borke
cremeweiß, abschuppend, an der Stammbasis älterer
Bäume dunkler. Blätter 20–22 cm breit und ebenso lang.
Typischerweise 3-, seltener 5-lappig, Blattbuchten seicht.
Fruchtstandkugeln etwa 3 cm dick, meist einzeln, selten
zwei. K5

***P. × hispanica* 'Acerifolia' (*P. × hybrida*) Ahornblättrige
Platane** In Europa und Nordamerika häufig angepflanzte
Form. Baum, bis zu 35 m mit typisch abschuppender
Borke. Blätter 12–25 cm breit, 3- bis 5-lappig, wobei die
Blattbuchten etwa ein Drittel der Spreitenlänge tief
reichen; Mittellappen ungefähr so lang wie breit. Blattstiel 3–10 cm lang. Fruchtstandkugeln typischerweise
zwei, selten mehr. Die Samen sind fruchtbar, aber die
Keimung wenig erfolgreich, wie man es für eine hybride
Form erwartet. Genauer Ursprung strittig. Zeitweilig als
kulturstabilisierte Varietät von *P. orientalis* aufgefasst,
obwohl die gängig Ansicht davon ausgeht, dass es sich um
eine Kreuzung zwischen *P. orientalis* und *P. occidentalis*
handelt. Ältere Namen für diese Form sind *P. hybrida* und
P. hispanica. Dafür existiert in den wissenschaftlichen
Herbarien jedoch kein Typmaterial. Die Bezeichnung *P. hispanica* wurde seinerzeit von einem Augustus Henry für
eine Form verwendet, die er 1878 von einer belgischen
Baumschule erhielt.
Diese unterscheidet sich jedoch deutlich von
P. × hispanica 'Acerifolia', deren Blätter größer und meist
seegrün sind, randlich leicht eingeschlagen sowie stärker
gezähnt erscheinen. Sie wird derzeit unter der Bezeichnung 'Platanus Augustus Henryi' geführt und könnte eine
weitere Hybride zwischen *P. orientalis* und *P. occidentalis*
sein. K7

Hamamelidaceae

Zaubernüsse – *Hamamelis*

Die Gattung *Hamamelis* umfasst vier oder (eventuell sogar sechs) Arten laubwerfender Sträucher oder kleiner Bäume, die in Nordamerika und Ostasien beheimatet sind. Sie sind bei Gärtnern wegen ihres hohen Zierwertes sehr beliebt, denn die meisten Arten und ihre zahlreichen Cultivare stehen schon von Dezember bis März voll in Blüte, mit Ausnahme von *H. virginiana*. Die Blüten sind spinnenartig und entweder gelb oder rostrot. Kelch und Krone bestehen aus je vier Blättern. Die Staubblätter stehen ebenfalls zu viert und manchmal zu fünft. Die stark verholzten Früchte sind ei- bis tonnenförmig und stellen 2- bis 4-teilig gefelderte, von der Spitze her sich öffnende und zweisamige Kapseln dar. Die Samen sind schwarzbraun, werden bis zu 1 cm lang und zeigen sich glänzend schwarzbraun. Die Laubblätter erinnern an den heimischen Haselstrauch *(Corylus avellana)* und färben im Herbst vor dem Laubfall attraktiv gelb um. Diese Ähnlichkeit führte die frühen weißen Siedler in Nordamerika dazu, sich aus diesen Sträuchern ebenso wie aus Hasel Wünschelruten für die Wassersuche zu schneiden. Die Zweige der Zaubernuss-Arten sind ähnlich biegsam und elastisch wie die vom Haselstrauch.

Die Virginische Zaubernuss (*H. virginiana*) aus den östlichen USA und Kanada ist ein breitkroniger Strauch oder kleinerer, bis etwa 10 m hoher Baum. Die Blätter verfärben sich im Herbst goldgelb. Die kleinen Blüten öffnen sich im Gegensatz zu den meisten anderen Arten der Gattung im Herbst und sind auch bei kalter Witterung stabil. Borke, Zweige und Blätter führen Inhaltsstoffe (vor allem Gerbstoffe), die adstringierend wirken und bei Schnittverletzungen oder Quetschungen arzneilich genutzt werden. Sie wirken auch auf das Blutgefäßsystem und helfen, Blutungen zu stillen.

Die Japanische Zaubernuss (*H. japonica*) aus Japan ist ebenfalls ein Strauch oder ein kleiner, bis zu 10 m hoher Baum. Die nur schwach duftenden Blüten stehen in rundlichen Köpfen. Die gelben Kronblätter sind typischerweise leicht gewellt. Die Art ist variabel. Die Sorte 'Arborea' wächst höher, die var. *flavopurpurea* trägt rötliche Kronblätter; bei 'Sulphurea' sehen sie sehr zerknittert aus und sind nur blassgelb, bei 'Zuccariniana' sind sie zitronengelb und öffnen sich schon im März.

Die Chinesische Zaubernuss (*H. mollis*) aus dem westlichen und zentralen China gilt als hübscheste der Gattung. Sie wächst als Strauch oder kleiner Baum und wird 10 m hoch. Ihre Blüten duften stark, die Kronblätter sind gerade. Eine der empfehlenswertesten Cultivare ist 'Pallida', deren blassschwefelgelbe Blüten sich im Januar und Februar zeigen.

Hamamelis × intermedia ist eine Hybride der obigen beiden Arten und existiert in Form zahlreicher namhafter Züchtungen. Sie entstand im berühmten Arnold Arboretum in den USA. Die Frühlings-Zaubernuss (*H. vernalis*) aus den südöstlichen USA ist ein bis zu 2 m hoher Strauch und bringt wohlriechende Blüten hervor, die blassgelb bis rot sein können und sich bereits im Januar öffnen. K5–6

Amberbäume – *Liquidambar*

Die Gattung *Liquidambar* umfasst nur wenige Balsam führende Baumarten, die in beiden Hemisphären weit verstreut verbreitet sind. Die Blätter sind fünf- bis siebenlappig und lang gestielt wie bei den Ahorn-Arten (*Acer* spp.), im Gegensatz dazu aber wechselständig. Die unauffälligen, grünlich gelben Blüten sind eingeschlechtig und erscheinen auf dem gleichen Baum, die männlichen in kurzen Büscheln, die weiblichen mit ihren dicht gedrängten Fruchtknoten bilden kugelige Köpfe. Die Kapselfrüchte enthalten geflügelte Samen.

Amberbäume werden gerne als Ziergehölze verwendet, da sie eine prächtige Herbstfärbung entwickeln. Meist sieht man in der Kultur *Liquidambar styraciflua*. Die Art gedeiht am besten in nährstoffreichem, tiefgründigem, aber nicht zu feuchtem Boden und wird über Samen vermehrt, obwohl die Keimung zwei Jahre lang auf sich warten lassen kann. Die Herbstfärbung zeigt alle denkbaren Nuancen von Goldgelb bis tief Karmin- oder Scharlachrot.

Das Holz, im Handel auch als Nuss-Satinholz bezeichnet, wird für Möbel oder Furniere verwendet. Aus der Rinde vor allem von *L. styraciflua* und *L. orientalis* gewinnt man einen angenehm duftenden und oft als Storax bezeichneten Balsam. Er wird für kosmetische Produkte verwendet, aber auch in Hustenbonbons und bei bestimmten Hauterkrankungen. Der Begriff „Storax" wird auch für weitere Balsam führende Gehölzarten verwendet, vor allem für die Vertreter der Gattung *Styrax* (Familie Strycaceae).

Liquidambar formosana sieht man nur selten in Kultur. Im Ursprungsgebiet verwendet man das Holz dieses Baumes für Teekisten, und mit den Blättern werden die Seidenraupen gefüttert. K5–9

HAMAMELIDACEAE

Liquidambar
AMBERBÄUME

Artenzahl: 5

Verbreitung: Östliches Mittelmeergebiet, Ostasien, südöstliches Nordamerika sowie Mittelamerika

Verwendung: Wertvolles Nutzholz; Lieferanten von medizinisch verwendbarem Balsam (Storax); vielfach als Ziergehölz angepflanzt

OBEN Die Chinesische Zaubernuss *(Hamamelis mollis)* blüht bereits im Winter. Die hellgelben Blüten duften angenehm; ihre schmalen Kronblätter sind kaum gerunzelt. Der Strauch hat auch im Herbstlaub einen hohen Zierwert.

OBEN Der Amerikanische Amberbaum *(Liquidambar styraciflua)* sieht nicht nur in seinem spektakulären Herbstlaub aus wie eine Ahorn-Art. Der wichtigste Unterschied sind seine wechselständigen Blätter.

L. orientalis

L. formosana

♀

♂

L. styraciflua

L. styraciflua

Eisenholz, Parrotie – *Parrotia*

Das Persische Eisenholz *(Parrotia persica)* ist der einzige Vertreter dieser Gattung und ein kleiner, sommergrüner Baum, der leider viel zu wenig in Parks und großen Gärten Mitteleuropas verwendet wird. Im Ursprungsgebiet im Nordiran und im Kaukasus bildet er dichte Gebüsche mit verschlungenen Stämmen und miteinander verwachsenen Ästen. Solche natürlichen Pfropfungen treten auch in der Kultur auf. Die Art wird am natürlichen Standort 15–20 m hoch, in der Kultur jedoch nur 5–8 m und bleibt dann meist strauchig. Benannt ist die Gattung nach J. J. von Parrot (1792–1841), einem deutsch-russischen Forschungsreisenden. Sie ist monotypisch und umfasst nur diese eine Art.

Alle Teile des Eisenholzes sind mit Sternhaaren bedeckt. Die Borke schuppt ähnlich ab wie bei der Platane. Die Blätter sind wechselständig, gebuchtet und gezähnt. Die kleinen Blüten sind zwittrig und erscheinen im zeitigen Frühjahr in dichten Büscheln und umgeben von größeren Deckblättern. Kronblätter fehlen, der Kelch ist fünf- bis siebenzipflig. Die fünf bis sieben Staubblätter sind besonders groß und hochrot. Der Fruchtstand setzt sich aus drei bis fünf nussartigen Kapseln zusammen, die sich an der Spitze öffnen. Die Samen sind 8–10 mm lang und glänzend braun.

Die Art ist in Mitteleuropa winterhart, aber trotz ihres beachtlichen dekorativen Wertes nicht recht bekannt. Besonders attraktiv sieht sie zur Blütezeit im Frühjahr aus, da die Blüten sich vor dem Laubaustrieb öffnen, aber auch in der spektakulär goldgelben bis karminroten Herbstfärbung. Die Blätter sind im Austrieb mitunter leicht rötlich. Das Fleckenmuster der Rinde zeigt sich besonders im Winter. Im Sommer sind die Blütenknospen für die nachfolgende Saison dunkelbraun und an den Zweigenden charakteristisch herabgebogen. Die Art gedeiht auf guten Böden auch im Halbschatten. Die Sorte 'Pendula' entwickelt hängende Zweige. K5

Die wichtigsten Amberbaum-Arten

Liquidambar styraciflua **Amerikanischer Amberbaum** Östliche USA, Mexiko, Guatemala. Sommergrüner Baum, bis zu 45 m am natürlichen Standort, in der Kultur viel kleiner und höchstens 10–15 m. Blätter 10–18 cm breit, 5- bis 7-lappig, im Herbst karmin- bis scharlachrot. Fruchtstand kopfig und derbschuppig. K5
'Levis' Äste ohne korkige Rinde. Blätter im Herbst leuchtend rot.
'Variegata' Blätter gelb gezeichnet.
'Rotundiloba' Blätter mit 3–5 kurzen, rundlichen Lappen.
'Pendula' Äste hängend, bilden eine schmale Krone.

L. orientalis **Orientalischer Amberbaum** Kleinasien. Laubwerfender Baum, in der Natur bis zu 30 m, in der Kultur kleiner, weniger häufig verwendet als die vorige Art. Blätter (4)5–7(9) cm breit, meist mit 5 schwach gezähnten Lappen. K8

L. formosana **Chinesischer Amberbaum** Taiwan, südliches und östliches China, Indochina. Laubwerfender Baum, in der Natur bis zu 40 m. Blätter mit 3, seltener mit 5 Lappen, (8)10–15 cm breit. Fruchtköpfe mit dünnen, leicht gekrümmten Borsten.
var. ***monticola*** Blätter kahl, am Grunde gestutzt, nur an Sämlingen herzförmig, im Austrieb rötlich, dann karminbronze und zuletzt dunkelgrün. Im Herbstlaub wiederum karminrot. K5

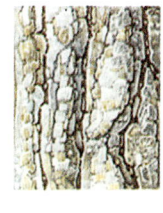

L. styraciflua

RECHTS Das Persische Eisenholz *(Parrotia persica)* ist ein dichtkroniger Strauch oder kleiner Baum. Die Blüten (links unten) haben zahlreiche hellrote Staubblätter und öffnen sich vor dem Laubaustrieb.

Fagaceae

Eichen – *Quercus*

Die Gattung umfasst zahlreiche, auch wirtschaftlich
bedeutsame Baumarten, die man wegen ihrer stattlichen
Erscheinung und der prächtigen Herbstfärbung auch als
Ziergehölze schätzt. Außerdem werden viele Eichenarten
sehr alt – 1000 Jahre oder sogar mehr sind nachgewiesen.

Im weiteren Sinne umfasst die Gattung etwa 400 Arten. Sie kommen hauptsächlich auf der Nordhalbkugel
vor, die meisten davon in Nordamerika, aber auch etwa
20 in Europa, dem Mittelmeergebiet und im westlichen
sowie östlichen Asien. In Südamerika kommen Eichen
nur in den Anden Kolumbiens vor. Die relativ kleinen
tropischen Vorkommen beschränken sich auf die Hochgebirge dieser Breiten. Eichen finden sich in allen Höhen-
stufen, vom Meeresniveau bis in etwa 4000 m im
Himalaja. Sie benötigen relativ nährstoffreichen, nicht zu
sandigen, aber auch nicht zu trockenen oder sandigen
Boden. Im Freistand entwickeln sie außerordentlich
prächtige Kronen.

Eichen wachsen meist baumförmig, aber einige Arten
sind Sträucher. Neben immergrünen Arten gibt es auch
zahlreiche laubwerfende oder halbimmergrüne, bei
denen die Blätter erst im Frühjahr abgeworfen werden.
Die Blätter sind selten ganzrandig, sondern meist gebuchtet. Die Blüten sind eingeschlechtig, die Arten sind
demnach einhäusig. Die männlichen Blüten stehen in
hängenden Kätzchen, die weiblichen einzeln oder in
kleinen Gruppen. Die große Frucht (Eichel) ist eine
Nuss. Sie wird an der Basis von einem charakteristischen Becher (Cupula) umschlossen. Dieser
besteht aus unterschiedlich geformten Schuppen,
die ungefähr dachziegelartig angeordnet sind,
selten auch miteinander verwachsen und
konzentrische Ringe bilden.

Eichen sind windbestäubt. Viele Arten bilden
fruchtbare Hybriden. In den daraus entstehenden Formenschwärmen ist die genaue
Artbestimmung mitunter sehr schwierig.

Bedeutung der Eichen

Eichen liefern ein sehr begehrtes, festes und
dichtes Holz, das wegen seiner Beständigkeit sehr
geschätzt wird. Die im Handel angebotenen
Eichenhölzer sind nicht einfach zu unterscheiden. Holzanatomisch bestehen auch
bei den beiden mitteleuropäischen
Eichen-Arten keine verwertbaren
Unterschiede. Technisch unterscheidet man einfach die etwas
beständigeren und härteren
Weiß- und die Roteichen. Holz
beider Herkünfte werden jedoch
ähnlich verwendet, nämlich als
Konstruktionshölzer im Bauwesen, im Bootsbau,
für Möbel und kunstgewerbliche Kleinteile. Das Holz lässt
sich gut polieren. Radial geschnitten zeigen sich eine

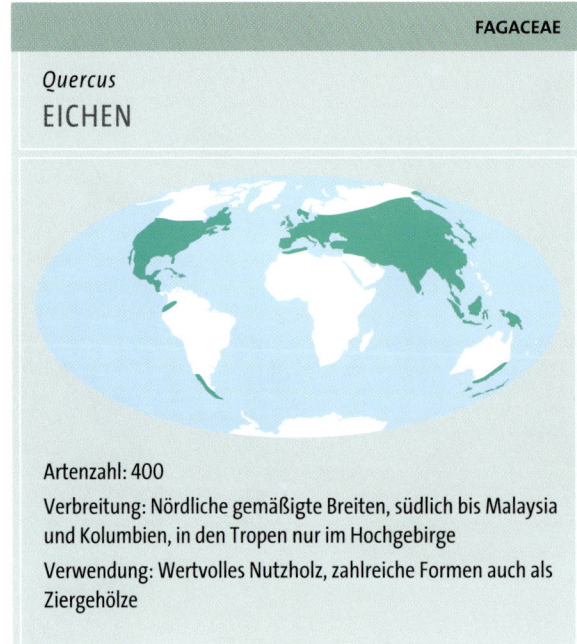

FAGACEAE

Quercus
EICHEN

Artenzahl: 400

Verbreitung: Nördliche gemäßigte Breiten, südlich bis Malaysia
und Kolumbien, in den Tropen nur im Hochgebirge

Verwendung: Wertvolles Nutzholz, zahlreiche Formen auch als
Ziergehölze

Die Trauben-Eiche *(Quercus petraea)* unterscheidet sich von
der Stiel-Eiche *(Q. robur)* in der
Wuchsform: Sie entwickelt geradschäftige Stämme, die sich bis in
die obere Kronenregion erstrecken. Die Blätter sind am
Spreitengrund keilförmig
verschmälert und nicht geöhrt.
Der frühere Name *Q. sessiliflora*
nimmt auf die ungestielten und
daher sitzenden Eicheln Bezug.

feine Maserung und die ungewöhnlich breiten, etwas schimmernden Markstrahlen, die man Spiegel nennt. Daher nimmt man solcherart zugerichtetes Eichenholz gerne für Vertäfelungen. Bedeutende Weißeichen sind *Quercus alba, Q. macrocarpa, Q. robur* und *Q. petraea*. Zu den holz- und handelstechnisch so bezeichneten Roteichen gehören *Q. rubra, Q. velutina* und *Q. palustris*. Lebenseiche nennt man in Nordamerika die Art *Q. virginiana*, die als besonders dauerhaft gilt. Sie hat den frühen Siedlern das Leben erleichtert, weil sie sich für vielerlei Zwecke vom Holzwagen und Schiff bis zum Werkzeuggriff verwenden ließ. Folglich sind heute die Bestände arg dezimiert.

Von vielen Eichen verwendet man das Holz auch für Intarsien, darunter auch solches, das von dem Schadpilz Leberreischling *(Fistulina hepatica)* braun verfärbt wurde. Bei Befall durch die Pilzart *Chlorosplenium aeruginascens* färbt sich das Holz dagegen grün. Dieser grüne Farbstoff stellt eine naturstoffchemisch interessante, weil recht selten vorkommende Verbindung dar.

Eichen und Weinbereitung

Die Verbindung zwischen Weinbereitung und Eichenholz reicht bis in die Antike zurück. Bereits die Römer kannten und schätzten die besondere Eignung von Eichenholz für Weinfässer, da es praktisch wasserdicht ist. Frische Eichenholzfässer weisen eine weitere bemerkenswerte Qualität auf, denn ihre Gerbstoffe teilen sich dem eingefüllten Wein mit und ergänzen dessen Duft- und Geschmacksstoffpalette. Barrique-Ausbau nennt man diese Sonderform der Weinbereitung. Topweine lässt man dabei in relativ kleinen, nur etwa 225 Liter fassenden Fässern vergären, damit ihnen das frische Holz möglichst viel Fülle verleiht und das rebsorteneigene Spektrum um interessante weitere Aromanoten erweitert. Im modernen Kellerbetrieb erreicht man dies nicht nur durch Eichenfässer, sondern auch durch Eichenholzspäne.

Fässer fertigt man vorzugsweise von den Arten *Q. alba* aus dem östlichen Nordamerika sowie den beiden europäischen Arten *Q. robur* und *Q. petraea*. Die Holzart ist weniger bedeutsam für die Eichenholznote als die Herkunft und die Wachstumsgeschichte. Wachstumsgeschwindigkeit und andere Eigenschaften werden weithin von Klima und Boden beeinflusst. Ferner spielen die Bestandsdichte und das Alter der Bäume eine große Rolle. Somit versteht es sich, dass Eichenfässer für den Barrique-Ausbau relativ kostspielig sind und die so erzeugten Weine durchweg der gehobenen Preisklasse angehören.

Auch der im Weinbau so wichtige Flaschenkork stammt von Eichen, genauer von der mediterran-südwesteuropäisch verbreiteten Kork-Eiche *(Q. suber)*. Erstmals im Alter von 20 Jahren und dann im Abstand von neun Jahren lassen sich die Kork-Eichen schälen. Die frisch geschälte Korkrinde wird getrocknet, dann in Wasser gekocht, um Verunreinigungen zu beseitigen und sie zu erweichen. Schließlich schneidet man die Korkplatten entweder parallel zu den Lentizellen, was durchlässige Korken ergibt, oder senkrecht dazu, sodass die Korken luftdicht sind. Kork-Eichen überstehen die mehrfache Korkernte sehr gut und werden dennoch 100–500 Jahre alt.

Weitere Nutzungen der Eichen

Eigenartigerweise werden Bäume, deren Holz als äußerst beständig gilt, von zahlreichen Bewohnern und eventuell sogar Parasiten befallen, vor allem von Pilzen und Insekten. Selten gefährlich, aber besonders zahlreich sind die Gallen erzeugenden Insektenarten, von denen etwa 800 verschiedene auf Eichen vorkommen. Einige Gallen haben sogar wirtschaftliche Bedeutung. Eichengalläpfel, die von der Gallwespe *Andricus kollari* hervorgerufen werden, enthalten besonders reichlich Gerbstoffe. Vor allem aus *Q. lusitanica* und *Q. pubescens* gewinnt man die Gerbstoffe aus den Gallen und aus der Rinde. Sie werden bei der Lederherstellung verwendet, aber auch für die sogenannte Gallustinte für Füllfederhalter. Seit dem Mittelalter gewinnt man einen wertvollen roten Farbstoff aus der Schildlaus *Coccus ilicis*, die auf der Kermes- oder Scharlach-Eiche *(Q. coccifera)* lebt. Kermes ist die arabische Bezeichnung für das Insekt.

Eicheln sind heute von geringer wirtschaftlicher Bedeutung, waren aber früher für die sogenannte Eichelmast der Haustiere wichtig.

Auch in der Kulturgeschichte und in der Mythologie nehmen die Eichen einen beachtlichen Rang ein. Im Altertum galten sie Zeus, dem Gott des Donners, geweiht. Viele Menschen glauben bis heute, dass Eichen besonders blitzgefährdet seien. Shakespeare erwähnt im Drama „König Lear" die „eichenspaltenden Blitzschläge". Die nur sehr selten auf Eichen wachsende Mistel *(Viscum album)*, die ohnehin eine eigene Mythologie aufweist, soll besonders magische Kräfte enthalten. K3–9

Die Oregon-Eiche *(Quercus garryana)* wird bis zu 25 m hoch und trägt eine rundliche Krone auf gedrehtem Stamm. Im Küstengebiet beheimatet, erträgt sie kühle und feuchte Standorte, gedeiht aber gleichermaßen gut auch an deutlich trockeneren Inlandhängen.

Q. rubra im Sommer

Q. rubra im Herbst

Die wichtigsten Eichen-Arten

Gruppe I

Blätter immergrün, bleiben länger als ein Jahr, voll entfaltet unterseits kahl.

Quercus coccifera Kermes-Eiche Mittelmeergebiet. Meist Strauch, seltener kleiner Baum, bis zu 2 m. Blätter gezähnt, breit elliptisch, bis zu 5 cm breit, Spitzen stachelig. Schuppen des Fruchtbechers (Cupula) abstehend. K6

Q. myrsinaefolia China, Japan. Baum, bis zu 18 m, in Kultur kleiner. Blätter lanzettlich, 5–12 cm lang, gesägt. Fruchtbecherschuppen in konzentrischen Ringen. K7

Gruppe II

Blätter immergrün (halbimmergrün bei *Q.* × *pseudosuber*), bleiben länger als ein Jahr am Zweig, auch voll entfaltet unterseits weißlich oder grau behaart.

Quercus suber Kork-Eiche Südeuropa, Nordafrika. Baum, bis zu 20 m. Borke korkig. Blätter mehr oder weniger eiförmig-länglich, 3–7 cm lang, mit spitzen Zähnen und 5–7 Paar Seitennerven. K9

Q. × pseudosuber (Q. × hispanica), Spanische Eiche Natürliche Vorkommen in Südeuropa. Baum, bis zu 30 m mit dicker, aber nur wenig verkorkter Borke. Blätter wintergrün, fallen im Frühjahr, eiförmig-länglich, 4–10 cm lang, mit 4–7 Paar seichter Blattbuchten und spitzen Zipfeln. K7
Die Gartenform 'Lumbeana' gehört in diese Hybriden-Gruppe. Ihre Hauptäste sind am Stammansatz auffällig verdickt; Endknospen mit fädigen Borsten umgeben, die an den Seitenknospen fehlen (Unterschied zu *Q. cerris*, bei der alle Knospen Borsten tragen).

Q. ilex Stein-Eiche Mittelmeergebiet, Nordspanien, Westfrankreich. Baum, bis zu 20 m. Blätter ledrig, eiförmig-lanzettlich, vorne spitz, 3–7 cm lang, glattrandig oder grob gezähnt mit 7–10 Paar Seitennerven. Eicheln schmecken sehr bitter. K7

Q. rotundifolia Rundblättrige Eiche Der Stein-Eiche sehr ähnlich, ersetzt diese in Südwestspanien. Seitennerven in größerem Winkel mit der Mittelrippe. Eicheln schmecken nicht sehr bitter. K7

Q. virginiana Virginische Eiche, Lebens-Eiche Südliche USA, Mexiko. Baum, bis zu 20 m. Blätter länglich, vorne gerundet, 4–13 cm lang, typischerweise glattrandig und am Rande etwas umgeschlagen. Eine der schönsten immergrünen Arten der Gattung. Wertvolles Nutzholz. K7

Gruppe III

Blätter sommergrün oder halbimmergrün, bleiben höchstens ein Jahr am Zweig, glattrandig.

Quercus phellos Weiden-Eiche Nordamerika. Baum, bis zu 30 m. Blätter lanzettlich, 5–10 cm lang, blassgrün bis leicht gelblich. K6

Gruppe IV

Blätter sommergrün, aber gelappt. Blattlappen spitz.

Q. rubra

Q. petraea

Q. suber

Q. cerris

Q. robur

Quercus marilandica Schwarz-Eiche Südliche USA. Baum, bis etwa 10 m. Blätter verkehrt-eiförmig, 3- bis 5-lappig, 10–20 cm lang, unterseits rostbraun flaumig. K5

Q. velutina (Q. tinctoria) Färber-Eiche Nordamerika. Baum, 30–50 m. Blätter eiförmig-länglich, 10–25 cm lang, mit 7–9 Lappen, diese gezähnt und etwas gewellt, unterseits behaart. Borke und Eicheln liefern einen Farbstoff. K6

Q. rubra (Q. borealis) Rot-Eiche Östliche USA. Baum, bis zu 25 m. Triebe dunkelrot. Blätter länglich, 12–20 cm lang, mit 7–11 Lappen, Spreite weniger als die Hälfte bis zur Mittelrippe eingeschnitten, unterseits fast kahl. K3

Q. palustris Sumpf-Eiche Nordamerika. Baum, bis zu 30 m. Blätter elliptisch-länglich, 10–15 cm lang, 5- bis 7-lappig, Spreite mehr als die Hälfte bis zur Mittelrippe eingeschnitten, unterseits bis auf deutliche Achselbüschel kahl. Blätter im Herbst dunkler rot als die vorige Art. K6

Q. coccinea Scharlach-Eiche Nordamerika. Baum, bis zu 25 m. Triebe scharlachrot. Blätter elliptisch-länglich, 8–15 cm lang, 7- bis 9-lappig. Spreite fast bis zur Mittelrippe eingeschnitten, unterseits kahl bis auf unauffällige Achselbüschel. Im Herbst leuchtend karminrot umfärbend. K4

Gruppe V

Blätter sommergrün, stachelspitzig gezähnt, nicht gelappt.

Quercus libani Libanon-Eiche Kleinasien, Syrien. Baum, bis zu 10 m. Blätter länglich-lanzettlich, 5–10 cm lang, mit 9–12 Paar Seitennerven. K6

Q. ilex

Q. robur

Die Kork-Eiche *(Quercus suber)* ist im westlichen Mittelmeerraum beheimatet. Diese breitkronige Art unterscheidet sich von allen anderen immergrünen Eichen durch ihre dicke, verkorkte Borke. Nach dem Abschälen erscheint die verbleibende Rinde der kurzen, meist etwas gedrehten Stämme braun- bis ziegelrot.

Q. acutissima **Seidenraupen-Eiche** China, Japan, Korea, Himalaja. Baum, bis zu 15 m. Blätter länglich, 8–18 cm lang, mit 12–16 Paar Seitennerven. K5

Gruppe VI

Blätter sommergrün, ohne Stachelspitzen an den Blattzähnen oder Lappen, letztere können jedoch spitz sein.

Quercus cerris **Zerr-Eiche** Südeuropa, Westasien. Baum, bis zu 38 m. Blätter länglich, gezähnt, Spreite am Grunde nicht geöhrt, 5–10 cm lang, mit 4–10 Paar kurzer, enger Lappen. Fruchtbecherschuppen lang, fädig, abstehend. K7

Q. robur **Stiel-Eiche** Europa, Nordafrika, Kleinasien. Baum, bis zu 45 m. Blätter verkehrt-eiförmig und länglich, gelappt, am Grunde geöhrt, 5–12 cm lang, die 3–7 Lappen weniger als bis zur Spreitenhälfte eingeschnitten. Eicheln 2–7 cm lang gestielt. K6

Q. petraea **Trauben-Eiche** Europa, Kleinasien. Baum, bis zu 40 m. Blätter verkehrt-eiförmig und länglich, gelappt, 8–13 cm lang, die 5–9 rundlichen Lappen weniger als bis zur Spreitenhälfte eingeschnitten, symmetrischer als bei der vorigen Art, am Grunde keilförmig und nicht geöhrt. Eicheln ungestielt sitzend. K4

Q. alba **Weiß-Eiche** Östliche USA. Baum, 40–50 m. Blätter verkehrt-eiförmig und länglich, mit 5–9 rundlichen Lappen, einige tiefer als bis zur Spreitenhälfte eingeschnitten. K4

Q. bicolor **Zweifarbige Eiche** Östliches Nordamerika. Baum, bis zu 30 m. Triebe kahl. Blätter verkehrt-eiförmig und länglich, 10–16 cm lang, buchtig gezähnt, unterseits behaart, 6–7 Lappen. Fruchtbecher viel kürzer als die Eichel. K4

Q. macrocarpa **Klettenfrüchtige Eiche** Nordamerika. Baum, bis zu 25 m, manchmal auch deutlich höher und bis zu 55 m. Triebe anfangs behaart. Blätter mehr oder weniger verkehrt-eiförmig, leierförmig fiederteilig, 10–25 cm lang, unterseits behaart; Endlappen groß, mehr oder weniger gekerbt bis 2-lappig. Rand des Fruchtbechers mit fransigen Schuppen. K3

Buchen – *Fagus*

Die Gattung *Fagus* umfasst nur etwa zehn Arten sommergrüner Bäume. Sie werden bis zu 45 m hoch und sind auf allen Kontinenten der Nordhalbkugel beheimatet, wo sie wichtige Waldbäume in Rein- oder Mischbeständen sind. Nach dem Fossilbericht sind Buchen während der Tertiärzeit sogar in Island vorgekommen. In vorrömerzeitlichen Torfschichten aus England sind Pollen der Rot-Buche *(Fagus sylvatica)* enthalten, obwohl Cäsar berichtet, die Art komme dort nicht vor. Möglicherweise hat er die Art mit der Edel-Kastanie *(Castanea sativa)* verwechselt.

Nahe verwandt mit *Fagus* ist die Gattung *Nothofagus* (Südbuche, s. S. 125). Ihre Vertreter sind jedoch von Natur aus nur auf der Südhalbkugel verbreitet.

Buchen entwickeln breite, hohe Kronen auf geraden, ansehnlichen Stämmen, die eine glatte, graue Borke aufweisen. Die Blätter sind wechselständig, mehr oder weniger eiförmig, vorne spitz, grob gezähnt bis gewellt oder glattrandig und meist dünn und durchscheinend. Im Winter sind die lang-spindelförmigen und abstehenden Knospen einfach zu erkennen. Die Blüten sind eingeschlechtig und einhäusig verteilt. Sie erscheinen kurz nach dem Laubaustrieb. Die männlichen Blüten stehen in dichten, dünn gestielten Köpfen zusammen. Jede Einzelblüte besteht aus einer vier- bis siebenzipfligen Blütenhülle und etwa acht bis 16 Staubblättern. Der weibliche Blütenstand besteht aus zwei Einzelblüten, jede mit drei Griffeln und einer vier- bis fünfzipfligen Blütenhülle. Die Frucht ist eine dreieckige Nuss (Buchecker); eine bis zwei Bucheckern stecken ganz oder teilweise in einer Hülle (Fruchtbecher oder Cupula) miteinander verwachsener Deckblätter, die verholzen und sich vierklappig öffnen. Sie stehen auf kurzen, verdickten etwa 2,5 cm langen oder dünneren, bis zu 8 cm langen Stielen. Die Cupula ist von breiten, etwas stacheligen Borsten bedeckt.

Die Arten sind ziemlich winterhart, gedeihen auch auf Kalkböden und bevorzugen leichte bis mittlere Böden. Buchen sind daher die typischen Waldbäume der Kalkgebiete. In Deutschland sind besonders schöne Kalkbuchenwälder beispielsweise im Nationalpark Hainich zu erleben. Wegen der Kronendichte fällt nur wenig Licht auf den Waldboden. Daher ist hier die Flora zumindest nach dem Spätfrühjahr nicht allzu üppig entwickelt. Im Herbst finden sich in den Buchenwäldern zahlreiche Pilze, darunter auch der essbare Austernseitling *(Pleurotus ostreatus)*.

Nutzung der Buchen

Buchenholz, in Mitteleuropa meist das der Rot-Buche, wird wegen seiner Dichte, Härte und Druckfestigkeit sehr geschätzt. Man verwendet es für den Innenausbau (beispielsweise Treppenstufen) und für Möbel, ferner für Parkett und Kleinteile wie Werkzeuggriffe. Für den Außenbereich eignet es sich jedoch weniger. Buchenholz verwendet man auch in Konzertflügeln und Klavieren, wo der Rahmen den Zug von 225 oder mehr Saiten auszu-

Das Laub der Rot-Buche *(Fagus sylvatica)* färbt im Herbst goldgelb um – die mitteleuropäischen Buchenwaldgebiete erleben dann einen goldenen Oktober.

halten hat. Meist ist das Holz recht einheitlich und ohne größere Unterschiede zwischen Splint und Kern. Gelegentlich zeigt pilzbefallenes Holz eine besonders auffällige Musterung mit schwärzlichen Strichen, die gerne für Furniere oder Vertäfelungen verwendet wird.

Die Bucheckern enthalten fettes Öl, das man für Speisezwecke und für technische Verwendungen gewinnt. Die sogenannte Eckernmast war früher eine wichtige Futterquelle für die in den Wald getriebenen Haustiere.

Mehrere Buchen-Arten werden wegen ihres stattlichen Aussehens und ihrer gefälligen Form gerne als Parkbaum angepflanzt. Gärtnerisch erfolgt die Vermehrung über die Samen, aber bei vielen Cultivaren auch durch Pfropfung. Von der heimischen Rot-Buche sind zahlreiche Gartenformen bekannt: *Fagus sylvatica* 'Asplenifolia' trägt farnartige Blätter, deren Spreiten stark zipfelig gelappt und manchmal bis zur Mittelrippe eingeschnitten ist. Die Sorte 'Fastigiata' bzw. 'Dawyck' wächst schlanksäulig wie eine Pyramidenpappel; man fand sie 1860 in Schottland und pflanzt sie gerne in Alleen oder an Straßen an. 'Heterophylla' ist schlitzblättrig und umfasst ihrerseits mehrere Sorten: Die forma *laciniata* trägt eiförmig-lanzettliche Blätter mit sieben bis neun tiefen Einschnitten auf beiden Spreitenhälften bis etwa zwei Drittel zur Mittelrippe, während die forma *latifolia* breitere Blätter aufweist, die an jungen Exemplaren etwa 8–14 cm lang sind. 'Pendula' ist eine vielgestaltige Gartenform mit hängenden Ästen und Zweigen. Besonders beliebt sind die rotlaubigen, schon vor 1700 als spontane Mutation aufgefundenen Purpur- oder Blutbuchen der Sortengruppe 'Atropunicea' bzw. 'Purpurea'. Bei diesen Formen wird das normale Blattgrün durch Anthocyane maskiert, sodass mehrere Schattierungen von Purpurn, Schwarzpurpur oder Schwarzrot entstehen. Bei manchen Gartenformen wie der Goldbuche sind die Blätter nur im Austrieb gelbgrün. K4–7

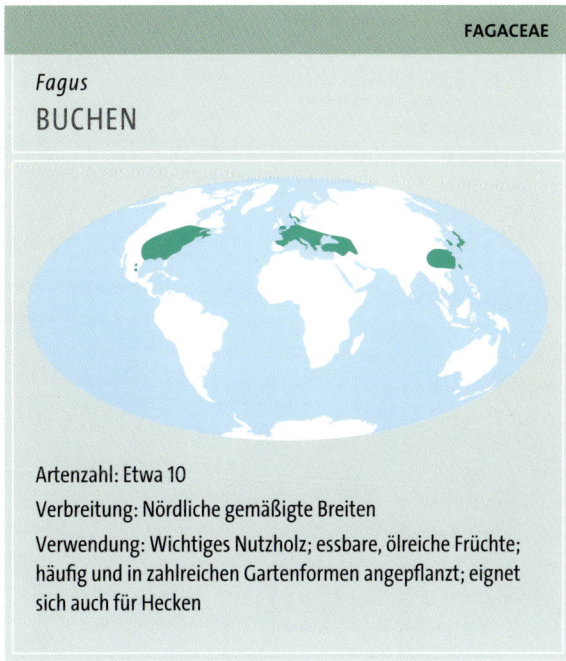

FAGACEAE

Fagus
BUCHEN

Artenzahl: Etwa 10

Verbreitung: Nördliche gemäßigte Breiten

Verwendung: Wichtiges Nutzholz; essbare, ölreiche Früchte; häufig und in zahlreichen Gartenformen angepflanzt; eignet sich auch für Hecken

F. sylvatica

F. grandifolia

F. engleriana

F. crenata

F. engleriana

F. longipetiolata

F. sylvatica

Die Buchen-Arten

Gruppe I

Eckern ein Drittel oder halb so lang wie ihre Cupula, deren Stiel zwei- bis fünfmal so lang. Blätter unterseits kahl.

Fagus japonica Japanische Buche Baum, bis zu 25 m. Blätter elliptisch-eiförmig, spitz, 5–8 cm lang, unterseits mehr oder weniger unbehaart, glattrandig oder wellig gebuchtet, Seitennerven in (9)10–14(15) Paaren. Cupula-Anhängsel kurz dreieckig. K5

Gruppe II

Eckern nicht länger als ihre Cupula, diese kurz gestielt, 5–25 cm lang, kurzhaarig. Blätter unterseits grün.

Fagus grandifolia Amerikanische Buche Östliches Nordamerika. Baum, bis zu 25 m, mit Wasserreisern. Blätter länglich-eiförmig, 6–12 cm lang, grob gezähnt; mit (9)11–14(15) Paar Seitennerven. Anhängsel der Cupula pfriemenförmig. K4

F. sylvatica Rot-Buche Mittel- und Südeuropa bis zur Krim. Baum, bis zu 45 m. Blätter eiförmig-elliptisch, 5–10 cm lang, Rand nahezu glatt oder entfernt undeutlich gezähnt, leicht gewellt; 5–9 Paar Seitennerven. Anhängsel der Cupula stachelig. K4

F. orientalis Orientalische Buche Kleinasien, Kaukasus, Nordiran. Baum, bis zu 30 m. Blätter oberhalb der Mitte am breitesten, eiförmig bis verkehrt-eiförmig und länglich, 6–11(12) cm lang, glattrandig bis leicht gewellt; 7–

12(14) Paar Seitennerven. Anhängsel der Cupula schuppig bis löffelförmig, oben eher borstig. Stiel der Cupula 2–7,5 cm lang. K5

F. moesiaca und **F. taurica** sind Bezeichnungen für Buchen, die in Blatt- und Fruchtmerkmalen zwischen F. sylvatica und F. orientalis stehen, im Saum beider Verbreitungsgebiete vorkommen und vermutlich Hybridschwärme darstellen.

F. crenata Japanische Buche Japan. Baum, bis zu 30 m. Blätter am breitesten unterhalb der Spreitenmitte, mehr oder weniger eiförmig, 5–10 cm lang, leicht gekerbt; Seitennerven in 7–10(11) Paaren. Anhängsel der Cupula oben gerade und borstig, unten löffelförmig; Stiel 5–15 mm lang. K4

F. lucida Chinesische Buche Östliches China. Baum, etwa 6–10 m. Blätter elliptisch-eiförmig, 5–8 cm lang, beidseits glänzend grün, schwach gewellt, (8)10–12(14) Paar Seitennerven, enden in Randstacheln. Cupula wollig behaart, Anhängsel schuppig, dreieckig, anliegend. K6

Gruppe III

Eckern nicht länger als die Cupula, deren Stiel jedoch dünn, kahl oder selten flaumhaarig, 2,5–7 cm lang. Blätter unterseits mehr oder weniger bläulich glänzend.

Fagus engleriana Englers Buche China. Baum, 6–15(23) m. Blätter elliptisch-eiförmig, (4)5–8(11) cm lang, randlich gebuchtet, Hauptnerven unterseits seidig behaart, sonst kahl; Blattstiel um 10 mm lang, 10–14 Paar Seitennerven. Anhängsel der Cupula schuppig, ziemlich schmal. K6

F. longipetiolata Langstielige Buche Zentral- und Westchina. Baum, bis zu 25 m. Blätter eiförmig oder etwas länglich,

Die Rot-Buche (Fagus sylvatica) entwickelt vor allem im Freistand eindrucksvolle und relativ breite Kronen auf geraden, säulenförmigen Stämmen. Im geschlossenen Bestand bleiben die Kronen schlanker.

Sommer   F. sylvatica   Winter

7–12 cm lang, randlich mit wenigen Zähnen, unterseits fein flaumhaarig, Blattstiel 1–2 cm lang, 9–12(13) Paar Seitennerven. Cupula lang gestielt, mit dünnen, gekrümmten, borstigen Anhängseln. K6

Südbuchen – *Nothofagus*

Auf der Südhalbkugel stellt diese Gattung wichtige Waldbäume mit eigenartig disjunkter Verbreitung in der Alten und der Neuen Welt. Zu *Nothofagus* gehören Arten der gemäßigten Breiten, die in Südamerika von etwa 35° südlicher Breite bis zum Kap Hoorn und von Neuseeland nordwärts bis Tasmanien und Ostaustralien reichen. Die mehr tropisch verbreiteten Arten kommen in Neuguinea und Neukaledonien vor. Viele Arten sind in den kühlgemäßigten und tropischen Gebirgswäldern südlich des Äquators bestandsbildend oder wichtige Bestandteile von Mischbeständen. Einige Südbuchen-Arten kommen auch im Tiefland vor.

Über die eigenartig unzusammenhängende Verteilung der *Nothofagus*-Arten zwischen der Alten und der Neuen Welt hat man vielerlei Spekulationen angestellt. Die Früchte sind nicht auf Fernausbreitung eingerichtet, was eine Verdriftung durch Wind oder Meeresströmung ausschließt. Auch ist eine Verschleppung durch Vögel eher unwahrscheinlich – Transportmöglichkeiten, die bei anderen Pflanzen durchaus funktionieren. Nach dem Fossilbericht kamen *Nothofagus*-Arten jedoch in der Kreidezeit vor etwa 100 Millionen Jahren in der Antarktis vor. Die Gattung existierte also bereits, als Australasien, Südamerika und die Antarktis noch als Superkontinent Gondwana zusammenhingen, ehe er durch Plattendrift zerbrach. Das moderne Konzept der Plattentektonik und der Drift der Kontinente erklärt also problemlos auch die Zerlegung des ursprünglich zusammenhängenden *Nothofagus*-Areals ebenso wie im Fall anderer Verwandtschaftsgruppen.

Die Südbuchen sind sommer- oder immergrüne Sträucher oder überwiegend Bäume bis zu 50 m Höhe. Die Nebenblätter fallen frühzeitig ab. Die Blüten sind einhäu-

N. obliqua

N. procera

N. solandri

Die immergrüne *Nothofagus solandri* trägt ovale, glattrandige Blätter, die oberseits glänzend grün und unterseits dicht behaart sind. Nur bei jungen Bäumen oder Schattenexemplaren sind die Blätter beidseits behaart.

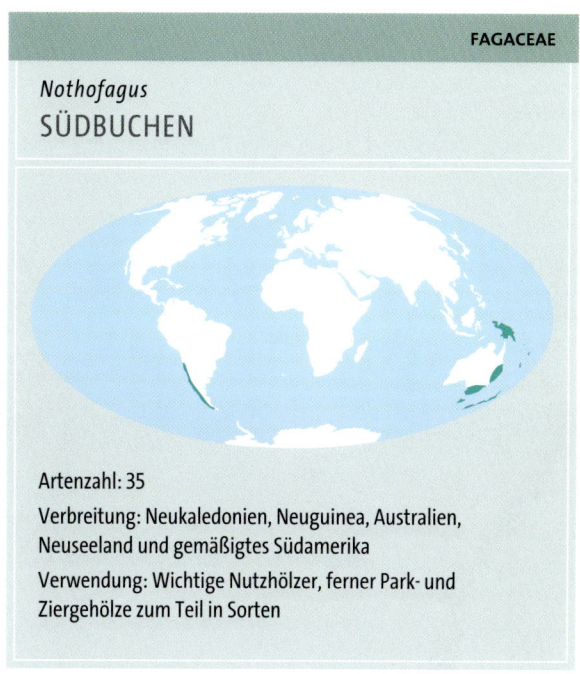

FAGACEAE

Nothofagus
SÜDBUCHEN

Artenzahl: 35

Verbreitung: Neukaledonien, Neuguinea, Australien, Neuseeland und gemäßigtes Südamerika

Verwendung: Wichtige Nutzhölzer, ferner Park- und Ziergehölze zum Teil in Sorten

sig. Die männlichen Blüten stehen einzeln oder in Gruppen zu zweit oder dritt (selten zu fünft) und weisen eine glockige Blütenhülle mit fünf Staubblättern auf. Bei den weiblichen Blüten ist die Blütenhülle fein gezähnt. Sie stehen einzeln oder in Gruppen von drei (selten sieben) und sind zur Reifezeit von einer Cupula umschlossen, die aus lappigen Auswüchsen des Blütenstiels entsteht. Die Frucht ist eine einsamige Nuss.

Die Gattung ist mit den nordhemisphärisch verbreiteten Buchen *(Fagus)* eng verwandt und wird in zwei Sektionen gegliedert. Die Sektion *Calucechinus* ist immergrün und mit Ausnahme von drei Arten vor allem in der Alten Welt beheimatet, überwiegend in Neuguinea und Neukaledonien.

Auf den in den gemäßigten Breiten verbreiteten *Nothofagus*-Arten kommen artspezifisch Mistel-Arten vor – in Neuseeland Vertreter der Gattung *Elytrante* (Loranthaceae), während die zur gleichen Familie gehörenden *Misodendrum*-Arten nur auf südamerikanischen Südbuchen parasitieren.

Das Holz der in den gemäßigten Breiten (vor allem in Südamerika) vorkommenden *Nothofagus*-Arten gilt als wertvolles Nutzholz, obwohl es etwas weicher als Buchenholz ist. Man verwendet es im Bauwesen und für Möbel. Die besten Holzqualitäten weisen *Nothofagus nervosa*, *N. obliqua*, *N. glauca* und *N. alessandri* auf, wobei man das Holz der letzteren beiden in Chile vor allem im Bootsbau einsetzt. Einige Arten wie *N. antarctica*, *N. obliqua* und *N. nervosa* werden auch in Europa als Park- oder Gartengehölze angepflanzt, da sie eine prächtige Herbstfärbung zeigen. In Großbritannien gibt es seit 1930 auch forstlichen Anbau mit *N. obliqua* und *N. nervosa*, die sich in allen möglichen Bodentypen sehr bewähren.

Die wichtigsten Südbuchen-Arten

Sektion Calucechinus
Laubwerfende Bäume. Blätter in den Knospen fächerförmig gefaltet.

Untersektion Antarctica
Cupula 4-teilig. Weibliche Blüten zu 3 (oder selten zu 7).

Nothofagus alessandri Chile. Baum, bis zu 40 m. Blätter 55–133 × 89–90 mm, länglich-eiförmig, fein gezähnt, kahl. Männliche Blüten zu 3, mit 10–20 Staubblättern. Nüsse 6,5–7,5 mm lang, mit 3 scharfen Kanten und konkaven Flanken, geflügelt, kahl. K9

N. antarctica Südchile, Südargentinien. Baum oder kleinerer Strauch, bis zu 18 m. Blätter 13–45 × 5–22 mm, länglich bis eiförmig-rundlich, etwas gelappt bis gekerbt, meist kahl, unterseits auf den Hauptnerven leicht flaumig. Männliche Blüten einzeln oder zu 2–3, mit 8–13 Staubblättern. Nüsse etwa 6 mm lang, dreikantig, kahl. K7

N. glauca Mittelchile. Baum, bis zu 40 m. Blätter 45–80 × 30–50 mm, länglich-eiförmig, doppelt gesägt, kahl, auf den Hauptnerven unterseits fein bewimpert. Männliche Blüten einzeln, mit 40–90 Staubblättern. Nüsse 15–16 mm lang, dreikantig, nicht geflügelt. K7

N. obliqua Robelbuche Mittel- und Südchile, Mittel- und Südargentinien. Baum, bis zu 35 m. Blätter 20–75 × 12–35 mm, elliptisch-länglich, doppelt gesägt, fast kahl. Männliche Blüten einzeln, mit 20–40 Staubblättern. Nüsse 5–6(10) mm lang, deutlich geflügelt. K8

N. nervos Mittel- und Südchile, Mittel- und Südargentinien. Baum, bis zu 30 m. Blätter 40–120 × 20–40 mm, länglich bis schmal eiförmig, fein gezähnt. Männliche Blüten einzeln, mit 20–30 Staubblättern. Nüsse um 6 mm lang, flaumig behaart oder kahl, die seitlichen mit 3, die mittleren mit 2 Flügeln. K7

N. gunnii Tasmanien. Baum oder Strauch, bis zu 2,5 m. Blätter 10–15 × 10–15 mm, rundlich-eiförmig, gekerbt, unterseits auf den Hauptnerven mit langen, anliegenden Haaren. Männliche Blüten zu 2 oder 3, mit 6–12 Staubblättern. Nüsse etwa 8 mm lang, die seitlichen breit 3-flügelig, die mittleren flach und nur 2-flügelig. K8

Untersektion Pumiliae
Cupula 2-teilig. Weibliche Blüten einzeln.

Nothofagus pumilio Südchile, Südargentinien. Baum, bis zu 25 m, im Gebirge nur als Strauch. Blätter 20–35 × 10–25 mm, breit eiförmig bis breit elliptisch, stumpf doppelt gezähnt, fast kahl. Männliche Blüten einzeln, mit 20–30 Staubblättern. Nüsse etwa 7 mm lang, dreikantig und wenig behaart. K7

Sektion Calusparassus
Immergrüne Bäume. Blätter in den Knospen nicht gefaltet.

N. antarctica

N. moorei

N. procera

N. obliqua

N. procera

N. pumilio

N. menziesii

Untersektion Quadripartitae

Cupula 4-teilig. Weibliche Blüten zu 3, randliche Blüten 3-, mittlere 2-zählig. Blätter annähernd glattrandig bis gelappt oder tief geteilt.

Nothofagus betuloides Südchile, Südargentinien. Baum, bis zu 30 m. Blätter 12–25 × 6–19 mm, eiförmig-elliptisch, gesägt, kahl. Männliche Blüten einzeln, mit 10–16 Staubblättern. Nüsse etwa 6 mm lang, dreikantig, kahl. K7

N. dombeyi Mittel- und Südchile, Mittel- und Südargentinien. Baum, bis zu 50 m. Blätter 20–30 × 7,5–15 mm, länglich-eiförmig bis lanzettlich, ungleich gezähnt, kahl. Männliche Blüten zu 3, mit 8–15 Staubblättern. Nüsse 6–7 mm lang, spärlich flaumhaarig, 3- oder 2-flügelig. K8

N. nitida Mittelchile, Mittelargentinien. Baum, bis zu 30 m. Blätter 22–35 × 12–20 mm, länglich-eiförmig bis dreieckig, grob gezähnt und kahl. Männliche Blüten zu 3, mit 5–8 Staubblättern. Nüsse etwa 6 mm lang, dreikantig, schwach flaumhaarig. K7

N. cunninghamii Myrtenbuche Südöstliches Australien. Baum, bis zu 50 m. Blätter 6–20 × 6–20 mm, rundlich, entfernt gekerbt, kahl. Männliche Blüten einzeln, selten zu 3, mit 8–12 Staubblättern. Nüsse 6 mm lang, kahl, die randlichen 3-, die mittleren 2-flügelig. K9

N. moorei Australbuche Östliches Australien. Baum, bis zu 50 m. Blätter 15–115 × 8–60 mm, länglich-eiförmig, gesägt, kahl, nur die Mittelrippe oberseits behaart. Männliche Blüten einzeln, mit 15–20 Staubblättern. Nüsse 6 mm lang, die seitlichen 3-flügelig und 3-kantig, die mittleren flach und 2-flügelig. K9

N. menziesii Silberbuche Neuseeland. Baum, bis zu 30 m. Blätter 6–15 × 5–15 mm, breit eiförmig bis rundlich, doppelt gekerbt, kahl, nur auf den Blattadern unterseits behaart. Männliche Blüten einzeln, mit 30–36 Staubblättern. Nüsse etwa 5 mm lang, fein behaart, die seitlichen 3-kantig und 3-flügelig, die mittleren flach und 2-flügelig. K9

N. fusca Neuseeland. Baum, bis zu 30 m. Blätter 25–34 × 12–25 mm, breit eiförmig bis länglich-eiförmig, ziemlich tief gesägt, kahl, nur unterseits auf den Hauptnerven fein behaart. Männliche Blüten einzeln oder zu 2–3, selten zu 5, mit 8–11 Staubblättern. Nüsse 8 mm lang, kahl, 3-kantig bis flach und geflügelt. K9

N. truncata Neuseeland. Baum, bis zu 30 m. Blätter 25–35 × 20 mm, breit eiförmig bis elliptisch-länglich oder rundlich, flach grob und stumpf gesägt, kahl oder fast kahl. Männliche Blüten einzeln oder zu 2–3, mit 10–13 Staubblättern. Nüsse etwa 8 mm lang, fein behaart. K8

Südbuchen an der Baumgrenze in den südlichen Anden: Sie gedeihen noch in größerer Höhe und werden hier bis zu 15 m hoch, bilden aber an exponierten Hängen oft abenteuerliche Kronengestalten aus.

N. codonandra

N. grandis

Untersektion Tripartitae

Cupula 3-teilig. Weibliche Blüten zu 3, seitliche 3-zählig, mittlere 2-zählig. Blätter glattrandig.

Nothofagus solanderi var. *cliffortioides*

Neuseeland. Baum oder Strauch, bis zu 15 m. Blätter 10–15 × 7–10 mm, eiförmig bis länglich-eiförmig, oberseits kahl, unterseits dicht grau behaart. Männliche Blüten einzeln oder zu 2–3, mit 8–14 Staubblättern. Nüsse 6–8 mm lang, kahl oder fein flaumig, die Flügel mit spitzen Enden. K8

N. solanderi Schwarzbuche

Neuseeland. Baum, bis zu 25 m. Blätter 10–15 × 5–10 mm, schmal bis elliptisch-länglich, oberseits kahl oder fast kahl, unterseits dicht grauhaarig bis filzig. Männliche Blüten einzeln oder zu 2, mit 8–17 Staubblättern. Nüsse bis zu 8 mm lang, mit breit ansitzenden Flügeln. K8

Untersektion Bipartitae

Cupula 2-klappig. Weibliche Blüten einzeln oder zu 3, alle 2-zählig.

Serie Triflorae

Cupula mit 3 Nüssen.

Nothofagus perryi

Neuguinea. Baum, etwa 14–40 m. Blätter 30–80 × 12–35 mm, eiförmig-länglich, vorne gekerbt, kahl. Männliche Blüten zu 3, mit 13–15 Staubblättern. Nüsse 5–8 mm lang, eiförmig, an der Spitze mehr oder weniger geflügelt. K8

N. nuda

Neuguinea. Baum, bis zu 20 m. Blätter 80–100 × 30–40 mm, elliptisch, vorne seicht gekerbt, kahl. K7

N. balansae

Neukaledonien. Baum, bis zu 15 m. Blätter 47–80 × 20–30 mm, verkehrt-eiförmig und länglich, kahl. Männliche Blüten zu 3, mit 12–30 Staubblättern. Nüsse 13–15 mm lang, kreisrund, schmal geflügelt. K7

N. discoidea

Neukaledonien. Baum, bis zu 40 m. Blätter etwa 80 × 25–40 mm, lanzettlich, kahl. Männliche Blüten zu 3, mit 12–30 Staubblättern. Nüsse 16–19 mm lang, mehr oder weniger kreisrund, schmal geflügelt. K7

N. starkenborghii

Neuguinea. Baum, etwa 16–45 m. Blätter 30–80 × 12–35 mm, elliptisch, selten verkehrt-eiförmig, kahl. Männliche Blüten zu 3, mit etwa 12–14 Staubblättern. Nüsse etwa 6 mm lang, eiförmig, mehr oder weniger geflügelt. K9

N. aequilateralis

Neuguinea. Baum, bis zu 30 m. Blätter 85–100 × 30–40 mm, elliptisch, kahl. Männliche Blüten zu 3, mit 12–30 Staubblättern. Nüsse kreisrund, schmal geflügelt. K9

N. brassii

Neuguinea. Baum, etwa 25–45 m. Blätter 25–90 × 15–40 mm, elliptisch bis länglich-eiförmig, kahl. Männliche Blüten zu 3, mit etwa 15 Staubblättern. Nüsse 6–10 mm lang, eiförmig bis kugelig, zur Spitze geflügelt. K7

N. baumanniae

Neukaledonien. Baum, bis zu 20 m. Blätter 6–12 × 2,5–5,5 cm, mehr oder weniger länglich, kahl. Männliche Blüten zu 3, mit 12–30 Staubblättern. Nüsse 20–30 mm lang, kreisrund, schmal geflügelt. K9

N. codonandra

Neukaledonien. Baum, bis zu 30 m. Blätter 9–12 × 2,8–5,5 cm, länglich, kahl. Männliche Blüten zu 3, mit 12–30 Staubblättern. Nüsse 17–20 mm lang, mehr oder weniger kreisrund, schmal geflügelt. K9

Serie Uniflorae

Cupula mit 1 Nuss.

Nothofagus pullei

Neuguinea. Strauch, bis zu 4 m, oder Baum, bis zu 50 m. Blätter 10–45 × 7–28 mm, breit elliptisch bis länglich-elliptisch, oberseits kahl, unterseits auf den Nerven spärlich behaart. Männliche Blüten einzeln, mit 10–15 Staubblättern. Nüsse 5–6 mm lang, rundlich bis elliptisch. K8

N. crenata

Neuguinea. Baum, bis zu 40 m. Blätter 25–50 × 12–30 mm, länglich-eiförmig, nach vorne gekerbt, kahl. Männliche Blüten einzeln. Nüsse etwa 5 mm lang, mehr oder weniger kreisrund, schmal geflügelt. K7

N. resinosa

Neuguinea. Baum, bis zu 40 m. Blätter 40–100 × 25–50 mm, elliptisch, nahe der Spitze fein gekerbt, kahl. Männliche Blüten einzeln. Nüsse etwa 5 mm lang, breit elliptisch, geflügelt, fein behaart. K7

N. pseudoresinosa

Neuguinea. Baum, 30–40 m. Blätter 25–55 × 12–25 mm, länglich-elliptisch, kahl. Männliche Blüten einzeln. Nüsse etwa 7–8 mm lang, eiförmig. K7

N. carrii

Neuguinea. Baum, 20–45 m. Blätter 20–60 × 10–30 mm, verkehrt-eiförmig, seltener elliptisch, kahl. Männliche Blüten einzeln. Nüsse etwa 7–8 mm lang, eiförmig. K8

N. flaviramea

Neuguinea. Baum, 15–45 m. Blätter 50–120 × 25–50 mm, länglich-eiförmig, kahl. Männliche Blüten zu 3. Nüsse 8–10 mm lang, verkehrt-eiförmig. K8

N. grandis

Neuguinea. Baum, (12)25–48 m. Blätter 45–100 × 20–50 mm, breit elliptisch bis länglich-elliptisch, kahl. Männliche Blüten zu 3, mit 10–17 Staubblättern. Nüsse etwa 7–10 mm lang, rhombisch, schmal geflügelt. K8

N. rubra

Neuguinea. Baum, 17–45 m. Blätter 25–100 × 15–45 mm, verkehrt-eiförmig bis elliptisch, kahl. Männliche Blüten zu 3. Nüsse 4–6 mm lang, kreisrund bis breit eiförmig. K8

N. womersleyi

Neuguinea. Baum, bis etwa 20 m. Blätter 50–90 × 25–40 mm, länglich-eiförmig, kahl. Nüsse 7–10 mm lang, länglich eiförmig, flach, zur Spitze geflügelt. K8

Die hier benannten Arten sind in Europa nur selten in Sammlungen zu sehen.

Kastanien – *Castanea*

Die Gattung *Castanea* (nicht zu verwechseln mit der nicht näher verwandten Gattung *Aesculus* = Rosskastanie) umfasst etwa zehn Arten auf der Nordhalbkugel. Die Ess- oder Edel-Kastanie (*C. sativa*) aus Südeuropa ist sicherlich eine der bekanntesten Arten und in Mitteleuropa seit der Römerzeit eingebürgert.

Kastanien sind relativ raschwüchsige, langlebige, sommergrüne Bäume, die oft ansehnliche Abmessungen erreichen und bis unten Äste tragen. Der Stamm zeigt im Alter eine tieffurchige Borke. Die Blätter sind elliptisch, gesägt und oberseits glänzend dunkelgrün, woran man die Bäume auch in gemischten Beständen sofort erkennt. Die Blüten sind sehr klein und stehen in Kätzchen in den Blattachseln. Der obere Teil des Kätzchens enthält nur Gruppen männlicher Blüten, die weiblichen sitzen zu dritt an der Kätzchenbasis. Die Früchte sind einsamige Nüsse. Sie sitzen in einer kugeligen, stacheligen Cupula, die sich klappig öffnet. Bei einigen Kultursorten enthalten die Fruchtbecher auch nur eine große Nuss.

Bemerkenswerterweise nehmen die Kastanien eine Übergangsstellung zwischen Wind- und Insektenbestäubung ein. Planmäßige Bestäuber sind kleine Käfer, die von dem deutlich fischigen Geruch der Blüten angelockt werden. Auf Tierbestäubung eingerichtet sind auch die leicht klebrigen Pollenkörner. Die weiblichen Blüten sind wie bei Windblütern duft- und nektarlos.

Kastanien werden von verschiedenen Parasiten befallen. Einer der gefährlichsten ist der zu den Ascomyceten gehörende Schadpilz *Endothia parasitica*, der im östlichen Nordamerika die Bestände von *Castanea dentata* fast völlig vernichtet hat. Er wurde erst 1904 entdeckt und ursprünglich als örtlich auftretende Pilzart angesehen. Heute ist jedoch gesichert, dass er aus Japan und China eingeschleppt wurde, wo er auf verwandten Arten vorkommt, ohne indessen größere Schäden anzurichten. In Europa tauchte diese Pilzart erstmals 1938 zunächst in Italien, später auch in der Türkei auf und hat dort viele

FAGACEAE

Castanea
KASTANIEN

Artenzahl: 10

Verbreitung: Nördliche gemäßigte Breiten

Verwendung: Meist als Frucht- oder Zierbäume angepflanzt, weniger als Nutzholz

Bäume vernichtet. Die Infektion erfolgt nur durch offene Wundstellen. Das Myzel breitet sich dann vor allem im Bast aus. Der Baum stirbt daraufhin innerhalb weniger Jahre ab. Auch die Früchte können befallen werden, was vermutlich zur Sporenausbreitung beiträgt. Eine Kontrolle der weiteren Ausbreitung ist praktisch unmöglich, da die Sporen durch Tiere, Wind und Wasser verteilt werden. Aussichtsreiche Versuche wurden unternommen, um pilzresistente nordamerikanische Arten mit entsprechenden Arten aus der Alten Welt zu kreuzen.

Die Kastanien sind nach Zubereitung essbar und waren schon zur Römerzeit sehr beliebt. Sie enthalten viel Stärke und sind daher energiereich. In manchen Gebieten Südeuropas, beispielsweise auf Sardinien und Korsika sowie in Norditalien, sind sie ein wichtiges Nahrungsmittel. In Italien und Frankreich werden sie auch gerne in der raffinierten Küche verwendet, beispielsweise als marrons glacés, die mit einem Vanille-Zucker-Sirup zubereitet werden. Man verwendet sie aber auch als Füllung für Geflügel, als Püree, in Suppen oder in vielen anderen Zubereitungen. Im Winter werden Kastanien auch gerne in der Schale geröstet und auf den Straßen verkauft.

Nur das Holz jüngerer Bäume ist technisch zu verwenden, beispielsweise für Hopfenstangen oder Fassdauben. Altholz ist dafür allerdings zu schwach und eignet sich nicht einmal als Brennmaterial. Daher verwendet man es in den Weinbaugegenden gebietsweise als Rebpfähle, da diese dann weniger häufig als Brennholz gestohlen werden. Aus der Rinde gewinnt man Gerbstoffe für die Leder herstellung.

Außer *Castanea sativa* verwendet man auch andere Arten nur beschränkt als Nutzholz. Von mehreren Arten sind die Früchte essbar, beispielsweise von der amerikanischen Art *C. dentata*, der japanischen *C. crenata* und den beiden chinesischen Arten *C. henryi* sowie *C. mollissima*.

Einige dieser Bäume haben auch einen besonderen Zierwert und werden daher als Parkgehölz angepflanzt. Sie sind in Mitteleuropa winterhart, mögen aber warme Standorte und ertragen auch Trockenheit. Obwohl sie der heimischen Edel-Kastanie sehr ähnlich sind, lassen sie sich vor allem anhand von Blattmerkmalen sicher unterscheiden. Bei *C. henryi* und *C. pumila* entwickeln sich die Nüsse grundsätzlich einzeln, bei den übrigen Arten meist zu zweit oder sogar dritt. K4–8

UNTEN Die braunen Nussfrüchte der Kastanien reifen im Jahr der Blüte und sind essbar. Gewöhnlich stehen sie zu zweit oder dritt, aber ungleich groß in einer stacheligen Cupula. An der Spitze tragen sie auch zur Reifezeit noch ihre Griffelreste.

OBEN Die Amerikanische Kastanie (*Castanea dentata*) ist ein beliebter Zierbaum. Ihre Nüsse sind essbar.

Die wichtigsten Kastanien-Arten

Gruppe I

Blätter unbehaart oder unterseits mit wenigen Haaren auf den Blattnerven.

Castanea dentata Amerikanische Kastanie Östliches Nordamerika. Baum, bis zu 30 m. Kätzchen 15–20 cm lang. K4

C. henryi China. Baum, etwa 20–25 m. Blätter unterseits auf den Blattnerven spärlich behaart. Kätzchen etwa 10 cm lang. Nüsse einzeln. K6

Gruppe II

Blätter unterseits behaart. Nüsse meist einzeln.

Castanea pumila Östliche USA. Strauch oder Baum, bis zu 20 m. Haare der Blattunterseite weißlich. K7

C. alnifolia Südöstliche USA. Strauch, meist unter 1 m hoch. Haare der Blattunterseite bräunlich. K8

Gruppe III

Blätter unterseits behaart. Nüsse meist zu 2–3.

Castanea mollissima Chinesische Kastanie China. Baum, bis zu 20 m. Junge Zweige bleibend behaart. Blätter unterseits ohne schuppige Drüsen; Rand mit dreieckigen Zähnen. K6

C. sativa Edel-Kastanie, Ess-Kastanie Südeuropa, Nordafrika, Kleinasien. Baum, etwa 30–40 m. Junge Zweige verlieren ihre anfängliche Behaarung. Blätter unterseits mit schuppigen Drüsen; Rand grob und spitz gezähnt. K5

C. crenata Japanische Kastanie Japan. Baum, bis zu 10 m. Junge Zweige verlieren ihre anfängliche Behaarung. Blätter unterseits behaart und mit schuppigen Drüsen; Rand mit kleinen, aber spitzen Zähnen. K4

C. seguinii China. Strauch oder kleiner Baum, bis zu 10 m. Blätter unterseits mit schuppigen Drüsen und nur auf den Blattnerven behaart; Rand grob gezähnt. K6

C. alnifolia

C. pumila

C. dentata

C. crenata

C. sativa

C. sativa   *C. pumila*

C. henryi

OBEN RECHTS Die Goldkastanie (*Chrysolepis chrysophylla*) besitzt glänzende, immergrüne Blätter mit goldgelben schuppigen Haaren auf der Unterseite. Sie blüht erst im Spätsommer und trägt wie die Kastanien essbare Nüsse.

Goldkastanien – *Chrysolepis/Castanopsis*

Die Systematik dieser Verwandtschaftsgruppe immergrüner Bäume ist schon seit langem Gegenstand von Kontroversen. Die Gattungen *Chrysolepis, Castanopsis* und ebenso *Lithocarpus* gelten, laut gängiger Meinung, als Bindeglieder zwischen den Eichen (*Quercus* spp.) und den Kastanien (*Castanea* spp.). Dieser Auffassung folgt auch das vorliegende Buch.

Chrysolepis ist eine Gattung mit zwei Arten von der Westküste Nordamerikas, die ursprünglich zu *Castanea* gestellt, dann bei *Castanopsis* eingeordnet und zuletzt wieder als eigene Gattung behandelt wurden. *Castanopsis* versteht man heute als Gattung mit etwa 110 Arten, die ausschließlich in den Subtropen und Tropen Asiens beheimatet sind. Die Hauptunterschiede zwischen den Gattungen sind: *Castanea*-Arten sind sommergrün, und ihre Nüsse reifen im Jahr der Blüte. *Chrysolepis* und *Castanopsis* sind dagegen immergrün, und bei der ersteren reifen die Früchte erst im zweiten Jahr. *Castanopsis* hat eingeschlechtige Kätzchen, während die Kätzchen bei den beiden anderen Gattungen männliche und weibliche Blüten tragen.

Die Goldkastanie (*Chrysolepis chrysophylla*, früher *Castanopsis chrysophylla*) trägt glänzend grüne Blätter, die unterseits goldgelb beschuppt sind. In wärmeren Gebieten ist die Art als Ziergehölz in Kultur, in Mitteleuropa ist sie jedoch nicht genügend winterhart. Am natürlichen Standort wird die Art bis zu 35 m hoch, in Kultur wächst sie fast immer strauchförmig. Sie erträgt kalkreiche Böden. Die ähnliche *Chrysolepis sempervirens* (= *Castanopsis sempervirens*) ist ein bis zu 4 m hoher Strauch, der in der Kultur höher wird und sogar bis zu 6 m erreicht.

Die bekannteste asiatische Art ist der Chinquapin (*C. cuspidata*) mit unterseits graufilzigen Blättern. In Japan schätzt man diesen Baum wegen seines Holzes sowie wegen der essbaren Nüsse und pflanzt ihn häufig in Gärten oder Parks an. Auf Stammstücken dieser Art kultiviert man in Japan essbare Pilze. Auch in Mitteleuropa ist sie winterhart, wächst aber nur langsam. Die *Castanopsis*-Arten sind in den Tropenwäldern weit verbreitet und wegen ihres Holzes und als Fruchtgehölze begehrt. Die malaysische *Castanopsis megacarpa* liefert ein sehr wertvolles Edelholz, das man im Orient gerne in der Kunsttischlerei verarbeitet. K7–8

Betulaceae

Birken – *Betula*

Zur Gattung *Betula* gehören etwa 30–40 Arten sommergrüner Sträucher und Bäume, die auf der Nordhalbkugel bis in arktische Breiten beheimatet und vielseitig verwendbar sind. Viele Arten sind extrem frostfest. *Betula nana* bildet in der Arktis die Gehölzgrenze.

Birken sind sommergrüne, windbestäubte Gehölze. Die Rinde bzw. Borke ist meist besonders dekorativ, besonders bei der Moor-Birke *(B. pubescens)*, der Hänge-Birke *(B. pendula)* und der Papier-Birke *(B. papyrifera)*. Meist löst sie sich in papierdünnen, weißlichen Streifen ab. Bei anderen Arten kann sie auch gelb, orange, bräunlich oder sogar grauschwarz sein. Die Lentizellen sind waagerecht, die Blätter stehen wechselständig und sind gesägt. Die eingeschlechtigen Blüten sind einhäusig verteilt und stehen zahlreich in Kätzchen. Jede Kätzchenschuppe trägt drei Blüten. Die männlichen Blüten bestehen aus einem winzigen vierzipfligen Kelch und zwei Staubblättern, die weiblichen zeigen ein dreizipfliges Deckblatt und einen Fruchtknoten mit zwei Griffeln. Die Kätzchen entwickeln sich im Spätsommer und stehen über Winter an den Zweigen. Die männlichen Kätzchen sitzen jeweils am Ende vorjähriger Triebe, sind schon im Herbst nach dem Laubfall entwickelt und überwintern ungeschützt. Die weiblichen Kätzchen erscheinen an den Spitzen beblätterter Kurztriebe unterhalb der männlichen Blütenstände, sind im Winter in einer Knospe geschützt und stehen zur Blüte aufrecht. Die Frucht ist eine Flügelnuss, die vom Wind ausgebreitet wird. *Betula* unterscheidet sich von der verwandten Gattung *Alnus* dadurch, dass sich die weiblichen Kätzchen bei der Fruchtreife in Einzelteile auflösen.

In der Kultur gedeihen Birken auf fast allen Böden, *B. pendula* sogar auf Sandböden. *B. pubescens* bevorzugt etwas nassere Moor- und saure Heideböden. Beide Arten gehören zu den Pioniergehölzen, die offene Standorte sehr rasch besiedeln. *Betula nana* und *B. nigra* sind Spezialisten für Nassböden.

Viele Arten liefern wertvolles Nutzholz, darunter *B. lenta, B. utilis, B. pendula* und *B. pubescens*. Als Bauholz eignet es sich nur wenig, weil es zu weich ist. Doch verarbeitet man es wegen seiner hübschen Maserung gerne zu Möbeln und Vertäfelungen. Man kann es allerdings biegen und auch drechseln. Daher fertigt man daraus auch Sitzmöbel und allerhand Haushaltsgegenstände. Birkenholz hat einen sehr hohen Brennwert. Vielfach stellt man daraus auch Holz- bzw. Grillkohle her. Im Wasser ist es erstaunlicherweise sehr beständig, erträgt aber keine Wechselfeuchtigkeit. Aus den biegsamen, vor allem im Winter geschnittenen Zweigen hat man früher Besen gebunden. Die wasserdichte Rinde wurde früher zum Dacheindecken verwendet. Die nordamerikanischen Indianer verwendeten die Rinde der Papier-Birke *(B. papyrifera)* zum Bau von Kanus. Dazu banden sie Rindenstücke mit den Faserwurzeln von Tannen zusammen und dichteten die Fugen mit dem Harz der Balsam-Tanne ab. Aus verschiedenen Teilen gewinnt man auch pharmazeutisch bzw. kosmetisch verwendbare Inhaltsstoffe. K1–9

BETULACEAE

Betula
BIRKEN

Artenzahl: Etwa 40

Verbreitung: Nördliche Halbkugel bis zur Arktis

Verwendung: Wertvolles, vielseitig verwendbares Nutzholz; viele Arten auch als Ziergehölze; liefert aus der Rinde und anderen Teilen medizinisch interessante Stoffe

B. papyrifera

B. pendula

B. pubescens

OBEN Die Hänge-Birke *(Betula pendula)* wird gerne als dekorativer Zierbaum angepflanzt. Die Papier-Birke *(B. papyrifera)* entwickelt meist eine etwas offenere Krone. Die Moor-Birke *(B. pubescens)* ist von den dreien die am wenigsten attraktive Art.

LINKS Birken gehören zu den Erstbesiedlern auf Rohböden oder Kahlschlägen. Sie gedeihen auch auf sehr armen Böden.

Die wichtigsten Birken-Arten

Sektion Betula

Weibliche Blütenstande angenähert kugelig, eiförmig oder kurz zylindrisch und einzeln. Flügel der Nüsschen fast ganz durch Fruchtschuppen verdeckt.

B. lutea

B. papyrifera

Untersektion Nanae

Sträucher, bis zu 2 m, oft mit liegenden Ästen. Blätter klein, 0,5–4,5 cm lang, netznervig mit 2–6 Hauptnerven. Männliche Kätzchen auf kurzen blattlosen Seitentrieben. Fruchtende Kätzchen klein und aufrecht.

Betula nana Zwerg-Birke Nördliche gemäßigte Breiten, vor allem in Feuchtgebieten der Gebirge. Kleiner Strauch, 50–100 cm hoch, mit aufrechten, behaarten Zweigen, nicht warzig. Blätter kreisrund, 0,5 –1,5 cm groß, rundlich gezähnt, oberseits dunkelgrün, zunehmend kahl; Blattnerven in 2–4 Paaren. Fruchtende Kätzchen 5–10 mm lang; Schuppen mit gleichlangen Lappen. K2

Untersektion Costatae

Bäume oder große Sträucher. Blätter groß, 2,5–10 cm lang, mit 7 oder mehr Paar Seitennerven, nicht oder nur undeutlich netzig. Männliche Kätzchen endständig auf verlängerten Trieben, seltener auf Seitenzweigen. Fruchtende Kätzchen aufrecht oder hängend; Schuppen oft verlängert.

Betula nigra Schwarz-Birke Mittlere und östliche USA. Hübscher Baum mit pyramidenförmiger Krone, 15–30 m, mit auffällig dunkler, fetzig abblätternder Rinde. Triebe warzig und flaumig. Blätter rhombisch-eiförmig, am Grunde keilförmig, 4–9 × 2–6 cm, doppelt gezähnt, unterseits bläulich und dort auf den Blattnerven behaart, diese in 6–9 Paaren. Fruchtende Kätzchen 2–5,5 cm lang, Schuppen flaumig, Mittellappen am kleinsten. K4

B. utilis Himalaja-Birke Himalaja, China. Baum, bis zu 20 m, mit cremeweißer, streifig ablösender Rinde. Zweige sehr flaumig, später rötlich braun. Blätter eiförmig, 5–7,5 cm, unregelmäßig gezähnt, 9–12 Paar Seitennerven. Fruchtende Kätzchen zylindrisch, 3,5 × 1 cm; Schuppen bewimpert, Mittellappen länger und rundlich. K7

B. lenta Zucker-Birke Östliches Nordamerika. Baum, 20–25 m. Rinde sehr dunkel, schält sich nicht ab. Junge Triebe weichhaarig, später kahl. Blätter 7–15 × 3–9 cm, eiförmig bis länglich, am Grunde herzförmig, gezähnt; 10–12 Paar Seitennerven, unterseits seidig behaart; Blattstiel 1–2,5 cm. Fruchtende Kätzchen etwa 2,5 × 1 cm, Schuppen kahl. Die Rinde junger Triebe duftet nach Zerreiben angenehm süßlich. Attraktives, goldgelbes Herbstlaub. K3

B. alleghaniensis Gelb-Birke Östliches Nordamerika. Baum, bis zu 30 m. Borke glatt, glänzend, gelblich braun, schält ab. Blätter im Herbst goldgelb. Junge Triebe behaart und bitter schmeckende Rinde. Blätter 6–12 × 3–6 cm, vorne spitz, am Grund herzförmig, doppelt gezähnt, bewimpert; 9–12 Paar Seitennerven, unterseits behaart. Fruchtende Kätzchen 2,5–4 × 1 cm, aufrecht; Schuppen außen und am Rand flaumig. K3

Untersektion Albae

Blätter groß, 2,5–10 cm, meist mit 5–7(8) Paar Seitennerven, nicht oder nur undeutlich netzig. Männliche Kätzchen meist endständig an Seitentrieben. Fruchtende Kätzchen meist zylindrisch mit kurzen Schuppen.

Betula pendula Hänge-Birke, Weiß-Birke Europa, Nordafrika, Nordasien. Baum, bis zu 25 m mit silbrig weißer, streifig abgelöster Rinde und hängenden Zweigen. Zweige kahl mit bleichen Warzen. Blätter 2–6 × 2–4 cm, eiförmig-dreieckig, spitz, am Grunde keilförmig, scharf doppelt gesägt. Fruchtende Kätzchen 1,5–3,5 × 1 cm; Schuppen kahl, Mittellappen am kleinsten. Mehrere Gartenformen. Die Sorte 'Purpurea' hat rote Blätter. K1

B. pubescens Moor-Birke Europa, Nordasien. Baum, bis zu 20 m, mit streifig ablösender grauweißer Rinde, am Grunde rau und dunkel. Zweige flaumig behaart, ohne Warzen. Blätter eiförmig, 3,5–5 cm, am Grunde gerundet, flaumig; 5–7 Paar Seitennerven. Fruchtende Kätzchen etwa 2,5 cm lang; Schuppen bewimpert, Mittellappen größer und spitz, die randlichen gerundet. Zwischen dieser Art und *B. pendula* kommen Kreuzungen vor. Einige Cultivare. K1

B. papyrifera Papier-Birke Nordamerika. Baum von elegant schlankem Wuchs, 15–30 m hoch. Rinde grellweiß, löst sich in papierdünnen Streifen ab. Junge Triebe warzig und flaumig behaart. Blätter 4–9 × 2,5–7 cm, eiförmig, am Grund herzförmig, doppelt gesägt, ober- und unterseits flaumig; 6–10 Paar Seitennerven, unterseits mit kleinen schwarzen Drüsen. Fruchtende Kätzchen hängend, 4 × 1 cm; Schuppen kahl, Seitenlappen breiter als Mittellappen. Am weitesten verbreitete nordamerikanische Birken-Art, vielfältig genutzt als Baumaterial, Brennholz und zum Kanubau. Mehrere Varietäten als Gartenformen. K2

B. pubescens

B. nana

B. pendula

Sektion Betulaster

Fruchtende Kätzchen zylindrisch und in auffälligen, traubigen Gruppen, selten auch verkümmert und dann einzeln. Flügel der Nüsschen deutlich breiter als die Schuppen.

B. maximowicziana Lindenblättrige Birke Japan. Baum, am natürlichen Standort bis zu 30 m. Rinde zunächst orangebraun, später grau. Blätter herzförmig, spitz, 7,5–15 cm lang (die größten der Gattung!), im Herbst kräftig gelb. In großen Parks ziemlich häufig angepflanzt. K6

B. nigra

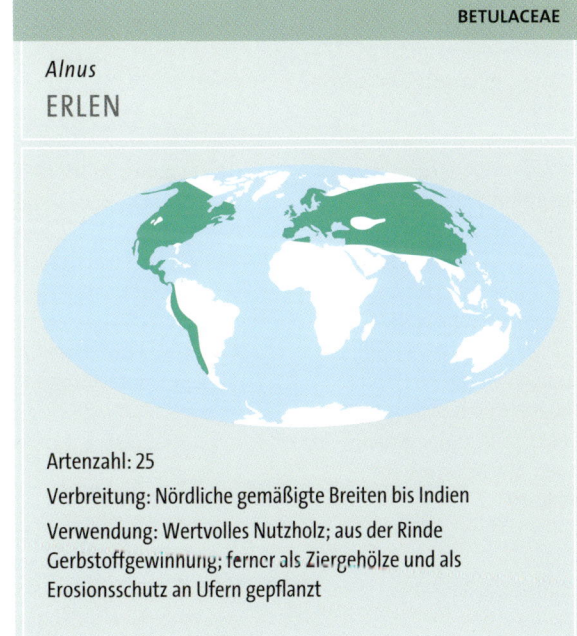

Erlen – *Alnus*

Zur Gattung *Alnus* gehören etwa 25 Arten, die hauptsächlich in den nördlichen gemäßigten Breiten beheimatet sind. Nur zwei Arten kommen südhemisphärisch in den Anden von Chile, Peru und Argentinien vor. Die Arten sind meist typisch für kühlere Klimate und feuchte Standorte. Ihre Vorliebe für Feuchtgebiete begründet besondere nach dieser Gattung benannte Pflanzengesellschaften. Sie finden sich vor allem auf alkalischen oder wenig sauren und häufig staunassen Böden am Rande von Mooren oder entlang von Flussläufen. Erlen sind somit ein wichtiges Element der Auenwäldern, insbesondere der sogenannten Weichholzaue. An Bächen tragen sie mit ihrem kräftigen Wurzelwerk erheblich zum Erosionsschutz und zur Uferstabilisierung bei.

Erlen sind sommergrüne Bäume oder Sträucher mit wechselständigen, meist gesägten oder gezähnten Blättern. Die Blüten sind eingeschlechtig und einhäusig verteilt. Die hängenden männlichen Kätzchen stehen endständig am Ende der vorjährigen Triebe und überwintern ohne besonderen Schutz durch Knospenschuppen. Die weiblichen Kätzchen stehen aufrecht oder hängen und weisen je Blüte eine vierzipflige, einfache Blütenhülle auf. Nach der Befruchtung entwickeln sie sich zu einer verholzten, zapfenähnlichen Frucht. Streng genommen sind die zapfenartigen Gebilde mit ihren spiralig gestellten Schuppen Fruchtstände, denn sie enthalten je Schuppe drei abgeflachte, bis zu 5 mm lange einsamige Nüsse mit einem seitlichen, etwa 1 mm breiten Flügel. Die Fruchtstände können einzeln oder in Gruppen angeordnet sein. Sie bleiben für längere Zeit an den Zweigen.

Die meisten Erlen-Arten sind winterhart. Man pflanzt sie gerne an Wasserläufen, Ufern, Gräben und Kanälen an.

An den Wurzeln finden sich eigenartige knotige Verdickungen, in denen symbiontische Bakterien leben, insbesondere die Form *Frankenia alni*. Diese Organismen können molekularen Stickstoff binden und dem Baum für weitere Stoffsynthesen zur Verfügung stellen.

Erlenholz verwendet man überwiegend für Drechslerarbeiten und Spielwaren, in neuerer Zeit aber auch zunehmend für Möbel. Aus der Rinde von *Alnus glutinosa* und *A. incana* hat man früher Gerbstoffe für die Lederherstellung gewonnen. Gerbstoffe (Tannine) haben die Eigenart, Proteine auszufällen und sind damit wichtige Hilfsstoffe bei der Umwandlung von Rohhäuten in dauerhaftes Leder. Erlentannine sind den Eichengerbstoffen vergleichbar. Aus Erlenholz lässt sich auch ein Farbstoff für Textilien gewinnen. K2–9

BETULACEAE

Alnus
ERLEN

Artenzahl: 25

Verbreitung: Nördliche gemäßigte Breiten bis Indien

Verwendung: Wertvolles Nutzholz; aus der Rinde Gerbstoffgewinnung; ferner als Ziergehölze und als Erosionsschutz an Ufern gepflanzt

OBEN Die Berg-Erle *(Alnus tenuifolia)* gedeiht in den Nassböden an Gewässern – hier am Rogue River in Oregon/USA.

UNTEN Die männlichen Kätzchen der Schwarz-Erle *(Alnus glutinosa)* lassen den Baum schon im Spätwinter purpurrot erscheinen. Nach dem Öffnen im Frühjahr sind sie eher gelblich.

Die wichtigsten Erlen-Arten

Untergattung Alnaster

Winterknospen sitzend. Weibliche Kätzchen endständig auf kurzen, wenig beblätterten Trieben, öffnen sich im Frühjahr mit dem Blattaustrieb. Nussfrüchte geflügelt.

Alnus pendula Japan. Kleiner Baum, 8–13 m. Blätter ungelappt, länglich-lanzettlich, spitz, 5–12 cm lang, am Grunde keilförmig bis gerundet, scharf gesägt; 12–18 Paar Seitennerven. Fruchtende Kätzchen 2–5, hängend, 8–15 mm lang, 3–6 cm lang gestielt. K4

A. viridis Grün-Erle Europa, vor allem im Gebirge. Strauch, 1–3 m, mit klebrigen Trieben. Blätter ungelappt, rundlich-eiförmig, 2,5–6 cm lang, vorne spitz, am Grunde keilförmig, fein gesägt; 5–10 Paar Seitennerven. Fruchtende Kätzchen 1 cm lang, traubig. Sehr frostbeständig, gedeiht auf schweren, kalten Böden. K3

A. crispa Gebirge der östlichen USA (Labrador bis Carolina), ostamerikanische Entsprechung der Grün-Erle. Strauch, bis zu 3 m. Triebe klebrig, duften angenehm aromatisch. Blätter 3–8 cm, nicht gelappt, mehr oder weniger rundlich-eiförmig, an der Basis runder als bei *A. viridis* bis angedeutet herzförmig, fein gesägt; 5–10 Paar Seitennerven. Fruchtende Kätzchen traubig zu 3–6, 1–1,5 cm lang. K2

A. sinuata Sitka-Erle Westliche USA (Alaska bis Nordkalifornien), westamerikanische Entsprechung von *A. viridis*. Strauch oder kleiner Baum, bis zu 13 m. Blätter mit 5–13 Paar Seitennerven und mehr oder weniger gelappt. Fruchtende Kätzchen zu 3–6, je etwa 1 cm lang auf bis zu 2 cm langen Stielen. K2

Gelegentlich werden *A. crispa* und *A. sinuata* als Unterarten von *A. viridis* aufgefasst.

Untergattung Cremastogyne

Winterknospen gestielt. Männliche und weibliche Kätzchen einzeln in den Blattachseln, ihre Stiele etwa zwei- bis dreimal so lang wie die Kätzchen selbst. Weibliche Blüten ohne Hülle.

Alnus cremastogyne China. Baum, 26–30 m. Blätter anfangs weißlich, unterseits in den Nervenachseln behaart, früh kahl, länglich und verkehrt-eiförmig, 7–14 cm lang, vorne spitz, an der Basis gerundet bis leicht keilförmig, gezähnt; 8–9 Paar Seitennerven. Fruchtende Kätzchen 1,5–2 cm lang, hängend, 2–6 cm lang gestielt. K8

A. lanata Der vorigen Art sehr ähnlich, Blätter jedoch unterseits rötlich wollhaarig. K8

Untergattung Clethropsis

Winterknospen sitzend. Weibliche Kätzchen einzeln oder traubig in den Blattachseln; Fruchtstand länger als sein Stiel. Männliche Kätzchen lang und schlank; Blütenhüllblätter bis zum Grunde frei oder, sofern verwachsen, weniger als 4-zipflig. Blüte im Herbst.

Alnus nitida Westlicher Himalaja. Baum, am natürlichen Standort bis zu 30 m. Blätter mehr oder weniger länglich-eiförmig, 8–14 cm lang; 9–10 Paar Seitennerven, laufen an den schwach gezähnten Blatträndern zusammen. Männliche Kätzchen bis zu 15 cm lang. Fruchtende Kätzchen 2–3 cm lang, einzeln in den Blattachseln. K8

A. nepalensis Himalaja, Nepal bis Westchina. Silbrig berindeter Baum, 15–20 m. Blätter eiförmig-lanzettlich, 8–12(17) cm lang, gesägt; 12–14(16) Seitennerven. Samen mit dünnhäutigem Flügel. K9

A. cordata

A. glutinosa

Untergattung Alnus (Gymnothyrsus)

Winterknospen sitzend. Blätter stark gesägt. Fruchtende Kätzchen länger als ihr Stiel, einzeln oder traubig in den Blattachseln. Männliche Blüten mit 4-teiliger Blütenhülle; Hüllblätter nur an der Basis verbunden, erscheinen wie die weiblichen Kätzchen an vorjährigen Trieben. Blütezeit im Frühjahr.

Alnus glutinosa Schwarz-Erle Europa, Nordafrika, Kleinasien, Kaukasus, Sibirien, im östlichen Nordamerika stellenweise eingebürgert. Baum, 25–35 m. Blätter in der Knospe gefaltet, unterseits grün, mehr oder weniger breit verkehrt-eiförmig, 4–9(10) cm lang, grob doppelt gesägt, vorne oft ausgerandet; 5–7(8) Paar Seitennerven. Weibliche Kätzchen zu 3–5; fruchtende Kätzchen 1,5–2 cm lang. Zahlreiche Varietäten mit abweichender Blattform. K5

A. glutinosa

A. rubra (A. oregona) Rot-Erle Westliches Nordamerika. Baum, 20–25 m. Triebe anfangs hellrot. Blätter in der Knospe gefaltet, mehr oder weniger länglich-eiförmig, 7–12 cm lang, vorne spitz, am Grunde gestutzt, etwas gelappt, unterseits bläulich; 12–15 Paar Seitennerven. Fruchtende Kätzchen 1,5–2,5 cm lang, gestielt, Stiele orange. K6

A. incana

A. incana Grau-Erle Europa (fehlt auf den Britischen Inseln), Kaukasus, Nordamerika. Baum, bis zu 20 m, gelegentlich auch strauchig, mit grauer Rinde. Blätter in der Knospe gefaltet, unterseits mehr oder weniger bläulich, breit elliptisch bis eiförmig, 4–10(12) cm lang, vorne spitz; 9–12 Paar Seitennerven. Fruchtende Kätzchen zu 4–8, jedes etwa 1,5 cm lang, sitzend oder fast ungestielt. Die europäischen Formen werden mitunter als var. *vulgaris* zusammengefasst. Zahlreiche Varietäten und Sorten. K2

A. cordata Herzblättrige Erle Korsika, Süditalien. Schmucker Baum, bis zu 15 m mit pyramidenförmiger Krone. Triebe und Blätter klebrig. Blätter in der Knospe nicht gefaltet, kreisrund bis breit eiförmig, 5–10 cm lang, vorne etwas spitz, am Grunde herzförmig; 6–10 Paar Seitennerven. Fruchtende Kätzchen 1,5–2,5 cm lang. K6

A. viridis

Hinweis: Mehrere Hybriden sind bekannt, beispielsweise *A. glutinosa × incana = A. hybrida*; *A. cordata × glutinosa = A. elliptica*.

Hainbuchen – *Carpinus*

Die Hainbuchen sind eine klar abgegrenzte Gattung mit über 20 Arten, die fast überall in den nördlichen gemäßigten Breiten beheimatet sind. Es sind sommergrüne, windbestäubte Bäume von mittlerer Größe mit deutlich querfaltigen und wechselständigen Blättern und Ästen, die etwa im Winkel von 30° aufsteigen. Die hängenden Blüten sind einhäusig verteilt und zu Kätzchen zusammengefasst. Die schlanken männlichen Kätzchen erscheinen am mehrjährigen Holz, die weiblichen am Ende junger Triebe. An der Basis jeder weiblichen Blüte sitzt ein dreilappiges, behaartes Tragblatt. Nach der Befruchtung reift der Fruchtknoten zu einer gerippten Nuss. Die vergrößerten Tragblätter dienen als Segelorgan für die Windausbreitung.

Hainbuchen sind bemerkenswert winterhart und ansehnliche Bäume, besonders zur Blüte- und Fruchtzeit. Etwa die Hälfte der bekannten Arten hat man deshalb in Kultur genommen, darunter auch die weit verbreiteten amerikanischen und asiatischen Arten.

Die im Frühjahr blühende Gewöhnliche Hainbuche (*Carpinus betulus*) wird oft angepflanzt. Am natürlichen Standort wird die Art bis zu 25 m hoch. In Aussehen und Wuchsform erinnert sie ein wenig an die Buche, mit der sie gelegentlich verwechselt wird. Ihre gestielten Blätter sind jedoch viel spitzer, außerdem doppelt gesägt und weisen vorstehende, auffällige Seitennerven auf. Die Winterknospen sind kürzer und lehnen sich an den Zweig an. Der Stamm ist netzrissig und spannrückig; er erscheint deutlich dunkler als bei der Buche. Die Art kommt in Europa und Asien vor.

Ihr Holz ist sehr fest und fast hornartig. Man fertigt daraus mechanisch stark belastete Gegenstände, beispielsweise die Mechanik von Konzertflügeln und Klavieren, Werkzeuggriffe oder Sportgeräte. Außerdem lässt es sich sehr gut zu Holzkohle verarbeiten. In dieser Form ist es Bestandteil von Schießpulver (Schwarzpulver) und Sprengstoffen. Seit dem Mittelalter bewirtschaftet man Hainbuchenwälder im Niederwaldbetrieb für die Brennholzgewinnung, da die Bäume sich aus Stockausschlägen sehr rasch regenerieren. Hainbuche eignet sich auch besonders für Formhecken, da sie den Schnitt ohne Weiteres erträgt. Mehrere Gartenformen werden als Ziergehölze angepflanzt. Sie unterscheiden sich in Blattform und -farbe, aber auch im Kronenaufbau.

BETULACEAE

Carpinus
HAINBUCHEN

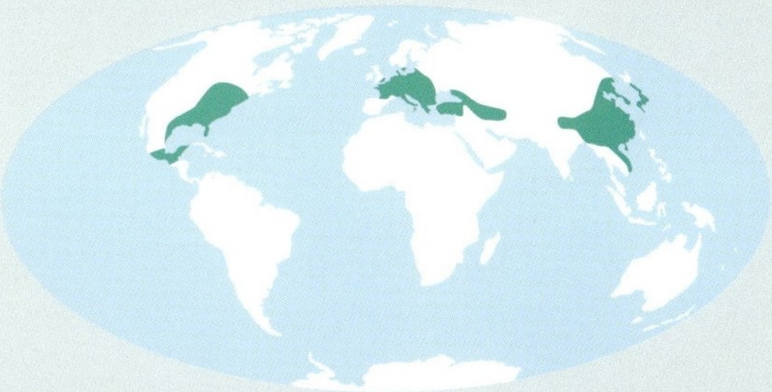

Artenzahl: 26 (eventuell mehr)

Verbreitung: Nördliche gemäßigte Breiten bis Mittelamerika sowie Ostasien

Verwendung: Häufig als Zier- und Forstgehölze angepflanzt; Holz als Rohstoff für Holzkohle; Werkmaterial für Instrumentenbau, Sportgeräte u. a.

C. betulus

C. caroliniana

Die Amerikanische Hainbuche (*C. caroliniana*) ist in den östlichen USA beheimatet, ähnelt ihrer europäischen Verwandten, unterscheidet sich aber durch die unterseits weißlichen, flaumig behaarten Blätter, die im Herbst goldgelb bis scharlachrot umfärben. Die Japanische Hainbuche (*C. japonica*) ist ein oft angepflanzter, kräftiger Baum mit pyramidenförmiger Krone bis zu 15 m Höhe. Mit seinen großen Blättern und den großen Tragblättern der weiblichen Blüten wirkt er recht dekorativ. Weniger häufig angepflanzt werden die Orientalische Hainbuche (*C. orientalis*), die bemerkenswert winterharte Chinesische Hainbuche (*C. henryi*) und die Herzblättrige Hainbuche (*C. cordata*). K5–8

UNTEN Die Gewöhnliche Hainbuche (*Carpinus betulus*) wird nicht nur in Europa, sondern auch in Nordamerika gerne als Parkbaum oder Heckengehölz verwendet. Nicht nur in der Herbstfärbung oder im spätsommerlichen Fruchtschmuck sieht die Art sehr dekorativ aus.

C. cordata

C. tschonoskii

C. rankanensis

C. orientalis

C. macrocarpa

C. betulus

Die wichtigsten Hainbuchen-Arten

Untergattung Carpinus

Schuppen der männlichen Blüten eiförmig und kaum gestielt. Tragblätter der weiblichen Blüten locker und ein wenig gewölbt, schließen die Nussfrucht jedoch nicht ein. Blattnerven in 10–17 gleichen Paaren. 45 Arten.

Carpinus betulus Gewöhnliche Hainbuche Eurasien. Baum, 15–25 m. Blätter oval, 4–9 × 2,5–5 cm, an der Basis gerundet oder herzförmig, eine Seite immer etwas länger als die andere, vorne spitz, doppelt gezähnt, dunkelgrün, anfangs oberseits wenig behaart, später behaart, unterseits stärker behaart, besonders auf der Mittelrippe; 10–13 Paar Seitennerven; Blattstiel 0,5–1 cm lang. Fruchtende Kätzchen 3–8 cm lang mit großen, 3-lappigen, paarig gegenständigen Tragblättern; Mittellappen 2–4 cm lang und oft gezähnt, an der Basis mit gerippter Nuss. K5

C. caroliniana Amerikanische Hainbuche Östliches Nordamerika. Der vorigen Art recht ähnlich, wächst jedoch langsamer und bleibt meist kleiner. Blätter im Herbst goldgelb. Im unbelaubten Zustand bieten die Winterknospen ein zuverlässiges Unterscheidungsmerkmal: Bei *C. betulus* sind sie sehr schlank und etwa 7 mm lang, bei *C. caroliniana* nur 5 mm und eher eiförmig. K5
Nahestehende Arten aus China sind *C. tientaiensis, C. lanceolata, C. londoniana, C. acrostachya, C. davidii, C. kempukwan, C. viminea, C. kweichowesis, C. poitanei* und *C. tropicalis.*

C. macrocarpa Großfrüchtige Hainbuche Iran. Baum, bis zu 20 m mit rundlicher Krone. Blätter schmal, länglich-spitz bis gerundet, 6–11 × 3–5 cm, auf den Blattnerven dicht behaart und mit wolligen Büscheln in den Nervenachseln; 10–15 Paar Seitennerven; Blattstiel 1–1,6 cm lang. Fruchtende Kätzchen reif etwa 8 × 4,5 cm, 6 cm lang gestielt; Tragblätter halb eiförmig, 3–3,5 × 2 cm, zur Spitze ungleich gesägt, ungelappt, randlich eingeschlagen. Nuss eiförmig, behaart, mit Haarbüschel an der Spitze. K7
Gestaltlich ähnliche Arten sind *C. schuschaensis* (Südwestasien), *C. geokczaia* (Russland), *C. grosseserrata* (Iran) und *C. hybrida* (Kaukasus).

C. orientalis Orientalische Hainbuche Südosteuropa. Meist kleiner Baum oder großer Strauch, bis zu 5 m. Blätter eiför-

mig, 2,5–5 × 1–2,5 cm, am Grunde rundlich bis leicht keilförmig, vorne spitz, doppelt scharf gezähnt, beidseits glänzend dunkelgrün und leicht seidig behaart; 12–15 paar Seitennerven; Blattstiel 5–7 mm lang. Fruchtende Kätzchen reif 3–6 cm lang, kurz gestielt, Tragblätter mehr oder weniger eiförmig, an einer Seite etwas länger, grob gezähnt, aber nicht gelappt, an der Basis mit bis zu 5 mm langer Nuss. Die kleineren Blätter und die ungelappten Tragblätter unterscheiden diese Art von *C. betulus* und *C. caroliniana.* K5
Ähnliche Arten sind *C. turczaninowii, C. paxii, C. cowii* (alle aus China) sowie *C. coreana* (Korea).

C. tschonoskii Japan, Nordostasien. Kleiner, sommergrüner Baum, bis zu 10 m. Blätter 4–8 × 2–4 cm, zur Spitze verschmälert, ungleich doppelt gezähnt, an der Basis gerundet, oberseits dunkler grün, mit abgeflachten Haaren auf der Mittelrippe; 9–15 Paar Seitennerven; Blattstiel etwa 7 mm lang. Fruchtende Kätzchen reif 5–6 cm lang, Stiele lang, seidig behaart; Tragblätter schmal eiförmig, 12 cm lang, beidseits gezähnt, auf den Nerven und an der Basis seidig behaart, Nuss in einer kahnförmigen Vertiefung. K7
Nahestehende Arten sind *C. tsiangiana, C. chuniana, C. polyneura, C. henryana, C. seemeniana, C. fangiana, C. rupestris, C. kweitingensis, C. austrosinensis, C. bandelii, C. tsungtzeensis, C. tschonoskii (C. yedoensis), C. fargesiana, C. sungpanensis, C. huana, C. putoensis, C. pubescens* und *C. monbeigiana* (alle aus China), ferner *C. fauriei* und *C. tanakeana* (Japan), *C. eximia* und *C. coreana* (Korea), *C. multiserrata, C. kawakamii, C. hogoensis, C. sekii* und *C. hebestroma* (Taiwan).

Untergattung Distegocarpus

Schuppen der männlichen Blüten schmal länglich, deutlich gestielt. Tragblätter der weiblichen Blüten dicht gepackt, überlappen sich und umschließen die Nussfrucht. 15–25 Paar vorstehende Seitennerven. 5 Arten.

Carpinus japonica Japanische Hainbuche Baum, bis zu 18 m. Blätter eiförmig oder länglich, 5–10 × 2–5 cm, am Grund meist herzförmig, gelegentlich auch gerundet oder leicht keilförmig, scharf doppelt gezähnt, größere und kleinere Zähne wechseln oft miteinander ab. K8

C. cordata und **C. mollis** China. Unterscheiden sich von *C. japonica* durch ihre großen, tief herzförmigen Blätter und die auffällig großen Winterknospen. Sie ähneln sich jedoch in der eigenartigen Form, wie die reife Nuss von den eingefalteten Basisteilen des Tragblattes eingeschlossen wird. K5

C. rankanensis und **C. matsudai** Taiwan. Beide Arten sommergrüne Bäume, bis etwa 20 m. Blätter länglich-eiförmig, 8–10 × 3–4 cm, dünnhäutig, am Grund geschwänzt, unregelmäßig gesägt und zur Spitze nur noch fein gezähnelt; 20–24 Paar deutlicher Seitennerven. K7

Hasel – *Corylus*

Die Gattung *Corylus* umfasst etwa 15 Baum- oder Strauatharten, die auf der Nordhalbkugel in Nordamerika, Europa und Nordasien verbreitet sind. Hasel gedeihen recht gut auf kalkhaltigen Lehmböden. Die Arten sind sommergrün, windbestäubt und wachsen überwiegend strauchförmig. Die weichen Blätter sind wechselständig sowie einfach oder doppelt gezäht. Die Blüten öffnen sich lange vor dem Laubaustrieb und sind einhäusig verteilt. Eine Blütenhülle fehlt. Die männlichen Blüten bilden lange, baumelnde Kätzchen, die oft in Gruppen zu zweit bis zu fünft zusammenstehen. Jedes Schuppenblatt trägt eine winzige Blüte mit vier bis acht Staubblättern gegenüber zwei Vorblättern. Die weiblichen Blüten sind knospenartig. Die Deckblätter umschließen zwei Einzelblüten zusammen mit ihren Vorblättern. Aus dem knospenartigen Gebilde schauen lediglich die karminroten Narben vor. Die Frucht ist eine essbare Nuss in einer blättrigen Hülle, die sich aus den stark vergrößerten Vorblättern entwickelt.

Hasel sind im Allgemeinen sehr winterhart, äußerst dekorativ und auch wirtschaftlich bedeutsam. Gebietsweise pflanzt man sie sogar in Plantagen. Die reifen Haselnüsse werden vor allem in der Konditorei und Süßwarenindustrie reichlich verwendet. Sie enthalten ein an essentiellen Fettsäuren reiches Öl (etwa 60 Prozent). Das reine Öl lässt sich abpressen und wird in der Küche oder technisch verwendet.

In Nordamerika sind die hauptsächlich angepflanzten Arten die dort heimische *Corylus americana* sowie *C. cornuta*. Die in Europa heimische Gewöhnliche Hasel (*C. avellana*) wurde gebietsweise eingeführt. Sie wächst als Großstrauch und manchmal als kleiner Baum bis zu 7 m Höhe und bildet am natürlichen Standort an Waldrändern oder in Flurgehölzen oft dichte, vielstämmige Gebüsche. Außer den Früchten nutzte man früher auch andere Teile, vor allem das biegsame, feste Holz der bemerkenswert gerade wachsenden Schösslinge für die Füllung von Fachwerk, für Körbe, Wagenteile, Wanderstöcke, als Stützen für Gartenpflanzen oder einfach als Brennmaterial.

Die heute im Handel angebotenen Haselnüsse stammen meist nicht von der in Mitteleuropa heimischen Art, sondern von der in Kleinasien beheimateten Lamberts-Hasel (*C. lambertiana*, heute *C. maxima*). Die Art wird heute auch weit außerhalb ihres natürlichen Verbreitungsgebietes wegen ihrer besonders großen Nüsse angebaut. Unterdessen gibt es auch von der heimischen *C. avellana* großfrüchtige Sorten.

Weitere wegen der Nüsse oder ihres Zierwerts kultivierte Arten sind die Chinesische Hasel (*C. chinensis*), die Baum-Hasel (*C. colurna*) und die Tibetanische Hasel (*C. tibetica*). Von mehreren Arten gibt es besondere Garten-

formen, von *C. avellana* beispielsweise die Sorte 'Aurea' mit weichen, gelbgrünen Blättern oder die sogenannte Korkenzieherhasel 'Contorta' mit eigenwillig verdrehten und verkrüppelten Ästen. 'Pupurea' ist eine rotlaubige Form von *C. maxima*. K4–8

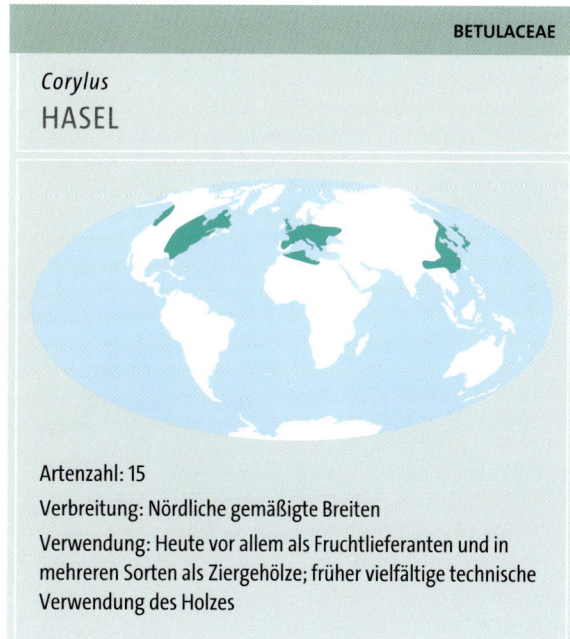

BETULACEAE

Corylus
HASEL

Artenzahl: 15

Verbreitung: Nördliche gemäßigte Breiten

Verwendung: Heute vor allem als Fruchtlieferanten und in mehreren Sorten als Ziergehölze; früher vielfältige technische Verwendung des Holzes

OBEN Die Nüsse von *Corylus avellana* reifen im Oktober. Die Nüsse sind in einer grünen Hülle eingebettet. Anhand dieser grünen Fruchthülle lassen sich die einzelnen Hasel-Arten am besten voneinander unterscheiden.

UNTEN Hasel bilden bis zu 6 m hohe Büsche, die manchmal auch zu kleinen Bäumen heranwachsen. Sie sind ideale Pflanzen für Hecken und Zäune.

Die wichtigsten Hasel-Arten

Gruppe I

Zipfel der Fruchthülle frei oder nur am Grunde verbunden, bildet keine deutliche Röhre, sondern einen weiten, glockenförmigen Becher. Die folgenden drei Arten sind sehr eng miteinander verwandt und könnten auch als geografische Unterarten nur einer Art aufgefasst werden.

Corylus avellana Gewöhnliche Hasel Europa, Westasien, Nordafrika. Breiter, reich verzweigter Strauch mit meist zahlreichen Schösslingen, bis etwa 6 m hoch, seltener kleiner Baum. Blätter breit eiförmig, kurz zugespitzt, behaart, 5–10 cm lang. Männliche Kätzchen im Ausstäuben hellgelb, 3–5 cm lang. Weibliche Blüten klein; Narben karminrot. Nüsse zu 2–4, etwa 18 mm lang, von der offenen Hülle nur wenig eingeschlossen, diese bis etwa zur Hälfte in lanzettliche, gezähnte Lappen geteilt. K4
Die Gartenform 'Contorta', Korkenzieherhasel, ist eine eigenartig mit gedrehten Zweigen wachsende Varietät, 'Aurea' ist auffällig gelblaubig.

C. americana Amerikanische Hasel Kanada, östliche USA. Der vorigen Art sehr ähnlich. Strauch, bis etwa 3 m. Blätter 5–13 cm lang, Nüsse etwa 1,5 cm lang, in einer unregelmäßig zerschlitzten, an der Basis verwachsenen Hülle. K4

C. heterophylla Mongolische Hasel China, Japan. Strauch oder kleiner Baum, bis etwa 7 m. Blätter variabel, meist oberhalb der Mitte am breitesten, 5–10 cm lang. Hülle der Nuss glockenförmig, 18–25 mm lang, etwas länger als die Nuss, tief in 6–9 dreieckige Zähne oder Lappen mit glatten Rändern geteilt. K6

Gruppe II

Wie Gruppe I, die Fruchthülle jedoch röhrig-flaschenförmig (bei *C. maxima* eher kegelförmig), wobei der kolbenförmige Teil die Nuss umschließt; im zwei- bis dreimal längeren Halsbereich gerillt und am Rand gezähnt.

Corylus cornuta Schnabel-Hasel Östliche und mittlere USA. Strauch, bis etwa 3 m. Blätter mehr oder weniger eiförmig bis verkehrt-eiförmig, 4–11 cm lang, unregelmäßig gezähnt bis leicht gelappt; Blattstiel kürzer als 1 cm. Hülle mit ausgeprägtem Kolbenteil, stark borstig. Nüsse genießbar, aber ohne wirtschaftliche Bedeutung. Bei der var. *californica* aus den westlichen USA ist der Kolbenteil der Hülle ungefähr so lang wie der Halsabschnitt. K4

C. maxima Lamberts-Hasel Südeuropa. Buschiger Strauch oder kleiner Baum, bis etwa 7 m. Blätter breit eiförmig, oberhalb der Mitte am breitesten, 5–13 cm lang. Hülle der Nuss flaumig behaart, jedoch ohne Borsten, kegelförmig, ohne ausgeprägten Kolbenteil, vorne tief gezähnt. Wegen der großen Nüsse in Sorten nicht nur im Ursprungsgebiet vielfach angebaut. K5

C. sieboldiana Japanische Hasel Japan. Strauch, bis etwa 5 m. Blätter elliptisch bis verkehrt-eiförmig, 5–10 cm lang. Blattstiel 1,5–2,5 cm lang. Fruchthülle borstig und mit ausgeprägtem Kolbenteil, der Halsteil etwa eineinhalbmal länger. Bei der var. *mandshurica* sind die Blätter bis zu 15 cm lang; der Kolbenteil ist stark borstig und der Halsteil etwa doppelt so lang wie der Kolben. K6

Gruppe III

Arten mit ungewöhnlichen Rinden- oder Fruchtmerkmalen, letztere von Gruppe II stark abweichend.

Corylus colurna Baum-Hasel Osteuropa, Kleinasien. Baum mit pyramidenförmiger Krone, bis zu 26 m. Rinde ab dem zweiten Jahr auffallend rissig und zunehmend korkig. Blätter breit eiförmig, (7)8–12(15) cm lang, mehr oder weniger gelappt; Blattstiel 2,5–4,5 cm lang, anfangs flaumig und drüsig. Fruchthülle mit zahlreichen schmalen, spitzen, gekrümmten Lappen und mit borstigen Drüsen, daher sehr klebrig. Oft als Straßengehölz angepflanzt. K5

C. chinensis Chinesische Hasel China. Der vorigen Art sehr ähnlich und zeitweilig als deren Varietät aufgefasst. Am natürlichen Standort bis zu 30 m hoher Baum, in der Kultur nur etwa halb so hoch. Blätter (10)15–18 cm lang, gleichförmig gesägt, nicht gelappt. Fruchthülle oberhalb der Nuss auffällig verengt; Flaschenteil mit schlanken, manchmal geteilten Lappen. K6

C. tibetica Tibetanische Hasel Tibet. Baum, mitunter auch Strauch, bis etwa 7 m. Blätter mehr oder weniger eiförmig, 5–13 cm lang; Blattstiel 2,5 cm lang. Früchte zu 3–6. Fruchthülle mit schlanken, verzweigten, kahlen Stacheln, erinnert eher an eine Klette bzw. an die Fruchthülle der Edel-Kastanien (*Castanea sativa*). K7

C. colurna

C. avellana 'Contorta'

C. cornuta

C. maxima 'Purpurea'

C. avellana

B. tibetica

Hopfenbuchen – *Ostrya*

Zur Gattung *Ostrya* gehören fünf Arten mittelgroßer, sommergrüner Bäume mit weit ausgestreckten Ästen. Sie sind sämtlich in den gemäßigten Breiten der Nordhalbkugel beheimatet und kommen in Mittelamerika bis nach Guatemala und Costa Rica vor.

Die Blätter der Hopfenbuchen sind wechselständig, mehr oder weniger oval, mit parallelen Seitennerven und am Rande gezähnt. Die Blüten erscheinen im Frühjahr mit den Blättern. Die männlichen Blüten, die zu schlanken, hängenden Kätzchen zusammengefasst sind, saßen bereits über Winter an den Zweigen. Sie bestehen aus drei bis 14 Staubblättern; eine Blütenhülle fehlt. Die weiblichen Blüten stehen in aufrechten Kätzchen mit je zwei Blüten pro Deckblatt. Der Kelch ist mit dem Fruchtknoten verbunden und bildet eine unscheinbare Blütenhülle. Nach der Befruchtung schließt sich das Deckblatt und bildet eine sackförmige Hülle um die Nuss, die sich bei der Reife im ährenartig aufgebauten, aber hängenden Fruchtverband deutlich aufbläht. Zur Reifezeit erinnert der gesamte Fruchtstand an die zapfenartigen Gebilde des weiblichen Hopfens *(Humulus lupulus)*, woraus sich der deutsche Gattungsname erklärt.

Die meisten Arten sind innerhalb der gemäßigten Breiten recht winterfest. Nur etwa drei Arten werden auch als Ziergehölze verwendet. Weit verbreitet ist unter anderem die von den Südalpen bis Kleinasien vorkommende Gewöhnliche Hopfenbuche *(Ostrya carpinifolia)*. Ihre Fruchtstände werden bis zu 5 cm lang. Ferner sieht man in Kultur auch die aus dem östlichen Nordamerika stammende Virginische Hopfenbuche *(O. virginiana)*. Beide Arten sind hinsichtlich des Bodens nicht besonders anspruchsvoll. Die europäische Hopfenbuche wird etwa 20 m hoch und zeigt eine graue Rinde. Die Blätter sind spitz, 4–12 cm lang, mit 11–15 Paar Seitennerven. Ihre eiförmigen Nüsschen sind 4–5 mm lang. Die amerikanische Art wird ebenfalls 20 m hoch und zeigt eine eher dunkelbraune Rinde. Ihre Nüsschen sind spindelförmig und etwa 6–8 mm lang. Das Holz ist bemerkenswert hart und wird für Werkzeuge, Sportgeräte und als Baumaterial verwendet. Das Holz der ähnlichen Japanischen Hopfenbuche *(O. japonica)* wird auch zu Möbeln und Bodenbelägen verarbeitet. K4–5

BETULACEAE

Ostrya
HOPFENBUCHEN

Artenzahl: 5

Verbreitung: Nördliche gemäßigte Breiten bis Mittelamerika

Verwendung: Meist als Ziergehölze, einige Arten auch als Nutzholz

UNTEN Die Gewöhnliche Hopfenbuche *(Ostrya carpinifolia)* trägt im Frühjahr attraktive männliche Kätzchen.
GANZ UNTEN Weibliche Kätzchen der Japanischen Hopfenbuche *(Ostrya japonica)*

Juglandaceae

Walnussbäume – *Juglans*

Die Gattung *Juglans* umfasst 21 Arten, die vom Mittelmeergebiet bis Ostasien und Indochina verbreitet sind, ferner in Nordamerika, Mittelamerika und in den Anden. Ihre Vertreter sind sommergrüne Bäume, ganz selten auch Sträucher, mit gefiederten Blättern, die nach dem Zerreiben aromatisch riechen. Die männlichen Blüten stehen in unverzweigten Kätzchen; die weiblichen Blüten erscheinen meist einzeln auf dem gleichen Baum. Die Wal„nuss" ist eine einsamige Steinfrucht mit fleischiger äußerer und harter innerer Fruchthülle. Der Samen enthält fettes Öl. Die nahe verwandten Hickory-Arten tragen verzweigte männliche Kätzchen.

Der Gewöhnliche Walnussbaum *(Juglans regia)*, von Südosteuropa bis China verbreitet, ist vermutlich die bekannteste Art. Nur bei ihr spaltet sich die harte Schale in zwei Hälften. Die übrigen Arten unterscheiden sich in verschiedenen vegetativen Merkmalen und auch in Fruchtkennzeichen. Unter anderem ist der Rand der Blattfiedern gesägt, bei *J. regia* dagegen glatt.

Das Holz der Walnussbäume schätzt man wegen seiner Beständigkeit und der beeindruckenden Maserung. Es wird zu Möbeln und Furnieren sowie zu Gewehrschäften verarbeitet, aber auch gerne in der Drechslerei verwendet. Wertvolle Hölzer liefern neben *J. regia* vor allem *J. neotropica* (Ekuador), *J. mollis* (Mexiko), *J. nigra* (Nordamerika) sowie *J. ailanthifolia* (China und Japan). Das aus dem Samen abgepresste Öl verwendet man zu Speisezwecken oder in Anstrichmitteln. Walnussbäume baut man vor allem wegen ihrer Früchte in Frankreich, Italien, China, Indien und Nordamerika an. Auch die Amerikanische Schwarznuss *(J. nigra)* liefert essbare Samen. Aus den harten Fruchtschalen lässt sich – ebenso wie bei *J. mollis* – ein Textilfarbstoff gewinnen. Die meisten Arten sind natürlich auch prächtige Park- oder Gartenbäume. K 4–10

OBEN Die Gewöhnliche Walnuss *(Juglans regia)* hat unpaarig gefiederte Blätter. Nur bei dieser Art spaltet der Steinkern, die Wal„nuss", in zwei Hälften. Die männlichen Kätzchen sind dunkelgelbgrün und erscheinen erst im Frühsommer.

RECHTS In Frankreich werden Walnussbäume als Fruchtbäume, aber auch in Alleen angepflanzt.

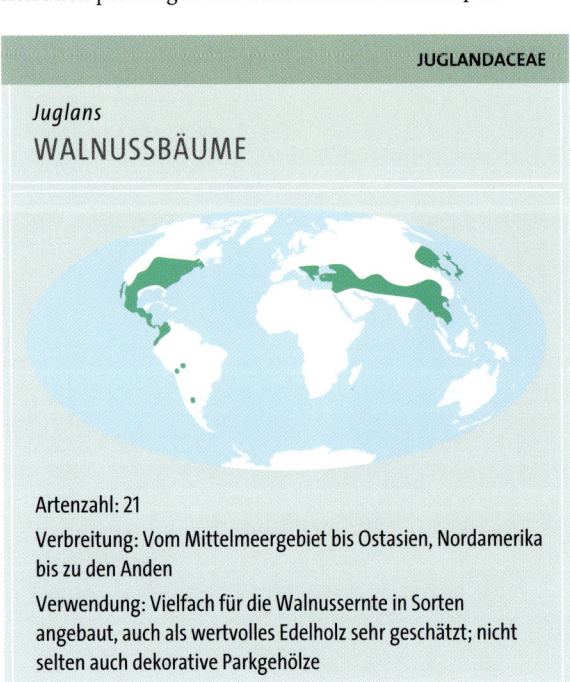

JUGLANDACEAE

Juglans
WALNUSSBÄUME

Artenzahl: 21

Verbreitung: Vom Mittelmeergebiet bis Ostasien, Nordamerika bis zu den Anden

Verwendung: Vielfach für die Walnussernte in Sorten angebaut, auch als wertvolles Edelholz sehr geschätzt; nicht selten auch dekorative Parkgehölze

J. regia

Die wichtigsten Walnussbaum-Arten

Gruppe I
Fiedern mehr oder weniger glattrandig. Steinkern spaltet bei der Reife in 2 Hälften.

***Juglans regia* Gewöhnlicher Walnussbaum** Südosteuropa bis Himalaja und China, in Mitteleuropa eingebürgert. Baum, bis zu 30 m. Fiedern meist 7–9, kahl. Frucht glatt, etwa 3,5–7 cm dick. Walnüsse verschieden skulpturiert. K 5

Gruppe II
Blattnarben am oberen Ende ohne Haarleiste. Fiedern zu 9–25, gesägt. Früchte kahl oder fein behaart. Steinkern mit Scheidewand, diese am Grund 4-teilig, nicht aufspringend.

***Juglans californica* Kalifornischer Walnussbaum** Südkalifornien. Großer Strauch oder kleiner Baum. Fiedern 11–15, kahl; Steinkern tief gefurcht. Frucht kugelig, 1–2 cm. K 8

J. hindsii Kalifornien. Baum, 12–20 m. Fiedern 15–19, unterseits auf den Blattnerven flaumig. Steinkern wenig gefurcht. Frucht annähernd kugelig, 2,5–3,5 cm dick. In der Heimat oft als Straßenbaum gepflanzt. K 8

***J. microcarpa (J. rupestris)* Texanischer Walnussbaum** Südwestliche USA bis Mexiko. Kleiner Baum, bis zu 10 m; die nah verwandte *J. major* erreicht 15 m. Fiedern kahl, nur auf den Blattnerven unterseits behaart. Frucht kugelig, 1,5–2,5 cm dick. Steinkern tief gefurcht. K 6

***J. nigra* Schwarznuss** Östliche und mittlere USA. Baum, 25–30 m. Fiedern unterseits flaumig behaart. Frucht zusammengedrückt kugelig, 2,5–3,5 cm dick. Steinkern unregelmäßig gefurcht. K 4

Gruppe III

Blattnarben am oberen Rand mit einer Haarleiste. Fiedern 7–19, gezähnt. Früchte mit klebrigen Haaren. Steinkern mit dicker Scheidewand, am Grunde 2-teilig, nicht spaltend.

Juglans ailanthifolia **Japanischer Walnussbaum** Japan. Baum, bis zu 20 m. Fiedern beidseits flaumig behaart. Früchte in langen, hängenden Trauben, eiförmig, etwa 5 cm lang, klebrig behaart. Steinkerne nicht gefurcht oder kantig. K4

J. cinerea **Butternuss** Östliches Nordamerika. Baum, 15–20 m oder höher. Fiedern flaumig behaart, abstehend gezähnt. Deckblätter rot oder purpurn. Früchte zu 3–5 in hängenden Trauben, jede mehr oder weniger eiförmig, 4–6,5 cm lang, klebrig. Steinkerne stark gefurcht. K4

J. cathayensis China. Baum, bis zu 20 m. Fiedern bleibend flaumhaarig, gesägt. Deckblätter grau oder gelbbraun. Früchte eiförmig in hängenden Trauben, jede etwa 3–4,5 cm lang. Steinkerne mit 6–8 stacheligen Kanten. K5

J. mandshurica Nordchina. Baum, 15–20 m. Fiedern oberseits verkahlend, gesägt. Deckblätter grau oder gelbbraun. Früchte in kurzen Trauben. Steinkern gefurcht und narbig. K5

J. nigra

J. microcarpa

J. cinerea

J. cinerea

J. microcarpa

Flügelnussbäume – *Pterocarya*

Die Flügelnussbäume sind sommergrüne, bis zu 30 m hohe Bäume mit geschichtetem Mark und großen, unpaarig gefiederten, wechselständigen Blättern. Ein gekammertes Mark kommt auch bei den Walnussbäumen *(Juglans)* vor, doch unterscheiden sich die Arten dieser Gattung durch ihre Steinfrüchte mit den gefurchten, ungeflügelten Steinkernen. Bei den Hickory-Arten *(Carya)* ist das Mark nicht gegliedert. Die eingeschlechtigen Blüten stehen in langen Kätzchen und sind einhäusig verteilt. Der Kelch ist vierzählig, Kronblätter fehlen. Die männlichen Blüten haben sechs bis 18 Staubblätter, die weiblichen nur einen Fruchtknoten mit einem kurzen Griffel und einer zweilappigen, hellroten Narbe. Die Frucht ist eine einsamige Nuss mit zwei blattartigen, seitlichen Flügeln und sitzt zur Reifezeit an einem 20–50 cm langen Kätzchen. Die Arten bevorzugen feuchte Lehmböden.

Der häufig auch als Parkgehölz gepflanzte und recht dekorative Kaukasische Flügelnussbaum *(Pterocarya fraxinifolia)* aus dem nördlichen Iran trägt im Winter mehrere übereinanderliegende, nackte Knospen. Die Blätter sind aus 11–25 Fiedern an einer kräftigen Spindel zusammengesetzt. Die Art bildet Ausläufer und in der Natur an Flussläufen dichte Bestände. Die Frucht ist deutlich geflügelt und erinnert an einen kleinen Elefantenkopf.

Der Chinesische Flügelnussbaum *(P. stenoptera)* hat ebenfalls nackte Knospen, fünf bis neun Fiedern und 20–30 cm lange, fruchtende Kätzchen. *P. × rehderana (P. fraxinifolia × P. stenoptera)* ist winterhärter und wüchsiger als die Elternarten und treibt Wurzelausläufer. Die Blätter bestehen aus etwa 21 Fiedern an einer rinnig gefurchten Spindel. Fruchtend sind die weiblichen Kätzchen bis zu 45 cm lang. Beim Japanischen Flügelnussbaum *(P. rhoifolia)* sind die Winterknospen durch zwei bis drei dunkelbraune Schuppen geschützt. K6–8

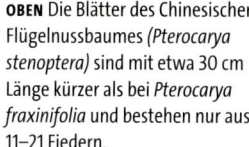

OBEN Die Blätter des Chinesischen Flügelnussbaumes *(Pterocarya stenoptera)* sind mit etwa 30 cm Länge kürzer als bei *Pterocarya fraxinifolia* und bestehen nur aus 11–21 Fiedern.

UNTEN Die fruchtenden Kätzchen von *Pterocarya fraxinifolia* sind deutlich länger als die männlichen und messen reif bis zu 50 cm. Jede Nussfrucht trägt zwei seitliche Flügel.

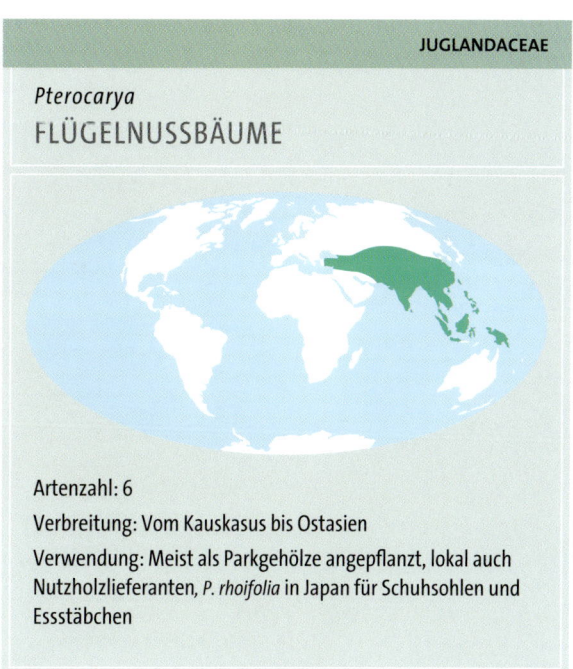

JUGLANDACEAE

Pterocarya
FLÜGELNUSSBÄUME

Artenzahl: 6

Verbreitung: Vom Kaukasus bis Ostasien

Verwendung: Meist als Parkgehölze angepflanzt, lokal auch Nutzholzlieferanten, *P. rhoifolia* in Japan für Schuhsohlen und Essstäbchen

Hickorynussbäume – *Carya*

Die Arten dieser Gattung sind stattliche, sommergrüne Bäume, die überwiegend in Nordamerika vorkommen, aber mit zwei Arten auch in Ostasien vertreten sind. Sie werden bis über 30 m hoch und bilden meist schlanke, kegelförmige Kronen. Nur *Carya glabra* und *C. ovata* sind breitkronig. Die Rinde ist dunkelgrau und anfangs glatt, wird bei vielen Arten aber im Alter rau und fetzig. Das Mark der Triebe ist nicht gekammert. Die Blätter sind wechselständig, sehr groß und zusammengesetzt, gelblich grün, fühlen sich etwas ölig an und duften beim Zerreiben. Meist sind drei bis 17 Fiedern vorhanden. Deren Größe, Form und Anzahl ist je nach Art verschieden.

Die eingeschlechtigen Blüten sind einhäusig verteilt. Die männlichen Blüten bilden lange, hängende Kätzchen (diese immer zu dritt), die weiblichen in endständigen Ähren. Eine Krone fehlt, manchmal auch der Kelch. Die Früchte sind rundliche, birnenförmige Steinfrüchte mit nussartigem Kern.

Hickorynussbäume kultiviert man vor allem wegen ihres sehr festen und elastischen Holzes, aber auch als Zier- und Parkgehölze und natürlich zur Ernte der essbaren Samen. Die wichtigste Art mit essbaren Samen ist der Pekannussbaum *(C. illinoiensis = C. pecan)* aus den südöstlichen USA und Mexiko. In der Natur können diese Bäume bis zu 1000 Jahre alt werden. Mehr als 300 Sorten werden angepflanzt. Ihr Nährwert ist sehr hoch, denn sie enthalten reichlich fettes Öl (bis zu 70 Prozent). Der größte Teil der Ernte geht in die Nahrungsmittelindustrie zur Herstellung von Eiscreme und Salzsnacks. Ferner gewinnt man durch Abpressen das Öl für die Küche oder für kosmetische Produkte. Neuerdings kultiviert man vor allem dünnschalige Sorten, deren Steinkerne man mit den Fingern zerdrücken kann. K4–8

JUGLANDACEAE

Carya
HICKORYNUSSBÄUME

Artenzahl: 18

Verbreitung: Östliches Nordamerika bis Mittelamerika, ferner Ostasien

Verwendung: Essbare Samenkerne der Steinfrüchte; einige Arten als Nutzhölzer

C. ovata

C. tomentosa

C. cordiformis

C. cordiformis

Die Gattung *Carya* umfasst stattliche, sommergrüne Bäume mit meist kegelförmig schmalen Kronen.

Die wichtigsten Hickorynussbaum-Arten

Gruppe I
Fiedern 5–17. Schuppen der Winterknospen paarig, klappig, 4–6, breit.

Carya illinoiensis Pekan Mississippi-Becken. Raschwüchsiger Baum, bis zu 45 m. Stamm mit Brettwurzeln. Borke dick, gefurcht. Fiedern 9–17. Schuppen der Winterknospen hellgelb behaart. Samen von süßlichem Geschmack. K5

C. aquatica Sumpf-Hickory Verbreitet in Feuchtgebieten und Reisfeldern der USA. Baum, bis zu 15 m. Fiedern 7–13, schmal bis breit lanzettlich. Knospenschuppen ohne gelbe Haare, Knospen rostbraun mit gelben Drüsen. Samen schmeckt sehr bitter. K6

C. cordiformis (C. amara) Bitternuss Waldgebiete und Gebirge Nordamerikas. Baum, bis zu 27 m. Fiedern 5–9. Knospenschuppen der Winterknospen nicht gelb behaart, aber mit rostbraunem Schorf und gebogen. K4

Gruppe II
Fiedern 3–9. Schuppen der Winterknospen dachziegelartig angeordnet, 6–12, ziemlich schmal.

Carya ovata (C. alba) Zottelborke Nordamerika. Baum, bis zu 36 m. Borke löst sich in Streifen ab. Junge Triebe schorfig rotbraun, später grau. Fiedern 5–7, gesägt, stark bewimpert, an den Spitzen der Blattzähne mit Haarbüscheln. Samen weiß, angenehm schmeckend. K6

C. laciniosa Königsnuss Nordamerika. Ähnlich wie *C. ovata*, aber kräftiger und Knospen weniger spitz. Junge Triebe orange, schorfig. Fiedern anfangs bewimpert, ohne Haarbüschel an den Blattzähnen. Samen gelbbraun. K6

C. tomentosa Spottnuss Nordamerika. Baum, bis zu 18 m. Borke dunkel und tief gefurcht. Blattstiele, Zweige und andere Teile filzig behaart. Endknospe samtig grau, doppelt so dick wie ihr Zweig. Fiedern auf gelbroter Spindel meist 7, selten 5–9, sehr groß, hängend, duften angenehm, Endfieder am größten. Steinfrucht sehr dickschalig, innen fast hohl. K4

C. glabra (C. porcina) Ferkelnuss An Flussufern in Nordamerika. Baum, bis zu 24 m. Borke graupurpurn, anfangs glatt, später stark runzlig mit schwärzlichen Rissen. Knospen, Blätter und andere Teile ungewöhnlich klein. Samen glatt, blassbraun. K4

C. ovalis Süße Ferkelnuss Nordamerika. Der vorigen Art sehr ähnlich, Borke wird im Alter jedoch stärker fetzig. Zweige und Blätter schorfig. Samen schmeckt angenehm. K6

C. pallida Bleiche Hickory Nordamerika. Borke auffallend blassgrau und furchig. K6

C. texana Schwarze Hickory Nordamerika. Samen grob runzlig und netzig geadert. K6

C. cathayensis Chinesische Hickory Ostchina. Baum, bis zu 25 m. Fiedern 5–7, oberseits grün, unterseits rostbraun. Samen 4-furchig. K6

Casuarinaceae

Kängurubäume – *Casuarina*

Die Gattung *Casuarina* mit ihren eigenartigen, halbimmergrünen bis mehr oder weniger sommergrünen Bäumen und Sträuchern ist die einzige ihrer Familie. Sie umfasst etwa 17 Arten, die alle im nordöstlichen Australien und südöstlichen Asien beheimatet sind. Meist handelt es sich um hohe Bäume mit charakteristisch hängenden Zweigen und schlanken, etwas drahtig aussehenden und gegliederten Trieben, die im Aussehen an einen Schachtelhalm (Gattung *Equisetum*) erinnern. Die Blätter sind stark vereinfacht und bilden an den Knoten vielzählige Wirtel. Die Blüten sind ebenfalls stark vereinfacht und ein- oder zweihäusig verteilt. Die männlichen Blüten stehen in endständigen, einfachen oder verzweigten Ähren; jede Einzelblüte besteht nur aus einem großen Staubblatt und ein bis zwei Hüllblättern. Die weiblichen Blüten bilden dichte, rundliche Köpfe, jede Blüte nur mit einem Fruchtknoten und ohne Blütenhülle. Die Früchte sind kugelig und zapfenartig, wie überhaupt der gesamte Baum eher an ein Nadelholz erinnert.

Kängurubäume sind hervorragend an trockene Standorte angepasst, ertragen aber keinen Frost und werden daher außerhalb der Tropen nur selten angepflanzt. Im Tropengürtel sind mehrere Arten heute praktisch weltweit verbreitet. Sie gedeihen auf sandigem Lehm sowie auf alkalischen oder sogar verbrackten Böden. Daher gehören sie an vielen tropischen Küsten zum Bild der Gehölzvegetation. Arten wie *Casuarina campestris*, *C. cunninghamiana* und *C. littoralis* sieht man nur in Südeuropa und in den wärmeren Gegenden der USA als Parkgehölze. An den Pazifikküsten ist meist *C. equisetifolia* als Pioniergehölz verbreitet. Im Ursprungsgebiet pflanzt man die Art gerne als Windschutz und zum Festlegen von Dünen. In Florida und Ostafrika ist sie eingebürgert.

Die größeren *Casuarina*-Arten liefern ein sehr hartes und bemerkenswert faseriges rötliches Holz, das gebietsweise vor allem für Bauzwecke verwendet wird. K8

CASUARINACEAE

Casuarina
KÄNGURUBÄUME

Artenzahl: 17

Verbreitung: Südostasien und östliche Pazifikküsten; heute in vielen anderen Küstengebieten eingebürgert

Verwendung: Lokal als Nutzholz und Brennmaterial, sonst für Schutzpflanzungen

Die Kängurubäume (*Casuarina* spp.) zeichnen sich durch eigenartige, bis auf nadelförmige Gebilde vereinfachte Laubblätter aus, die an den Knoten in Wirteln stehen. Diese Bäume eignen sich sehr als Windschutz und gedeihen auf salzhaltigen Böden erstaunlich gut.

Buxaceae

Buchsbäume – *Buxus*

Als kunstvoll geschnittene Formsträucher und niedrige Hecken zur Beeteinfassung sind Buchsbäume eine bekannte Erscheinung. Zur Gattung *Buxus* gehören nach moderner Auffassung ungefähr 50 Arten immergrüner Gehölze, viele strauchförmig, aber auch etliche baumförmig. Sie sind von Westeuropa über das Mittelmeergebiet bis Ostasien verbreitet, ferner im südlichen Nordamerika, in der Karibik sowie im südlichen Afrika. Die Blätter sind glattrandig, gegenständig, oval, meist etwas lederig, dunkelgrün, oberseits glänzend, am Rand etwas eingerollt und vorne leicht spitz. Die eingeschlechtigen, gelblichen Blüten mit einfacher Blütenhülle stehen in end- und achselständigen Knäueln. Die Gipfelblüte ist weiblich und hat einen dreiteiligen Fruchtknoten; die seitlich stehenden männlichen Blüten bestehen aus vier Kelchblättern und vier Staubblättern. Obwohl die Blüten funktionell eingeschlechtig sind, findet man bei genauerer Lupenbetrachtung in den dichten Blütenköpfchen nicht selten auch die unentwickelten Anlagen des jeweils anderen Geschlechts vor. In seltenen Fällen können die Blüten auch zweihäusig verteilt sein. Die Frucht ist eine Kapsel, die sich mit drei Teilen öffnet. Die Samen sind glänzend schwarz.

Nur etwa sechs Arten werden gärtnerisch verwendet und sind (mit Ausnahme von *Buxus harlandii*) auch in den gemäßigten Breiten genügend winterhart. Sie gedeihen recht gut auf allen möglichen Böden, ertragen auch Kalk und schattige Standorte. Am weitesten verbreitet ist der Gewöhnliche Buchsbaum *(B. sempervirens)*, der sehr gerne für Hecken und Kübel verwendet wird, zumal er den regelmäßigen Schnitt sehr gut verträgt. Am natürlichen Standort bildet er dichte Sträucher oder kleine Bäume bis zu 6(9) m Höhe. Die jungen Triebe sind vierkantig bzw. leicht geflügelt und fein behaart. Die fast sitzenden, 15–30 mm

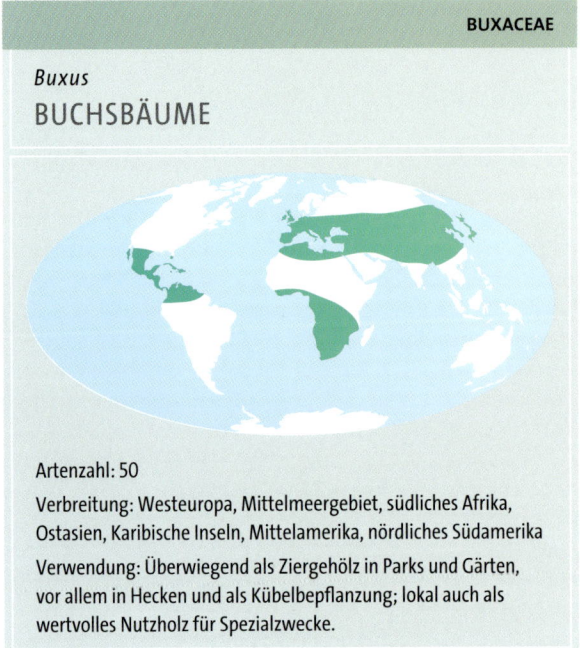

Der Gewöhnliche Buchsbaum (Buxus sempervirens) ist ein immergrüner, weitkroniger, eher lichter Strauch oder kleiner Baum, der fast überall in Mitteleuropa winterhart ist. Erst durch den Formschnitt entwickelt er dichtere Kronen und lässt sich in fast jede beliebige Form stutzen.

BUXACEAE

Buxus
BUCHSBÄUME

Artenzahl: 50

Verbreitung: Westeuropa, Mittelmeergebiet, südliches Afrika, Ostasien, Karibische Inseln, Mittelamerika, nördliches Südamerika

Verwendung: Überwiegend als Ziergehölz in Parks und Gärten, vor allem in Hecken und als Kübelbepflanzung; lokal auch als wertvolles Nutzholz für Spezialzwecke.

langen Blätter sind länglich-eiförmig und in bzw. unterhalb der Mitte am breitesten. Die Hornfortsätze der Kapsel sind etwa halb so lang wie die Frucht. Die Art ist in Süd- und Westeuropa beheimatet. In Deutschland kommt sie wild bis zur mittleren Mosel vor. Ferner findet man sie in Nordafrika und Westasien.

Für gärtnerische Zwecke existieren zahlreiche Cultivare. 'Argentea' *(aureovariegata)* wächst sehr buschig und hat gelblich weiß umsäumte Blätter; bei 'Longifolia' sind die Blätter schmal elliptisch, und die kleinwüchsige 'Suffruticosa' wird meist für Beeteinfassungen in Formgärten verwendet. 'Arborescens' eignet sich besonders gut als Sichtschutz, 'Pendula' wächst mit hängenden Ästen.

Buxus microphylla stammt aus China, Japan und Korea und wird in Kultur etwa 1 m hoch. Die kahlen Zweige sind vierkantig, die Blätter ungewöhnlich dünn, länglich-verkehrt-eiförmig, 12–20 × 4–8 mm groß, vorne mitunter etwas ausgerandet und meist oberhalb der Mitte am breitesten. Von dieser Art kennt man mehrere geografische Rassen: die var. *japonica* beispielsweise trägt rundlichere Blätter, bei der var. *koreana* sind sie verkehrt-eiförmig bis elliptisch und 6–15 mm lang. Var. *sinica* aus China ist ein bis zu 5 m hoher Strauch mit flaumig behaarten Zweigen und 8–35 mm langen Blättern. Die var. *koreana* ist vor allem in den USA als winterhartes Gartengehölz sehr beliebt. Der Balearen-Buchsbaum *(B. balearica)* ist auf den Balearischen Inseln, auf Sardinien sowie in Südwestspanien beheimatet. Seine Blätter sind etwas größer und dunkler grün als bei *S. sempervirens*, den er in weiten Teilen Südeuropas als Gartenstrauch ersetzt. Die Art wird in der Natur bis zu 9 m hoch; die kantigen Zweige sind nur anfangs fein behaart. Die bis zu 4 cm langen Blätter glänzen kaum. Die Hornfortsätze sind etwa so lang wie die Kapsel.

Buchsbaumholz ist sehr hart. Früher wurde es gerne für Intarsien und Drechslerarbeiten verwendet, heute verarbeitet man es eher zu Teilen für Musikinstrumente und allerhand Schnitzereien. K5–8

Salicaceae

Weiden – *Salix*

Die Gattung *Salix* stellt eine bekannte und ausgesprochen umfangreiche Verwandtschaftsgruppe mit etwa 400 Arten dar. Die weitaus meisten Arten sind in den kühlgemäßigten Klimaten der Nordhalbkugel zu Hause. In den Tropen und auf der Südhalbkugel sind sie nur mit relativ wenigen Arten vertreten, und in Australasien fehlen sie gänzlich.

Weiden wachsen als kleine Kriechsträucher, die nur wenige Handbreit hoch werden, bis hin zu Bäumen mit über 20 m Höhe. Nur wenige Arten sind Waldbäume. Man findet sie vor allem im Offenland und häufig an stärker vernässten Standorten wie Gewässerrändern, Sümpfen und Mooren. In der Arktis und im Hochgebirge dringen sie bis an die Gehölzgrenze vor. Als Auengehölze entwickeln sie im freien Wasser oft lange Faserwurzeln. Bei der Silber-Weide (*Salix alba*) sind sie weiß, bei der Bruch-Weide (*S. fragilis*) dagegen rot. Die winzigen Samen, die an einem weißen Haarbüschel hängen, werden vom Wind weithin verfrachtet. Viele *Salix*-Arten sind daher Pioniergehölze auf Ödland oder Rohböden. In kurzer Zeit bilden sie an solchen Standorten ausgedehnte Dickichte.

Die zweihäusig verteilten Blüten stehen in meist aufrechten Kätzchen. Jede Einzelblüte sitzt in der Achsel eines Tragblattes und besteht aus einem einzelnen Fruchtknoten mit zwei Griffeln oder aus zwei bis zwölf gelben bis hochroten Staubblättern. Ferner findet sich eine keulenförmige Nektardrüse, die von manchen Autoren als umgestalteter Rest einer Blütenhülle angesehen wird. Details des Blütenbaus werden zur weiteren Gliederung der Gattung und zur Artbestimmung verwendet.

Die Untergattung *Salix (Amerina)* umfasst Strauch- und Baumarten mit schmalen, spitzen Blättern. Zu *Caprisalix* gehören größere oder kleinere Sträucher mit schmalen, spitzen oder breiter rundlicheren Blättern. In der Untergattung *Chamaetia* werden schließlich alle zwergwüchsigen Arten zusammengeführt, die zumeist kleine, rundliche Blätter tragen und im Hochgebirge bzw. in der Arktis beheimatet sind.

Viele Weiden-Arten hybridisieren, was die Artbestimmung nicht gerade erleichtert. Außerdem hat man auch züchterisch viele Kreuzungen vorgenommen. Etwa 180 Hybriden sind bisher bekannt, davon etwa 50 mit drei oder mehr Elternarten. Da viele dieser Hybridformen uneingeschränkt fertil sind und Rückkreuzungen mit den Elternarten möglich sind, sind die Artgrenzen eventuell stark verwischt und die Zuordnung der Formen extrem schwierig. Die Kreuzungen sind allerdings im Allgemeinen nur innerhalb der gleichen Untergattung möglich. Ausnahmen sind allerdings bekannt. So kreuzt sich die Mandel-Weide *(S. triandra)* als Vertreterin der Schmalblattweiden (Untergattung *Salix*) durchaus mit einigen Arten der anderen Untergattungen. In Schweden hat man aus wissenschaftlichen Gründen besonders viele Hybriden erzeugt. In einem Fall wies der Kreuzungsbastard 13 verschiedene Eltern auf.

Die Vermehrung der Weiden gelingt außer über Samen sehr gut durch Stecklinge. Die Vermehrung durch Sämlinge sollte wegen der möglichen Hybridnatur nur vorgenommen werden, wenn die Elternschaft zweifelsfrei feststeht. Die sogenannten Trauerformen lassen sich auf verschiedene Unterlagen pfropfen. Weiden gedeihen auf fast allen Böden, in manchen Fällen sogar auf staunassen Lehmböden.

Junge und ebenso ältere Stämme von Weiden sind außerordentlich regenerationsfähig, vor allem im Spätwinter und Frühjahr, bevor die Blätter erscheinen. Stammhölzer, die man einfach in die Erde steckt, bewurzeln sich in kurzer Zeit ebenso wie Weidengerten und

SALICACEAE

Salix
WEIDEN

Artenzahl: Etwa 400

Verbreitung: Circumpolar in den gemäßigten nördlichen Breiten, in den übrigen Regionen nur mit wenigen Arten

Verwendung: Meist als Ziergehölze oder als Bienenweide verwendet; Zweige ferner als Bindematerial oder für Flechtarbeiten, Holz für Schuhe oder andere Spezialzwecke.

LINKS Die in Parks sehr gerne verwendeten Trauerformen mit hängenden Zweigen gehören überwiegend zu *Salix × chrysocroma*. Die Krone ist rundlich, die Äste stark übergebogen, die Zweige fast schnurgerade.

UNTEN Die Wuchs- und Kronenform der Weiden kann artabhängig sehr verschieden sein. *Salix caprea* ist ein breitkroniger, buschiger Baum mit meist schrägem Stamm. *Salix fragilis* entwickelt geradschäftige Stämme und rundliche Kronen. Bei *Salix babylonica* ist der Stamm relativ kurz und trägt wenige aufrechte Äste, von denen zahlreiche schnurförmige Zweige herabhängen.

S. caprea

S. fragilis

S. babylonica

entwickeln kräftige Kronen. Diese Eigenart wird auch gärtnerisch viel genutzt.

Weidenholz ist sehr leicht und weich, aber dennoch zäh und elastisch. Zudem splittert es auch bei Druckbelastung nicht. Man fertigt daraus unter anderem verschiedene Sportgeräte, beispielsweise Polobälle, Cricketschläger, Paddel und Ruderkellen oder Werkzeuggriffe. Da es schwer entflammbar ist, verwendete man es früher auch für Bremsbacken, sogar an Eisenbahnwagen. Aus jungen und besonders langen Weidengerten werden bis heute Körbe geflochten, vor allem aus den Schösslingen der Korb-Weide *(S. viminalis)* oder anderer Arten. Durch den regelmäßigen Rückschnitt zur Gewinnung neuer Gerten entstanden in manchen Landschaften, beispielsweise am Niederrhein, die kennzeichnenden Kopfweiden, die für den Artenschutz in der traditionellen Kulturlandschaft eine bedeutende Rolle spielen. Sie sind Nist- und Brutraum, aber auch Nahrungslieferant und Tagesversteck. In Kopfweiden brütet mehr als die Hälfte der nordrhein-westfälischen Steinkauz-Population.

In der Weidenrinde kommt das Glykosid Salicin vor, das mild schmerzstillende Eigenschaften aufweist. Man hat es früher vor allem aus *S. purpurea* und ihren Hybriden extrahiert. Im Labor hat man diesen Naturstoff chemisch leicht zur Acetylsalicylsäure verändert, dessen Wirksamkeit wesentlich stärker ist und die Hauptkomponente von Aspirin darstellt. Heute wird der Wirkstoff synthetisch hergestellt.

Weiden pflanzt man unter anderem wegen ihrer Raschwüchsigkeit an. Die Silber-Weide *(S. alba)* erreicht in 15 Jahren bis zu 20 m Höhe und eignet sich vor allem für Uferbereiche in Parkanlagen. Besonders beliebt sind die sogenannten Trauerformen, die aber den Rahmen kleinerer Gärten oft sprengen. Meist, aber nicht immer, sind es Hybriden mit *S. babylonica*, die im Nahen Osten oder in China beheimatet sein soll. Vor allem verwendet man Kreuzungen dieser Art mit *S. alba* oder *S. fragilis*. Die in Europa vermutlich am weitesten verbreitete Form ist *S. alba* var. *vitellina* × *S. babylonica*, die blass- bis kräftig gelb berindete Zweige entwickelt und sehr dekorativ wirkt. Man hat dieser Form zahlreiche Namen gegeben. Unter anderem wird sie als *S. alba* 'Tristis' oder *S. alba* 'Vitellina Pendula' geführt, aber als botanisch korrekt gilt nur die Bezeichnung *S.* × *sepulcralis*. Die meisten Trauerweiden gehören diesem Formenkreis an. In Amerika sind allerdings Trauerformen verbreitet, die erwiesenermaßen auf *S. purpurea* zurückgehen und *S. purpurea* 'Pendula' genannt werden. *S. babylonica* selbst ist eine Art mit braunen Zweigen, die in Europa kaum gedeiht. Trauerformen werden bereits in Psalm 137 des Alten Testaments erwähnt. Heute ist man der Ansicht, dass damit allerdings keine Weide, sondern die Pappelart *Populus euphratica* gemeint ist.

Andere als Ziergehölze beliebte Weiden sind beispielsweise die Reif-Weide *(S. daphnoides)*, deren purpurne Zweige auffällig weiß bereift sind, oder die Gartenform *S. alba* 'Chermesina', deren Zweige anfangs dunkelrot sind und dann kräftig orangerot umfärben. Bei *S. alba* var. *vitellina* ist die Zweigrinde gelblich. Die japanische Art *S. melanostachys* trägt schwarze und scharlachrote Kätzchen. Zu den gärtnerisch gerne verwendeten zwergwüchsigen Formen gehört die Woll-Weide *(S. lanata)* mit

S. fragilis

S. caprea

lang seidig behaarten Blättern und großen, goldgelben Kätzchen oder die Kraut-Weide *(S. herbacea)*, die als Bodendecker dichte, teppichartige Spaliere entwickelt. Eine besonders auffällige Gartenform ist *S. matsundana* 'Tortuosa' mit korkenzieherartig gewundenen und verdrehten Ästen und langen, schmalen Blättern. K1–8

Die wichtigsten Weiden-Arten

Untergattung Salix *(Amerina)*

Männliche Blüten 2–12 Staubblätter und 2 Nektardrüsen. Kätzchen lang und schmal, in den Blattachseln vorjähriger Triebe, erscheinen mit oder nach dem Laubaustrieb.

S. babylonica

***Salix alba* Silber-Weide** Tiefland von Westeuropa bis Zentralasien. Baum, bis zu 25 m mit steil aufgerichteten Ästen und meist relativ schmaler Krone, oft mit hängenden Zweigen. Blätter lang und schmal, beidseits seidig behaart. Männliche Blüten mit 2 Staubblättern.
var. *caerulea* Unterscheidet sich durch eine mehr gerade bzw. aufrechte Wuchsform, Blätter bläulich grau, verlieren ihre seidige Behaarung im Laufe des Sommers. Die meisten in England angepflanzten, sogenannten Cricketweiden gehören dazu und sind vermutlich ein weiblicher Klon.
var. *vitellina* Erstjährige Triebe kräftig gelb bis orange, daher auch Dotterweide genannt. Die seidige Behaarung der Blätter verliert sich im Laufe des Sommers. K2
Eine gerne verwendete Gartenform ist die Sorte 'Chermesina', die eine kräftig rote Zweigrinde aufweist und daher auch Korallweide genannt wird. Die mit Hängezweigen wachsende Form der var. *vitellina* gilt als einer der Eltern der als Ziergehölze weit verbreiteten Trauerweiden, die man als *S.* × *chrysocoma* führt. Die vermutlich andere Elternart ist *S. babylonica*.

S. arctica

***S. babylonica* Babylonische Weide** Vermutlich beheimatet im Iran, eine der sogenannten Trauerweiden. Selten angepflanzt, da sie in Europa kaum winterhart ist. Baum, bis zu 15 m mit weit abstehenden Hauptästen und hängenden Zweigen. Blätter schmal und länglich, kahl. Männliche Blüten mit 2 Staubblättern. K5

***S. fragilis* Bruch-Weide, Knack-Weide** Europa. Westasien. Baum, bis zu 27 m mit abstehenden Hauptästen und daher breitkronig. Die Zweige brechen von ihren Verzweigungsstellen sehr leicht und mit vernehmlichem Knacken ab. Blätter lang und schmal, dunkler grün als bei *S. alba*, verlieren ihre Seidenbehaarung schon sehr früh. Männliche Blüten mit 2 Staubblättern. Die meisten Bäume sind weiblich. Hybriden mit *S. alba* sind häufig. K5

S. reticulata

S. pentandra Lorbeer-Weide Europa, Westasien. Baum, bis zu 18 m. Blätter lang und spitz, aber breiter (bis zu 5 cm) als bei den anderen Arten dieser Gruppe. Männliche Blüten mit 5(12) Staubblättern. Sehr schmucke Art, kreuzt sich gerne mit S. alba und S. fragilis. K5

S. triandra Mandel-Weide Europa, Asien. Großer Strauch oder kleiner Baum, bis zu 9 m. Blätter lang und spitz, kleiner als bei den übrigen Arten dieser Gruppe, dunkelgrün und meist kahl. Männliche Blüten mit 3 Staubblättern. Attraktive Strauchweide, oft an Gewässern angepflanzt, kreuzt sich nicht nur mit Vertretern dieser Untergattung, sondern auch mit denen der folgenden. K5

S. nigra Schwarz-Weide Nordamerika. Baum, bis zu 30 m. Blätter lang und schmal, spärlich behaart, meist nur entlang des Hauptnervs. Männliche Blüten mit 3–7 Staubblättern. In Europa stellenweise angepflanzt, wird hier jedoch nur etwa 12 m hoch und sieht dann eher aus wie die Strauchform von S. alba. Verwandte Formen kommen in Südamerika und Südafrika vor, wo die Gattung jedoch insgesamt eher selten ist. K4

Untergattung Caprisalix

Männliche Blüten mit 2 Staubblättern und 1 Nektardrüse. Kätzchen auf kurzen Stielen aus Seitenknospen vorjähriger Triebe, erscheinen vor oder mit den Blättern.

Salix viminalis Korb-Weide Europa, Asien. Großer Strauch oder kleiner Baum, bis zu 6 m mit sehr langen, grau oder gelblich berindeten Zweigen, die anfangs stark behaart sind. Blätter sehr lang und schmal, oberseits meist kahl, unterseits dicht seidenhaarig. Staubblätter getrennt. Bildet mit vielen anderen Arten Kreuzungsbastarde, vor allem mit S. triandra und S. purpurea. Zudem gibt es auch Kreuzungen, an denen drei verschiedene Arten beteiligt sind. K4

S. elaeagnos Lavendel-Weide Mittel- und Südeuropa, Westasien. Strauch, bis zu 5 m, erinnert an eine sehr schlanke S. viminalis, doch sind die Zweige weniger stark behaart und die Staubblätter zumindest anteilig miteinander ver-

bunden. Typische Art an den Gebirgsflüssen Mitteleuropas. K4

S. purpurea Purpur-Weide Europa, Asien. Strauch, bis etwa 5 m. Zweige schlank, kahl, gelblich rötlich. Blätter schmal, kahl, unterseits sehr hell, ausnahmsweise und einzigartig in der Gattung stehen zumindest einige Blätter annähernd gegenständig. Staubblätter miteinander verbunden, sehen aus wie eine Knospe mit 2 Staubbeuteln. Kreuzungen mit zahlreichen anderen Arten sind bekannt, darunter auch mit S. viminalis. Bei den Hybriden mit dieser Art sind die Staubblätter nur an der Basis verbunden und oben frei. K5

S. daphnoides Reif-Weide Europa (nicht auf den Britischen Inseln) bis Zentralasien und Himalaja. Großer Strauch oder kleiner Baum, bis zu 9 m. Zweige lang, schlank, purpurn, mit auffälliger, weißer, wachsiger Bereifung. Blätter lang und schmal, früh verkahlend. Staubblätter getrennt. Häufig als Ziergehölz verwendet. Zweige als Schmuckreisig geschnitten. K5

S. caprea Sal-Weide Europa und Westasien. Strauch oder kleiner, breitkroniger Baum, bis zu 9 m. Zweige kräftig, anfangs behaart, später kahl. Blätter breit, vorne stumpf, unterseits dicht weichhaarig. Staubblätter getrennt. Zweige mit blühenden männlichen Kätzchen früher gerne als Schmuckreisig geschnitten, vor allem zu Palmsonntag (daher auch Palmweide genannt). Heute ist die Entnahme von Schmuckreisig aus Gründen des Naturschutzes nicht mehr zulässig. Zwei sehr nahestehende Arten, mit denen Kreuzungen auftreten, sind S. cinerea und S. aurita. K5

S. cinerea Grau-Weide Blätter etwas schmaler und spärlicher behaart, auf den Trieben jedoch bleibend behaart, unter der Rinde zweijähriger Zweige streifig. K5

S. aurita Ohr-Weide Im Wuchs kleiner, Blätter stark runzlig und mit großen, nierenförmigen Nebenblättern. K5

S. nigricans Schwärzliche Weide Nord- und Mitteleuropa, Asien. Strauch, bis zu 4 m mit behaarten, dunklen Zweigen. Blätter breit, vorne stumpf, unterseits mehr oder weniger behaart, werden beim Trocknen schwarz. Typische Hochgebirgsart. K5

S. phylicifolia Teeblättrige Weide Nord- und Mitteleuropa. Reich verzweigter Strauch, bis zu 4 m mit kahlen Zweigen. Blätter oval, spitz, zuletzt kahl. Männliche Blüten mit 2 Staubblättern. Häufig zusammen mit der vorigen Art, hybridisiert damit und bildet Formenschwärme. K5

S. repens Kriech-Weide Europa, Asien. Kleiner, reichästiger Strauch, bis etwa 1,2 m mit liegenden, oft im Boden wachsenden Hauptachsen und aufsteigenden, leicht behaarten Zweigen. Blätter klein, in Form und Abmessung ziemlich variabel, meist leicht behaart, graugrün. Diese variable Art besiedelt verschiedene Standorte. Einige Formen werden mitunter als eigenständige Arten aufgefasst, beispielsweise S. rosmarinifolia aus Mitteleuropa mit sehr schmalen, graugrünen Blättern und schlanken Kätzchen oder S. arenaria (S. argentea) von den Graudünen an der europäischen Atlantikküste mit stark behaarten Trieben und dicht silbrig behaarten Blättern. Beide Formen werden auch gerne gärtnerisch verwendet. K5

S. lanata Woll-Weide Arktisches und subarktisches Europa und Asien. Kleiner Strauch, bis zu 1,2 m Höhe mit kräftigen, dicht behaarten Trieben. Blätter oval, spitz, beidseits dicht wollig behaart. Kätzchen zylindrisch mit goldbrauner Behaarung, sodass auch weibliche Exemplare in der

S. viminalis

S. pentandra

S. daphnoides

LINKS S. × sepulcralis ist die gültige botanische Bezeichnung für die am meisten verwendeten Trauerweiden. Die raschwüchsige Art kann andere Gartenpflanzen leicht auskonkurrieren.

Blüte sehr attraktiv aussehen. Zunehmend beliebter Zierstrauch für Hausgärten. K2

Untergattung Chamaetia

Zwergwüchsige Weiden. Männliche Blüten mit 2 Staubblättern, 1–2 Nektardrüsen. Kätzchen kurz, endständig an den vorjährigen Zweigen, öffnen sich mit/nach dem Blattaustrieb.

Salix herbacea Kraut-Weide Arktisches Tiefland, europäische und nordamerikanische Hochgebirge der gemäßigten Zone. Wird gewöhnlich kaum 5 cm hoch. Blätter etwa 13 mm lang, oft angenähert kreisrund, kahl, glänzend, mit vortretenden Blattnerven. Kätzchen sehr kurz, wenigblütig. Bildet mit ihren oft im Boden kriechenden und stark verzweigten Hauptachsen ausgedehnte Teppiche oder Spaliere, daher auch Spalierweide genannt. Oft als kleinster heimischer Strauch zitiert, doch kommen in der Gattung *Salix* weitere zwergwüchsige Arten vor. Kreuzt sich mit anderen Arten der Untergattung. K2

S. arctica Arktische Weide Arktis aller Kontinente der Nordhalbkugel. Nur wenige Zentimeter hoher Zwergstrauch mit kleinen, breiten, spitzen, mehr oder weniger kahlen Blättern mit leicht vortretenden Blattnerven. Kätzchen zylindrisch. Eine der zahlreichen in der Arktis verbreiteten Arten, unterscheidet sich von der vorigen dadurch, dass die Hauptachsen immer auf und im Boden kriechen. Bildet ausgedehnte Spaliere. K1

S. retusa Stumpfblättrige Weide Gebirge Mitteleuropas. Ähnlich *S. arctica*, Blätter jedoch rundlicher, vorne etwas ausgerandet sowie Kätzchen kürzer. Diese und einige weitere Arten ersetzen *S. arctica* im Hochgebirge. K2

S. reticulata Netz-Weide Arktisches Tiefland und Hochgebirge der gemäßigten Zone von Europa, Asien und Nordamerika. Zwergwüchsige Weide, etwa fingerhoch. Blätter breit, rundlich, leicht behaart, die Blattnerven bilden ein deutliches Netzmuster, unterseits vorstehend, oberseits eingesenkt. Kätzchen schmal, lang gestielt. Bildet am Standort ausgedehnte teppichartige Spaliere. Gerne in Steingärten verwendet. K1

Trauerweiden werden in Parks und auf Friedhöfen gerne angepflanzt. Für Hausgärten sind sie wegen ihrer Größe im Allgemeinen weniger geeignet. Obwohl sie von Natur aus feuchte Standorte bevorzugen, gedeihen sie auch gut auf trockeneren Böden.

Pappeln – *Populus*

Pappeln der Gattung *Populus* sind von Alaska bis Mexiko, von Nordafrika über das gesamte Europa bis Kleinasien, den Himalaja sowie China und Japan verbreitet. Fast immer handelt es sich dabei um relativ raschwüchsige Bäume jeglicher Höhenklassen. Alle Pappeln weisen harzige Knospen und wechselständige, gewöhnlich lang gestielte Blätter auf. Die Blüten entwickeln sich in langen, hängenden Kätzchen und öffnen sich vor den Blättern. An ihrer Basis weisen sie ein becherförmiges Scheibchen auf. Männliche und weibliche Blüten(stände) erscheinen auf verschiedenen Bäumen, mit Ausnahme der aus China stammenden *Populus lasiocarpa*. Bei dieser Art stehen an den Kätzchen unten männliche Blüten, in der Mitte zwittrige und oben weibliche.

Pappeln sind windbestäubt. Die Kapselfrüchte entlassen große Mengen sehr kleiner Samen mit seidigen Haarbüscheln als Ausbreitungshilfe. Zur Zeit der Fruchtreife im Frühsommer erinnern die Pappeln an erntereife Baumwollsträucher.

Die Gattung gliedert man heute in vier Sektionen. *Populus* (*Leuce*) umfasst unter anderem die Espen. Zu *Leucoides*, einer kleinen Gruppe, gehört *P. lasiocarpa*. Die Sektion *Tacamahaca* beherbergt die Balsam-Pappeln, und zu *Aegiros* stellt man die Schwarz-Pappeln. Pappeln bilden durch Kreuzung fruchtbare Hybriden. Viele dieser Formen sind deutlich wüchsiger als die Elternarten und gedeihen auch noch in relativ kühlen Klimaten. Gebietsweise werden solche Hybrid-Pappeln für die Holzproduktion auch forstlich angepflanzt. In der Sektion, zu der diese Pappeln gehören, lassen sich die Hybridformen am ehesten durch Stecklinge vermehren.

Die Mitglieder der Espengruppe (Sektion *Populus*) vermehrt man überwiegend durch Samen, doch erfolgt sie für gärtnerische oder forstliche Zwecke auch durch die reichlich entwickelte Wurzelbrut, während sie sich aus Stecklingen nur schwer ziehen lassen. Die Espe oder Aspe (*P. tremula*) ist ein relativ kleiner, in Europa weit verbreiteter und häufiger Baum. Die langen Blattstiele sind seitlich abgeflacht und lassen die rundlichen Blattspreiten beim leisesten Lufthauch heftig flattern. Aus diesem Grund hat man die Art auch Zitter-Pappel genannt. Ähnlich verhält sich ihre Neuweltverwandte, die Amerikanische Zitter-Pappel (*P. tremuloides*). Die dekorative Silber-Pappel (*P. alba*) wächst zu rundkronigen Baumgestalten heran. Ihre Blätter sind oberseits dunkelgrün, unterseits jedoch kontrastreich dicht glänzend, weiß behaart. Auch die Triebe sind dicht weißhaarig. Silber-Pappeln bilden durch Wurzelbrut ausgedehnte Dickichte und bieten auf Lockerböden einen wirksamen Erosionsschutz. Aus diesem Grund pflanzt man sie vor allem in Küstengegenden gerne an. Die Grau-Pappel (*P. × canescens*) ist mit bis zu 35 m Höhe die größte Art der Sektion. Sie entstand aus der Kreuzung *P. alba × tremula* und steht in ihren Merkmalen zwischen den Elternarten. Von der Silber-Pappel unterscheidet sie sich vor allem in der Wuchsform, und auch ihre Blätter sind unterseits deutlich grauer als bei der Elternart.

Die chinesische Großblatt-Pappel (*P. lasiocarpa*) ist ein nur spärlich verzweigter Baum mit einer etwas struppigfetzigen, grauen Borke. Ihre bemerkenswert großen Blätter fallen unter anderem auch durch die roten Blattstiele und Blattnerven auf. Diese Art ist jedoch selten in Kultur zu sehen, obwohl sie außerordentlich attraktiv wirkt und eine weitere Verbreitung verdient hätte.

Die Balsam-Pappeln sind in Nordamerika, Sibirien und Ostasien heimisch. Sie zeichnen sich durch große, klebrige Knospen und relativ große Blätter aus, die unterseits kahl, aber hell sind. Viele Arten verströmen ein sehr angenehmes Aroma, wenn sich die Knospen öffnen, vor allem nach Regen. Die Westliche Balsam-Pappel (*P. trichocarpa*) wird am natürlichen Standort an der nordamerikanischen Pazifikküste bis zu 60 m hoch und legt in der Kultur im milderen Mitteleuropa jährlich etwa 2,5 m zu. Ihre großen, dreieckigen Blätter werden bis zu 25 cm lang und färben im Herbst goldgelb um. Die erst kürzlich eingeführte *P. × jackii* 'Aurora' gehört ebenfalls in diese Gruppe und ist die einzige Vertreterin der Gattung mit grünweiß oder teilweise hellrosa gescheckten Blättern.

SALICACEAE

Populus
PAPPELN

Artenzahl: 35
Verbreitung: Nördliche Hemisphäre
Verwendung: Nutzholz, unter anderem zur Zellstoffgewinnung und für Streichhölzer; gebietsweise auch als Brennmaterial; einzelne Arten wegen ihres Zierwertes als Parkgehölze

Die mit der heimischen Zitter-Pappel (*Populus tremula*) eng verwandte *Populus tremuloides* aus Nordamerika wird am natürlichen Standort etwa 30 m hoch, in Kultur jedoch nur halb so hoch. Die Stämme sind schlanker und gerader als bei der heimischen Art. Bei beiden Arten sind die Blattstiele seitlich abgeflacht, sodass die Spreiten bei jedem Windstoß „zittern wie Espenlaub". Die nordamerikanische Art ist bekannt für ihr spektakulär goldgelbes Herbstlaub.

Die echte europäische Schwarz-Pappel *(P. nigra)* ist eine typische Art der großen Flusstäler, aber heute relativ selten geworden und fast schon auf der Roten Liste. Die vielfach verwendete Pyramidenpappel *(P. nigra* 'Italica') ist eine in der Lombardei entstandene Mutation von schmal säulenförmigem Wuchs. Sie wird heute auch in Nordamerika häufig angepflanzt. Seit 1750 verwendete man die Kanadische Schwarz-Pappel *(P. deltoides)*, ein in Nordamerika sehr bekannter und vertrauter Baum, in Frankreich und später auch im restlichen Mitteleuropa. Kreuzungen mit *P. nigra* ließen die heute sehr formenreiche und ziemlich unübersichtliche Gruppe *P. × canadensis (P. × euramericana)* entstehen, die vielfach in Flusstälern angepflanzt wird. Eine der vielen Sorten ist 'Serotina', eine ausgesprochen wüchsige Form, die riesige Bäume mit offenen Kronen entwickelt. Sie treibt erst relativ spät aus. Eine andere und deutlich früher austreibende Sorte ist die etwas gefälligere 'Robusta'. Ihre Blätter sind im Austrieb zunächst leicht rötlich, die zahlreich vorhandenen männlichen Kätzchen karminrot. Eine in Mitteleuropa als Straßenbaum häufig verwendete Hybride ist *P. berolinensis (P. laurifolia × nigra* 'Italica'). Steil aufsteigende Hauptäste bilden eine breit kegelförmige Krone. Die Blätter verschmälern sich zur Basis und sind unterseits weißlich, aber kahl.

Die Vermehrung von Pappeln durch Samen ist nicht empfehlenswert. Allzu leicht entstehen dabei neue Hybriden, weil männliche und weibliche Exemplare der gleichen Art selten nahe beieinander wachsen. Nur die polygame *P. lasiocarpa* entwickelt sich aus Samen zu reinen Linien. In Baumschulen vermehrt man Pappeln meist einfach durch Stecklinge aus blattlosen Leittrieben, die einfach in die Erde gesteckt werden. Um kontrolliert neue Hybriden zu züchten, zieht man Stecklinge der Eltern bis zur Blüte auf. Aus den kreuzweise bestäubten Blüten erhält man schon in wenigen Wochen große Samenmengen, die sofort ausgesät werden sollten.

Ebenso wie die Weiden leiden auch die Pappeln unter zahlreichen Krankheiten und Schädlingen. Dagegen empfiehlt sich für die Baumschulpraxis eigentlich nur ein einziges Mittel, nämlich die Verwendung resistenter Linien und die sofortige Entfernung befallener Triebe.

Pappeln wachsen im Allgemeinen ungewöhnlich rasch, am besten natürlich an geschützten Standorten mit gutem Boden mit ausreichender Bewässerung, aber ohne Staunässe. Als Windschutz und zur Verschattung weniger ansehnlicher Bauten, beispielsweise in Industriezentren, verwendet man sehr gerne die schlankkronige Pyramidenpappel. Für den gleichen Zweck pflanzt man die ebenso geeigneten Hybriden von Balsam-Pappeln, beispielsweise die Form *P. tacamahaca × trichocarpa.* Für sehr beengte Verhältnisse, wie sie mitunter im Zentrum der Städte vorliegen, eignen sich die Pappeln im Allgemeinen nicht. Außerdem könnte ihre hohe Transpirationsrate den Wasserstress des Bodens steigern und ihn schrumpfen lassen, woraus eventuell Straßen- oder Gebäudeschäden entstehen könnten. Andere Nachteile, die Pappeln als Stadtbäume weniger geeignet erscheinen lassen, sind ihre relativ kurze Lebensdauer, die Neigung vieler Formen zum Kronenbruch sowie die Verunreinigung der Straßen durch abgeworfene Kätzchen bzw. Unmengen der flockig umhertreibenden Samen. Bei

größeren Anpflanzungen sollte man mindestens 8 m Abstand zwischen den Individuen lassen, da Pappeln keine Raumkonkurrenz ertragen.

Pappelholz ist sehr weich und ziemlich hell, splittert nicht leicht und weist keinen besonderen Geruch auf. Aus diesen Gründen verwendet man es gerne für alle möglichen Behälter für den Lebensmitteltransport. Früher stellte man aus dem schwer entflammbaren Holz auch Bremsbacken her, auch für Bahnfahrzeuge. Heute fertigt man aus Pappelholz beispielsweise Holzschuhe und Zündhölzer. Im Außenbereich ist das Holz nicht beständig und muss mit Holzschutzmitteln imprägniert werden. K1–7

An der Pyramidenpappel (*Populus nigra* 'Italica') schätzt man die dichtkronige, schlanke Säulengestalt. Sie wird bis zu 30 m hoch und wird oft in Alleen, in großen Parkanlagen sowie an Straßen oder auch nur als Sichtschutz angepflanzt.

Die wichtigsten Pappel-Arten

Untergattung Populus (Leuce)

Weiß-, Grau- und Zitter-Pappeln. Junge Stämme sowie die Zweige älterer Exemplare glatt und grau, mit dunklen, rautenförmigen Lentizellen. Blätter gezähnt oder gelappt, Blattstiele drehrund, 4-kantig oder seitlich abgeflacht.

P. alba

A Weiß- und Grau-Pappeln; Blattstiele drehrund oder kantig, nicht oder nur selten abgeflacht; Blätter an Langtrieben unterseits dicht weißwollig, andere Blätter weniger behaart und später zunehmend kahl

***Populus alba* Silber-Pappel** Europa (jedoch nicht auf den Britischen Inseln). Mittelgroßer Baum, selten bis zu 18 m, oft mit schiefem Stamm. Rinde älterer Bäume weiß gefleckt, mit schwarzen Lentizellen. Triebe, Blattstiele und Blattunterseiten dicht filzig weißhaarig. Blätter an starken, jungen Trieben gelappt, an Seitentrieben eher rundlich, wenig gezähnt. Vor allem in den Küstengegenden oft angepflanzt. In Nordamerika gebietsweise eingeführt. K3

P. nigra* f. *pyramidalis Großer Baum mit aufrechten Ästen, erinnert stark an die Pyramidenpappel aus dem Formenkreis von *P. nigra*, aber in der Krone breiter. 'Richardii' ist eine Sorte mit goldgelben, unterseits weißen Blättern.

***P. × canescens* Grau-Pappel** Europa (jedoch nicht auf den Britischen Inseln). Stattlicher, meist sehr großer Baum, bis zu 38 m, mit gewölbter, hoher Krone. Äste hängen im Alter etwas über. Blätter wie bei *P. alba*, unterseits jedoch grauweiß und weniger stark gelappt. Häufig angepflanzt. In Nordamerika gebietsweise eingeführt und eingebürgert, besonders in Florida und Texas, weniger häufig in Kanada (Montreal), stellenweise auch in England und Irland. Gedeiht sehr gut auf Kalkböden. K4

AA Espen; Blattstiele seitlich zusammengedrückt; Blätter unterseits (fast) kahl, ohne durchscheinenden Rand, in Form und Umriss einheitlich, typischerweise rundlich

Blattrandhälfte mit 10 gebogenen Zähnen, frischgrün, etwa 10 × 8 cm, auf blassgelbem, bis zu 9,5 cm langem Blattstiel. In Europa nur sehr selten angepflanzt. K3

***P. tremula* Espe, Aspe, Zitter-Pappel** Europa. Baum mit kegelförmiger Krone, wenig ästig, oft mit schiefem Stamm. Rinde blassgraugrün, glatt, aber mit dunklen Lentizellen. Treibt zahlreiche Schösslinge. Blätter rund, leicht spitz, mit gekrümmten Zähnen, oberseits graugrün, unterseits etwas heller. K2

***P. tremuloides* Amerikanische Zitter-Pappel** Von Mexiko bis Alaska und Neufundland. Kleiner, meist schmalkroniger Baum, meist in dichten Beständen. Rinde blassgraugrün bis weißlich. Blätter plötzlich zugespitzt, mit feinen, stumpfen Zähnen, oberseits frischgrün, unterseits weißlich. Im Herbst prächtig goldgelb. K1

Untergattung Leucoides

Kleine Sektion mit vier Arten. Borke rau und warzig. Blattstiele drehrund oder 4-kantig.

***Populus lasiocarpa* Großblatt-Pappel** Zentral- und Westchina. Hagerer, breit-kegelförmiger Baum, bis zu 22 m, mit wenigen abstehenden Ästen und Zweigen. Rinde graugrün, abblätternd. Blätter 20–35 cm lang, am Grund herzförmig, breit oval, fein gezähnt, unterseits fein behaart, Mittelrippe und Seitennerven rot, Blattstiel rötlich. Einzige einhäusige Art, oft sogar mit 5–6 weiblichen Blüten an der Basis des männlichen Kätzchens. K5

***Populus grandidentata* Großzähnige Pappel** Nordöstliche USA und südöstliches Kanada. Kleinerer Baum, bis zu 17 m, mit blassgraugrüner Rinde. Blätter fühlen sich fest an, kreisrund, an jeder

P. tremula

P. × canescens

P. trichocarpa   P. nigra 'Italica'   P. canescens   P. alba

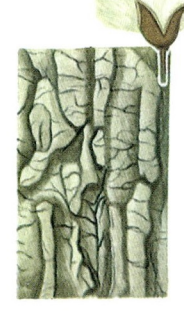

P. deltoides

P. nigra

P. nigra

P. balsamifera

P. trichocarpa

P. trichocarpa

Untergattung Tacamahaca

Balsam-Pappeln. Stamm mit tief gefurchter Borke. Austreibende Blätter klebrig, unterseits hell oder weißlich, aber unbehaart, treiben früh aus, am Rande durchscheinend, an der Basis angenähert oder deutlich herzförmig. Blattstiele drehrund oder 4-kantig, oberseits oft rinnig. Winterknospen sehr harzig, duften sehr angenehm.

Populus balsamifera (P. tacamahaca) Balsam-Pappel Alaska, Kanada, nördliche USA. Schmalkroniger Baum mit ansteigenden Ästen, bis zu 30 m. Winterknospen lang, braun, harzig, im Frühjahr angenehm duftend. Blätter bis zu 15 cm lang, dicklich, in der Kultur meist kleiner, oberseits kahl, unterseits heller. Mit zahlreichen Schösslingen. K2

P. × jackii Hybridform unbekannter Herkunft, kommt wild in den nördlichen USA und im südöstlichen Kanada vor. K2
'Aurora' Neuere Kulturvarietät mit dunkelgrünen, etwa 10 × 8 cm großen Blättern, die cremeweiß oder rosa gefleckt sind. Blattstiel rot oder weiß.

P. trichocarpa Westliche Balsam-Pappel Westliches Nordamerika. Stattlicher, aufrechter Baum, bis zu 37 m, gebietsweise auch bis zu 60 m, meist mit wenigen Schösslingen an der Basis. Blätter in der Größe sehr verschieden, 10–30 cm lang, dicklich, unterseits weiß. Männliche Kätzchen kräftig, karmin. Weibliche Kätzchen grünlich, frühzeitig fruchtend. Samen mit weißen Haarbüscheln. Die Kulturvarietät 'TT32' ist eine sehr wüchsige Kreuzung dieser Art mit P. balsamifera. Sie entwickelt schlanke Kronen. K5

Untergattung Aegiros

Schwarz-Pappeln. Stamm mit tief gefurchter Borke. (nur bei P. nigra 'Italica' relativ glatt). Blätter mehr oder weniger dreieckig oder rautenförmig bis herzförmig, beidseits grün, am Rand durchscheinend, mehr oder weniger grob gekerbt. Blattstiele seitlich abgeflacht.

Populus deltoides Kanadische Schwarz-Pappel Östliche USA. Großlaubiger, stattlicher Baum, bis zu 45 m mit grauer Borke und dicken Ästen. Blätter etwa 20 × 20 cm, fest, glänzend grün, an der kurzen Spitze mit eingekrümmten Zähnen. Auch in der Natur typenreich. K2

P. nigra Gewöhnliche Schwarz-Pappel Europa, Südwestasien. Breitkroniger, stattlicher Baum, bis zu 35 m mit dickem Stamm, tieffurchiger Borke und dicken Ästen. Blätter dicht stehend, etwa 8 × 8 cm. K2
'Italica' Pyramidenpappel Stammt aus Norditalien (Lombardei), wegen der eigenartigen, schlank säulenförmigen

Krone häufig angepflanzt. Wird bis zu 40 m hoch. Nur männliche Exemplare bekannt.

P. × canadensis (P. × euramericana) Kanadische Schwarz-Pappel Gruppe von Kreuzungen zwischen P. deltoides und P. nigra. In Europa angepflanzt seit 1750.
'Robusta' Baum, bis zu 40 m mit regelmäßig kegelförmiger Krone. Außerordentlich wüchsig. Blätter ähnlich wie P. deltoides, im Austrieb gelblich. Nur männliche Exemplare.
'Serotina' Baum, bis zu 46 m mit breiterer, becherförmiger Krone auf astfreiem Stamm mit blassgrauer, tief gefurchter Borke. Treibt sehr spät aus. Blätter anfangs bräunlich rötlich. Nur männliche Exemplare.
'Serotina Aurea' Baum, bis zu 32 m, mit dichter gewölbter Krone, weniger kräftig. Blätter treiben früh aus, gelblich. Besonders für Städte geeignet.
'Marilandica' Baum, bis zu 36 m mit rundlicher Krone, anfangs dicht, später eher offen und im Alter stark beastet. Blätter klein, dreieckig, grob gezähnt. Nur weibliche Exemplare.
'Regenerata' Baum, bis zu 15 m mit gebogenen Ästen und hängenden Trieben, daher im Umriss vasenförmig. Blätter treiben früh aus, anfangs blassbraun, später grün. Nur weibliche Exemplare.
'Eugenei' Sehr kräftiger und dekorativer Baum, bis zu 35 m, anfangs kegelförmig, später breit-säulig und mit hängenden Trieben. Nur männliche Exemplare.

Anmerkung: Zahlreiche Pappel-Arten werden weit außerhalb ihres natürlichen Verbreitungsgebietes angepflanzt. Die Verbreitungsangaben bei den einzelnen Arten entsprechen den natürlichen Arealen.

Die Gewöhnliche Schwarz-Pappel (Populus nigra) ist eine vor allem in den großen Flusstälern beheimatete Art, heute aber sehr selten geworden und weithin durch Hybridpappeln (aus Kreuzungen mit P. deltoides) ersetzt worden. Ihre Kronen sind meist dichter beblättert als bei den Hybriden.

Malvaceae (Tiliaceae)

Linden – *Tilia*

Die Gattung *Tilia* ist erstaunlich einheitlich, denn alle 45 Arten sind mittelgroße bis große Bäume mit lang gestielten, breit-eiförmig bzw. schief-herzförmigen Blättern, die gezähnt und vorne plötzlich schlank zugespitzt sind. Die kleinen, gelblichen, angenehm duftenden Blüten stehen zu mehreren in Scheindolden, deren Stiel etwa bis zur Hälfte mit seinem bleichgrünen Tragblatt verwachsen ist. Die zwittrigen Blüten sind fünfzählig: Auf fünf Kelch- und fünf Kronblätter folgen fünf Staubblattbündel und oftmals wenige kronblattartige Staminodien. Die Frucht ist eine ein- bis zweisamige Nuss, die sich nicht öffnet. Die Gattung ist in den nördlichen gemäßigten Zonen weit verbreitet, fehlt jedoch im westlichen Nordamerika, in Zentralasien und im Himalaja.

In Mitteleuropa sind zwei Linden-Arten heimisch. Die kleinblättrige Winter-Linde *(Tilia cordata)* wird wie alle Linden sehr alt und erreicht 35 m Höhe. Die schief herzförmigen Blätter sind unterseits fein silbrig behaart. Die zahlreichen Blüten stehen in leicht überhängenden oder fast aufrechten Scheindolden. In Nordamerika hat man diese Art vielfach als Straßenbaum angepflanzt, vor allem im Streifen von St. Louis und Atlanta nord- und ostwärts bis Montreal. Die andere heimische Art ist die großblättrige Sommer-Linde *(T. platyphyllos)*, die auf geradem Stamm eine breite, rundliche Krone entwickelt. Sie wird etwa 33 m hoch und eventuell über 1000 Jahre alt. Die Trugdolden tragen nur wenige Blüten, die sich früher öffnen als bei der Winter-Linde. In Baumschulen verwendet man diese Linde gerne als Pfropfunterlage für verschiedene Cultivare.

Die Holländische Linde *(T. × vulgaris = T. × europaea = T. × intermedia)* ist eine natürliche Kreuzung zwischen den beiden obigen Arten und übertrifft ihre Eltern an Schönheit und Wüchsigkeit. Sie erreicht Höhen von bis zu 45 m. Sie wird gerne an Straßen und Plätzen gepflanzt, entwickelt aber an der Basis oft Schösslinge (Wasserreiser) und tröpfelt größere Mengen Honigtau ab, der von den im Sommer reichlich vorhandenen Blattläusen ausgeschieden wird. Daher pflanzt man oft vorzugsweise die Krim-Linde *(T. × euchlora)*, die ebenfalls eine schöne Krone entwickelt, aber kaum von Blattläusen befallen wird.

Die relativ schlankkronige Amerikanische Linde *(T. americana)* vertritt diese Linden in vielen amerikanischen Städten. Sie trägt kräftig grüne, ziemlich große Blätter mit hellen Blattnerven. In Europa ist sie als Park- oder Straßengehölz nur sehr selten zu sehen. Verbreitet ist dagegen ihre Kreuzung mit der Silber-Linde *(T. tomentosa = T. petiolaris)*, aus der in Berlin die Form *T. × 'Moltkei'* entstand. Diese zeichnet sich durch sehr große, unterseits fein behaarte Blätter sowie behaarte Blattstiele aus. Auch die Silber-Linde *(T. tomentosa)* mit ihren festen, oberseits dunkelgrünen und unterseits silbrig behaarten Blättern entwickelt ansehnliche, hohe Kronen und ist oft in Städten zu sehen. Die bisher noch seltene, aber sehr gefragte Mongolische Linde *(T. mongolica)* trägt rotstielige, in spitze Lappen geteilte Blätter. Von besonderem dekorativem Wert ist auch die Olivers Linde *(T. olivieri)* aus China, die oberseits dunkelgrüne, unterseits weißfilzige Blätter trägt, die von einem gebogenen Blattstiel mehr oder weniger waagerecht gehalten werden.

Linden gedeihen besonders gut auf mäßig feuchtem, nicht betont saurem und nährstoffreichem Boden. Sie sind auch in ungünstigen Lagen relativ widerstandsfähig. Die gärtnerische Vermehrung erfolgt überwiegend durch Samen, durch Ableger oder im Fall seltenerer Gartenformen durch Pfropfung.

Lindenholz ist sehr leicht, weich und hell. Es wird vor allem für Holzschnitzarbeiten verwendet – viele berühmte Schnitzaltäre beispielsweise aus der Riemenschneider-Schule wurden aus Linde gearbeitet. Andere Verwendungen sind Musikinstrumente, Vertäfelungen, Kästen und sonstige Kleinteile. Hauptlieferanten sind die Amerikanische Linde, die Winter-Linde und die Japanische Linde. Aus dem Bast dieser drei Arten sowie aus der Tuan-Linde *(T. tuan)* gewinnt man den im Gartenbau verwendeten Bindebast, aus dem man auch Schuhe, Matten oder andere Flechtwaren herstellt. Lindenholzkohle wird als Zeichenkohle sehr geschätzt. Aus den Lindenblüten bereitet man einen aromatischen Heiltee bei fiebrigen Erkältungskrankheiten oder zur vorbeugenden Aktivierung körpereigener Abwehrkräfte. K3–7

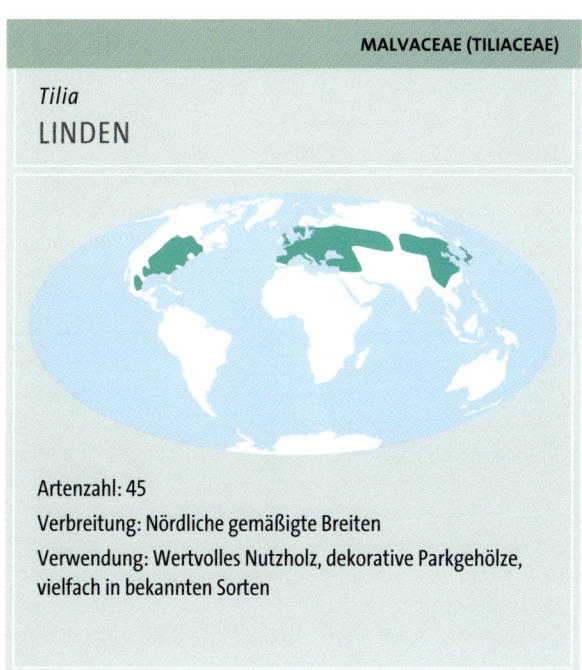

MALVACEAE (TILIACEAE)

Tilia
LINDEN

Artenzahl: 45

Verbreitung: Nördliche gemäßigte Breiten

Verwendung: Wertvolles Nutzholz, dekorative Parkgehölze, vielfach in bekannten Sorten

OBEN Die Holländische Linde *(T. × vulgaris)* ist eine natürliche Kreuzung zwischen den beiden in Mitteleuropa heimischen Linden-Arten und übertrifft die Eltern an Wuchshöhe und Schönheit des Kronenaufbaus.

UNTEN Die Hauptäste der Linden steigen auf und verzweigen sich erst weiter oben. Auf diese Weise entstehen besonders füllige und gleichmäßig dichte Kronen.

T. × europaea

T. × europaea

Die wichtigsten Linden-Arten

Gruppe I

Blätter unterseits grün, kahl, nur auf den Blattnerven behaart und in den Nervenachseln mit Haarbüscheln. Haare einfach.

Tilia cordata Winter-Linde Europa, Kaukasus. Stattlicher Baum, bis zu 35 m mit gewölbter, ebenmäßiger Krone. Blätter etwa 5 cm lang, schief herzförmig bis schmal dreieckig, unterseits leicht bläulich; Haarbüschel in den Nervenachseln nussbraun. Blüten aufrecht, weißlich, zu 5–10 an einem bleichen, unbehaarten Tragblatt. Wichtiger Waldbaum, aber auch häufig an Straßen und in Parks angepflanzt. K3
'Green Spire' ist eine in Nordamerika gerne verwendete Sorte mit orangefarbenen Trieben.

T. americana Amerikanische Linde Nordöstliche USA und südöstliches Kanada. Anfangs mit kegelförmiger, später breiterer Krone und bis zu 30 m hoch. Blätter kräftig grün, 12 × 10 cm, an den Trieben auch bis zu 20 × 18 cm. Unterseits gleichfarben, aber mit weißen Blattnerven. Blüten zu 10–12 mit großem, bleichem Tragblatt. In Nordamerika auch außerhalb des natürlichen Verbreitungsgebietes häufig als Straßenbaum angepflanzt. K3

T. × euchlora (= T. cordata × T. dasystyla) Krim-Linde Kaukasus, Krim. Im Alter mit hoher, gewölbter, breiter und etwas hängender Krone. Blätter größer als bei *T. cordata*, etwa 10(15) cm lang, oberseits glänzend grün. Triebe gelbgrün. Blüten zu 3–7, kräftig gelb, an grünlichem Tragblatt. Färbt im Herbst leuchtend gelb um. In Mitteleuropa gerne als Straßen-, Platz- oder Parkbaum verwendet. K6

T. × vulgaris (T. × europaea) Holländische Linde Europa. Natürliche Hybride aus *T. cordata* × *T. platyphyllos*. Stattlicher Baum, bis zu 45 m, mit relativ schlanker, dichter Krone und später offenem Wipfel. An der Basis meist mit zahlreichen Schösslingen. Blätter oberseits dunkelgrün, unterseits etwas heller mit cremeweißen Haarbüscheln in den Nervenachseln. Blüten 4–10, hängend an einem gelbgrünen Tragblatt. Sehr häufig als Straßen- und Parkbaum verwendet, auch in Nordamerika eingeführt. K4

T. mongolica Mongolische Linde Nordchina, Mongolei. Mittelgroßer Baum mit gewölbter Krone. Blätter mit roten

T. mongolica

T. americana

T. oliveri

T. cordata

Blattstielen, klein, fest, glänzend dunkelgrün, spitz gelappt (einzigartig innerhalb der Gattung). Winterhart, aber bisher nur wenig in Kultur. Als Stadtbaum sehr geeignet. K3

T. platyphyllos Sommer-Linde Europa. Baum mit oft halbkugeliger Krone, bis zu 33 m. Blätter ober- und unterseits weichhaarig (Haare einfach), auch Triebe und Blattstiele fein behaart. Blüten 3(4–6), relativ groß, öffnen sich relativ früh, gelblich weiß an weißlichem Tragblatt. In vielen Teilen Europas als Waldbaum weit verbreitet, aber auch häufig in Parks oder an Plätzen gepflanzt. In Amerika eingeführt. K5
'Laciniata' Gartenform, bis zu 15 m. Blätter schmal, spitz, gezähnt und tief geschlitzt.
'Rubra' Baum, bis zu 25 m. Triebe im Winter dunkelrot, aber grün im Sommer. Blätter dichter, aber bleicher als bei der reinen Art. Tragblatt der Scheindolde cremeweiß.

Gruppe II

Blätter unterseits silbrig behaart, Haare sternförmig oder büschlig.

Tilia × 'Moltkei' Spontane Kreuzung von *T. americana* × *T. tomentosa*. Kräftiger Baum, bis etwa 25 m. Krone etwas hängend. Blätter groß, 20–25 cm lang, grob gezähnt wie bei *T. americana*, unterseits jedoch grauweiß flaumig. Entstand in Berlin vor 1880.

T. heterophylla Verschiedenblättrige Linde Östliche USA. Vermutlich nur eine Varietät von *T. americana* mit vielen Übergängen, Blätter jedoch unterseits weißlich und nur bis zu 12 cm lang und etwas feiner gezähnt. In Europa nur selten in Sammlungen zu sehen. K5

T. olivieri Olivers Linde China. Hoher, relativ schmalkroniger Baum, bis zu 23 m. Trieb und Winterknospen apfelgrün und rosa. Blätter groß, 13–20 cm lang, oberseits hellgrün, mit weißen, scharfen Zähnen, unterseits silbrig-weißfilzig behaart. Blüten 2–4 an einem bleichgrünen Hochblatt. In Mitteleuropa nur selten in großen Sammlungen zu sehen. K6

T. tomentosa (T. alba) Silber-Linde Südosteuropa, Kleinasien, Kaukasus. Hoher, relativ schmalkroniger Baum, bis zu 33 m, nicht selten auf *T. platyphyllos* als Unterlage gepfropft. Trieb, Blattstiel und Blattunterseiten dicht weißfilzig mit einfachen Haaren. Blätter mit sehr schiefer Basis, 12 × 12 cm, oberseits dunkelgrün. Blüten 7–10, becherförmig, mit breiten Kronblättern, duftend, öffnen sich erst spät. Die oft unter der Bezeichnung *T. petiolaris* geführten Formen werden heute als Varietät des Typs aufgefasst (= *T. tomentosa* 'Petiolaris'). Sehr häufig in Parks und an Straßen angepflanzt, auch in New York und in den Neuenglandstaaten. K6

Anmerkung: Viele Linden-Arten werden auch weit außerhalb ihrer Ursprungsgebiete als Ziergehölze angepflanzt. Die Verbreitungsangaben beziehen sich nur auf die natürlichen Areale.

Ulmaceae

Ulmen – *Ulmus*

Zur Gattung *Ulmus* gehören rund 30 Arten sommergrüner Bäume. Dieser Verwandtschaftskreis lässt sich anhand von Fossilien bis in die jüngere Kreidezeit zurückverfolgen. Seit diesem Zeitraum in ferner geologischer Vergangenheit haben sich die wesentlichen Merkmale offenbar kaum verändert. Die Ulmen waren augenscheinlich immer nur auf der Nordhalbkugel beheimatet; nur drei Arten kommen heute auch in den Tropen vor. Ulmen findet man in Europa nördlich bis Schottland und Finnland. In Sibirien fehlt die Gattung, ist aber in Kleinasien, Israel, dem Iran, Teilen Zentralasiens und dem Himalaja vertreten. Im fernen Osten findet sie sich mit zahlreichen Arten in China (möglicherweise das Mannigfaltigkeitszentrum), außerdem in Japan, dem östlichen Russland und in Korea. Südlich reicht das Verbreitungsgebiet durch Malaysia bis Sarawak und Sulawesi. In Afrika kommen Ulmen nur im äußersten Norden vor. In Nordamerika gibt es Ulmen von Natur aus vor allem in den östlichen Staaten. Südwärts reichen sie bis Mexiko.

Obwohl die einzelnen Arten nicht einfach zu unterscheiden sind, kann man die Gattung als solche an zwei klaren Merkmalen erkennen: Die Blätter sind stark asymmetrisch und sind doppelt gezähnt. Die Blüten können gestielt sein wie bei der Amerikanischen Ulme (*U. americana*) oder sitzend wie bei der europäischen Feld-Ulme (*U. minor*). Bei vielen Arten öffnen sich die Blütenknospen im Frühjahr nach dem Blattaustrieb. Bei einigen eher subtropisch verbreiteten Arten, beispielsweise der Chinesischen Ulme (*U. parviflora*) erscheinen sie erst deutlich nach den Blättern. Die Frucht spielt für die Artbestimmung eine besondere Rolle, vor allem die Art ihrer Behaarung. Viele Ulmen bilden fruchtbare Kreuzungen. Auch aus der Natur sind Hybriden bekannt.

ULMACEAE

Ulmus
ULMEN

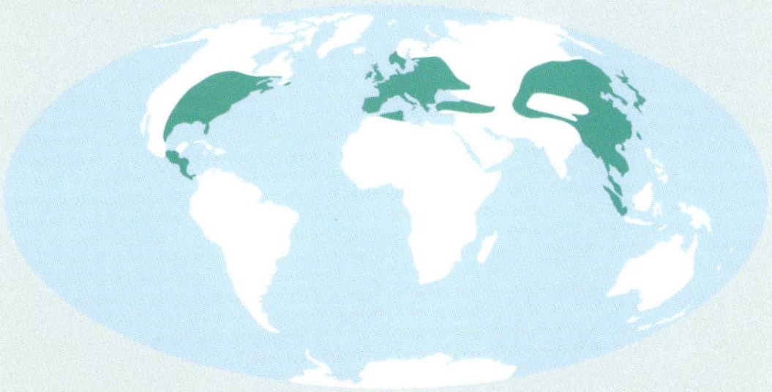

Artenzahl: 30

Verbreitung: Nördliche gemäßigte Breiten, südlich bis Mexiko

Verwendung: Früher wertvolles Nutzholz und häufig als Ziergehölz gepflanzt, aber sehr krankheitsanfällig

U. procera

Im Freistand konnte diese Berg-Ulme *(Ulmus glabra)* ihre nahezu perfekte Kronenform besonders schön entwickeln. Die auf relativ kurzem Stamm steil aufstrebenden Äste hängen an den Enden leicht über.

Viele Ulmen-Arten haben eine Vorliebe für Auenstandorte in Gewässernähe. Es ist jedoch schwierig, die genauen natürlichen Verbreitungsgebiete einzelner Arten festzustellen, da sich die Areale unter menschlichem Einfluss möglicherweise stark verschoben haben, vor allem in Europa und in China.

Vor allem die Formenkreise der Feld-Ulme (*U. minor*), der Amerikanischen Ulme *(U. americana)*, der Rot-Ulme *(U. rubra)* und der Felsen-Ulme *(U. thomasii)* wurden oder werden vielfältig genutzt. In vielen Gebieten hat man Ulmenlaub als Viehfutter verwendet. Diese Nutzung ist bereits in der landwirtschaftlichen Literatur aus der Römerzeit nachzulesen und war in Europa bis zum Beginn des 20. Jahrhunderts üblich, im Himalaja im Fall von *U. wallichiana* sogar bis heute. Die Übernutzung der Bestände mag eine Erklärung dafür sein, dass die Ulmen seit der Neolithischen Revolution mit dem Beginn der Landwirtschaft in West- und Mitteleuropa auf dem Rückzug sind.

Bedeutung der Ulmen

Ulmenholz ist sehr fest und splittert nicht. Daher wurde es – übrigens schon in mykenischer Zeit im alten Griechenland – vor allem für den Wagenbau verwendet, insbesondere für Naben und Speichen, aber auch für Konstruktionsteile in Wind- und Wassermühlen. Das polierte Holz zeigt eine auffällige Maserung mit eigenartigem Zickzackmuster (auch Rebhuhnmaserung genannt), das viele Bildhauer wie Hans Arp und Henry Moore in ihren Holzbildwerken gekonnt zum Ausdruck brachten. Ulmenholz ist auch im Wasser recht beständig gegen Fäulnis. Daher verwendete man es gerne für Pfähle in feuchtem Grund, für hölzerne Wasserleitungen, für Schleusentore oder Wasserräder. In den Weinbaugegenden lieferten Ulmen das Holz für Rebpfähle, wie bereits die römischen Dichter betonen. Aus der Rinde von *U. rubra* gewinnt man Arzneistoffe zur Behandlung von Entzündungen im Verdauungstrakt.

Viele Kleintierarten, Flechten, Moose und andere Organismen sind mit den Ulmen verbunden wie mit kaum einer anderen Baumgattung. Die meisten Arten, die von Ulmen abhängen, sind jedoch unproblematisch. Die große Ausnahme ist die Ulmenpest, verursacht durch den aus Nordamerika eingeschleppten Schadpilz *Ceratocystis ulmi*, die man erstmals 1918 als solche erkannte. Der Pilz dringt in das Leitgewebe der Bäume vor und verstopft die lebenswichtigen Stoffleitbahnen. Die Pilzsporen werden vor allem vom Ulmensplintkäfer (*Scolytes* spp.) übertragen. Zwischen den Weltkriegen fielen der Ulmenpest zahlreiche Bäume zum Opfer. Nach 1965 flammte die Erkrankung erneut auf, und bis 1975 waren gebietsweise bis weit über 90 Prozent aller Ulmen abgestorben. Bisher haben sich die Bestände nicht erholen können. Aussichtsreich erscheint die Kultur pilzresistenter Formen, die man unterdessen isoliert hat.

Ulmen sind überaus prächtige Park- und Straßenbäume. Vielfach hat man sie auch zu Alleen angepflanzt. K3–9

U. americana

U. mexicana

Die wichtigsten Ulmen-Arten

Gruppe I

Blüten im Herbst, gestielt. Frucht behaart, schmal geflügelt.

Ulmus crassifolia Zedern-Ulme Südöstliche USA. Baum, bis zu 25 m mit breiter, runder Krone. Äste oft mit 2 Korkleisten. Blätter eiförmig, oberseits rau, 2,5–5 cm. Früchte oval, etwa 1 cm lang. K7

U. serotina Südöstliche USA. Baum, bis zu 20 m mit breiter, Krone. Blätter länglich, oberseits glatt, 5–8 cm lang. Früchte oval, 1–1,5 cm lang. K6

U. montereyensis Ungenügend bekannte Art aus Mexiko. Baum, bis zu 15 m. Blätter elliptisch, oberseits glänzend, aber rau, 2–4 cm lang. Reife Früchte unbekannt. K6

Gruppe II

Blüten im Herbst, sitzend. Früchte kahl, deutlich geflügelt.

Ulmus parviflora Japanische Ulme, Chinesische Ulme China, Korea, Japan, Südostasien. Baum, bis zu 20 m mit rundlicher Krone, im Süden des Areals halbimmergrün. Blätter lanzettlich, oberseits glatt, 2–4 cm lang, etwa 30–50 kleinere Zähne. Frucht oval, etwa 1 cm lang. K5

U. lanceifolia Östlicher Himalaja, Südwestchina, Myanmar, Südostasien, Sumatra, Sulawesi. Breitkroniger Baum, bis zu 45 m. Blätter lanzettlich, oberseits glatt, 4–6 cm lang, 50–70 kleinere Zähne. Frucht kreisrund, mitunter stark asymmetrisch, etwa 2,5 cm lang. K9

U. parvifolia

Gruppe III

Blüten im Frühjahr, gestielt. Früchte dicht behaart, ohne Flügel.

Ulmus mexicana Mexikanische Ulme Baum, bis zu 20 m. Blätter elliptisch, oberseits glatt, 8–10 cm lang, weniger als 100 kleine Zähne. Früchte länglich oval, etwa 1 cm lang. K6

U. villosa Westlicher Himalaja. Baum, bis zu 25 m. Blätter meist lang gestielt, elliptisch, oberseits glatt, 7–9 cm lang, mehr als 100 kleine Zähne. Früchte länglich oval, 1,2–1,5 cm. K5

U. americana

Bei der Amerikanischen Ulme *(Ulmus americana)* baut sich die Krone aus aufwärts gebogenen Hauptästen auf, während die jungen Triebe an den Enden überhängen.

U. minor 'Sarniensis'

Gruppe IV

Blüten im Frühjahr, gestielt. Früchte dicht behaart, schmal geflügelt.

***Ulmus alata* Flügel-Ulme** Südöstliche USA. Baum, bis zu 15 m mit rundlicher Krone. Zweige oft mit 2 Korkleisten. Blätter länglich, oberseits glatt, 3–5 cm lang. Früchte länglich oval, etwa 1 cm lang. K4

***U. thomasii* Felsen-Ulme** Östliches Kanada, nordöstliche USA. Baum, bis zu 30 m, rundkronig. Blätter elliptisch, oberseits glatt, 5–8 cm lang. Früchte oval, etwa 1,5–2 cm lang. K3

Gruppe V

Blüten im Frühjahr, gestielt. Früchte nur am Rand behaart.

***Ulmus laevis* Flatter-Ulme, Weiß-Ulme, Weiß-Rüster** Mitteleuropa, Osteuropa, nördlich bis Finnland, westlich bis Frankreich. Baum, bis zu 30 m, mit unregelmäßiger Krone. Stamm oft beulig oder mit kräftigen Wurzelanläufen. Blätter elliptisch, vorne plötzlich verschmälert, am Grunde stark asymmetrisch, oberseits glatt, 6–12 cm lang. Früchte oval, bis zu 1,5 cm lang. K5

***U. americana* Amerikanische Ulme** Südöstliches Kanada, östliche USA. Baum, bis zu 40 m mit schöner, ebenmäßiger Krone. Blätter elliptisch, vorne plötzlich verschmälert, oberseits glatt oder rau, 6–12 cm lang. Früchte oval, etwa 1 cm lang. Einzige tetraploide Art mit 56 Chromosomen. K3

U. divaricata Nur aus Mexiko bekannt. Breitkroniger Baum, bis zu 10 m. Blätter elliptisch, beidseits rau, fast sitzend, 3.5–8 cm lang. Früchte oval, 0,5–0,8 cm, mit Griffelresten.

U. procera

U. americana

U. wallichiana

U. alata

Gruppe VI

Blüten im Frühjahr, (fast) sitzend. Früchte breit geflügelt, Samen in der Mitte. Blätter groß.

***Ulmus rubra*, Rot-Ulme** Südöstliches Kanada, östliche USA. Baum, bis zu 20 m, mit oben offener Krone. Blätter länglich, nach vorne allmählich verschmälert, oberseits rau, 10–12 cm lang. Früchte kreisrund, nur im Bereich des Samens behaart., 1–2 cm lang. K3

U. macrocarpa Nordchina, fernöstliches Russland, Korea. Buschiger Baum, bis zu 10 m. Blätter elliptisch, nach vorne plötzlich verschmälert, oberseits sehr rau, 4–8 cm lang. Früchte kreisrund, auf der ganzen Fläche behaart, 2–2,5 cm lang. K5

U. wallichiana Westlicher Himalaja. Baum, bis zu 30 m mit abstehenden Ästen. Blätter elliptisch, nach vorne plötzlich verschmälert, oberseits rau, 9–12 cm lang. Früchte kreisrund, ganz oder nur auf dem Samen behaart, 1–1,3 cm lang. K6

U. uymatusi Taiwan und Küstengebiete Chinas. Baum, bis zu 25 m. Blätter elliptisch, nach vorne plötzlich verschmälert, fast sitzend, oberseits rau, etwa 10 cm lang. Früchte oval, kahl, etwa 1 cm lang, ungefähr 0,2–0,4 cm lang gestielt. K6

U. bergmanniana Zentralchina. Baum, bis zu 25 m. Blätter elliptisch, nach vorne plötzlich verschmälert, etwa 10 cm lang. Früchte oval, kahl, etwa 1 cm lang. Fruchtstiel 0,2–0,4 cm lang. K6

***U. glabra* Berg-Ulme** Nordeuropa, Nordchina, Korea, fernöstliches Russland, Nordjapan, Sachalin sowie die Gebirge weiter südlich. Breitkroniger Baum, bis zu 40 m. Blätter elliptisch, nach vorne plötzlich verschmälert oder 3-spitzig, fast sitzend, oberseits sehr rau, 9–12 cm lang. Früchte kreisrund, meist kahl, sitzend, etwa 2 cm lang. K5

'Horizontalis' Entstand im 19. Jahrhundert in Perth/Schottland. Gebietsweise häufig angepflanzt, vor allem auf Friedhöfen. Hauptäste abstehend, bilden eine sehr flache Krone. Kleinere Äste und Zweige hängend.

'Camperdownii' Entstand um 1850 bei Camperdown House/Schottland, ebenfalls eine Form mit hängenden Zweigen, Hauptäste jedoch aufrecht, bilden eine rundliche Krone.

'Exoniensis' Entstand um 1826 in einer Baumschule in Exeter/England, heute in Nordwesteuropa in vielen Parks angepflanzt. Hauptäste aufrecht, Krone säulenförmig. Blätter grob gezähnt, runzlig und gedreht.

var. *elliptica* Kaukasus und südfernöstliches Russland. Unterscheidet sich von der Wildform durch die behaarten Samen.

Gruppe VII

Blüten im Frühjahr, sitzend. Früchte breit geflügelt, Samen zentral. Blätter meist klein.

***Ulmus pumila* Sibirische Ulme** Zentralasien, Mongolei, fernöstliches Russland. Nordchina, Korea, Tibet. Baum, bis zu 25 m. Blätter lang gestielt, elliptisch, oberseits glatt, 2–5 cm lang. Früchte kreisrund, 1–1,5 cm lang. K3

U. glaucescens Mongolei, Nordchina. Baum, bis zu 25 m. Blätter eiförmig, oberseits glatt, 3–4 cm lang. Früchte oval, 2–2,5 cm lang. K3

Ulmen kommen in vielen Teilen ihres natürlichen Verbreitungsgebietes vor allem in den Auenwäldern entlang der Fließgewässer vor. Ihr Holz ist gegen Fäulnis bemerkenswert beständig und wurde daher vielfach auch im Wasserbau verwendet. In Europa sind viele Ulmenvorkommen der Ulmenpest, einer Pilzerkrankung, zum Opfer gefallen. Die Arten sind daher nur noch selten zu sehen und fast schon unbekannt.

U. chumila Westlicher Himalaja. Baum, bis zu 25 m mit abstehenden Ästen. Blätter elliptisch, oberseits glatt, 6–8 cm lang. Früchte kreisrund, 1–1,2 cm lang. K3

Gruppe VIII
Blüten im Frühjahr, sitzend. Früchte breit geflügelt, Samen an der Spitze der Frucht. K9

Ulmus davidiana China, Korea, fernöstliches Russland, Japan, Sachalin. Baum, bis zu 30 m. Blätter elliptisch, oberseits rau, 5–10 cm lang. Blattstiele dicht behaart. Früchte oval, kahl oder auf dem Samen behaart, etwa 2 cm lang. K6

U. wilsoniana Südwestchina. Baum, bis zu 25 m. Blätter elliptisch, oberseits glatt oder rau, 5–8 cm lang. Früchte oval, kahl, etwa 1,5 cm lang. K6

U. castaneifolia Zentralchina. Baum, bis zu 20 m. Blätter schmal, lanzettlich, oberseits rau, 12–14 cm lang. Früchte oval, kahl, etwa 2 cm lang.

U. minor **Feld-Ulme** Mittel- und Südeuropa, Ostengland, Algerien, Nahost. Baum, bis zu 30 m mit verschiedenen Kronenformen, meist offen. Blätter elliptisch, an der Basis meist stark asymmetrisch, oberseits meist glatt, 5–8 cm lang. Blattstiele kahl oder behaart. Früchte oval bis kreisrund, kahl, 1–2 cm lang. K5

'**Modiolina**' Kleiner Baum aus Frankreich mit verdrehten und knorrigen Ästen. Blätter verschieden. Holz bemerkenswert zäh, wurde früher vor allem für Wagenräder verwendet.

'**Umbraculifera**' In Zentralasien und Nordiran weit verbreitet. Krone aus dichtem Astgeflecht und im Umriss fast kugelig. Blätter elliptisch, 3–6 cm lang. In Zentralasien ein auffälliges Element vieler Kulturlandschaften, oft an sakralen Orten oder Brunnen gepflanzt.

'**Viminalis**' Entstand in Kent um 1817. Äste aufsteigend, Krone schmal. Blätter lanzettlich, 2–5 cm lang.

var. *cornubiensis* Vor allem in Cornwall und Devon vielfach verwendete Gartenform. Hoher Baum mit geradem Stamm und schlanker Krone. Blätter elliptisch, etwa 5 cm lang.

'**Sarniensis**' Vor allem auf der Insel Guernsey und in England an Straßen vielfach verwendete Gartenform. Mittelgroßer Baum mit steif pyramidenförmiger Krone. Blätter eiförmig, 4–6 cm lang.

var. *lockii* (*U. plotii*) Mittelengland. Stamm gekrümmt, Krone schmal, Leittrieb hängt wie eine Straußenfeder über. Blätter an Langtrieben länglich, etwa 3 cm lang.

U. procera **Englische Ulme** Jetzt als *U. minor* var. *vulgaris* und nicht mehr als eigene Art aufgefasst. Süd- und Mittelengland, Nordwestspanien. Baum, bis zu 40 m mit kräftigem, geradem Stamm und geigenförmigem Kronenumriss, dichtästig. Blätter kreisrund, am Grunde stark asymmetrisch, oberseits meist rau, 5–6 cm lang. Blattstiele behaart. Früchte kreisrund, kahl, 1–2 cm lang. K6

Gruppe IX
Hybriden zwischen den Gruppen VI und VIII.

Ulmus hollandica (*U. glabra* × *U. minor*) **Holländische Ulme**
Aus dieser Kreuzung existieren in Europa zahlreiche Beispiele, vor allem in den Niederlanden und in Großbritannien. Sie sind meist ungleich üppiger als ihre Eltern. Hohe, stattliche Bäume, bis zu 40 m mit variabler Krone. Blätter groß, fast immer um 8 cm, lang gestielt. Früchte verschieden, stehen irgendwo zwischen den Elternarten. K5

'**Major**' Aus französischen Baumschulen in die Niederlande eingeführt, dann zu Lebzeiten von William III nach England exportiert. Heute in den Niederlanden kaum noch zu sehen. In Großbritannien an exponierten Standorten (beispielsweise Land's End und Scilly Islands) vielfach gepflanzt, ebenso in Irland häufiger zu sehen. Unregelmäßig verzweigte und offene Krone, sieht etwas fetzig aus. Blätter eiförmig, oberseits meist rau, gegen Herbst typischerweise schwarzfleckig, 8–11 cm lang.

'**Belgica**' Stammt aus Belgien, tauchte erstmals im 18. Jahrhundert in Brügge auf. In Belgien und in den Niederlanden häufig angepflanzt, hier heute die häufigste Ulmen-Art. Krone rundlich und breit. Blätter schmal elliptisch, 8–12 cm lang.

'**Vegeta**' Stammt aus Hinchingbrooke Parke bei Huntington/England und entstand um 1750. Vor allem in Südengland gerne angepflanzt. Stamm teilt sich schon tief in mehrere, fächerförmig auseinanderstrebende Hauptäste. Blätter elliptisch, oberseits glatt, 9–11 cm lang.

'**Høersholmensis**' Stammt aus der Baumschule Høersholm/Dänemark, wurde um 1885 gezüchtet. Vor allem in Dänemark und Südschweden als Straßenbaum verbreitet. Blätter schmal lanzettlich, 10–12 cm lang.

Anmerkung:
Die Blattbeschreibungen beziehen sich normalerweise auf gut entwickelte Blätter an Seitenzweigen.

Zelkoven – *Zelkova*

Die kleine Gattung *Zelkova* umfasst nur vier Arten im Mittelmeergebiet, im Kaukasus, im Iran sowie in West- und Ostasien. Es handelt sich um sommergrüne Bäume oder Sträucher mit glatter, abblätternder Rinde und wechselständigen Blättern auf kurzem Stiel. Am Rande sind sie stark gezähnt. Die Blüten sind zwittrig oder eingeschlechtig-einhäusig. Auch kommen eingeschlechtige sowie zwittrige Blüten auf der gleichen Pflanze vor. Ihr Kelch ist gewöhnlich vier- bis fünfzipflig, eine Krone fehlt. Die männlichen Blüten stehen büschlig zu zweit bis fünft in den unteren Blattachseln und enthalten fünf Staubblätter. Die weiblichen und zwittrigen Blüten finden sich einzeln oder zu wenigen in den Achseln der oberen Blätter. Ihr einzelner Fruchtknoten weist einen exzentrisch angesetzten Griffel auf. Er entwickelt sich zu einer ungeflügelten, etwas runzligen Steinfrucht, die vom bleibenden Kelch eingehüllt wird und Griffelreste trägt. Zelkoven sind in den gemäßigten Zonen winterhart und gedeihen auf wasserzügigen, tiefgründigen, nährstoffreichen Böden. Die Blütezeit fällt in das Frühjahr; die Blüten erscheinen mit den Blättern. Außer durch Samen kann die Vermehrung gärtnerisch auch durch Pfropfung auf Ulme erfolgen.

Hemipetala davidii, die einzige Vertreterin ihrer Gattung, wird mitunter zu *Zelkova* gestellt. Ihre Triebe sind jedoch behaart und kräftig bedornt, die Frucht ist breit eiförmig, geflügelt und gestielt. Sie kommt in China, der Mongolei und in Korea vor und ist in Mitteleuropa nicht winterhart.

Das Holz der Zelkoven wird gerne für Intarsien oder Kunsttischlerarbeiten verwendet. *Zelkova serrata* aus China und Japan baut zusammen mit Ahorn, Buche und Eiche ausgedehnte Tieflandwälder auf. Ihr festes, feinfaseriges Holz, ähnlich dem der Feld-Ulme, wird in Japan vor allem für den Tempelbau verwendet. Das kaukasische Wort zelkoua bedeutet Steinholz. Der asiatische Name des Holzes ist keaki. Es ist wegen seines Ölgehaltes ziemlich feuchtigkeitsbeständig, eignet sich wegen seines Geruchs aber weniger für Lebensmittelbehältnisse. In Korea fertigte man daraus früher Wagenräder. Die Art wurde 1862 nach Europa eingeführt und findet sich seither als Parkgehölz. Die Kaukasische Zelkove (*Z. carpinifolia*) kam bereits 1760 nach Mittel- und Westeuropa und wird heute als Ersatz für die der Ulmenpest zum Opfer gefallenen Ulmen gepflanzt. Allerdings zeigt sich zunehmend, dass auch die Zelkoven für diesen Pilz anfällig sind.

In den Ursprungsgebieten hat man aus den Blättern der Zelkoven früher auch Laubheu als Winterfutter für das Vieh gewonnen. K5–8

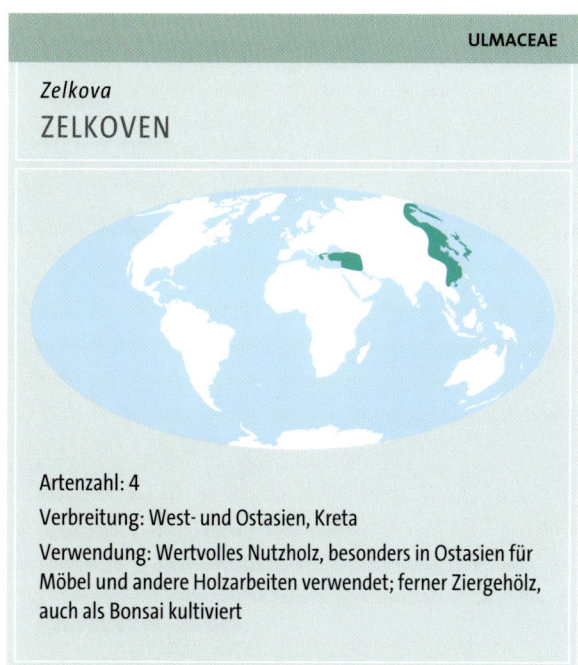

ULMACEAE

Zelkova
ZELKOVEN

Artenzahl: 4

Verbreitung: West- und Ostasien, Kreta

Verwendung: Wertvolles Nutzholz, besonders in Ostasien für Möbel und andere Holzarbeiten verwendet; ferner Ziergehölz, auch als Bonsai kultiviert

Z. serrata

Die Blätter der Kaukasischen Zelkove (*Zelkova carpinifolia*) zeigen sechs bis zwölf Paar ziemlich gerade Blattnerven, bei der Japanischen Zelkove (*Z. serrata*) sind es acht bis zwölf. Die Spreiten sind dunkelgrün und unterseits auf der Mittelrippe behaart. Die Steinfrüchte stehen einzeln in den Blattachseln.

Die Zelkoven-Arten

Gruppe I

Rinde rosa bis orange oder mit dichten rosa Bändern. Triebe kahl bzw. mehr oder weniger flaumhaarig, aber nicht borstig.

Zelkova serrata Japanische Zelkove Japan. Baum, am natürlichen Standort bis zu 40 m, in der Kultur viel kleiner. Rinde grau, horizontal rosa gestreift. Triebe flaumhaarig, früh kahl. Blätter mehr oder weniger eiförmig, 3–10(12) cm lang, mit etwa 10 spitzen Zähnen an jeder Seite; 8–12(14) Paar Seitennerven. Steinfrucht rundlich, 3–5 mm dick. K5

Z. sinica Chinesische Zelkove Zentral- und Ostchina. Baum, bis zu 15(17) m. Rinde orange oder rosa, aber nicht gestreift. Triebe grauwollig. Blätter eiförmig bis oval, 2–7 cm lang, zum keilförmigen Grund glattrandig, nach vorne leicht gekerbt-gezähnt; 6–8 Paar Seitennerven. Steinfrucht 6–8 mm dick. K6

Gruppe II

Zeigt nicht die Merkmale von Gruppe I. Krone mit zahlreichen, vom Ende des kurzen, 1–3 m hohen Stammes steil und gerade aufsteigenden Ästen und daher ungewöhnlich eiförmig-länglicher Wuchs.

Zelkova carpinifolia Kaukasus-Zelkove, Kaukasische Zelkove Kaukasus. Baum, bis zu 25 m. Triebe flaumig behaart. Blätter mehr oder weniger elliptisch, 2–5(9) cm lang, breit gekerbt, bewimpert; 6–12 Paar Seitennerven; Blattstiel 1–2(3) mm lang. Steinfrucht 4–6 mm dick. K5

Gruppe III

Zeigt nicht die Merkmale der Gruppen I oder II. Äste abstehend, bilden eine gewölbte Krone.

Zelkova abelicea Kretische Zelkove Gebirge Kretas, dort vermutlich endemisch, 1840 durch einen zuverlässigen Botaniker auch auf Zypern gefunden, aber bisher nicht mehr bestätigt und wahrscheinlich ausgestorben. Strauch, bis zu 5 m, oder kleiner Baum, bis zu 15 m. Triebe schlank, anfangs mit kurzen Borsten, die aber bald abfallen. Blätter fast sitzend, oval bis länglich, 1–2,5(4) cm lang, oberseits rau, unterseits flaumig oder verkahlend, mit 7–10 rundlichen Zähnen. Blüten weiß, duften süßlich. Steinfrucht behaart. K8

Z. carpinifolia 'Verschaffeltii' Vermutlich aus dem Kaukasus, früher als eigene Art *Z. verschaffeltii* aufgefasst. Buschiger Strauch oder kleiner Baum. Blätter fast sitzend, oval bis lanzettlich, oberseits rau, 3–6(8) cm lang, grob dreieckig gezähnt, Seitennervenpaare in gleicher Anzahl wie die Blattrandzähne. Steinfrucht kugelig, grün, 4–5 mm dick, netzig gerillt. K5

Z. carpinifolia

Z. carpinifolia

Z. abelicea

Z. abelicea

Z. serrata

Z. serrata

Z. carpinifolia

Z. carpinifolia

Zürgelbäume – *Celtis*

Die umfangreiche Gattung umfasst etwa 100 Arten, die in Nord- und Südamerika, in Afrika, Südwesteuropa und Mittel- sowie West- und Ostasien beheimatet sind. Sie sind mit der Gattung *Ulmus* nahe verwandt, unterscheiden sich davon jedoch durch die Blätter mit drei Hauptnerven (anstelle einer einzigen Mittelrippe) und ihre kugeligen, fleischigen Steinfrüchte. Diese gehen aus unscheinbaren, zwittrigen oder eingeschlechtigen Blüten mit einfacher Blütenhülle hervor. Die weiblichen Blüten stehen entweder einzeln oder zu dritt lang gestielt in den Blattachseln. Bei *Ulmus* sind die Früchte trockene, geflügelte Nüsse.

Die *Celtis*-Arten sind hauptsächlich sommergrüne Bäume mit dekorativen Blättern, doch sind viele der subtropisch bis tropisch verbreiteten Arten immergrün. Die Blüten sind unauffällig grün, weisen eine einfache Blütenhülle auf und sind entweder zwittrig oder männlich. Blütezeit ist das Frühjahr. Die männlichen Blüten stehen büschelig unter den zwittrigen. Sie weisen vier bis fünf Kelchzipfel und ebenso viele Staubblätter auf. Die zwittrigen Blüten stehen einzeln oder zu zweit oder zu dritt in den Blattachseln. Die kirschähnliche, meist schwarzrote Steinfrucht ist kugelig; den Steinkern umgibt eine dünne, fleischige Schicht. Von manchen Arten ist sie essbar.

Einige winterharte Arten, beispielsweise der Amerikanische Zürgelbaum (*C. occidentalis*), werden auch in Mitteleuropa als Ziergehölz angepflanzt, sind aber nicht ungewöhnlich attraktiv. Manche Arten entwickeln allerdings ein sehr schönes Herbstlaub. Auf wasserzügigen Lehmböden gedeihen sie im Allgemeinen prächtig.

Die Steinfrüchte vom Südlichen Zürgelbaum (*Celtis australis*) sollen der homerische Lotos sein, der die Gefährten des Odysseus Heimat und Familie vergessen ließ. Der römische Schriftsteller Plinius verwendete die Bezeichnung *Celtis* dagegen für eine afrikanische *Lotus*-Art. Das Holz verarbeitet man traditionell für alle möglichen Kleinteile, beispielsweise Spazierstöcke, Werkzeuge oder Angelruten.

Auch von den übrigen *Celtis*-Arten ist das Holz fast immer nur lokal oder regional von Bedeutung. Brauchbare mittlere Qualitäten liefern beispielsweise *C. brasiliensis* (Brasilien), *C. kraussiana* (Afrika; von Somalia bis zum Kap), *C. mildbraedii* (tropisches Westafrika) sowie *C. philippinensis* (Philippinen, Neuguinea). Die Früchte von *C. iguanaea* aus Mittelamerika sind ebenfalls essbar. Das Holz von *C. cinnamomea* aus Indien und Indonesien duftet stark aromatisch und wird gepulvert unter dem Namen kajoo lahi medizinisch verwendet. K2–9

ULMACEAE

Celtis
ZÜRGELBÄUME

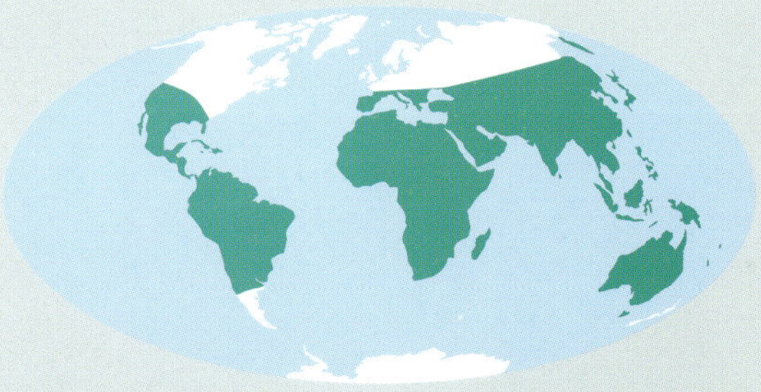

Artenzahl: Etwa 100

Verbreitung: Tropische und subtropische Regionen sowie deren Randzonen

Verwendung: Lokal bedeutsam als Nutzholz, einige Arten als Ziergehölze. Die Früchte einiger Arten sind essbar.

Der Südliche Zürgelbaum (*Celtis australis*) kommt bereits in Oberitalien (Südtirol) vor und wird dort häufig als Hausbaum und Schattenspender angepflanzt. Seine essbaren Früchte spielen in der lokalen Küche eine gewisse Rolle.

C. australis

C. occidentalis

C. australis

Die wichtigsten Zürgelbaum-Arten

Gruppe I
Blätter gezähnt oder gesägt, zumindest in der vorderen Hälfte.

A Blätter unterseits behaart; Früchte mit netzigem Steinkern

***Celtis australis* Südlicher Zürgelbaum** Mittelmeergebiet, Südeuropa, Nordafrika; ferner Südwestasien. Baum, bis zu 25 m, Stammumfang bis zu 3 m. Rinde grau wie bei der Buche *(Fagus)*. Triebe behaart. Blätter eiförmig-lanzettlich, etwas schief, am Grunde keilförmig, oberseits anfangs kurz steifhaarig, später kahl. Steinfrucht kugelig, 9–12 mm dick, reif schwarz. Soll angeblich bis zu 1000 Jahre alt werden. K6

***C. caucasica* Kaukasischer Zürgelbaum** Kaukasus, Afghanistan, Indien. Baum, bis zu 20 m. Steht *C. australis* sehr nahe, Blätter jedoch kürzer und breiter, reife Steinfrüchte gelb. Frostbeständiger als die vorige Art. K6

AA Blätter unterseits kahl, zumindest zwischen den Blattnerven, selten mit spärlichem Flaum; Frucht mit netzigem oder glattem Steinkern

***Celtis occidentalis* Amerikanischer Zürgelbaum** Südliche USA. Baum, bis zu 40 m. Rinde grau, rau, korkig. Blätter eiförmig mit herzförmiger Basis, 5–10 cm lang; Blattstiel 1 cm oder länger. Steinfrucht kugelig, 8–9 mm dick, zunächst mehr oder weniger orange, zuletzt dunkelpurpurn. Steinkern grubig. K2
var. *crassifolia* Trägt größere und dickere Blätter, (9)11–15 cm lang. K2

***C. sinensis* Chinesischer Zürgelbaum** Ostchina, Korea, Japan. Baum, am natürlichen Standort bis zu 20 m, in der Kultur nur bis zu 11 m. Blätter breit oval, glänzend dunkelgrün, zur Spitze tief gezähnt; Blattstiel unter 1 cm lang. Steinfrucht kräftig orange. Steinkern grubig. K9

***C. bungeana* Bunges Zürgelbaum**
Gebirge in Nordchina. Baum, 10–15 m. Blätter eiförmig bis lanzettlich, 5–9 cm lang, nur an der Spitze gezähnt. Blattstiel kürzer als 1 cm. Steinfrucht eiförmig, 6–7 mm dick, schwarz. Steinkern glatt. K5

***C. glabrata* Kahler Zürgelbaum** Kleinasien. Strauch oder kleiner Baum, bis zu 4 m. Triebe anfangs flaumig, rasch verkahlend. Blätter eiförmig, 2,5–6(7) × 1,5–3,5 cm, in der vorderen Hälfte grob gezähnt, Zähne eingekrümmt, behaart, fühlt sich rau an. Steinfrucht kugelig, 4–5 mm dick, rostbraun. Steinkern wenig grubig. K6

***C. tournefortii* Tourneforts Zürgelbaum** Kleinasien, Krim, Sizilien. Strauch oder kleiner Baum, bis zu 7 m. Blätter eiförmig, 3–7 cm lang, in der Vorderhälfte mit breiten, stumpfen Zähnen. Steinfrucht orange. Steinkern glatt. Diese und die vorige Art stehen *C. bungeana* sehr nahe. K7

Gruppe II
Blätter mehr oder weniger glattrandig oder leicht gewellt. Steinfrüchte mit netzigem Steinkern.

***Celtis laevigata (C. mississippiensis)* Mississippi-Zürgelbaum**
Südliche USA. Baum, 20–25 m. Borke warzig. Blätter mehr oder weniger eiförmig, 5–10 cm lang, Spitze lang ausgezogen und verschmälert. Steinfrucht (5)6–7 mm dick, reife schwärzlich purpurn. Fruchtstiel 1–2 cm lang, länger als der 6–10(12) mm lange Blattstiel. K5
var. *smallii* trägt scharf gesägte Blätter.

***C. reticulata* Netznerviger Zürgelbaum** Südwestliche USA. Baum, 10–12(15) m, manchmal auch strauchförmig. Blätter hauptsächlich eiförmig, 3–8(10) cm lang, vorne spitz. Steinfrucht 8–9 mm dick, orange-rot. Fruchtstiel etwa 1 cm lang, etwa ebenso lang wie die Blattstiele. K6

C. occidentalis

RECHTE SEITE *Ficus religiosa* ist ein riesiger Baum und überall in Asien ein besonderes Symbol des Buddhismus. Er ist in Indien beheimatet, wo man ihn als Bo oder Peepul bezeichnet. Eine aus den Blättern zubereitete Tinktur wird medizinisch zur Linderung verschiedener Beschwerden verwendet.

Moraceae

Feigenbäume – *Ficus*

Die Gattung *Ficus* ist ein großer, pantropisch verbreiteter Formenkreis mit etwa 750 Arten, die überwiegend in der Alten Welt beheimatet sind. Zu den relativ wenigen Neuweltarten gehört beispielsweise *F. paranensis*. Die Wuchsformen reichen von kleinen Sträuchern bis zu sehr großen Bäumen mit bis zu 45 m Höhen, die wichtige Bestandsmitglieder der Tropenwälder stellen. Bei manchen Arten sind die Blätter glatt (beispielsweise *F. elastica*), bei anderen behaart oder sogar mit Nesselhaaren ausgestattet *(F. minahassae)*, andere enthalten in ihren Blättern Kieselzellen wie die Gräser *(F. hispida)*. Die Blattgrößen reichen von etwa 4 cm *(F. pumila)* bis zu 50 cm *(F. gigantifolia)*, sind ungeteilt oder gelappt, gelegentlich auch gegenständig *(F. hispida)*, mit fiederiger oder handförmiger Nervatur und können stark asymmetrisch *(F. tinctoria)* oder zweigestaltet sein *(F. pumila)*. Bei der letzteren Art sind die Jugendblätter klein, herzförmig und sitzend, die Altersblätter groß, elliptisch und gestielt. Früh abfallende, meist paarige Nebenblätter sind fast immer entwickelt. Ebenso universell verbreitet sind Milchröhren: Der bekannte Gummibaum *(F. elastica)* lieferte bis zur Mitte des 19. Jahrhunderts den Rohstoff für die Gummiherstellung.

Alle Feigenbäume weisen einen recht eigenartigen Blütenstand in Form eines krugförmig erweiterten Achsenendes auf, in dem zahlreiche winzige Blüten die innere Wand auskleiden. Die rein männlichen Blüten bestehen aus ein bis zwei (selten drei oder sechs) Staubblättern, die weiblichen sind entweder kurz- oder langstielig. Der Fruchtknoten enthält jeweils nur eine Samenanlage. Nur die Samenanlagen der langstieligen Fruchtknoten können befruchtet werden und entwickeln Samen. Die kurzstieligen sind nicht fertil und werden als Gallenblüten bezeichnet, weil hier die für die Bestäubung wichtigen

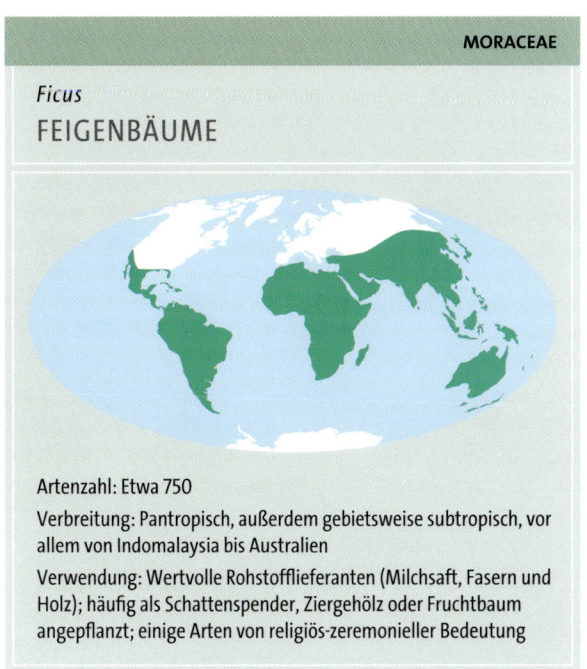

MORACEAE

Ficus
FEIGENBÄUME

Artenzahl: Etwa 750

Verbreitung: Pantropisch, außerdem gebietsweise subtropisch, vor allem von Indomalaysia bis Australien

Verwendung: Wertvolle Rohstofflieferanten (Milchsaft, Fasern und Holz); häufig als Schattenspender, Ziergehölz oder Fruchtbaum angepflanzt; einige Arten von religiös-zeremonieller Bedeutung

Gallwespen ihre Eier ablegen und die Larven sich darin entwickeln. Die unterschiedlichen Stiellängen sind eine Anpassung an die Eiablagegewohnheiten der spezifischen Bestäuber, denn deren Legestachel ist zu kurz, um in den langstieligen Blüten die Samenanlage zu erreichen. Bei der Eiablage streifen sie den mitgebrachten Pollen der männlichen Blüten ab, die sie zuvor besucht haben. Bei der Gewöhnlichen Feige (F. carica) ist der natürliche Bestäuber die Gallwespe Blastophaga psenes. Vermutlich kooperiert jede Ficus-Art mit ihrer eigenen Blastophaga-Gallwespen-Art.

Wuchsformen

Viele Feigenbaum-Arten werden als Würgerpflanzen bezeichnet. Ihre seltsame Wuchsstrategie ist in Tropenwäldern sehr verbreitet, unter anderem bei den Arten F. pertusa und F. cordifolia. Eine Würgerpflanze beginnt ihr Leben als Keimling aus einem Samen, den ein Frucht verzehrender Vogel oder ein Säugetier irgendwo in einer Astgabel abgesetzt hat. Während des weiteren Wachstums entsendet die junge Pflanze lange Wurzeln nach unten, die Äste und Stamm ihres Tragbaums so eng umschlingen, dass die lebenswichtigen Stoffleitbahnen in deren Bast kollabieren. Der Träger stirbt schließlich ab, und die Würgfeige überlebt als frei stehender Baum.

Die essbare Feige (F. carica) weist eine sehr lange Tradition als Fruchtgehölz auf. Ihre Kultur begann in Syrien schon vor etwa 6000 Jahren. Seither spielt sie im Brauchtum und in der Literatur eine bedeutende Rolle.

F. sycomorus

F. aurea

F. carica

F. macrophylla

F. benghalensis

Ficus capensis ist eine tropische Art, die in manchen Gebieten Afrikas als Baum für Notzeiten gilt – außer den Früchten kann man möglicherweise sogar die Blätter und die Luftwurzeln essen.

Der griechische Schriftsteller Archilochus beschrieb um 700 v. Chr. als erster die Feigenkultur. Auch in der Bibel gibt es zahlreiche Zitate und Hinweise auf diesen Baum. Die Art gedeiht in vielen tropischen und subtropischen Gebieten, meist auf etwas trockenerem Boden. Heute wird sie vor allem in Kalifornien, in der Türkei, in Griechenland und in Italien angebaut. Die Kulturform ist ein kleiner, bis zu 10 m hoher Baum mit 10–20 cm langen, handförmig gelappten Blättern. Man unterscheidet bei der Kulturfeige zwei Varietäten bezüglich der Fruchtbildung. Eine davon, Adriatic genannt, besitzt nur weibliche Blüten. Ihre Früchte entwickeln sich ohne Bestäubung und Befruchtung. Bei der anderen, Smyrna genannten, fehlen die männlichen Blüten ebenfalls, doch müssen die Blüten dieser Varietät bestäubt werden, um Früchte zu bilden. Dazu werden blühende Zweige von Wildfeigen zu dem Zeitpunkt in die Kulturform gehängt, wenn die bestäubenden Gallwespen schlüpfen. Die Wildform mit bestäubungsfähigen Blüten nennt man auch Bocksfeige.

Auch andere Arten entwickeln essbare Früchte, beispielsweise F. racemosa aus Ostasien, obwohl sie nach westlichem Standard wegen der vielen harten Samen und reichlich darin vorhandenen Insekten eher ungenießbar erscheinen. F. religiosa und F. pertusa aus Indien werden oft als Schattenbäume gepflanzt, da sie eine dichte, weit ausladende Krone entwickeln. Mehrere Ficus-Arten, darunter F. rumphii und F. semicordata, sind Wirte der Lack-Schildläuse. Diese Insekten scheiden harzartige Substanzen aus, die man nach Reinigung als Schellack bezeichnet und für vielerlei industrielle Zwecke (Lacke, Polituren, Isolierungen) nutzt. Früher stellte man daraus beispielsweise auch Schallplatten her. In den gemäßigten Breiten sind Ficus-Arten vor allem als Zimmerpflanzen beliebt. Sehr verbreitet waren zeitweise Jungpflanzen des Gummibaums (F. elastica 'Decora'), heute sind es die Kletter-Feige (F. pumila) sowie die Benjamin-Feige (F. benjamina) aus Java.

Banyans

Viele Ficus-Arten bezeichnet man als Banyan, darunter vor allem die Art F. benghalensis, die sehr große Baumgestalten entwickelt. Ursprünglich war sie nur in den Fußbergen des Himalaja verbreitet, ist heute jedoch überall in Indien zu finden, da man diesen Baum sehr gerne in den Dörfern als Schattenspender anpflanzte. Vielen gilt er als heilig, weil die Legende berichtet, dass Buddha einst unter einem Banyan meditiert habe.

Das sicherlich auffälligste Merkmal dieses Baumes sind seine säulenförmig verdickten Luftwurzeln. Sie wachsen dünnfädig von den Ästen herab und verdicken sich, sobald sie den Boden erreicht haben. Schließlich sieht der alte Baum aus, als stütze er seine mächtige und weit ausladende Krone rundum mit kräftigen Säulen ab. Auf diesen kann ein Banyan nahezu unbeschränkt in die Breite gehen und enorme Durchmesser erreichen. Viele eindrucksvolle Exemplare sind mit Sicherheit viele Jahrhunderte alt. Im indischen Andhra-Tal ist ein Banyan bekannt, der einen Kronenumfang von 600 m aufweist, die von 320 Luftwurzelsäulen gestützt wird. Im Botanischen Garten von Kalkutta gab es ein Exemplar mit 460 solchen Wurzelsäulen. K7–10

Die wichtigsten Feigenbaum-Arten

Sektion Urostigma

Einhäusig. Feigen mit schmalen Schuppen rund um die obere Öffnung und an der Basis. Blütenröhre 3-, seltener 4- oder 2-zipflig; 1 Staubblatt. Früchte meist zu 2, achselständig. Artenreiche Gruppe in Asien, Australien, Afrika und Amerika, viele davon Kletterpflanzen oder Würger.

Ficus elastica Gummibaum Indien, Südostasien. Sämlinge epiphytisch, wachsen zu großen, bis zu 60 m hohen Bäumen heran. Stämme dick, mit großen Brettwurzeln und weitreichenden Oberflächenwurzeln. Blätter dick, 12–20 × 6–15 cm, elliptisch, vorne und an der Basis leicht gerundet, glatt und glänzend dunkelgrün. Endknospe nur mit 1 großen Nebenblatt (sonst 2). Feigen sitzend, rundlich, um 1 cm lang, glatt, blassgrün mit dunkleren Flecken. K10

F. religiosa Peepul Indien. Sämlinge epiphytisch, wachsen zu sehr großen, vielstämmigen Bäumen mit dichten Kronen heran. Blätter dünn, 17 × 12 cm, mehr oder weniger dreieckig, vorne in eine schlanke, bis zu 6 cm lange Spitze ausgezogen. Feigen sitzend, zylindrisch, glatt, grün bis purpurn mit hellroten Flecken. K10

F. benjamina Benjamin-Feige Indien, Südostasien. Mit mehreren Varietäten: K10
var. benjamina Baum, bis zu 30 m mit Luftwurzeln. Stämme ohne Brettwurzeln, Äste hängend. Blätter dünn, ledrig, 11 × 5 cm, elliptisch, zur Basis etwas breiter, vorne in eine lange, gekrümmte Spitze ausgezogen. Feigen kurz gestielt, rundlich bis zylindrisch, etwa 1 cm lang, glatt, grün, hellrot und/oder schwarz und gefleckt. Als Ziergehölz kultiviert.
var. comosa Wie die vorige Form, Blätter jedoch büschelig gehäuft an den Zweigenden. Feigen auf kurzen Stielen, mehr oder weniger rundlich, bis zu 2 cm dick, gelb bis orange.
var. nuda Wie die obige Form, Blätter jedoch schmaler. Feigen blassgrün bis rötlich braun; die Basisschuppen fallen vor der Fruchtreife ab.

F. benghalensis Banyan Indien. Sehr großer Baum mit mehreren, von Stützwurzeln umgebenen Stämmen, großer, dichter Krone und dicken Oberflächenwurzeln. Blätter groß, ledrig, 15–25 × 12–17 cm, eiförmig, vorne rundlich oder kurz zugespitzt, an der Basis mehr oder weniger gerundet, oft kurz samtig behaart. Feigen ungestielt, rundlich bis zylindrisch, etwa 2 cm lang, behaart, hellrot und weißfleckig. Auffällige gelbe Schuppen an der Basis der Feigen. K10

F. thonningii Zentral- und Westafrika. Sämlinge epiphytisch, wachsen zu mächtigen, vielstämmigen Bäumen mit großen Brettwurzeln und dichter Krone heran. Blätter ledrig, glatt, etwa 14 × 5 cm, elliptisch, vorne und an der Basis gerundet, oberseits dunkelgrün, unterseits deutlich heller. Feigen sitzend, oft einzeln, mehr oder weniger

F. benjamina

F. gigantifolia

F. salicifolia

zylindrisch, etwa 1,5 cm lang, spärlich behaart, grün mit weißen Flecken. K10

F. rubiginosa Australien. Sämlinge epiphytisch, wachsen zu mächtigen, vielstämmigen Bäumen mit oft großen Brettwurzeln heran. Blätter ledrig, etwa 17 × 6 cm, elliptisch, vorne und an der Basis gerundet, sehr fest, nach dem Austrieb rostbraun. Feigen rundlich, kurz gestielt, etwa 1,5 cm dick, glatt oder wenig rau, grün, gelb oder rostbraun, grün oder weiß gefleckt. K10

F. pretoriae Südafrika. Baum, bis zu 23 m mit breiter, ausladender Krone auf vielen Stämmen. Blätter steif, papierdünn, elliptisch, 7,5–20 cm lang und bis zu 7 cm breit, vorne mehr oder weniger spitz, an der Basis gerundet oder herzförmig, oberseits dunkelgrün, ohne Hydathoden (Wasser abgebende Drüsen) oder Haare. Feigen einzeln oder zu 2 in den Blattachseln oder büschelig in den Achseln von Blattnarben, sehr kurz gestielt, rundlich bis breit birnenförmig, etwa 0,7 cm dick, behaart, grün bis rötlich braun mit Flecken; Basalschuppen grün, später rot. K10

Sektion Pharmacosycea

Einhäusig. Feigen meist einzeln und ohne Basalschuppen. Blütenröhre 4-zipflig, Staubblätter 1–3, meist 2. Bäume, keine Kletter- oder Würgerpflanzen. Hauptsächlich im tropischen Amerika, wenige Arten auch in Asien und eine in Madagaskar.

F. elastica

Ficus maxima Mittelamerika, Westindische Inseln, Amazonasbecken. Ziemlich häufig. Baum, bis zu 30 m. Blätter dünn, 6–20 × 2–9 cm, verschiedene Formen, meist elliptisch, vorne spitz oder stumpf, an der Basis keilförmig in den kurzen Blattstiel verschmälert. Feigen kurz gestielt, rundlich, 1–2 cm dick, glatt, mitunter spärlich behaart, grün oder gelblich grün, Apikalöffnung 1–2 mm breit. K10 Ähnlich ist *F. paraensis*.

F. insipida Mittelamerika, von Mexiko bis Brasilien. Baum, bis zu 40 m. Stamm mit Brettwurzeln. Blätter dick, ledrig, 5–25 × 1–11 cm, schmal bis breit elliptisch, vorne spitz oder stumpf, an der Basis in den Blattstiel verschmälert. Feigen sitzend oder sehr kurz gestielt, rundlich, 1,5–3 cm dick, grün oder gelb; Apikalöffnung 2–4 mm breit. K10

F. gigantosyce Kolumbien. Baum, bis zu 20 m. Blätter 13–28 × 5–15 cm, elliptisch, spitz, manchmal etwas ausgezogen, an der Basis tief herzförmig bis 2-lappig. Feigen sehr groß, rundlich, 3–8 cm dick, gelb oder rötlich. K10

F. religiosa

F. paraensis

F. pumila (junge Triebe)

F. sycomorus

Sektion Sycomorus

Einhäusig. Feigen birnen- oder topfförmig, in Gruppen an blattlosen Zweigen, auch an Ästen oder an den Stämmen. Staubblätter 1 oder 2, selten 3. Arten in Afrika, Südwestasien, Australien.

Ficus sycomorus Maulbeer-Feigenbaum, Sykomore Nord- und Ostafrika, Südwestasien. Kleiner Baum, bis zu 15 m. Blätter rau, lederig, etwa 15 × 13 cm, breit oval, randlich etwas gewellt, vorne stumpf gerundet, an der Basis herzförmig, oberseits kahl, dunkelgrün, unterseits heller und wenig behaart. Feigen auf dünnen Stielen, birnenförmig, bis zu 3 cm dick, grün, dicht weißfilzig behaart. K10

F. racemosa Indien, Südostasien, Australien. Baum, bis zu 25 m mit breiter Krone. Blätter dünn, lederig, am Rande gewellt, elliptisch bis eiförmig, etwa 20 × 8 cm, vorne spitz, an der Basis herzförmig, glatt und leicht silbrig glänzend. Feigen in großen Büscheln direkt am Stamm und an den größeren Ästen, kurz birnenförmig, bis zu 3 cm lang, grün, zunehmend hellrot und reif weißlich gefleckt. K10

F. pumila (Altersblätter)

Sektion Ficus

Zweihäusig. Feigen in Gruppen oder zu 2 an blattlosen Ästen oder hinter den Blättern. Weibliche Blüten viel länger gestielt als die der Gallenblüten, Staubblätter 2 (bei *F. carica* 4). Bäume und Kletterpflanzen. Zahlreiche Arten in Afrika, Asien und Australien.

Ficus carica Gewöhnlicher Feigenbaum Kleiner, breitkroniger Baum, bis zu 4 m, in der gemäßigten Zone nur sommergrün. Blätter breit gelappt, groß, etwa 10–20 × 10–20 cm, an der Basis gerundet oder gestutzt, unterseits manchmal spärlich rau behaart. Männliche Blüten mit 4 Staubblättern. Feigen meist einzeln oder zu 2 auf blattlosen Zweigen oder hinter Blättern, birnenförmig, grün, manchmal purpurn oder bräunlich. Sie stellen urnenförmige Erweiterungen der Blütenstandsachse dar. Die eigentlichen Früchte sind kleine Steinfrüchte. In vielen Sorten häufig angebaut. Auch die Wildform var. *caprificus* ist sehr variabel. K7

F. carica

F. pumila Kletter-Feige Asien, sehr häufig in China und Japan. Weinähnlicher Kletterer, befestigt sich an der Wuchsun-

terlage mit kurzen Haftwurzeln aus den Blattknoten. Blätter an jungen Trieben sitzend, klein und herzförmig, Altersblätter elliptisch und gestielt, bis zu 11 × 4 cm, glatt, kahl, unterseits mitunter spärlich behaart. Feigen kurz gestielt, meist einzeln, mehr oder weniger zylindrisch mit deutlicher Spitze, bis zu 6 × 3,5 cm groß, blassgrün oder grau und weiß gefleckt, dicht behaart. Kultiviert; junge Exemplare als Zimmerpflanzen beliebt. K9

F. hispida Indien, Südostasien und Nordaustralien. Strauch oder kleiner Baum mit behaarten Zweigen. Blätter auf manchen Zweigen gegenständig, sonst wechselständig, eiförmig, 31 × 11 cm, vorne stumpf oder scharf zugespitzt, an der Basis gerundet, beidseits sehr rau mit borstigen Haaren, gezähnt, Hydathoden vorhanden. Feigen kurz gestielt, achselständig zu 2, mehr oder weniger rundlich, stark behaart, grün oder gelb und weiß gefleckt; jede mit drei großen Basisschuppen. Giftig. K10

F. auriculata Indien, Südostasien bis China. Strauch. Blätter lang gestielt, eiförmig, sehr groß, 46 × 35 cm, an der Basis tief herzförmig gelappt, die beiden Lappen überdecken sich mitunter oder sind verbunden, vorne spitz, oberseits mit Hydathoden, unterseits behaart. Feigen auf dünnen Stielen büschelig an den Hauptästen oder am Stamm, birnenförmig, sehr groß, bis zu 6,5 × 5 cm, grünlich weiß bis braun mit roten Flecken; mit 3 großen Basisschuppen. K10

F. tinctoria Färber-Feige Südostchina, Philippinen, Indonesien, Nordaustralien. Blätter dünn, angenähert eiförmig, asymmetrisch, etwa 18 × 7 cm, vorne spitz, an der Basis keilförmig in den Blattstiel verschmälert, am Rand eckig (ähnlich wie bei der Stechpalme), kahl, mit zerstreuten Hydathoden. Feigen achselständig, einzeln oder zu 2, mehr oder weniger sitzend, rundlich, etwa 1 cm dick, manchmal rau und behaart, gelblich grün, heller grün gefleckt. Der Saft der Früchte wird lokal als grünes Färbemittel verwendet. Aus den Rindenfasern stellt man Gewebe her, aus denen der jungen Triebe Fischernetze. K10

F. minahassae Philippinen, Sulawesi. Baum. Junge Triebe mit stark nesselnden Haaren. Blätter eiförmig, bis zu 20 × 12,5 cm, vorne gerundet bis spitz, an der Basis tief herzförmig, wobei sich die Lappen berühren oder übergreifen, fein gezähnt und bewimpert, ober- und unterseits mit steifen Haaren und zahlreichen Hydathoden. Feigen büschelig an langen, schnurartigen Stielen am Stamm, diese bis zu 3 m lang; Früchte selbst sehr klein, weniger als 0,5 cm dick, rot. K10

F. pseudopalma Philippinen. Kleiner Baum, bis zu 7,5 m. Blätter sehr dünn, verkehrt-eiförmig, bis zu 100 × 15 cm, im Vorderteil grob gezähnt, an der Basis glattrandig, oberseits glänzend und mit zerstreuten Hydathoden. Feigen kurz gestielt, bis zu 4 × 2 cm, längs gerippt, dunkelbraun bis grün-purpurn, mit erhabenen weißen Flecken. Basalschuppen groß. K10

Maulbeerbäume – *Morus*

Die Gattung *Morus* ist vor allem wegen ihrer essbaren Früchte bekannt. Alle Arten sind sommergrün und überwiegend tropisch verbreitet. In der Gattung unterscheidet man heute nur etwa zwölf Arten, obwohl annähernd hundert beschrieben wurden. Die kultivierten Formen stammen aus Asien und Amerika.

Wie die übrigen Vertreter der Familie führen auch die Maulbeerbäume Milchröhren. Die Blätter sind herzförmig, einfach oder gelappt, wobei an der Spreitenbasis drei bis fünf Hauptnerven ansetzen. Die Blattform ist sehr variabel und nicht nur von Baum zu Baum verschieden, sondern selbst am gleichen Ast. Die Blüten sind eingeschlechtig und unscheinbar; männliche und weibliche sitzen auf der gleichen Pflanze, meist büschelig in grünlichen, hängenden Kätzchen. Die Maulbeere ist brombeerähnlich und wie diese aus einsamigen, dicht gedrängten, kleinen Steinfrüchten zusammengesetzt (Sammelsteinfrucht). Die einzelnen und bei den verschiedenen Arten sowie oft selbst innerhalb einer Art unterschiedlich ausgefärbten Steinfrüchte sind im Fruchtverband von der fleischig gewordenen Blütenhülle umgeben. Sie gehen jeweils aus einer weiblichen Blüte mit nur einem Fruchtknoten und zwei Griffeln hervor. Für die sichere Artbestimmung in dieser umfangreichen Gattung sind die reifen Früchte fast immer wichtig. Nur anhand der vegetativen Merkmale ist die Artunterscheidung nicht möglich. Bei Kultursorten sind die Früchte bis zu 2 cm lang, bei Wildpflanzen meist nicht einmal 1 cm.

Der Weiße Maulbeerbaum *(M. alba)* ist vermutlich die Elternart der amerikanischen Downing-Maulbeerbäume, die man wegen des Früchteertrags heranzüchtete. *M. alba* ist ein weitkroniger, bis zu 15 m hoher Baum mit grauer Rinde und relativ kleinen Blättern (5–15 cm lang), die oberseits glänzend grün, unterseits meist behaart und grob gezähnt sind. Die Früchte sind weiß oder hellrosa. Ursprünglich war dieser Baum nur in China heimisch. In seiner Heimat dient er unter anderem auch als Futterlieferant für die Seidenraupenzucht. Zusammen mit dem Chinesischen Trompetenbaum *(Catalpa ovata)* ist der Weiße Maulbeerbaum in China auch eine der beiden bedeutendsten Nutzholzarten. Die meisten chinesischen Gehöfte hatten zumindest ein Exemplar angepflanzt. Die Wendung „Sang Tsu" meint wörtlich „Land von Maulbeer- und Trompetenbaum" und wird in China immer noch als Synonym für Zuhause oder Heimstatt verwendet.

Der Russische Maulbeerbaum *(M. alba* var. *tatarica)* ist eine besonders winterharte Form, die man nicht nur wegen der Früchte, sondern auch als dekoratives Ziergehölz anpflanzt.

Der Rote Maulbeerbaum *(M. rubra)* ist in Nordamerika beheimatet und in den Laubwaldgebieten weit verbreitet. Er erreicht 12–20 m Höhe und trägt größere, eher stumpf gezähnte Blätter als *M. alba.* Die reifen Früchte sind rot bis purpurn und lösen sich bei der Reife leicht von den Zweigen. Sie sind sehr saftig und werden zu Gelee oder Fruchtkompott verarbeitet. Aus der frühen amerikanischen Literatur ist bekannt, dass die Maulbeeren für die Indianer und die ersten Siedler ein wichtiges Obst waren. Die Art liefert auch ein recht brauchbares Holz.

MORACEAE

Morus

MAULBEERBÄUME

Artenzahl: 12

Verbreitung: Gemäßigte und warme Regionen bis in die Tropen aller Kontinente

Verwendung: Wichtige Nutzarten, liefern essbare Früchte, Arzneistoffe und Holz, oft auch als Ziergehölze oder Schattenbäume angepflanzt

Der Schwarze Maulbeerbaum *(M. nigra)* ist die in Europa am häufigsten angepflanzte Art. Sie wird bis zu 10 m hoch. Die Rinde ist braun, die Blätter sind oberseits rau und stumpf gezähnt, die Früchte dunkelpurpurn bis schwarz. Die Art wurde im frühen 16. Jahrhundert aus ihrer Heimat Iran eingeführt und damit deutlich früher als *M. alba. M. nigra* wächst relativ langsam und wird sehr alt. Von einigen Exemplaren ist ein Alter von über 300 Jahren nachgewiesen.

In Afrika sind große Bäume häufiger als Sträucher. *M. mesozygia* kommt in Zentralafrika vor und wird bis zu 30 m hoch. Man pflanzt diese Art als Schattenspender, wobei man die oberen Leittriebe einkürzt und die Seitenäste so beschwert, dass die Krone schirmförmig wird. Die Maulbeeren sind essbar, aber ziemlich klein und nicht einfach zu ernten.

M. nigra

M. alba

GANZ OBEN Die essbaren Früchte des Roten Maulbeerbaumes *(M. rubra)* stehen büschelig und sind etwas länglich. Reif sind sie purpurrot und etwas größer als bei anderen Arten.

OBEN Der Weiße und der Schwarze Maulbeerbaum sind unter anderem an der Kronenform zu unterscheiden: Bei *M. alba* ist die Krone meist schmal, bei *M. nigra* eher breit.

Die wichtigsten Maulbeerbaum-Arten

Morus alba **Weißer Maulbeerbaum** China, in Europa und Nordamerika stellenweise eingebürgert. Baum, bis zu 15 m, mit schirmförmiger Krone. Rinde der Äste grau bis gelb-grau, glatt. Junge Triebe schlank. Blätter dünn, etwa 5–15 cm lang, breit eiförmig, mitunter angenähert kreisrund oder dreieckig, vorne spitz, oberseits bleich grün, glatt und leicht glänzend, unterseits behaart, besonders auf den Hauptnerven und in den Nervenachseln, unregelmäßig gelappt, grob gezähnt. Früchte auf kurzen Stielen, reif weiß-rosa, mitunter auch rot, bis zu 2 cm dick, süß. Häufig angepflanzt; die Blätter dienen als Futter der Seidenspinnerraupen. Zahlreiche Sorten, einige auch als Ziergehölze geeignet. In Ostasien unterscheidet man mehr als 600 verschiedene Formen dieser Spezies, deren taxonomischer Status allerdings nicht gesichert ist. K4

var. *heterophylla* Blätter der gleichen Pflanze verschieden gelappt.

'Laciniata' Blattränder tief gezähnt bis geschlitzt.

'Macrophylla' Blätter bis zu 30 cm lang.

'Pendula' Mit hängenden Zweigen und Trieben.

var. *tatarica* Strauchige, besonders winterharte Form.

var. *venosa* Blätter breit rautenförmig mit auffälligen, bleichgelben oder weißen Blattnerven.

Die folgenden Arten stehen *M. alba* sehr nahe:

M. serrata Nordwestlicher Himalaja. Ähnlich wie *M. alba*, aber junge Triebe und Blätter kurzhaarig samtig. Griffel länger, behaart, an der Basis verbunden (bei *M. alba* frei). Früchte nicht saftig.

M. laevigata (M. macroura) Ostindien, Java, Sumatra. Früchte eher zylindrisch, bis zu 5 cm lang. K8

M. australis In zentralafrikanischen Sekundärwäldern ziemlich häufig. Junge Triebe behaart. Blätter klein, etwa 3–12 × 2,8 cm, oberseits dunkelgrün, rau. K6

M. rubra **Roter Maulbeerbaum** Häufig in nordamerikanischen Laubwäldern. Baum, bis zu 20 m, mit breiter, offener Krone. Blätter länger als bei *M. alba*, etwa 8–20 cm, eiförmig bis länglich, oberseits dunkelgrün und rau, unterseits behaart, stumpf gezähnt. Früchte kugelig, 3–4 cm dick, rötlich purpurn, sehr süß. Beliebtes Wildobst. K5

'Nana' Langsamwüchsige Zwergform mit kompaktem Aussehen.

M. nigra **Schwarzer Maulbeerbaum** Iran, im südlichen Europa eingebürgert und vielfach kultiviert. Breitkroniger Baum, bis zu 10 m. Junge Triebe dick, dunkelbraun, samtig behaart. Blätter dick, 5–20 cm lang, eiförmig, an der Basis tief herzförmig, vorne plötzlich spitz, oberseits dunkelgrün, rau, unterseits behaart, mitunter gelappt, grob und scharf gezähnt. Früchte fast sitzend, reif dunkelpurpurn

M. alba var. tatarica

M. alba

M. rubra

M. nigra

bis fast schwarz, bis zu 2 cm dick, erst in der Vollreife süß. Auch die Blätter dieser Art wurden zur Zucht der Seidenspinnerraupen verwendet. K5

M. mesozygia In Afrika weit verbreitet und häufig, oft als Schattenbaum angepflanzt. Baum, bis zu 30 m mit breiter Schirmkrone. Junge Triebe kahl, rötlich braun. Blätter ziemlich dünn, 7–11 × 3–7 cm, elliptisch, an der Basis flach herzförmig, oberseits kahl, unterseits auf den Blattnerven und in deren Achseln spärlich behaart. Früchte lang gestielt, etwa 1 cm dick, süß, aber kaum saftig. K6

Die Früchte des Schwarzen Maulbeerbaums *(M. nigra)* sind etwa 2,5 cm lang und haben wie alle Maulbeeren einen etwas eigenartigen Geschmack. Man verwendet sie roh oder in Zubereitungen und verarbeitet sie auch zu Obstwein.

Theaceae

Scheinkamelien – *Stewartia*

Das natürliche Verbreitungsgebiet der acht bis zehn Vertreter der Gattung *Stewartia* sind das östliche Asien und das östliche Nordamerika. Bei allen handelt es sich um kleine, sommergrüne Bäume oder Sträucher mit einer auffälligen, attraktiven, weichen und abblätternden Borke. Die Blätter sind wechselständig, einfach, eiförmig bis verkehrt-eiförmig, gezähnt und dunkelgrün glänzend. Im Herbst verfärben sie sich nach Rot, Orange und Gelb. Die auffälligen, becherförmigen, zwittrigen weißen Blüten blühen während einer langen Blühperiode im Sommer einzeln nacheinander auf.

Einige *Stewartia*-Arten werden als Ziergewächse gepflanzt, wobei sie humusreichen, feuchten, neutralen bis leicht sauren Boden bevorzugen. Am häufigsten wird die Japanische Scheinkamelie (*Stewartia pseudocamellia*) verwendet mit den beiden Varietäten var. *pseudocamellia* aus Japan und *var. koreana* aus Korea, die beide bis zu 18 m hoch werden, sowie die Chinesische Scheinkamelie (*Stewartia pteropetiolata*) aus Zentralchina, ein Busch oder kleiner Baum mit bis zu 10 m Höhe. Von den amerikanischen Arten werden die Seiden-Scheinkamelie (*S. malacodendron*) und die Amerikanische Scheinkamelie (*S. ovata*) kultiviert, beides bis zu 6 m hohe Sträucher. K5–8

Osagedorn – *Maclura*

Der Osagedorn (*Maclura pomifera*) zählte früher als einzige Art zu dieser Gattung. Heute werden ihr von vielen Autoren auch die Vertreter von *Cudrania* (Seidenwurmdorn) und *Plecospermum* zugerechnet, womit sich die Artenzahl auf etwa zwölf erhöht. *Maclura pomifera* ist ein schnellwüchsiger, bedornter, laubwerfender Baum, der bis zu 18 m Höhe erreicht. Er stammt aus den fruchtbaren Regionen von Arkansas und Texas, ist jedoch inzwischen überall in den USA eingebürgert. Der Name stammt von dem größten Zufluss des Mississippi, dem Osage River, der auch einem nordamerikanischen Indianerstamm seinen Namen gab. Charakteristisch für den Baum sind seine orange, rissige Borke und die scharfen Dornen der jungen Triebe und Zweige (die var. *inermis* hat keine Dornen an den Zweigen). Die Blätter sind wechselständig, eiförmig mit ausgezogenen Spitzen, oberseits glänzend grün und unterseits mit weißlichen Adern. Im Herbst färben sich die Blätter leuchtend gelb. Beim Zerreiben der Blätter und Zweige tritt ein klebrig-milchiger Saft aus, der leicht hautreizend wirken kann. Die Pflanze ist zweihäusig; männliche und weibliche Blüten treten auf getrennten Bäumen in unauffälligen, kugeligen Büscheln auf. Die befruchteten weiblichen Blüten bilden eine kugelige, gelb-grüne und orangenähnliche Scheinfrucht mit bis 13 cm Durchmesser, die viele harte, kleinere Steinfrüchtchen mit milchigem Saft enthält. Sie ist ungenießbar. Außerhalb des natürlichen Verbreitungsgebiets sind die Früchte seltener anzutreffen, weil dort die Bäume der beiden Geschlechter selten so nah beieinanderstehen, dass die weiblichen Blüten befruchtet werden.

Der Osagedorn wurde früher in Amerika gerne als dornige Heckenpflanze genutzt. Diese Nutzung ist seltener geworden, weil man sich zunehmend des Stacheldrahtzauns bedient. Der Baum wächst auf unterschiedlichen und selbst auf nährstoffarmen Böden. Durch seine weitläufigen Wurzeln ist er auch recht trockenresistent. Das Holz ist hart, kräftig und zugleich flexibel und wird für Zaunpfähle verwendet. Im frischen Anschnitt ist das Holz zunächst leuchtend orange, später färbt es sich braun. Von den nordamerikanischen Ureinwohnern wurde es gerne als Bogenholz und für Kampfwerkzeuge benutzt.

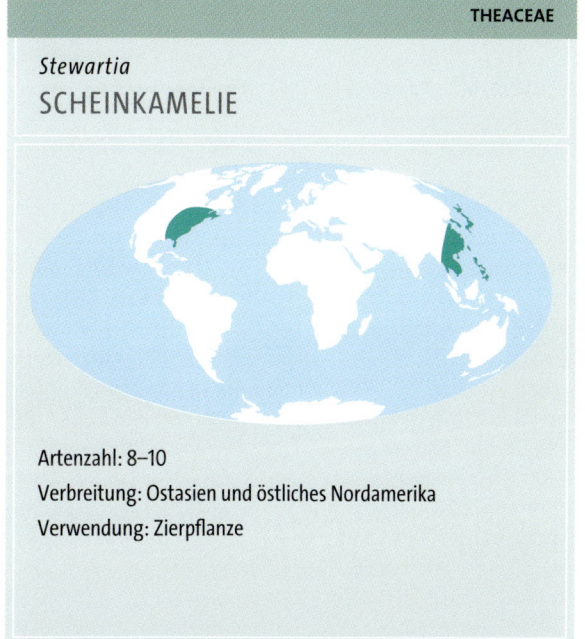

THEACEAE

Stewartia
SCHEINKAMELIE

Artenzahl: 8–10

Verbreitung: Ostasien und östliches Nordamerika

Verwendung: Zierpflanze

OBEN *Maclura pomifera* entwickelt nur dann Früchte, wenn männliche und weibliche Bäume genügend nahe beieinanderstehen. Die hell blassgrüne, runde Frucht ist gleichmäßig gerunzelt. Die Frucht enthält eine ungenießbare, zähe, weiße Pulpa.

LINKS *Stewartia pseudocamellia* hat becherförmige, weiße Blüten mit etwa 5 cm Durchmesser. Die Blütenblätter sind am Rand gewellt. Geöffnete Blüten zeigen leuchtend gelbe Staubblätter.

Ebenaceae

Dattelpflaume, Ebenholz, Lotuspflaume – *Diospyros*

Diospyros ist eine wirtschaftlich bedeutende Gattung, die 400–500 Arten in tropischen und subtropischen sowie einige Arten in gemäßigten Breiten umfasst. Dazu gehören die Dattelpflaumen, die essbare Früchte tragen, sowie die Ebenholz-Arten, die wertvolle Hölzer hervorbringen. Es handelt sich um sommer- oder immergrüne Bäume und Sträucher, deren Triebe keine Endknospen tragen. Die Pflanzen sind meist zweihäusig; die Blüten sind unauffällig weiß, Kelch und Krone zumeist vierzählig (zuweilen drei- bis siebenzählig); sie besitzen ein- bis viermal so viele Staubblätter wie Kronblätter. Die Frucht ist eine große, saftige Beere mit vergrößertem Kelch. *D. armata*, *D. lotus* (Lotuspflaume) und *D. virginiana* (Persimone) sind winterhart und daher auch in gemäßigten Breiten zu finden; *D. kaki* (Kaki) hingegen findet man nur in wärmeren Regionen.

Ebenholz ist das schwere, harte und dunkle Kernholz, das man bei mehreren Arten der Gattung *Diospyros* findet. Die dunkle Farbe geht auf eingelagertes Harz zurück. Das Splintholz ist gewöhnlich ungefärbt. Ebenholz kann auch anders als schwarz gefärbt sein: So zeigen einige Ebenhölzer eine braune oder graue Sprenkelung. Ebenholz wurde seit jeher sehr geschätzt. So hat man im Grab von Tutanchamun als Grabbeigabe zwei Ebenholzstühle gefunden. Man verwendet es ferner für Bildschnitzereien. Da man ihm Gift abwehrende Eigenschaften nachsagte, stellte man daraus in Indien königliche Trinkgefäße her. Einige Stämme in Afrika benutzen einen Rindenextrakt als Fischgift. Das Holz ist sehr gut polierbar, und so nahm man es früher gerne für kleine Objekte wie Klaviertasten, Messergriffe, Schachfiguren, Haarbürsten und Gehstöcke. Die meisten Handelsnamen verweisen auf das Land oder den Hafen des Herkunftsortes. Obwohl eine ganze Reihe von Arten der Gattung *Diospyros*, darunter *D. reti-*

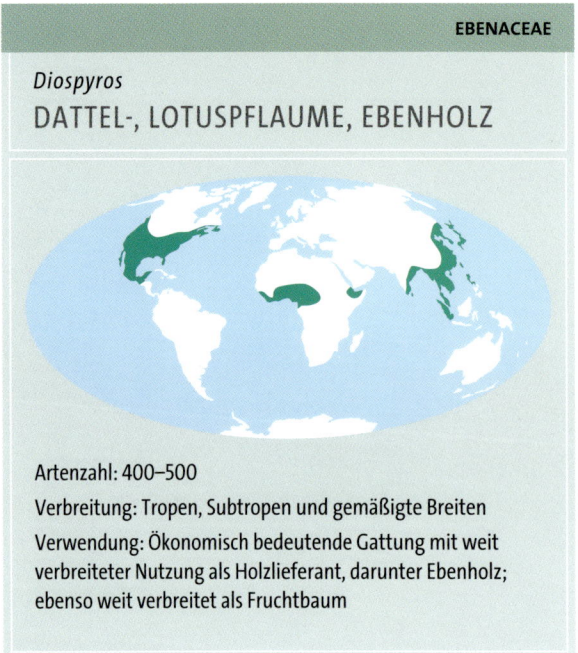

EBENACEAE

Diospyros
DATTEL-, LOTUSPFLAUME, EBENHOLZ

Artenzahl: 400–500

Verbreitung: Tropen, Subtropen und gemäßigte Breiten

Verwendung: Ökonomisch bedeutende Gattung mit weit verbreiteter Nutzung als Holzlieferant, darunter Ebenholz; ebenso weit verbreitet als Fruchtbaum

D. virginiana

culata (von Mauritius) und *D. ebenum* (von Sri Lanka) als Lieferanten für hochwertiges Ebenholz bekannt sind, ist die Art *D. virginiana* die einzige von kommerzieller Bedeutung. Sie wächst wild in Wäldern von New Jersey bis Texas. Das starke, harte Holz, bekannt unter dem Namen Nordamerikanisches Ebenholz, wird zur Herstellung von Golfschlägerköpfen benutzt. Das Splintholz ist in frischem Zustand weiß, wird aber schnell rötlich oder blau. In den USA wird *D. virginiana* oft als Pfropfunterlage für die Zucht von Zwergformen benutzt; diese sind zwar in der Pflege einfach, werden aber kaum zehn Jahre alt. In China und Japan werden heimische Sämlinge als Pfropfunterlage für große, langlebige Bäume benutzt.

Als Dattelpflaume bezeichnet man die runde, essbare Frucht einiger Arten der Gattung *Diospyros*. Die aus dem warm-gemäßigten Klima stammende Kakipflaume (*D. kaki*) wurde erstmals in China angebaut und wird heute weltweit in den Subtropen kultiviert. In Japan ist sie eine Nationalfrucht, deren Anbaumenge diejenige von Zitrusfrüchten erreicht. Die Kakipflaume wurde 1796 nach Europa gebracht, war außerhalb von China und Japan aber von geringer kommerzieller Bedeutung. Das änderte sich erst, als die Perry-Expedition (1852–1854) diese Frucht von Japan in die USA mitbrachte, wo sie heute überwiegend in Kalifornien angebaut wird.

Der Baum hat eine schuppige Borke, wird bis zu 14 m hoch und bevorzugt feuchte, lockere Böden. Er trägt dunkelgrüne, eiförmige Blätter. Die weißlich gelben Blüten entwickeln sich zwei oder drei Jahre nach der Veredelung. Die Blüten sind getrenntgeschlechtlich oder zwittrig, für die Fruchtbildung ist Bestäubung erforderlich.

Die Dattelpflaume benötigt für eine gute Blüten- und Fruchtentwicklung nur einen geringen Kältereiz. Die orangegelbe Frucht misst 3–7 cm im Durchmesser und ist im reifen Zustand geleeartig und süß. Die noch unreifen Früchte schmecken wegen ihrer Gerbstoffe adstringierend, dies verschwindet jedoch beim Reifen. K4–8

D. lotus

OBEN *Diospyros virginiana* ist mit bis zu 20 m viel höher und geradwüchsiger als *D. lotus*. Diese erreicht höchstens 12 m und hat eine breite Krone. Der Stamm gabelt sich oft bereits im unteren Stammbereich.

LINKS Reifende Frucht einer *Diospyros*: Die Bäume dieser Gattung könnten noch viel stärker genutzt werden, da sie sowohl für die Landschaftsgestaltung als auch als Obstgehölz sehr interessant sind.

D. lotus

Die wichtigsten *Diospyros*-Arten

Gruppe I
Heimisch in den USA.

Diospyros virginiana Persimone Osten und Mitte der USA auf Feldern und in Wäldern. Stattlicher, immergrüner Baum, bis zu 15 m Höhe, in Urwäldern zuweilen bis zu 30 m. Borke dunkelgrau bis schwarz, in kleine, rechteckige Platten gerissen. Blätter lang gestielt, sehr variabel in Form und Größe selbst innerhalb eines Triebes, zwischen 1 und 20 cm lang, oval-eiförmig; schöne Herbstfärbung. Staubbeutel schmal. Essbare Früchte 2–4 cm groß, grün, gelb oder rot. Samen flach mit dünner Schale, deutlich länger als breit. K4
var. pubescens Hat zottig behaarte Zweige, Blätter unterseits behaart.
D. mosieri Osten und Mitte der USA: Strauch, obiger Art ähnlich, aber insgesamt kleiner. Staubbeutel kräftig. Samen geschwollen, kaum länger als breit.

Gruppe II
Heimisch in Afrika.

Diospyros abyssinica Östliches Afrika. Waldbaum, bis zu 30 m hoch. Schwarze Borke mit länglichen Platten. Holz unterhalb der Borke orange. Blätter 10 × 2,5 cm, ausgeprägte Adern. Früchte kahl, zunächst gelb, dann rot oder schwarz, klein, mit einem Samen in einem dreilappigen Kelch; Kelch viel kleiner als die Frucht, Kelchblätter mit flachem Rand.
D. barteri Westliches Afrika. Waldpflanze. Trieb rau, rostbraun behaart. Blätter braun, unterseits behaart.
D. mannii Westliches Afrika, Kongo, Angola. Waldbaum, bis zu 20 m. Rotbraune Borke. Zweige zuweilen dicht struppig behaart, ebenso Blüten (Kronblätter flach) und Früchte. Orange Früchte sitzen im seesternförmigen Kelch, beide mit dichten roten Borsten behaart.
D. mespiliformis Westliches Afrika; weit verbreitet im gesamten tropischen Afrika in Tiefland-Regenwäldern. Baum, bis zu 30 m. Borke mit rechteckigen Platten, außen schwarz,

innen rosa. Blätter elliptisch, etwa 15 × 5 cm. Männliche Blüten in gestielten Büscheln, weibliche Blüten einzeln. Früchte rund, gelb, an der Basis mit kleinem, becherförmigem Kelch mit 4–5 Zipfeln und gewelltem Rand.
D. monbuttensis Waldbaum mit roter, sich papierartig abschälender Borke. Trieb stachelig. Früchte kahl, rund, mit deutlich kleinerem, becherförmigem Kelch mit flachen Rändern.
D. soubreana Westliches Afrika. Strauch in trockeneren Regenwäldern.
D. tricolor Westliches Afrika. Dickstämmiger Strauch mit rötlich braunen, seidigen Ästen. Bildet dichte Gebüsche in Strandnähe.

D. virginiana

Gruppe III
Heimisch in Asien.

Diospyros ebenum Echtes Ebenholz Indien und Sri Lanka. Großer, immergrüner Waldbaum. Blätter dünn, lederig, beidseits mit feiner, netzartiger, erhabener Nervatur. Krone der männlichen Blüten unbehaart; weibliche Blüten meist einzeln, Kelch deutlich vergrößert, bei der Fruchtreife zurückgeschlagen. Kernholz tiefschwarz, ungemasert. K4
D. kaki Kakipflaume China, Japan, Birma und Indien. Ähnlich wie *D. lotus*, jedoch Zweige und Blätter weichhaarig; Blätter mit eingesenkter Mittelrippe. Weibliche und männliche Blüten ähnlich, weibliche Blüte meist einzeln stehend; Kelch tief 4-lappig, seidig behaart, Krone an der Spitze flaumig behaart. Früchte gelb oder rot, verbleiben auch nach dem Blattabwurf noch lange am Baum. K8
var. sylvestris Kleiner, besitzt kleinere weibliche Blüten, dicht behaarte Fruchtknoten und kleinere Früchte als die reine Art.

D. kaki

D. kurzii Andamanen, Nikobaren, Kokosinseln, Sri Lanka und Indien. Großer, immergrüner Baum mit glatter, grauer Borke. Nur weibliche Blüten bekannt, an kurzgestielten Trugdolden mit 2–10 Blüten. Kelch schwach behaart, Krone außen samtig behaart.
D. lotus Lotuspflaume China, Japan bis Westasien. Baum, 25–30 m hoch, sommergrün mit kuppelförmiger Krone, häufig bereits im unteren Stammbereich gegabelt. Blattwerk stark glänzend dunkelgrün, Blattunterseite blaugrün und Blattadern behaart. Blattstiel mit feinen, weißen Haaren. Zweihäusig, weibliche Blüten meist einzeln; Kelch bis zur Hälfte eingeschnitten, schwach behaart; Krone außen unbehaart. Reife Früchte gelblich oder purpurfarben. K5
D. melanoxylon Coromandel-Ebenholz Indien. Baum, bis zu 15 m. Borke dunkelgrau mit rechteckigen Schuppen, Blätter dickledrig. Kelch männlicher Blüten gewölbt, Kelch und Krone wollig behaart; weibliche Blüten meist einzelstehend, Kelch mit breiten, zurückgeschlagenen Rändern. Frucht gelb. Kernholz tiefschwarz gemasert.
D. tomentosa Sehr ähnlich wie *D. melanoxylon* und oft zu einer Art zusammengefasst, hat jedoch schmalere Blätter.

D. ebenum

D. mespiliformis

D. mannii

Aquifoliaceae

Stechpalmen – *Ilex*

Weltweit umfasst diese Gattung etwa 400 Arten. Die einzigen gemäßigten oder tropischen Regionen, in denen sie fehlt, sind das westliche Nordamerika sowie das südliche Australien und der südwestliche Pazifik. Die Gattung umfasst sommergrüne, häufiger aber immergrüne Bäume und Sträucher, mit leicht kantigen Trieben und wechselständigen Blättern. Die weißen, eingeschlechtlichen Blüten sind achselständig und entwickeln sich gewöhnlich auf getrennten männlichen und weiblichen Pflanzen. Die roten oder schwarzen, beerenähnlichen Früchte sind Steinfrüchte mit zwei bis acht Samen. Die immergrünen Arten sind ausgesprochen widerstandsfähige, attraktive Pflanzen für gemäßigtes Klima. Während die europäischen und asiatischen Arten auf den meisten Böden und Standorten gedeihen, bevorzugen die nordamerikanischen Arten eher neutrale bis saure Böden. Der Name *Ilex* ist von dem lateinischen Namen der ebenfalls immergrünen Stein-Eiche *(Quercus ilex)* abgeleitet. Das Holz wird für Furniere, Intarsien und Musikinstrumente hoch geschätzt.

Die Stechpalme ist vielfach Objekt der Volksüberlieferung. Bei den keltischen Druiden achtete man sie als Symbol der Sonne; während der Wintermonate nahm man einen Stechpalmen-Strauß mit in seine Unterkunft. Auch heute noch wird die Stechpalme zur Dekoration in der Weihnachtszeit benutzt, wie es schon die Römer für ihre Saturnalien taten. Stechpalmen spielten in Europa bei Weissagungen eine bedeutende Rolle. Den nordamerikanischen Indianern galt sie als kriegerisches Symbol.

Die Gewöhnliche Stechpalme *(I. aquifolium)* aus Europa, Nordafrika und dem westlichen Asien ist ein dichtwüchsiger, pyramidenförmiger Baum mit bis zu 25 m Höhe. Wegen ihrer dunkelgrünen, glänzenden, dornigen Blätter und der roten Winterfrüchte ist sie eine der bekanntesten und populärsten Zierpflanzen. Innerhalb einiger Jahrhunderte wurden etwa 120 verschiedene Varietäten gezüchtet, darunter auch panaschierte Formen oder andere mit gekräuselten, runzligen oder dornlosen Blättern unterschiedlicher Formen. Die Amerikanische Stechpalme *(I. opaca)* ist die bekannteste immergrüne amerikanische Art. Sie wird bis zu 15 m hoch und umfasst etwa 115 Kulturvarietäten, von denen einige zur Weihnachtszeit kommerzielle Bedeutung haben. Die Amerikanische Winterbeere *(I. verticillata)* ist ein großer, sommergrüner Strauch aus dem östlichen Nordamerika mit zahlreichen leuchtend roten Früchten im Winter. Seine violetten Blätter verfärben sich im Herbst gelb. Von dieser Art gibt es zwei Kulturformen.

Unter den asiatischen immergrünen Stechpalmen ist die Chinesische Stechpalme *(I. cornuta)* mit drei- bis fünffach bedornten Blättern, die Japanische Stechpalme *(I. crenata)*, ein Strauch mit zumeist kleinen verkehrt-eiförmigen Blättern und schwarzen Beeren, der gerne geschnitten und als Zwerghecke genutzt wird, und die Rautenblättrige Stechpalme *(I. pernyi)* mit ungestielten, dreistacheligen Blättern bekannt. Alle drei sind attraktive, aus China stammende Gehölze. K3–6

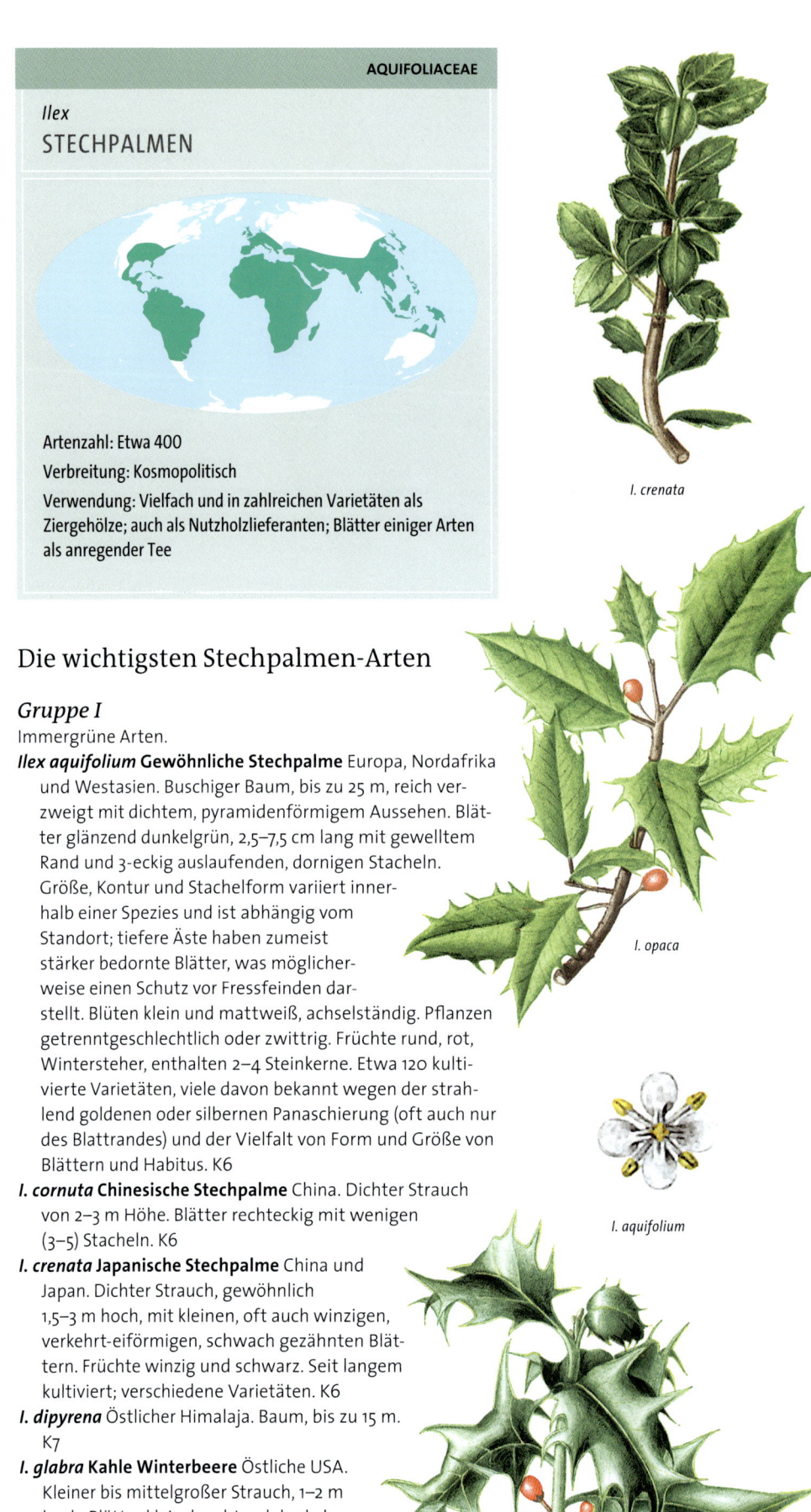

AQUIFOLIACEAE

Ilex
STECHPALMEN

Artenzahl: Etwa 400

Verbreitung: Kosmopolitisch

Verwendung: Vielfach und in zahlreichen Varietäten als Ziergehölze; auch als Nutzholzlieferanten; Blätter einiger Arten als anregender Tee

I. crenata

I. opaca

I. aquifolium

Die wichtigsten Stechpalmen-Arten

Gruppe I
Immergrüne Arten.

Ilex aquifolium Gewöhnliche Stechpalme Europa, Nordafrika und Westasien. Buschiger Baum, bis zu 25 m, reich verzweigt mit dichtem, pyramidenförmigem Aussehen. Blätter glänzend dunkelgrün, 2,5–7,5 cm lang mit gewelltem Rand und 3-eckig auslaufenden, dornigen Stacheln. Größe, Kontur und Stachelform variiert innerhalb einer Spezies und ist abhängig vom Standort; tiefere Äste haben zumeist stärker bedornte Blätter, was möglicherweise einen Schutz vor Fressfeinden darstellt. Blüten klein und mattweiß, achselständig. Pflanzen getrenntgeschlechtlich oder zwittrig. Früchte rund, rot, Wintersteher, enthalten 2–4 Steinkerne. Etwa 120 kultivierte Varietäten, viele davon bekannt wegen der strahlend goldenen oder silbernen Panaschierung (oft auch nur des Blattrandes) und der Vielfalt von Form und Größe von Blättern und Habitus. K6

I. cornuta Chinesische Stechpalme China. Dichter Strauch von 2–3 m Höhe. Blätter rechteckig mit wenigen (3–5) Stacheln. K6

I. crenata Japanische Stechpalme China und Japan. Dichter Strauch, gewöhnlich 1,5–3 m hoch, mit kleinen, oft auch winzigen, verkehrt-eiförmigen, schwach gezähnten Blättern. Früchte winzig und schwarz. Seit langem kultiviert; verschiedene Varietäten. K6

I. dipyrena Östlicher Himalaja. Baum, bis zu 15 m. K7

I. glabra Kahle Winterbeere Östliche USA. Kleiner bis mittelgroßer Strauch, 1–2 m hoch. Blätter klein, leuchtend dunkelgrün. Früchte schwarz. K3

I. insignis Östlicher Himalaja. Bemerkenswert großblättrige Art. K8

I. *latifolia* **Tarajo-Stechpalme** Japan. Beeindruckend großblättrige Art. Dunkle, glänzend grüne, gesägte Blätter, bis
zu 80 cm lang, ähnlich wie bei *Magnolia grandiflora*.
Früchte orangerot. K7

I. *opaca* **Amerikanische Stechpalme** Ost- und Zentral-USA.
Bekannteste Art in Amerika. Großer Busch oder kleiner
Baum, bis zu 15 m. Dornige Blätter, blassolivgrün. Rote,
gestielte Früchte. Etwa 115 Kulturformen. K5

I. *paraguariensis* **Matetee-Strauch** Südamerika. Kleiner Baum
mit ovalen Blättern, bis zu 12 cm lang. Kultiviert und wild
wachsend. K9

I. *perado* **Azoren-Stechpalme** Madeira. Kleiner Baum mit flachen Blättern und vereinzelten Dornen. K7

I. *pernyi* **Rautenblättrige Stechpalme** Zentral- und Westchina. Baum, bis zu 9 m, mit dichtem Astbesatz, auffällige,
diamantförmige Blätter mit dreieckigen Dornen. Früchte
rot. K5

I. *perado* **ssp. platyphylla** Kanarische Inseln. Ähnlich wie *I. perado*, zuweilen auch als Varietät dieser Art eingeordnet. K7

I. *vomitoria* Südöstliche USA. Bis zu 8 m. Früchte rot. K7

Gruppe II
Sommergrüne Arten.

Ilex decidua **Sommergrüne Winterbeere** Südöstliche USA.
Mittelgroßer Strauch, 2–3 m, gelegentlich kleiner Baum,
bis zu 10 m. Stamm schmal, Blätter verkehrt-eiförmig,
gekerbt-gezähnt. Früchte hell orange oder rot. K6

I. *macrocarpa* Zentral-China. Kleiner bis mittlerer Baum.
Große Früchte, die schwarzen Beeren ähneln. K7

I. *serrata* **Japanische Winterbeere** Japan. Strauch, bis zu 15 m,
mit abstehenden Ästen, flaumig verkehrt-eiförmige Blätter, viele winzige, rote Früchte. K5

I. *verticillata* **Amerikanische Winterbeere** Östliche USA.
2–3 m hoch. Violett getönte Blätter besonders im Frühling, verfärben sich im Herbst gelb. Früchte rot. K3
'Xmas Cheer' Spezieller amerikanischer Klon, der eine
große Menge hellroter Früchte trägt, üblicherweise über
den Winter dauernd. K3

Styracaceae

Storaxbäume – *Styrax*

Styrax ist eine umfangreiche Gattung tropischer,
sommer- oder immergrüner Bäume oder Sträucher mit
wechselständigen, ganz oder teilweise gesägten Blättern,
die etwas mehlig sind und flaumige Sternhaare tragen.
Die Storax-Blüten sind typischerweise zwittrig, weiß und
stehen in hängenden, einfachen oder verzweigten
Trauben. Der Kelch ist schwach fünfzähnig, die Krone
fünflappig (bisweilen achtlappig), auf der Kronenbasis
befinden sich acht bis zehn (manchmal 16) Staubblätter.
Der Fruchtknoten ist oberständig oder fast oberständig.
Die Frucht ist eine trockene oder fleischige Traube mit
leicht aufplatzender Fruchthülle. Einige Arten sind hinreichend frostresistent und können daher auch in den
gemäßigten Breiten kultiviert werden. Sie bevorzugen
guten, kalkfreien Boden an geschützter, frostfreier Stelle.

Weit verbreitete Kulturarten sind *S. hemsleyanum* aus
Zentral- und Westchina, ein attraktiver, bis zu 6 m hoher
Baum mit weißen Blütentrauben im frühen Sommer, und
S. japonica aus China und Japan, ein Strauch oder bis zu
10 m hoher Baum mit großen Mengen eleganter, einem
Schneeglöckchen ähnlichen Blüten, die sogar noch vor
den Blüten von *S. hemsleyanum* erscheinen. Ebenso frostresistent ist der Obassia-Storaxbaum (*S. obassia*) aus
Japan, ein Busch oder bis zu 10 m hoher Baum, mit breiten, elliptisch und verkehrt-eiförmigen Blättern, 7–20 cm
lang, die teilweise die langen Blütentrauben aus weißen,
wohlriechenden Blüten verdecken. *S. americana* aus den
südöstlichen USA ist ein Strauch mit einer bis vier Blüten
in einem hängenden Büschel. Er ist in den gemäßigten
Breiten jedoch nicht sehr frostresistent. *S. benzoin* aus
Bolivien, Sumatra und Thailand bringt das Benzoeharz
hervor, das in der Medizin genutzt wird. Auch diese Art
ist in gemäßigten Breiten nicht frostresistent. K5–10

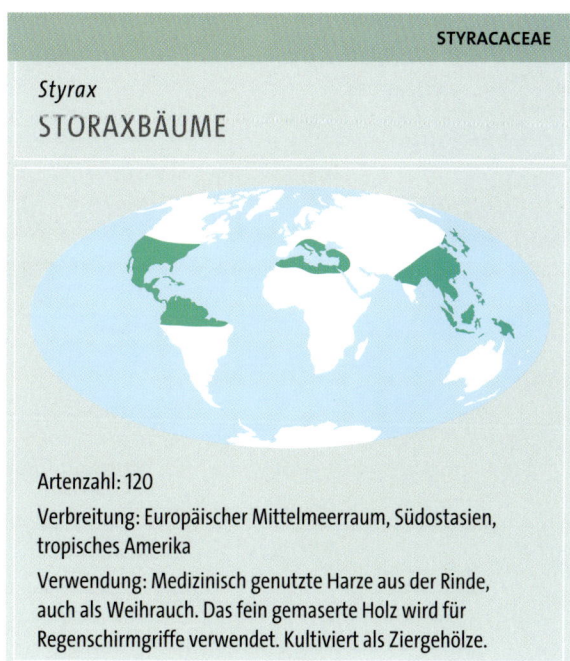

STYRACACEAE

Styrax
STORAXBÄUME

Artenzahl: 120

Verbreitung: Europäischer Mittelmeerraum, Südostasien,
tropisches Amerika

Verwendung: Medizinisch genutzte Harze aus der Rinde,
auch als Weihrauch. Das fein gemaserte Holz wird für
Regenschirmgriffe verwendet. Kultiviert als Ziergehölze.

LINKS Die Stechpalme (*Ilex aquifolium*) ist ein wintergrüner, reichästiger Baum, der eine dichte, pyramidenförmige Struktur ausbildet.
In den langen Wintermonaten
bietet sie mit ihren leuchtend
roten Steinfrüchten einen erfreu-
lichen Anblick.

OBEN *Styrax japonia* wird wegen
der üppigen Blüten gerne als
Ziergehölz in Gärten verwendet.
Die Unterseite jedes Zweiges ist
dicht mit Büscheln von je drei bis
vier weißen Blüten mit blassoran-
gefarbenen Staubblättern besetzt.
Diese öffnen sich im Juni und Juli.

Schneeglöckchenbäume – *Halesia*

Die Gattung *Halesia* (benannt nach dem bedeutenden englischen Biologen Stephen Hales, 1677–1761) umfasst fünf Arten, die aus China und dem östlichen Nordamerika stammen. Alle sind sommergrüne Arten mit einfachen, gesägten Blättern. Die Blüten in achselständigen Büscheln sind getrenntgeschlechtlich und weiß oder seltener blassrosa. Kelch und Krone bestehen aus vier Segmenten, die Krone ist mehr oder weniger gezipfelt. Die Staubblätter stehen zu acht bis 16, der Fruchtknoten ist unterständig. Die Frucht ist eine gerippte Steinfrucht mit zwei bis vier Flügeln. Früher ordnete man der Gattung noch weitere Arten aus China und Japan zu, die man heute zu *Pterostyrax* stellt, da sie unter anderem ein fünfteiliges Perianth und Blüten in Rispen aufweisen.

Die Vertreter dieser Gattung werden vor allem wegen ihrer attraktiven schneeglöckchenähnlichen Blüten gerne angepflanzt, die im Sommer reichlich erscheinen. Die bekanntesten Arten sind der Carolina-Schneeglöckchenbaum (*Halesia tetraptera* = *H. carolina*) aus den südöstlichen USA, ein hübscher, kleiner, wuchernder Baum, der auf geschützten, kalkfreien Böden gut wächst, sowie der viel höher werdende Berg-Schneeglöckchenbaum (*H. monticola*) aus den Bergen der südöstlichen USA. Diese Art ist auch als Holzlieferant von Bedeutung.

Die Schneeglöckchenbaum-Arten

Gruppe I
Blütenkrone weniger als bis zur Hälfte eingeschnitten, außer bei *H. carolina* f. *dialypetala*. Frucht mit 4 deutlichen Flügeln.

Halesia tetraptera (H. carolina) Carolina-Schneeglöckchenbaum Südöstliche USA. Dichter, rundlicher, reichästiger Strauch, in Kultur 7–8 m hoch, als Wildform Baum, bis zu 15 m Höhe. Blätter oval bis verkehrt-eiförmig, 5–10 cm lang, unterseits mit grauen sternförmigen Haaren. Blüten reichlich im Frühling, glockenförmig, hängend, weiß wie Schneeglöckchen *(Galanthus nivalis, G. elwesii)*, 1–1,5 cm lang. Frucht keulenförmig, 2,5–3,5 (4) cm lang. Sehr schön, als Zierpflanze am bekanntesten. K5
  f. *dialypetala* Krone deutlich getrennt jenseits der Mitte der Kronblätter.

H. monticola Berg-Schneeglöckchenbaum Berge der südöstlichen USA bis in 1000 m Höhe. Baum, bis zu 30 m, der Stamm bis zu 1 m Durchmesser, mit hoher Krone; die Borke trennt sich vom Stamm in großen, losen Platten. Blätter mehr oder weniger kahl, ansonsten, wie auch die Blüten, ähnlich *H. carolina*, aber mit größerer Krone, 1,5–2,5 cm. Früchte 3,5–5 cm lang. K5
  var. *vestita* Blätter deutlich filzig behaart, insbesondere auf den Blattadern; f. *rosea* hat blasse rosa Blüten.

Gruppe II
Blütenkronzipfel deutlich bis über die Mitte gespalten, Frucht mit zwei deutlichen Flügeln.

Halesia diptera Südöstliche USA. Normalerweise in Kultur ein kleiner Busch, 2,5–5 m hoch; zuweilen als Wildform kleiner Baum, bis zu 10 m. Blätter elliptisch bis verkehrt-eiförmig. Blüten mit Krone (18)20–25 cm lang. Frucht gewöhnlich keulenförmig, 3,5–5 cm lang, mit zwei deutlichen Flügeln. Weniger attraktiv als *H. carolina*. K6

LINKS Der Carolina-Schneeglöckchenbaum (*Halesia tetraptera*) trägt schöne weiße Blüten, die sich im Mai aus einer blassrosafarbenen Knospe entwickeln. Sie hängen an schlanken Stielen in Büscheln zu drei bis fünf an der Nahtstelle des kahlen, vorjährigen Holzes.

UNTEN *Halesia* entwickelt weit ausgebreitete untere Äste und über einem geschwungenen Stamm eine breite, kegelförmige Krone.

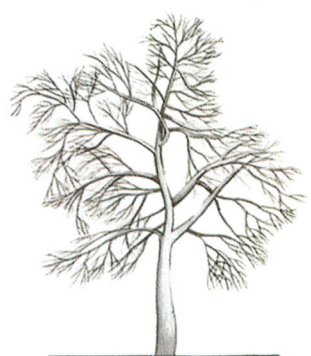

H. monticola var. vestita

H. carolina

H. diptera

H. carolina

H. monticola

H. carolina

Ericaceae

Erdbeerbäume – *Arbutus*

Arbutus-Arten sind in Nord- und Mittelamerika sowie im Mittelmeergebiet heimisch. Es sind immergrüne Bäume oder Sträucher. Die Borke einiger Arten blättert ab und legt dabei eine glatte Unterrinde von prächtiger, rotbrauner Farbe frei. Die Blätter sind wechselständig und lederig. Die Blüten ähneln denen von Maiglöckchen *(Convallaria majalis)* und hängen in endständigen Büscheln. Sie sind blassrosa oder grünlich, urnenförmig mit fünfzipfligem Kelch, weißer Krone und zehn Staubblättern. Die Frucht (von *Arbutus unedo* essbar) ist eine erdbeerartige, annähernd kugelige Beere mit mehligem Fruchtfleisch und warziger Oberfläche. Der Geschmack ist indessen nicht erdbeerähnlich.

Erdbeerbäume werden gerne als Ziergehölze gepflanzt. Sie wachsen gut auf torfigen und lehmigen Böden, aber einige sind, anders als bei Ericaceen üblich, auch auf Kalkböden gut wüchsig. Von der amerikanischen Art *A. menziesii* wird auch das Holz genutzt. K6–8

Die wichtigsten Erdbeerbaum-Arten

Gruppe I
Junge Blätter unterseits pelzig behaart, Blüten (in Frühling und Frühsommer) weiß bis rosa, in mehr oder weniger aufrechter Rispe. Blattränder glattrandig oder gesägt, Blattstiel mehr als 1,5 cm lang. Arten aus den südwestlichen USA.

Arbutus xalapensis Südwestliche USA, Mexiko, Guatemala. Strauch oder kleiner Baum, bis zu 15 m. Unterrinde rötlich braun. Blätter mehr oder weniger rundlich-länglich, (3,5)4–10 (11) × 1,2–4,5 cm; junge Blätter unterseits filzig behaart. Blüten in aufrechten bis nickenden Büscheln, jede Blüte mit aufgeblähtem Basalring. Frucht dunkelrot. K8

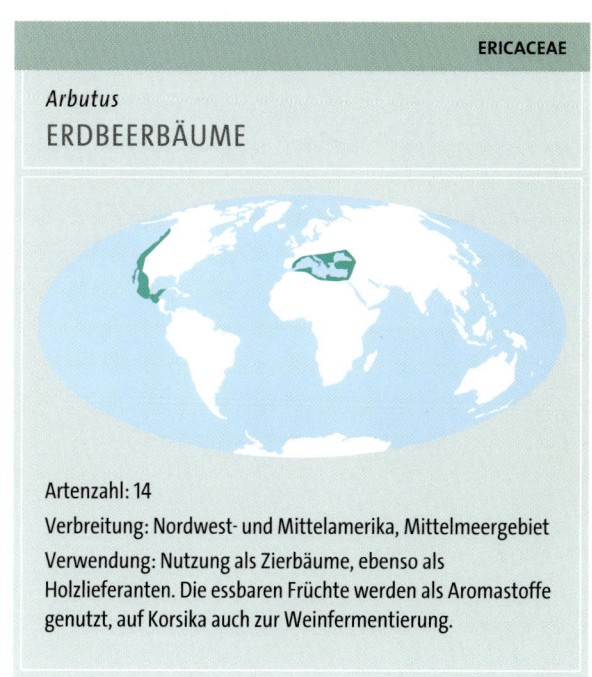

ERICACEAE

Arbutus
ERDBEERBÄUME

Artenzahl: 14
Verbreitung: Nordwest- und Mittelamerika, Mittelmeergebiet
Verwendung: Nutzung als Zierbäume, ebenso als Holzlieferanten. Die essbaren Früchte werden als Aromastoffe genutzt, auf Korsika auch zur Weinfermentierung.

A. arizonica Berge des südlichen Arizona bis Mexiko. Baum, bis zu 15 m. Erstjährige Zweige behaart und rötlich braun, später graue oder weißliche Borke. Blätter schmal oval, 4–8 × 1,5–3 cm. Eventuell eine Varietät der vorigen Art. K6

Gruppe II
Blätter niemals filzig behaart, allenfalls einzelne Haare auf Blattadern oder Stielen; ausgewachsene Blätter älterer Bäume normalerweise gesägt, verjüngen sich unten zum Blattstiel, der weniger als 1 cm lang ist (siehe aber *A. xandrachnoides*). Blüten weiß oder grünlich getönt in hängenden oder nickenden Rispen.

Arbutus unedo Westlicher Erdbeerbaum Südwestirland, Südwestfrankreich, Spanien, Mittelmeerregion einschließlich Balkan und Kleinasien. Baum, (5)10(13) m Höhe. Borke grau-braun, faserig. Blätter elliptisch bis verkehrt-eiförmig, oberseits schwärzlich grün, unterseits blasser grün, 5–10 × 2–3 cm. Blüten in haarigen, nichtdrüsigen Büscheln, Krone weiß-rosa oder grünlich weiß, 8 mm Durchmesser. Blüten erscheinen bereits, während die Vorjahresfrüchte noch reifen. Frucht annähernd kugelig, 18 × 15 mm, warzig. Schöne Erscheinung in Herbst und Winter. K7
  f. integerrima Blattrand glattrandig. Wildpflanze.
A. × andrachnoides (A. unedo × A. andrachne) Griechenland. Bis zu 10 m hoch. Unterborke glatt und rötlich braun. Blüht im Frühling oder späten Herbst. Unterscheidbar von *A. unedo* durch Blätter nahezu glattrandig, am Grund immer runder und weniger spitz zulaufend, unterseits blasser, Frucht weniger warzig, 10 mm Durchmesser; von *A. andrachne*: Blätter fast immer gezähnt. K8
A. canariensis Kanaren. Strauch oder kleiner Baum, 9–15 hoch. Blätter 5–12 × 0,5–4,5 cm. Ähnlich *A. unedo*, aber Blüten sind in hängenden bis halbaufrechten, drüsigbehaarten, leicht belaubten Büscheln aus grünlichen Blüten, jede Blütenkrone (8–9 mm lang) etwas länger als *A. unedo* (6–7 mm). Frucht 2–3 cm im Durchschnitt, gelborange, warzig. Kaum winterhart. K8

Gruppe III
Wie Gruppe II, aber ausgewachsene Blätter normalerweise glattrandig (einige gesägt, so bei *A. andrachne*), Blattgrund weit oder eng gerundet, nicht spitz zulaufend in den 1,5–3 cm langen Blattstiel. Blüten weiß, rosa oder weiß mit blassgrüner Tönung, in aufrechten Rispen. Borke rötlich braun.

Arbutus andrachne Östlicher Erdbeerbaum Südosteuropa (östliches Mittelmeergebiet). Baum als Wildform 9–12 m hoch, als Kulturform zumeist Strauch, bis etwa 6 m. Blätter oval, 5–10 × 2,5–5 cm, dunkel, oberseits glänzend grün, unterseits blasser. Blüten (im Frühling) auf drüsigen, haarigen Stielen, in behaarten, pyramidenförmigen Büscheln von 7 × 5 cm, Krone blassgelbgrün. Frucht kugelig, 13 mm Durchmesser. Kalkduldend, selten kultiviert. K8
A. menziesii Madrone British Columbia bis Kalifornien. Baum, als Wildform über 30 m hoch, als Kulturform 10–15 m. Terrakottabraune Unterborke, glänzende, ovale Blätter 5–12 cm lang, oberseits dunkelgrün, blassblaugrün, unterseits fast weiß. Weiße Blüten in Büscheln, 15 × 12 cm, Krone reinweiß. Frucht orangerot, eiförmig, 10–13 mm. K7

A. andrachne

A. unedo

A. unedo

A. andrachne

A. × andrachnoides

UNTEN Im Herbst verfärben sich die Blätter von *Oxydendrum arboreum* zu einem herrlichen Purpurton, manchmal sogar zu einem tiefen Rot, wenn die weißen Blüten noch geöffnet sind.

GANZ UNTEN Die zierlichste Art unter den Scheinulmen ist die *Eucryphia glutinosa*. Sie blüht im späten Sommer mit großen, weißen Blütenblättern, in deren Mitte Büschel von pinkfarbenen Staubgefäßen leuchten.

Sauerbaum – *Oxydendrum*

Der Sauerbaum *(Oxydendrum arboreum)* ist der einzige Vertreter seiner Gattung und stammt aus den südlichen USA. Seine bekanntesten Eigenschaften sind die gelbe, rote und violette Herbstfärbung und die angeblich angenehm sauer schmeckenden Blätter – falls man den Versuch wagen möchte. Er ist ein kleiner, sommergrüner Baum oder Strauch, der kultiviert 7–8 m hoch wird, Wildformen werden bis zu 25 m hoch. Die Blätter sind wechselständig, elliptisch-länglich, fein gesägt und glänzend grün, die Blüten stehen getrenntgeschlechtlich in endständigen, einseitigen Rispen, die ab dem Hochsommer an den Enden der Zweige duftende, hängende Büschel bis zu 20 cm Länge bilden. Die fünf Kelchblätter sind urnenförmig, weiß mit fünf kurzen Zipfeln und ähneln sehr einem Maiglöckchen *(Convallaria majalis)*. Die Frucht ist eine Kapsel mit fünf Fruchtklappen und zahlreichen, netzartigen Samen.

Der Sauerbaum ist in den gemäßigten Breiten ein recht populärer Garten- und Parkbaum, der an geschützten, halbschattigen Plätzen am kräftigsten auf saurem, humusreichem Boden wächst, obgleich auf sonnigen Standorten die Blüten und das Herbstlaub am eindrucksvollsten sind.

Die Blätter sind von medizinischem Nutzen; sie wurden bei Herzbeschwerden angewendet und von manchen, um Durst zu mindern.

Eucryphiaceae

Scheinulmen – *Eucryphia*

Eucryphia ist die einzige Gattung dieser Familie. Sie umfasst sechs Arten in der gemäßigten Zone der südlichen Hemisphäre, zwei aus Chile und vier aus Australien und dem südwestlichen Pazifikraum; des Weiteren gibt es einige Hybriden. Scheinulmen sind immergrüne oder halbimmergrüne Bäume, einige wachsen strauchig, mit wechselständigen, einfachen oder gesägten Blättern; die Nebenblätter sind verwachsen. Die Blüten sind weiß, üppig, getrenntgeschlechtlich und achselständig, sie besitzen je vier Kelch- und Blütenblätter sowie unzählige Staubblätter. Die Frucht ist eine harte, aufspringende Kapsel, die nach einem Jahr reif ist.

In den kühl gemäßigten Breiten ist generell nur *E. glutinosa* ausreichend widerstandsfähig; die restlichen Arten einschließlich der Hybriden sind nur für wärmere gemäßigte Breiten geeignet. Generell bevorzugen sie feuchten, eher sauren Boden ohne freien Kalk. Zwei Ausnahmen stellen die Hybriden *E. × nymansensis* und *E. cordifolia* dar, obgleich letztere recht empfindlich ist und nur wenige kalkhaltige Gebiete ein hinreichend mildes Klima bieten, in dem sie einen kälteren Winter überstehen kann. Schutz durch andere Gehölze ist daher hilfreich.

Die Chinesische Scheinulme, *E. cordifolia*, wird in ihrem Herkunftsland Chile zu einem bis zu 24 m hohen Baum, dessen Holz für Kanus, Bahnschwellen, Telefonmasten, Bootsruder und Viehjoche genutzt wird. Im Haus wird es für Möbel und als Bodenbelag verwendet. Die Borke enthält Gerbstoffe. Das Holz der tasmanischen Art *E. lucida* ist leicht rosa und wird zum Hausbau und für Schränke genutzt, ebenso wie das von *E. moorei* aus Neu-Südwales in Australien.

Die Arten, die außerhalb ihrer Herkunftsgebiete kultiviert werden können, werden dort wegen ihrer attraktiven, immergrünen Blätter gepflanzt. K7–9

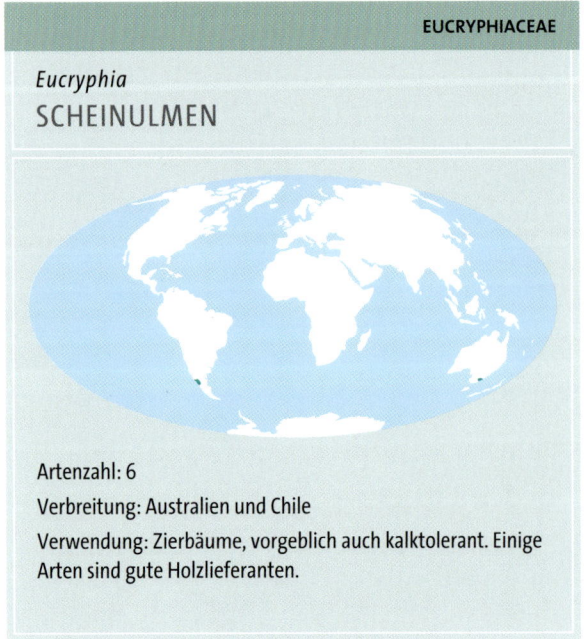

EUCRYPHIACEAE

Eucryphia
SCHEINULMEN

Artenzahl: 6

Verbreitung: Australien und Chile

Verwendung: Zierbäume, vorgeblich auch kalktolerant. Einige Arten sind gute Holzlieferanten.

Die Scheinulmen-Arten

Gruppe I
Alle Blätter einfach, besitzen also z. B. keine paarigen Fiedern.

Eucryphia cordifolia Chinesische Scheinulme Regenwälder in Chile. Immergrüner Strauch oder Baum, bis zu 24 m, mit flaumig behaarten Trieben. Blätter länglich mit gewelltem Rand, 3,8–7,6 cm lang, Basis herzförmig, unterseits dicht flaumig behaart (junge Individuen haben längere Blätter, die an der Spitze spitzer sind, wobei der Rand deutlich gezähnt ist). Blüten in endständigen Blattachseln, weiß, 5 cm Durchmesser, mit 4 Kronblättern; zahlreiche Staubblätter, Staubbeutel rötlich braun. K9

E. lucida Tasmanien. Immergrüner Baum, meist 7–17 m, gelegentlich über 30 m mit 3 m Stammumfang. Triebe flaumig behaart. Blätter wechselständig, harzig (wie auch junge Sprösslinge), länglich, 3,8–7,5 × 1–1,5 cm, glattrandig; Blattstiel 3 mm. Blüten weiß, 2,5–5 cm Durchmesser, duftend, auf 12 mm langen Blütenstielen hängend und einzeln an Blattachseln stehend; unzählige Staubblätter, Staubbeutel gelb. K8

E. milliganii Tasmanien. Sehr ähnlich *E. lucida*, wurde als Bergvarietät von dieser interpretiert, wächst jedoch im Gegensatz dazu als Strauch, bis zu 4 m. Blüten kleiner, Blätter nur 8–9 mm lang. Im Herkunftsgebiet auf größeren Höhen als *E. lucida* anzutreffen. K8

E. (lucida × cordifolia) Südwestengland. Blätter länger als bei *E. lucida*, Rand gewellt und zur Spitze hin leicht gezähnt. K9

E. × hybrida (lucida × milliganii) Australien. Formen zuweilen rosa.

Gruppe II
Alle Blätter sind zusammengesetzt, zumeist aus 2–3 Paaren mit einer einzelnen Endfieder (unpaarig gefiedert) oder nur 1 Fiederpaar mit Endfieder (dreiblättrig).

Eucryphia glutinosa Klebrige Scheinulme Chile. Immergrüner oder halbimmergrüner Baum, 3–5 m hoch mit aufrechten Zweigen; Triebe flaumig behaart. Blätter zum Triebende hin gehäuft, aus 3–5 Teilblättern, mehr oder weniger oval, 3,8–7,6 cm lang, gezähnt; Blattstiel flaumig behaart. Je 1–2 Blüten endständig, etwa 6 cm im Durchmesser, mit je 4 weißen Kronblättern und zahlreichen Staubblättern, gewöhnlich mit gelben Antheren. Gilt als die schönste der Gattung, nunmehr selten in ihrer natürlichen Umgebung. K8

E. × hillieri (E. lucida × moorei) Merkmale mehr oder weniger in der Mitte der beiden Ausgangsarten. 2–3 Fiederpaare, selten 3-blättrig, breiter und an der Spitze rundlicher als *E. moorei*, glattrandig.
'Winton' und 'Penrith' sind besonders benannte Kulturformen. K8

E. moorei Neu-Südwales in Australien. Immergrüner Baum, in Kultur bis zu 18 m, Triebe mit kurzen, braunen Haaren. Blätter mit 5–13 Teilblättern, zunächst oberseits leicht behaart, schwach gestielt, schräge Basis, schmal länglich, 1,7–7,6×0,3–1,5 cm, glattrandig mit flaumig behaarten Rändern, die Mittelrippe stachelspitzig über die Blattspreite hinausragend. Blattadern der Unterseite kurz behaart. Blüten reinweiß, 2,5 cm im Durchmesser, 4 Kronblätter einzeln in den Blattachseln auftretend, Blütenstiel behaart, 1,8 cm lang, Staubblätter zahlreich, weiß. K9

Gruppe III
Kreuzungen mit einfachen, gefiederten oder 3-zähligen Blättern.

Eucryphia × intermedia (glutinosa × lucida) Immergrüner Baum, Zweige schwach gefurcht. Einfache Blätter schwach gezähnt, bis zu 6,5 cm, mit kleiner Stachelspitze; 3-blättrige Blätter mit Endfieder (6,5 cm), die beiden anderen sitzend (2,5 cm). Blüten reinweiß, 2,5–3 cm Durchmesser, einzeln an den Zweigenden stehend. Robuste Hybride, die spontan in Nordostirland aufgetreten ist. K8

E. × nymansensis (glutinosa × cordifolia) Aufrechter Strauch oder kleiner Baum, bis zu 16 m, Triebe gefurcht. Merkmale zwischen denen der Eltern, sowohl mit einfachen als auch zusammengesetzten Blättern, meist jedoch 3-zählig, Endfieder am längsten, 3,8–9 × 2,5–3,8 cm, alle mit zumeist deutlicher randlicher Zahnung. Blüten reinweiß, 6,5 cm Durchmesser, meist mit 4, manchmal 5 Kronblättern, Staubblätter zahlreich, reif rosa-purpurn. Diese vielbewunderte fertile Hybride ist im Nymans Garden im englischen Sussex aufgetreten; sie wird häufig angepflanzt, ist jedoch nicht so robust wie *E. glutinosa*. K7

Eucryphia glutinosa ist ein bis zu 7 m hoher, sommergrüner oder teilweise auch immergrüner Baum mit aufrechten Ästen.

E. glutinosa

E. cordifolia

E. × nymansensis

E. milliganii

E. moorei

Pittosporaceae

Klebsame – *Pittosporum*

Die in der Gattung *Pittosporum* zusammengefassten Arten sind vorwiegend in Australien und Neuseeland einheimisch, haben aber auch Vertreter in Makaronesien (Kanarische Inseln), West- und Ostafrika, Hawaii, Polynesien, dem Himalaja, in China sowie in Japan. Diese immergrünen Sträucher und Bäume haben wechselständige, lederige, glattrandige Blätter. Die Blüten sind sehr dunkelrosa, Kelch-, Kron- und Staubblätter sind je fünfzählig, die Kronblätter zumeist am Grunde verwachsen. Der Fruchtknoten reift zu einer Kapselfrucht aus zwei bis fünf lederig-holzigen Klappen, die im Inneren zahlreiche Samen mit klebriger, harziger Haut enthalten; daher auch sowohl der deutsche Name Klebsame als auch der wissenschaftliche Name (*pittos* bedeutet im Griechischen Pech). *P. tennuifolium* und *P. crassifolium* weisen die Besonderheit auf, dass die Keimpflanze drei oder vier Keimblätter aufweist und nicht wie üblich nur zwei.

In ihren Herkunftsgebieten wird das Holz genutzt, sonst werden die Arten ausschließlich als Zierhölzer verwendet. Einige gedeihen auch in Europa, besonders im Süden und vor allem im Südwesten. Auf den Scilly-Inseln vor England sind sie so gut wie eingebürgert. Die generell widerstandsfähigste Art, *P. tennuifolium* aus Neuseeland, ist ein Baum bis zu 10 m Höhe.

Die immergrünen, elliptischen Blätter haben einen ausgeprägten, aber flach welligen Rand und sind attraktiv blassgrün, was sie zu einem beliebten Bestandteil von Schnittblumensträußen macht. Die Blüten entwickeln sich im Frühling in üppigen Mengen und duften in der Abenddämmerung süß. Gemeinhin gelten die Blüten dieser Gattung als unauffällig. Das mag aus der Ferne zutreffen, aber aus der Nähe sehen die Blüten recht apart aus.

Pittosporum crassifolium, ebenfalls aus Neuseeland, ist weniger winterfest als *P. tennuifolium* und wird als Zier-

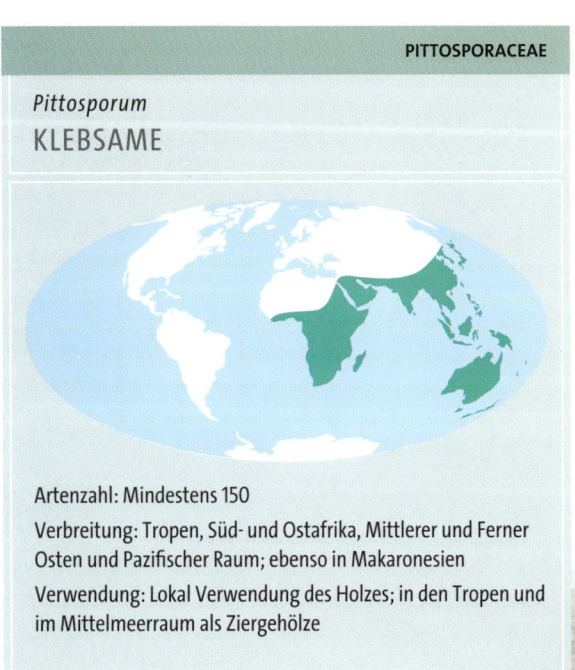

| PITTOSPORACEAE |

Pittosporum
KLEBSAME

Artenzahl: Mindestens 150

Verbreitung: Tropen, Süd- und Ostafrika, Mittlerer und Ferner Osten und Pazifischer Raum; ebenso in Makaronesien

Verwendung: Lokal Verwendung des Holzes; in den Tropen und im Mittelmeerraum als Ziergehölze

gehölz gepflanzt. Die Pflanze hat die gleichen dunkelrosafarbenen Blüten, die aber größer sind. Die reifen Kapseln entlassen glatte, klebrige, glänzend schwarze Samen, die sehr hübsch sind. Die Art ist vor allem an Küsten von besonderem Nutzen, da sie gegen Salzgischt unempfindlich ist und daher als Windschutz beispielsweise für die Kultur von Zwiebelpflanzen geeignet ist. Daher wird die Pflanze regional auch einfach als lebender Zaun bezeichnet. Die Art wurde Anfang des 19. Jahrhunderts von Augustus Smith auf die Scilly-Inseln eingeführt, der den berühmten Garten von Tresco anlegte.

Die Gartenform *Pittosporum* 'Garnettii' weist die Besonderheit auf, dass sich die panaschierten Blattränder zum Winter hin rosa färben. Die Bewertung dieser Art ist noch unsicher; sie könnte eine Kulturvarietät von *P. tennuifolium* sein. Es ist aber auch möglich, dass es sich um eine Hybridform zwischen dieser und *P. ralphii* handelt. Ebenfalls ungewöhnlich ist *P. bullata*, deren gekräuselte Blätter einer Daunen-Steppdecke ähneln. Noch bemerkenswertere Blüten weist *P. tobira* auf, ein buschiger, bis zu 6 m hoher Strauch. Die Art hat verkehrteiförmige Blätter, und die duftenden, weißen Blüten sind etwa 2,5 cm breit. Sie stammt aus dem Fernen Osten, aus China, Japan und Taiwan. Auch diese Art ist nicht sehr winterfest, ist aber im südlichen Europa weit verbreitet. K9

Pittosporum tennuifolium 'Golden King' ist im Garten und bei Floristen beliebt, die seine tief gewellten und gekräuselten, immergrünen Blätter gerne in Blumenarrangements verwenden. Die leuchtend blassgrünen Blätter kontrastieren sehr schön mit den jungen schwarzen Trieben.

Rosaceae

Weißdorn – *Crataegus*

Die Gattung *Crataegus* stammt überwiegend aus dem östlichen und dem mittleren Nordamerika. Sie umfasst etwa 200 „echte" Arten, jedoch sind einige Tausend Artnamen veröffentlicht. Man geht daher heute davon aus, dass die meisten davon Synonyme, Hybridformen oder Varietäten sind. Von den „echten" Arten treten etwa 100–150 Arten in Nordamerika auf, etwa 20 in Europa, 20–30 in Zentralasien und Russland sowie fünf bis zehn Arten in China, Japan und dem Himalaja.

Alle Arten sind sommergrüne, seltener halbimmergrüne Sträucher oder Bäume, gewöhnlich dornig, mit wechselständigen Blättern, die glattrandig oder unterschiedlich gelappt sind. Die Blüten sind klein, selten größer als 1,5 cm im Durchmesser, meistens weiß, gelegentlich leicht rötlich, zuweilen duftend, mit fünf Kelch- und Kronblättern, die sich von einem Teller am Rand des Blütenbodens (Hypanthiums) erheben. Die Staubbeutel der fünf bis 25 Staubblätter sind verschieden gefärbt. Der einzelne Fruchtknoten, verwachsen mit dem Blütenboden, besitzt zwischen einem und fünf Fächer, die je eine Samenanlage tragen. Die Frucht ist eine rote, gelbe oder schwärzliche Apfelfrucht, die mit dem Blütenboden zusammen abfällt und ein bis fünf harte Nüsschen hervorbringt. Die Anzahl von Griffeln und Nüsschen ist gewöhnlich gleich.

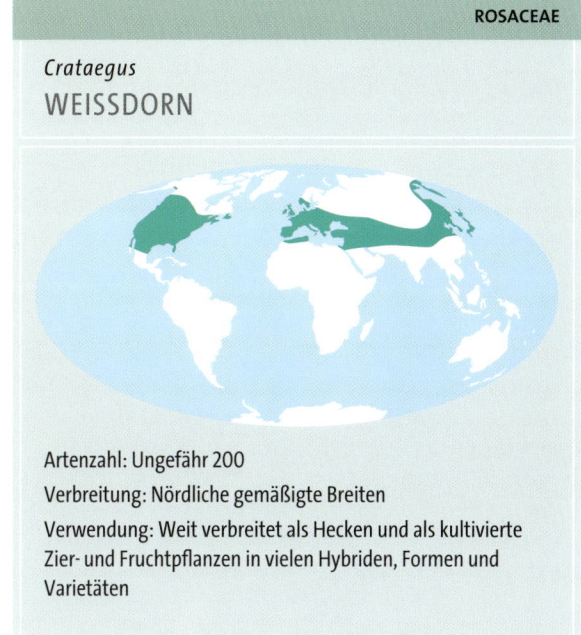

ROSACEAE

Crataegus
WEISSDORN

Artenzahl: Ungefähr 200

Verbreitung: Nördliche gemäßigte Breiten

Verwendung: Weit verbreitet als Hecken und als kultivierte Zier- und Fruchtpflanzen in vielen Hybriden, Formen und Varietäten

Die Gattung bereitet erhebliche taxonomische Schwierigkeiten, teils wegen der zahllosen Hybridisierungen, aber auch, weil die Arten nicht leicht voneinander unterscheidbare Gruppierungen bilden. Man benötigt zur Bestimmung gutes Material, das Blattwerk, Blüten und Früchte einschließt. Auch Blattaderung, die Zahl der Staubblätter, die Farbe der Staubbeutel und Details der Nüsschen sind unerlässlich.

Es gibt nur wenige Krankheiten bei *Crataegus*, und keine ist schwerwiegend. Die Arten werden weithin als Hecken und zur Zierde genutzt. Man schätzt und pflanzt sie wegen der üppigen Blütenpracht, des Duftes und der scharlachroten Früchte, die auch als Nahrung für Vögel wichtig sind. Am bekanntesten ist 'Pink May', eine Sorte des Zweigriffligen Weißdorns *(C. laevigata)*. Einige Arten haben ansprechende Herbstlaubfarben.

Die Früchte einiger Arten werden zu Marmelade verarbeitet oder eingemacht; die Früchte von *C. cuneata* verwendet man in China bei Magenbeschwerden. Aus den Blättern des Zweigriffligen Weißdorns *(C. laevigata)* lässt sich ein Tee zubereiten, der den Blutdruck reduzieren und bei Schwindel und Herzklopfen helfen soll; die Samen dienen als Kaffee-Ersatz, die Blätter als Tabak-Ersatz.

Das Holz von *Crataegus* ist sehr hart und wurde früher vielfach für Holzschnitte benutzt. Der Hahnensporn-Weißdorn *(C. crus-galli)* aus den östlichen und südöstlichen USA bringt ein schweres Holz hervor, das für Werkzeuggriffe Verwendung findet. Aus dem Holz des Zweigriffligen Weißdorns *(C. laevigata)* fertigt man eine ganze Reihe von Gegenständen wie etwa Räder und Gehstöcke. K2–8

Die wichtigsten Weißdorn-Arten

Gruppe I

Große Blätter, zumindest an den Langtrieben; Blattadern erstrecken sich bis zu den Buchten wie auch zu den Auslappungen. Hier werden auch die Arten mit kleinen Früchten von 4–6 mm Durchmesser eingeordnet.

A Nüsschen auf der ventralen Seite mit Vertiefungen
B Zahl der Griffel und Nüsschen je 1–2 (3). Frucht gelb oder rot, 6–9 mm Durchmesser (Sektion *Oxycanthae*)

***Crataegus laevigata (C. oxycantha, C. oxycanthoides)* Zweigriffliger Weißdorn** Europa, Nordafrika. Strauch oder Baum, bis zu 5 (6) m; Dornen bis zu 2,5 cm. Blätter verkehrt-eiförmig mit 3–5 Blättchen, am Grund keilförmig, bald kahl. Blütenstand kahl, 5–12 Blüten; meist 20 Staubblätter, Staubbeutel rot, 2–3 Griffel. Früchte rot, breit oval mit zwei Nüsschen. Verbreitete Kulturpflanze. K5

***C. monogyna* Eingriffliger Weißdorn** Europa, Westafrika, Westasien. Strauch oder Baum, bis zu 10 m, ähnlich wie vorige Art, aber größere Blätter, tiefer gelappt mit 3–7 Zipfeln, mehr Dornen, 1 (2) Griffel, Frucht fast kugelig mit einem Nüsschen. Verbreitete Kulturpflanze. K5

BB 4–5 Nüsschen und Griffel. Frucht schwarz oder schwarzviolett (Sektion *Nigrae* = *Pentagynae*)

***Crataegus pentagyna* Fünfgriffliger Weißdorn** Südosteuropa, Kaukasus, Iran. Strauch oder kleiner Baum, bis zu 6 m. Blätter 3- bis 7-gelappt, unterseits behaart, aber zuletzt kahl. Blüten in flaumig behaarten Büscheln, Staubbeutel rosa. Frucht glanzlos oval. K6

***C. nigra* Schwarzfrüchtiger Weißdorn** Südosteuropa (Ungarn). Baum, bis zu 6 oder 7 m. Blätter mit 7–11 Zipfeln, beidseitig behaart. Blüten in dichten behaarten Büscheln, Staubbeutel gelb. Frucht fast kugelig, glänzend. K6

AA Nüsschen auf der ventralen Seite glatt
C Früchte klein, 4–6 mm Durchmesser. Kelchblätter im Herbst mehr oder weniger abfallend. 3–5 Griffel und Nüsschen. Blätter kahl oder bald kahl

***Crataegus phaenopyrum* Washington-Weißdorn** Südöstliche USA. Baum, bis zu 10 m; Dornen bis zu 7 cm. Blätter breit dreieckig, 3- bis 5-lappig. Frucht abgeflacht, rot, winterüberdauernd. Hübsche Scharlach- und Rottöne im Herbst (Sektion *Cordatae*). K5

***C. spathulata* Südliche und südöstliche USA. Strauch oder kleiner Baum, bis zu 8 m. Blätter an blühenden Zweigen verkehrt-eiförmig, zuweilen breite 3(5) Auslappungen an der Spitze, Blätter zum Blattgrund hin verjüngend. Frucht fast kugelig, rot mit zurückgebogenen Kelchblättern, spät reifend (Sektion *Microcarpae*). K7

CC Früchte mehr als 1 cm im Durchmesser mit ausdauernden Kelchblättern
D Spross und/oder Blütenstand zumindest praktisch kahl. Blätter länger als (5) 6 cm, mehr oder weniger tief gelappt, das tiefste Zipfelpaar fast bis zur Mittelrippe geteilt; Blattstiele länger als 1 cm. Frucht eiförmig, 2–3 × 1–2,3 cm, rot mit weißlichen Punkten (Sektion *Pinnatifidae*)

***Crataegus pinnatifida* Nordchina. Baum, bis zu 6 m; Dornen kurz oder fehlend. Blätter mehr oder weniger dreieckig, 5–10 cm lang, mit 5–9 Zipfeln, das tiefste Zipfelpaar fast bis zur Mittelrippe geteilt, oberseits dunkelgrün glänzend; Blattstiele 2–6 cm. Blüten mit 3–4 Griffeln. Frucht rot. K6
var. *major* Mit größeren Blättern und Früchte 2,5 cm im Durchmesser, Blütenstand kahl.

C. monogyna

DD Zweige, Äste und Blütenstand mehr oder weniger dicht behaart. Blätter 3–7 cm lang; Blattstiele kürzer als 1 cm. Früchte fast rund oder kleiner als in der vorigen Sektion, gelb bis orangerot ohne Sprenkelung (Sektion *Azaroli*, früher *Orientales*)

***Crataegus orientalis (C. laciniata)* Orientalischer Weißdorn** Südosteuropa und Spanien. Baum, bis zu 6 (7) m; fast ohne Dornen. Blätter mit 5–9 fiederspaltigen Zipfeln, beidseits mehr oder weniger behaart, kann sich zur Basis verjüngen. Blüten mit 3–5 Griffeln. Frucht abgeflacht, bis zu 2 cm breit; 4–5 Nüsschen. Gern gepflanzt. K6

***C. tanacetifolia* Rainfarn-Weißdorn** Kleinasien. Baum, bis zu 10 m, zuweilen auch als Strauch. Junge Zweige filzig-wollig behaart, zumeist ohne Dornen. Blätter rhomboid-eiförmig bis verkehrt-eiförmig, 2–5 cm lang mit 5–7(8) tiefen Zipfeln, am Rand drüsig gesägt. Blüten 2–2,5 cm Durchmesser, 5–8 in dicht behaarter Doldentraube; 20 Staubblätter, Staubbeutel rot, 5 Griffel; wolliger Blütenkelch, drüsig gesägt. Frucht kugelig, 2–2,5 cm Durchmesser, gelbrot mit charakteristischen, geschlitzten Hochblättern; 5 Nüsschen. K6

C. monogyna

Gruppe II

Zumindest an langen Ästen große Blätter, Adern erstrecken sich bis zu den Zipfeln oder Zähnen statt nur zum Buchtgrund. Blätter nicht oder nur flach gelappt, außer Sektion *Sanguineae*.

E Nüsschen auf der ventralen Seite unterschiedlich vertieft
F Frucht schwarz oder violett-schwarz. 10 Staubbeutel. (3)4–5 Nüsschen

***Crataegus douglasii* Oregon-Weißdorn** Nordamerika. Baum, bis etwa 12 m; oft ohne Dornen; junge Zweige rötlich braun und kahl. Blätter 3–8 cm, mehr oder weniger eiförmig, zuweilen leicht gelappt, am Grund spitz zulaufend. Blüten mit 2–5 Griffeln. Frucht glänzend schwarz (Sektion *Douglasianae*). K5

C. chlorosarca steht hier seiner schwarzen Frucht wegen, wird aber in die Sektion *Sanguineae* eingeordnet, mit anders geformten gelappten Blättern (s. S. 181).

C. flava

C. tanacetifolia

FF Frucht gelblich, orange oder (leuchtend) rot.
(8)10–20 Staubblätter

G Blätter glattrandig oder leicht gelappt. Kelchblätter fein
gesägt, oft mit Drüsen, oder eingeschnitten, länger als der
Blütenboden (Hypanthium); (Sektion *Macrantha*)

Crataegus succulenta Östliches Nordamerika. Baum, bis zu
6 m; Dornen 3–5 cm. Blätter 5–8 cm, mehr oder weniger
verkehrt-eiförmig, doppelt gesägt, am Grund verjüngend.
Blütenbüschel dicht behaart, Kelchblätter drüsig gesägt,
15–20 Staubblätter, Staubbeutel rosa, 2–3 Griffel. K4

GG Blätter deutlich gelappt, scharf gesägt. Kelchblätter
typisch glattrandig, kürzer als Blütenboden (Sektion *Sanguineae*)

Crataegus wattiana Zentralasien (Altai-Gebirge bis Beluchis-
tan). Kleiner Baum mit leuchtend mahagonifarbenen
Zweigen, oft ohne Dornen. Blätter weit oval, 5–9 cm lang,
Grund rundlich-flach bis schwach zulaufend, 3–5 Zipfel-
paare, fast bis zur Hälfte getrennt. Blüten mit 15–20 Staubblättern, Staubbeutel weißlich bis blassgelblich. Frucht
kugelig orange bis rötlich, 8–12 mm Durchmesser. K5

C. altaica **Altai-Weißdorn** Der vorgenannten Art sehr ähnlich,
aber Blätter tiefer als halb gelappt, das erste Paar fast bis
zur Mittelrippe, *C. pinnatifida* var. *pinnatifida* ähnelnd. K5

C. chlorosarca Ostasien. Kleiner Baum mit warzigen Zweigen.
Blätter breit eiförmig, 5–9 cm lang mit 3–5 kurzen, breiten
Lappenpaaren, am Grund breit. Blüten mit gesägten
Kelchzipfeln, 5 Griffel. Frucht abgeflacht, 1 cm Durchmes-
ser, schwarz (darin nicht sektionstypisch).

C. sanguinea **Blut-Weißdorn** Sibirien, Südostrussland.
Strauch oder Baum, bis zu 7 m, gewöhnlich ohne Dornen;
Zweige etwas bräunlich violett, glänzend. Blätter breit
eiförmig mit keilförmigem Grund und 2–3 Paaren schwach
getrennter Lappen. Blüten mit 20 Staubblättern, Staubbeutel rosaviolett. Frucht kugelig, um 1 cm Durchmesser,
leuchtend rot. Im Herkunftsgebiet weit verbreitet. Variable Art; Bestimmung schwer wegen Hybridisierungen
mit verwandten Arten. K4

EE Nüsschen glatt auf der ventralen Seite

H Blüten typischerweise einzeln stehend, selten zu 2–5. Blätter bis zu 1,5 cm lang, am Grund verschmälert, nicht oder
nur schwach gelappt, Rand mehr oder weniger als halb
gelappt. Kelchzipfel blättrig ausgefranst oder tief drüsig
gesägt (Sektion *Parvifoliae*)

Crataegus uniflora **Einblütiger Weißdorn** Südöstliche USA.
Strauch oder niedriger Baum, bis zu 2,5 m; mit zahlreichen
Dornen. Blätter verkehrt-eiförmig, bis zu 3,5 cm, mit grob
abgestumpften Zähnen. Blütenbüschel mit wolligen Stielen und Kelchen. Staubblätter 20 oder mehr mit weißlichen, blassgelben Staubbeuteln. Frucht fast kugelig, gelb
oder grünlich, 10–13 mm im Durchmesser; 3–5 Nüsschen.
K5

HH Blüten in einfachen oder schwach verzweigten Büscheln
von 4 oder mehr Blüten. Kelchzipfel nicht blättrig, entweder glattrandig oder drüsig gesägt

I Blattspreiten und Endblüten auffällig drüsig. Blüten in
Büscheln von 4–7 (8)

J Blätter mit 1–3 Paaren im oberen
Teil flach gelappt, Umriss von
blühenden Zweigen variabel,
zumeist kürzer als 2 cm,
Grund sich in einen weniger
als 2 cm langen, dicht mit Drüsen besetzten Stiel verjüngend
(Sektion *Flavae*)

C. pruinosa

Crataegus aprica Südost-USA. Strauch oder Baum,
bis zu 6 m, mit hin- und hergebogenen Zweigen;
Dornen bis zu 3,5 cm. Blätter oval bis verkehrt-eiförmig, gezähnt, zuweilen im oberen Teil leicht gelappt.
Blüten mit 10 Staubblättern, Staubbeutel gelb. Frucht
kugelig, 12 mm Durchmesser, orange bis rot. K6

C. flava **Gelbfrüchtiger Weißdorn** Sehr ähnlich der vorigen
Art, Blüten jedoch mit 20 Staubblättern, diese mit
violetten Staubbeuteln. K6

JJ Blätter zumeist mit 4–5 Paaren spitzer Lappen,
selten ungelappt, mehr oder weniger gleichförmig auf blühenden Zweigen derselben
Pflanze, meistens breiter als 2 cm, Grund allmählich oder abrupt verschmälert; Blattstiel praktisch ohne
Drüsen und/oder länger als 2 cm

C. mollis

C. crus-galli

Crataegus intricata **Verworrener Weißdorn** Nordamerika.
Strauch, bis zu 4 m; mit gebogenen, bis zu 4 cm langen
Dornen. Blätter elliptisch eiförmig, 2–7 cm lang, doppelt
gesägt, 3–4 Lappenpaare. Blüten mit 10 Staubblättern,
Staubbeutel gelb, Hochblatt dicht mit Drüsen besetzt.
Frucht breit oval, 9–13 mm im Durchmesser, bronze-grün
oder bräunlich; 3–5 Nüsschen (Sektion *Intricatae*). K5

C. coccinioides Nordamerika. Baum, bis etwa 6(7) m; Dornen
3–5 cm. Blätter 5–8 cm lang mit 4–5 Paaren spitzer Lappen. (4)5–7 Blüten in Büscheln, 20 Staubblätter, Staubbeutel rosa. Frucht fast kugelig, 15–18 mm Durchmesser,
rot; 4–5 Nüsschen. (Sektion *Dilatatae*). K5

II Blattspreiten und Blüten praktisch ohne Drüsenhaare,
außer zuweilen an den Kelchblättern. Blattstiele manchmal mehr oder weniger drüsig. Blüten wenige oder viele
in einem Büschel

K Blüten zu 2–6(7) in einem Büschel. Blätter ungelappt, selten schwach gelappt, am Grund verjüngend

L Junge Zweige zumindest ungleichmäßig warzig. Dornen
kürzer als 1 cm

Crataegus cuneata Japan und Zentralchina. Buschiger
Strauch, bis 1,5 m. Blätter verkehrt-eiförmig, 2–6 cm
lang. Blüten haarig, 5 Griffel, 20 Staubblätter, Staubbeutel
rot. Frucht mehr oder weniger kugelig, 12–15 mm Durchmesser, rot mit 5 Nüsschen (Sektion *Cuneatae*). K6

LL Junge Zweige glatt. Dornen länger als 1 cm

Crataegus aestivalis Südöstliche USA. Baum, bis zu 10 m; Dornen 2–3,5 cm lang. Blätter länglich bis verkehrt-eiförmig,
bis zu 3 cm lang; manchmal 3-lappig, Blattstiel
6–20 mm lang. Blüten in kahlen Büscheln erscheinen vor
oder mit den Früchten. Frucht rot, 8 mm Durchmesser, mit
3 Nüsschen (Sektion *Aestivales*).

OBEN Die kräftig roten Früchte vom Eingriffligen Weißdorn (*Crataegus monogyna*) leuchten in der herbstlichen Landschaft und bieten zahlreichen Vögeln Nahrung.

UNTEN Im Herbst zeigen die Blätter von *Crataegus prunifolia* eine bunte Vielfalt an Gelb-, Orange- und Rottönen. Die roten Früchte reifen im September.

C. triflora Strauch oder Baum, bis zu 7 m Höhe. Blätter 2–7 cm lang mit wenigen schwachen Ausbuchtungen. Blüten 2–5 in Büscheln, 2,5–3 cm Durchmesser, Kelchblätter drüsig gesägt, 20 Staubblätter, Staubbeutel gelb. Frucht kugelig, 12–15 mm Durchmesser, rot; 3–5 Nüsschen (Sektion *Triflorae*). K7

KK Blüten zahlreich in Büscheln, mehr als 7. Blätter am Grund verschmälert, glattrandig oder gelappt

M Blattstiel bis zu 1 cm lang, selten bis zu 1,5 cm. Blätter ungelappt oder nur schwach gelappt, am Grund verschmälert

N Frucht groß, 2–3 × 1,5–2 cm. Blätter eiförmig-lanzettlich, ungelappt, am Grund verschmälert, beidseits behaart

Crataegus pubescens f. stipulacea (C. stipulacea) Mexiko. Baum, bis zu 6 m; Dornen meistens fehlend. Blätter 4–10 cm lang, manchmal mit einigen drüsigen Auszackungen im oberen Teil. Blüten mit haarigen Stielen und Kelchen, 15–20 Staubblättern, Staubbeutel rosa, 2–3 Griffel. Frucht gelblich oder orange, gesprenkelt, mit 2–3 Nüsschen (Sektion *Mexicanae*).

NN Frucht kleiner. Blüten erscheinen mit oder nach den Blättern. Blätter länglich bis verkehrt-eiförmig

O Blätter typischerweise ungelappt auf den blütentragenden Zweigen, ledrig, dunkelgrün, oberseits glänzend, Adern unauffällig oder oberseits leicht eingedrückt, Frucht hart, ungenießbar; 1–3 Nüsschen, selten 5 (Sektion *Crus-galli*)

Crataegus crus-galli Hahnensporn-Weißdorn Östliches und mittleres Nordamerika. Strauch oder Baum, bis etwa 12 m, in Kultur kleiner; Dornen 4–8 cm. Blätter verkehrt-eiförmig, 2–5 (10) cm lang. 2 Griffel, 10 Staubblätter, Staubbeutel rosa. Frucht fast kugelig, rot, 10 mm Durchmesser. K5

C. × lavallei (C. crus-galli × C. pubescens f. stipulacea?) Lederblättriger Weißdorn Baum, bis über 7 m Höhe; wenige Dornen, gedrungen, 2,5–4(5) cm. Blätter 5–10 cm lang, überwiegend länglich bis verkehrt-eiförmig. Blüten 2–2,5 cm Durchmesser, 1–3 Staubblätter, 15–20 Staubblätter, Staubbeutel gelb-orange bis rötlich braun. Frucht elliptisch, 13–15 mm lang, orangerot mit braunen Tupfen, im Winter bleibend; 2–3 Nüsschen. K5

OO Blätter zuweilen über der Mitte leicht gelappt, mehr oder weniger papierartig, oberseits nicht glänzend; Adern typischerweise oberseits deutlich eingedrückt. Frucht fleischig, essbar; 3–5 Nüsschen, selten 2 (Sektion *Punctatae*)

Crataegus punctata Punktierter Weißdorn Östliches Nordamerika. Baum, bis zu 10(12) m; Dornen 5–7,5 cm, manchmal fehlend. Blätter mehr oder weniger eiförmig, 5–10 cm lang. Blüten mit 5 Griffeln und 20 Staubblättern. Frucht fast kugelig, etwa 2 cm Durchmesser. K4

MM Blattstiele 1,5–3 cm lang, zumindest bei einigen Blättern an langen Zweigen. Blätter am Grund verschmälert oder breit

P Blütenstand, Blüten und beide Seiten der Blätter mehr oder weniger dicht behaart. Blätter mehr oder weniger gelappt und gestutzt bis herzförmig am Grund (Sektion *Molles*)

Crataegus mollis Weichhaariger Weißdorn Mittlere USA. Baum, 10–12 m; Dornen 2,5–5 cm. Blätter lederig, breit eiförmig, 6–11 cm lang, mit 4–6 Paar seicht gelappter Ausbuchtungen. Blüten etwa 2,5 cm breit, 4–5 Griffel; 20 Staubblätter, Staubbeutel blassgelb. Frucht fast kugelig, behaart, rot, 12–15 mm Durchmesser. K5

C. submollis Quebec-Weißdorn Nordöstliche USA, Südostkanada. Ähnlich der vorigen Art, aber Blätter stärker papierartig und 10 Staubblätter. K5

PP Blütenstand und Blüten haarlos oder fast haarlos. Junge Blätter spärlich behaart, bald verkahlend

Q Blätter nicht oder kaum gelappt und mit sich verjüngender Basis (Sektion *Virides*)

Crataegus viridis Grüner Weißdorn Süden und Osten Nordamerikas. Baum, bis zu 12 m; Dornen bis zu 3,8 cm. Blätter eiförmig bis oval, 4–9 cm lang, gewöhnlich oben 3-zipflig. Blüten mit 2–5 Griffeln, 20 Staubblättern, Staubbeutel blassgelb. Frucht kugelig, 6–8 (9) mm Durchmesser, rot. K5

QQ Blätter deutlich gelappt, am Grund breit, sich nicht zunehmend verjüngend

Crataegus pruinosa USA. Baum, bis zu 6 m, oder großer Strauch; Dornen gedrungen, 2,5–3,8 cm. Blätter mehr oder weniger eiförmig, 3–5 cm lang, mit breit keilförmigem Grund und 3–4 Paaren dreieckiger Zipfel, die sich rötlich entfalten. Blüten 2–2,5 cm breit, 20 Staubblätter, rosa Staubbeutel. Früchte rundlich, 1–1,5 mm im Durchmesser, lange grün bleibend, zur Reife violett mit gelbem, süßlichem Fruchtfleisch. Enthalten 5 Nüsschen (Sektion *Pruinosae*).

Mispeln – *Mespilus*

Mispel ist der gängige Name für *Mespilus germanica*, ein kleiner, laubwerfender Baum von bis zu 7 m Höhe. Er kommt in Südosteuropa bis Zentralasien vor und ist bekannter als die zweite Art *M. canescens*. Die Gattung ist nahe verwandt mit Weißdorn (*Crataegus* spp.), wobei sie sich durch die einzeln stehenden Blüten und die Früchte aus fünf Fruchtblättern unterscheidet. *Mespilus* und *Crataegus* sind so nah verwandt, dass sie okuliert und gekreuzt werden können. Die Zweige sind oft mit harten Dornen bewehrt, die bis zu 2,5 cm lang sind. Die Blätter sind behaart, kurz gestielt, oval bis eiförmig und 5–10(12) cm lang. Die weißen Blüten haben etwa 3 cm Durchmesser und erscheinen im Spätfrühling. Mispeln werden in der Kultur oft sehr alt und knorrig, aber ansehnlich.

Die bräunlichen, apfelförmigen Früchte werden traditionell zusammen mit Wein genossen, nachdem der erste Frost das harte Fruchtfleisch erweicht hat. Aus den Früchten kann man Gelee zubereiten oder sie einmachen, obgleich der Geschmack etwas gewöhnungsbedürftig ist.

Im Herbst färben sich die Blätter fast so prächtig wie die Blüten, daher wird die Mispel sowohl als Ziergehölz als auch wegen ihrer Früchte gepflanzt. Sie bevorzugt einen sonnigen Standort mit feuchtem Boden. Die Kulturform 'Nottingham' hat aufrechten Wuchs und bringt kleine, wohlschmeckende Früchte hervor; 'Dutch' hat eine ausladende Form mit größeren Früchten. Sie ist sehr widerstandsfähig und gedeiht auf allen Böden. 'Macrocarpa' trägt oben stark abgeplattete Früchte.

Quitten – *Cydonia*

Die Echte Quitte *(Cydonia oblonga)* wurde ursprünglich als einzige Art der Gattung geführt. Heute umfasst *Cydonia* nach manchen Autoren auch die Gattung *Pseudocydonia* mit der Art *C. sinensis*. Andere Arten, die früher in dieser Gattung geführt wurden, sind inzwischen in die nah verwandte Gattung *Chaenomeles* eingeordnet. Dies hatte eine zuweilen verwirrende Menge von Nomenklaturänderungen zur Folge. *Cydonia* unterscheidet sich von *Chaenomeles* durch ihre glattrandigen (nicht gezähnten) Blätter, die freien Staubblätter (an der Basis nicht verwachsen) und die stets einzeln stehenden Blüten (nicht in Büscheln).

Die Echte Quitte ist ein dicht verzweigter, dornloser, sommergrüner Baum von 5–6 m Höhe. Die Blätter sind wechselständig, elliptisch-eiförmig und 6–10 cm lang. Sie sind glattrandig, unterseits mehr oder weniger wollig behaart mit drüsenhaarigen Nebenblättern. Die Blüten sind weiß oder rosa, 2–3(5) cm breit, mit zahlreichen Staubblättern. Die gelben Früchte sind wie eine rundliche Birne geformt, 6–10 cm lang, stark duftend, mit zahlreichen Samen in jeder der fünf Fächer (anders als Apfel und Birne, bei denen sich in jedem Fächer nur zwei Samen befinden). Die Früchte sind bei der Reife flaumig behaart.

Die Herkunft der Echten Quitte ist unklar; sie tritt wild (oder eingebürgert) in Teilen des Nahen Ostens oder Zentralasiens auf und stammt möglicherweise aus Nordiran und Turkestan. Der Gattungsname ist vermutlich von der Stadt Kydonia an der Nordküste Kretas abgeleitet. In Europa wird sie seit Jahrtausenden kultiviert. Die Griechen aßen die Frucht ausgehöhlt und mit Honig gefüllt, nachdem sie gegart worden war. Die Römer gewannen daraus ein ätherisches Öl und verwendeten es in Parfüms. In Frankreich wird es seit Jahrhunderten zum Kochen, für die Parfümerie und für medizinische Zwecke benutzt. Die Samen enthalten einen Gummi, der als Gleitmittel in der Kosmetik eingesetzt wird. Einige Arzneibücher nennen einen Auszug aus den Samen.

Die Früchte haben einen starken Geruch, und das Fleisch ist durch den hohen Gehalt an Tanninen und Pektinen in rohem Zustand ungenießbar. Die gekochten Früchte sind für wohlriechende, süße wie auch pikante Gerichte geeignet. In vielen europäischen Ländern werden sie für Konfekt, Liköre und Gelee verwendet. Auch bei Kuchen und Aufläufen schätzt man ihren exzellenten Geschmack; im Osten isst man Quitten gesalzen, als Füllung und in Eintöpfen. Das Wort Marmelade leitet sich von dem portugiesischen Wort *marmelo* her, welches Quitte bedeutet.

Die Echte Quitte gedeiht am besten in tiefem, feuchtem Lehmboden an warmen, geschützten Stellen, entweder als einzeln stehender Baum oder als Teil einer Baumreihe; auch zum Aufpfropfen von Birnen wird sie gebraucht. Sie kann recht alt werden. Als Kulturformen sind 'Lusitanica' als starkwüchsige und blütenreiche, aber weniger widerstandsfähige Form bekannt, sowie 'Maliformis' mit apfelförmigen Früchten. K4

OBEN UND UNTEN Die Echte Quitte *(Cydonia oblonga)* explodiert im frühen Frühling geradezu vor Blüten, die in dichten Haufen von den Zweigen zu tropfen scheinen. Die großen Blüten sind rosa oder weiß, becherförmig und mit auffälligen Staubblättern.

Zierquitten – *Chaenomeles*

Die Gattung *Chaenomeles* besteht aus drei bis vier Arten aus China und Japan und ist der Gattung *Cydonia* recht ähnlich, zu der man sie früher stellte. Sie umfasst sommergrüne oder halbimmergrüne Sträucher und Bäume mit wechselständigen, mehr oder weniger gezähnten Blättern (glattrandig bei *Cydonia*), die oft Stockausschläge bilden. Die Blüten stehen einzeln oder in Büscheln. Sie sind fünfzählig mit Ausnahme der 20 oder mehr Staubblätter. Die Griffel sind an der Basis verwachsen (frei hingegen bei *Cydonia*). Die Frucht ist eine Apfelfrucht (Scheinfrucht), bei der jede der fünf Fächer zahlreiche braune Samen enthält. Alle Arten sind recht widerstandsfähig und gedeihen auf jedem durchschnittlichen, gut gewässerten, lehmigen Boden, vorzugsweise an sonnigen Stellen.

Die älteren Zweige von *Chaenomeles speciosa* bringen Büschel scharlach- und blutroter Blüten hervor. Auch wegen ihrer Dichtwüchsigkeit besitzt sie einen besonderen Zierwert.

Die wohl am weitesten verbreitete Art ist die Chinesische Scheinquitte (*Chaenomeles speciosa*; früher *C. lagenaria*), die in den USA als Japanische Quitte und in England als Sorte 'Japonica' bekannt ist. Hier beginnt die auch heute noch nicht überall beendete nomenklatorische Verwirrung. *Pyrus japonica* wurde 1784 von Thunberg aus den Hakone-Bergen in Japan beschrieben. Lange vor der Einführung dieser Art war eine andere Art aus China in Europa verbreitet, die man als identisch betrachtete. Diese wurde 'Japonica' genannt, doch fand man 1818 heraus, dass die chinesische Art nicht mit der von Thunberg beschriebenen aus Japan identisch ist und benannte sie neu mit *Pyrus speciosa*. Der Artzusatz *speciosa* wurde beibehalten, die Art wurde aber zuerst in die Gattung *Cydonia*, dann bei *Chaenomeles* eingeordnet. *Chaenomeles speciosa* nun also ist ein üppig verzweigter, Schösslinge treibender Strauch mit einer Höhe von bis zu 2 m, der im frühen Frühling einzelne oder doppelte, scharlachrote Blüten von 3,5–5 cm Durchmesser hervorbringt. Die aromatischen Früchte sind mehr oder weniger eiförmig, 3–7 cm lang, gelblich grün mit weißen Sprengseln, die in der gleichen Weise genutzt werden wie die Früchte der Echten Quitte.

Die Japanische Scheinquitte (*C. japonica*) ist ein sommergrüner, borniger, breiter Strauch, der über 1 m hoch wird und orange- bis scharlachrote Blüten und eine gelbe Frucht mit roten Flecken trägt, welche einem Apfel ähnelt und 4 cm dick wird. *Chaenomeles sinensis* (*Pseudocydonia sinensis*) ist ein sommergrüner Baum, der über 12 m hoch wird, mit rosafarbenen Blüten, einer tiefgelben, hölzernen, eiförmigen Frucht, die 10–15 cm lang wird, und mit Blättern, die sich im Herbst rot färben. Alle Zierquitten-Arten eignen sich als Mauerstrauch, für Einfassungen oder Hecken.

Unter den Hybriden sind *C. × superba* (*C. japonica × C. speciosa*) und *C. × superba* 'Vermilon' (*C. cathayensis × C. speciosa*) erwähnenswert, von denen jeweils zahlreiche Kulturformen entwickelt worden sind. K5

Ebereschen, Vogelbeeren – *Sorbus*

Zur Gattung *Sorbus* zählt man fast 200 Arten sommergrüner Bäume und Sträucher der nördlichen Hemisphäre. Das Verbreitungsgebiet erstreckt sich von Mexiko im Süden bis in den Himalaja. In diesen Verwandtschaftskreis gehören Ebereschen, Mehlbeeren, Speierling und Elsbeere. Viele der Bäume dieser Gattung werden als Ziergehölze angepflanzt und ertragen auch Schatten und Luftverschmutzung.

Die Zweige tragen wechselständige Blätter. Bei der Mehlbeere sind diese einfach, bei der Eberesche hingegen gefiedert und aus eiförmigen Blättchen zusammengesetzt. Bei den Blattformen sind jedoch alle Übergänge von einfach über gelappt bis zusammengesetzt zu finden, was als Resultat der Kreuzungen der zahlreichen Arten zu erklären ist. Der Blütenstand besteht aus zusammengesetzten Trugdolden. Die Blüten bestehen aus fünf weißen, gelegentlich rosafarbenen Kronblättern. Die 15–20 Staubblätter umstehen den halbunterständigen Fruchtknoten, der zu einer Kernfrucht heranreift (eine Scheinfrucht, oft fälschlich als Beere bezeichnet), die je nach Art weiß, gelb, orange, rosa oder rot sein kann. Die Samen sind klein und im Fruchtfleisch gleichmäßig verteilt.

Einer der attraktivsten Vertreter der Gattung ist die Gewöhnliche Eberesche oder Vogelbeere (*Sorbus aucuparia = Pyrus aucuparia*), die im Gebirge in Höhen bis zu 2000 m anzutreffen ist. Als Zierbaum wird sie gerne in Parks und Gärten angepflanzt, wo sie dann etwa 12 m hoch werden kann. Man verwendete ihr Holz in den eher kargen und baumarmen Gebieten Skandinaviens und Schottlands auch als Feuerholz sowie für Möbel und Werkzeuge. Ihre Blätter zeigen sieben Fiederpaare mit gesägtem Rand. Ab Spätsommer trägt der Baum große Büschel leuchtend orange-roter Früchte, die bei der var. *edulis* auch essbar sind und für Marmelade und Gelee genutzt werden. Die Früchte sind wie bei anderen Arten sehr attraktiv für Vögel, die das Fruchtfleisch verdauen und die Samen ausscheiden und somit wirksam zur Ausbreitung der Art beitragen.

Die aus Westchina stammende Art *S. sargentiana* ist ein starkästiger, buschiger Baum, der etwa 5 m hoch wird. Die Pflanze steht oft in Parks und Gärten, zumeist auf *Sorbus aucuparia* gepfropft. Man erkennt sie leicht an ihren bis zu 40 cm langen, gefiederten Blättern mit neun bis elf Blattfiedern sowie an den großen, klebrigen, roten Winterknospen und sehr kleinen, leuchtend roten Früchten. Andere asiatische Ebereschen werden deutlich seltener gepflanzt, etwa die Himalaja-Eberesche (*S. cashmiriana*), die Japanische Eberesche (*S. commixta*) oder die Rosafrüchtige Eberesche (*S. vilmorinii*). Die Gewöhnliche Mehlbeere (*S. aria*) ist in Europa einheimisch und meist auf kalkhaltigem oder sandigem Boden anzutreffen, wo sie bis zu 15 m hoch wird. Sie trägt eiförmige, gezähnte Blätter, die unterseits weißflaumig behaart sind, entwickelt weiße Blüten und eiförmige, scharlachrote Früchte. Die Schwedische Mehlbeere (*S. intermedia = S. suecica*) wird 4,5 m hoch und gerne als Straßenbaum und in Parks gepflanzt. Die Blätter sind tief gelappt und unterseits hellgrau behaart. Aus den großen Büscheln weißer Blüten reifen im August und September auffällig scharlachrote Früchte.

S. aria

S. aucuparia

OBEN Mehlbeere *(Sorbus aria)* und Eberesche *(Sorbus aucuparia)* bieten unterschiedliche Erscheinungsbilder: Die Mehlbeere trägt eine unregelmäßig gewölbte Krone mit aufstrebenden Hauptästen. Die Krone der Eberesche ist eher unregelmäßig eiförmig, mit zunehmendem Alter abstehend und zierlich.

RECHTS Zwar sind auch Blätter und Blüten der Eberesche *(Sorbus aucuparia)* ein schöner Anblick, doch im spätsommerlichen Fruchtschmuck erfreut der Baum am meisten.

Die Elsbeere *(S. torminalis)* stammt aus Süd- und Mitteleuropa. Sie wird selten höher als 12 m und ist leicht erkennbar an ihren fünflappigen Blättern, die denen des Ahorns ähneln, ohne jedoch in gegenständigen Paaren zu stehen. Die Blüten sind weiß, die Früchte kugelig und braun mit glanzlos rötlichen Tüpfeln. Die Früchte sind sauer, aber dennoch genießbar.

Den Speierling *(S. domestica)* mit bis zu 18 m Höhe findet man in ganz Europa. Die Blüten sind cremeweiß, die essbaren Früchte sind groß, birnenförmig und bräunlich rot. In manchen Regionen werden die Früchte mit Getreide zusammen zur Erzeugung eines alkoholhaltigen Getränks vergoren. Die Borke wird zum Gerben von Leder verwendet. Bei der forma *pomifera* sind die Früchte eher apfelförmig rund, bei forma *pyriformis* dagegen birnenartig länglich.

Die *Sorbus*-Arten können leicht gepfropft werden, und viele davon werden als Zierbäume gepflanzt, so etwa die Thüringer Mehlbeere *(S. × thuringiaca)* – als Kreuzung aus *S. aucuparia* und *S. aria* – sowie die Breitblättrige Mehlbeere *(S. latifolia)*, die eventuell aus *S. torminalis × S. aria* entstand. K2–7

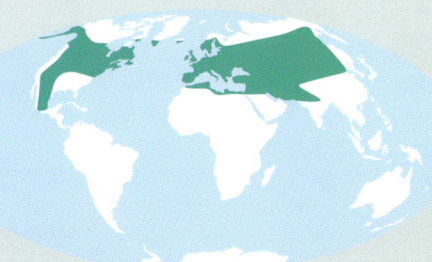

ROSACEAE

Sorbus
EBERESCHEN, VOGELBEEREN

Artenzahl: Knapp 200

Verbreitung: Nördliche Hemisphäre

Verwendung: Ziergehölze mit vielen bekannten Formen. Holznutzung in der Tischlerei, aus der Borke wird Tannin gewonnen; Früchte vieler Arten essbar

Die wichtigsten Ebereschen- und Vogelbeeren-Arten

Gruppe I
Blätter gefiedert mit wenigstens 4 Paaren von Blattfiedern.

**Sorbus americana (Pyrus americana) Amerikanische Eber-
esche** Östliches Nordamerika. Strauch oder Baum, bis zu
10 m. Blattfiedern 11–17, schmal länglich-lanzettlich,
5–12 cm lang, spitz zulaufend, scharf gezähnt bis gesägt,
oberseits hellgrün und kahl, unterseits blasser. Frucht
glänzend rot und kugelig, 4–6 mm. K2

**S. aucuparia (Pyrus aucuparia) Gewöhnliche Eberesche,
Vogelbeere** Europa und Westasien. Strauch oder Baum,
bis zu 18 m. Blattfiedern 11–15, lanzettlich-länglich, 3–6 cm
lang, mehr oder weniger abgerundet, gesägt, oberseits dunkelgrün, unterseits grau. Frucht orangerot
(bei 'Xanthocarpa' gelb), fast kugelig, 6–9 mm. K2

S. domestica Speierling Südeuropa, Nordafrika und
Kleinasien. Blattfiedern 11–21, schmal lanzettlich-
länglich, bis zu 16 cm lang, spitz, fast vom Blattgrund
an scharf gesägt. Frucht bräunlich, rot gefleckt, birnenförmig, etwa 3 cm lang. K2

S. scopulina Westliche USA/Rocky Mountains. Strauch,
bis zu 4 m. Blattfiedern 11–13, glänzend, lanzettlich
oder lanzettlich-länglich, 3–6 cm lang, am Grund
keilförmig nach vorne spitz. Frucht leuchtend rot,
fast kugelig, 8–10 mm Durchmesser. K5

S. sargentiana China. Strauch, bis zu 5 m Höhe. Blattfiedern
7–11, länglich spitz, 4–6 cm lang, mittelgrün, im Herbst
sich rot färbend. Frucht orangerot, kugelig, 6–8 mm. K6

S. vilmorinii Rosafrüchtige Eberesche Westchina. Strauch, bis
zu 4 m. Blattfiedern 19–25, schmal eiförmig, gesägt.
Frucht rosarot, in der Reife weißlich rosa, 6–8 mm. K6

S. decora Labrador-Eberesche Östliche USA und Kanada.
Strauch oder kleiner Baum, bis zu 10 m. Blattfiedern 11–17,
länglich, deutlich spitzig, 4–8 cm lang, dabei das unterste
Blattpaar gewöhnlich kleiner, grob gesägt ab der Spitze
bis unter die Mitte. Frucht glänzend rot, fast kugelig,
6–10 mm. K2

S. californica Kalifornien. Kleiner Strauch von 1–2 m. Blattfiedern 7–9, länglich-oval, einfach oder doppelt gesägt von
der Spitze bis unter die Mitte, 2–4 cm lang, beidseits kahl,
oberseits glänzend. Frucht scharlachrot, kugelig, 7–10 mm.
K7

S. cascadensis British-Kolumbien bis Nordkalifornien. Strauch
von 2–5 m Höhe. Blattfiedern 9–11, oval, vorne deutlich
zugespitzt, am Blattgrund gerundet, scharf gesägt von
der Spitze bis unter die Mitte. Frucht scharlachrot, kugelig,
8–10 mm. K6

Gruppe II
Blätter glattrandig, gesägt, gelappt, zuweilen am Blattgrund
fiederförmig.

Sorbus pseudofennica (S. fennica) Schottland. Kleiner Baum,
bis zu 7 m. Blätter länglich oder eiförmig, 5–8 cm lang mit
1–2 Paar freier Blattfiedern am Grund, Rand scharf gesägt,
oben dunkel gelblich grün, unterseits grau und filzig.
Frucht scharlachrot, fast kugelig, 7–10 mm. K5

S. aria

S. intermedia

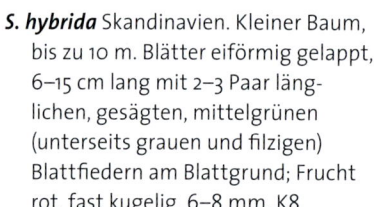

S. aucuparia

S. torminalis

S. hybrida

S. hybrida Skandinavien. Kleiner Baum,
bis zu 10 m. Blätter eiförmig gelappt,
6–15 cm lang mit 2–3 Paar länglichen, gesägten, mittelgrünen
(unterseits grauen und filzigen)
Blattfiedern am Blattgrund; Frucht
rot, fast kugelig, 6–8 mm. K8

**S. × thuringiaca (S. aucuparia × S. aria)
Thüringer Mehlbeere** Europa. Baum, bis zu 13 m. Blätter
länglich, 7–11 cm lang, mit 1–3 Paar freien Blattfiedern am
Blattgrund (manchmal nicht frei; das Blatt ist dann am
Grund fast gelappt ohne freie Fiedern), Rand gesägt, oberseits mattgrün und kahl, graufilzig unterseits. Frucht rot,
fast kugelig, 8–10 mm. K6

Gruppe III
Blätter glattrandig ohne echte Blattfiedern.

Sorbus aria Gewöhnliche Mehlbeere Europa. Baum, bis zu
12 m. Blätter eiförmig-elliptisch bis elliptisch-länglich,
gezähnt oder schwach gelappt, 5–14 cm lang, am Grund
abgerundet oder keilförmig, oft mehr als doppelt so lang
wie breit, anfangs weißlich, dann dunkelgrün (oder gelb
bei 'Aurea') und im Herbst rot. Frucht scharlachrot, fast
kugelig, 8–15 mm. K5

S. torminalis Elsbeere Europa, Nordafrika, Kleinasien. Baum,
bis zu 20 m. Blätter breit eiförmig, 5–15 cm lang, herzför-

mig bis breit keilförmig am Grund, tief gelappt, gesägte Blattfiedern mit 3–5 eckigen Einbuchtungen, das tiefste Paar viel tiefer als die restlichen. Frucht braun, elliptisch. 12–16 mm. K6

S. intermedia **Schwedische Mehlbeere** Nordeuropa. Kleiner Baum, bis zu 9 m. Blätter tief gelappt, gesägt, 7–12 cm lang, elliptisch, 1,5-mal bis doppelt so lang wie breit, rundlich oder breit keilförmig am Grund, mittelgrün, aber unterseits grau und haarig. Frucht leuchtend rot, oval oder länglich, 12–15 mm. K5

S. leptophylla Endemisch in Wales. Kleiner Strauch, bis zu 3 m. Blätter verkehrt-eiförmig, 6–12 cm lang, 1,5- bis 2,5-mal so lang wie breit, spitz, keilförmig am Grund, doppelt gesägt, oberseits dunkelgrün, unterseits grünlich weiß. Frucht scharlachrot, fast kugelig, 2 cm. K5

S. rupicola Britische Inseln, Skandinavien. Kleiner Strauch, bis zu 2 m. Blätter verkehrt-eiförmig oder verkehrt-lanzettlich, 8–14 cm lang, 1,4- bis 2,4-mal so lang wie breit, unregelmäßig gezähnt, oberseits dunkelgrün, unterseits weiß und filzig. Frucht grün-rot, fast kugelig, 12–15 mm. K7

S. vexans Endemisch in Südwestengland. Kleiner Baum, bis zu 8 m. Blätter verkehrt-eiförmig, 7–11 cm lang, doppelt so lang wie breit, keilförmig am Grund, grob gesägt, oberseits gelblich grün, unterseits weiß und filzig. Frucht scharlachrot, fast kugelig, 12–15 mm. K7

S. subcuneata Endemisch in Südwestengland. Kleiner Baum, bis zu 9 m. Blätter elliptisch, spitzig, keilförmig oder ziemlich gerundet am Grund, 7–10 cm lang, im oberen Teil gelappt, Lappen dreieckig und scharf gezähnt, oberseits hellgrün, unterseits grau und filzig. Frucht braun-orange, fast kugelig, 10–13 mm. K7

S. hybrida (S. aucuparia, S. intermedia) **Bastard-Mehlbeere** Mitteleuropa, Skandinavien. Baum, bis zu 12 m. Krone anfangs schmal, später eher breit. Triebe filzig behaart. Blätter eiförmig-länglich und ähnlich *S. intermedia*, nur an der Basis mit 1–2 Paar von der übrigen Spreite getrennten Fiedern, oberseits dunkelgrün, unterseits graufilzig, grob gesägt. Frucht rot, wenig punktiert. K2

Felsenbirnen – *Amelanchier*

Die Gattung *Amelanchier* umfasst über 30 Arten, die wegen ihrer üppigen, weißen Blüten im Frühling und des leuchtend roten Herbstlaubs vielfach gepflanzt werden. Etwa 20 Arten stammen aus Nordamerika, die im Süden bis nach Mexiko reichen, die restlichen Arten dieser Gattung verteilen sich über Zentral- und Südeuropa und Teile von Asien einschließlich China, Japan und Korea. Es gibt viele Trivialnamen, die sich manchmal auch auf mehrere Arten zugleich beziehen. Der wissenschaftliche Gattungsname ist die Direktübernahme der französisch-provençalischen Bezeichnung für die heimische *Amelanchier ovalis*.

Felsenbirnen sind sommergrüne Sträucher oder Bäume, die manchmal Ausläufer oder Schösslinge bilden. Die Blätter sind wechselständig, glattrandig, die Nebenblätter fallen frühzeitig ab. Die Blüten sind zwittrig, weiß und stehen in endständigen Trauben mit sechs bis 20 Blüten (selten nur einer bis drei), die vor oder mit den Blättern erscheinen. Der Blütenbecher ist glockenförmig mit fünf kleinen Lappen; es gibt fünf Kronblätter und etwa zehn oder 20 Staubblätter. Der einzelne Fruchtknoten weist zwei bis fünf Fächer und Griffel auf. Die kleine Frucht ist eine violettschwarze, oft saftig-süße Kernfrucht mit fünf bis zehn Samen. Die Arten sind in den gemäßigten Regionen winterfest und gedeihen in jedem Boden, sofern keine Staunässe vorliegt. Das Pfropfen auf Weißdorn (*Crataegus ssp.*) ist möglich, aber nicht empfehlenswert. Die Arten werden vor allem wegen der zahlreichen weißen Blüten gepflanzt, die sich im Frühling öffnen. Einige wie *Amelanchier laevis* und *A. lamarckii* weisen eine attraktive, violette oder bronzefarbene Tönung auf ihren Blättern auf, vor allem der jungen. Die Blätter von *A. asiatica*, *A. lamarckii* und anderen färben sich im Herbst ansprechend rot. Die süßen, saftigen Früchte einiger Arten sind sehr attraktiv für Vögel, diejenigen von *A. canadensis* und *A. stolonifera* – von letzterer vor allem die Sorte 'Success' – sind für den Menschen genießbar und werden zu Gelee verarbeitet.

Die Gattung ist taxonomisch schwierig, sowohl in der Bestimmung der Arten wie auch in der Nomenklatur. Es gibt verwirrende Zwischenformen, die zum Teil sicher auf natürliche Hybridisierungen zurückzuführen sind. Dies gilt etwa für *A. canadensis*, welche *A. arborea*, *A. canadensis* (im engeren Sinne), *A. laevis* und *A. lamarckii* umfasst, die allesamt kahle Fruchtknotenenden anstelle von haarigwolligen besitzen. Dies ist ein hilfreiches Unterscheidungsmerkmal bei der Bestimmung. Andere Bestimmungskriterien sind die Untersuchung frisch entfalteter Blätter hinsichtlich Behaarung, bronzefarbener oder violetter Tönung, die Zahl der Griffel und ob diese zum Grund frei oder mehr oder weniger verwachsen sind. K2–5

LINKS Die unteren Hänge des Mount Rainier im Staate Washington an der nordamerikanischen Nordwestküste sind die Heimat der wildwachsenden Eberesche (*Sorbus* spp.), deren Samen von Vögeln verbreitet werden.

UNTEN Felsenbirnen (*Amelanchier* spp.) wirken anmutig, vor allem im Schmuck der üppigen weißen Blüten, die sich kurz vor den Blättern öffnen.

Apfel – *Malus*

Zur Gattung *Malus* gehören über 50 Arten sommergrüner, Frucht tragender Bäume und Sträucher, von denen einige als Wild- oder Holzapfel bekannt sind. Darunter gibt es auch die vielen Varietäten der seit langem kultivierten Art *M. pumila*, die vermutlich das Resultat der Kreuzung verschiedener Arten ist. Bei ihnen sind einfache, mehr oder weniger gelappte Blätter und Büschel zwittriger Blüten charakteristisch, die alle Farben von Weiß über Rosa bis Violett zeigen, und die fünf Kronblätter, fünf Kelchblätter sowie 15 – 50 Staubblätter besitzen. Die Staubbeutel sind typischerweise gelb, und die zwei bis fünf Griffel sind am Grund verwachsen.

Der kultivierte oder essbare Apfel ist ein aufrechter oder fast niederliegender Baum mit dunkler graubrauner, unregelmäßig rissiger bis geschuppter Borke und graurötlich-braunen Ästen. Die Blätter sind glattrandig, eiförmig oder oval, breit keilförmig oder abgerundet am Grund, gekerbt bis gesägt und zumeist auf der Unterseite behaart. Die Blüten sind weiß, gehen aber in unterschiedlichem Maße in Rosa über und stehen in Büscheln von vier bis sieben. Sie bilden sich in achselständigen Knospen manchmal auf einjährigem Holz, bei manchen Kulturformen aber auch in den Endknospen der ältesten Zweige, aber zumeist an den Spitzen kurzer, 7 cm langer, gewachsener Zweige, die einfach oder verzweigt an mindestens zweijährigem Holz stehen. Die meisten Kulturformen sind teilweise selbststeril und werden von Insekten wie Bienen oder Fliegen bestäubt. Die Frucht ist

OBEN *Malus baccata* entwickelt eine runde, breite Krone. Die unteren Äste sind aufwärts gebogen oder hängen herab.

ROSACEAE

Malus
APFEL

Artenzahl: 55

Verbreitung: Gemäßigte Breiten

Verwendung: Kultiviert als Zierbäume, ökonomisch bedeutsam als Fruchtlieferanten. Es gibt einige Tausend Kulturformen.

UNTEN Die Sorte 'Discovery' trägt einen köstlichen, frühen Dessertapfel, der sich lange am Baum wie auch im Regal hält. Er ist knackig und hat eine gelbe Schale mit hellen, roten Streifen.

eine Kernfrucht (Scheinfrucht), grün oder gelbrot, und hat fünf lederige Fächer (Kerngehäuse), die meist zwei Samen (Kerne) enthalten.

Wie bei vielen Kulturpflanzen ist die Entstehung des Kulturapfels – und anderer Arten von *Malus*, die zu seiner Hybridgestalt etwas beigetragen haben – unbekannt. Soweit man weiß, stammt er aus den Hochlandregionen zwischen Schwarzem Meer, Turkestan und Indien. Einige der tauglicheren Formen verbreiteten sich nach Westen, wo sie sich als Varietäten weiterentwickelten.

Die Kulturformen sind wohl als zufällige Setzlinge entstanden, durch gezielte Auswahl von Setzlingen unbekannter Herkunft oder durch natürliche Knospenmutationen, die eine von der Elternpflanze abweichende Blütenfarbe hervorbringen. Die wissenschaftliche Züchtung begann, als Thomas Andrew Knight (1750–1835) herausfand, dass erwünschte Eigenschaften bei unterschiedlichen Eltern durch gezielte Kreuzbefruchtung kombiniert werden konnten, was heute in aller Welt intensiv praktiziert wird. Zur Erzielung erwünschter Mutationen hat man auch Bestrahlungstechniken eingesetzt. Gleichwohl sind ökonomisch bedeutende Sorten wie 'Cox Orange Renette', 'James Grieve', 'Golden Delicious', 'Granny Smith', 'Weißer Klarapfel', 'Discovery', 'Boskoop' und etliche andere aus zufällig entdeckten Reisern entstanden. Das weltweite Interesse und die Bedeutung dieses Produktionszweiges kann man an der Zahl von 2000 benannten Kulturformen ablesen.

Apfeltypen

Ökonomisch teilt man Äpfel in vier Gruppen ein – nämlich Dessertäpfel, Kochäpfel, Äpfel zur Mostherstellung (Cidre) und Zieräpfel. Am stärksten haben sich die Desserttypen entwickelt. Dies sind zumeist Kulturformen, die mittelgroße Früchte mit 6–7 cm Durchmesser hervorbringen. Diese sind meistens rot und/oder gelb, selten grün bei hohem Zuckergehalt, wobei der typische Geschmack von den darin enthaltenen Aromen herrührt.

Kochäpfel sind gewöhnlich Kulturformen mit großen Früchten um 10 cm Durchmesser, die meistens grün sind und viel Säure enthalten. Man geht davon aus, dass früh entwickelte große, gerippte, grüne Kulturformen wie „Costard" (erstmals 1292), „Codlins" und die kleinere, rundlichere, süßere „Pippins" (1609 von Richard Harris importiert, dem Gärtner Heinrichs VIII.) die Wegbereiter für die heutigen Koch- und Desserttypen darstellen.

Mostäpfel werden überwiegend auf den Britischen Inseln, in Nordfrankreich und in einigen nördlichen europäischen Ländern angebaut. Man unterscheidet süße, scharfe, bittersüße und bitterscharfe Sorten, die je nach der Menge der enthaltenen Zucker, Säuren und Gerbstoffe im ausgepressten Saft und zusammen mit weiteren organischen und aromatischen Substanzen die Qualität des resultierenden Mosts bestimmen. Die meisten kommerziell hergestellten Mostgetränke werden heute durch Mischen der Säfte von mehreren Kultursorten produziert, um die gewünschte Mischung aus Süße, Säure und Bitterkeit zu erzielen.

Die heutigen Erwartungen werden allerdings nicht mehr rein aus Mostäpfeln erfüllt, weshalb man zumeist minder exquisite Dessertäpfel zur Produktion hinzunimmt.

Andere Apfelprodukte sind etwa Wein, Likör, Essig, Kuchenfüllung, Saucen und – aus getrocknetem Apfelfleisch hergestellt – Pektin. Jährlich werden über 75 Millionen Tonnen Äpfel geerntet.

Einige Sorten, speziell die Holzäpfel, werden ausschließlich als Zieräpfel gepflanzt. Ihre dekorativen Eigenschaften umfassen die Frühlingsblüte, attraktive Blätter, Zweige oder Borke sowie eine gefällige Form. Von besonderem Interesse sind in diesem Zusammenhang die beiden Hybriden *Malus* 'Eleyi' und *M.* × *purpurea*, wobei es von letzterer viele schöne Formen gibt. Etliche bringen reichlich kleine Früchte hervor, die allerdings nur von geringer kulinarischer Bedeutung sind und sich allenfalls zur Geleeproduktion eignen. Sie tragen jedoch im Herbst zu angenehmen Farbtupfern in Parks und in Gärten bei. Ihrer Bedeutung als Pollenspender bei der Bestäubung anderer Arten in Obstgärten und bei der Entwicklung interessanter Arten in der Züchtung widmet man zunehmende Aufmerksamkeit.

Äpfel können nur in Regionen kultiviert werden, in denen die winterlichen Temperaturen niedrig genug sind, um den Kältereiz sicherzustellen, der die Knospenruhe beendet. Ohne diese Wirkung bleibt die Knospung aus oder ist fehlerhaft und hat eine Beeinträchtigung der Ernte zur Folge. Daher bleibt der gezielte Anbau auf die gemäßigten nördlichen und südlichen Zonen sowie höher gelegene Gebiete in wärmeren Regionen beschränkt. Gleichfalls ist geeigneter Boden in Hinsicht auf Tiefe, Feuchtigkeit, Textur, Struktur und Nährstoffreichtum erforderlich.

Ein zu kalter Winter hingegen, wie er inmitten großer Landmassen wie etwa Russland oder Nordamerika üblich ist, kann auch zu Schädigungen bzw. Tod der Blüten führen oder Borkenrisse, Wurzelverletzungen oder Vertrocknen der Stempelnarbe zur Folge haben, was die Bestäubung verhindert. Diese Verluste können durch ausgewählte, kälteresistente Wurzelunterlagen und Kultivare vermindert werden. K2–4

Die wichtigsten Apfelbaum-Arten

Sektion Malus (Calycomeles)
Blütenkelch gewöhnlich bleibend.

M. pumila

Untersektion Malus
Keine Steinzellen im Fruchtfleisch; Blätter ganzrandig.

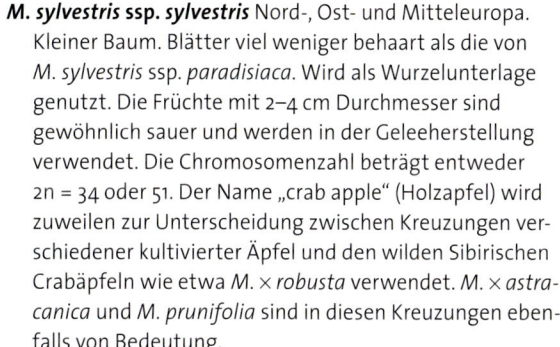

Malus pumila Kultivierter oder Essbarer Apfel *Malus pumila* schließt hier nur die Sorten ein, die ihrer Früchte wegen kultiviert werden und umfasst nicht auch deren Ursprungsformen. Die in dieser Gruppe wichtigsten Arten sind *M. sylvestris* (Wild-Apfel) und *M. orientalis*, ferner *M. sieversii* mit wesentlichen Anteilen von *M. baccata*, *M. prunifolia* und *M.* × *robusta*, außerdem *M. floribunda*, *M.* × *atrosanguinea*, *M.* × *zumi* und *M.* × *micromalus*. Durch gezielte Züchtung hat man die besondere Widerstandskraft der letztgenannten gegen Krankheiten und Schädlinge weitergeben können. Die Kulturäpfel werden inzwischen in den gesamten gemäßigten Breiten der Nord- und Südhalbkugel angepflanzt. Die Chromosomenzahlen variieren von diploiden Sätzen (2n = 34) über triploide (2n = 51) bis zu tetraploiden (2n = 68). K3

M. floribunda

M. sylvestris ssp. sylvestris Nord-, Ost- und Mitteleuropa. Kleiner Baum. Blätter viel weniger behaart als die von *M. sylvestris* ssp. *paradisiaca*. Wird als Wurzelunterlage genutzt. Die Früchte mit 2–4 cm Durchmesser sind gewöhnlich sauer und werden in der Geleeherstellung verwendet. Die Chromosomenzahl beträgt entweder 2n = 34 oder 51. Der Name „crab apple" (Holzapfel) wird zuweilen zur Unterscheidung zwischen Kreuzungen verschiedener kultivierter Äpfel und den wilden Sibirischen Crabäpfeln wie etwa *M.* × *robusta* verwendet. *M.* × *astracanica* und *M. prunifolia* sind in diesen Kreuzungen ebenfalls von Bedeutung.

M. sylvestris ssp. paradisiaca Enthält neben anderen die Sortengruppen 'Paradise' und 'Doucin'. Blätter viel stärker behaart als die von *M. sylvestris* ssp. *sylvestris*, die Früchte sind viel süßer und weniger säurehaltig. Die Chromosomenzahl beträgt entweder 2n = 34 oder 68. Die Art wird seit einigen Jahrhunderten in ganz Europa als Wurzelunterlage für zwergwüchsige Formen gepflanzt, ist aber als Wildform sehr selten. Sie wird zuweilen als Hybride zwischen *M. sylvestris* ssp. *sylvestris* und *M. orientalis* und/ oder *M. sieversii* betrachtet.

M. sylvestris ssp. sylvestris

M. orientalis Kaukasus, speziell in spärlich bewachsenen Eichenwäldern. Nah verwandt mit *M. pumila*. Der hohe Baum trägt spät reifende, süße Früchte, die gut zu transportieren sind. Die Art ist bei der Entstehung einiger kaukasischer, italienischer und einiger Arten von der Krim involviert, obgleich sie andernorts nicht sehr winterhart ist.

M. sieversii Nah verwandt mit *M. pumila*.
ssp. kirghisorum Täler der Flüsse Pskem, Ugam und Kok-Su. Wurde im Untergebüsch des wilden Walnussbaums

M. × purpurea

M. coronaria

M. coronaria

(Juglans regia) in West-Tienshan, China, gefunden, hat sich durch häufiges Kreuzen in Kulturformen eingemischt.

ssp. *turkmenorum* Turkmenistan, Kopet-Dag-Berge. Große, frühreife Frucht. Für die Kultivarform 'Babaarabka' ist charakteristisch, dass der Hauptzweig nach etwa 20 Jahren abstirbt und eine Verjüngung von den Wurzelsprossen her einsetzt (kriechender unterirdischer Stamm).

f. *niedzwetzkyana* Südwestsibirien, Turkistan, Westchina. Manchmal als eigene Art oder als Varietät von *M. pumila* behandelt. Kleiner Baum mit roten Blättern, dichten violettroten Blütenbüscheln, gefolgt von großen, konischen, dunkelroten Früchten. Stammform vieler attraktiver Zierformen. Die Chromosomenzahl ist 2n = 34.

Die Hybride *M. × purpurea* (*M. atrosanguinea × sieversii* f. *niedzwetzkyana*) umfasst attraktive Sorten wie 'Eleyi', 'Aldenhamensis' (ein nützlicher Pollenspender für Kultivare) und 'Lemoinei'. Die Kreuzung 'Lemoinei' × *M. sieboldii* bildete die Grundlage für die Zierform 'Profusion', die mit weinroten, wohlriechenden Blüten in großen Büscheln, kupfer- bis purpurroten jungen Blättern und kleinen ochsenblutroten Früchten besticht.

M. prunifolia Kirsch-Apfel Nordchina, Ostsibirien. Kleiner Baum mit weiß-rosafarbenen Blüten (mit rosa-purpurroter Knospe), etwa 3 cm breit; Früchte gelb-rot, kugelig mit 2 cm Durchmesser. Sehr kälte- und trockenresistent. Die Art war bei vielen Kultivaren beteiligt, so bei 'Bellefleur-Kitaika' und 'Saffran Pippin'. Innerhalb dieser Art gibt es Pflanzen mit diploidem (2n= 34), triploidem (2n = 51) und tetraploidem (2n= 68) Chromosomensätzen. Es ist denkbar, dass *M. prunifolia* durch Hybridisierung zwischen *M. baccata* und anderen Arten entstanden ist.

var. *rinki* China, Korea, Japan. Wird wegen ihrer reichlichen, leuchtend roten oder gelben Früchte angebaut. Die zwergwüchsigen, doppelblütigen, mandel- bis rosafarbenen Zuchtformen sind als Zierpflanzen besonders beliebt. Die Bäume bevorzugen sonnige, trockene, kalkfreie Steinböden, Berghänge oder Böschungen. Die Chromosomenzahl ist 2n = 34. Merkmale der Schösslinge legen die Vermutung nahe, dass die Art durch Hybridisierung entstanden ist. K3

M. spectabilis Pracht-Apfel China, Japan. Wird in China als Ziergehölz angepflanzt und wegen der Früchte, die zur Herstellung des Konfekts Tang-Hu-Lu gebraucht werden. Blüten halb gefüllt oder einfach, rosarot, 4–5 cm breit. Es gibt eine breite Palette von Fruchtsorten, die tiefrot, rosa oder purpurfarben und eckig, lang oder abgeflacht sind. In China werden die Züchtungen für gewöhnlich auf *M. baccata*-Unterlagen vermehrt. Die Art wächst nicht wild. Die Chromosomenzahl beträgt 2n = 34 oder 51. Die Sorte *M. × micromalus* (*M. spectabilis × M. baccata*) bildet einen kleinen Baum mit aufrechter Form aus, er hat rosafarbene Blüten mit 4 cm Durchmesser und rundliche, rote Früchte mit 1,5 cm Durchmesser; der Blütenkelch kann abfallen oder bleiben. K4

M. × purpurea

Malus × purpurea hat eine unordentlich wuchernde Krone mit langen, spärlichen Ästen, die aber immer noch offener und aufgerichteter ist als die von *M. floribunda*.

Untersektion Chloromeles

Keine Steinzellen in der Frucht; Blätter tief zergliedert; Früchte grün. Stammt aus Nordamerika.

Malus iowensis Prärie-Apfel Zentral-USA. Eine der wenigen diploiden Arten (2n = 34) dieser Subsektion unter lauter tri- und tetraploiden. Blätter grob gesägt oder flach gelappt. Blüten 4 cm breit. Früchte 3 cm Durchmesser, wächsern und grün. *Malus iowensis* 'Plena' ist ein attraktiver Zierbaum mit nach Veilchen duftenden, halb gefüllten Blüten; ebenso attraktiv ist die Sorte *M. × soulardii* (*M. pumila × ioensis*) mit großen, mandel- bis rosafarbenen Blüten und gelber (gelbangeröteter) Frucht mit 5 cm Durchmesser. Eine weitere Form ist 'Red Tip Crab' (*M. iowensis × sieversii* f. *niedzwetzkyana*), erkennbar an ihren roten jungen Blättern und rötlich violetten Blüten. K2

M. glaucescens Östliche USA. Baum oder Strauch mit breiter, dichter Krone. Blätter mit kurzen, 3-eckigen Lappen (auf den vegetativen Trieben sehr tief gelappt). Die fertig entfalteten Blätter sind kahl und verfärben sich im Herbst attraktiv gelb bis dunkelviolett. Blüten bis zu 4 cm breit; Griffel kürzer als die Staubblätter. Frucht wächsern, gelbgrün, duftend, 4 cm breit. Die Chromosomenzahl ist 2n = 68. Bei der verwandten Sorte *M. glabrata* (2n = 68) sind lediglich die Griffel länger als die Staubblätter. K5

M. angustifolia Schmalblättriger Apfel Östliche USA (Virginia bis Florida und Mississippi). Schmalkroniger Baum oder Strauch, der an günstigen Standorten halbimmergrün ist. Blätter an starkwüchsigen Trieben spitz gelappt, an ausgewachsenen Zweigen hingegen schmal und gezähnt. Blüten lachsrosa mit Veilchenduft, 2,5 cm breit. Früchte gelblich grün, rundlich mit 2,5 cm Durchmesser. Die Chromosomenzahl ist 2n = 34 oder 68.

ssp. *pendula* Besitzt schmale, herabhängende Äste. K6

M. × platycarpa Südöstliche USA (Nordcarolina bis Georgia). Niedriger, ausladender Baum mit charakteristischen Blättern mit mehreren Paaren 3-eckiger Lappen. Blüten groß und rosa. Früchte blassgelb-grün, 5 cm Durchmesser. Die Chromosomenzahl ist 2n = 51 oder 68. K6

M. coronaria Kronen-Apfel Östliche und mittlere USA. Starkwüchsiger Baum. Blätter leicht gelappt, kurz, auf kräftig wachsenden Ästen. Blüten duftend, 3,5 cm breit. Früchte grün, 3 cm Durchmesser und an der Spitze leicht gerippt. Die Chromosomenzahl ist 2n = 51 oder 68. *M. coronia* 'Charlottae' trägt stark gelappte Blätter mit prachtvoller Herbstfärbung. Sie trägt ebenfalls interessant große, muschel-rosafarbene, halbgefüllte, nach Veilchen duftende Blüten, die sich Ende Mai, Anfang Juni öffnen. *M. bracteata* (2n = 51) ist eine nahe Verwandte, die aber gewöhnlich weniger gelappte Blätter hat.

M. lancifolia USA. Mittelgroßer, ausladender, oft gedornter Baum. Blätter ziemlich dünn, lanzettlich (besonders auf blühenden Ästen), auf starkwüchsigen Ästen leicht gelappt, in der Reife haarlos. Blüten muschelrosa, 3,5 cm breit. Früchte wächsern, grün, rund, 2,5 cm Durchmesser. Die Chromosomenzahl ist 2n = 51 oder 68. K5

M. tschonoskii

Die schmale, aufrechte Krone von *Malus tschonoskii* hat einen pyramidenförmigen Aufbau mit langen, aufrechten Ästen.

M. tschonoskii

M. baccata

M. 'Yellow Siberian'

Untersektion Eriomeles

Steinzellen in Früchten; Blätter nicht oder gering gelappt.

Malus prattii Zentral- und Westchina. Baum, bis zu 10 m. Blätter 6–15 cm lang, rotadrig, glattrandig mit attraktiver Färbung im Herbst. Blüten weiß, 2,5 cm breit, stehen in vielblütigen Büscheln. Früchte rot oder gelb, rundlich mit 1,5 cm Durchmesser. *M. ombrophila* ist eine verwandte Art mit weniger Griffeln in der Blüte und geringfügig größeren Früchten. K6

M. yunnanensis Westchina. Baum ähnlicher Größe wie *M. prattii*, aber mit spitzeren Blättern, die 3–5 Paar kurze, breite Blattfiedern besitzen. Blüten weiß, 1,5 cm, bis zu 12 in einem Büschel, mit 5 oder mehr Griffeln. Früchte tiefrot, rund, 1–1,5 cm Durchmesser, mit zurückgebogenem Blütenkelch. Die purpurrote und orange Herbstfärbung macht die Art zu einem attraktiven Zierbaum. K6

Untersektion Eriolobus

Steinzellen in Früchten; Blätter gelappt; sehr späte Blüte.

Malus trilobata Westasien, östliche Mittelmeerländer, Nordostgriechenland. Baum oder Strauch. Blätter ähnlich wie bei Ahorn, tief 3-lappig und binnengelappt, gezähnt. Blüten bis zu 3,5 cm breit, öffnen sich sehr spät und entwickeln sich oft nicht zur Frucht. Früchte (wenn vorhanden) gelb oder rot. K6

Untersektion Docyniopsis

Steinzellen in Früchten; Blätter nicht oder gering gelappt.

Malus tschonoskii **Wolliger Apfel** Japan. Großer Baum. Blätter leicht gelappt, 7–12 cm lang, die im Herbst gelb, orange, violett und scharlachrot werden. Blüten weiß, rosa getönt, 3 cm breit. Früchte gelbgrün, violett getönt, rund, 3 cm Durchmesser. Diese Art trägt selten Früchte und wird häufig in öffentlichen Parks gepflanzt. K6

M. doumeri Taiwan. Baum, bis zu 15 m. Blätter spitz, fein gesägt und kahl, 9–15 × 4–6,5 cm, ohne Zipfel. Blüten 2,5–3 cm breit. Früchte etwa 5,5 cm Durchmesser, mit relativ großem Kerngehäuse. Im Herkunftsland Taiwan findet er sich in Höhen zwischen 1000 und 2000 m. Die Sorte wächst gut an warmen, feuchten Orten. *M. laoensis* aus Laos und benachbarten Gebieten ist vermutlich verwandt mit *M. doumeri*. K8

M. melliana China. Baum, bis zu 10 m. Blätter spitz, fein gesägt und behaart, 5–10 × 2,5–4 cm, ohne Zipfel. Blüten etwa 2 cm breit. Früchte etwa 2,5 cm im Durchmesser, fast ausschließlich aus Kerngehäuse bestehend. Im Herkunftsland China findet sich diese Sorte in Höhen zwischen 700 und 2400 m.

Sektion Gymnomeles

Kelch gewöhnlich abfallend.

Untersektion Baccatae

Blätter ganzrandig; Frucht mit weichem Fleisch.

Malus baccata Nord- und Ostasien, Nordchina, Ostsibirien. Baum, bis zu 15 m; sehr frostresistent. Blätter 3–8 cm lang, mit fein gesägten Blatträndern. Blüten weiß, etwa 3,5 cm breit, die Griffel gewöhnlich länger als die Staubblätter. Frucht rot oder gelb, kirschähnlich, rundlich, etwa 1 cm Durchmesser oder etwas kleiner. Die Chromosomenzahl ist 2n = 34, 51 oder 68. Die Art gedeiht bis auf 1500 m Höhe und wird als Propfunterlage für Frucht- und Holzäpfel genutzt sowie wegen ihrer beachtlichen Blüten und hübschen Blätter als Zierbaum. *M. × robusta* ist eine Kreuzung zwischen *M. baccata* und *M. prunifolia*. *Malus × robusta* 5 ist eine kanadische Zuchtwahl von dieser Sorte und wird als sehr winterharte Pfropfunterlage für kommerziell nutzbare Sorten verwendet. Die Ziersorte *M. hartwigii* (*M. halliana × baccata*) bringt einen kleinen Baum mit halb gefüllten, rosa-weißen Blüten mit 5 cm Durchmesser hervor. K2

ssp. mandshurica Zentralchina, Korea, Japan, Ostsibirien. Baum, ähnelt *M. baccata*, aber der Griffel ist nur fast so lang wie die Staubblätter, und die Frucht misst bis zu 1,2 cm im Durchmesser. Er wächst zwischen 100 und 2100 m Höhe. Man schätzt seine wohlriechenden Blüten, und er wird auch als robuste Wurzelunterlage verwendet. K2

ssp. sachalinensis K2

ssp. gracilis Kleiner Baum mit hängenden Zweigen. Blätter klein, 1,5–3 cm lang, an langen Stielen. Frucht bis zu 3 cm Durchmesser. K2

ssp. nickovsky Manche Exemplare werden in 100 Jahren nur 1 m hoch. K2

M. rocki (M. himalaica?) Westchina, Himalaja. Nah verwandt mit *M. baccata*. Blätter bis zu 12 cm lang, unterseits flaumig behaart. Frucht mehr oder weniger rund, etwa 1 cm Durchmesser, Blütenkelch springt sehr langsam auf. Die Chromosomenzahl ist 2n = 68. Die Art wächst auf 2400–3800 m Höhe. K5

M. sikkimensis Himalaja. Nah verwandt mit *M. baccata*. Kleiner Baum mit kräftigen, verzweigten Dornen an der Basis der Zweige. Blüten weiß oder höchstens leicht rosa. Früchte oft leicht birnenförmig, gesprenkelt und etwa 1,5 cm lang. Soll triploid mit 51 Chromosomen sein. K6

M. hupehensis (M. theifera) **Tee-Apfel** China, Japan, Assam (Nordostindien). Mittelgroßer Baum mit steifen Zweigen. Blüten duftend, rosa, dann weiß, 4 cm Durchmesser. Frucht gelb-grün (rot getönt), etwa 1 cm Durchmesser. Die Chromosomenzahl ist 2n = 51 oder 68. Die Art wächst auf 50–2900 m Höhe. K4

M. halliana China, Japan. Kleiner Baum. Blätter dunkel, glänzend, haarlos (außer der Mittelrippe), zuweilen leicht violett. Blüten als Knospe rot, geöffnet blasser, 3 cm Durchmesser. Früchte violett, 8 mm Durchmesser. Die Chromosomenzahl ist 2n = 34 oder 51. ‚Parkmanii‘ ist eine attraktive Zierzüchtung mit hängenden, halb gefüllten, rosa-roten bis rosafarbenen Blüten auf purpurroten Stielen. K5

M. sargentii

M. sargentii

Malus × purpurea 'Eleyi' entwickelt hübsche rote Früchte an langen Stielen, die gemeinsam Büschel bilden. In Farbe und Form erinnern die Früchte an Schattenmorellen.

Untersektion Sorbomalus
Blätter zerschnitten; Büschel roter oder gelber Früchte.

Serie Sieboldianae
Griffel mit langen, schwachen, losen Haaren am Grund; Kelch und Blütenstiel kahl oder schwach flaumig behaart.

Malus sieboldii (M. toringo) Korea. Strauch von 2–10 m Höhe, wuchernde Verästelung, abstehender (oder halb hängender) Habitus. Blätter 3- bis 5-lappig. Blüten als Knospe rosa oder rot, geöffnet weiß, 2 cm Durchmesser; oft selbstbestäubend. Früchte rot (oder manchmal gelbbraun) mit etwa 6–8 mm Durchmesser. Die Chromosomenzahl ist 2n = 34, 68 oder 85. Die Art ist salztolerant. Zwergformen werden in Japan als Ziergewächse gezüchtet; sie werden ebenfalls als Zwergunterlage zum Pfropfen verwendet. M. × sublobata (M. prunifolia × sieboldii) ist ein kleiner, pyramidenförmiger Baum mit schwach gelappten Blättern, rosafarbenen Blüten und gelben Früchten. M. × zumi (M. baccata var. mandshurica × sieboldii) ähnelt M. sieboldii, hat aber größere Blüten (3 cm Durchmesser) und leuchtend rote Früchte von 1,2 cm. M. × zumi var. calocarpa ist eine Spielart mit ausladender Form und attraktiven, kleinen Blättern und Blüten: Diese bleiben den Winter über am Baum. Der Karmesinrote Holz-Apfel M. × atrosanguinea (M. halliand × sieboldii) ist ein ansehnlicher kleiner Baum mit grünen, glänzenden, nahezu haarlosen Blättern und unzähligen Blüten, die als Knospe purpurrot, geöffnet rosarot sind. Er ähnelt sehr M. floribunda und trägt gelbe Früchte mit roter Tönung. Züchtungen aus M. floribunda und M. atrosanguinea wurden genutzt, um bei kommerziell genutzten Apfelsorten die Widerstandsfähigkeit gegen Apfelschorf (Venturia inaequalis) zu erhöhen. K5

M. sargentii Strauch-Apfel Japan. Strauch, bis zu 2 m, mit unzähligen, weißen Blüten und roten, kirschähnlichen Früchten. Die Chromosomenzahl ist 2n = 34, 51 oder 68. K4

M. floribunda Vielblütiger Apfel Japan. Sehr attraktiver Baum mit üppiger Blütenpracht. Die Blüten sind als Knospen tief karmesinrot und werden später leicht rötlich oder ganz weiß, etwa 3 cm Durchmesser. Früchte rot (manchmal gelb), rund, 8 mm Durchmesser. Die Chromosomenzahl ist 2n = 34. Die Sorte M. × arnoldiana (M. baccata × floribunda) ist ein kleiner Baum mit vielen Blüten, der 1883 im Arnold-Arboretum in Boston entdeckt wurde. Er hat rote Knospen, weiße Blüten und rot getönte, gelbe Früchte von 1 cm Durchmesser. Die Sorte M. × schiedeckeri (M. floribunda × prunifolia) ist ein langsam wachsender Baum mit vielen halb gefüllten, duftenden, zart rosafarbenen Blüten, 3,5 cm breit, und mit gelben Früchten von 1,5 cm Durchmesser. Auf schwach basischen Böden gedeiht der Baum nicht gut. M. brevipes (2n = 34) ist verwandt mit M. floribunda, hat aber einen kompakteren Habitus. K4

Serie Florentinae
Griffel mit langen, schwachen, losen Haaren an der Basis; Kelch und Blütenstiel behaart; Blätter deutlich gelappt.

Malus florentina (M. crataegifolia) Italienischer Apfel Italien. Kleiner Baum mit weißdornähnlichen Blättern; Blattunterseite behaart; Blüten weiß, 3 cm breit; Früchte 1,2 cm lang. Im Herbst sehr ansehnliche orange und scharlachrote Blätter. K6

Serie Kansuenses
Griffel kahl.

Malus toringoides Chinesischer Apfel China. Sehr attraktiver, kleiner Baum mit ausgebreiteten, blühenden Zweigen. Blüten cremeweiß, 2,5 cm Durchmesser in fast stiellosen Dolden. Früchte rot und gelb, rund oder birnenförmig, 1,2 cm lang. Nicht selten aus der Kultur verwildert. Die Chromosomenzahl ist 2n = 51 oder 68. M. transitoria (Nordwestchina) ist verwandt mit M. toringoides, ist aber in der ganzen Erscheinung eleganter, hat tiefer gelappte Blätter und kleinere, rundere gelbe Früchte. Beide Sorten weisen eine attraktive Herbstfärbung auf. K5

M. kansuensis Kansu-Apfel Nordwestchina. Kleiner Baum. Blätter unterseits auf den Adern behaart. Blüten cremeweiß, 1,5 cm breit mit behaartem Kelch. Früchte rot oder gelb, 1 cm lang. Die verwandte Art M. honanensis aus Nordostchina hat gesprenkelte, rundliche Früchte mit 8 mm Durchmesser. K5

M. komarovii China. Kleiner Baum, bis zu 3 m. Blätter gelappt wie bei M. kansuensis, 4–8 × 3–7 cm. Blüten 3,5 cm breit. Früchte 8–10 mm Durchmesser. Im Herkunftsland China trifft man die Art in Höhen zwischen 1100 und 1300 m an.

M. fusca (M. diversifolia, M. rivularis) USA (vorwiegend Washington und Oregon, auch von Kalifornien bis Alaska). Großer Strauch oder kleiner Baum mit kräftigem, dichtem Wuchs, oft fast undurchdringliches Dickicht bildend. Blüten weiß oder rosa, 2–5 cm Durchmesser. Früchte rot oder gelb, 1,5 cm lang. K6

Birnen – *Pyrus*

Birnen sind die beliebten essbaren Früchte aus einer Gruppe von 25 Arten, die die Gattung *Pyrus* umfasst. Es sind sommergrüne Sträucher oder Bäume, manche mit Dornen, die Blätter sind einfach und gegenständig. Die zwittrigen Blüten stehen in einfachen Doldenrispen. Sie haben je fünf Kelch- und Kronblätter, 20–30 Staubblätter mit typischerweise roten bis violetten Staubbeuteln und zwei bis fünf bis zum Grund freie Griffel. Der Fruchtknoten ist unterständig und besteht aus zwei bis fünf untereinander und mit dem Fruchtbecher verbundenen Fruchtfächern. Die Birne ist eine Apfelfrucht (Scheinfrucht), bei der der vergrößerte Blütenbecher das essbare Fleisch mit den zahlreichen körnigen Steinzellen bildet, der die eigentliche Frucht mit dem Kerngehäuse und den darin enthaltenen Samen umschließt.

Birnen haben sich über mehr als 2000 Jahre lang in Zentralasien mit Nebenzentren in China und dem Kaukasus entwickelt. In China und Japan bildete *Pyrus pyrifolia* (*P. serotina*) mit harter, knackiger Frucht die Grundlage, aus der die Varietäten in dieser Region entwickelt wurden, die unter den Namen Orientalische, Chinesische, Sand- oder Japanische Birne bekannt wurden. Sie sind deutlich sandig (wegen der Steinzellen im Fruchtfleisch) und haben wenig Geschmack. Zumeist werden sie zum Kochen benutzt. Orientalische Birnen sind in nicht nennenswertem Maße über China und Japan hinaus verbreitet außer als Pfropfunterlagen oder Gartenformen.

Der Garten- oder Kultur-Birnbaum *(Pyrus communis)* ist eine Sammelart mit einem Herkunftszentrum in Kleinasien und einer verwickelten Geschichte beteiligter Formen, zu denen die wilden Arten *P. pyraster*, *P. syriaca*, *P. salviifolia*, *P. nivalis*, *P. austriaca*, *P. cordata* und andere gezählt werden. Aus dieser Mischung sind die zahlreichen kultivierten Gartenformen hervorgegangen. Heute kennt man über 1000 Sorten. Diese sind oft wieder verwildert, wobei es mit den vermuteten Vorfahren Rückkreuzungen gab. Man kann daher heute nicht mit Sicherheit sagen, wie nah die heutigen Arten ihren „wilden" Vorfahren ste-

P. bretschneideri

P. betulaefolia

P. communis

Die 'Bartlett' oder 'Williams' Bon Chrétien' ist eine häufig kommerziell angebaute Sorte.

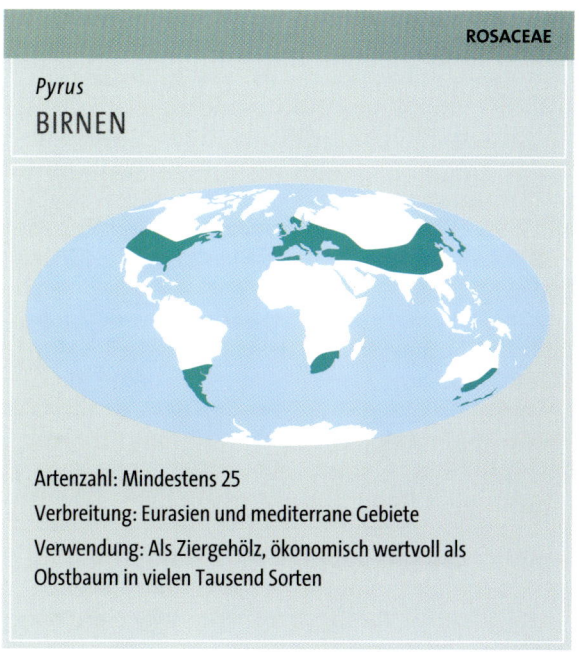

ROSACEAE

Pyrus
BIRNEN

Artenzahl: Mindestens 25

Verbreitung: Eurasien und mediterrane Gebiete

Verwendung: Als Ziergehölz, ökonomisch wertvoll als Obstbaum in vielen Tausend Sorten

hen. Diese werden manchmal als Unterarten von *P. communis* behandelt, aber neuere Forschungen belegen ihren Status als eigene Arten. Daher kann man *P. communis* als Sorte betrachten, die sich selbst in natürliche Habitate zurückgezüchtet hat. *P. pyraster* ist eine Form mit mehr Dornen, kleineren Blüten und Früchten ohne süßen Geschmack. Manche Fachleute betrachten sie als diejenige Art, die der wilden Birne am nächsten steht. Anders als bei einigen der Vorgängersorten sind die Blätter der Sorten *P. communis* und *P. pyraster* fast immer leicht gekerbt.

Birnen wurden schon seit jeher kultiviert. Homer erwähnte ihre Kultur schon um 1000 v. Chr., und Theophrast beschreibt das Pfropfen ausgewählter Sorten um 300 v. Chr. Nach dem Niedergang des Römischen Imperiums gab es fast keinen Fortschritt in der Birnenzüchtung, bis im Frankreich des 17. Jahrhunderts das Interesse wieder auflebte. Die Birnenzüchtung wurde zuerst 1730 von dem Mönch Nicolas Hardenpont in Belgien begonnen. Er hat den Verdienst, der erste zu sein, der Sorten mit weichem („schmelzendem") Fleisch auswählte, was das Kennzeichen der meisten modernen, kommerziell genutzten Sorten ist. Jean-Baptiste van Mons (1765–1842) hatte in Fortführung von Hardenponts Züchtungen bis zu 80.000 Setzlinge zugleich in seinen Treibhäusern und entwickelte während seines Lebens einige Dutzend verschiedener Sorten.

In Europa wurden Birnen meistens in Gärten angebaut und durch Pfropfung fortgepflanzt. Als sie aber nach Nordamerika kamen, vermehrten sie sich durch Samen. Erst im 19. Jahrhundert, als sich die Nachfrage von Garten- auf kommerziell nutzbare Sorten veränderte, wurde es in Nordamerika üblich, Sorten durch Pfropfung zu selektieren. Die ausgesuchten Sorten hatten ihren Ursprung meistens in Europa. Während sich die europäischen Züchter vor allem um eine Verbesserung der Obstqualität verdient machten, verbesserten die nordamerikanischen Züchter insbesondere die Kältetoleranz und Widerstandskraft gegen Krankheiten.

Die Kreuzung aus *Pyrus pyrifolia* und *P. communis* bildete den Ausgangspunkt für kommerziell bedeutende Sorten wie 'Le Conte', 'Kieffer' und 'Garber'. Diese sind widerstandsfähiger gegen Feuerbrand (verursacht durch das Bakterium *Erwinia amylovora*) als die üblichen europäischen Birnen, aber zugleich ist die Frucht von geringerer Qualität, was sie eher für Konserven geeignet macht als für Frischobst. Auch chinesische Sorten wie 'Ba Li Hsiang' *(P. ussuriensis)* besitzen diese Resistenz gegen Feuerbrand.

In Nordamerika wurden Birnen für gewöhnlich auf Birnensetzlinge gepfropft, die von kommerziell genutzten Sorten wie etwa 'Winter Nelis', 'Bartlet' (in Europa auch unter 'Williams' Bon Chrétien' bekannt) oder 'Beurre Rose' stammen. Auf diesen Propfunterlagen werden große Bäume gezogen, die zwar nur einigermaßen langsam mit Fruchtproduktion beginnen, aber kalte Winter überstehen können. In Europa hingegen setzt man die Quitte *(Cydonia oblonga)* einschließlich vegetativ gezogener Sorten als Propfunterlage ein, vor allem wegen ihrer Eigenschaft, Niedrigwuchs hervorzubringen und schon die jungen Bäume zur Fruchtproduktion zu befähigen. Wenn die beteiligten Sorten von Quitte und Birne inkompatibel sind, wie es zum Beispiel bei 'Williams' Bon Chrétien' der Fall ist, muss ein Stück Pfropfreis einer kompatiblen Birnensorte wie 'Beurre Hardy' oder 'Old Home' zwischen Quitte und inkompatibler Birne eingefügt werden.

Die gegenwärtige Weltjahresproduktion beträgt über 17 Millionen Tonnen. Die Hauptproduzenten sind Italien, China, Deutschland, die USA, Frankreich und Japan.

Einige wenige Birnensorten werden als Zierbäume eingesetzt, vor allem drei nah verwandte Arten, die sich alle durch zahllose weiße Blüten, weißliche, glattrandige Blätter und verschmälerte Blattbasen auszeichnen. Davon ist die Weiden-Birne *(P. salicifolia)* mit elegant herabhängenden Zweigen und silbergrauem Blattwerk wohl die schönste. Sie übertrifft die Schnee-Birne *(P. nivalis)* und die Ölweiden-Birne *(P. elaeagnifolia)*. K4–9

Die wichtigsten Birnen-Arten

Sektion Pyrus
Frucht typischerweise mit bleibendem Kelch (aber zuletzt abfallend bei *P. cordata*). Arten einheimisch in Europa, Nordafrika bis Zentralasien, Mandschurei und Japan.

Pyrus communis **Garten-Birne** Europa, Westasien. Baum, bis zu 15 (20) m; Zweige mit veränderlicher Zahl von Dornen. Blätter mehr oder weniger eiförmig, 2–8 × 1–2 cm, Rand fein gekerbt, selten glatt. Blüten 3 cm breit. Früchte rundlich bis birnenförmig, 6–16 cm lang, zuletzt weichfleischig und süß schmeckend. Wichtiger Bestandteil der kultivierten Birnen, welche zuweilen unter dem Namen var. *cultivata* gesammelt werden. K4

P. pyraster **Wild-Birne** Westasien, Mitteleuropa. Der vorigen Art sehr ähnlich, aber gleichmäßiger dornig und mit kleineren Blüten. Frucht kleiner als 6 × 2 cm und etwas sauer im Geschmack. Einer der wichtigsten Vertreter kultivierter Birnen. K6

P. nivalis

P. communis

P. pashia

P. salicifolia

P. ussuriensis

P. nivalis **Schnee-Birne** Südeuropa, besonders Westschweiz, Frankreich. Dornenloser, kleiner, aufrechter Baum, bis zu 16 m. Blätter elliptisch bis verkehrt-eiförmig, 5–8 × 2–4 cm, zuerst weißfilzig (ebenso wie die jungen Triebe), später oberseits kahl. Blüten weiß (April); aus der Distanz scheint der voll erblühte Baum ein einziger riesiger Schneeball zu sein. Früchte süß (wenn überreif), gelbgrün, rund, 2–5 cm Durchmesser, an langen Stielen. Manchmal als Zierbaum und zur Herstellung von Birnenmost, auch als Pfropfunterlage verwendet. Die behaarten Blätter und die hohe Zahl an Spaltöffnungen legt die Vermutung einer nahen Verwandtschaft zu europäischen Cultivarformen nahe. K6

P. salviifolia **Salbeiblatt-Birne** Möglicherweise verwandt mit *P. nivalis* (und aus derselben Region stammend), aber mit birnenförmigen Früchten. Wird auch als Kreuzung zwischen *P. nivalis* und *P. communis* betrachtet. K6

P. cordata Westeuropa (Frankreich, Spanien, Portugal). In allen Teilen kleiner als *P. communis* und *P. pyraster*, insbesondere die weiß getüpfelten, braunen Früchte mit nur 9–12(15) mm Durchmesser. Untypisch für diese Sektion wird der Blütenkelch zum Schluss abgeworfen. Die Art wird in Hecken benutzt und zuweilen wegen ihres Holzes angepflanzt.

P. longipes Algerien. Strauch oder kleiner Baum mit fein gezähnten Blättern. Nah verwandt mit *P. communis*, aber mit teilweise abgeworfenem Kelch. Früchte braun und gesprenkelt, rund mit etwa 1,5 cm Durchmesser. Vermutlich zusammen mit *P. communis* Vorfahr für einige Cultivare. *P. boissieriana* ist eine verwandte iranische Art. K8

P. betulifolia

P. bretschneideri

P. syriaca Armenien über Westasien bis Zypern. Kleiner, dorniger Baum mit glänzend grünen Blättern. Die Art ist nah verwandt mit *P. communis* und war vermutlich bei der Entstehung einiger Kulturformen beteiligt, bei denen *P. communis* eine wesentliche Rolle spielte. K7

P. balansae Westasien. Kreiselförmige Frucht an langem Stiel. Verwandt mit *P. communis*. K6

P. caucasica Kaukasus (Waldgebiete). Starkwüchsiger Baum, der sich auf offenen Flächen sehr rasch ausbreitet. Die Tiefland-Variante ist starkwüchsig, frost- und trockenresistent; die Hochland-Variante ist weniger starkwüchsig und anfällig für Frost und Trockenheit. Die Art wurde bei einigen osteuropäischen Kultivaren eingekreuzt.

P. turcomanica Verwandt mit *P. communis* und *P. caucasica*. Charakteristisch sind die schneeweißen, flaumigen Haare an allen jungen Teilen und den bleibenden Kelchblättern, die der Frucht anliegen.

P. korshinskyi Westliches T'ien Shan (Westchina), Pamir-Region von Tadschikistan. Früchte rundlich, 2 cm Durchmesser, mit charakteristisch kräftigem Stiel. Ebenfalls verwandt mit *P. communis*. K6

P. armeniacaefolia China. Die Sorte wurde erstmals 1936 beschrieben und ähnelt *P. communis* weitgehend, hat aber aprikosenähnliche Blätter.

P. salicifolia Weiden-Birne Westasien, Südosteuropa. Junge Blätter zunächst silbrig behaart, werden später oberseits kahl und graugrün. Früchte birnenförmig, 2,5 cm lang, auf kurzem Stiel. Die Art war bei der Züchtung einiger Sorten beteiligt. Sie ist ein attraktiver Zierbaum und eine trockenresistente Pfropfunterlage. K4
'Pendula' Anmutiger Baum, bis zu 8 m mit schlanken, überhängenden Ästen; Blätter schmal-lanzettlich, 3–9 × 0,7–2 cm, die jungen Blätter erscheinen weißlich durch einen dichten Bewuchs mit silbrigen Haaren, später oberseits grün.

P. × canescens (P. nivalis × salicifolia) ist eine feine, kleine Sorte mit silbernen Blättern.

P. glabra ist eine verwandte Art aus dem Iran mit fast kugeligen Früchten.

P. amygdaliformis Westasien, Südeuropa. Strauch oder kleiner Baum, manchmal dornig. Junge Blätter schmal, silbrig behaart, werden aber salbeigrün und weniger haarig. Früchte gelbbraun, kugelig, 3 cm Durchmesser, auf kräfti-

gen, 3 cm langen Stielen. Die Behaarung und die hohe Dichte an Spaltöffnungen lassen vermuten, dass die Sorte bei der Entstehung einiger südeuropäischer Kulturformen beteiligt war. Die Sorte *P. × michauxii (P. amygdaliformis × nivalis)* ist ein kleiner Baum mit grauen bis glänzend grünen Blättern. K6

P. elaeagnifolia Kleinasien. Kleiner, gewöhnlich dorniger Baum mit attraktiven grau-weiß behaarten Blättern. Früchte grün, kurzstielig, rundlich oder kreiselförmig, etwa 2,5 cm Durchmesser. Sehr nah verwandt mit *P. nivalis*. K5

P. regelii Buchara-Region in Usbekistan, Pamir-Region in Tadschikistan, West-Tien-Shan in Westchina. Strauch oder kleiner Baum, extrem trockenresistent. Sehr unterschiedliche Blätter, mehr oder weniger ungelappt und rau gesägt oder mit 3–7 schmalen Lappen bis fast zur Mittelrippe. Früchte annähernd birnenförmig, 2,5 cm lang. K6

P. takhtadzhiani Westasien. Baum im gesamten Aussehen den Kulturbirnen gleich und heute nur noch wildwachsend, obwohl er früher kultiviert wurde.

P. ussuriensis Mandschurei, insbesondere das Tal des Ussuri-Flusses. Kleiner bis mittelgroßer Baum, der sehr winterhart und an kalte, trockene Regionen gut angepasst ist. Blätter kahl, verfärben sich im Herbst blutrot-bronzefarben. Blüten 3,5 cm breit, erscheinen früh im Frühling. Früchte grüngelb, kurz gestielt, rundlich, 4 cm Durchmesser. Vermutlich zusammen mit *P. communis* Stammform für einige alte Kulturformen. Oft nur geringe Widerstandskraft gegen Birnenschorf *(Venturia piri),* aber einige Sorten sind resistent gegen Feuerbrand *(Erwinia amylovora).* Gerne als Pfropfunterlage eingesetzt obwohl sie dann anfälliger gegen Birnensterben ist), auch als Ziergehölz und als Mutterbaum in Züchtungsprogrammen.
P. ussuriensis var. ovoidea (Nordchina, Korea) hat eiförmige bis runde Früchte. Die langstielige Form *P. lindleyi* ist mit *P. ussuriensis* nah verwandt. K4

P. hopeiensis Provinz Hopeh in Nordostchina. Die Art wurde erstmals 1963 beschrieben und ist vermutlich verwandt mit *P. ussuriensis,* hat aber weniger Samen, kleinere Früchte, sehr kurze Staubblätter und lange Griffel.

P. pseudopashia China. Erstmals 1963 beschrieben und möglicherweise verwandt mit *P. xerophila*.

P. xerophila China. Erstmals 1963 beschrieben. Blätter klein, spitzig, mit nur wenigen, kleinen Einsägungen; Früchte rund, 1,5 cm Durchmesser und mit sehr großem Kerngehäuse; Staubblätter deutlich länger als die Griffel.

UNTEN Reifende Früchte an den Ästen der produktiven Sorte 'Beurré Hardy', deren Früchte spät abfallen

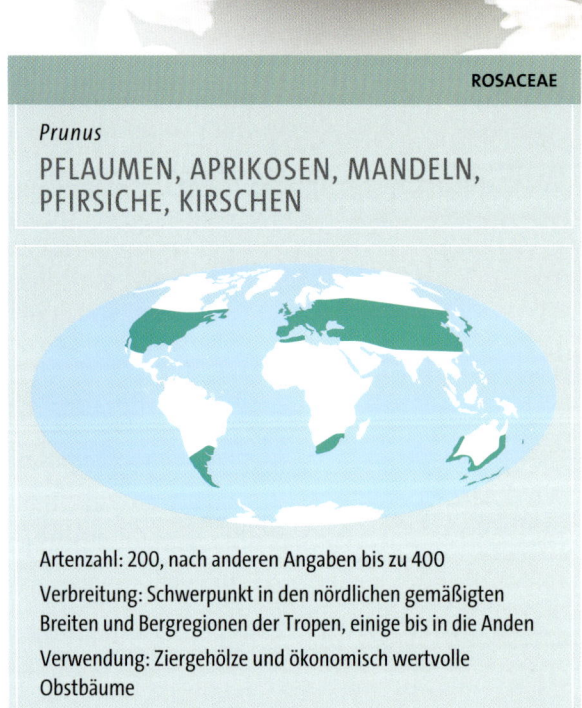

Sektion Pashia

Der Kelch fällt typischerweise frühzeitig ab (vergleiche *P. cordata* in der Sektion *Pyrus*). Heimisch in China und dem Himalaja.

Pyrus pyrifolia (*P. serotina*) In China und Japan weithin kultiviert und „Sand" genannt wegen der Steinzellen, die dem Obst einen festen, knackigen Biss verleihen. Der Kollektivname für die kultivierten Sorten ist var. *cultivata*. Die rundlich braunen Früchte überstehen Transport und Lagerung gut. Sie wurden zur Verbesserung der Lagerfähigkeit und der Resistenz gegen Feuerbrand (*Erwinia amylovora*) mit *P. communis* (Garten-Birne) gekreuzt. Unter den Sorten von *Pyrus × lecontei* (*P. communis × pyrifolia*) finden wir 'Kieffer' und 'Le Conte'. Die japanische Selektion 'Twentieth Century' ist eine der besten Kulturformen. Als Pfropfunterlage neigt *P. pyrifolia* stärker zu Birnensterben. *P. bretschneideri* (*P. betulifolia × pyrifolia*) aus Nordchina ist fast genauso winterhart wie die sehr winterharte *P. ussuriensis*, trägt aber mittelgroße Früchte mit besserem Geschmack und besserer Textur als die anderen orientalischen Birnen. K6

P. betulifolia Nord- und Zentralchina. Kleiner, schmaler, anmutiger Baum. Früchte 1 cm Durchmesser, in langstieligen, kirschenähnlichen Büscheln. Einige Züchtungen sind resistent gegen Birnenschorf (*Venturia piri*). Die Sorte wird als Pfropfunterlage genutzt und bringt dann Resistenz gegen Birnensterben mit sich. K5

P. phaeocarpa Nordchina. Die braunen, birnenförmigen Früchte werden nach dem Ernten rasch weich. K5

P. calleryana China, Japan, Korea. Mittelgroßer Baum. Blätter kahl, glänzend grün. Blüten mit bis zu 20 Staubblätter, aber gewöhnlich nur 2 Griffel. Früchte braun, getüpfelt, etwa 1 cm Durchmesser. Auch diese Sorte wird als Pfropfunterlage genutzt und bringt dann Resistenz gegen Birnensterben mit sich. 'Bradford' ist eine dornenfreie Sorte mit dichter Blüte und attraktivem Herbstlaub. K5

P. pashia Westchina, Himalaja. Einige Züchtungen sind klein, andere werden zu recht großen, dornigen Bäumen. Junge Blätter sind behaart, werden aber später fast kahl. Starkwüchsige Triebe haben zuweilen 3-teilig gelappte Blätter. Blüten mit bis zu 30 Staubblättern (mit roten Staubbeuteln und 3–5 Griffeln). Früchte braun, rund, etwa 2,5 cm Durchmesser. Die Art wird gerne als Unterlage genommen, manchmal auch wegen ihrer Früchte gezüchtet. K5

P. serrulata. China. Früchte braun (mit hellen Punkten), rundlich, mit Kelch, der manchmal nicht abfällt. K6

P. sinkiangensis Sinkiang-Region in Westchina. Erstmals 1963 erwähnte Art, möglicherweise eng verwandt mit *P. serrulata*.

ROSACEAE

Prunus
PFLAUMEN, APRIKOSEN, MANDELN, PFIRSICHE, KIRSCHEN

Artenzahl: 200, nach anderen Angaben bis zu 400

Verbreitung: Schwerpunkt in den nördlichen gemäßigten Breiten und Bergregionen der Tropen, einige bis in die Anden

Verwendung: Ziergehölze und ökonomisch wertvolle Obstbäume

Pflaumen, Aprikosen, Mandeln, Pfirsiche, Kirschen – *Prunus*

Zusammen mit den Traubenkirschen und dem Kirschlorbeer gehören die wirtschaftlich wichtigen Steinfrüchte Pflaumen, Aprikosen, Mandeln, Pfirsiche und Kirschen zur Gattung *Prunus*, die ungefähr 200 Arten umfasst. Die meisten Arten sind sommergrüne Sträucher oder Bäume, einige wenige bleiben immergrün. Die wechselständigen Blätter mit Nebenblättern sind meist gesägt. Die zwittrigen Blüten stehen einzeln, gebüschelt oder in Trauben; sie enthalten fünf Kelch- und Kronblätter, letztere meist weiß, manchmal rosa bis rot. Am Rand der Kelchröhre finden sich zumeist mehr als 15 Staubblätter, die den einzelnen Fruchtknoten mit zwei Samenanlagen und einem Griffel umgeben. Die Steinfrucht bringt typischerweise nur einen Samen hervor.

Fast zahllose Züchtungen, Varietäten und Kreuzungen beherrschen das Bild, bei denen man vielerlei verschiedene Merkmale im Blick hatte.

Die Blüten von *Prunus subhirtella* 'Pendula rubra', eine japanische Züchtung, treten in tiefrosa Büscheln auf. Die Kronblätter sind an der Spitze eingekerbt

Prunus yedoensis

Prunus laurocerasus

Prunus cerasifera

Gartenfrüchte

Die Gattung *Prunus* ist in fünf Untergattungen (die von manchen Autoren als getrennte Gattungen geführt werden) eingeteilt, die zwei große Gruppen bilden. In der ersten Gruppe hat die Frucht eine typische Längsfurche, und die Haut besitzt einen Flaum. Hierzu gehören die Untergattungen *Prunus = Prunophora* (Pflaumen), *Armeniaca* (Aprikosen), *Persica* (Pfirsiche) und *Amygdalus* (Mandeln). In der zweiten Gruppe sind die Früchte nur manchmal gefurcht, dann aber weniger als zur Hälfte, und die Haut ist ohne Flaum. Hierher gehören die Untergattungen *Cerasus* (Kirschen), *Padus* (Traubenkirschen) und *Laurocerasus* (Kirschlorbeer).

Unter den Obstbäumen fallen die Pflaumenarten durch ihre großen Unterschiede in der Wüchsigkeit, im Habitus und in der Fruchtform auf. Es gibt – auch genetische – Hinweise, dass echte Pflaumen, Kriechenpflaumen (Haferschlehe) und Damaszenerpflaumen wie Reineclauden allesamt der Art *Prunus domestica* als Unterarten zugeordnet werden sollten. Diese Einheit in der Systematik ergab sich aus einer Kreuzung von *Prunus spinosa* (Schwarzdorn, Schlehdorn) und *P. cerasifera* (Kirschpflaume). Die letztere Art ist nur in Kultur bekannt und stammt von der sehr eng verwandten *P. divaricata* ab, einer ursprünglich wilden Art aus dem westlichen Asien, die natürliche, aber unfruchtbare Kreuzungen mit *P. spinosa* bildet. Pflaumen werden in der Alten Welt seit mindestens 2000 Jahren gezüchtet.

Die Sortengruppe *Prunus × domestica* und ihre Kulturformen liefern die echten Pflaumen, die man gut frisch essen, kochen und auf verschiedene Art konservieren kann. Viele Sorten werden getrocknet und als Dörrpflaumen gehandelt, da man ihre mild abführende Wirkung schätzt. In kühleren Gegenden tragen die Sorten kleinere Früchte, die sich eher zum Einmachen oder für Marmelade eignen. Im ehemaligen Jugoslawien stellt man durch Destillation (Brennen) des vergorenen Saftes solcher Pflaumen Slibowitz (Zwetschgenschnaps) her. Die jährliche Weltproduktion an Pflaumen liegt bei etwa 9 Millionen Tonnen, hauptsächlich in Europa und Nordamerika.

Die Kriechen- und Damaszenerpflaumen (*P. domestica* ssp. *insititia*) findet man wild in vielen Teilen Europas. In Asien (der Name rührt von Damaskus her) sind sie eingebürgert. Die violetten, säuerlichen Früchte der Damaszenerpflaume sind mehr oder weniger kugelig, die der Kriechenpflaume oval. Eine Gruppe von Klonen dieser Unterart wird 'St. Julien' genannt und häufig als Pfropfunterlage für europäische Pflaumen verwendet.

Die Reineclaude (*P. domestica* ssp. *italica*) ist eine Kreuzung zwischen den Unterarten *domestica* und *insititia*. Wegen des feinen Aromas ihrer gelblich grünen Früchte wird sie vor allem in Mitteleuropa häufig als Obstgehölz angepflanzt.

Der Schleh- oder Schwarzdorn (*P. spinosa*) ist ein dichtästiger Busch mit dornigen Zweigen und zahlreichen kleinen weißen Blüten, die einzeln oder zu zweit im frühen Frühling noch vor den Blättern erscheinen. Die blauschwarzen, kugeligen, 1 cm dicken Steinfrüchte schmecken sehr sauer und zusammenziehend, werden aber wegen ihres Aromas gerne etwa für Schlehenlikör verwendet. Der Strauch ist in Europa heimisch und weit verbreitet, erreicht aber auch Teile des nördlichen Asiens.

Die Japanische Pflaume (*P. salicina*) gedeiht hauptsächlich in frostfreien Gegenden wie in Italien, Südafrika sowie in Teilen der USA. Sie wird in Japan weithin kultiviert, stammt jedoch vermutlich aus China. Züchtungen dieser Art blühen sehr früh im Jahr, deutlich vor den europäischen Sorten. Die meisten Züchtungen bringen sehr große (etwa 7 cm lange), sehr farbige Früchte hervor, die aber von minderer Qualität sind. Dennoch können die frischen Früchte wegen ihrer langen Haltbarkeit über weite Entfernungen verschickt werden.

Die Kirschpflaume oder Myrobalane (*P. cerasifera*) ist nur aus der Kultur bekannt, doch stammt sie zweifellos von der eng verwandten *P. divaricata* ab, die als echte Wildpflanze vom Balkan bis Zentralasien vorkommt. Nur gelegentlich wird sie wegen ihrer kirschähnlichen Früchte kultiviert, zumeist aber wohl wegen ihrer sehr frühen Blüte. Eine Sortengruppe, Myrobalane genannt, verwendet man häufig als Pfropfunterlage für Pflaumen, wenn man Bäume von besonderer Wuchskraft und Eignung für schweren Boden benötigt. Die Varietät *pissardii* ('Atropurpurea') pflanzt man gerne wegen ihrer rötlich purpurnen Blätter, die im frühen Frühjahr noch vor den rosafarbenen Blüten erscheinen.

Weitere erwähnenswerte Zierformen dieser Gruppe sind *P. × blizeana* (*P. cerasifera* 'Pissardii' × *P. mume*) mit gefüllten, rosaroten Blüten sowie *P. × cistena*, eine weitere Sorte, bei der *P. cerasifera* 'Pissardii' × *P. pumila* beteiligt ist. Weiterhin erwähnenswert ist *P. besseyi* mit hoch- bis bronzeroten Blättern und weißen Blüten, die im Frühling vor den Blättern erscheinen.

Die Aprikose (*P. armeniaca*) stammt vermutlich aus Westchina und wurde schon um 100 v. Chr. nach Italien gebracht. Nach Mittel- und Nordwesteuropa gelangte sie erst im 13. Jahrhundert, in Amerika um 1720. Die Frucht ist kleiner als ein Pfirsich, aber mit trockenerem Fleisch; in der Reife ist sie typisch orange-gelb. Ihr Nährwert liegt höher als bei den meisten Früchten, insbesondere bei Vitamin A, Proteinen und Kohlenhydraten. Der größte Erzeuger ist der Iran, gefolgt von den USA, Ungarn, der Türkei, Spanien und Frankreich. Die jährliche Weltproduktion beträgt 2,7 Millionen Tonnen. Etwa die Hälfte der Ernte wird getrocknet, geringere Mengen werden eingemacht oder frisch verbraucht. Die Aprikose benötigt einen gut drainierten Boden und verträgt keine Frühlingsfröste. Zu warme Winter bewirken dagegen Knospenabfall. In der Reifezeit ist ein mehr oder weniger halbtrockener Standort wichtig, da die Früchte bei heftigen Regenfällen aufspringen.

Die wichtigste Allzweckzüchtung ist 'Royal'. Die Vermehrung erfolgt durch Okulieren auf Aprikosen- oder Pfirsichheister. Fast alle Züchtungen befruchten sich selbst. Die Früchte wachsen an einjährigen Trieben und kurzlebigen Sprossen. Gewöhnlich tragen die Bäume ab dem dritten Jahr und bleiben über einen Zeitraum von bis zu 20 Jahre lang produktiv.

Süße und bittere Mandeln (*P. dulcis = P. amygdalus* var. *P. dulcis*) umfassen sowohl Sorten, die ihrer Blüten wegen gezüchtet werden, wie auch solche, die man wegen ihrer süßen Mandeln kultiviert. Die süßen Mandeln haben an allen essbaren Samen den größten Anteil. Hauptausfuhrland ist Italien neben Spanien, Nord- und Südafrika sowie Kalifornien. Die jährliche Welternte beträgt um 1,8 Millio-

P. avium

Die fleischige, samtige Frucht der Pfirsichsorte 'August Lady' reift am Baum. Die rötliche Färbung entsteht auf der der Sonne zugewandten Seite.

nen Tonnen. Bittermandeln (var. *amara*) enthalten Blausäure, die in höheren Mengen gefährlich ist. Oleum amygdala (Mandelöl) wird aus beiden Mandeln gewonnen, überwiegend aber aus der Bittermandel. Das Öl wird zur Herstellung von Toilettenartikeln und Backaromen verwendet.

Der Pfirsich *(P. persica)*, ein enger Verwandter der Mandel, wird wegen seiner köstlichen, fleischigen Früchte mit samtiger Haut geschätzt. Der Pfirsich stammt aus China und entwickelte sich unter Bedingungen, die einen Auslesevorteil in der Selbstbestäubung gaben. Deshalb können Pfirsiche gewöhnlich ohne Bestäuber kultiviert werden. Es gibt viele Varietäten. Die Varietät *nectarina* ist die Nektarine, die eine glatte Haut besitzt.

Das verstärkte Interesse an hochwertigen Früchten im gewerblichen Verkehr brachte es im Lauf des 19. Jahrhunderts mit sich, dass man von der generativen (durch Samenaussaat) auf die vegetative Vermehrung überging, um eine gleichbleibende Fruchtqualität zu erlangen. Man wählte die besten Aussaaten aus und pfropfte sie auf die Art und Weise, wie es mit Pfirsichen in englischen Gärten seit langem praktiziert wurde. Heutzutage werden die meisten Pfropfunterlagen aus Samen gezogen, die entweder von wilden Formen oder von ausgewählten Varietäten stammen. Auch andere *Prunus*-Arten wie etwa *P. tomentosa* sind von Nutzen (Zwergform). In Frankreich bewährten sich Kreuzungen wie Pfirsich × Mandel *(P. dulcis)* als Unterlagen für Pfirsiche auf Böden, auf denen kalkbedingter Eisenmangel vorliegt. Tiefgreifende Veränderungen in den Varietäten gab es im letzten Jahrhundert infolge der gewaltigen Anstrengungen der Pflanzenzüchter, besonders in den USA, und durch neues genetisches Material aus China. Der chinesische Pfirsich 'Chinese Cling', der 1850 aus China über England nach Amerika eingeführt wurde, war der Mutterbaum wohlbekannter Varietäten wie 'Elberta' und 'J. H. Hale' und gehört in hohem Maße zu den Vorfahren heutiger Varietäten. Man unterscheidet zwei Pfirsich-Sortengruppen, solche mit leicht löslichem Stein (hauptsächlich für Frischverbrauch) und solche mit haftendem Stein (meist für die Konservierung geeignet). Da Pfirsiche in frischem Zustand nur einige Wochen haltbar sind, wird ein großer Teil konserviert.

Die Ausweitung des Anbaugebietes von Handelspfirsichen ist begrenzt, weil die Kälteresistenz im Winter fehlt oder der nötige Kältereiz. Die Varietäten benötigen während des Winters 500–1000 Stunden mit Temperaturen unter 7 °C, um ein normales Blühen zu ermöglichen und den Fruchtansatz zu fördern.

Kirschen gehören zur Untergattung *Cerasus*. Die Süß- oder Vogel-Kirsche *(P. avium)* ist eine der Vorfahren der Kultur-Kirschen, vor allem der schwarzen, im heutigen Handel. Man geht heute davon aus, dass sie aus Nordwest- und Mitteleuropa stammen. Die Varietät *duracina*, die Knorpelkirsche, hat ein festes Fleisch, bei der var. *Juliana*, der Herzkirsche, ist es dagegen weich. Die Sauerkirschen leiten sich von *P. cerasus* ab, die als echte Wildpflanze nicht bekannt, aber in ganz Europa eingebürgert ist. Die Varietät *austera*, die Süßweichsel oder Morelle, wird mit Vorliebe zum Kochen oder als Konserve verwendet.

Süßkirschen können sich mit Ausnahme der Varietät 'Stella' nicht selbst befruchten. Damit sie Früchte tragen, müssen zwei zusammen passende Sorten nebeneinander wachsen. Sauerkirschen indessen befruchten sich selbst und brauchen keinen besonderen Bestäuber. Die jährliche Ernte beträgt um 1,7 Millionen Tonnen.

Ziergehölze

Die Zwerg- oder Steppen-Kirsche *(P. fruticosa)* ist ein niedriger, breit wachsender Strauch mit bis zu 1 m Höhe. Sie stammt aus Europa, ihr Verbreitungsgebiet erstreckt sich jedoch nordwärts bis Ostsibirien. In Nordwesteuropa wird sie seit 300 Jahren kultiviert. Ihre Früchte haben das Aroma von Kirschen, sind aber zu sauer, um schmackhaft zu sein. Kreuzungen zwischen dieser Art und *P. cerasus*, bekannt als *P. × eminens* (oder *P. reflexa*), kommen natürlicherweise vor und sind in Gärten zu finden. Kreuzungen zwischen *P. avium* und *P. cerasus*, bekannt als *P. × gondouinii*, werden in Europa als 'Duke'-Kirschen gepflanzt.

Die sogenannten Blütenkirschen sind die hervorstechendsten und allenorts gezüchteten Zierpflanzen der Gattung *Prunus*. Die Zahl der Züchtungen und Sorten geht in die Hunderte, von 'Plena', der schönsten der Vogel-Kirschen *(P. avium)* angefangen bis zu den prächtigen Japanischen Blütenkirschen wie 'Kanzan' mit ihren kräftigen Büscheln gefüllter, purpur-rosafarbener Blüten. Diese Japanischen Kirschen kommen meist von der weißblühenden Oshima-Kirsche *(P. speciosa* oder *P. lannesiana* f. *albida,* die manchmal für dieselbe Pflanze gehalten wird) oder von der eng verwandten *P. serrulata* (Grannen-Kirsche).

Traubenkirschen und Kirschlorbeer gehören zu den Untergattungen *Padus* bzw. *Laurocerasus*. Beide sind dadurch gekennzeichnet, dass mehr als zehn, etwa 1–1,5 cm breiteBlüten in Trauben stehen. Manchmal werden sie als eine einzige Untergattung *(Laurocerasus)* gewertet; die Traubenkirschen sind jedoch sommergrün, der Kirschlorbeer ist dagegen immergrün. Die allgemein bekannte Art des Kirschlorbeers *(P. laurocerasus),* ein kräftiger Strauch, hat lederige, verkehrteiförmige bis lanzettliche Blätter mit bis zu 15 cm Länge, weiße Blüten und kleine, schwarze Früchte. Man nimmt ihn oft für Hecken oder Schutzstreifen; er erträgt Schatten.

Die wichtigsten *Prunus*-Arten

Untergattung Prunus (Prunophora)
Frucht mit Längsfurche, typischerweise kahl und mit Reif. Blühen im Frühling meist vor dem Blattaustrieb. Knospen einzeln achselständig, keine endständige Knospe.

Sektion Prunus
Typischerweise 1–2 gestielte Blüten je Büschel. Blätter in Knospe eingerollt. Fruchtknoten und Frucht kahl.

Prunus spinosa Schwarzdorn, Schlehe Westasien, Europa, Nordafrika. Sehr dorniger Busch oder kleiner Baum, bis etwa 4 m. Blüten einzeln stehend, vor den Blättern erscheinend. Frucht blauschwarz mit deutlichem Reifbelag, kugelig, 1–1,5 cm Durchmesser, sehr sauer. Nach allgemeiner Ansicht zusammen mit *P. cerasifera* als Vorfahre von *P. domestica* zu betrachten. K4

P. × domestica ssp. domestica

P. × domestica ssp. domestica

P. × domestica ssp. insititia

P. spinosa

P. spinosa

P. cerasifera

P. cerasifera

P. armeniaca

P. amygdalus

P. amygdalus

P. persica

P. × domestica (P. spinosa × P. cerasifera) Pflaume, Zwetschge, Reineclaude Natürliche Kreuzungen dieser Eltern treten im Kaukasus auf. Kulturpflanzen werden ihrer Früchte wegen gezüchtet und sind weit verbreitet bzw. eingebürgert. K5
ssp. domestica Garten- oder Hauspflaume Westasien, Europa. Baum, 10–12 m; ohne Dornen. Blüten in Paaren, grünlich weiß, 2 cm breit. Frucht 4–7,5 cm lang, bläulich schwarz, purpurn, rot. In gemäßigten Zonen weithin kultiviert. K5
ssp. insititia Kriechenpflaume, Haferschlehe, Damaszenerpflaume Westasien, Europa. Busch oder Baum, bis zu 6 m; oft mit Dornen. Blüten weiß, um 2,5 cm breit, blauschwarz; die Kriechenpflaume rund und süß, die Damaszenerpflaume oval und herb. K5
ssp. italica (ssp. domestica × ssp insititia) Reineclaude. Armenien(?). Zwischen 1494 und 1547 von der Familie Gage nach England eingeführt. Frucht mehr oder weniger kugelig, grünlich, mit sehr charakteristischem, süßem Geschmack. K5
P. cerasifera Kirschpflaume, Myrobalane Westasien. Busch oder Baum, 8–10 m; oft dornig. Blüten einzeln, etwa 2,5 cm groß, gleichzeitig mit dem Laub oder etwas früher erscheinend, meist weiß. Frucht kugelig, kirschartig, 2–3 cm dick, rot. Nur in Kultur bekannt, vorwiegend als Zierpflanze, nur begrenzt als Obstbaum, aber wichtige Pfropfunterlage für andere Pflaumenarten. K4
'Pissardii' hat rötliche, purpurn getönte Blätter, rosa Blüten und ist als Zierpflanze viel weiter verbreitet. K4
P. cerasifera var. divaricata Vom Kaukasus ostwärts bis Asien. Die wilde Form der Art, unterschieden praktisch nur durch kleinere, gelbe Früchte. K4
P. × syriaca (P. cerasifera × P. domestica), Mirabelle Mit fast kugeligen, gelben Früchten, in Europa in halbwilder Form bekannt. K5
P. salicina Japanische Pflaume China. Baum, bis etwa 12 m. Weiße, um 2 cm große Blüten, typischerweise in Büscheln zu 3, vor den Blättern erscheinend. Frucht süß, mehr oder weniger kugelig, 5–7 cm lang, am Stielende vertieft, wechselnd (grünlich) gelb, orange, rot. In Japan schon lange gezüchtet, im 19. Jh. auch andernorts, insbesondere in den USA, aber Früchte von minderer Qualität als bei den meis-

ten anderen Pflaumen. Vermutlich nur in Europa als Ziergewächs. K6

Sektion Prunocerasus
Blüten zu je 2–5 im Büschel. Blätter in der Knospe zusammengefaltet, selten eingerollt. Fruchtknoten und Frucht kahl. Stein meist glatt.

Prunus americana Amerika-Pflaume Nordamerika. Baum, bis zu 10 m. Blüten weiß, um 3 cm breit. Frucht praktisch rund, um 2,5 cm Durchmesser, zuletzt rot, selten gelblich. In Amerika mit *P. salicina* gekreuzt, um neue Varietäten zu erhalten. K3

Sektion Armeniaca
Dornlose Büsche oder Bäume. Blüten erscheinen vor den Blättern, gewöhnlich stiellos oder fast stiellos. Blätter in Knospen eingerollt. Fruchtknoten und Frucht behaart.

Prunus mandshurica Mandschurische Aprikose Korea und Mandschurei. Baum, bis zu 5 m, mit hängenden, etwas gestreckten Ästen. Blüten rosa, einzeln, um 3 cm breit. Frucht fast rund, 2,5 cm, gelb. Sorten werden verbreitet als Zierpflanzen gezüchtet. K6

Untergattung Amygdalus
Frucht gerillt, mehr oder weniger behaart. Endknospe vorhanden; 3 Achselknospen; Blätter in der Knospe gefaltet. Blüten typischerweise stiellos, selten gestielt, in Büscheln zu 1 oder 2, erscheinen vor den Blättern.

Sektion Amygdalus
Kelchröhre becherförmig und etwa so lang wie ihre Kelchblattzipfel.

Prunus dulcis Mandel Westasien. Baum, bis zu 8 m. Blüten fast stiellos, blassrosa, 3–5 cm im Durchmesser, gewöhnlich einzeln. Frucht samtig, rundlich bis zu 6 cm groß; Stein glatt, aber mit Vertiefungen. In Kalifornien und Südeuropa weit verbreitet, wegen ihrer frühen Frühlingsblüte als Zierpflanze genutzt. K4
var. dulcis Süße Mandel Kommerziell genutzt. In Mittel- und Nordwesteuropa fast ausschließlich als Zierpflanze.
var. amara Bittere Mandel Sehr bitterer Geschmack mit potentiell tödlichen Mengen an Blausäure.

Sektion Chamaeamygdalus
Kelchröhre (Hypanthium) viel länger als die Kelchblattlappen.

Prunus tenella Zwerg-Mandel Südosteuropa bis Westasien und Ostsibirien. Buschiger Strauch, bis etwa 2 m. Blüten zu 1–3 in Büscheln, zart rosenrot, 1–2 cm Durchmesser. Frucht wie eine kleine Mandel, samtig, 2,5 cm lang, eiförmig. Zur Züchtung verwendet, eine Reihe von Zierformen wurden entwickelt.

Untergattung Armeniaca
Prunus armeniaca Aprikose, Marille Westasien. Baum. bis zu 10 m. Rötliche Borke. Blüten weiß oder rosa, meist einzeln, 2,5 cm breit. Frucht rund, 4–8 cm, kurz und samtig, gelb

P. subhirtella

P. laurocerasus

P. × yedoensis

P. serrulata

mit rotem Schimmer, Stein glatt, aber mit einer Furche. In den wärmeren Gebieten der gemäßigten Zonen beiderseits des Äquators kultiviert. K5

P. brigantina **Briançon-Aprikose** Südostfrankreich. Strauch oder Baum, bis zu 6 m. Blüten weiß, in 2–5 Büscheln. Frucht klar gelb, fast rund, etwa 2,5 cm, ziemlich glatt und haarlos. Aus den Samen wird ein entflammbares, wohlriechendes Öl, Huile de Marmotte, gepresst. K6

Untergattung Persica

Prunus persica **Pfirsich** China. Baum, 6–7 m. Blüten einzeln, rosa, bis zu 3,5 cm groß. Frucht rund und samtig, 5–7 cm, gelblich getönt, an der sonnenzugewandten Seite rötlich; Stein gefurcht, tief grubig genarbt. In der gemäßigten Zone seit langem und weithin gezüchtet. K5
var. nectarina (= **var. nucipersica**) **Nektarine** Früchte unbehaart wie bei Pflaumen.

Untergattung Cerasus
Frucht ohne Rillen und Reif. 1–10(12) Blüten, manchmal in kurzen, bis zu 5 cm langen Trauben von weniger als 10 Blüten. Mit Endknospen; Blätter zusammengefaltet. Stein entweder glatt oder gefurcht und gelocht.

Sektion Microcerasus
Blüten einzeln oder in kurzen Trauben mit wenigen Blüten (unter 12). Blattachseln mit 3 Knospen.

Prunus tomentosa China, Japan, Himalaja. Breiter Strauch, bis etwa 3 m, selten baumartig. Weiße oder rosa getönte Blüten, 1,5–2 cm breit. Frucht fast rund, 1 cm dick, leuchtend rot, essbar, manchmal leicht behaart. Zierwert von kurzer Dauer. Sorten aus dem Himalaja stammen vielleicht von Kulturpflanzen ab. K2
P. glandulosa **Drüsige Strauchkirsche** China, Japan. Buschiger Strauch, bis etwa 1,5 m. Blüten weiß oder rosa. Frucht rund, rot, 10–12 mm. Gefüllte Blütenformen 'Alba Plena' (weiß) und 'Rosea Plena' (rosa) sind von größerem Zierwert. K4
P. pumila **Sandkirsche** Nordamerika. Busch, 1–2,5 m. 2–4 (fast) weiße Blüten in Büscheln. Frucht fast rund, purpurn bis schwarz, 8–12 mm lang, zu bitter, um genießbar zu sein. Die Art wurde mit anderen Pflaumen wie etwa _P. cerasifera_ gekreuzt. K2
P. besseyi **Weißliche Sandkirsche** Nordamerika. Der vorigen Art ähnlich, aber mit geringfügig größeren Blüten und süßen, essbaren Früchten von kommerziellem Nutzen. Beide Arten eignen sich als Pfropfunterlagen, werden aber nur selten als Ziergehölze angepflanzt. K3

Sektion Pseudocerasus
Wie Sektion _Microcerasus_, aber aufrechte oder gespreizte Kelchblätter und einzelne Knospen. Blüten in Büscheln aus wenigblütigen, kurzen Trauben. Ein großer Teil der Zierblütenkirschen stammt von chinesischen und japanischen Arten dieser Sektion oder von ihren Kreuzungen ab.

Prunus subhirtella **Bergkirsche** Japan. Baum, bis zu 9 m. Blüten zu 2–5 in Büscheln, jede um 2 cm breit, hellrosa, im Alter noch verblassend. Umfasst viele reizvolle Ziersorten, insbesondere die Züchtung 'Autumnalis', die vom späten Herbst bis zum ersten Frühling blüht. K5
var. ascendens Wilde Gebirgsform der Art in Westchina, Japan und Korea. Baum, bis zu 20 m, größere Blätter. Hauptsächlich von Interesse wegen ihrer Beteiligung an gezüchteten Varietäten.
P. canescens China. Buschiger Strauch, bis zu 2(3) m. Von geringem Zierwert, ausgenommen als Elternpflanze mit _P. avium_ bei der Kreuzung von _P. × schmittii_ mit hellrosa Blüten und glänzender Borke. K6
P. incisa **Japanische Märzkirsche** Japan. Buschiger Strauch, bis zu 5 m, manchmal Baum, bis zu 10 m. Mit _P. campanulata_ der weibliche Elter der schön blühenden, widerstandsfähigen Kreuzung 'Okame'. K6
P. nipponica Japan. Busch oder buschkroniger Baum, bis zu 6 m. Eine weitere hübsch blühende Kirsche. K5
P. 'Kursar' wurde aus Samen von _P. nipponica_ var. _kurilensis_ gezogen.
P. campanulata Taiwan und südliches Japan. Baum, bis zu 9 m, weniger widerstandsfähig als andere Arten dieser Sektion. Der Pollenspender von 'Okame' (s. unter _P. incisa_, oben). K7
P. rufa Rosa blühende Sorte aus dem Himalaja, eng verwandt mit _P. tricantha_ aus Sikkim. K8
P. serrula Westliches China, Tibet. Baum, 10–15 m, geschätzt wegen der schönen, schuppigen, leuchtend braunen Borke. 1–3 Blüten in Büscheln. K5
P. concinna China. Eine Fülle weißer Blüten vor Laubausbruch. K6
P. conradinae China. Umfasst einige Sorten mit halb gefüllten Blüten. K8
P. × yedoensis **Yoshimo-Kirsche** Japan. Ursprung mehrerer hübscher Ziersorten. Herkunft unsicher, keine Wildform bekannt. Möglicherweise Kreuzung zwischen _P. speciosa_ × _P. subhirtella_ (s. auch _P. speciosa_). K5
P. sargentii Nordjapan, Sachalin. Baum, bis zu 25 m. 2–6 rosarote, 3–4 cm große Blüten in einer Dolde. Frucht fast schwarz, nahezu rund, 8–10 mm groß. Sowohl blühend als auch mit dem orangefarbenen bis roten Herbstlaub sehr reizvoll. K4
P. serrulata Wird heute als Gartenform der Hügel-Kirsche betrachtet, die in China und Japan beheimatet ist. Mit duftlosen, weißen oder rosa Blüten; zu unterscheiden von _P. serrulata_ var. _spontanea_, dem nationalen Baum Japans, der 20 m hoch wird. Über 60 japanische Blütenkirschen (auf Japanisch 'Sato Zakura', was übersetzt Hauskirschen bedeutet) werden gewöhnlich bei ihr eingereiht, und manche gelten als Abkömmlinge von _P. serrulata_, aber die Mehrheit dieser bemerkenswert unübersichtlichen Formengruppe um _Prunus serrulata_ stammt vermutlich von _P. speciosa_ (_P. lannesiana_ forma _albida_), der Oshima- Kirsche. K5
P. speciosa, **Oshima-Kirsche** Japan. Sehr eng verwandt mit _P. serrulata_ und von manchen Fachleuten bei dieser Art eingereiht, aber nicht als Synonym zu betrachten. Blüten einzeln, weiß und duftend. K6
P. sieboldii Japan. Zumeist als Kreuzung angesehen (_P. speciosa_ × ?). Baum, bis zu 8 m, mit 2–4 großen, oft gefüllten Blüten an jedem kurzen Stiel. K6

Sektion Lobopetalum

Wie Sektion *Pseudocerasus,* aber mit zurückgebogenen Kelchblättern. Kronblätter an der Spitze gekerbt oder zweilappig. Chinesische Arten.

Prunus cantabrigiensis Baum mit 3–6 rosafarbenen Blüten an jeder gestielten Dolde. Frucht wie eine leuchtend rote Kirsche, 1 cm dick. Oft mit der nachfolgenden Art verwechselt.

P. pseudocerasus Ähnlich der vorigen Art, aber die 2–6 Blüten in einer Traube und mit drüsig gezahnten Nebenblättern am Grunde jeden Blütenstiels. K6
Eine Züchtung zwischen dieser Art und *P. cantabrigiensis* wurde mit *P. avium* gekreuzt für neue Pfropfunterlagen: 'Colt' (mit Süß- und Sauerkirschen) und 'Cornflower' (als Zierkirschen).

Sektion Eucerasus

Wie Sektion *Lobopetalum,* doch Blütenblätter nicht gekerbt oder gelappt. Blüten gewöhnlich in stiellosen Dolden mit dauerhaften Knospenschuppen an der Basis.

Prunus avium Süßkirsche Europa, Südwestrussland, Nordafrika (Gebirge). Baum, 20–24 m. Blüten rein weiß, 2,5 cm breit, Kelchröhre oben verjüngt. Frucht kugelig, 9–12 (18) mm dick, typischerweise schwärzlich rot, süß oder bitter, aber nicht sauer. Vorfahre der meisten Süßkirschen. K3

P. cerasus Sauerkirsche Als Wildpflanze unbekannt. Weithin kultiviert und in Europa und Westasien eingebürgert. Ähnlich der vorigen Art, doch oft buschig und nicht über 10 m hoch; häufig Schösslinge treibend. Kelchröhre oben nicht verjüngt. Frucht leuchtend rot, sauer, aber nicht bitter. Vorfahre der Morellen. K3

P. fruticosa, Zwerg-Kirsche Europa, Teile von Sibirien. Zwergwüchsiger, ausgestreckter Busch, bis zu 1 m. Blüten weiß, 1,5 cm groß. Frucht dunkelrot, rund, fast 1 cm groß, von kirschähnlichem Geschmack, doch kaum genießbar. Seit langem in Europa gezüchtet. K4

Sektion Mahaleb

Wie Sektion *Eucerasus,* aber Basisschuppen an den Blütenbüscheln fallen vor dem Öffnen der Blüten ab. 12 oder weniger Blüten, meist in Trauben, selten in Dolden. Nebenblätter abfallend, Blattzähne gerundet.

Prunus mahaleb Stein-Weichsel, Felsen-Kirsche, Weichsel-Kirsche Mittel- und Südeuropa. Baum, bis zu 10(12) m. 6–10(12) weiße, 12–18 mm breite, duftende Blüten in 3–4 cm langen Trauben. Frucht schwarz, eiförmig, 8–10 mm lang. Als Pfropfunterlage benutzt, Kreuzung jedoch kurzlebig. K5

P. pennsylvanica Pennsylvanische Kirsche Nordamerika. Strauch oder Baum, bis zu 12 m, mit sehr schlanken, rot leuchtenden, oft hängenden Ästen. 2–5(10) weiße, 12 mm breite Blüten in Dolden oder kurzen Trauben. Frucht rund, 6 mm dick, rot, in großer Fülle. K2

Sektion Phyllocerasus

Wie Sektion *Mahaleb,* aber Nebenblätter dauerhaft, Blätter spitz gezahnt und Dolden mit 1–4 Blüten.

P. laurocerasus

P. avium

Prunus pilosiuscula Mittel- und Westchina. Strauch oder Baum, bis zu 12 m. Blüten weiß, 18–20 mm groß. Frucht ellipsoid. 8–9 mm lang, rot. K5

Sektion Phyllomahaleb

Wie Sektion *Mahaleb* aber (4-)5- bis 10-blütige Trauben.

Prunus maximowiczii Japan, Korea, Mandschurei. Attraktiver Baum, bis zu 16 m. Blüten matt gelblich weiß, 1,5 cm groß, zu 6–10 in Trauben. Frucht rund, 5 mm dick, rot, später schwarz. Laub oft auffallend rot im Herbst. K4

P. avium

Untergattung Padus

Wie Untergattung *Cerasus,* aber (10)12 oder mehr Blüten in langen (6 cm oder mehr) Trauben. Blätter abfallend.

Prunus padus Traubenkirsche Europa bis Japan. Baum, 10–15 m hoch (oder mehr). Blüten weiß, 8–12 mm breit, Blütenblätter 6–9 mm lang, duftend, in hängenden Trauben mit belaubtem Stiel. Frucht rund, schwarz, 6–8 mm dick, Kelch abfallend, Geschmack sauer. K3

P. serotina Spätblühende Traubenkirsche Nordamerika. Baum, bis zu 30 m, in Kultur meist um 15 m. Blüten weiß, 8–10 mm breit. Kronblätter 2–4 mm lang; Traubenstiel belaubt; Frucht rund, 8–10 mm dick, zuletzt schwarz, mit dauerhaftem Kelch. K3

Untergattung Laurocerasus

Wie Untergattung *Padus,* aber Blätter immergrün. Traubenstiele immer unbeblättert.

P. cerasus

Prunus lusitanica Portugiesische Lorbeer-Kirsche Portugal, Spanien. Busch oder Baum, bis zu 6(15) m. Triebe und Blattstiele rot. Blätter glänzend, elliptisch, 7–13 cm lang. Blüten weiß, 8–13 mm breit. Früchte dunkel purpurfarben, abgerundet zapfenförmig, bis zu 8 mm, ungenießbar. K7

P. laurocerasus Kirschlorbeer, Lorbeer-Kirsche Kleinasien, Südosteuropa. Strauch oder Baum, bis zu 6 m. Triebe und Blattstiele blassgrün. Blätter mehr oder weniger verkehrt-eiförmig bis länglich, (5)10–15 cm lang, Rand mehr oder weniger gesägt. Blüten weiß, 8–9 mm breit. Frucht purpurschwarz, abgerundet zapfenförmig, um 8 mm lang, gekocht genießbar (ergibt eine gute Marmelade).

P. padus

Mimosaceae

Akazien – *Acacia*

Acacia ist eine sehr umfangreiche Gattung einer Familie, die man zusammen mit zwei weiteren auch als Leguminosen (Hülsenfrüchte) zusammenfasst. *Acacia*-Arten sind in den Tropen und Subtropen beheimatet, davon etwa 75 Prozent in Australien. Viele Arten wirken mit ihren gefiederten, silbergrauen Blättern und den gelben Blüten in auffallenden, langen Büscheln sehr reizvoll, einige haben auch wirtschaftliche Bedeutung. Zumeist handelt es sich um immergrüne Bäume und Sträucher, seltener um Kräuter; doch auch Schling- und Kletterpflanzen gehören dazu. Die meisten Arten sind Xerophyten und ertragen längere Trockenheit. Die Blätter sind typischerweise doppelt gefiedert, oft silbrig, ohne endständiges Nebenblatt. Manchmal sind sie in auffallender Weise auf einen mehr oder weniger verbreiteten Stiel (Phyllodium) zurückgebildet, der die Aufgaben des Blattes übernimmt. Die Nebenblätter sind teilweise zu Dornen umgebildet. Die sehr kleinen Blüten sind ein- oder zweigeschlechtlich, vorherrschend gelb, selten weiß. Sie stehen zu 20–30 in dichten, kugeligen oder zylindrischen Köpfchen. Jede Blüte hat fünf (selten vier) stumpfe, zahnartige Kelchblätter, fünf (selten vier) etwa 1,5 mm lange Kronblätter und zahlreiche vorstehende, gelbe Staubblätter. Kron- und Kelchblätter fehlen manchmal. Der Fruchtknoten ist ungestielt oder gestielt und die Frucht eine runde bis längliche Hülse. Die mit Phyllodien ausgestatteten Arten (Sektion *Phyllodinae)* sind meist in Australien heimisch.

Die Arten sind im Allgemeinen nicht besonders winterfest; etwa zwei Dutzend jedoch, darunter die beliebte Mimose *(Acacia dealbata)*, gedeihen recht gut in milderen Gebieten der gemäßigten Zonen. In strengen Wintern jedoch können sie eingehen. Große Ansprüche an den Boden stellen sie nicht; mit Ausnahme von *A. longifolia* (Sydney Gold-Akazie) und *A. retinodes* (Wasser-Akazie) tolerieren sie keinen Kalkboden.

Akazien stellen einen wesentlichen Teil des ausgedehnten australischen Busches. Man nennt sie dort Gerten,

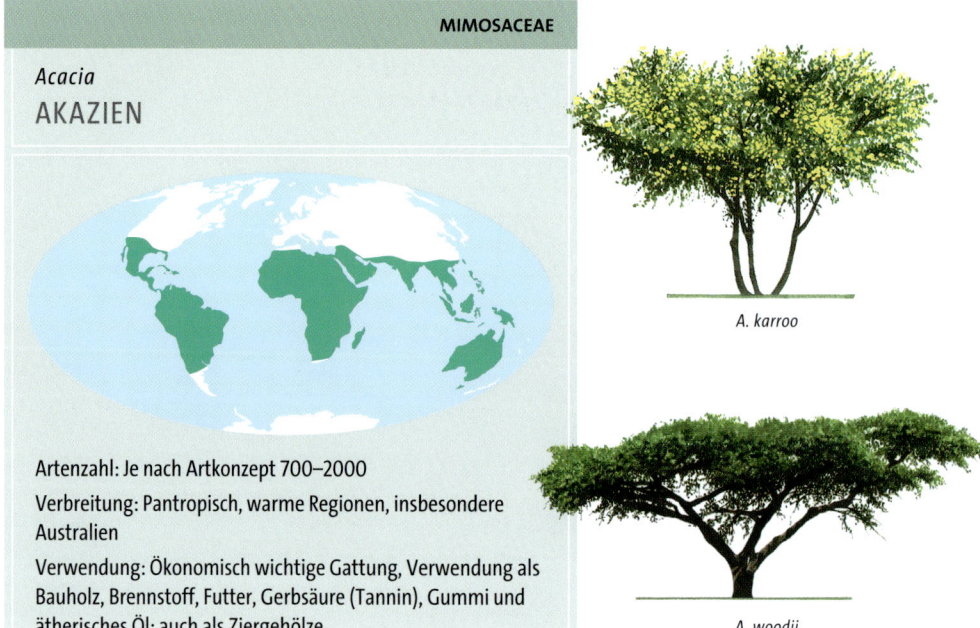

MIMOSACEAE

Acacia
AKAZIEN

Artenzahl: Je nach Artkonzept 700–2000

Verbreitung: Pantropisch, warme Regionen, insbesondere Australien

Verwendung: Ökonomisch wichtige Gattung, Verwendung als Bauholz, Brennstoff, Futter, Gerbsäure (Tannin), Gummi und ätherisches Öl; auch als Ziergehölze

weil die Siedler sie früher für Hütten mit Flechtwerk verwendeten, das sie mit Lehm ausfüllten. Andere Arten prägen augenfällig die Landschaft in Wüstengebieten, in den Savannen Afrikas und die trockenen Ebenen Indiens, wo sie häufig die einzigen Bäume sind. In Afrika und im tropischen Amerika nennt man sie oft Dornbäume, weil viele Arten starke Dornen tragen, die gegen das Abweiden des Laubes durch Tiere schützen. Diese Dornen sind zumeist umgewandelte Nebenblätter, die meist am Grunde verdickt sind.

Die Stierhorn-Akazie *(Acacia cornigera),* eine Akazie aus Mexiko und Mittelamerika (auch weitgehend auf den Antillen eingebürgert), ist eine bemerkenswerte Symbiose mit der Ameise *Pseudomyrme × ferruginea* eingegangen. Am Grunde jedes Blattes hat die Akazie ein Paar kräftiger, 2–3 cm langer, verdickter Dornen. Sie werden von Ameisenkolonien bewohnt, die sich hineinbohren und sie aushöhlen. Der Baum lockt die Ameisen durch Nektarien, die sie mit Zucker versorgen, und durch eigenartige, wurstförmige Nahrungsorgane, die sogenannten Beltschen Körper, die ihnen Öl und Protein liefern.

Diese erstaunliche Verbindung zwischen Pflanze und Ameise, bekannt als Myrmekophilie, hat erstmals Thomas Belt in seinem Buch „Der Naturforscher in Nicaragua" (1874) beschrieben. Inzwischen wurde sie noch bei anderen Arten, z.B. *A. drepanolobium,* und in anderen Kontinenten festgestellt. Man hat lange überlegt, welchen Nutzen die Akazie aus der Anwesenheit der Ameisen zieht. Neuere Untersuchungen weisen nach, dass die Akazie durch die Ameisenarbeiterinnen gegen Pflanzenfresser geschützt wird. Die Ameisen schwärmen über den Baum aus, verteidigen damit ihr eigenes Reich und stechen und beißen dabei jeden Eindringling. Zusätzlich entfernen die Ameisen alle Zweige anderer Pflanzen, die ihre Wirtspflanze beeinträchtigen. Dadurch schaffen sie einen Lichtschacht durch das Kronendach nach oben, der es der Akazie erlaubt, rasch zu wachsen und so gegenüber der übrigen Vegetation einen Wettbewerbsvorteil zu erlangen.

A. karroo

A. woodii

A. baileyana

A. dealbata

LINKS Die in der mageren Namibwüste Namibias heimische *Acacia erioloba* ist eine für das Überleben der Menschen und Haustiere äußerst wichtige Art.

A. drummondii

A. baileyana

Echtes Gummi arabicum gewinnt man von *A. senegal* (Gummi-Akazie oder Gummi-Arabicumbaum), die im tropischen Afrika von Senegal bis Nigeria heimisch ist. Andere Arten wie etwa *A. nilotica* (Ägyptischer Hülsendorn) und *A. seyal* (Seyal, Gummi-Akazie) liefern geringerwertiges Gummi arabicum. Der Gummisaft wird an Astwunden ausgeschieden und in der pharmazeutischen Industrie, für Süßwaren und als Haftmittel verwendet. Das schwarze Katechu, ein dunkler, tanninreicher Extrakt, entzieht man der Cachou-Akazie *(A. catechu)*, indem man das Kernholz in heißes Wasser taucht. Die erst Original-Khaki-Kleidung wurde in dieser Tannin-Lösung gefärbt. Eine Reihe weiterer Arten liefert ebenfalls Tannine, darunter die australischen *A. mearnsii* (Gerber-Akazie), *A. pycnantha* (Gold-Akazie) und *A. dealbata* (Mimose der Gärtner), die man in Spanien, Portugal und Italien zu diesem Zweck anpflanzt. Besonders die letzte Art hat man im gesamten südlichen Europa wegen ihres Holzes, als Zierpflanze und zur Bodenstabilisierung in Kultur genommen. Unter dem falschen Namen „Mimose" sind sie bei Floristen als Winterschnittblumen im Handel. An der Côte d'Azur in Südfrankreich, wo sie ganze Hügel bedeckt, fällt sie ins Auge, obwohl sie gelegentlich durch das Zusammenspiel von Dürre, Frost und Feuer vernichtet wird. Einige Arten liefern auch Nutzholz guter Qualität, das sich für viele Zwecke (Möbel, Bumerangs, Speere und Boote) eignet, und werden in Südeuropa forstlich kultiviert.

Zu den Zierpflanzen (alle aus Australien), die sich für die milderen Teile der gemäßigten Zone eignen, gehört *A. dealbata,* die durch die Verbindung des silbrigen, gefiederten Laubes mit den auffallenden, kugeligen Büscheln duftender Blüten sehr reizvoll ist. *A. podalyriifolia* (Queensland-Akazie) ist ein prächtiger Busch, der bis zu 3 m hoch wird und mehr oder weniger eiförmige, spitz zulaufende, 2,5–3 cm lange Phyllodien sowie reiche Trauben gestielter, kugeliger Köpfchen mit duftenden Blüten trägt. *A. longifolia* fällt durch ihre zylindrischen Köpfchen stark duftender Blüten auf, und *A. retinodes* mit den wohlriechenden Blüten in kugeligen Köpfen durch ihre Fähigkeit, das ganze Jahr über zu blühen. *A. armata* mit ihren ungewöhnlichen, gerippten, jungen Trieben, die am Ende stachelig sind, hat tiefgelbe Blüten und ist beliebt in Wintergärten als sandbindende oder Heckenpflanze. Sowohl zur Bodenbefestigung wie zur Zier wird in Südeuropa *A. cyanophylla,* eine westaustralische Art, gepflanzt. Sie besitzt annähernd lanzett- oder verkehrt-lanzettförmige, blaugrüne Phyllodien, die bis zu 30 cm lang werden können, sowie kugelige Blütenköpfchen. *A. karroo* aus Südafrika gedeiht ebenfalls in Südeuropa, wo sie stellenweise eingebürgert ist.

A. farnesiana, die Antillen-Akazie (Opopanax) ist in allen tropischen Ländern eingebürgert und wird in den Subtropen häufig kultiviert. Man nimmt an, dass sie aus dem tropischen und subtropischen Amerika stammt. Wegen ihrer „Kassiablüten" mit Veilchengeruch ist sie sehr geschätzt. Aus den Blüten wird das Kassiaöl gewonnen, das in der Parfümindustrie Verwendung findet. Opopanax ist jedoch auch ein gängiger Handelsname für zwei bis drei krautige Arten aus der Familie Apiaceae (Doldenblütengewächse), aus Südeuropa; Opopanax-Gummi wird auch von *Opopanax chironium* gewonnen.

Die wichtigsten Akazien-Arten

Gruppe I
Blätter doppelt gefiedert.

A Nüsschen auf der Bauchseite glatt

A. dealbata

Acacia baileyana **Baileys Akazie** Australien. Kleiner, anmutiger Baum. Blätter grau-bläulich grün mit 2–4 Paar Fiederblättern. Kugelige Köpfchen der Blüten stehen in Trauben. Hülsen bläulich grün. K8

A. dealbata **Mimose der Gärtner** Australien. Baum, bis zu 30 m, mit silbergrauer Borke. Blätter flaumig mit (8)15–20(25) Paar Fiederblättern; stark duftende Blütenköpfchen stehen in langen Rispen. In Südfrankreich zur Parfümherstellung und als Schnittblumen (Mimose) gezüchtet, ist vor allem zur Faschings- und Karnevalzeit beliebt. Liefert einen Ersatz für Gummi arabicum. K8

A. drummondii **Drummonds Akazie** Westliches Australien. Strauch oder kleiner Baum, bis zu 3 m. Schösslinge gefurcht. Blüten zitronengelb in dichten, einzelnen, zylindrischen, hängenden Ähren. K9

A. mearnsii (A. mollissima) **Gerber-Akazie** Tasmanien. Baum mit weichen, behaarten Trieben und Blättern. Blütenköpfchen stehen in den Blattachseln. Hülsen zwischen den Samen stark verengt. Tanninhaltig. Ähnlich voriger Art, aber Fiederblättchen (an den Nebenblättern) viel kleiner (bis zu 2 mm) und junge Triebe und Blätter gelblich. K9

AA Pflanzen dornig
B Blüten in Ähren oder traubenähnlichen Ähren

Acacia catechu **Cachou Akazie** Westpakistan bis Myanmar (Burma). Kleiner bis mittelgroßer, sommergrüner Baum mit kurzen, hakenförmigen Dornen. Blüten in einzelnen Ähren oder zu 2–3 zusammen. Hülsen flach. Das Kernholz enthält Tannin und Farbstoff. K9

A. albida Tropisches und subtropisches Afrika, Syrien und Israel. Breitkroniger Baum, bis zu 30 m, mit paarigen, geraden Dornen. Blätter blaugrün. Blüten cremefarben in langen Ähren. Hülsen leuchtend orange, nicht aufspringend, gekrümmt oder zu einer runden Spirale geringelt. K9

A. cornigera **Stierhorn-Akazie** Mexiko bis Costa Rica. Strauch oder kleiner Baum mit großen, verdickten, geringelten Dornen, die teilweise hohl sind. K9

A. gummifera Marokko. Baum, bis zu 10 m. Hülsen weiß, filzig, zwischen den Samen eingeschnürt. K9

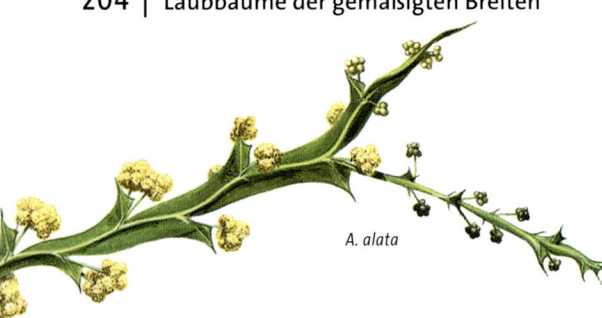

A. alata

A. longifolia

A. melanoxylon

A. karroo

A. horrida Indien, tropisches Ostafrika, Somalia, Sudan. Niedriger Baum oder Busch, gewöhnlich flachkronig. Dornen 2,5–10 cm lang. Blüten cremegelb. Bäume unter diesem Namen in Kultur sind gewöhnlich falsch bestimmt und vermutlich eher *A. karroo*. K8

A. senegal Gummi-Akazie, Gummi-Arabicumbaum Tropisches Afrika. Strauch oder Baum, bis zu 12 m, mit 3-fachen, spitzen Dornen, von denen die mittlere gebogen ist, oder einzelnen Dornen. Blüten weiß oder cremegelb in achselständigen Ähren. Hülsen flach. Liefert das „echte" Gummi arabicum für den Handel. K9

BB Blüten in kugeligen Köpfchen

Acacia farnesiana, Antillen-Akazie Tropisches und subtropisches Amerika und Australien, aber auch in anderen tropischen Gebieten eingeführt und angepflanzt. Sommergrüner Strauch oder kleiner Baum, bis zu 6 m, stark verzweigt. Blüten stark duftend, leuchtend goldgelb. Verbreitet als Zierpflanze und wegen des wichtigen und in der Parfümindustrie verwendeten Blütenöles angebaut. K8

A. erioloba Südafrika, Simbabwe. Baum, bis zu 13 m, mit paarigen, geraden, kräftigen Dornen. Blütenköpfchen in Büscheln. Hülsen gebogen, samtig grau, nicht aufspringend. K9

A. karroo Karroo-Akazie Südafrika. Sommergrüner Strauch oder kleiner Baum mit stechenden, elfenbeinweißen Dornen, 5–10 cm lang an den älteren Teilen der Pflanze. Duftende Blütenköpfchen in Büscheln zu 4–6 in Blattachseln. Hülsen abgeflacht. Als Hecke oder zur Sandbefestigung verwendet. K8

A. nilotica (A. arabica) ägyptischer Hülsendorn Tropisches und subtropisches Afrika und Asien bis nach Indien. Baum, variable Höhe bis zu 25 m, mit langen, geraden Dornen. Blüten leuchtend gelb in achselständigen, blütenstielständigen Köpfchen. Liefert einen Ersatzstoff für Gummi arabicum, Tannin und hartes Holz. K9

A. seyal Seyal, Gummi-Akazie Tropisches und subtropisches Afrika, Sudan bis Simbabwe. Baum, bis zu 12 m, mit geraden Dornen (mit oder ohne Ameisengallen). Blüten leuchtend gelb an achselständigen, gestielten Köpfchen. Hülsen gebogen, zwischen Samen eingeklemmt. Liefert hochwertiges Gummi arabicum. K9

A. woodii (A. sieberana var. woodii) Südliches Afrika. Großer Baum. Junge Triebe goldfarben filzig. Sehr kurze Dornen. Blüten cremefarben in einzelnen oder paarigen Köpfchen. K9

Gruppe II

Ältere Blätter scheinbar einfach, zu Phyllodien umgestaltet, gelegentlich mit vereinzelten gefiederten Blättern.

C Blüten in kugeligen Köpfchen, die einzeln, gebüschelt oder in Trauben stehen können

Acacia acinacea Goldstaub-Akazie Australien. Stark verzweigter Strauch, bis zu 2,5 m, mit länglichen Phyllodien. Blüten gelb in einzelnen oder paarigen, goldgelben Köpfchen. K9

A. alata Westaustralien. Strauch, bis zu 2,5 m. Phyllodien schmal-dreieckig oder eiförmig-lanzettlich, einadrig, mit hinablaufendem, länglichem Flügel und dünnem Stachel am Ende. Blüten cremegelb in achselständigen, einzelnen oder paarigen Köpfchen. K8

A. paradoxa Australien. Strauch, bis zu 3 m. Junge Triebe gerippt, an der Spitze dornig. Nebenblätter dornenähnlich. Phyllodien schwach eiförmig, 12–25 cm × 3–6 mm, an der Spitze gebogen, jeder Knoten mit zu gegabelten Dornen umgeformten, 12–13 mm langen Nebenblättern. Blüten leuchtend gelb in Köpfchen, die einzeln oder gepaart an achselständigen Stielen stehen. K8

A. melanoxylon Schwarzholz-Akazie Südliches Australien, Tasmanien. Großer Baum, 20–40 m. Nebenblätter nicht dornenartig. Phyllodien 3- bis 5-adrig, länglich-lanzettlich, gebogen; trägt einige doppelt gefiederte Blätter. Blüten cremefarben; Köpfchen in achselständigen Trauben. Wichtiger Nutzholzlieferant, wird heute im südlichen Europa gezogen. K8

A. pycnantha Gold-Akazie Australien. Strauch oder mittelgroßer Baum, bis zu 7 m. Nebenblätter nicht dornenartig; Phyllodien einadrig, lanzettlich-gebogen. Blüten duftend, leuchtend gelb; Köpfchen in Trauben. Weit verbreitet als Substanz zum Gerben genutzt. K8

A. retinodes Wasser-Akazie Tasmanien, Australien. Strauch oder kleiner Baum, bis zu 10 m. Nebenblätter nicht dornenartig. Phyllodien linealig-lanzettlich-gebogen. Blüten blassgelb; Köpfchen in verzweigten Trauben. K8

CC Blüten in zylindrischen Ähren

Acacia acuminata Himbeer-Akazie Australien. Baum, bis zu 10 m, oder Strauch. Phyllodien linealisch, 10–25 cm × 4–8 mm. Blüten in achselständigen Ähren, Holz nach Himbeermarmelade duftend. K9

A. longifolia (einschließlich A. floribunda) Sydney Gold-Akazie Australien, Tasmanien. Strauch oder Baum, bis zu 10 m. Phyllodien länglich-lanzettlich, 7,5–15 cm × 9–18 mm. Blüten leuchtend gelb in lockeren, achselständigen Ähren. Oft als Zierpflanze kultiviert. K8

A. pycnantha

A. retinodes

Judasbäume – *Cercis*

Die Gattung *Cercis* umfasst etwa sechs Arten, die aus einem Gebiet vom nördlichen Amerika und südlichen Europa bis Ostasien (China) stammen. Alle Arten sind sommergrüne Sträucher oder Bäume, von denen einige charakteristische, dunkelrote Knospen tragen. Die Blätter sind mehr oder weniger rund mit herzförmiger Basis, wechselständig und ganzrandig mit fünf oder sieben deutlichen, fächerförmig angeordneten Adern. Die rosa-purpurfarbenen Blüten stehen in Büscheln, manchmal direkt am Stamm (Kauliflorie), und erscheinen vor oder zusammen mit den Blättern. Der Kelch ist glockenförmig, kurz und stumpf gezähnt. Die Blüte hat fünf Kronblätter, von denen die oberen drei kleiner sind, sowie zehn Staubblätter. Die Frucht dieser Laubbäume ist eine flache Hülse, die grün bis rosafarben ist, später braun wird und mehrere flache Samen hat.

Die meist winterharten Arten werden wegen der Schönheit ihrer Blüten und ihrer charakteristischen Blattform gezogen. Am bekanntesten ist der Gewöhnliche Judasbaum (*Cercis siliquastrum*) – eine der beiden Baumarten, an denen sich Judas aufgehängt haben soll (der andere ist ein Holunder *Sambucus* sp.) – die roten Blüten am Stamm (Kauliflorie, Stammblütigkeit) symbolisieren das unschuldig vergossene Blut. Diese Legende erklärt das häufige Auftreten des Baumes an Kirchen und auf Friedhöfen.

Der Baum mit gedrungenem, asymmetrischem Kronenaufbau wird 5–6 m hoch und ebenso breit. Alte Bäume neigen sich oft zu einer Seite, und die Äste erreichen den Boden. Die Borke ist an jungen Exemplaren purpurfarben und gefurcht, an älteren Exemplaren grau-rot und rissig.

Cercis racemosa aus China ist einzigartig innerhalb der Gattung, weil die Blüten ausnahmsweise in Trauben angeordnet sind und die Blüten in den unverästelten Büscheln gestielt sind.

Der Kanadische Judasbaum, *C. canadensis*, ist in den USA ein beliebter Zierbaum, in Europa ist der Gewöhnliche Judasbaum häufiger anzutreffen.

Judasbäume bevorzugen nährstoffreichen, lehmigen Boden. Ältere Bäume lassen sich nicht mehr leicht versetzen, sodass man frühzeitig den endgültigen Standort wählen sollte. K4–8

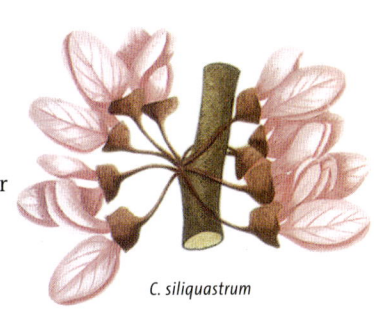

C. siliquastrum

C. siliquastrum

C. canadensis

C. siliquastrum

C. siliquastrum

Die Büschel aus blassrosafarbenen Blüten des Kanadischen Judasbaums *(Cercis canadensis)* erscheinen früh im Sommer vor den Blättern. Sie sind kleiner als die des verbreiteten Gewöhnlichen Judasbaums *(Cercis siliquastrum)*.

Die wichtigsten Judasbaum-Arten

Gruppe I
Blätter rund oder an der Spitze gekerbt, 6–10 cm breit.

Cercis siliquastrum Gewöhnlicher Judasbaum Südeuropa und Asien. Baum, bis zu 12 m, aber zumeist kleiner, mit unregelmäßig ausladender Krone. Blätter fast rund, etwas breiter als lang, am Grund gebuchtet, Spitze gewöhnlich rund, sehr selten spitz, oben hellgrün, unten bläulich grün. Blüten 1–2 cm lang, leuchtend purpurrot-rosa, in zahllosen Büscheln von je 3–6. Hülsen bis 15 cm lang. K6
var. alba Weißblühend.

C. reniformis Texas, Neu-Mexiko. Baum, bis zu 12 m. Blätter breit ei- bis nierenförmig, ledrig, manchmal unten flaumig behaart. Blüten rosarot, 1 cm lang. Hülse um 6 cm lang. K8

Gruppe II
Blätter an der Spitze kurz zugespitzt.

Cercis canadensis Kanadischer Judasbaum Mittleres und östliches Nordamerika. Gewöhnlich buschig, gelegentlich auch als Baum, bis zu 12 m. Blätter breit ei- bis herzförmig, 8–12 cm breit, unten matt und flaumig an den Aderachseln, dünner und leuchtender grün als *C. siliquastrum*. Blüten zu 4–8 in Büscheln, hell rosarot, kleiner und heller als *C. siliquastrum*. K4
var. alba Weißblühend.
var. pubescens Blätter unten flaumig behaart.

C. chinensis (C. japonica) Chinesischer Judasbaum China. Baum, bis zu 12 oder 15 m, aber als Kulturform buschig. Blätter rund, 8–12 cm lang, glänzend grün auf beiden Seiten. 4–10 purpurrosa Blüten in Büscheln, größer als die von *C. canadensis*. Hülsen 9–12 cm lang. K6

C. racemosa China. Strauch oder kleiner Baum, bis zu 12 m. Blätter 6–12 cm lang, breit eiförmig, oben hellgrün, unten flaumig. Blüten rosarot in deutlichen, 10 cm langen Trauben. Hülsen 9–12 cm lang. K7

Caesalpiniaceae

Gleditschie, Lederhülsenbaum – *Gleditsia*

Gleditsia (fälschlich manchmal *Gleditschia* geschrieben) ist eine Gattung mit einem guten Dutzend Arten Laub werfender Bäume. Sie tritt im östlichen Nordamerika, in China, Japan und im Iran auf. Der Stamm und die Äste sind mit einfachen oder verzweigten Dornen bewehrt, die als Sprossachsengebilde aus den Blattachseln entspringen und sehr unangenehm sein können. Die Blätter sind doppelt oder einfach gefiedert, und die unauffällig kleinen, grünen Blüten sind in 5–15 cm langen Trauben angeordnet. Anders als bei den meisten Hülsenfrüchten sind die Kronblätter hier einheitlich. Die zahlreichen Samen fast aller Arten sind in den 30–50 cm langen Hülsen in Fruchtfleisch eingebettet. Die Samen werden in den Hülsen ausgebreitet, die zur Erleichterung der Windverdriftung oft spiralig gedreht sind.

Viele Arten werden wegen ihres reizvollen, farnähnlichen Laubes angepflanzt, so die Amerikanische Gleditschie (= Falscher Christusdorn, *Gleditsia triacanthos*). Die Sorte 'Sunburst' hat im Frühling wie im Herbst goldgelbe Blätter; 'Moraine' (ein Klon der f. *inermis*), der die Dornen fehlen, ist unfruchtbar. Gerne verwendet wird ferner die dornenlose Kreuzung *G.* × *texana,* die in Texas spontan entstand, wo Bestände von *G. aquatica* und *G. triacanthos* gemeinsam vorkommen. Die Hülsen von *G.* × *texana* enthalten viele Samen, aber kein Fruchtfleisch. Sie bilden somit eine Zwischenstufe zwischen *G. aquatica,* die einsamige Hülsen mit etwas Fruchtfleisch trägt, und *G. triacanthos* mit vielen Samen im Fruchtfleisch. Gleditschien gedeihen in allen nicht staunassen Böden und sind als Stadtbäume auf dem Vormarsch, weil sie die Luftverschmutzung gut ertragen.

Einige Arten werden als Nutzpflanzen verwendet. Das Fruchtfleisch von *G. triacanthos* ist süß, die Hülsen werden zu einem Getränk vergärt oder an Vieh verfüttert. K 3–8

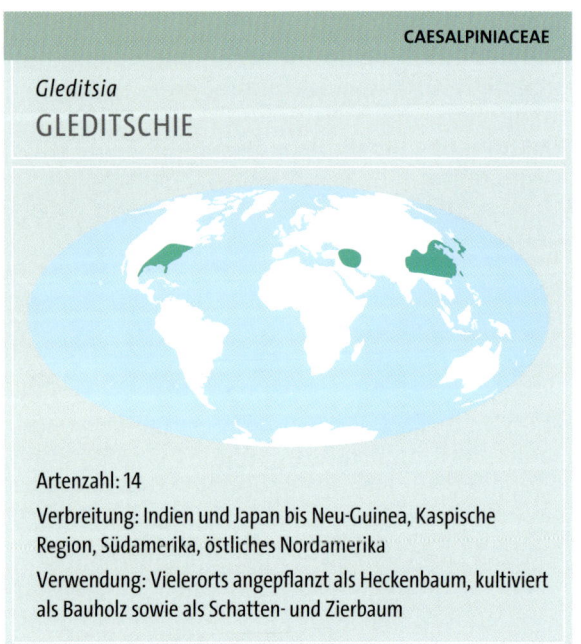

CAESALPINIACEAE

Gleditsia
GLEDITSCHIE

Artenzahl: 14

Verbreitung: Indien und Japan bis Neu-Guinea, Kaspische Region, Südamerika, östliches Nordamerika

Verwendung: Vielerorts angepflanzt als Heckenbaum, kultiviert als Bauholz sowie als Schatten- und Zierbaum

Die wichtigsten Gleditschien-Arten

Gruppe I
Hülsen vielsamig, flach, gewöhnlich gedreht, nicht gepunktet. Dornen zumindest an der Basis zusammengedrückt.

***Gleditsia triacanthos* Amerikanische Gleditschie, Falscher Christusdorn** Nordamerika. Baum, bis zu 45 m; Stamm und Äste meist mit einfachen oder verzweigten, 6–10 cm langen Dornen. Blätter 14–20 cm lang, dunkelgrün, glänzend mit über 20 länglich-lanzettförmigen Fiederblättern von 2–3,5 cm Länge oder doppelt gefiedert mit 8–14 Fiederblättern. Hülsen 30–40 cm lang; Samen in Fruchtfleisch eingebettet. Mehrere Varietäten und Züchtungen. K 3
  'Butjoti' Schlanke, hängende Zweige.
  'Nana' Kompakt und strauchartig.
  f. *inermis* Schlanker Wuchs, dornenlos (einschließlich 'Moraine').
  'Elegantissima' Buschiger Wuchs und dornenlos.
  'Sunburst' Goldgelbe Blätter im Frühling, dornenlos.

G. japonica Japanische Gleditschie Japan. Baum, 20–25 m. Stamm mit verzweigten Dornen, 5–10 cm lang; junge Zweige purpurn. Blätter 25–30 cm lang mit 16–20 gestreckten, 2–4 (6) cm langen Fiederblättern oder doppelt gefiedert mit 2–12 Fiederblättern. Hülsen gedreht, 25–30 cm lang. K 6

G. ferox Baum, eng verwandt mit *G. japonica.* Stamm mit sehr kräftigen, zusammengedrückten Dornen. Blätter oft doppelt gefiedert mit 16–30 eiförmigen Fiederblättern. Bestimmung oft schwierig; angepflanzte Exemplare können auch zu *G. caspica* gehören. K 6

G. caspica Kaspische Gleditschie Nordiran. Baum, bis zu 12 m. Stamm mit vielen, 15 cm (oder mehr) langen Dornen; junge Zweige leuchtend grün und kahl. Blätter glänzend, 15–24 cm lang, mit 12–20 eiförmig-elliptischen Fiederblättern oder doppelt gefiedert mit 6–8 Blättchen. Hülsen um 20 cm lang. K 6

G. delavayi Südwestliches China. Baum, bis zu 10 m. Stamm mit bis zu 25 cm langen Dornen, junge Zweige flaumig. Blätter mit 8–16 eiförmigen, 3–6 cm langen Fiederblättern, die unteren kleiner (junge Pflanzen oft doppelt gefiedert). Hülsen 15–35 (50) cm lang, Wände lederig. K 8

G. triacanthos

G. triacanthos

OBEN LINKS Eine der spektakulärsten goldblättrigen Gleditschien, die nordamerikanische *Gleditsia triacanthos,* hat im Frühling üppige, goldene Blätter, die sich im Sommer gelblich grün verfärben.

G. aquatica

G. aquatica

G. sinensis

Gruppe II

Hülsen vielsamig, nicht gedreht, aber mit kleinen Tupfen. Dornen zylindrisch.

Gleditsia macracantha Zentralchina. Baum, bis zu 15 m. Stamm mit langen, sehr steifen, verzweigten Dornen und gerippten, warzigen Zweigen. Blätter 5–7 cm lang, kahl, gefiedert mit 6–12 eiförmig-länglichen, 5–7 cm langen Blättchen, die unteren kleiner. Hülsen 15–30 cm lang.

G. sinensis Ostchina. Baum, bis zu 15 m. Stamm mit kräftigen, konischen Dornen geschützt, oft verzweigt. Blätter gefiedert, 12–18 cm lang, ziemlich matt gelblich grün, mit 8–14 (18) eiförmigen, 3–8 cm langen Fiederblättchen. Hülsen 12–25 cm lang, tief purpurbraun. K 5

Gruppe III

Hülsen vielsamig und gerade. Stamm ohne Dornen.

Gleditsia × texana Texas. Natürliche Kreuzung von *G. triacanthos × G. aquatica*. Baum, bis zu 40 m, mit glatter, blasser Borke und kahlen, jungen Trieben. 5–20 cm lange, dunkelgrüne, glänzende Blätter, einfach oder doppelt gefiedert mit 12–14 Blättchen. Männliche Blüten in dunklen, orangegelben, 8–10 cm langen Trauben. Hülsen ohne Fruchtfleisch, 10–12 cm lang, kastanienbraun. K 6

Gruppe IV

Hülsen 2- bis 3-samig, Blättchen glattrandig und unterseits behaart.

Gleditsia heterophylla Nordostchina. Strauch oder kleiner Baum. Dornen schlank, einfach oder dreispaltig und bis zu 35 mm lang. Gefiederte Blätter mit 10–18 länglichen Nebenblättern, 1–3 cm lang, graugrün. Hülsen 3,5–5,5 cm lang, dünn, kahl. K 6

Gruppe V

Hülsen 1- bis 2-samig. Blättchen fein gekerbt, unterseits kahl.

Gleditsia aquatica Südöstliche USA. Baum, bis zu 20 m, in Europa nur bis Strauchgröße. Stamm mit verzweigten, etwa 10 cm langen Dornen. Blätter 20 cm lang, kahl, gefiedert mit 12–18 eiförmig-länglichen, 2–3 cm langen Blättchen oder doppelt gefiedert mit 6–8 Blättchen. Hülse dünn, 2,5–5 cm lang, gewöhnlich mit nur 1 Samen. K 6

Fabaceae

Goldregen – *Laburnum*

Laburnum ist eine Gattung kleiner Bäume und Sträucher mit reizvollem Laub und hängenden Trauben von leuchtend gelben Blüten, aber giftigen Blättern und Samen. Nach heutiger Auffassung gibt es zwei Arten mit deren Kreuzungen, die im südlichen Europa heimisch sind.

Die wechselständigen, dreiteiligen Blätter sind gestielt, haben aber keine Nebenblätter. Die zwittrigen, gelben, schmetterlingsähnlichen Blüten hängen an schmalen Stielen in endständigen, hängenden Trauben. Der glockenförmige Kelch ist zweilippig und nicht länger als die gelbe Blütenkrone, und alle Kronblätter sind frei. Die zehn Staubblätter sind zu einer Röhre verwachsen. Oben am schlanken Griffel sitzt eine kleine, aufgebogene Narbe. Der Fruchtknoten ist kurz gestielt. Die schmale, längliche Hülse ist zwischen den ein bis acht Samen eingeschnürt. Die obere Naht ist verdickt oder mehr oder weniger geflügelt. Die Samen sind nierenförmig.

Die beide Arten *Laburnum anagyroides* und *L. alpinum* werden oft als Ziergehölze verwendet. An den Boden stellen sie geringe Ansprüche, solange er nicht staunass ist. Die Hülsen sind recht vielfältig geformt, und wenn man sie früh entfernt, verlängert man das relativ kurze Leben der Bäume. Die Arten sind weitgehend resistent gegen Krankheiten.

Der Goldregen und seine Kreuzung *L. × watereri* bilden viele Samen, die für Menschen und Haustiere tödlich giftig sein können. Unter den Haustieren sind Pferde gefährdeter als Rinder und Ziegen. Schafe und Nagetiere fressen die Blätter und Borke, ohne Schaden zu erleiden. Die Samen der Kreuzung sind zwar genauso giftig wie die der reinen Art, die Kreuzung bildet jedoch weit weniger Samenhülsen (eine bis drei je Traube) und wird daher bevorzugt angepflanzt. Wenn der Verdacht einer Vergiftung besteht, ist sofort das Krankenhaus aufzusuchen.

FABACEAE

Laburnum
GOLDREGEN

Artenzahl: 2
Verbreitung: Südliches Europa außer Spanien
Verwendung: Kernholz für Möbelbau und Intarsien; zumeist als Zierbaum

Der Goldregen schmückt im Frühsommer mit seinen strahlend gelben Blütentrauben. Oft wird Goldregen in den Gärten an Bögen und Wandelgängen angepflanzt.

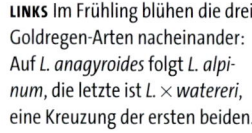

L. × watereri

zwar botanisch interessant, aber abgesehen von ihrem Zierwert ist die Besonderheit nicht besonders augenfällig. K 5–6

Die Goldregen-Arten

Laburnum anagyroides (L. vulgare) Gewöhnlicher Goldregen
Bergwälder Mitteleuropas, der Alpen, Italiens und des Balkans. Große Sträucher oder kleine Bäume, 7–9(10) m. Fiederblätter annähernd elliptisch, 3–8 cm lang, oben graugrün, unterseits seidig blaugrün durch anliegende Haare. Blüten in behaarten Trauben, 15–25 cm lang, im späten Frühling und frühen Sommer, mit leuchtend gelben Blüten, die mit etwa 2 cm an zumeist etwas kürzeren Stielen hängen. Hülsen im Querschnitt rund, die obere Naht verdickt und gekielt, aber nicht deutlich geflügelt, im Mittel 5 cm lang, dunkelbraun; Samen schwarz. Zahlreiche Züchtungen. K 5

L. alpinum Alpen-Goldregen Gebirgswälder Österreichs, der Schweiz, Albaniens, der tschechischen und slowakischen Republiken, Italiens und des Balkans. Strauch oder Baum, bis zu 12 m. Fiederblätter meist elliptisch-länglich, 4–7 cm lang, an den Rändern bewimpert, aber unterseits kahl oder fast kahl. Blüten in leicht behaarten Trauben, 25–40 cm lang, die 2–3 Wochen später als L. anagyroides blühen, sind knapp 2 cm lang an etwa gleichlangen Stielen. Hülsen im Querschnitt fast flach, kahl, die obere Naht deutlich geflügelt, etwa 5 braune Samen. Einige Gartenformen; von höherem Zierwert als die vorige Art. K 5

L. anagyroides × alpinum = L. × watereri (= L. × vossii im Gartenbau) Die Kreuzung hat die langen Trauben von L. alpinum und die auffälligeren Blüten von L. anagyroides. Blattunterseite und Hülse zeigen mit wenigen, anliegenden Haaren Zwischenstufen in der Behaarung; Hülse um 4 cm lang, weniger geflügelt als L. alpinum, im Mittel weniger Samen. Die Hülsen sind kaum entwickelt, weshalb die Kreuzung zur Verminderung der von den giftigen Samen ausgehenden Gefahr bevorzugt gepflanzt wird. Einige Gartenformen, von denen 'Vossii' die schönste ist.

LINKS Im Frühling blühen die drei Goldregen-Arten nacheinander: Auf L. anagyroides folgt L. alpinum, die letzte ist L. × watereri, eine Kreuzung der ersten beiden.

L. alpinum

Eine dritte Art, die zunächst als *Podocytisus caramanicus* beschrieben wurde und im südlichen Balkan und in Kleinasien heimisch ist, wird unterdessen systematisch bei *Laburnum* eingeordnet; einige Fachleute belassen es indessen bei der ursprünglichen Zuordnung. Bei dieser Art handelt es sich um einen Strauch von 1 m Höhe mit endständigen Trauben goldgelber, goldregenähnlicher Blüten; der Blütenstand hängt jedoch nicht, sondern steht aufrecht.

Laburnum anagyroides bildet eine interessante Pfropfkreuzung mit *Cytisus purpureus*. Sie wird als *Cytisus + Laburnum* bezeichnet und trägt den Namen *+ Laburnocytisus adami*. Es handelt sich aber nicht um eine normale Kreuzung zwischen den Gattungen, da das Gewebe der Ausgangsarten getrennt bleibt; das von *Cytisus* bildet die äußeren Schichten, welches die inneren, allein von *Laburnum* stammenden Schichten umhüllt. Vereinzelt durchbricht das *Laburnum*-Gewebe die *Cytisus*-Schicht, während einige Zweige die reine Form von *Cytisus* zeigen. Samen bilden sich gelegentlich, sie kommen aus den inneren Schichten und ergeben ausschließlich *Laburnum*-Pflanzen. Diese Kreuzungsform wird als Chimäre bezeichnet und kann vegetativ vermehrt werden. Der Habitus ähnelt dem Gewöhnlichen Goldregen, die Fiederblätter sind indessen kleiner und fast kahl. Die Blütentrauben sind eher nickend als vollends hängend, die Blüten sind dunkel purpurn. Das Kernholz von *Laburnum* wird zum Möbelbau und für Intarsien genutzt. Die Art ist

L. anagyroides

L. alpinum   L. anagyroides

Robinien, Scheinakazien – *Robinia*

Robinia, eine Gattung mit etwa sieben Arten, ist in Nordamerika zu Hause. Die Laub werfenden Sträucher oder Bäume haben wechselständige, gefiederte Blätter mit einem endständigen Blättchen (unpaarig gefiedert) und meist dornigen Nebenblättern. Die Fiederblättchen sind gegenständig und glattrandig. Die Blüten, mit dem typischen Aussehen von Schmetterlingsblüten, stehen meist in achselständigen, hängenden Trauben und blühen im späten Frühling oder frühen Sommer. Der Kelch ist glockenförmig, schwach zweilippig, während die Krone aus Kronblättern mit kurzen Nägeln, einer großen runden Fahne und unten verwachsenen Kronblättern besteht. Von den zehn Staubblättern ist das oberste frei oder fast frei von den übrigen neun, die eine Röhre bilden. Die linealische bis längliche, flache, zweiklappige Hülse enthält drei bis zehn Samen.

Robinien sind in gemäßigten Gebieten winterhart und werden meist wegen ihrer prächtigen, oft duftenden, weißen oder rosafarbenen bis purpurroten Blüten angepflanzt. Das feste Holz ist leicht spröde, und die Äste neigen bei starkem Wind zu Bruch. Daher empfiehlt es sich, sie in ärmere Böden zu pflanzen, um zu üppiges Wachstum zu verhindern. Man vermehrt sie durch Samen oder pfropft sie auf eine Unterlage von *Robinia pseudoacacia* (Robinie oder Scheinakazie).

Diese vermutlich am weitesten verbreitete Robinien-Art, auch Gewöhnliche Scheinakazie genannt, entwickelt sich zu einem schmucken, bis etwa 26 m hohen Baum mit hängenden Trauben duftender, weißer, manchmal rosafarbener Blüten. Zu den weiteren, recht reizvollen Arten gehören *R. kelseyi* (Kelseys Robinie) mit tief rosafarbenen Blüten und drüsigen, kurzborstigen (mit rauen, borstigen Haaren besetzten) Hülsen und *R. hispida* (Borstige Robinie) mit rosafarbenen bis hellpurpurnen Blüten, ebenfalls mit drüsigen, kurzborstigen Hülsen, die sich jedoch selten entwickeln. Es gibt einige Kreuzungen mit *R. pseudoacacia* als einer Elternart. K3–5

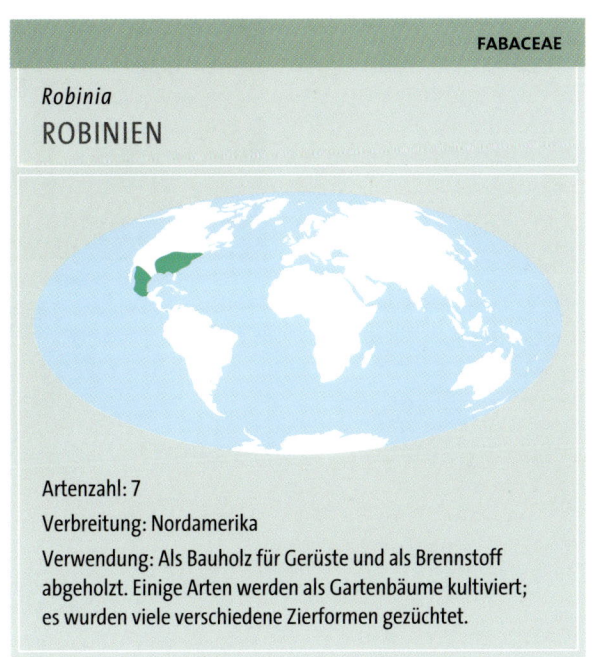

FABACEAE

Robinia
ROBINIEN

Artenzahl: 7

Verbreitung: Nordamerika

Verwendung: Als Bauholz für Gerüste und als Brennstoff abgeholzt. Einige Arten werden als Gartenbäume kultiviert; es wurden viele verschiedene Zierformen gezüchtet.

R. pseudoacacia

Die Robinien-Arten

Gruppe I
Triebe kahl oder höchstens flaumig, aber nicht drüsig borstig.

Robinia pseudoacacia, Robinie, Gewöhnliche Scheinakazie
Nordamerika, in vielen Teilen Europas eingebürgert. Baum, bis zu 26 m, mit grob rissiger Borke. Triebe kahl, Nebenblätter gewöhnlich dornig. 11–23 Fiederblätter. Blüten in dichten, 10–20 cm langen Trauben, duftend und weiß (rosafarben bei var. *decaisneana*). Hülsen glatt, linealisch-länglich, 5–10 cm lang, mit 3–10 Samen. Oft als Zierbaum gepflanzt. Bei den Varietäten *umbraculifera* und *bessoniana* sind die Nebenblätter nicht dornig. K 3

R. boyntonii Südöstliche USA. Strauch, bis zu 3 m, ohne dornige Nebenblätter, 7–13 Fiederblätter. Blüten in 6–10 cm langen, losen Trauben, rosafarben bis purpurn. Hülse drüsig-kurzborstig (mit rauhen, borstigen Haaren). K 5

R. kelseyi Kelseys Robinie Südöstliche USA. Strauch oder kleiner Baum, bis zu 3 m. Triebe mit dornigen Nebenblättern. Blüten tief rosarot, 5–8 in jeder Traube. Hülse 3,5–5 cm lang, tief purpurrot und drüsig behaart. K5

R. elliottii Südöstliche USA. Strauch, bis zu 1,5 m. Triebe anfangs behaart bis filzig; Nebenblattdornen klein. Blüten rosapurpurrot oder purpurrot und weiß. Hülse kurzborstig. K 5

R. pseudoacacia

Gruppe II
Triebe und Blütenstiel drüsig-borstig. Hülse borstig.

Robinia hispida Borstige Robinie Südöstliche USA. Strauch, bis zu 2 m. Triebe und Blütenstiele drüsig-borstig; 7–13 Fiederblätter. Blüten rosafarben oder rosapurpurrot in 3- bis 5-blütigen, borstigen Trauben. Hülsen selten entwickelt, 5–8 cm lang, drüsig-borstig. Oft auf *R. pseudoacacia* gepfropft. K 5

R. luxurians Üppige Robinie Südwestliche USA. Strauch oder Baum, bis zu 10 (12) m. Triebe und Blütenstiel drüsig behaart oder flaumig, nicht borstig. Nebenblätter dornig; 13–25 Fiederblätter; Blattspindel behaart, praktisch ohne Drüsen. Blüten blassrosa oder fast weiß. Hülse (6) 7–10 cm lang mit drüsigen Borsten. K 5

R. viscosa Klebrige Robinie Südöstliche USA. Baum, 10–12 m. Triebe und Blütenstiel drüsig behaart. Nebenblattdornen klein oder fehlend; 13–25 Fiederblätter; Blattspindel drüsig oder klebrig. Blüten rosa mit gelbem Fleck auf der Fahne. Hülse 5–8 cm lang, mit drüsigen Borsten. K 3

R. kelseyi

R. hispida

Caesalpiniaceae

Geweihbäume, Schusserbäume – *Gymnocladus*

Zur Gattung *Gymnocladus* gehören fünf Arten, die im mittleren und östlichen Nordamerika sowie in Ostchina heimisch sind. Diese großräumige Verteilung, die sich auch bei anderen Gattungen findet, gilt als Hinweis auf die Reste einer verbreiteten Waldflora aus dem Tertiär (vor 65–50 Millionen Jahren), die einst die gesamte nördliche Halbkugel bis zu den heutigen arktischen Gebieten bedeckte.

Diese Laub werfenden Bäume tragen große, doppelt gefiederte Blätter. Die unauffälligen Blüten sind regelmäßig und ein- oder zweihäusig. Jede Blüte hat einen röhrenförmigen Kelch aus fünf Kelchblättern, ferner fünf Kronblätter und zehn Staubblätter. Die Frucht bildet eine lange Hülse, die große flache Samen enthält.

Der Amerikanische Geweihbaum *(Gymnocladus dioicus = G. canadensis)* in der östlichen Mitte der USA erreicht Höhen bis etwa 30 m. Seine doppelt gefiederten Blätter können 115 cm lang und 60 cm breit werden. Die beiden untersten Blättchen sind einfach, dann folgen drei bis sieben Fiederblätter, jedes mit sechs bis 14 paarigen (selten vier) und einem endständigen Blättchen. Die Blüten haben grünlich weiße Kronblätter und befinden sich an langen Stielen auf getrennten Bäumen. Die weiblichen bilden 10–20 cm lange Rispen (oder länger), die männlichen kommen auf ein Drittel dieser Länge. Die länglichen Hülsen werden 15 cm lang und 4–5 cm im Durchmesser. In gemäßigten Gebieten ist die Art winterfest und wird wegen ihres eigenartigen Laubes verwendet, blüht jedoch nur zögernd. Zum Winter hin fallen die Fiederblätter ab. Die gelben Blatt- und Nebenblattstiele bleiben und geben dem Baum ein eigenartiges Aussehen. Früher wurden die Samen gemahlen, um daraus ein kaf-

feeähnliches Getränk zuzubereiten. Der Baum bringt ebenfalls vielfältig nutzbares Bauholz hervor.

Gymnocladus chinensis aus China wird ein Baum von 13 m Höhe mit Blättern etwa der gleichen Länge wie die vorige Art, hat aber 20–24 längliche Fiederblätter. Die lilapurpurnen, zwittrigen und eingeschlechtlichen Blüten sitzen am gleichen Baum. Die Hülsen sind 7–10 cm lang und 4 cm im Durchmesser. Diese Art ist auch in gemäßigten Gebieten nicht winterhart.

Die Borke und die Hülsen beider Arten enthalten Saponin, das schaumbildende Eigenschaften hat.

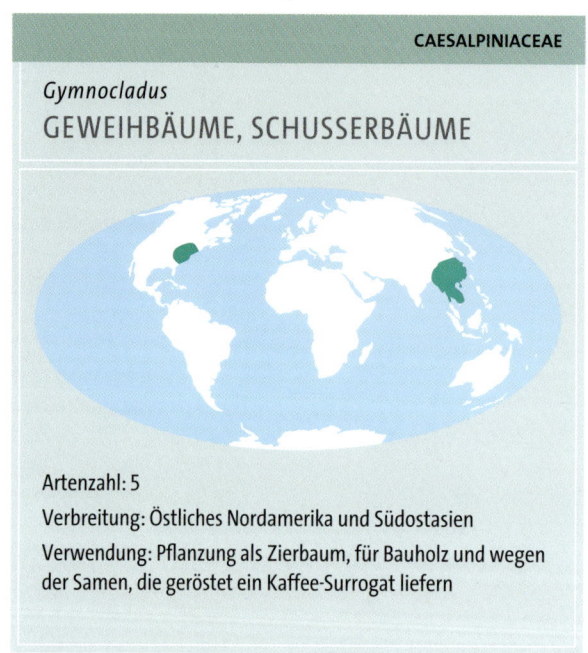

CAESALPINIACEAE

Gymnocladus
GEWEIHBÄUME, SCHUSSERBÄUME

Artenzahl: 5

Verbreitung: Östliches Nordamerika und Südostasien

Verwendung: Pflanzung als Zierbaum, für Bauholz und wegen der Samen, die geröstet ein Kaffee-Surrogat liefern

Fabaceae

Pagodenbäume, Schnurbäume – *Sophora*

Sophora ist eine Gattung mit 45 Arten immergrüner oder Laub werfender Bäume und Sträucher, manchmal auch dorniger, seltener kräftiger Stauden. Ihre Heimat sind warme und gemäßigte Regionen in Nord- und Südamerika, Asien und Australasien. Die Vorkommen von *Sophora tetraptera* (Neuseeländischer Schnurbaum) sind verstreut auf Neuseeland, Tristan da Cunha und Südchile. Da die Hülsen im Meer schwimmen und die Samen drei Jahre keimfähig bleiben, ist eine Verbreitung durch Meeresströmungen anzunehmen. Eine Art, *S. toromiro* von der Osterinsel, galt als ausgestorben. In ihren Herkunftsgebieten waren keine Bestände mehr vorhanden, da sie im 18. Jahrhundert durch eingeführte Schafe zerstört worden waren. Jedoch wurde eine Anzahl Sämlinge aus Samen in den Botanischen Gärten von Göteborg und Bonn aufgezogen, die der Forscher Thor Heyerdahl bei seiner Kon-Tiki-Reise 1947 gesammelt hatte.

Die Blätter der Schnurbäume sind wechselständig, unpaarig gefiedert mit zahlreichen (7–80) kleinen oder wenigen, großen Fiederblättern; die Nebenblätter sind dünnhäutig und fallen ab. Die um 2,5 cm langen Blüten sind weiß, gelb oder seltener blau-violett und stehen in endständigen Rispen oder blattartigen Trauben.

OBEN Die gedrehten Stämme und Äste von *Sophora japonica* ergeben eine offene Krone, die Blätter sind zunächst blassgelb.

LINKS Die offene Krone des Amerikanischen Geweihbaums *(Gymnocladus canadensis)* mit seiner geschuppten, abschilfernden Borke, die oben ein frisches, darunter ein blassweißes Grün zeigt.

FABACEAE

Sophora
PAGODENBÄUME, SCHNURBÄUME

Artenzahl: 45

Verbreitung: Nördliche gemäßigte Breiten bis zu den Tropen

Verwendung: Einige Arten liefern Farbstoffe, das Holz wird zum Bauen und Schnitzen genutzt; auch als Zierbaum angepflanzt

Der Kelch besteht aus fünf kurzen Zähnen, die Blütenkrone ist entweder typisch schmetterlingsblütenartig oder annähernd röhrenförmig, die Blüten sind nach vorne zugespitzt. Die Hülse ist zylindrisch oder leicht abgeflacht, zuweilen geflügelt und bis zu 25 cm lang. Die Einschnürung zwischen den Samen lässt sie aussehen wie eine Perlenkette. In manchen Fällen springt die Hülse nicht auf.

Einige Arten sind in gemäßigten Gebieten ziemlich winterhart und werden als Ziergehölze verwendet, vor allem wegen ihrer besonders reizvollen Blütenbüschel. Sie lieben ausgesprochen viel Sonne, und manche, wie der Kowhai aus Neuseeland oder der Neuseeländische Schnurbaum *(S. tetraptera)*, gedeihen am besten direkt neben Wänden. In Kultur ist der Japanische Schnurbaum *(S. japonica)* am bekanntesten, der in China und Korea, aber nicht in Japan heimisch ist. In gemäßigten Gegenden werden ferner angepflanzt: *S. macrocarpa* (Chile), *S. affinis* (südwestliche USA) und *S. davidii* sowie der Wickenblättrige Schnurbaum (China). Das Holz ist sehr hart. *S. tetraptera* wird in der Kunsttischlerei sowie für Schäfte und für Drechselarbeiten verwendet. Die Früchte von *S. japonica* haben abführende Wirkung. Blätter- und Fruchtextrakte werden in China benutzt, um Opium zu strecken. Verschiedene amerikanische Indianerstämme gebrauchten die Früchte von *S. secundifolia* (Texas-Schnurbaum) als Rauschmittel, während die roten Samen gern als Halsschmuck getragen wurden. K5–10

Gelbholz – *Cladrastis*

Cladrastis, eine Gattung mit sechs Arten mittelgroßer, rundkroniger, Laub werfender Bäume aus Nordamerika, China und Japan, ähnelt ein wenig der Robinie, hat aber längere Büschel größerer Blüten. Die für gewöhnlich großen, bis zu 33 cm langen, wechselständigen, unpaarig gefiederten Blätter haben sieben bis 15 glattrandigen Nebenblättchen, das letzte endständig. Die schmetterlingsblütenartigen, weißen oder rosafarbenen Blüten stehen in Rispen. Jede Blüte hat zehn fast freie Staubblätter. Die Frucht ist eine aufspringende, flache Hülse mit drei bis sechs Samen. Das kennzeichnendste Merkmal des Gelbholzes ist der Blattstiel mit seiner hohlen, verdickten Basis, die die drei Knospen des folgenden Jahres einschließt, die später in der Blattnarbe erscheinen.

Gelbholz ist in den gemäßigten Gebieten winterhart und wird oft als Zierbaum gepflanzt. Die Bäume bevorzugen lehmigen Boden und einen sonnigen Platz.

Das in den südlichen USA heimische Kentucky-Gelbholz *(Cladrastis lutea)* wird am häufigsten als Ziergehölz verwendet, vor allem wegen seiner zunächst hellgrünen Blätter, die im Herbst in ein leuchtendes Gelb übergehen. Die Art kann 20 m hoch werden, kommt aber in Kultur meist nicht über 12 m. Die 20–30 cm langen Blätter tragen (5)7–9(11) Fiederblätter, die ohne Nebenblätter sind. Die weißen, duftenden Blüten stehen in hängenden, bis zu 36 cm langen Rispen. Die Hülse ist 7–10 cm lang und ungeflügelt. *C. lutea* liefert gelbes Färbemittel, und das Holz wird für Gewehrschäfte genutzt. *C. sinensis* aus China wird gerne gepflanzt, besonders auf *C. lutea* gepfropft, da es relativ spät im Sommer blüht. Wild erreicht es 25 m Höhe, gelangt aber in Kultur nicht über 15 m. Jedes Blatt trägt (9)11–13(17) Fiederblättchen ohne Nebenblätter. Die weißen oder rosa schimmernden Blüten stehen in aufrechten, 12–30 cm langen Rispen, und die 5–7,5 cm langen Hülsen haben keine Flügel.

Eine andere Art, *C. wilsoni* aus China, ist eng mit *C. sinensis* verwandt, blüht aber nicht in Kultur, daher sieht man sie selten. *C. platycarpa* aus Japan gleicht Arten der Gattung *Sophora*, der sie früher zugeordnet war. Von den übrigen *Cladrastis*-Arten unterscheidet sich die Art durch geflügelte Hülsen und durch die an den Fiederblättern vorhandenen Nebenblätter. K 3–6

Das Kentucky-Gelbholz *(Cladrastis lutea)* trägt recht hübsche, hängende Blätter, die im Sommer lebhaft grün sind und vor dem Abfallen leuchtend gelb werden.

FABACEAE

Cladrastis
GELBHOLZ

Artenzahl: 6

Verbreitung: Ostasien und Nordamerika

Verwendung: Liefert dekoratives gelbes Holz und einen gelben Farbstoff

Die Blätter von *Elaeagnus angustifolia* zeigen silbrige, schuppige Sternhaare an der Unterseite. Sie sind schmal lanzettlich, oben von mattem Grün und ebenfalls schuppig. Die Zweige sind auch weiß und lassen zusammen mit den Blättern den Baum sehr dekorativ erscheinen. Die Blätter werden sonnenseits etwas heller.

Elaeagnaceae

Ölweiden – *Elaeagnus*

Zur Gattung *Elaeagnus* gehören etwa 45 in Nordamerika, Südeuropa und Asien heimische Arten. Es handelt sich um immergrüne oder Laub werfende Bäume oder Sträucher mit wechselständigen Blättern, deren Unterseiten oft von fransigen, silbrigen Sternhaaren bedeckt sind. Die zumeist duftenden und zwittrigen (manchmal eingeschlechtlichen) Blüten umgibt eine Hülle von vierblättrigen Lappen, die einigermaßen rechtwinklig zur umgedrehten, glockenartigen Röhre stehen. Die Steinfrucht enthält nur einen Samen.

Die meisten Arten sind recht winterhart und werden gerne wegen ihres reizvollen Laubes und der aromatisch duftenden Blüten angepflanzt. Am besten gedeihen sie auf leichtem, sandigem Lehm; ein nährstoffarmer Boden verstärkt angeblich den silbernen Glanz der Blätter.

Die Früchte einiger Arten werden zu Konserven oder Gelees verarbeitet, so etwa die von *E. multiflora*, der Reichblütigen Ölweide aus Japan, die zwar herb sind, jedoch ein gutes Aroma haben, sowie die von *E. philippinensis* (Philippinen). Aus der Frucht von *E. angustifolia* (Südeuropa, West- und Zentralasien, Himalaja) wird ein Getränk bereitet. K2–9

Die wichtigsten Ölweiden-Arten

Gruppe I
Frühlingsblüher, Laub werfend.

Elaeagnus angustifolia Ölweide Westeuropa, in Südeuropa eingebürgert. Strauch oder kleiner Baum, meist 5–7 m, manchmal bis zu 12 m. Zweige und Blätter (beidseits) nur mit silbrigen und ohne braune Schuppen. Blätter annähernd lanzettförmig, 4–8 cm lang. Blüten mit einer innen gelben, außen silbrig beschuppten Krone. Frucht oval, 13 mm, silbrig beschuppt, gelb, essbar. Sehr geschätzt wegen ihrer weißen Triebe und silbrigen Blattunterseiten. K2

E. commutata Silber-Ölweide Nordamerika, einzige dort heimische Art. Strauch, bis zu 4 m, Zweige und oft auch Blätter (unterseits) neben den silbrigen auch bräunliche Sternhaare. Blätter annähernd lanzettförmig, (3,5) 4–9 cm lang. Blüten hängend, reichlich tragend, stark duftend, innen gelb, die Kelchröhre viel länger als ihre Zipfel. Frucht eiförmig, silbrig, 8–9 mm lang. Mit seinem silbernen Laub und den gelben, stark duftenden Blüten ist er einer der schönsten Sträucher überhaupt. K2

E. multiflora Reichblütige Ölweide Japan. Strauch von 2–3 m. Zweige und Unterseite der Blätter mit braunen und zahlreichen silbrigen Sternhaaren. Blätter elliptisch bis verkehrt-eiförmig, 3,5–6 cm lang. Blüten duftend, innen gelblich weiß, außen silbern und braun beschuppt. Frucht länglich, 12–13 mm lang, orangefarben. Wegen ihrer zahllosen orangefarbenen Früchte angepflanzt. Unterscheidet sich von *E. commutata* und *E. umbellata* durch den längeren Fruchtstiel (18–25 mm) und darin, dass die Kelchröhre und die Kelchzipfel etwa gleiche Länge haben. K6

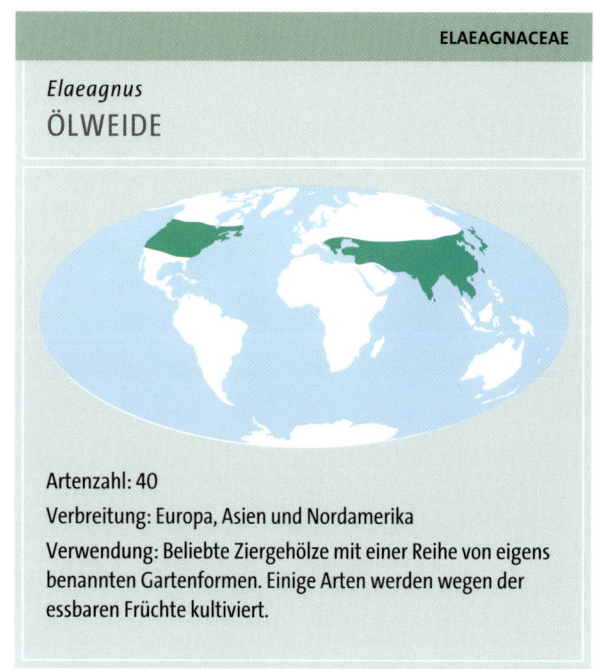

E. umbellata Himalaja, China, Japan. Weit ausladender Strauch, oft breiter als seine Höhe von 4–6 m. Zweige und Blätter mit braunen und silbrigen Schuppen. Blätter lanzettförmig bis oval, 5–10 cm lang. Blüten an Stielen, 6–8 mm, innen blassgelb, außen silbrig beschuppt, Kelchröhre viel länger als die Kelchzipfel. Frucht rund, 6–8 mm im Durchmesser, silbrig, zuletzt rot. Wegen der Blüten und Früchte angepflanzt. K3

Gruppe II
Herbstblüher, Blätter immergrün.

Elaeagnus pungens Dornige Ölweide Japan. Strauch, bis zu 5 m, Zweige meist stachelig und Blätter unterseits braun beschuppt. Blätter zäh, mehr oder weniger oval, (4)5–10 cm lang. Blüten duftend, hängend, silber-weiß, Kelchröhre länger als die Lappen und über dem Fruchtknoten verengt. Frucht 12–20 mm lang, zuerst braun, zuletzt rot. Beliebt seiner duftenden Blüten wegen. Es gibt eine Anzahl Züchtungen mit mehr oder weniger bunt panaschierten Blättern, bei denen 'Maculata' vielleicht die herausragendste ist. K7

E. macrophylla Großblättrige Ölweide Korea, Japan, möglicherweise China. Ausladender Strauch, 3–4 m, ohne braune Sternhaare. Die silbrig-weißen Zweige sind gewöhnlich bedornt. Blätter annähernd oval, 5–11 cm lang, oberseits zuerst silbrig beschuppt, verliert sich im Alter, unten auffallend und dauerhaft beschuppt. Blüten stark duftend, mehr oder weniger hängend. Frucht oval, 15–16 mm lang, schuppig mit dauerhaftem Kelch, rot. K8

E. glabra China, Japan. Ein rankender oder kletternder Strauch, bis etwa 6 m, oft verwechselt und verkauft als *E. pungens*, doch haben diese Zweige keine Dornen und die Blätter sind unterseits mattbräunlich durch die gelben und braunen Sternhaare, während sie bei *E. pungens* weißlich sind. Nicht selten angepflanzt, vielleicht fälschlich als *E. pungens*. K8

Myrtaceae

Eukalyptus – *Eucalyptus*

Eucalyptus ist eine äußerst umfangreiche Gattung immergrüner Bäume und Sträucher, die vor allem in Australien verbreitet sind; weitere finden sich in Neuguinea, im östlichen Indonesien und auf Mindanao, einer der Philippinen-Inseln. Auf Neuseeland fehlt die Gattung allerdings. Die Höhen reichen von etwa 1 m bis über 100 m bei *Eucalyptus regnans* in Victoria/Australien. Damit ist dieser Baum die höchste bedecktsamige Blütenpflanze und wird nur von dem zu den Nacktsamern gehörenden Küstenmammutbaum *(Sequoia sempervirens)* überragt.

Ob hoch, ob niedrig, in Wäldern, im Buschland oder in der Heide – die Eukalyptus-Arten gehören immer zur herrschenden Baumschicht. Der bei weitem größte Teil der Wälder und Waldgebiete in den nicht trockenen Gegenden Australiens, von den Tropen bis zu den kühl gemäßigten Gebieten im südlichen Tasmanien, wird von Eukalyptus-Arten beherrscht, die in der Kronenschicht gewöhnlich von keiner anderen Gattung begleitet werden. Eine solche Vorherrschaft einer einzelnen Holzart tritt in keinem anderen Kontinent auf.

Die Anpassung an Waldbrände ist ein entscheidender Faktor für die Verteilung dieser von Eukalyptus dominierten Pflanzengesellschaften. Einige Arten können sich nach zerstörerischen Bränden nur aus Samen erneuern; die meisten überleben jedoch, weil sie aus Ruheknospen in der Borke wieder austreiben. Viele kleinere Arten haben eine besondere Wuchsform: Mehrere Stämme gehen aus einem kräftigen, verdickten Schaftteil hervor, der sich unter oder zum Teil über der Erde befindet. Kleine verdickte Schaftstücke kennzeichnen auch die jüngere Altersstufe von Arten mit einzelnem Stamm, die sich aus schlafenden Knospen regenerieren können.

Eukalyptus erkennt man üblicherweise an dem Deckel auf den Blütenknospen, der beim Öffnen der Blüten abfällt und den Stempel und zahlreiche Staubblätter freigibt. Diese ziehen die verschiedenen Insekten (oft Bienen) und Vögel an, die sich den gewöhnlich reichlichen Nektar holen. Die deckelartigen Gebilde variieren beträchtlich innerhalb der neun Untergattungen, die nach den neueren systematischen Einteilungen unterscheidet. Sie haben sich wahrscheinlich in verschiedenen Parallellinien unabhängig voneinander entwickelt.

Angophora wurde früher als eigene Gattung angesehen, ist aber durch eine Anzahl morphologischer und biochemischer Eigenschaften mit zwei Untergattungen der Eukalypten verbunden. Die Blüten haben getrennte Kelch- und Kronblätter. Bei einigen Untergattungen sind nur die Kelchblätter frei, die Kronblätter jedoch zu einer Deckelstruktur verwachsen. Bei anderen bilden die beiden Quirle eine äußere und eine innere Deckelstruktur, während bei der Untergattung *Monocalyptus* eine einzelne Deckelstruktur anscheinend aus den Kelchblättern allein hervorging.

Jede Untergattung oder, besonders bei den größten *(Symphyomyrtus* mit etwa 300 Arten), jede untergeordnete Sektion bevorzugt bestimmte Standorttypen.

Der Blaugummibaum, *Eucalyptus globulus* im Blue Mountains National Park, New South Wales/Australien, produziert an seinen Blättern einen feinen öligen Überzug, der ihn wie mit einem blauen Dunst umgeben erscheinen lässt.

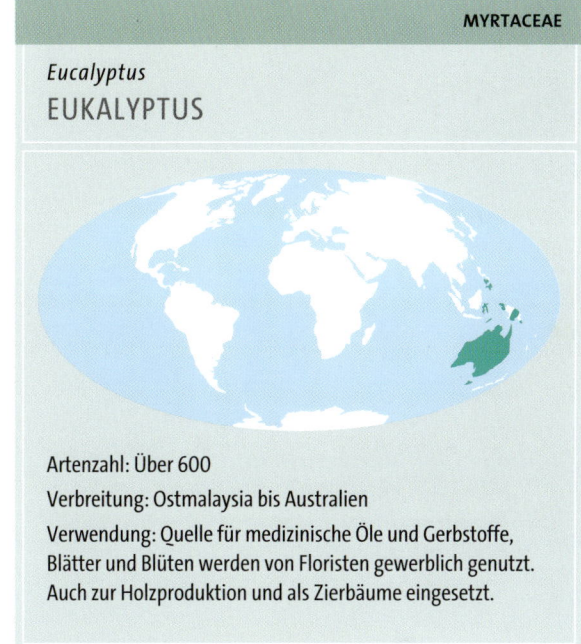

MYRTACEAE

Eucalyptus
EUKALYPTUS

Artenzahl: Über 600

Verbreitung: Ostmalaysia bis Australien

Verwendung: Quelle für medizinische Öle und Gerbstoffe, Blätter und Blüten werden von Floristen gewerblich genutzt. Auch zur Holzproduktion und als Zierbäume eingesetzt.

Borke und Holz von Eukalyptus

Die volkstümliche Einteilung der Eukalypten richtet sich nach eher äußeren Merkmalen von Borke und Holz. Namen wie „Australische Mahagonibäume" oder Eisenrinden-, Blau- oder Rotgummi- sowie Fieberbaum sind zwar verbreitet, werden aber oft uneinheitlich angewandt. In verschiedenen Gegenden Australiens gebraucht man gleiche Namen für völlig verschiedene Arten. Indessen drückt die botanische Zuordnung eine gewisse Übereinstimmung mit der natürlichen Verwandtschaft aus.

Die charakteristische Borke der sogenannten „Gums" ist beispielsweise glatt und abblätternd. Die Borke von „Boxes" ist rau und faserig, während „Peppermint" feinfaserig ist. „Stringy"-Borken sind lang und faserig und „Iron"-Borken sind hart, rau und rissig.

Dass die Bestimmung für den Nichtfachmann erschwert ist, ergibt sich aus der Natur der wesentlichen Bestimmungsmerkmale (wie etwa dem Bau der Blütendeckel, der Form von Staubbeuteln oder der Blattaderstruktur) und aus der großen Zahl von Arten in manchen Gattungen. Allein im Umkreis von 150 km um Sydney finden sich über 100 Arten. Eine weitere Erschwernis ist die Variabilität innerhalb der einzelnen Arten, etwa entlang von Höhen- oder anderen geografischen Gradienten. Schließlich können viele Arten in ihrem Gebiet einigermaßen konstant sein, aber in Randgebieten, in denen sie mit Gebieten anderer Arten überlappen, entstehen Hybride oder Hybridschwärme mit fließenden Übergängen zwischen den beteiligten Eltern. Dieser Sachverhalt war auch vor der europäischen Besiedlung Australiens schon gegenwärtig, aber in den letzten beiden Jahrhunderten sind die Habitatgrenzen durch Rodung, Trockenlegung, geänderte Feuerregimes und andere menschliche Aktivitäten noch weiter verwischt worden.

Abgesehen von den unterschiedlichen Blütezeiten bestehen nur wenig innere Schranken für eine erfolgreiche Kreuzung zwischen den Arten innerhalb einer Sektion und wenige, wenn überhaupt, absolute Schranken innerhalb einer Untergattung. Dagegen sind keine natürlichen oder künstlichen Kreuzungen zwischen Arten verschiedener Untergattungen bekannt. So bleiben viele Arten nur deshalb eindeutig bestimmbar, weil sie geografisch isoliert wachsen oder die Nachkommen in ökologisch unterschiedlichen Habitaten innerhalb einer Region einer Auslese unterliegen. Daher gehören die an einem Standort versammelten Arten gewöhnlich unterschiedlichen Kreuzungsgruppen an, also Untergattungen und Sektionen. In Gebieten mit vielfältigen geomorphologischen Verhältnissen oder einem feinen Mosaik an Bodentypen wird diese Erscheinung oft nur bei sorgfältiger Prüfung der Verteilungsmuster der Arten und der Umweltfaktoren deutlich.

Eukalyptus stellt den hauptsächlichen Holzvorrat Australiens. Zu den besonders wertvollen Arten, die zu Schnittholz oder Stangen verarbeitet werden, gehören Jarrah *(E. marginata)*, Black Butt *(E. pilularis)* und Messmate *(E. obliqua)*. In jüngerer Zeit werden vermehrt Zellstoff für Papier und ähnliche Produkte sowie Hackschnitzel für Platten erzeugt. Massive Rodungen von Waldgebieten für die zum Export bestimmten Hackschnitzel sind auf den Widerstand von Umweltschützern gestoßen. Die Forstbehörden machen jedoch geltend, dass Eukalypten

OBEN Die Blüten von *Eukalyptus globulus* stehen für gewöhnlich einzeln in der Blattachsel. Die Knospen sind kahl, gefurcht und runzelig. Das augenfälligste Merkmal sind die zahlreichen, blassgelben oder weißen Staubblätter.

LINKE SEITE Der hohe, glatte Stamm von *Eukalyptus grandis* ist charakteristisch für die Bergwälder Australiens.

E. parvifolia

E. glaucescens

bei geregelter Gebietsrotation als erneuerbarer Rohstoffvorrat zu betrachten sind.

Gleichwohl führen grundsätzliche Erwägungen hinsichtlich der frei lebenden Tiere und der landschaftlichen Schönheit eher zu ablehnenden Haltungen. Viele Eukalytus-Arten bilden wichtige Nahrungspflanzen für den in Australien heimischen Koalabären, dessen Stoffwechsel und Bau daran angepasst sind, ausschließlich diese Pflanzen zu verdauen.

Unter den Nebenerzeugnissen der Gattung sind die Eukalyptusöle am bekanntesten. Die ätherischen Öle werden als Duftstoffe und in Arzneimitteln gebraucht. Ein häufiger Inhaltsstoff ist Cineol bzw. Eucalyptol. Verschiedene Arten liefern Kinoharze, adstringierende, tanninhaltige Absonderungen, die in der Medizin und zum Gerben verwendet werden. Die Borke von *E. sideoxylon* wurde früher intensiv als Gerberrinde genutzt.

Eukalyptus-Arten werden auch außerhalb der natürlichen Verbreitungsgebiete sehr häufig angepflanzt, so etwa in Brasilien und Nordafrika, im Mittleren Osten, im südlichen und tropischen Afrika, in Kalifornien und Indien, an der Schwarzmeerküste der Ukraine und Russlands sowie in Italien und Spanien. Sie werden meist als Schnitt-, Faser- und Brennholz sowie als Schattenspender und Wind- bzw. Erosionsschutz, zur Gewinnung ätherischer Öle und als Ziergehölze kultiviert. Bei günstigem Klima bringen viele Arten in fremder Umgebung weit mehr Zuwachs als auf ihren heimischen Standorten, weil der Nährstoffgehalt der Böden höher ist und Schadinsekten fehlen. Nur etwa 30–40 wichtige Sorten gedeihen außerhalb von Australien, und diese unterscheiden sich weitgehend von denen, die in Australien ihres Nutzholzes wegen von Bedeutung sind.

Der Anbau außerhalb der Herkunftsgebiete ist allerdings mit Schwierigkeiten verbunden. Wirtschaftliche und zuverlässige Verfahren zur vegetativen Vermehrung wurden nicht entwickelt, sodass die Saat das Mittel der Wahl bleibt. Daraus entstehen weitere Probleme, vor allem sind die Samen von Herkünften außerhalb Australiens kaum einwandfrei bestimmt. Samenproben, sogar von wild wachsenden Bäumen, können falsch bezeichnet sein; es kann sich um Mischungen von mehr als einer Art oder sogar um Samen ungeeigneter Kreuzungen handeln.

Eukalyptusbäume sind schnellwüchsige Pflanzen; Sämlinge einiger tropischer und subtropischer Arten können in einem Jahr bis zu 1,5 m in die Länge wachsen und in zehn Jahren 10 m Höhe oder mehr erreichen. Man ging davon aus, dass sie sehr hohe Verdunstungsraten haben und pflanzte daher im letzten Jahrhundert verschiedene Arten großflächig in Sumpfgebieten in Italien und vergleichbaren Regionen in Nordafrika an. Man wollte das Land dadurch trockenlegen und so die Malaria

bekämpfen. Hierfür eignet sich der Sumpfmahagonibaum *(E. robusta),* der mittelgroß wird und eine raue, bräunliche Borke hat. Vermutlich wird *E. globulus* im Mittelmeergebiet und in Kalifornien am häufigsten kultiviert, der 35–45 m Höhe erreicht und eine graue innere Borke hat, die jährlich durch das streifige Abschilfern der Außenborke bloßgelegt wird. Kalifornien hat die größte eingeführte Eukalyptus-Flora in den USA.

In kühleren Gegenden werden Eukalyptus-Arten zumeist als Ziergehölze oder Sehenswürdigkeiten gezogen. Unter ihnen findet man den Mostgummi-Eukalyptus oder Tasmanischen Eukalyptus *(E. gunnii),* einen Baum von 30 m Höhe, dessen rosafarbene Borke sich in Streifen ablöst und eine ziemlich glatte, graue Innenborke freilegt. Eine weitere frostharte Art ist *E. pauciflora* ssp. *niphophila,* ein kleiner, bis zu 6 m hoher Baum aus der Untergattung *Monocalyptus* mit glatter, grauer oder weiß gestreifter Borke, die jedes zweite oder dritte Jahr abblättert. Ebenfalls winterhart, außer in den kältesten Gebieten der gemäßigten Breiten, ist der Trichterfrucht-Eukalyptus *(E. coccifera),* ein kleiner Baum mit auffällig spiraliger Borke, den man oft stutzt, um ihn buschig zu halten. Eine in Kultur selten zu sehende, aber kräftige und winterfeste Art ist der Urnenfrüchtige Gummibaum *(E. urnigera),* der 30–35 m hoch wird und dessen Frucht wie eine Urne eingeschnürt ist. K8–10

Auswahl an Eukalyptus-Arten, die außerhalb Australiens in warm gemäßigten Gegenden wachsen

Deutscher Name	Botanischer Name
Marri-Eukalyptus	*E. calophylla*
Roter Eukalyptus	*E. camaldulensis*
Zitronen-Eukalyptus	*E. citriodora*
Breitblättriger Eukalyptus	*E. dalrympleana*
Bläulicher Eukalyptus	*E. glaucescens*
Rose Gum-Eukalyptus	*E. gomphocephala*
Riesen-Eukalyptus	*E. grandis*
Raublättriger Eukalyptus	*E. grossa*
Kruses Eukalyptus	*E. kruseana*
Großfrüchtiger Eukalyptus	*E. macrocarpa*
Kleinblütiger Eukalyptus	*E. microtheca*
Westlicher Eukalyptus	*E. occidentalis*
Eifrüchtiger Eukalyptus	*E. ovata*
Kleinblättriger Eukalyptus	*E. parvifolia*
Perrys Eukalyptus	*E. perriniana*
Behaarter Eukalyptus	*E. pileata*
Weidenblättriger Eukalyptus	*E. saligna*
Mugga-Eukalyptus	*E. sideroxylon*
Rotgummi-Eukalyptus	*E. tereticornis*
Weißblättriger Eukalyptus	*E. tetragona*

Bemerkenswert ist das Fehlen von Vertretern der Untergattung Monocalyptus, die oben als bedeutend in Australien erwähnt wurde. Die Gruppe scheint in besonderem Maße von Mykorrhiza-Symbiosen abhängig zu sein.

Die wichtigsten Eukalyptus-Arten

Untergattung Blakella
Sektion Lemuria, *Serie* Clavigerae

Eucalyptus papuana Nordaustralien und Neuguinea. Baum, 10–18 m. Borke blättert bis zum Boden ab und hinterlässt eine weiße Oberfläche. Blätter einheitlich gefärbt. Blütenstand seitlich mit ziemlich gehäuften, meist 7-blütigen Dolden. Frucht um 10 × 7 mm, von papierartiger Struktur, Klappen tiefliegend. K10

Untergattung Corymbia
Sektion Rufaria, *Serie* Gummiferae

Borke kurzfaserig, dauerhaft mit dicken Schuppen. Blätter typischerweise verschiedenfarbig mit feinen, engen, seitlichen Adern in einem weiten Winkel zur Mittelrippe. Blütenstand endständig oder seitlich mit zahlreichen 7-blütigen Dolden. Frucht holzig, ei- bis krugförmig; Klappen tiefliegend.

Eucalyptus ficifolia Purpur-Eukalyptus Südwestaustralien. Buschiger Baum, bis zu 10 m. Blüten groß, Staubblätter rot. Frucht um 30 × 12 mm. K9

E. gummifera Ostaustralien. Baum, bis zu 35 m. Frucht um 15 × 12 mm.* K10

Sektion Ochraria, *Serie* Maculatae

Glatte, rosafarbene, oft gesprenkelte Borke. Blätter mit feinen, engen Seitenadern. Dolden 3-blütig. Früchte krugförmig. Klappen tiefliegend.

Eucalyptus citriodora Zitronen-Eukalyptus Nordostaustralien. Schlanker Baum, bis zu 40 m. Blätter enthalten Zitronellöl. Früchte um 12 × 9 mm.** K10

E. maculata Gesprenkelter Eukalyptus Ostaustralien. Meist recht robuster Baum von 35–40 m. Blätter leicht verfärbt und ohne Zitronellöl. Frucht um 15 × 12 mm.** K10

Untergattung Eudesmia
Sektion Quadraria, *Serie* Tetrodontae

Eucalyptus tetrodonta Nordaustralien. Baum, 15–24 m. Borke faserig, dauerhaft. Blätter einheitlich gefärbt, grau, hängend. Dolden 3-blütig. Frucht leicht glockenförmig, um 15 × 9 mm, mit 4 vorstehenden, äußerlichen Zähnen (nicht zu verwechseln mit den schmalen Klappen in Randhöhe).** K10

Untergattung Symphyomyrtus
Sektion Transversaria

Überwiegend große Bäume. Borke dauerhaft oder kinoharzhaltig. Blätter meist verschiedenfarbig, seitliche Adern fein, meist mit großem Winkel (50–75°) zur Mittelrippe.

Serie Diversicolores

Eucalyptus diversicolor Karri-Eukalyptus Westaustralien. Baum, 45–65 (75) m. Kinoharzhaltige Borke. Dolden 7-blütig. Frucht birnen- bis kugelförmig, um 12 × 12 mm; Klappen tiefliegend.*** K10

Serie Salignae

Eucalyptus grandis Ostaustralien. Baum, 35–45 (50) m. Kinoharzhaltige Borke. Dolden 7-blütig. Frucht birnenförmig, um 8 × 6 mm, oft ungestielt; Klappen dünn, leicht vorstehend, gebogen. K10

E. saligna Ostaustralien. Baum, 35–45 (50) m. Kinoharzhaltige Borke, oft am Grunde gespeichert. Dolden 7- bis 11-blütig. Frucht wie bei *E. grandis*, doch gewöhnlich kleiner und Klappen gerade oder auswärts gespreizt.** K10

E. propinqua Ostaustralien. Baum, 30–35 m. Kinoharzhaltige Borke. Dolden typischerweise 7-blütig. Frucht halbkugelförmig oder verkehrt konisch, um 5 × 5 mm; Klappen vorstehend.* K10

Sektion Bisectaria, *Serie* Salmonophloiae

Eucalyptus salmonophloia Westaustralien. Baum, 15–25 (30) m. Kinoharzhaltige Borke, lachsfarbig. Blätter einheitlich gefärbt. Dolden 7-blütig. Frucht rund, um 5 × 5 mm; Klappen sehr lang.* K10

E. macrocarpa

E. parvifolia

E. tetragona

E. kruseana

E. perriniana
(Altersblatt)

E. perriniana
(Jugendblatt)

E. pileata

E. glaucescens (Jugendblatt)

E. glaucescens (Altersblatt)

E. ovata

E. callophylla

E. dalrympleana

E. gunnii (Jugendblatt)

E. gunnii (Altersblatt)

E. dalrympleana

E. pauciflora ssp. *niphophila*

Sektion Exsertaria

Hauptsächlich kinoharzhaltige Borke. Blätter einheitlich gefärbt. Dolden oft 7- bis über 20-blütig. Frucht typischerweise rund bis halbkugelförmig mit stark vorstehenden Klappen. Verhältnis von Deckellänge zu Breite oft wichtig für Bestimmung. Eine Unterscheidung der einzelnen Formenkreise anhand der Zusammensetzung des ätherischen Öls ist noch nicht möglich.

Serie Tereticornes

Eucalyptus tereticornis Ostaustralien und Neuguinea. Baum, 30–40 (50) m. Dolden 7-blütig. Deckel 2,5- bis 4-mal länger als breit. Frucht um 6 × 6 mm.** K10

E. camaldulensis Roter Eukalyptus Fast ganz Australien. Kräftiger Baum, 25–30 (35) m. Deckel typisch geschnäbelt, doch stumpf bei nördlichen Formen. Frucht 4 × 6 mm.** K9

Sektion Maidenaria, Serie Viminales

Eucalyptus globulus Südostaustralien. Baum, 35–45 (50) m. Kinoharzhaltige Borke. Blätter einheitlich gefärbt. Blüten einzeln in typischer Form, Knospen warzig. Frucht kopfförmig, um 15 × 25 mm, ungestielt.* K9

E. viminalis Rutenförmiger Eukalyptus, Zucker-Gummi-Eukalyptus Süd- und Südostaustralien. Baum, 20–35 (50) m. Kinoharzhaltige Borke. Blätter einheitlich gefärbt. Dolden gewöhnlich 3-blütig. Frucht annähernd rund, um 7 × 5 mm (2 seitliche ungestielt), Klappen deutlich vorstehend.* K8

Sektion Adnataria, Serie Oliganthae

Eucalyptus microtheca Zentrales und nördliches Australien. Baum, 12–20 m. Borke etwas faserig, am Stamm und an starken Ästen gewöhnlich dauerhaft. Blätter bläulich grün. Mäßig große Blütenstände von 7-blütigen Dolden. Frucht halbkugelförmig, 3 × 4 mm, mit großen, vorstehenden Klappen. K10

Serie Largiflorentes

Eucalyptus populnea Ostaustralien. Baum, 10–22 m. Borke etwas faserig, dauerhaft. Blätter glänzend grün. Blütenstand aus 7-blütigen Dolden. Frucht um 3 mm, kleine Klappen, tiefliegend oder auf Randhöhe. K10

Serie Paniculatae

Eucalyptus paniculata Südostaustralien. Baum, 25–30 (40) m. Rostfarbene Borke, dauerhaft. Blätter leicht verschiedenfarbig. Blütenrispen mit zumeist 7-blütigen Dolden. Frucht birnen- bis eiförmig, um 9 × 7 mm; Klappen schmal, gewöhnlich tiefliegend.** K10

Serie Melliodorae

Eucalyptus melliodora Südostaustralien. Baum, 10–30 m. Borke etwas faserig, verschieden dauerhaft. Blätter einheitlich gefärbt. Dolden 7-blütig. Frucht annähernd birnenförmig, um 7 × 5 mm; Klappen tiefliegend. K10

Sektion Sebaria, Serie Microcorythes

Eucalyptus microcorys Ostaustralien. Baum, 30–45 (50) m. Borke etwas faserig, weich, dauerhaft. Blätter verschiedenfarbig. Dolden 7-blütig, meist in kleinem endständigem Blütenstand. Frucht länglich, verkehrt-konisch, um 8×5 mm; Klappen sehr klein, leicht erhaben. K10

Untergattung Telocalyptus
Sektion Equatoria, Serie Degluptae

Eucalyptus deglupta Philippinen, Sulawesi, Neuguinea und Neubritannien. Baum, 35–60 (75) m. Kinoharzhaltige Borke. Blätter verschiedenfarbig. End- und achselständige Blütenstände mit 3- bis 7-blütigen Dolden. Frucht halbkugelig, um 3 × 5 mm, große, vorstehende Klappen.** K10

Untergattung Monocalyptus
Sektion Renantheria, Serie Marginatae

Eucalyptus marginata Südwestaustralien. Baum, 25–35 m. Borke faserig, dauerhaft. Blätter verschiedenfarbig. Dolden 7-blütig. Frucht kugelig-eiförmig, holzig, um 18 × 15 mm, Klappen tiefliegend.*** K10

Serie Capitellatae

Borke faserig, dauerhaft. Blätter meist einheitlich gefärbt. Dolden 7- bis über 20-blütig. Frucht halbkugelig bis kugelig, typischerweise mit vorstehenden Klappen.

Eucalyptus baxteri Südostaustralien. Baum, 25–35 m. Dolden 7-blütig. Frucht um 11 × 9 mm, fast stiellos.* K10

E. eugenoides Ostaustralien. Baum, 20–25 m. Dolden 7- bis 11-blütig. Frucht um 6 × 7 mm, mit sehr kurzen Stielen.* K10

Serie Pilulares

Eucalyptus pilularis Ostaustralien. Baum, 35–60 m. Borke feinfaserig, an der unteren Stammhälfte dauerhaft. Blätter verschiedenfarbig. Dolden 7- bis 11-blütig. Frucht pillenartig, um 11 × 12 mm; Klappen klein, tiefliegend oder auf Randhöhe.*** K10

Serie Obliquae

Die Höhen schwanken zwischen den längsten Laubhölzern der Welt (E. regnans) bis zu buschigen Formen mit unterirdisch verdicktem Schaft. Borke faserig, dauerhaft oder kinoharzhaltig. Blätter typischerweise einheitlich gefärbt, oft mit schräger Basis und seitlichen Adern in kleinem Winkel (15–25°) zur Mittelrippe. Frucht ei- bis birnenförmig, meist mit vertieften Klappen.

Eucalyptus obliqua Südostaustralien. Baum, 10–60 m. Borke dauerhaft. Blätter grün. Die erste als *Eucalyptus* benannte Art, wenn auch einige Arten schon bei anderen Gattungen beschrieben waren. Frucht um 9 × 8 mm.*** K9

E. delegatensis Südostaustralien. Baum, 35–50 (70) m. Borke in der unteren Stammhälfte dauerhaft. Blätter bläulich. Dolden 7- bis 15-blütig. Frucht um 15 × 12 mm.*** K9

E. regnans Südostaustralien. Baum, 50–75 (100) m. Borke in der unteren Stammhälfte dauerhaft. Blätter grün, klein. Dolden 7- bis 11-blütig, oft in Paaren. Frucht um 8 × 6 mm.*** K9

E. pauciflora Südostaustralien. Baum, manchmal krumm, 15–18 m. Kinoharzhaltige Borke. Blattaderung deutlich, größere Seitenadern fast parallel zur Mittelrippe. Dolden 7- bis 15-blütig. Frucht etwa 9 × 8 mm.

Serie Piperitae

Kleine bis mäßig hohe Bäume. Borke faserig oder glatt. Blätter einheitlich gefärbt, oft mit seitlichen Adern in kleinem Winkel zur Mittelrippe. Frucht typischerweise klein mit unauffälligen Klappen oft über Randebene.

Eucalyptus radiata Pfefferminz-Eukalyptus Südostaustralien. Baum, 12–24 m. Borke etwas faserig, dauerhaft. Frucht annähernd rund bis annähernd birnenförmig, um 4 × 4 mm.* K9

Kommerzielle Bedeutung

*** Wesentlicher Lieferant für kommerziell genutztes Schleifholz und für die Bauholz-Produktion.

** Wichtig, aber zuweilen auf ein geografisch begrenztes Gebiet beschränkt.

* Von untergeordneter Bedeutung aufgrund der Stammform und Harztaschen.

E. eugenioides

RECHTE SEITE *Nyssa aquatica* gilt wegen seiner Früchte und seines Holzes als besonders wertvoller Baum.

UNTEN Der Tauben- oder Taschentuchbaum (*Davidia involucrata*) blüht im späten Frühling, aber die kleinen, runden Köpfchen sind durch die beeindruckenden cremig-weißen Hochblätter gänzlich verborgen. Diese großen Hochblätter sind ungleich groß. Auf über 20 Jahre alten Bäumen entwickeln sich die Blüten besonders reichlich.

Nyssaceae

Taubenbäume – *Davidia*

Die Gattung *Davidia* mit nur einer Art, dem Tauben- oder Taschentuchbaum (*Davidia involucrata*), kommt aus Mittel- und Westchina, wo sie 20 m Höhe erreicht. Der Laub werfende Baum ähnelt einer Linde und trägt wechselständige, breit eiförmige, am Grunde herzförmige, spitz zulaufende Blätter. Die Art fällt auf durch weiße oder cremig-weiße Hochblätter. Je zwei von ihnen umgeben die kugeligen Blütenköpfchen. Kronblätter fehlen, jedes Köpfchen umfasst zahlreiche männliche Blüten mit purpurnen Staubbeuteln und eine einzelne zwittrige Blüte. Im Frühsommer bietet der ausgewachsene Baum, in weiße Hochblätter eingehüllt, einen recht eindrucksvollen Anblick. Bäume unter 20 Jahren blühen jedoch nur spärlich. In späterer Jahreszeit bilden die tiefgrünen eiförmigen, 3 × 2,5 cm großen Früchte, die an langen Stielen unter den Blättern und zuletzt an den blattlosen Zweigen baumeln, ein auffälliges Merkmal.

Der Taubenbaum gedeiht gut auf fruchtbarem Boden. In Kultur sieht man meist die var. *vilmoriniana*, bei der die weißen Haare anderer Varietäten auf der Blattunterseite fehlen. K6

Tupelobäume – *Nyssa*

Die mit ihren kräftigen Herbstfarben besonders ins Auge fallenden Tupelobäume gehören zu einer Gattung mit acht Arten Laub werfender Bäume und Sträucher aus Nord- und Mittelamerika sowie Asien.

Die ein- oder zweihäusigen Tupelobäume haben einfache, gegenständige Blätter ohne Nebenblätter und kleine eingeschlechtliche Blüten. Jede Blüte besitzt fünf winzige Kelch- und fünf grünliche Kronblätter; die weiblichen Blüten stehen entweder einzeln oder in kleinen Büscheln, während die männlichen in runden Köpfen gebüschelt sind. Die männlichen sind mit 5–10(12) Staubblättern, die weiblichen mit einem Stempel an einem ein- oder zweikammerigen Fruchtknoten ausgestattet. Die pflaumenartige, oft rote oder purpurne Steinfrucht enthält einen einzelnen Samen (Stein).

Am meisten verbreitet ist der Wald-Tupelobaum *(Nyssa sylvatica),* der in seiner Heimat, den östlichen USA, und in Kultur in allen gemäßigten Gebieten wegen seiner schon recht frühzeitig einsetzenden, scharlachroten und goldenen Herbstfärbung berühmt ist. In Kultur ist er besonders auf nassen oder sauren Böden wüchsig. Er behauptet sich aber auch in trockenen Lagen, vor allem in Küstengebieten, wenn er vor Wind geschützt ist. Man vermehrt ihn durch Samen oder Ableger. Sämlinge sollten so früh wie möglich eingepflanzt werden, da ältere Exemplare nicht mehr so gut anwachsen.

Eine weitere bemerkenswerte Art, der Wasser-Tupelobaum *(N. aquatica),* ist in den Küstensümpfen der östlichen und südöstlichen USA heimisch, wo er große Teile des Jahres in stehendem Wasser stockt. Der Wasser-Tupelobaum und *N. ogeche* sind beide als Bienenweide geschätzt. Von letzterem isst man örtlich auch die Früchte. Das weiche und doch zähe Holz der Tupelobäume wird als Möbel- und Kistenholz gehandelt und zu Holzschuhen verarbeitet. K3–7

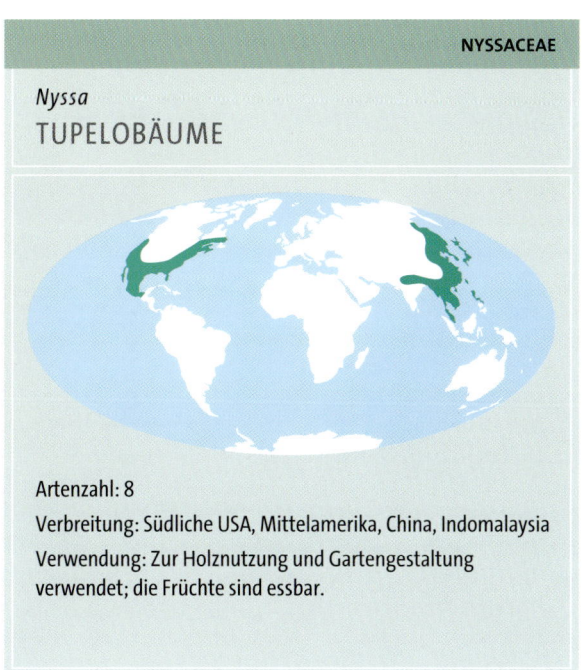

NYSSACEAE

Nyssa
TUPELOBÄUME

Artenzahl: 8

Verbreitung: Südliche USA, Mittelamerika, China, Indomalaysia

Verwendung: Zur Holznutzung und Gartengestaltung verwendet; die Früchte sind essbar.

N. ogeche

N. sylvatica var. biflora

N. sylvatica

N. sinensis

Die wichtigsten Tupelobaum-Arten

Gruppe I

In den USA heimisch.

A 2 oder mehr weibliche Blüten stehen zusammen. Frucht klein und schwarz; Stein glatt oder grob gefurcht

***Nyssa sylvatica (N. villosa)* Wald-Tupelobaum** Hänge oder sumpfige Lagen. Kalkfliehend. Eichenähnlicher Baum, bis zu 30 m, mit breit kegeliger Krone, Zweige waagerecht, an der Spitze aufwärts gekrümmt. Borke kantig mit kariertem Muster. Blätter eiförmig bis verkehrt-eiförmig, 5–12 cm lang, glattrandig, oben dunkel glänzend oder gelb-grün, unten weißlich grün. Gewöhnlich 2, manchmal 3 weibliche Blüten an einem Stiel. Stein fast ohne Rippen. K3
  var. *biflora* Torfige und sumpfige Lagen. Baum, bis zu 15 m. Borke mit langen Furchen. Unterschieden durch löffelförmige, elliptische Blätter. Steine gerippt. K3

N. ursina Verzweigter Strauch. Blätter kleiner als bei *N. sylvatica*. Blüten in deutlichen Büscheln. Kugelige Steinfrucht.

AA Weibliche Blüten einzeln stehend. Frucht groß, purpurrot; Stein gefurcht und geflügelt

Nyssa acuminata Sumpfgebiete. Strauch, bis zu 5 m, mit unterirdischen Stämmen. Zweige mit schmalen Blättern. Weibliche Blüte kurz gestielt. Steinfrucht rot; Stein geflügelt.

N. ogeche (N. candicans, N. capitata) Flussufer. Ausladender Baum, bis zu 9 m. Stamm oft krumm. Blätter breit. Steinfrucht länglich, länger als Stiel, rotpurpurn, Stein geflügelt.

***N. aquatica (N. uniflora)* Wasser-Tupelobaum** Baum, bis zu 30 m. Blätter eiförmig, 10–15 cm lang, unten flaumig. Weibliche Blüten lang gestielt, Steinfrucht purpurblau, kürzer als der Stiel, Stein scharf gefurcht.

Gruppe II

In Ostasien heimisch.

Nyssa sinensis Strauch oder Baum, bis zu 18 m. Borke grau, fein gefurcht. Blätter länglich-eiförmig, bis zu 15 cm lang, oben leuchtend grün, unten hellgrün, behaart auf den Adern und der Mittelrippe, Stiel flach. Blüten zu mehreren achselständig; dünner Stiel mit seidigen braunen Haaren. Junge Triebe rötlich braun behaart. K7

N. javanica Baum, bis zu 15 m. Zweige graubraun mit dichter, seidiger Behaarung, gefleckt mit auffälligen Korkwarzen; Blätter gleich lang wie bei *N. sinensis*, aber breiter; oben grün, unten seidig braun; Blütenstiel kurz. K7

N. sylvatica

OBEN LINKS Der bis zu 30 m hohe, aus dem östlichen Nordamerika stammende Wald-Tupelobaum (*N. sylvatica*) wächst in Sümpfen und auf schlecht entwässerten Standorten. Der Stamm verjüngt sich nach oben.

Cornaceae

Hartriegel – *Cornus*

Cornus ist eine Gattung von über 40 Arten überwiegend Laub werfender Bäume und Sträucher, die ein stark zerrissenes Verbreitungsgebiet in den gemäßigten Breiten der nördlichen Halbkugel, besonders der USA und Asiens, aufweist. Die Blätter sind meist gegenständig. Die Blüten sind üblicherweise vierzählig, klein, weiß, seltener grünlich oder gelblich. Sie sind gebüschelt in endständigen Köpfchen oder Trugdolden, manchmal umgeben von mehr oder weniger deutlichen, umhüllenden Hochblättern. Die Steinfrucht enthält einen zweiteiligen Kern.

Vorwiegend handelt es sich um Ziergehölze, die wegen der Attraktivität ihrer Blüten, besonders der Hochblätter und der oft roten Rinde sowie der herbstlich gefärbten Blätter gezogen werden. Besonders schöne Blüten sind zu finden bei der Kornelkirsche (*Cornus mas*), dem Blumen-Hartriegel *(C. florida)*, Nuttalls Blumen-Hartriegel *(C. nuttallii)* und dem Japanischen Hartriegel *(C. kousa).* Alle diese Arten gedeihen in geschützten, lichten Wäldern oder in schattigen Lagen auf feuchten, kalkfreien, humosen Böden. Die Arten mit farbiger Rinde bilden oft

Der Blumen-Hartriegel *(Cornus florida)* entwickelt unauffällige, vierzählige Blüten, weiß mit gelber Spitze. Attraktiv sind jedoch die umgebenden weißen, herzförmigen Hochblätter. Diese umschließen die Blütenknospe im Winter und öffnen sich im zeitigen Frühling.

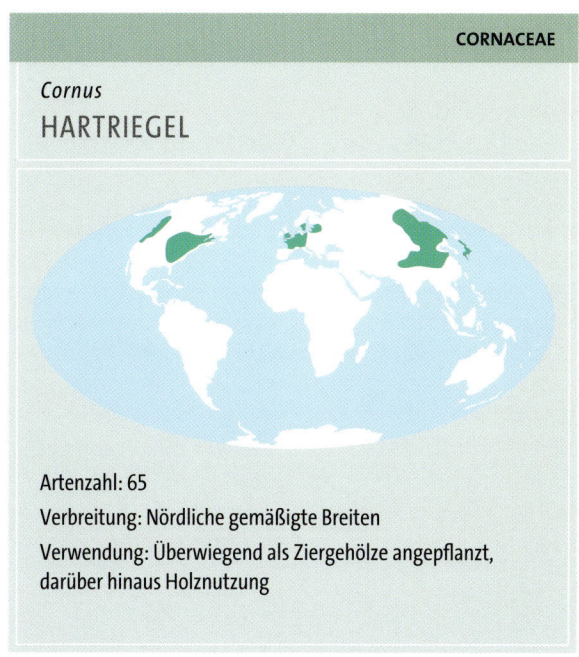

CORNACEAE

Cornus
HARTRIEGEL

Artenzahl: 65
Verbreitung: Nördliche gemäßigte Breiten
Verwendung: Überwiegend als Ziergehölze angepflanzt, darüber hinaus Holznutzung

Dickichte, häufig mit lebhafter Winterfärbung der jüngsten Zweige. Ein Frühjahrsschnitt fördert durch den verstärkten Neuaustrieb diesen Effekt. Diese Gruppe gedeiht auf feuchten, gewässernahen Lagen. Hierher gehören der Weiße Hartriegel (*C. stolonifera*) mit der Sorte 'Flaviramea' mit goldgrünen Stämmen und der Tatarische Hartriegel *(C. alba)* 'Sibirica' mit lebhaft dunkelroten Stämmen. Der in Europa vorkommende Rote Hartriegel *(C. sanguinea)* trägt seinen Namen vor allem wegen der roten Herbstfärbung der Blätter, wohl weniger wegen der Zweige, die zuweilen auf einer Seite eine rötlich fleckige Färbung aufweisen. Einige Arten werden genutzt: So liefern die Früchte des Roten Hartriegels ein Öl, das sich als Lampenöl und zur Seifenherstellung verwenden lässt. Die biegsamen Zweige eignen sich zur Korbflechterei. Die Kornelkirsche hat ein sehr widerstandsfähiges Holz, das sich zu kleinen Gegenständen wie Fleischspießen, Griffeln oder Drechselwerkstücken verarbeiten lässt.

Die Gattung wird gewöhnlich in vier Sektionen unterteilt, die manche Spezialisten allerdings gerne zu Gattungen erheben. In der folgenden Auswahl ist das bisherige Konzept beibehalten. Die vier Sektionen sind in vier Gruppen geordnet, denen der Gattungsname in Klammer angefügt ist, den diejenigen Spezialisten verwenden, die eine Trennung befürworten. Relevant ist hier auch der Ausschluss zweier krautiger *Cornus*-Arten. Es handelt sich zum einen um den Schwedischen Hartriegel *(C. suecica),* eine schöne (sub)arktische, bis zu 20 cm hohe Pflanze, deren Blütenbüschel von vier gespreizten, weißen Hochblättern umgeben sind. Die Blüten sind schwarzpurpurn, die Früchte rot. Zum anderen ist der Kanadische Hartriegel *(C. canadensis)* betroffen. Die Art erreicht etwa 25 cm Höhe, ist am Grunde leicht holzig und hat einen kriechenden Wurzelstock. Die einzelnen Blüten sind grünlich, die Blütenbüschel sind umgeben von vier bis sechs weißen Hochblättern; die Frucht ist scharlachrot. Die für die beiden geschaffene Gattung nennt sich *Chamaeperidimenum,* nach überwiegender Einschätzung eine unnötige Neuordnung. K2–8

Die wichtigsten Hartriegel-Arten

Gruppe I (Swida = Thelycrania)
Blüten weiß, in Büscheln, ohne umhüllende Hochblätter und Deckblätter.

A Blätter gegenständig; Frucht purpur-schwarz oder grün

Cornus sanguinea Roter Hartriegel Europa. Strauch, bis zu 3,5 (4) m. Blätter eiförmig, 4–8 cm lang, mit 3–5 Adernpaaren, Stiel 4–13 mm lang. Frucht rund, 6–7 mm im Durchmesser, purpur-schwarz. Blätter im Herbst rot, Stämme fleckig rot. **'Viridissima'** Junge Stämme und auch Frucht grün. K5

AA Blätter gegenständig; Frucht weiß oder blau

Cornus alba Tatarischer Hartriegel China, Sibirien. Bildet Dickichte, bis zu 3 m hoch, junge Triebe weisen im Herbst eine schöne Rotfärbung auf. Blätter etwa eiförmig, 5–11 cm lang, oben dunkelgrün, unten weißlich bis bläulich grün, beidseitig feine anliegende Haare (Lupe), 5–6 Adernpaare, Stiel 8–25 mm lang. Es gibt eine Anzahl vielfarbiger Gartenformen, darunter 'Sibirica' mit leuchtend scharlachroten Zweigen im Winter ('Westonbirt', 'Westonbirt-Hartriegel' und 'Atrosanguinea' werden als identisch mit 'Sibirica' angesehen). K3

C. amomum Seidenhaariger Hartriegel Hauptsächlich östliche USA. Strauch, bis zu 3 m, Zweige im Winter rötlich purpur. Blätter etwa elliptisch, 5–10 cm, unterseits bräunlich wollig behaart, wenigstens auf den Adern; Blattstiel 8–15 mm lang. Frucht blau oder zum Teil weiß, 6 mm im Durchmesser. K5

C. baileyi Baileys Hartriegel Östliches Nordamerika. Strauch, bis zu 3 m, ohne Ausläufer, Zweige rötlich braun. Blätter ei- bis lanzettförmig, 5–13 cm, junge Blätter unten wollig; Stiel 12–18 mm lang. Frucht weiß, 6–9 mm dick. K2

C. stolonifera Weißer Hartriegel Nordamerika. Kräftiger Strauch, bis zu 2,5 m, mit Ausläufern; junge Triebe purpurn. Blätter ei- bis lanzettförmig, 5–10 cm lang, oben dunkelgrün, unten bläulich grün, beidseits anliegende Haare; Stiel 12–25 mm lang. Frucht weiß, 5–6 mm dick. Ähnlich *C. alba* und *C. baileyi*, aber mit Ausläufern. K2 **'Flaviramea'** Ungewöhnlich mit ihren winterlich grünlichen Stämmen.

AAA Blätter wechselständig; Frucht schwarz oder blauschwarz

Cornus alternifolia Wechselblättriger-Hartriegel Östliches Nordamerika, Strauch oder kleiner Baum, bis zu 6 m. Blätter oval bis eiförmig, 5–12 cm lang, unterseits anliegend behaart, Basis verjüngt sich in den 2,5–5 cm langen Stiel. Blütenbüschel 4–6 cm im Durchmesser. Frucht 6–7 mm Durchmesser. K3

C. mas 'Sibirica'

C. mas

C. florida

Beschnittener *Cornus sanguinea* 'Midwinter fire' bringt nach dem Wiederaustrieb kräftige Winterfarben in den Garten. Er eignet sich gut für Hecken oder Baumgruppen.

C. controversa **Riesen-Hartriegel** Japan, China, Himalaja. Baum, 10–16 m, Zweige in waagrechten Stufen. Blätter eiförmig bis oval, 8–15 cm lang, Unterseite mit anliegenden, in der Mitte sitzenden Haaren; 6–8(9) Adernpaare; Stiel 2,5–5 cm; Herbstfärbung manchmal purpurn. Blütenbüschel 6–12(17) cm breit. Frucht 6–7 mm dick. K5

Gruppe II (Cornus)

Blütenbüschel mit gelblicher Hülle (Hochblätter), die nicht länger als die Blüte ist und beim Öffnen abfällt.

Cornus mas **Kornelkirsche** Mittel- und Südeuropa, Westasien. Strauch oder kleiner Baum, bis zu 8 m. Blätter eiförmig, 4–10 cm lang, beidseits mit anliegenden, in der Mitte sitzenden Haaren; 3–5 Adernpaare; Stiel 6 mm lang. Blüten gelb, öffnen sich im ersten Frühling vor den Blättern, in 18–20 cm breiten Dolden, eingehüllt von 4 kurzen Hochblättern, die bei der Entfaltung der Dolde abfallen. Frucht scharlachfarben, elliptisch, (12) 15–16 mm lang. Mit Blüten und Früchten ein prächtiger Anblick. K5

Gruppe III (Benthamidia)

Blütenbündel mit umhüllenden Hochblättern, weiß oder rosa und deutlich länger als die Blüten; auch nach dem Aufblühen verbleibend. Früchte gebüschelt, aber getrennt stehend.

Cornus florida **Blumen-Hartriegel** Östliche USA. Strauch oder Baum, 3–6 (7) m. Blätter oval bis eiförmig, 7–14 cm lang. Blüten unscheinbar in kleinen, 12 mm breiten Büscheln, von 4 verkehrt-eiförmigen, weißen, auffälligen Hochblättern umhüllt, die am Ende grob gezähnt und 4–5 cm lang sind. Frucht 1 cm lang. Blüten sind in gemäßigten Gebieten empfindlich gegen Frost. K5
f. *rubra* Rosarote Hochblätter.

C. nuttallii **Nuttalls Blüten-Hartriegel** Westliches Nordamerika. Baum, meist bis zu 16 m, kann wild 30 m erreichen. Blätter oval bis verkehrt-eiförmig, 7,5–12 cm lang. Blüten klein in einem Büschel, 18–20 mm breit, umgeben von (4) 6 (8) großen, 4–8 cm langen, etwa breit ovalen Hochblättern, die spitz oder etwas stumpf, aber am Ende nicht grob gezähnt sind. Eine prächtige Pflanze, gedeiht aber nur in den wärmeren Teilen der nördlichen gemäßigten Zone. Blätter und Blüten (Blütenbündel inklusive Hochblätter) übertreffen manchmal die genannten Maße bei Weitem. K7

Gruppe IV (Dendrobenthamia)

Umhüllende Hochblätter wie in Gruppe III, aber Früchte zu einem Gebilde oder einer Sammelfrucht vereint.
Die folgenden Arten blühen im Frühling und Sommer.

Cornus capitata **Benthams Hartriegel** Himalaja, China. In Kultur halbimmergrüner Baum, bis zu 14 m. Blätter etwa verkehrt-eiförmig, (2) 3–6 cm lang, beidseitig dicht behaart, oben hellgrün, unten bläulich grün. Blüten mit 4–6 gelblichen, verkehrt-eiförmigen, 4–5 cm langen Hochblättern, Frucht erdbeerartig, 1,5–2,5 cm im Durchmesser. In gemäßigten Gebieten nicht ganz frosthart. K8

C. kousa **Japanischer Blüten-Hartriegel** Mittelchina, Japan, Korea. Strauch oder Baum, bis zu 6 m Höhe. Blätter eiförmig, 4,5–8 (9) cm lang, Rand gewellt, Adern mit braunen Haarbüscheln in den Verzweigungen; Stiel 4–6 mm. Blüten in einem kleinen, dichten Büschel von 4 lanzettförmigen, elfenbeinfarbigen Hochblättern umgeben, 2,5–5 cm lang. Erdbeerähnliche Früchte, 1,5–2,5 cm dick. Winterfest in gemäßigten Gebieten; schönes Ziergehölz. K5

C. controversa

C. nuttallii

C. kousa

C. mas

Celastraceae

Pfaffenhütchen, Spindelstrauch – *Euonymus*

Die rund 175 Arten der Gattung *Euonymus* sind in Europa, Asien, Nord- und Mittelamerika, im tropischen Afrika sowie in Australien heimisch, das Zentrum liegt indessen im Himalaja und Ostasien. Es sind Laub werfende oder immergrüne Bäume und Sträucher, diese seltener kriechend oder mit Haftwurzeln kletternd. Die jungen Zweige sind oft vierkantig. Die typischerweise gegenständigen Blätter sind manchmal gezähnt. Die kleinen, weißen, grünlichen oder gelblichen (selten purpurnen), zwittrigen Blüten erscheinen im Frühling und stehen in drei- bis siebenblütigen, manchmal auch 15-blütigen Trugdolden. Kelch, Krone und fast ungestielte Staubblätter sind vier- oder fünfzählig, und der flache, vier- oder fünflappige Diskus haftet an dem drei- bis fünffächerigen Fruchtknoten. Der Griffel ist kurz oder fehlt. Die Frucht, eine fleischige Kapsel, öffnet sich mit drei bis fünf Klappen, die je einen bis vier weiße, rote oder schwarze Samen enthalten. Die Samen umgibt teilweise ein glänzend roter oder orangefarbener Samenmantel. Die bei allen Arten als giftig geltenden Samen werden durch Vögel verbreitet, die durch die lebhaften Farben angelockt werden. Für den Menschen sind die Früchte und Samen dagegen giftig. Sie enthalten artverschieden unterschiedliche Mengen herzwirksamer Glykoside.

Die Arten von *Euonymus* pflanzt man hauptsächlich wegen ihrer Frucht- und herbstlichen Laubfarben. Sie sind winterhart und brauchen einen gut entwässerten, lehmigen Boden. Die Laub werfenden Arten vermehrt man durch Samen, Stecklinge oder Ableger; von den immergrünen Arten lassen sich fast zu jeder Zeit Stecklinge schneiden, solange die Bodentemperatur hoch genug ist. Die Art *Euonymus europaeus* bevorzugt kalkhaltige Böden und erreicht in Kultur bis zu 9 m. Eine immergrüne Art mit goldenen und marmorierten Gartenformen, *E. japonicus,* wird gerne als Heckenpflanze in Städten und an Küsten eingesetzt. Einer seiner Herbstfar-

CELASTRACEAE

Euonymus
PFAFFENHÜTCHEN

Artenzahl: Etwa 175

Verbreitung: Nördliche gemäßigte Breiten und Australien

Verwendung: Häufige Verwendung als Ziergehölze mit vielen Gartenformen und als Hecke; früher auch als Bauholz

ben wegen am meisten geschätzten Sträucher ist *E. alatus,* der an seinen Zweigen eigenartige Korkleisten entwickelt. Eine ganze Reihe von Arten wird wegen ihrer außergewöhnlichen Früchte gezogen. Auffallend pfriemförmige Stacheln hat *E. wilsonii,* eine immergrüne Art mit vierklappigen Früchten. *E. americanus* trägt rote, stachelige, warzige Früchte, die denen des Westlichen Erdbeerbaumes *(Arbutus unedo)* ähneln. *E. nana,* eine Zwergform aus dem Nordkaukasus, wird für Steingärten verwendet.

Das Holz einiger Arten wurde zu Spindeln (daher der Name), Kleiderbügeln, Fleischspießen und anderen Kleinteilen verarbeitet; es ergibt aber auch eine ausgezeichnete Zeichenkohle. An der Frucht von *E. europaeus* können sich Schafe und Ziegen tödlich vergiften; gepulvert wurde sie früher zur Entlausung verwendet.

An dieser Art legt die Schwarzbohnen-Blattlaus *(Aphis fabae)* ihre Eier ab. Man hat deshalb erwogen, sie in Gebieten auszurotten, wo Ackerbohnen wachsen. K2–9

UNTEN *Euonymus europaeus* wird weniger seiner Blüten wegen geschätzt als vielmehr wegen des farbenfrohen Herbstlaubes und der üppig mit roten Früchten besetzten Zweige. Die giftigen Früchte sind vierklappig und enthalten fleischige, orange ummantelte Samen.

Sapindaceae

Blasenbäume – *Koelreuteria*

Koelreuteria ist eine der wenigen Gattungen der tropischen Familie der Seifenbaumgewächse, deren Arten auch in gemäßigten Gegenden als Ziergehölze zu finden sind. Alle drei Arten sind in China und Taiwan heimisch. Am bekanntesten ist die Art *Koelreuteria paniculata,* ein ausladender, mittelgroßer Baum, der 14 m Höhe erreicht und in Mittelchina zu Hause ist, jedoch seit langem auch in Japan gezogen wird. Er besitzt wechselständige, unpaarig gefiederte, 15–40 cm lange Blätter, deren 11–13(15) Fiederblättchen grob und unregelmäßlg gezähnt sind. Die kleinen, leuchtend gelben Blüten wachsen im Spätsommer in großen, aufrechten, endständigen, bis zu 40 cm langen Rispen. Auf die Blüten folgen gelbbraune, papierartige Früchte mit kleinen, schwarzen Samen.

Der Baum liebt sonnige Standorte und gedeiht auf gut entwässertem Boden. Meist wird er durch Samen oder Wurzelstecklinge vermehrt. Eine aufrechte, säulenförmige Züchtung mit Namen 'Fastigata' findet sich ebenso in Kultur wie die spät blühende Form 'September'. Zwei weitere Vertreter der Gattung, *K. bipinnata* (aus Südwestchina) und *K. elegans* (aus Taiwan und den Fidschi-Inseln) werden in wärmeren Gebieten gezüchtet. *K. bipinnata* (China) ist durch ihre doppelt gefiederten Blätter außergewöhnlich. Die Art wird bis zu 6 m hoch, in gemäßigten Gebieten ist sie jedoch nicht winterhart.

Die Samen von *Koelreuteria* werden gerne zu Halsketten verarbeitet, und die Chinesen sagen den Blüten heilkräftige Wirkungen nach. K7

Sapindaceae (Hippocastanaceae)

Rosskastanien – *Aesculus*

Aesculus ist eine Gattung von etwa 13 Arten der nördlich gemäßigten Zone, die hauptsächlich in Nordamerika heimisch sind; andere kommen aus Südeuropa und Asien. Es handelt sich um beeindruckende Laub werfende Bäume (eine oder zwei Arten darunter wachsen mehr oder weniger buschig) mit ausladender Wuchsform. Die klebrigen braunen Knospen öffnen sich zu großen Laubblättern, die gegenständig und handförmig gefingert sind. Jedes Blatt besitzt fünf bis sieben (selten drei oder neun) Blättchen, die strahlenförmig vom Ende eines langen Stieles auseinanderlaufen. Die polygamen (gemischtgeschlechtlichen), zygomorphen Blüten, die weiß, rosa oder rot sind, stehen in endständigen Rispen mit vier oder fünf Kronblättern, die zuweilen eine Röhre bilden, und vier oder fünf Kronblättern. Auf einem ringförmigen Diskus sitzen fünf bis neun Staubblätter mit freien Fäden. Der Fruchtknoten ist dreiteilig, mit je zwei Samenanlagen und einem Griffel. Die glatte oder stachelige, feste Fruchtkapsel bringt meist einen einzelnen, großen, glänzenden Samen hervor, der als Kastanie bezeichnet wird.

SAPINDACEAE (HIPPOCASTANACEAE)

Aesculus
ROSSKASTANIEN

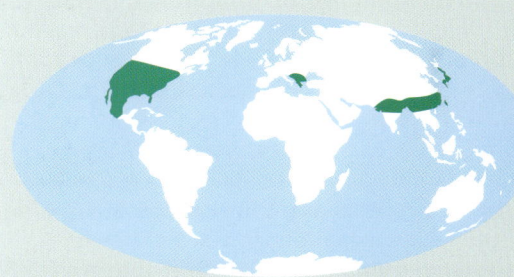

Artenzahl: 13

Verbreitung: Nordamerika, Südosteuropa, Indien und Ostasien

Verwendung: Als Zierpflanze sehr verbreitet. Einige Arten als Holzlieferanten geschätzt. Die für den Menschen giftigen Samen werden als Viehfutter genutzt.

Es gibt eine ganze Reihe von Kreuzungen. Einige Botaniker wollten die Arten mit vier Kronblättern und einer glatten Kapsel in eine eigene Gattung *Pavia* überführen; die Zwischenglieder rechtfertigen eine solche Abtrennung jedoch nicht.

Fast alle Arten und viele ihrer Kulturvarietäten sind beliebte Zierbäume in den Parks der gemäßigten Gebiete. Die Gewöhnliche Rosskastanie *(Aesculus hippocastanum)*, beheimatet in den Gebirgen Griechenlands und ostwärts bis Iran und Nordindien, wurde schon in der Mitte des 16. Jahrhunderts nach Mitteleuropa eingeführt. Der Baum wird über 40 m hoch und ist damit der größte der Gattung. Die Blüten sind weiß, mit einem Muster gelber und später hochroter Flecken zur Mitte hin. Eine andere dekorative Art ist *A. pavia,* ein kleiner Baum in den südlichen USA mit hochroten Blüten und glatten, stachellosen Früchten. Zwischen beiden Arten gibt es eine beliebte Kreuzung, *A. × carnea,* mit rosafarbenen Blüten und glatten Früchten. Ferner finden sich eine Reihe von Gartenformen in Kultur. Dazu gehören unter anderem 'Alba' mit rein weißen Blüten, 'Baumannii' mit gefüllten, weißen Blüten, 'Rosea' mit rosafarbenen Blüten und 'Rubricunda' mit roten Blüten. Die Zwergform 'Pumila' hat tief eingeschnittene Blätter und 'Pyramidalis' eine breite, pyramidenförmige Wuchsform.

Die meisten Arten sind in gemäßigten Gebieten – extreme Lagen ausgenommen – winterhart und brauchen nur einen guten, tiefen, durchlüfteten Boden. Am günstigsten vermehrt man sie durch Samen, des Weiteren kommt Pfropfen in Frage. Für die größeren Arten wird gewöhnlich *A. hippocastanum* als Unterlage genommen, für die kleineren *A. flava* oder *A. glabra.*

Für den Ursprung des Namens gibt es mehrere Erklärungen. Die bitteren, saponinhaltigen Früchte wurden möglicherweise zur Behandlung von Atemwegserkrankungen und anderen Beschwerden bei Pferden verwendet. Eine andere Deutung weist auf die Blattnarbe hin, die einem Hufeisen ähnlich ist. Wahrscheinlicher jedoch ist, dass die Verwendung für das Pferd betont wird und man so die Rosskastanie mit ihren für den Menschen ungenießbaren Früchten von der beliebten Edelkastanie unterscheidet. Vom Genuss der großen, glänzenden Samen ist auf jeden Fall dringend abzuraten, denn die darin enthaltenen Saponine wirken außerordentlich giftig.

Versuche ergaben, dass zerquetschte Rosskastanien als Viehfutter recht brauchbar sind; gerne nimmt sie auch das Rotwild an. Das weiche, wenig dauerhafte Holz wird als Bodenbelag, in der Tischlerei, für Kisten und für Holzkohle verwendet. Borke, Blätter und Früchte der Rosskastanie enthalten den Wirkstoff Aesculin, der für Sonnenschutzmittel gebraucht wird und bei der Behandlung von Hämorrhoiden und anderen Leiden im Zusammenhang mit Blutgefäßerkrankungen Anwendung findet. Mit Borke und Frucht einiger Arten betäubt man in manchen Gegenden Fische.

In vielen Ländern erfreuen sich die klebrigen, glänzenden Knospen als Blütenschmuck im Frühling großer Beliebtheit. Im Herbst sind die gewöhnlich runden, oft stacheligen Früchte, die aufplatzen und schöne, glänzend braune Samen enthüllen, ein beliebtes Spielzeug für Kinder. K3–6

A. turbinata

A. hippocastanum

UNTEN Die Gelbe Rosskastanie, *Aesculus flava,* ist ein hübscher rundkroniger Baum, der 15–30 m hoch wird. Die Blätter haben fünf bis sieben Blattfiedern, die sich im Herbst sehr ansehnlich orange färben. Dabei bleiben die Blattadern zunächst weiß und blassgrün, um später orangebraun zu werden.

Die wichtigsten Rosskastanien-Arten

Gruppe I

Blütenkrone mit 4 Kronblättern, ihre Nägel meist länger als die Kelchblätter. Winterknospen gewöhnlich nicht harzig. Früchte glatt oder zumindest nicht stachelig.

Aesculus splendens (A. pavia var. pavia) Südöstliche USA. Strauch von 3–4 m. Blütenkrone scharlachrot, Blätter unterseits flaumig; Früchte glatt. K5

A. pavia Südliche USA. Strauch, 3–4 m. Blätter unterseits leicht flaumig, besonders an den Adern. Blütenkrone rot, öffnet sich nicht, Kronblätter mit Drüsen entlang der Ränder. Früchte glatt. K5

A. flava (A. octandra) **Gelbe Rosskastanie** USA. Baum, bis zu 30 m. Blätter unterseits oft rötlich flaumig. Blütenkrone gelb; Kronblattränder mit nichtdrüsigen Haaren. Früchte glatt. K5

A. chinensis **Chinesische Rosskastanie** Nordchina. Baum, bis zu 30 m. Blütenkrone weiß. Früchte rau. Winterknospen harzig. K6

A. indica **Indische Rosskastanie** Nordwestlicher Himalaja. Baum, bis über 30 m. Blütenkrone weiß mit gelben oder roten Flecken am Grund der Kronblätter. Frucht rau. Winterknospen harzig. K7

A. californica **Kalifornische Rosskastanie** Kalifornien. Baum, bis zu 12 m. Blütenkrone weiß oder rosa. Früchte rau. Winterknospen harzig. K7

A. glabra Südöstliche und mittlere USA. Kleiner Baum, bis zu 8 m, selten mehr. Neben-blätter, 3–4 cm breit. Blütenkrone gelb-grün. Früchte rau. Nah verwandt ist *A. arguta* aus Texas, diese hat jedoch 7–9 Teilblätter, 2–3 cm breit. K5

A. parviflora **Strauch-Rosskastanie** Südöstliche USA. Strauch von 2–4 m. Blütenkrone weiß, gelegentlich mit 5 Kronblättern; Frucht glatt. K5

Gruppe II

Blütenkrone mit 5 Kronblättern, die Nägel kürzer als die Kelchblätter. Winter-Knospen harzig. Früchte stachelig.

Aesculus hippocastanum **Gewöhnliche Rosskastanie** Nordgriechenland, Albanien. Baum, bis zu 35 m. Blütenkrone weißlich mit roten Tupfen. Es gibt eine Vielzahl von Züchtungen. 'Baumannii' etwa hat gefüllte Blüten und bildet keine Früchte. K3

A. × carnea **Rote Rosskastanie** Polyploide Kreuzung vermutlich zwischen *A. pavia* und *A. hippocastanum*. Baum von 10–25 m. Blütenkrone rot. K4

A. turbinata **Japanische Rosskastanie** Japan. Baum, bis zu 30 m. 5–7 ungestielte, verkehrt-eiförmige Nebenblätter, 20–30(40) cm lang. Blüten 1,5 cm Durchmesser, cremeweiß mit roten Tupfen, in Rispen 25 × 6 cm. Frucht birnenförmig, warzig, bis zu 5 cm dick; Samen braun. K6

A. × hybrida (A. flava × A. pavia) **Bastard-Rosskastanie** Wird oft mit *A. pavia* verwechselt. Blüten gemischt rosa oder rot, die Ränder der Kronblätter mit Drüsen und Haaren.

A. hippocastanum

A. californica

A. pavia

A. turbinata

A. pavia

A. × carnea

A. indica

A. flava

A. hippocastanum

Sapindaceae (Aceraceae)

Ahorn – Acer

Acer ist eine umfangreiche Gattung von allgemein als Ahorn bezeichneten Arten, die sich fast über die ganze nördlich gemäßigte Breite erstrecken und bis zu den Tropen in Südostasien reichen. Die Mehrheit der Arten innerhalb dieser Gattung stammt aus Asien, und manche von ihnen sind außerordentlich selten.

Überwiegend handelt es sich um Laub werfende Bäume, selten um immergrüne oder buschige Formen, die eine schuppige oder glatte Borke haben. Bei der kleinen Gruppe der „Schlangenhaut-Ahorne" ist die Borke auf zartgrünem oder grauem Grund eindrucksvoll leuchtend weiß gestreift. Der Blütenstand ist unterschiedlich geformt. Lange, hängende, kätzchenähnliche Trauben findet man beim Berg-Ahorn (*A. pseudoplatanus*) und dem Oregon-Ahorn (*A. macrophyllum*). In engen Bündeln am Zweig stehen sie beim Rot-Ahorn (*Acer rubrum*) und Silber-Ahorn (*A. saccharinum*). Kleine, ausgestreckte Rispen bildet *A. platanoides* und offene, aufrechte Rispen *A. velutinum* var. *vanvolxemii* und *A. trautvetterii* (= *A. heldreichii* ssp. *trautvetteri*). Die Blüten sind mit fünf gewöhnlich gelben Kronblättern (wenn vorhanden) ausgestattet, leuchtend gelb beim Spitzahorn und blass bei *A. opalus*, grün beim Hainbuchen-Ahorn (*A. carpinifolium*) und rot beim Fächer-Ahorn (*A. palmatum*) und dem Rot-Ahorn (*Acer rubrum*). Meist acht Staubblätter (manchmal vier bis zehn) sitzen an einem vorstehenden Diskus. Jeder Blütenstand trägt Blüten beiderlei Geschlechts, die weiblichen am Grunde. Einige Arten aber, wie etwa Davids Ahorn (*A. davidii*), haben eingeschlechtliche Blütenstände, während bei einigen anderen, wie bei dem Feinzähnigen Ahorn (*A. argutum*), dem Eschen-Ahorn (*A. negundo*) und *Acer tetramerum* die Geschlechter auf getrennten Pflanzen zu finden sind. Die Blattgröße variiert von 3 cm bei dem Kretischen Ahorn (*A. sempervirens*), außerdem ganzrandig, elliptisch und immergrün, bis zu den 25 × 35 cm großen und tiefgelappten Blättern von Oregon-Ahorn (*A. macrophyllum*) über eine ostasiatische Fünfergruppe mit dreiteiligen Blättern und dem amerikanischen *A. negundo* mit zusammengesetzten Blättern von fünf und sieben Fiederblättchen.

Die Wuchsform reicht von den oft buschigen, selten 6 m überschreitenden Arten wie *A. tschonoskii* und *A. tataricum* bis hin zu großen Bäumen, bei denen der Spitz-Ahorn 37 m, *A. macrophyllum* und *A. platanoides* 30 m hoch werden.

Man findet für jeden Boden und jede Lage, für Winterfarbe, Frühlingsblüte, Sommerlaub und ganz besonders für Herbstfärbung einen passenden Ahorn. Der Berg-Ahorn gehört zu den Bäumen, die gegen Luftveränderungen und Einwirkungen des Meeres am widerstandsfähigsten sind, obgleich sich in seinem Herkunftsgebiet kaum ein Küstenstreifen befindet. Feuer-Ahorn (*A. ginnala*) ist unempfindlich gegen Stadtluft und strenge Kälte und wird oft in Kübeln gepflanzt. Rot-Ahorn (*A. rubrum*), Zucker-Ahorn (*A. saccharum*) und Silber-Ahorn (*A. saccharinum*) gedeihen in ihrer Heimat, den östlichen USA auf öffentlichen Plätzen, ähnlich wie Spitz-Ahorn (*A. pla-*

	SAPINDACEAE (ACERACEAE)
Acer	
AHORN	

Artenzahl: Über 120

Verbreitung: Nördliche gemäßigte Breiten und tropische Bergregionen

Verwendung: Wichtig zur Produktion von hartem hellem Holz; vorrangig aber als Garten- und Straßenbaum, in vielen Hundert Gartenformen; auch zur Produktion von Sirup

A. carpinifolium

tanoides) in Europa. Der japanische Fächer-Ahorn (*A. palmatum*) schmückt mit einer Fülle fantastischer Blatt- und Farbformen überall öffentliche Parkanlagen und Gärten, zumal weil er eine besondere Blattform und -farbe aufweist.

Wo immer schlanke, spitze Kronen erwünscht sind, wären *A. lobelii*, noch schmaler *A. saccharum* 'Temple's Upright' und sicher am außergewöhnlichsten *A. saccharum* 'Newton Sentry' zu erwägen. *A. rubrum* fühlt sich auf nassen Standorten zu Hause, und verschiedene südeuropäische Arten wie *A. opalus*, *A. sempervirens*, Balkan-Ahorn (*A. hyrcanum*) und Felsen-Ahorn (*A. monspessulanum*) halten es in trockener Umgebung aus. Für sehr basische, kalkreiche Böden eignen sich *A. platanoides*, *A. cappadocicum*, *A. campestre* und Nikko-Ahorn (*A. nikoense*), doch gedeihen die gleichen Arten, *A. campestre* ausgenommen, auch auf sauren, sandigen Böden wie auch die meisten anderen Ahorn-Arten.

A. rubrum

Die Winterfarben kommen bestens zur Geltung bei den leuchtend korallen- und scharlachroten Zweigen von *A. palmatum* 'Seiun-Kaku' und dem tiefen Rot des Streifen-Ahorns (*A. pensylvanicum* 'Erythrocladum'), während die Zweige von *A. giraldii* violett erscheinen und die Stämme der verschiedenen Schlangenhaut-Ahorne und vom Zimt-Ahorn (*A. griseum*) der Winterlandschaft interessante Aspekte hinzufügen. Im März, noch vor dem Laubausbruch, sind die leuchtend roten, an den Zweigen gebüschelten Blüten von *A. rubrum* eine Zierde. Sie werden jedoch übertroffen von den leuchtend gelben, größeren Blütenbündeln an der hohen Krone von *A. platanoides* und den hellen, aber größeren an *A. opalus*. Wenn sich das Laub im späten April entfaltet, baumeln die purpurroten Blüten von *A. diabolicum* 'Purpurascens' unter den Blättern wie an einem Fallschirm.

A. saccharum

Ein schönes Sommerlaub weisen auf: *A. buergeranum*, und die Schlangenhaut-Ahorne *A. capillipes*, *A. forrestii* und *A. maximowiczii* haben reizvolle,

A. palmatum

kleine Blätter; *A. acuminatum, A. argutum* und *A. pectinatum* sind hübsch gelappt; ansehnliche, kräftige Blätter haben *A. macrophyllum* und *A. velutinum* var. *vanvolxemii*. In herbstlichen Farben sticht fast jeder Ahorn ins Auge; in Neuengland/USA steht *A. saccharum* mit der Intensität seines Scharlachrots an der Spitze. *A. rubrum* durchläuft die Farbskala von Zitronengelb bis tief Purpurn.

Die prächtigsten Farben zeigen in Europa *A. palmatum* 'Osakazuki', Roter Schlangenhaut-Ahorn *(A. capillipes)*, *A. hersii* und *A. japonicum* 'Vitifolium'.

Diese Ahorne werden am günstigsten durch Sämlinge vermehrt. Für die große Zahl der Varietäten ist Pfropfung erforderlich und sollte auf Unterlage der gleichen Art vorgenommen werden.

Ahorne werden von einigen Pilzarten befallen, die jedoch im Allgemeinen nicht sehr schädlich sind. Gefährlicher sind tierische Schädlinge. Einige Arten werden im Frühling und Sommer durch Blatt fressende Käfer und andere Insekten beeinträchtigt.

Das Holz vieler Arten wird gewerblich genutzt. Das helle, feinmaserige und weiche Holz von *A. campestre*, *A. macrophyllum* und *A. negundo* wird für Werkzeuggriffe, in der Drechslerei und für einfache Möbel verwendet. Das härtere, schwerere, zähere und enger gemaserte Holz von *A. platanoides*, *A. pseudoplatanus* und *A. saccharum* wird häufiger zu Möbeln, Bodenbelägen und in der Innenausstattung von Gebäuden verarbeitet. Der Zucker-Ahorn *(A. saccharum)* liefert den Ahornsirup. K2–9

Die Blätter des Rotnervigen Ahorns *(Acer rufinerve)* entwickeln vor dem Laubfall vielfältige, purpurrote Farbtöne. Sie haben auch einen breiten Rand, der vollständig mit weißen Flecken bedeckt ist.

Die wichtigsten Ahorn-Arten

Gruppe I
Einfache Blätter.

A Ungelappte Blätter

Acer carpinifolium **Hainbuchen-Ahorn** Japan. Buschiger Baum, bis zu 10 m. Zweige braun. Blätter schmal, lanzettförmig, bis zu 17 cm, scharf gezahnt mit 20 oder mehr parallelen Aderpaaren, färbt sich im Herbst golden. K5

A. distylum Japan. Baum, bis zu 12 m, mit nach oben gewölbten Ästen. Blätter dick, eiförmig, herzförmig, 12 cm. Blüten auf der oberen Hälfte der 5 cm hohen Ähre. Frucht rosa-braun. K7

A. davidii **Davids Ahorn** China. Variable Art mit 2 Formen, die erste ein kuppelförmig gewölbter, kleiner Baum, bis zu 10 m, mit kleinen, lanzettförmigen, 6 cm langen Blättern, die zweite ein ausladender Baum, bis zu 14 m, mit 15 cm großen, länglich-lanzettförmigen Blättern, die im Herbst orange werden. K6

AA Ungelappte und 3-lappige Blätter gemischt

Acer davidii **'George Forrest'** Häufigste Form der vorigen Art. Schlangenhaut-Ahorn, Baum, bis zu 16 m. Blätter breit, dunkel, ledrig, länglich eiförmig, bis zu 15 cm, ungleichmäßig gezahnt; Stiel scharlachrot. An Blüten reich, auf gekrümmten Stielen.

A. grosseri **var. *hersii* Schlangenhaut-Ahorn** China. Baum, bis zu 16 m, mit langen, gewölbten, ausladenden Ästen, wenige, kleine Zweige. Blätter kräftig grün, ledrig, breit, Stiel gelb; im Herbst hochrot und orange. Frucht groß geflügelt, 6 cm breit, an gebogenem, hängendem, 12 cm langem Stiel. K6

A. sempervirens (A. creticum, A. orientale) **Kretischer Ahorn** Östliche Mittelmeerländer. Baum mit niedriger Krone oder Strauch. Blätter dunkel, 3–5 cm, ganzrandig mit gewelltem Rand und wechselnden Läppchen oder Lappen. Kleine, rote Frucht in Bündeln, zuletzt rot. K7

AAA Blätter überwiegend 3-lappig

Acer buergeranum **(fälschlich auch *A. buergerianum*) Dreizähniger Ahorn** China, Japan. Baum, bis zu 15 m, mit brauner, abblätternder Borke. Blätter in dichten Büscheln, am Blattgrund eng, mit 3 Adern, fast ganzrandig, unterseits bläulich, hochrot im Herbst. Gelegentlich ungelapptes Blatt. Blüten gelb in gewölbten Köpfchen. K6

A. capillipes **Roter Schlangenhaut-Ahorn** Japan. Baum, bis zu 16 m. Blätter glänzend grün, in orange und rot übergehend, mit 10 parallelen Adern und kleinen Lappen an jeder Seite. Reichlich Früchte, klein, zuletzt rosa. K5

A. crataegifolium **Weißdornblättriger Ahorn** Japan. Schlanker Baum, bis zu 10 m, mit waagrechten Zweigen. Blätter und Früchte klein, rot geflügelt. K6

A. forrestii **Forrests Ahorn** China. Baum, bis zu 11 m. Blätter fein gezähnt, tiefgrün, aber blass um die Adern, Stiel scharlachrot. K6

A. tataricum **ssp. *ginnala* Feuer-Ahorn** Nordostasien. Strauch oder kleiner Baum. bis zu 10 m, mit grauer Borke. Blätter tief gezähnt, konisch bis auf 7 cm, färben sich früh im

Herbst tiefrot. Blüten weiß, klein, in aufrechten, gewölbten Köpfen. K4

A. *maximowiczii* West-China. Schlanker Baum, bis zu 13 m.
Blätter tief gelappt mit weißen Büscheln an den Aderachseln unten, Rand eingeschnitten und zweifach gesägt. K5

A. *monspessulanum* **Felsen-Ahorn** Südeuropa, Nordafrika.
Dichtkroniger Baum, bis zu 15 m. Blätter zuerst frisch grün,
bald dunkel wie bei Immergrünen, 4 × 7 cm, Lappen weit
gespreizt, Ränder ganz. K5

A. *pectinatum* Osthimalaja. Seltener, hübscher Schlangenhaut-Ahorn, bis zu 15 m. Blätter groß, die mittleren und
seitlichen Lappen in lange, scharf gezähnte Enden ausgezogen. K6

A. *pensylvanicum* **Streifen-Ahorn** Nordöstliche USA. Kleiner
Baum mit leuchtend grüner oder grauer Schlangenhaut-
Borke. Blätter groß, 20 × 20 cm, im frühen Herbst in leuch-
tendes Gold übergehend. K3

A. *rubrum* **Rot-Ahorn** Östliches Nordamerika in allen Tiefla-
genwäldern. Schlankastiger, oft etwas unförmiger Baum,
bis zu 23 m. Blüten leuchtend rot entlang den Zweigen,
erscheinen vor den Blättern. Blätter unterseits silbern,
Stiele rot. Herbstblätter zeigen in der Wildnis gleichzeitig
alle Farbübergänge von Gelb über Rot und Hochrot bis zu
tief Purpurn. K3

A. *rufinerve* **Rotnerviger Ahorn** Japan. Ausladender, bis zu
13 m hoher Baum. Schlangenhaut-Borke, Blätter oft breiter
als lang, rostfarbene Haare oder Färbung am Grunde der
unteren Adern, viele Rottöne im frühen Herbst. K6
'Albolimbatum' Graugrüne Blätter, verschieden gefleckt
und schmal weiß umrandet.

AAAA Blätter vorwiegend 5-lappig

Acer *argutum* **Feinzähniger Ahorn** Japan. Kleiner Baum,
gewöhnlich mehrschaftig. Blätter tiefgrün mit vertieften
Adern und schmalen, gesägten Lappenenden. K5

A. *campestre* **Feld-Ahorn** Europa, Afrika, Westasien. Baum,
bis zu 25 m, mit gewölbter Krone. Zweige oft mit Korkleisten. Blätter klein, dunkel, tief gelappt, mit wenigen,
großen, gerundeten Zähnen, im Herbst in Gelb, manchmal
in Purpur übergehend. Frucht 6 cm stark, Flügel waagerecht, rosa gefleckt. K4

A. *cappadocicum* **Kolchischer Ahorn** Kaukasus bis China.
Gewölbte Krone auf glattem, grauem Stamm, mit einer
Menge von Schösslingen. Blätter leuchtend grün mit sehr
spitzen, ganzrandigen Lappen, im Herbst buttergelb. K6
'Aureum' Neue Blätter (im Frühling und Hochsommer)
leuchtend gold. Ein anmutiger und reizvoller Baum.

A. *heldreichii* **Griechischer Ahorn** Balkangebirge. Hoher,
gewölbter Baum mit offener Krone, bis zu 20 m. Blätter
fast bis zur Basis gelappt, mit wenigen, 3-eckigen Zähnen;
Stiel rosa, 15 cm lang. Blüten in aufrechten Rispen, gelb. K6

A. *lobelii* Italien. Kräftiger, aufrechter Baum mit wenigen,
nahezu senkrechten Ästen. Blätter mit fast ganzen Lappen, am Ende gedreht. K8

A. *macrophyllum* **Oregon-Ahorn** Alaska bis Kalifornien.
Hochgewölbter Baum, bis zu 30 m; Borke rissig, orangebraun. Blätter 25 × 30 cm, tief gelappt; Stiel bis zu 30 cm
lang. Blüten in Kätzchen bis zu 25 cm. Frucht mit weißen
Borsten. K6

A. *opalus* **Schneeballblättriger Ahorn** Gewölbter Baum, bis
zu 20 m; Borke struppig braun. Blätter mit flachen Lappen,

A. ginnala

A. cappadocicum

A. sempervirens

A. campestre

gerundet, unregelmäßig gezähnt, im Herbst gelb und
orange. Blüten blassgelb in hängenden Büscheln. K5

A. *platanoides* **Spitz-Ahorn** Europa und Kaukasus. Baum mit
dicht belaubter Krone, fast bis zu 30 m auf hellgrauem,
zuletzt gefurchtem Stamm. Blätter mit Lappen und wenig
großen Zähnen, sehr spitz, leuchtend goldfarben, im
Herbst orange. Blüten leuchtend gelb in
Bündeln, offen vor den Blättern. K3
'Cucullatum' Langkroniger Baum, bis zu
24 m. Blätter halbkreisförmig, helmför-
mig und gekräuselt.
'Drummondii' Dicht gewölbte Krone mit
reichlich weiß gespitzten und gerandeten,
kleinen Blättern.
'Faassens's Black' Große, verschwommen
purpurne Blätter.
'Goldsworth Purple' Dunkle, purpurblättrige Form in Gärten in den USA, von Küste zu Küste nach Süden bis Denver
und Atlanta, auch in Nordwesteuropa zu sehen.
'Schwedleri' Blüten öffnen 2 Wochen später als die
Hauptart, mit dunkelrotem Kelch und Stiel in rotbraun
sich entfaltenden Blättern, die bis Herbst purpurn getönt
sind, dann orangerot werden.

A. *pseudoplatanus* **Berg-Ahorn** Süd- und Mitteleuropa bis
Kaukasus. Baum mit dichter, gewölbter Krone, bis über
25 m. Blätter dunkelgrün, Stiel rot oder gelb. Blüten in
20 cm langen Kätzchen, Kronblätter undeutlich. K5
'Brilliantissimum' Dichte, niedere Krone. Blätter leuchtend rosa, dann für 2 Wochen orange bis gelb, dann weiß
bis mattgrün.
'Prinz Handjery' Unterscheidet sich von der vorigen Form
durch purpurne Blattunterseiten. Blüten locker.
'Purpureum' Gruppe mit unterschiedlich purpurfarben
gefleckten Blattunterseiten.
'Variegatum' Dichter Baum, bis zu 25 m. Blätter mit kräftigen, eckigen Flächen und feinen, cremigen oder weißen
Tupfen.

A. heldreichii

A. capillipes

'Leopoldii' Sehr helle Blätter mit einigen rosa- oder purpurfarbenen Flecken.

'Worley' Blätter hellgelb mit rotem Stiel.

A. saccharinum Silber-Ahorn Östliches Nordamerika. Baum mit offener Krone, bis zu 30 m und nach oben gewölbten Ästen. Blätter tief gelappt und scharf gezahnt, unterseits weißlich. Blüten grünlich rot bis rot, kommen vor den Blättern, Kronblätter fehlen. K3

A. saccharum, Zucker-Ahorn Östliches Nordamerika. Baum, bis über 25 m. Blätter zuerst blassgrün, im Herbst leuchtend orange-rot. Blüten gebüschelt, klein auf sehr dünnen Stielen, Kronblätter fehlen. K3

'Newton Sentry' Senkrechter Stamm von Blättern umkleidet; wenige, kurze Zweige. Seltsame Form in einigen amerikanischen Parks und Straßen.

'Temple's Upright' Aufrecht, aber breiter als 'Newton Sentry', Äste hoch gestreckt. Häufig in Städten der nördlichen USA.

A. trautvetteri (= A. heldreichii ssp. trautvetteri) Kaukasischer Ahorn Kaukasus. Baum, bis zu 20 m, Ähnlich *A. pseudoplatanus*, aber spitze, braune Knospen, aufrechte Blütenköpfe, tief gelappte Blätter und breite Flügel an den Früchten, im Sommer hellrosa. K6

A. velutinum var. vanvolxemii Samt-Ahorn Kaukasische Berge. Baum, bis über 25 m. Ähnlich *A. pseudoplatanus* mit sehr großen, hellgrünen Blättern, bis 18 × 15 cm, Blattstiel

27 cm, braune, spitze Knospen und gewölbte, aufrechte Blütenköpfe. K5

AAAAA Blätter mit mehr als 5 Lappen

Acer circinatum Wein-Ahorn Nordamerika (British-Columbien bis Kalifornien). Schlanker, gewöhnlich geneigter, kleiner Baum, bis zu 12 m, Triebe glatt, hellgrün. Blätter rund mit 7 deutlich doppelt gezähnten Lappen, im Herbst sich scharlachrot färbend. K5

A. japonicum Japanischer Ahorn Strauch (doch die Züchtung 'Vitifolium' ist ein Baum), bis zu 15 m. Blätter bis zu 15 cm mit 7–11 unregelmäßig gezahnten, 3-eckigen Lappen, im Herbst scharlachrotgold und lila, Blüten purpurn. K5

A. palmatum Fächer-Ahorn Breiter Baum, bis zu 15 m. Blätter mit 7(5) schmalen, fein gezahnten, sich verjüngenden Lappen, im Herbst viele Rottöne. K5

'Seiun-Kaku' Korallenfarbige Borke. Zweige im Winter hellrosa-scharlachrot. Blätter klein, vielzahnig, gelblich.

Gruppe II
Blätter zusammengesetzt.

B Blätter 3-teilig

Acer cissifolium Cissusblättriger Ahorn Japan. Breiter, niederer, pilzförmiger Baum, bis zu 10 m Höhe, aber 20 m Breite mit hellbrauner und weißer Borke. Nebenblätter an sehr dünnen Stielen, eiförmig, spitz, grob gezahnt. Reichlich Blüten, Früchte spreizend an 12 cm langen Ähren. K6

A. griseum Zimt-Ahorn China. Baum, bis zu 14 m, mit offener, ziemlich aufrechter Krone; Borke orangefarben bis mahagonirot, sich in papierenen Rollen seitlich ablösend. Paarige Blättchen ohne Stiel, mittleres kurz gestielt, wenige Zähne, dunkelgrün, unten silbrig, im Herbst hoch- und scharlachrot; Stiel dunkelrosa, behaart. Blüten glockenförmig, gelb, 3-fach, mit den Blättern auftretend. K5

A. nikoense Nikko-Ahorn Mittelchina, Japan. Kräftiger, konischer Baum, bis zu 14 m, mit glatter, dunkelgrauer Borke. Nebenblätter breit elliptisch, unterseits dicht weiß behaart, scharlach- und hochrot im Herbst; Blattstiel dunkelrosa, dicht behaart, Blüten gelb, 3-fach. K5

A. triflorum Dreiblütiger Ahorn Korea, Mandschurei. Dem Nikko-Ahorn ähnlich, aber in allen Teilen kleiner und mit rauer, reißender, sich ablösender Borke. Im Herbst kurze Zeit hell scharlach- und hochrot gefärbte Blätter. K6

BB Gefiederte Blätter, 5–7 Fiederblättchen

Acer negundo Eschen-Ahorn Ostkanada bis Kalifornien. Niederbuschiger, austreibender Baum, bis zu 15 m. In Wildform glänzt das Laub leuchtend grün, in Kultur weniger glänzend, an ihre Stelle treten meist die farbigen Züchtungen. Blüten vor den Blättern in dichten Büscheln an dünnen Stielen hängend, eingeschlechtliche Pflanzen. K2

'Variegatum' Blätter meist weiße, breite Ränder und Tupfen, einige gänzlich weiß. Nur weiblich.

'Auratum' Prächtiges, goldenes Laub, das sich im Spätsommer leicht grün färbt.

A. griseum

A. japonicum

A. nikoense

A. negundo

A. pseudoplatanus

A. saccharum

Anacardiaceae

Sumach – *Rhus*

Die Gattung *Rhus,* bekannt als Sumach, versammelt Arten in den subtropischen und gemäßigten Gebieten der Alten und Neuen Welt. Wegen ihrer Form, ihrer lebhaften Herbstfärbung und ihrer reizvollen, dichten Fruchtköpfe, die in dunkelroten Pyramiden an den Zweigenden stehen, werden in gemäßigten Regionen einige Dutzend Arten als Ziergehölze verwendet.

Sumache sind überwiegend kleine, Laub werfende oder immergrüne Sträucher, selten Kletterpflanzen oder Bäume, mit charakteristisch geweihartigem Astwerk. Die kletternden bzw. lianenartig wachsenden Arten der Gattung befestigen sich mit Haftwurzeln wie der Efeu. Die Blätter stehen wechselständig und sind unpaarig gefiedert mit glatten oder gezackten Rändern der Blättchen. Die Blüten bilden auffallende Rispen, männliche, weibliche und zwittrige Blüten an denselben oder an verschiedenen Pflanzen. Gewöhnlich haben sie fünf Kron- und Kelchblätter (manchmal vier oder sechs). Der Fruchtknoten ist oberständig und entwickelt sich zu einer einsamigen, trockenen, kugeligen Steinfrucht mit einem harzigen Fruchtfleisch. Sumache lassen sich leicht ziehen und durch Stecklinge oder Ableger vermehren.

Die Gattung ist gekennzeichnet durch einen harzigen Saft. Bei Arten wie dem Kletternden Gift-Sumach *(R. radicans),* dem Behaarten Gift-Sumach *(R. toxicodendron)* und dem Kahlen Gift-Sumach *(R. vernix)* reizt dieser Saft stark die Haut; Körperteile können sich nach Berührung heftig entzünden, anschwellen, eitern und stark schmerzen. Nicht alle Menschen reagieren auf die Pflanzen, manche aber behaupten, schon in der Nähe einer Pflanze betroffen zu sein. Wahrscheinlicher ist, dass sehr empfindliche Menschen durch Pollen (insbesondere in den Augen) oder den Rauch verbrannten Holzes dieser Bäume beeinträchtigt werden. Als Erste Hilfe ist zu empfehlen, die betroffenen Körperstellen so rasch wie möglich mit einer Lösung von 1%-iger Kaliumpermanganatlösung zu waschen. Der gleiche harzige Saft eignet sich hervorragend als Kopiertinte, die praktisch untilgbar ist. Der giftige Grundstoff ist ein Derivat des Brenzkatechins.

Der einzige in Europa heimische, als Gerber-Sumach bekannte *Rhus coriaria* diente bereits im antiken Griechenland als Gewürz, Heilmittel und Gerbstoff. Heute haben einige Arten von *Rhus* noch kommerzielle Bedeutung in der Lederindustrie. Das Tannin der nordamerikanischen Arten *R. copallina* (Korall-Sumach) und *R. typhina* (Kolben-Sumach, Essigbaum) bewirkt ein dunkelfarbiges Leder. Die eurasischen Arten, wie *R. coriaria* und der Gallen-Sumach *R. chinensis* (= *R. javanica, R. semialata*), hingegen ergeben helleres Leder. Bei *R. chinensis* gewinnt man den Gerbstoff aus Gallen mit hohem Tanningehalt, die eine Galllaus der Gattung *Schlechtendalia* hervorruft.

Harz der Borke des Lack-Sumachs *(R. verniciflua)* liefert den bekannten Japanfirnis und Japanlack. Aus gepressten Früchten des Scharlach-Sumachs *(R. succedanea)* stellte man Wachs oder Talg her, das früher in Japan das hauptsächliche Mittel für künstliches Licht war. K2–9

ANACARDIACEAE

Rhus
SUMACH

Artenzahl: Etwa 200

Verbreitung: Gemäßigte und warme Regionen

Verwendung: Wichtig für Farb- und Gerbstoffe in der Lederindustrie; viele Arten als Ziergehölze, manchmal zur Produktion von Wachs aus den Früchten

R. typhina

OBEN *Rhus typhina*, der Kolben-Sumach, ist ein kleiner Baum von schütterem, flachkronigem Habitus. Die junge Borke ist dicht mit roten Haaren bedeckt.

UNTEN Das bestechend rot-orange Blattwerk vom Kolben-Sumach (*Rhus typhina* 'Laciniata') ist in jedem herbstlichen Garten eine Augenweide.

R. typhina
(Fruchtstand)

R. succedanea

R. typhina

R. tomentosa

R. typhina

R. toxicodendron

R. typhina

Die wichtigsten Sumach-Arten

Gruppe I

Rhus im engeren Sinne. Nordamerika, Europa, Asien. Blätter meist gefiedert. Blüten kurz gestielt, in dichten, endständigen Ähren. Früchte rötlich. Pflanzen ungiftig.

Rhus chinensis (R. javanica, R. semialata) Gallen-Sumach In Asien weit verbreitet vom Himalaja bis Vietnam, Korea, China und Japan. Baum, bis zu 6 m, mit geweihartiger Verzweigung. K5

R. copallina Korall-Sumach Nordamerika. Laub werfender Strauch oder kleiner Baum, Fiederblätter ungewöhnlicherweise ganzrandig. Liefert Tannin. K5

R. coriaria, Gerber-Sumach Der einzige aus Europa stammende Sumach, von den Kanarischen Inseln bis Afghanistan verbreitet. Ein kleiner, halb immergrüner Strauch, kennzeichnend für die Mittelmeer-Macchie. Der arabische Name *Sumac* betraf ursprünglich diese Art. Lieferant für Tannin (gewerblich als „Sumach" bekannt), das bei der Herstellung des Cordoba- oder Marokko-Leders verwendet wird. K9

R. glabra Scharlach-Sumach Nordamerika. Eng verwandt mit *R. typhina,* aber mit buschiger Form und kahlen Blättern und Zweigen. Die Züchtung 'Laciniata' hat tief eingeschnittene Fiederblättchen. K2

R. typhina (R. hirta) Kolben-Sumach, Essigbaum Nordamerika. Kleiner, dünnästiger Laub werfender Baum, bis zu 8 m oder mehr, mit kräftigen Zweigen, viel in europäischen Gärten gezogen. Männliche und weibliche Blüten auf getrennten Bäumen, die männlichen werden manchmal als *R. viridiflora* bezeichnet. Die Züchtung 'Dissecta' hat tief eingeschnittene Fiederblättchen. *R. typhina* forma *laciniata* hat unförmige Gestalt, verbreitet in der Wildnis, mit tief eingeschnittenen Blättern und Hochblättern und

einem Blütenstand, der teilweise in gedrehte Hochblätter umgebildet ist. K3

Gruppe II

Toxicodendron. Nordamerika, nördliches Südamerika, Mittel- und Südostasien. Blätter 3-zählig oder gefiedert. Blüten lang gestielt, in losen, seitlichen Rispen. Früchte weißlich oder gelblich. Pflanzen mit giftigen Ausscheidungen.

Rhus diversiloba Westliches Nordamerika. Strauch mit 3-zähligen Blättern. K5

R. ambigua (R. orientalis) Japan und China. Eng verwandt mit *R. radicans,* aber die Früchte sind eher rau behaart als glatt oder flaumig behaart. K7

R. radicans Kletternder Gift-Sumach Nordamerika. Laub werfender Strauch mit 3-zähligen Blättern. Kommt in zwei Formen vor: Die kletternde Form hält sich an Felsen, Baumstämmen usw. mit Haftwurzeln und kann eine beachtliche Höhe erreichen; die buschige ist ein frei sich ausstreckender Busch, bis zu 3 m. Der Saft ist hochgiftig, ruft schwere, brennende Blasen auf der Haut hervor, und sogar die Pollen reizen die Augen. K7

R. succedanea Scharlach-Sumach Indien bis Japan, Malaysia. Laub werfender Baum, bis zu 20 m. Blätter gefiedert, Fiederblätter glänzend, haarlos, purpurfarben, ganzrandig, mit zahlreichen, parallelen Nerven fast rechtwinklig zur Mittelrippe. Früher stark in Japan angebaut, um Wachs für Kerzen und Harz als Lack zu gewinnen. K5

R. verniciflua Lack-Sumach Himalaja bis China, kann auch in Malaysia heimisch sein. Laub werfender Baum, bis zu 20 m. Blätter gefiedert, samtartig. Angezapft wegen des Harzes, das an der Luft schwarz und als Japanlack verwendet wird. Die Frucht dient zur Herstellung von Kerzenwachs. K9

R. vernix Kahler Gift-Sumach Östliches Nordamerika. Laub werfender Baum, bis zu 6 m, oft mit 2 oder 3 Hauptstämmen. Blätter gefiedert, kahl. Seiner hervorstechend schönen Herbstfärbung wegen berühmt und auch als vielleicht giftigster Baum Nordamerikas. K3

Gruppe III

Afrika und Asien. Blätter 3- oder (5- bis 7-)zählig. Blüten lang gestielt, in losen, endständigen oder seitlichen Rispen. Früchte grün, weiß, rot oder braun. Pflanzen ungiftig.

Rhus chirindensis Südliches Afrika, Simbabwe. Baum, bis zu 25 m. Junge Pflanzen stachlig. Blätter unten nicht flaumig-filzig. Frucht essbar.

R. tomentosa Südliches Afrika. Strauch oder kleiner Baum, bis zu 4,5 m. Blätter 3-zählig, endständiges Fiederblatt am größten, 5–8,5 × 2–3(4) cm, manchmal kleiner; alle Fiederblätter elliptisch bis verkehrt-eiförmig, bläulich grün, grau bis mattgrün, unten weißlich bis rötlich filzig, oberseits fast kahl, ganzrandig oder mit 1–2(3) Zähnen unter der Mitte; Mittelrippe und Adern unten vortretend; Stiel oft rot, 1,5–4 cm. Winzige Blüten in dichten, endständigen, stark behaarten Rispen.

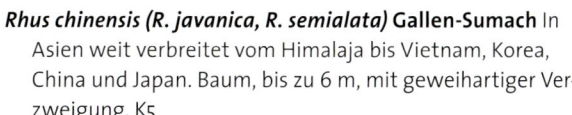

Simaroubaceae

Götterbäume – *Ailanthus*

Die Gattung *Ailanthus* umfasst fünf Arten schlanker, Laub werfender Bäume aus Südostasien und Nordaustralien. Die wechselständigen, gefiederten Blätter erinnern an die Esche *(Fraxinus)*, haben aber große, drüsige Zähne nahe dem Grund der Fiederblättchen. Ungewöhnlich ist das an der Basis der Fiederblätter vorhandene Trenngewebe, sodass diese oft vor den Blattstielen abfallen. Die kleinen, grünlich gelben Blätter stehen in langen Rispen, männliche und weibliche Blüten sind oft auf getrennten Bäumen. Die Fruchtknoten sind tief geteilt und entwickeln sich zu einer einsamigen Flügelfrucht.

Aus der Borke der verschiedenen Arten wird Harz gewonnen, das für Räucherwerk verwendet wird und örtlich zur Behandlung von Durchfall und anderen Darmbeschwerden dient. Das harte, gelbliche Holz ist leicht und trotz grober Maserung gut zu polieren. Man setzt es für Möbel, Fischerboote, Sportgeräte und Holzschuhe ein.

Der Götterbaum *Ailanthus altissima* (= *A. glandulosa*), ein Ausläufer bildender Baum, wird bis zu 20 m hoch. In Europa sieht man ihn oft als Straßenbaum. Er lässt sich leicht durch Wurzelstecklinge, Pfropfreiser oder Schösslinge vermehren. Die weiblichen Bäume werden bevorzugt, da die männlichen Blüten einen unangenehmen Geruch haben. Die Borke ist mit vielen, grauen Rissen gezeichnet. Die hübschen, gefiederten Blätter mit 13–30 Fiederblättern werden bis zu 60 cm lang. Die rotbraunen Früchte sind an beiden Enden gebogen, weshalb sie beim Fallen kreisen und weiter fortschweben.

In China frisst die Seidenraupe *Attacus cynthia* an *A. altissima* und bringt eine billigere und dauerhaftere Seide als die vom Maulbeerbaum hervor, doch ist sie geringerwertig in Sachen Feinheit und Glanz. *Ailanthus malabarica* ist in Nordvietnam in Kultur; die Blätter liefern einen schwarzen Farbstoff für Seide und Satin.

SIMAROUBACEAE

Ailanthus
GÖTTERBÄUME

Artenzahl: 5

Verbreitung: Asien bis Australien

Verwendung: Überwiegend als Straßenbaum gepflanzt, mit einer großen Palette weiterer Nutzen wie Holzproduktion, Wirtspflanzen für Seidenraupen und Produktion von Harzen und Färbemitteln

Rutaceae

Zitrusfrüchte – *Citrus*

Die Zitrusfrüchte (Agrumen) sind eine weltbekannte Gruppe gewerblich bedeutender tropischer und subtropischer Früchte. Zur wichtigsten Gattung *Citrus* gehören Apfelsinen (Orangen), Mandarinen, Grapefruits, Limonen, Pomelos, Limonellen, Pampelmusen und Zitronen.

In der Systematik ist *Citrus* eine schwierige Gattung von vielleicht 20 „guten" Arten, die Zahl schwankt aber je nach dem zugrunde gelegten Artkonzept zwischen acht und 45 Arten. Das Ursprungsland ist China, wo schriftliche Hinweise bis 2000 v. Chr. zurückdatieren. Zur eng verwandten Gattung *Fortunella,* die inzwischen in *Citrus* eingegliedert ist, gehört die Kumquat (Goldorange). Die verwandte, aber eigenständige Gattung *Poncirus* wird als kälteunempfindliche Unterlage und für züchterische Zwecke verwendet.

Zitrusbäume gedeihen, obwohl sie aus den warmen und feuchten Regionen Südostasiens stammen, in einem Gürtel, der sich von 35° südlicher Breite bis 35° nördlicher Breite erstreckt (gelegentlich sogar bis 42° nördliche Breite in geschützten Gebieten des Mittelmeeres). Orangegoldene Sorten stammen wahrscheinlich aus kühlerem Klima, wo die Farben kräftiger werden, wenn die Temperaturen im Winter fallen. Dagegen sind die zitronengelben Sorten vermutlich eher tropisch in Ursprung und Wuchsform.

Für den europäischen Markt kommen die besten Qualitäten frischer Zitrusfrüchte aus einem engeren subtropischen Gürtel zwischen 23° und 35° beiderseits des Äquators, wo jahreszeitlicher Wechsel von Temperaturen und Niederschlägen besteht. Im einheitlich feuchten und warmen subtropischen Klima geht die Vegetation fortlaufend weiter, und die Fruchtfolge ist unregelmäßig. Die Früchte sind saftig und süß, doch hat die Schale eine gelblich grüne Tönung. Da die Ernte sich nicht gut für den Versand eignet, werden sie am besten rasch verarbeitet. Für einen Anbau über den „Citrusgürtel" hinaus sind niedrige Temperaturen das Haupthindernis, da alle Arten höchst frostempfindlich sind.

Der Götterbaum *(Ailanthus altissima)* bringt im Hochsommer männliche und weibliche Blüten oft auf getrennten Bäumen hervor. Auf den ersten Blick gleich aussehend, stehen männliche Blüten in dichten grün-gelben Büscheln. Sie verbreiten einen höchst unangenehmen Geruch. Die gefiederten Blätter sind beim ausgewachsenen Baum 30–50 cm lang, bei jungen, starkwüchsigen Bäumen können sie 1 m erreichen.

Die Zitrusfrüchte sitzen an immergrünen Bäumen oder Büschen mit wechselständigen Blättern, die stark drüsig punktiert sind. Wenn man die Blätter gegen das Licht hält, lassen sich die hellen Drüsen erkennen. Die Blattstiele sind oft geflügelt. Bei der Knospe steht manchmal ein Begleitdorn. Die meist gebüschelten (gelegentlich einzelnen Blüten) sind weiß oder purpurn getönt, zwittrig und typischerweise mit fünf Kelch- und Kronblättern. Die zahlreichen Staubblätter (15 und mehr) sind zu Bündeln vereint, der Fruchtknoten hat acht bis 15(18) Fächer und einen einzelnen Griffel. Die Frucht ist eine große, ziemlich ungewöhnliche Art von Beere mit Fächern (Orangensegmente), die bis zu acht (manchmal keinen) in ein saftiges Fleisch eingebettete Samen enthalten. Die Frucht hat eine dicke Haut (Schale), die aus der dünnen, farbigen und duftenden Außenhaut (Flavedo), der weißlichen, mittleren Haut (Albedo) und der Innenhaut besteht, die die Trennschichten zwischen den Segmenten bildet. Von der Innenhaut wachsen Saftbläschen zur Mitte, um die Segmente auszufüllen, die auch die Samen enthalten. Das Verhältnis von Schale und Fruchtfleisch, Größe, Saftigkeit, Säure und Aroma schwankt stark je nach Art.

Die Kulturfläche für Zitrusfrüchte auf der Welt beträgt etwa 2,2 Millionen Hektar, davon 0,6 Millionen Hektar im Mittelmeerraum. Im Jahre 2002 machte die Gesamterzeugung 104 Millionen Tonnen aus (über 50 Prozent Orangen und Mandarinen, 10 Prozent Zitronen und Limonetten, 5 Prozent Grapefruit und Pomelos). Der, verglichen mit anderen Baumfrüchten, hohe Welt-Exportsatz ist den guten Versandeigenschaften der Früchte zuzuschreiben. Am europäischen Markt herrscht ein scharfer Wettbewerb zwischen den Erzeugerländern des Mittelmeeres. Das Angebot von der nördlichen und der südlichen Erdhalbkugel gleicht sich indessen infolge des entgegengesetzten jahreszeitlichen Ernterhythmus aus. K8–10

RUTACEAE

Citrus
ZITRUSFRÜCHTE

Artenzahl: Etwa 20

Verbreitung: Südostasien

Verwendung: Wegen der Früchte ökonomisch extrem wichtige Gattung und intensiv kommerziell angebaut. Auch andere Teile der Pflanze werden zur Herstellung verschiedener Öle genutzt mit großer Palette von Anwendungen.

OBEN UND UNTEN Die Mandarine *(Citrus reticulata)* ist generell dichter mit langen, spitzen Blättern besetzt als andere Zitrus-Arten. Diese ursprünglich aus Südvietnam stammenden Bäume sind sehr starkwüchsig.

Die wichtigsten Zitrus-Arten

Gruppe I
Reife Früchte vorwiegend gelb mit oder ohne grünliche Tönung. Limonen und Grapefruits.

A Früchte breit elliptisch länglich (limonenförmig), weniger als 10 cm Mittendurchmesser

***Citrus* × *aurantiifolia* Saure Limette** Nordostindien und Malaysia. Trägt kleine, sehr saure Früchte, die den Limonen ähneln, bis auf grünlich gelbe Fruchtschale und Fleisch. Saft reich an Vitamin C, in Getränken, in der Konditorei und anderen Speisen gern verwendet. Das aus der Schale gepresste Öl wird in der Süßwaren- und Parfümindustrie verwendet. *C. latifolia* (Persische Limette) wird manchmal als Kreuzung von Limette und Zitrone angesehen, die Frucht ist größer als die Limone und der Baum ist weniger frostempfindlich. K9

C. limettioides Südamerika. Süße Limette, deren Früchte frisch sind, deren Stämme als Unterlagen für die Züchtung anderer Zitrus-Arten verwendet werden. K10

***C. limetta* Süße Limette** Tropisches Asien. Hat der Zitrone ähnliche Früchte, jedoch mit süßerem, etwas faderem Geschmack. K9

***C.* × *limon* Zitrone** Vermutlich Himalajagebiet. Die wichtigste saure Zitrusfrucht, wird nur von der Orange an ökonomischer Bedeutung übertroffen. Trägt saftige, saure, gelbe Früchte an immergrünen, dornigen, buschigen Bäumen, die normalerweise auf eine Unterlage gepfropft sind. Der Saft wird weithin in Fruchtgetränken, in der Konditorei und als Würze verwendet und ist die kommerzielle Quelle für Zitronensäure. Aus den Schalen gewinnt man Zitronenöl, das in der Parfümerie, als Würze und als Verdauungsmittel gebraucht wird. Zitronenkernöl verwendet man bei der Seifenherstellung. K9

***C. medica* Zitronat-Zitrone** Nordostindien oder Südarabien. Große, gelbe Früchte mit dicker, duftender Schale und geringem Fruchtfleisch, erzeugt auf kleinen, buschigen Bäumen. Die Schalen werden als Zitronat kandiert, und die Früchte dienen in der jüdischen Zeremonie beim Passahfest. K9

Die aus Asien stammende Apfelsine *(Citrus sinensis)* ist heute in vielen Mittelmeerländern (Israel, Spanien, Italien) und den USA (Florida, Kalifornien) ein kommerziell höchst bedeutendes Produkt. Es handelt sich um attraktive Bäume, bei denen neben den diesjährigen Früchten am Ast schon die Blüten für diejenigen des nächsten Jahres auftreten. Die Blüten verströmen einen berauschenden Duft.

AA Frucht annähernd kugelig, Durchmesser 10 cm oder mehr

***Citrus maxima* Pampelmuse, Adamsapfel, Pomelo** Malaysien. Trägt große, gelbe Früchte mit gelbem oder rosafarbenem Fleisch. Ähnlich der Grapefruit, doch ohne bitteren Geschmack und mit dickerer Schale und festerem Fleisch. Geringer kommerzieller Nutzen, wird aber in Indien roh gegessen und wird vereinzelt kandiert und zu Marmelade verarbeitet. K9

***C. paradisi* (= *C. maxima* × *C. sinensis*) Grapefruit, Paradiesapfel** Vermutlich in Westindien als zufällige Spielart der Pampelmuse entstanden. Große, gelbe Früchte mit saftigem, bitter schmeckendem Fleisch, stehen in Büscheln auf dichten, gewölbten, immergrünen Bäumen. Drittwichtigste Zitrusfrucht, wird größtenteils roh, eingemacht oder als Saft konsumiert. Grapefruitsamenöl dient zur Seifenherstellung. K9

Gruppe II
Reife Früchte überwiegend orangefarben, Orangen.

B Früchte kugelig oder der Längsdurchmesser ist etwas größer als der Mittendurchmesser; Schale haftend, nicht leicht zu lösen

***Citrus aurantium* Pomeranze, Bitterorange** Südostasien. Früchte ähnlich der süßen Orange. Der überwiegende Teil der Ernte wird zu Marmelade verarbeitet, und die Schale dient zur Linderung von Verdauungsbeschwerden, zur Destillation von Orangenlikör und zur Gewinnung ätherischer Öle für die Parfümerie. Neroli-Öl aus Blüten wird auch in der Parfümerie gebraucht. Wird vielfach zur Pfropfung anderer Zitrus-Arten benutzt. K9

***C.* × *bergamia* (*C. aurantium* ssp. *bergamia*) Bergamott-Orange** Tropisches Asien. Ähnlich der Pomeranze. Das Bergamottöl aus den Schalen wird in der Kosmetikindustrie besonders zur Herstellung von Kölnisch Wasser gebraucht. K9

***C. sinensis* Apfelsine, Orange** Nordostindien und angrenzende Gegenden von China. Die wichtigste Zitrusfrucht. Trägt runde, orangefarbene Früchte mit süßem Fleisch; große Mengen werden roh, eingemacht oder als Saft verbraucht. Ebenso verwendet zum Würzen und in Marmeladen; das Orangenöl aus den Schalen wird in der Parfümerie und als Würzaroma benutzt. Orangensamenöl dient zur Herstellung von Seifen. K9

BB Früchte leicht abgeflacht; der Mittendurchmesser größer als der Längsdurchmesser; Schale leicht ablösbar

***Citrus reticulata* Clementine, Mandarine, Tangerine** Südvietnam. Trägt zarte, süße, orangefarbene Früchte mit loser Schale, als Dessertfrüchte von zunehmender Bedeutung als Handelsware, da sie leicht schälbar sind. Verschiedene bedeutende Varietäten wurden gezüchtet, darunter Satsuma (var. *unshiu*) und Tangerine (var. *deliciosa*). K9

C.* × *mitis Malaysia. Trägt kleine, orangefarbene Früchte, die sauer schmecken und muffig riechen. Begrenzt nutzbar für Marmelade, Gelee und Getränke. K9

Populäre Namen einiger Zitrus-Hybriden	
Zwischen verschiedenen Zitrus-Arten gibt es zahlreiche Kreuzungen, die eigene Namen erhielten. Mit einem Stern (*) gekennzeichnete Sorten haben wirtschaftliche und gärtnerische Bedeutung.	
Chironjia, siehe Orangelo	
Citrange	*C. sinensis* × *Poncirus trifoliata**
Halbbitterorange	*C. aurantium* × *C. sinensis*
Limequat	*C. aurantifolia* × *Fortunella marginata*
Orangelo	*C. paradisi* × *C. sinensis*
Satsumelo	*C. paradisi* × *C. reticulata* var. *unshiu*
Siamelo	*C. paradisi* × *C. reticulata*
Siamor	*C sinensis* × Tangelo
Sopomaldin	*C paradisi* × *C. mitis*
Tangelo	*C. paradisi* × *C. reticulata* var. *deliciosa**
Tangelo	*C. paradisi* × Tangelo
Tangor Tempel-Orange	*C. sinensis* × *C. reticulata**
Ugli, siehe Tangelo	

Stinkeschen – *Tetradium*

Die Gattung *Tetradium* umfasst etwa sechs Arten, die in Südostasien und Japan heimisch sind. Es handelt sich um mittelgroße, Laub werfende oder immergrüne Bäume, oft duftend, mit nackten, ungeschützten Knospen (bei der eng verwandten Gattung *Phellodendron* dagegen am Grunde des Blattstieles verborgen). Die Blätter sind gegenständig und gefiedert. Die oft eingeschlechtlichen, kleinen Blüten stehen in flachen Büscheln, sie haben vier oder fünf Kron- und Kelchblätter, Staubblätter und Fruchtblätter. Die Frucht ist kapselartig und springt bei der Reife auf. Einige Arten sind in gemäßigten Gebieten winterhart, doch sieht man diese reizvollen und ungewöhnlichen Bäume an sich nur selten in Kultur. Die Blätter einiger Arten nutzt man medizinisch in Umschlägen und Gesundheitstees.

Die folgenden winterharten Arten sind alle Laub werfend und gedeihen auf jedem Boden. Die Samthaarige Stinkesche *(Euodia daniellii = Tetradium daniellii)* aus Nordchina und Korea ist mit ihren Blüten und Früchten eine ansprechende Art. Sie erreicht bis zu 16 m Höhe und hat unpaarig gefiederte, 22–38 cm lange Blätter mit fünf bis elf lanzett- bis eiförmigen, 5–12 cm langen Fiederblättchen. Die Blüten sind klein und weiß, die Früchte purpurn.

Die chinesische Art *Tetradium daniellii* (aus Sechuan), die früher *Euodia hupehensis* genannt wurde, blüht spät im Herbst und wird in Kultur um 19 m hoch, mit glatter, gestreifter und gefleckter Borke. Die unpaarig gefiederten, 20–25 cm langen Blätter haben fünf bis neun Fiederblätter. Die einhäusigen Blüten ähneln denen von *E. daniellii*. Man erkennt sie an den abwechselnd flaumigen bis behaarten Zweigen, Blättern und Früchten. Sie wird bis zu 13 m hoch und hat 25 cm lange Blätter mit 7–11 Blättchen. Auf die reichen Blüten im späten Sommer folgen purpurbraune Früchte. K9

OBEN *Ptelea trifoliolata* entwickelt dichte Büschel von Früchten, die als dünne, flache Scheiben mit 2–5 cm Durchmesser auftreten. Jeder einzelne Samen wird von kreisförmigen Flügeln fast vollkommen umgeben. Die Früchte nehmen zur Reife schließlich ein blasses Strohgelb an.

UNTEN *Tetradium daniellii* wird wegen der dekorativen Blüten und Früchte gerne als Ziergehölz gepflanzt. Die Blüten öffnen sich im Spätsommer und verströmen einen intensiven Duft.

Kleeulmen, Lederstrauch – *Ptelea*

Ptelea, eine Gattung mit etwa zehn Arten von Sträuchern und kleinen Bäumen, ist in Nordamerika und Mexiko heimisch. Vor allem wegen ihres aromatischen Laubgeruches sind sie beliebt. Jedes Blatt ist gewöhnlich dreizählig und übersät mit durchscheinenden Drüsen, die im Gegenlicht deutlich sichtbar werden. Die meist eingeschlechtlichen Blüten stehen dicht gebüschelt, jede mit vier oder fünf winzigen Kelchblättern, aber größeren Kronblättern und entweder vier oder fünf Staubblättern (steril bei den weiblichen Blüten) oder einem einzelnen, zweiteiligen Fruchtknoten. Aus diesem geht eine zweisamige, scheibenähnliche runde Frucht mit ausgeprägtem Flügel hervor.

Die bekannteste Art ist der Dreiblättrige Lederstrauch *(Ptelea trifoliolata)*, der bis zu 8 m hoch wird, eine bittere Borke und duftende, grünlich weiße Blüten aufweist. Diese erscheinen im frühen Sommer mit vier Kelch- und Kronblättern, die männlichen mit vier Staubblättern. Die deutlich geflügelte Frucht wird bei der Reife grünlich gelb, der Flügel ist netzartig. Heimisch ist dieser Lederstrauch in Südkanada und den östlichen USA. Man sieht die Art häufig in Kultur. An verschiedenen Orten wurde sie eingebürgert, so auch in Mitteleuropa. In Amerika nennt man sie auch Hopfenbaum, weil man mit den Früchten ein hausgebrautes Bier herstellte. Der Geschmack der Früchte (und der Duft der Borke) erinnern an Hopfen.

Der Baum wächst am besten in leichtem Schatten auf Böden ohne Staunässe. Vermehrt wird die Art durch Samen im Herbst oder Ableger im Frühling, die wichtig sind, da gezüchtete Pflanzen in manchen Gebieten selten Samen ansetzen. Es gibt mehrere Züchtungen, darunter 'Aurea' mit leuchtend gelben Blättern. Bei der Varietät *mollis* sind Blütenstand und Unterseite der Fiederblätter dicht behaart. In Kultur findet sich daneben nur noch *P. crenulata*. K5–8

Korkbäume – *Phellodendron*

Die *Phellodendron*-Arten sind alle in Nordostasien heimisch. Es handelt sich um Laub werfende, aromatische Bäume, deren innere Borke leuchtend gelb ist. Die jungen Knospen sind von der Blattstielbasis umschlossen. Die gegenständigen, gefiederten Blätter haben unpaarig gefiederte Fiederblättchen. Die unscheinbaren, grünlichen Blüten sind zweihäusig. Sie bestehen aus je fünf bis acht Kelch- und Kronblättern und fünf bis sechs Staubblättern (die bei den weiblichen Blüten taub sind). Die schwarze Steinfrucht hat fünf Kammern, jede mit einem steinartigen Samen. *Phellodendron*-Arten sind in gemäßigten Breiten ziemlich winterhart, wo man sie gerne wegen der reizvollen gelben Blätter im Herbst zieht.

Der Amur-Korkbaum *(Phellodendron amurense)* aus Nordchina und der Mandschurei wird bis zu 15 m hoch und hat ausgewachsen eine rissige, korkige Borke und gelbliche Triebe. Die 25–38 cm langen Blätter haben fünf bis elf (selten 13) bewimperte, unterseits kahle (Mittelrippe leicht behaart), mehr oder weniger bläulich grüne Fiederblättchen. Wenn man die im Durchmesser 1 cm dicke Frucht zerquetscht, riecht sie nach Terpentin. Die Samen liefern ein Insektizid, und die Borkenextrakte werden zu einem Mittel zur Behandlung von Hautkrankheiten verwendet.

Der Chinesische Korkbaum *(Phellodendron chinense)* aus Hupeh in Mittelchina erreicht etwa 10 m Höhe. Seine Borke ist dünn und netzartig gefurcht, die Äste sind purpurbraun. Die Blätter sind bis zu 38 cm lang mit sieben bis 13 (selten 14) Fiederblättern, die eine breite, keilförmige Basis haben und unten mehr oder weniger behaart sind, besonders auf der Mittelrippe. Die Blüten stehen in lockeren, ebenso breiten wie tiefen Büscheln. Die kugeligen Früchte werden 1 cm dick. Wie bei *P. amurense* wird die Borke in der Heilkunde verwendet, von den Chinesen „huang-peh" genannt. *Phellodendron japonicum* aus Mitteljapan ist der vorigen Art ähnlich, doch sind die Fiederblätter gestutzt bis fast herzförmig am Grund.

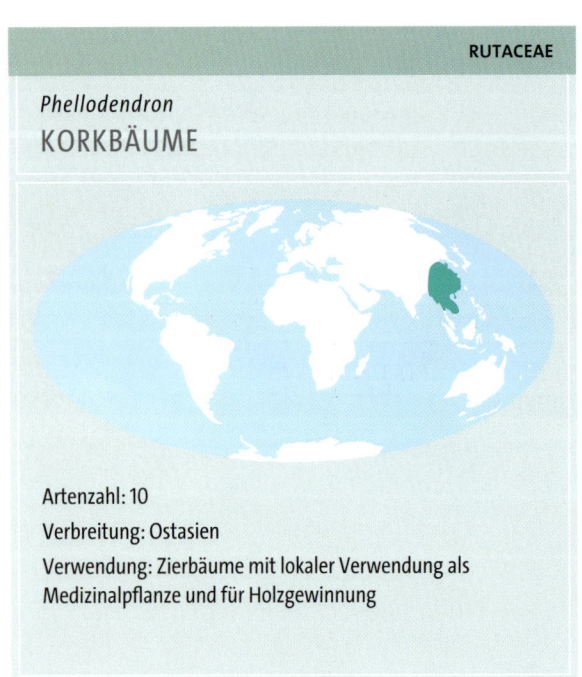

RUTACEAE

Phellodendron
KORKBÄUME

Artenzahl: 10
Verbreitung: Ostasien
Verwendung: Zierbäume mit lokaler Verwendung als Medizinalpflanze und für Holzgewinnung

Oleaceae

Ölbäume, Olivenbäume – *Olea*

Olea, eine Gattung von etwa 20 Arten, ist in den warmen gemäßigten oder tropischen Regionen von Südeuropa (Mittelmeerraum) bis Afrika (Schwerpunkt), Südasien, Ostaustralien, Neukaledonien und Neuseeland zu Hause. Die kleinen bis mittelgroßen Bäume oder Sträucher haben gegenständige, glattrandige Blätter. Die weißen, meist zwittrigen Blüten stehen in achselständigen Rispen oder Büscheln. Der Kelch und die Röhre der Blütenkrone sind vierlappig, die Kronzipfel berühren sich oder fehlen; dazu kommen zwei Staubblätter. Die annähernd eiförmige Steinfrucht wird bei Reife dunkelblau bis schwarz.

Das silbergrüne Blattwerk und die knorrigen Stämme alter Olivenbäume prägen wie kein anderer Baum das Bild der Mittelmeerländer. Man kann tatsächlich die Anwesenheit des Olivenbaums als Indikator für Mittelmeerklima und seine Verbreitung betrachten. Die bekannteste Art ist der Oliven- oder Ölbaum *(Olea europaea).* Die kultivierte Unterart *europaea* unterscheidet sich von der Wildform, der Unterart *sylvestris* (Wilder Ölbaum), durch breitere Blätter, dornige Zweige und kleinere Früchte.

Olivenbäume werden bereits seit prähistorischer Zeit kultiviert. Ihr Ertrag hat eine grundlegende Bedeutung

Der Chinesische Korkbaum *(Phellodendron chinense)* hat gegenständige Blätter aus sieben bis 13 Fiederblättern, die weniger flaumig behaart sind als die von *P. japonicum*. Wenn man die Blätter zerreibt, geben sie einen aromatischen Duft ab. Im Herbst sind die Bäume mit ihren gelben Blättern eine große Zierde.

für das tägliche Leben, die Wirtschaft und das Zusammenleben der Bevölkerung in den Mittelmeerländern, da sie den Hauptbedarf an Speiseöl deckten. In früheren Zeiten diente das Olivenöl sowohl als Lampenöl als auch zum Kochen und zum Salben des Körpers bei religiösen Zeremonien. In der Bibel wie in griechischen und römischen Schriften finden sich viele Bezüge auf die Olive, und noch heute gilt der Olivenzweig als Sinnbild des Friedens. Der Ölbaum trug viel zum Wohlstand zahlreicher Mittelmeervölker bei und spielt noch heute eine gewaltige Rolle in der Wirtschaft, obwohl der Ertrag zurückgeht und sich die Anbaufläche seit geraumer Zeit vermindert. Geerntet wird heute wie seit alters her. Der gegenwärtige Rückgang beruht aber nicht nur auf den veränderten landwirtschaftlichen Verhältnissen und Essgewohnheiten, sondern vor allem auf dem Umstand, dass die Methoden der Züchtung, Vermehrung und Ölerzeugung in den Anbauländern nicht den heutigen Erfordernissen angepasst wurden.

Einen besonderen Einfluss auf die Geschichte und Entwicklung der Olivenbäume hat ihre Langlebigkeit. Diese Bäume können über 1500 Jahre alt werden und gehören zu den ältesten Bäumen Europas. Sie verjüngen sich durch Ausläufer.

Oliven sind kälteempfindlich; Winterfröste unter −9 °C oder Durchschnittstemperaturen von 3 °C während der kältesten Wintermonate überstehen sie nicht. Gleichwohl brauchen sie einige Grade an Winterfrost, um zur Blüte zu kommen. Im Allgemeinen zieht man Ölbäume in Hainen oder Baumgärten, manchmal unterpflanzt man sie mit einer Nebenfrucht, obwohl sie allein am besten produzieren. Sie gedeihen auf trockenem Boden auch ohne künstliche Bewässerung, aber reichere und zuverlässigere Ernten sind durch Bewässerung gesichert.

Es gibt Hunderte von Kulturvarietäten, die aus Mischungen von Klonen bestehen und oft ausgedehnte Flächen bedecken. Sie werden auf Heister okuliert oder durch Stecklinge vermehrt, oft auch durch Ableger. Diese Art der Vermehrung war ein langsamer Vorgang, bis neuere Techniken eingeführt wurden, die die Bewurzelung von Stecklingen durch Sprühberegnung beschleunigen. Oft werden Stecklinge auch auf alte Stöcke gepfropft. Das Wachstum ist langsam, und der Ölbaum braucht mehrere Jahrzehnte, bis er ausgewachsen ist und vollen Ertrag an Früchten bringt.

In den einzelnen Mittelmeerländern werden verschiedene Anbaumethoden angewandt. So lässt man in Spanien drei Hauptstämme wachsen. Eine entsprechende Pflanzung oder die Teilung des Gipfeltriebes ergeben einen langsam wachsenden Baum. In Griechenland dagegen wird ein einziger, hoher, gerader Stamm bevorzugt.

Die Olivenernten sind nicht gleichmäßig. Eine reiche Ernte in einem Jahr erschöpft die Pflanze, sodass im nächsten Jahr ein geringer Ertrag folgt. Sie ist auch sehr anfällig für Wind und schweren Regen. Die Blätter und jungen Früchte können durch Witterungseinflüsse abgeschlagen, die Blüten durch Frühfröste vernichtet werden.

Die Früchte werden von Hand oder durch Schüttelvorrichtungen geerntet. Sie werden als grüne Speiseoliven von Hand gepflückt, wenn sie strohfarben sind. Schwarz und reif dienen sie ebenfalls als Tafeloliven, ferner zum Kochen. Der größte Teil jedoch ist die Grundlage für Öl.

Frisch gesammelt vom Baum sind Oliven ungenießbar und müssen erst behandelt werden. Man legt sie in Pottasche- oder Salzlösungen, was zu einer Milchsäuregärung führt. In Salzlaken werden sie konserviert. Schwarze Oliven gibt man direkt in eine Salzlösung, aber die besten Speiseoliven werden in einer Marinade von Olivenöl, oft mit verschiedenen Kräutern wie Thymian oder Rosmarin gewürzt, aufbewahrt. Grüne Oliven werden eventuell entsteint und kommen gefüllt mit süßem roten Paprika, Sardellen oder Mandeln in den Handel.

Neben der Hauptverwendung als Koch- und Salatöl dient Olivenöl einer umfangreichen Nutzung zu medizinischen Zwecken, zur Dosenkonservierung von Sardinen und anderen Konserven, der Nachbehandlung von Wolle und der Herstellung von Seife und verschiedenen kosmetischen Artikeln.

In Kultur werden auch *Olea ferruginea* (= *O. europaea* ssp. *cuspidata*) und der Afrikanische Ölbaum (*O. europaea* ssp. *africana*) gepflanzt. Verschiedene Arten haben ein schönes Holz, das sich kunstvoll verarbeiten lässt, besonders das von *O. capensis*. K8–9

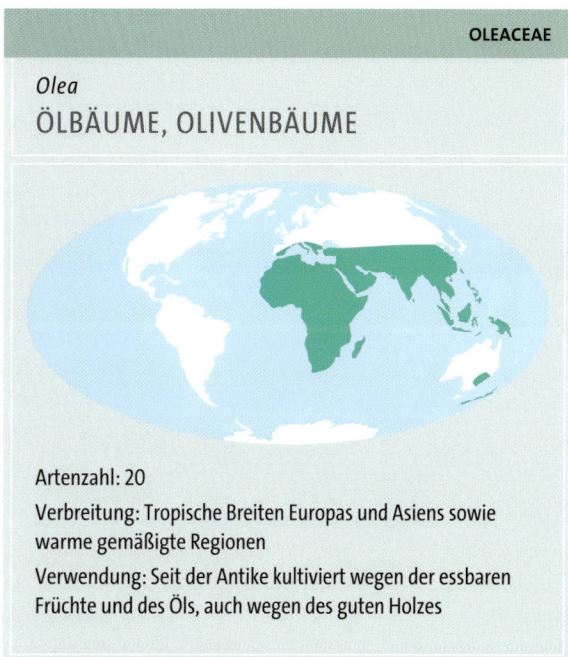

OLEACEAE

Olea
ÖLBÄUME, OLIVENBÄUME

Artenzahl: 20
Verbreitung: Tropische Breiten Europas und Asiens sowie warme gemäßigte Regionen
Verwendung: Seit der Antike kultiviert wegen der essbaren Früchte und des Öls, auch wegen des guten Holzes

Der Ölbaum (*Olea europaea*) wächst gewöhnlich in Hainen. Der silbrige Glanz der Blätter ist aus dem Bild des Mittelmeeres nicht wegzudenken. Der raue, schwerästige Habitus der Bäume macht die Oliven zu einer bevorzugten Art in geeignetem Klima.

Eschen – *Fraxinus*

Zur Gattung *Fraxinus* gehören etwa 65 Arten der nördlichen Halbkugel, vor allem Ostasiens, Nordamerikas und des Mittelmeerraumes. Die Laub werfenden Bäume haben gegenständige, meist gefiederte Blätter. Die büschelig stehenden, kleinen, grünlichen Blüten, oft ohne Kronblätter, sind zwittrig oder eingeschlechtlich, die Geschlechter variabel verteilt. Gewöhnlich haben sie zwei Staubblätter. Die Frucht ist geflügelt.

Die bekannteste Art ist die Gewöhnliche Esche *(Fraxinus excelsior)*, ein bis zu 40 m hoher Baum mit hellgrauer Borke und schwarzen Winterknospen. Die äußere Form und die stattlichen Bündel geflügelter Früchte, die von den Zweigen hängen, geben der Esche im Herbst eine besondere Note.

Nordische Mythen erzählen, dass der Mensch aus Eschenholz erschaffen wurde. Das nordische Wort „aska" bedeutet Mensch. In der Heilkunde hat man früher mit einem Borkenabsud der Gewöhnlichen Esche versucht, Gelbsucht und andere Leberbeschwerden zu heilen oder Zahnschmerzen, Gicht und steife Glieder zu lindern. Mit einem kräftigen Extrakt aus Holzasche behandelte man Kopfgrind; andere Extrakte waren offenbar wirksam gegen Mückenstiche. Die Blumen-Esche *(F. ornus)* liefert aus Einschnitten in der Borke einen blassgelben Saft, der als mildes Abführmittel wirkt und lange Zeit Kindern verabreicht wurde, vor allem in Italien und Sizilien.

Hauptsächlich jedoch wird heute das Holz genutzt, und zwar vor allem das der Gewöhnlichen Esche. Es ist hart, aber elastisch, wirft sich kaum und ist langlebig, da es selten von Insekten befallen wird. Früher baute man mit ihm Speere und Flaggstöcke, später wurde es in der Wagnerei und im Waggonbau sowie als Hopfensäulen und Werkzeugstiele verarbeitet. Möbelbauer schätzen die enge Maserung und wenigen Astlöcher des hellen Holzes. Es brennt gut und war das ursprüngliche Holz für Sonnwendfeuer.

Die Gattung stellt auch eine Reihe geschätzter Straßen- und Parkbäume. Einige davon behalten den Kelch, wenn sie fruchten. Die bekanntesten sind die Arizona-Esche *(F. velutina)*, die Weiß-Esche *(F. americana)* und die Pennsylvanische Esche *(F. pennsylvanica)*. Bei anderen fällt der Kelch früh ab oder fehlt ganz, darunter die Blau-Esche *(F. quadrangulata)*, die Schwarz-Esche *(F. nigra)* und die Gemeine Esche. Die Blumen-Esche *(F. ornus)* sieht man ebenfalls oft als stattlichen Zierbaum. K3–8

OLEACEAE

Fraxinus
ESCHEN

Artenzahl: 65

Verbreitung: Nördliche gemäßigte Breiten bis zu den Tropen

Verwendung: Wichtiger Holzlieferant in vielfältigen Anwendungen; auch im Forstwesen und als Zierbaum weit verbreitet

F. excelsior

RECHTS Die elegante *Fraxinus angustifolia* 'Raywood', eine Gartenform der schmalblättrigen Eschen, unterscheidet sich von der Gewöhnlichen Esche durch ihre knotige, mit tiefen Furchen versehene Borke, die eher braunen als schwarzen Winterknospen und ihre haarlosen Blätter. Letztere nehmen im Herbst eine prächtige pflaumenblaue Farbe an.

F. angustifolia   F. ornus   F. excelsior var. pendula

F. excelsior

F. ornus

F. excelsior

Die wichtigsten Eschen-Arten

Sektion Ornus

Blüten mit oder nach den Blättern in endständigen oder seitlichen Büscheln an blättrigen Zweigen. Die Fäden der Staubblätter gewöhnlich länger als die Beutel. „Blumen-" oder „Manna-Eschen".

A Blütenkrone vorhanden

Fraxinus ornus **Blumen-Esche, Manna-Esche** Südeuropa, Kleinasien. Baum, 15–20 m. Meist 7 Fiederblätter, haarlos außer unterseits entlang der Mittelrippe. K6

F. floribunda Himalaja. Baum, bis zu 40 m. Meist 7 oder 9 Fiederblätter, oben unbehaart, aber unterseits auf den Adern behaart. K8

AA Blütenkrone fehlt

Fraxinus chinensis **Chinesische Esche** China. Baum, bis zu 15 m. Eng verwandt mit *F. ornus*. K6

F. bungeana **Bunges Blumen-Esche** China. Strauch oder kleiner Baum, bis zu 5 m. Eng verwandt mit *F. ornus*. K5

F. pennsylvanica

Sektion Fraxinaster

Blüten erscheinen vor den Blättern an laublosen Seitenknospen der Vorjahrestriebe. Fäden der Staubblätter meist kürzer als ihre Beutel.

B Blüten mit Kelch

Fraxinus dipetala Kalifornien und Anrainergebiete. Strauch, bis zu 4 m. Meist 5 Fiederblätter, unbehaart. 2 Kronblätter. K8

F. americana **Weiß-Esche** Nordamerika. Baum, bis zu 40 m. Fiederblätter 7–9, meist unbehaart, gelegentlich unterseits flaumig. Kleiner, dauerhafter Kelch, Blütenkrone fehlend. Fruchtflügel endständig. K3

F. velutina **Arizona-Esche** Südwestliche USA. Baum, 8–12 m. Fiederblätter 3–5, meist beidseits behaart. Kelch bei der Fruchtreife vorhanden, Blütenkrone fehlt. K7

F. pennsylvanica **Pennsylvanische Esche** Östliches Nordamerika. Baum, 12–20 m. Meist 7–9 Fiederblätter, wenigstens unterseits flaumig. Kelch dauerhaft, Blütenkrone fehlt. Flügel an Frucht herablaufend. K4

BB Blüten ohne Kelch und Krone

Fraxinus excelsior **Gewöhnliche Esche** Europa. Baum, bis zu 45 m. 7–11 Fiederblätter, außer an der Mittelrippe unterseits unbehaart. K4

F. angustifolia **Quirl-Esche, Schmalblättrige Esche** Westliche Mittelmeerländer, Nordafrika. Baum, 20–25 m. 7–13 Fiederblätter, unbehaart. K6
ssp. *oxycarpa* Östliche Mittelmeerländer bis Turkestan. Ähnlich, aber mit weniger Fiederblättern, jedes mit einer Reihe von Haaren in der Nähe der Mittelrippe unten. K6

F. nigra **Schwarz-Esche** Östliches Nordamerika. Baum, 25–30 m. 7–11 Fiederblätter, unterseits haarlos außer entlang den Adern. Kleiner Kelch vorhanden, fällt ab. K7

F. quadrangulata **Blau-Esche** Nordamerika. Baum, um 20 m. 5–11 Fiederblätter, oberseits unbehaart, unterseits flaumig. Winziger Kelch vorhanden, fällt bald ab. K4

F. americana

F. ornus

F. ornus

F. excelsior

Flieder – *Syringa*

Syringa, eine Gattung mit über 25 Arten aus Asien und Südost-europa, wird wegen der prächtigen Blüten im Frühling und Früh-sommer gezüchtet. Es handelt sich um Laub werfende Büsche oder kleine Bäume mit gegen-ständigen Blättern, die gewöhnlich glattrandig, sel-ten gelappt oder gefiedert sind. Die in Rispen stehenden Blüten sind zwittrig und duf-ten; die Farbe variiert von Weiß bis tief Violett. Der Kelch hat vier Zähne, die Blütenkron-röhre weist vier sich berührende Zipfel auf. Zwei umschlossene oder vorstehende Staubblätter und ein Fruchtknoten mit zwei Fächern sitzen innen, die Frucht reift zu einer lederigen Kapsel mit geflügelten Samen.

Der Gewöhnliche Flieder (*Syringa vulgaris*) aus Südosteuropa ist eine sehr beliebte Art mit über 500 benannten Gartenformen, von denen viele aus Frank-reich stammen. Er wird 7 m hoch, bildet Wurzelausläufer, oder schlafende Augen schlagen am Stamm aus. Solche Schösslinge oder Triebe sollten entfernt werden. Flieder gedeihen auf gutem, feuchtem Lehm und lieben sonnige Orte. Sie lassen sich am besten durch Ableger vermehren, aber auch Samen und Stecklinge eignen sich. In einigen Fällen ist Pfropfung auf den Gewöhnlichen Flieder als Unterlage erforderlich.

Es gibt eine Reihe hervorragender *Syringa*-Arten aus China und Mitteleuropa wie den Bogen-Flieder (*S. refle-xa),* den Zottigen Flieder (*S. villosa*) und den Ungarischen Flieder (*S. josikaea),* die als Mutterpflanzen für sehr viele Kreuzungen benutzt wurden, darunter die „Kanadischen Hybriden", die 1920 in Ottawa entstanden.

Der Name *Syringa* stammt vermutlich vom grie-chischen syrinx, der Röhre, was auf die Verwendung des Fliederstamms zur Herstellung von Flöten verweist. K4–7

OBEN UND GANZ OBEN Die attraktiven, stark duftenden Blüten von *Syringa* stehen oft in pyramidenförmigen Blütenrispen. Sie lassen sich gut schneiden und entwickeln alle Farben und Helligkeiten zwischen Weiß und tiefem Purpur.

Plantaginaceae (Scrophulariaceae)

Paulownien, Blauglockenbäume – *Paulownia*

Die Gattung *Paulownia* umfasst sechs Arten schnell-wüchsiger, Laub werfender, in China heimischer Bäume. Am bekanntesten ist der Chinesische Blauglockenbaum (*P. tomentosa = P. imperialis*), so genannt wegen der im Mai vor dem Blattaustrieb erscheinenden, aufrechten Ris-pen aus wohlriechenden, hellvioletten oder kräftig pur-purnen, fingerhutähnlichen Blüten. Die Blätter sind lang gestielt, gegenständig, eiförmig und groß, zumeist 12–30 cm, aber bei Ausläufern bis zu 1 m lang, auf der Oberseite behaart und unterseits deutlich flaumig. Blät-ter junger Bäume können gelappt sein und in eine bis drei Spitzen auslaufen. Die Frucht ist eine holzige, eiförmige Kapsel mit geflügelten Samen. Der Chinesische Blau-glockenbaum wird gerne in gemäßigten Gebieten gezogen. Da er jedoch die gegen Winterfröste anfälligen Blütenknospen während des späten Sommers und Herbstes ausbildet, ist in kühleren Gegenden die Blüte im folgenden Frühjahr unsicher. In Kul-tur wurden ferner *P. fortunei* (Blüten mit hellgelbem Fleck) und *P.* × *tai-waniana* (Blüten purpurweiß mit purpurnen Strichen) genommen. Paulownien lieben gut entwäs-serten, tiefen Lehmboden an geschütztem, sonnigem Platz. Sie lassen sich durch Samen vermeh-ren oder durch Wurzel-, Zweig- und Blattstecklinge. Der Chinesische Blauglockenbaum liefert ein hervor-ragendes Nutzholz, das im Orient in der Kunsttischlerei verwendet wird. K5–7

PLANTAGINACEAE (SCROPHULARIACEAE)

Paulownia
PAULOWNIEN, BLAUGLOCKENBÄUME

Artenzahl: 6

Verbreitung: China

Verwendung: Hochwertiges Nutzholz für die Kunsttischlerei

Bignoniaceae

Trompetenbäume – *Catalpa*

Catalpa, eine Gattung mit etwa elf Arten frostharter, Laub werfender, selten immergrüner Bäume und manchmal Sträucher. Die Gattung ist in Amerika, den Westindischen Inseln und Ostasien heimisch. Einige ihrer Vertreter sind beliebte Zierpflanzen. Die großen Blätter sitzen gegenständig oder in Quirlen zu dritt an langen Stielen mit ganzen oder breit gelappten Rändern. Die Blüten stehen in endständigen Büscheln, jede Blüte mit einem glockigen, zumeist zweilippigen Kelch und einer trompetenförmigen Krone mit fünf gespreizten Lappen – zwei oben, drei unten. Von den fünf Staubblättern sind meistens nur zwei fruchtbar. Die Frucht ist eine schmale, flache Kapsel, 30–60 cm lang, die in zwei Hälften aufreißt. Die zahlreichen, flachen Samen tragen an jedem Ende ein Büschel weißer Haare.

Trompetenbäume sind kräftige, in gemäßigten Gegenden winterharte Bäume. Die eine Weile am Gezweig bleibenden, langen Früchte erinnern an eine Feuerbohne *(Phaseolus coccineus),* was zu dem englischen Namen „Bean Tree" (Bohnenbaum) führte. Es sind ausgezeichnete Zierpflanzen, die ihrer großen Blätter wegen, der prächtigen Büschel großer, trompetenförmiger Blüten und den langen, längere Zeit hängenden Früchten wegen geschätzt werden. Sie gedeihen auf jedem halbwegs guten und feuchten Boden. Am vorteilhaftesten wirken sie als Einzelexemplare auf Rasen oder als Alleebäume. Man vermehrt sie durch Samen oder durch Stecklinge von reifem Holz. Einige namhafte Züchtungen werden durch Pfropfung auf Keimpflanzen vermehrt.

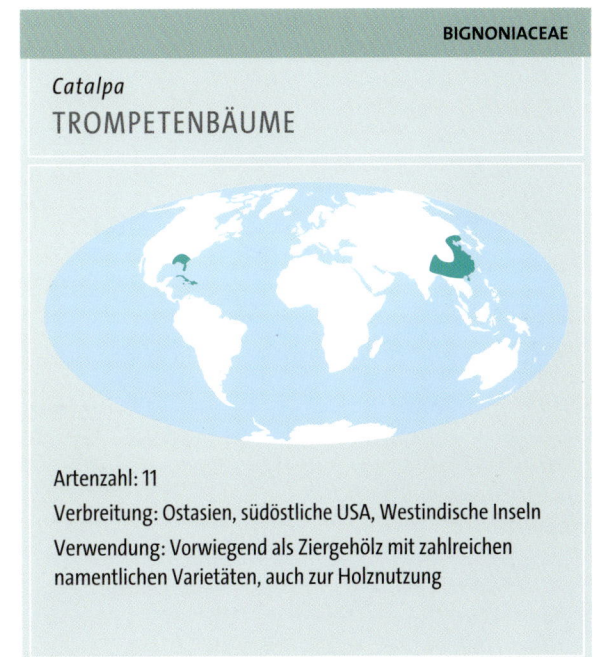

BIGNONIACEAE

Catalpa
TROMPETENBÄUME

Artenzahl: 11

Verbreitung: Ostasien, südöstliche USA, Westindische Inseln

Verwendung: Vorwiegend als Ziergehölz mit zahlreichen namentlichen Varietäten, auch zur Holznutzung

Am bekanntesten ist der Gewöhnliche Trompetenbaum *(C. bignonioides = C. catalpa),* obwohl seine zerdrückten Blätter unangenehm riechen. Unter günstigen Bedingungen wird er 18–20 m hoch und hat eine runde, ausladende Krone. Es gibt die Zwergform 'Nana', die nicht über 2 m wächst. Sehr reizvoll und auffällig ist die Sorte 'Aurea' mit eher gelblichen Blättern. Das grob gemaserte, dauerhafte Holz dieser Art wie auch das des Prächtigen Trompetenbaumes *(C. speciosa)* wird zu Zaunpfosten und Eisenbahnschwellen verarbeitet. Die Borke von C. *longissima* dient zum Gerben. K5–9

Trompetenbäume *(Catalpa* spp.) gehören im Hochsommer zweifellos zu den schönsten blühenden Bäumen. Die Blüten stehen in bis zu 30 cm hohen Rispen, Trauben oder Schirmtrauben und sind generell weiß mit gelben und später roten Flecken.

Die wichtigsten Trompetenbaum-Arten

In der folgenden Auswahl ist die Grundfarbe der Kronblätter weiß oder leicht rosa, außer bei der Art *C. ovata,* die gelblich ist.

Gruppe I
Blätter flaumig behaart mit unverzweigten Haaren auf der Unterseite, wenigstens auf den Adern.

Catalpa ovata (C. kaempferi) Kleinblütiger Trompetenbaum
China. Baum von 6–10(15) m mit ausladender Krone. Blätter gegenständig, breit herz- bis eiförmig, 12–25 cm lang, einfach, aber mit 3–5 spitzen Lappen. Blüten duftend in vielblütigen Rispen, 10–25 cm lang, die Krone unter 2,5 cm lang, gelblich weiß mit gestreift orangefarbener und violett-purpurfarben gefleckter Zeichnung im Inneren der Röhre. Frucht (Kapsel) bis zu 30 cm lang. In Japan seit langem gezüchtet. K5

C. bignonioides (C. catalpa) Gewöhnlicher Trompetenbaum
Nordamerika. Baum, 6–20 m, mit runder Form. Blätter oft in Quirlen zu 3, breit herz- bis eiförmig, 12–20 cm lang, einfach, aber manchmal mit 2 schmalen Lappen. Zerriebene Blätter riechen unangenehm. Blüten in vielblütigen Rispen, 13–25 cm lang, die Krone 4–5 cm lang, weiß mit gelben Streifen und purpurnen Punkten im Innern der Röhre, die an der Öffnung gekräuselt ist. Frucht 15–40 cm lang. Züchtung 'Aurea' hat mehr oder weniger gelbe Blätter; die Züchtung 'Nana' ist eine Zwergform bis zu 2 m Höhe, die möglicherweise mehr als einen Klon umfasst. K5

C. × hybrida (C. teasii = C. ovata × C. bignonioides = Catalpa × erubescens) Baum, bis zu 30 m. Blätter gegenständig, breit herz- bis eiförmig, 15–40 cm lang, ähnlich denen von *C. ovata,* aber bläulich purpurn, ehe sie voll entfaltet sind. Blüten in vielblütigen Rispen, 15–40 cm lang, ähnlich denen von *C. bignonioides,* aber beträchtlich kleiner. Früchte bis zu 40 cm lang, enthalten aber keine Samen. Die Sorte 'J. C. Teas' hat beim Austrieb purpurne Blätter. K5

C. speciosa Prächtiger Trompetenbaum Nordamerika. Baum, bis zu 30 m. Blätter herz- bis eiförmig, 15–30 cm lang. Blüten in eher wenigblütigen Rispen, 15–18 cm lang, die weiße Krone groß, 5–6 cm breit und 4–5 cm lang, mit einigen purpurnen Flecken im Röhreninnern, Öffnung gekräuselt. Frucht 22–45 cm lang. K5

Gruppe II
Blätter unterseits ganz kahl.

Catalpa bungei Bunges Trompetenbaum China. Kleiner Baum, 6–10 m, mit pyramidenähnlicher Form. Blätter gegenständig, 3-eckig bis eiförmig, 8–16 cm lang, manchmal gezähnt oder eckig an der Basis. Blüten in 3- bis 12-blütigen Trauben, 10–20 cm lang, die Krone 3–4 cm lang, weiß mit purpurfarbenen Flecken im Röhreninnern. Frucht 25–35 cm lang. K6

C. bignonioides

C. bignonioides

C. bignonioides

Adoxaceae (Caprifoliaceae)

Holunder, Attich – *Sambucus*

Sambucus umfasst etwa neun Arten, die in den gemäßigten und tropischen Zonen auftreten. Zumeist handelt es sich um Laub werfende Sträucher oder kleine Bäume (gelegentlich Stauden) mit gegenständigen, unpaarig gefiederten Blättern. Die zahlreichen zwittrigen, weißen und kleinen Blüten stehen in flachen, mehr oder weniger pyramidenförmigen Büscheln. Gewöhnlich haben sie fünf (winzige) Kelch- und Kronblätter (selten drei oder vier) und fünf Staubblätter; der Fruchtknoten besteht aus drei bis fünf Fächern. Die Frucht ist eine kleine Beere mit drei bis fünf einsamigen Nüsschen oder eine Steinfrucht.

Etwa ein halbes Dutzend Arten ist entweder in gemäßigten Zonen zu Hause oder genügend winterhart, um

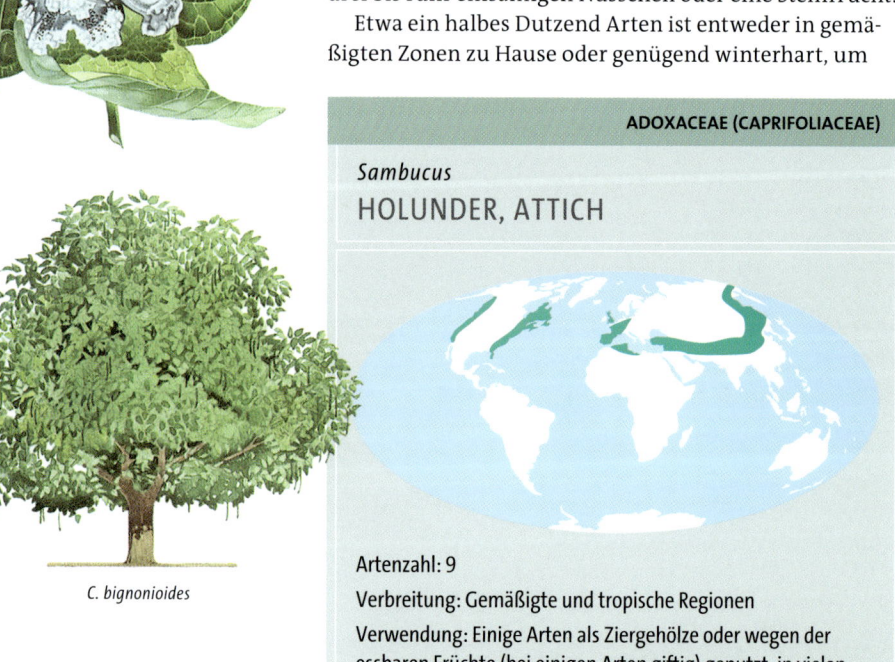

ADOXACEAE (CAPRIFOLIACEAE)

Sambucus
HOLUNDER, ATTICH

Artenzahl: 9

Verbreitung: Gemäßigte und tropische Regionen

Verwendung: Einige Arten als Ziergehölze oder wegen der essbaren Früchte (bei einigen Arten giftig) genutzt, in vielen eigens benannten Varietäten kultiviert. Aus Früchten kann ein Obstwein hergestellt werden.

S. nigra

S. canadensis

S. caerulea

S. ebulus

S. racemosa

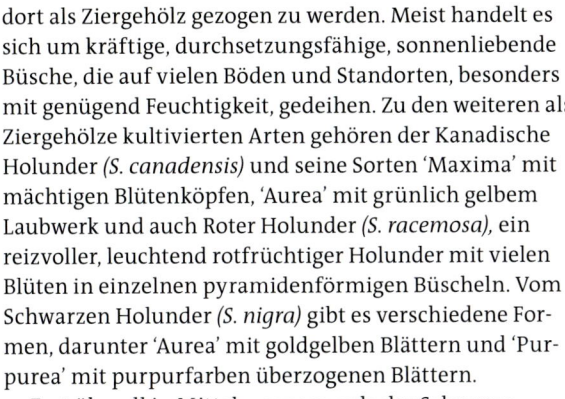

dort als Ziergehölz gezogen zu werden. Meist handelt es sich um kräftige, durchsetzungsfähige, sonnenliebende Büsche, die auf vielen Böden und Standorten, besonders mit genügend Feuchtigkeit, gedeihen. Zu den weiteren als Ziergehölze kultivierten Arten gehören der Kanadische Holunder *(S. canadensis)* und seine Sorten 'Maxima' mit mächtigen Blütenköpfen, 'Aurea' mit grünlich gelbem Laubwerk und auch Roter Holunder *(S. racemosa)*, ein reizvoller, leuchtend rotfrüchtiger Holunder mit vielen Blüten in einzelnen pyramidenförmigen Büscheln. Vom Schwarzen Holunder *(S. nigra)* gibt es verschiedene Formen, darunter 'Aurea' mit goldgelben Blättern und 'Purpurea' mit purpurfarben überzogenen Blättern.

Fast überall in Mitteleuropa wurde der Schwarze Holunder *(Sambucus nigra)* schon seit langem kultiviert, um aus den Blüten und den Steinfrüchten (den „Trauben des kleinen Mannes") Wein zu bereiten. Früher wurde Holunderwein auch benutzt, um echten Rotwein zu verschneiden, wodurch er etwas in Verruf geriet. Wenn man ihn wenigstens sechs Monate reifen lässt, schmeckt er recht ordentlich. Aufgüssen aus der Wurzel wird abführende Wirkung nachgesagt. K4–8

Die wichtigsten Holunder-Arten

Gruppe I
Blütenbüschel flach. Mark weiß. Frucht dunkel purpurn oder schwarz.

Sambucus caerulea Blauer Holunder Westliches Nordamerika, besonders Kalifornien. Strauch oder kleiner Baum, 3–15 m hoch. Blätter 15–25 cm lang, zusammengesetzt mit 5–7 Fiederblättern. Blüten gelblich weiß, im frühen Sommer in flachen Dolden. Beeren schwarz, doch bedeckt mit einem intensiven, bläulich grünen Reif. In Kalifornien wird die Art eher baumartig, der Stamm bis zu 40 cm dick. Die gekochten Früchte werden gegessen. Wurde im 19. Jahrhundert nach Frankreich eingeführt und in Paris kultiviert. K5

S. canadensis Kanadischer Holunder Östliches Nordamerika. Laub werfender Strauch, bis zu 4 m, weiches Mark in Stämmen und Ästen. Gefiederte Blätter mit 5–11 Fiederblättern, 12 cm lang. Blüten in gewölbten, bis zu 20 cm breiten Dolden, weiß, im Sommer blühend. Beeren purpurschwarz. Eng verwandt mit *S. nigra.* K3

'Maxima' Eine außerordentlich widerstandsfähige Varietät mit großen Blättern und riesigen, flachen, 30 cm breiten Blütenköpfen.

S. nigra Schwarzer Holunder Europa. Ein weit verbreiteter, Laub werfender Strauch oder kleiner Baum, 4–8 m. Äste und junges Holz mit weißem Mark gefüllt, mit gefurchter, rissiger Borke bei alten Bäumen. 5–7 Fiederblätter, 10–30 cm lang. Blüten gelblich cremig oder mattweiß mit typischem Geruch, in flachen, 12–20 cm breiten Dolden, im Frühsommer. Steinfrüchte schwarz glänzend, reif im September. Der Saft hat viele pharmazeutische Eigenschaften; verwendet für hausgemachten Wein und als Sirup gegen Schnupfen und Erkältungen. *S. nigra* 'Aurea' ist der „Goldene Holunder", *S. nigra* 'Albo-variegata' eine reizvolle, panaschierte Form. K5

S. ebulus Zwerg-Holunder, Attich Europa und Nordafrika, in England eingebürgert. Eine ungewöhnliche, staudenförmige Art, entwickelt jedes Jahr 1–1,2 m hohe, kräftige, gefurchte Stängel. Blätter mit 9–13 Fiederblättern. Weiße, rosa getönte Blüten in flachen, 7,5–10 cm breiten Dolden. Frucht schwarz. Einst bedeutende Medizinalpflanze, die bei Leiden von Gelbsucht bis Gicht angewandt wurde. K5

S. nigra

S. nigra

Gruppe II
Blütenbüschel mehr oder weniger pyramidenförmig (nicht flach). Mark meist braun. Frucht rot, gelb oder weiß (bräunlich bis schwarz bei *S. melanocarpa*).

Sambucus racemosa Roter Holunder Europa, Kleinasien, Sibirien und Westasien. Ein mittelgroßer, Laub werfender Strauch, 3–5 m mit grob gezähnten, zusammengesetzten Blättern. Blüten entstehen im April als endständige, weiße, pyramidenförmige Rispen, denen im Juli die leuchtend roten Früchte folgen. Zwei herausragende Züchtungen sind 'Laciniata', eine hübsche Art mit eingeschnittenen Blättern, und 'Plumosa Aurea', ein schöner Strauch mit goldfarbenen, eingeschnittenen Blättern. K4

S. pubens Nordamerikanische, eng mit *S. racemosa* verwandte Art. K5

S. melanocarpa Strauch, bis zu 4 m. 5–7 Fiederblätter. Blütenbüschel etwa so tief wie breit. Früchte schwarz, bei einigen Formen rötlich braun. K6

Bäume der Tropen

Keine Region der Erde weist eine artenreichere Gehölzflora auf als die Tropen. Ganze Pflanzenfamilien kommen dort pantropisch vor und sind in anderen Klimagebieten überhaupt nicht vertreten. Andere haben in tropischen Breiten zumindest einen hohen Artenanteil. Von den weltweit etwa 400 Eichen-Arten kommen immerhin über 80 nur im Malayischen Archipel vor.

Tropenwälder zeichnen sich durch zuverlässig reichlichen und fast täglichen Niederschlag aus, ferner durch hohe Durchschnittstemperaturen rund um das Jahr und Böden mit konstant guter Nährstoffversorgung. Solche Faktoren begünstigen die Entwicklung einer immergrünen Flora. Tatsächlich ist der weitaus größte Teil tropisch verbreiteter Baumarten immergrün. Auf den Seiten 27–29 wurden die wichtigsten beteiligten Waldformationen erläutert.

In diesem Kapitel werden wichtige, in den tropischen Regionen verbreitete Laubholzgattungen vorgestellt. Sie gehören überwiegend zu den Zweikeimblättrigen. Am Bild der Tropenvegetation beteiligte Einkeimblättrige werden jedoch ebenfalls berücksichtigt, darunter Palmen, Schraubenbäume, Drachenbäume und Bambus. Viele der einkeimblättrigen Holzpflanzen haben einen besonderen dekorativen Wert und werden daher auch gärtnerisch häufig verwendet. Viele Bambus-Arten sind jedoch nicht nur Ziergehölze, sondern spielen in den Herkunftsländern auch eine technisch bedeutsame Rolle. Man verwendet sie als Baumaterial, für Rohrleitungen, als Gefäße und in zunehmendem Maße auch als Rohstoffe zur Fasergewinnung und Papierherstellung.

Jahrhundertelang entnahm man den Tropenwäldern wertvolle, weil besonders gefärbte oder bemerkenswert beständige Nutzhölzer. Aus den tropischen Wäldern stammen auch zahlreiche sonstige Güter, beispielsweise Gewürze, Arzneistoffe, Harze, Rohkautschuk und vor allem Früchte. Riesige ehemalige Waldgebiete sind infolge von unkontrolliertem Raubbau unterdessen abgeholzt und ökologisch nahezu entwertet. Die besonders geschätzten Tropenhölzer wie Teak *(Tectona grandis)*, Afrikanisches Mahagoni *(Khaya* spp.), Ebenholz *(Diospyros* spp.) oder Rosenholz *(Dalbergia* spp.) werden künftig nur noch aus dem forstlichen Plantagenanbau bereitzustellen sein.

Kaffee *(Coffea arabica* und *C. liberica)* ist ein bedeutsames Genussmittel afrikanischer Gehölzarten. Die amerikanischen Tropenwälder steuerten beispielsweise Echte Mahagoni *(Swietenia macrophylla)*, die Zigarrenkistenzedern *(Cedrela* spp.) und zwei Kiefer-Arten *(Pinus caribaea* und *P. oocarpa)* bei, die heute in großem Maße forstlich kultiviert werden. Wirtschaftlich bedeutende Frucht- bzw. Samenlieferanten sind unter anderem Paranussbaum *(Bertholletia excelsa)*, Avocadobaum *(Persea americana)* und Kakaobaum *(Theobroma cacao)*, auf dem die gesamte Schokoladenherstellung beruht. Weitere Produkte von weltwirtschaftlichem Belang liefern der Kautschukbaum *(Hevea brasiliensis)*, auf dessen Basis sich im Amazonasgebiet ein wichtiger Wirtschaftszweig gründet, der Kapokbaum *(Ceiba pentandra)*, von dem man die baumwollähnlichen Fruchthaare nutzt, oder die Brechnuss *(Strychnos nux-vomica)*, die ein äußerst

potentes Nervengift für medizinische Anwendungen liefert. Zahlreiche Arten aus Afrika oder Asien sind vergleichbar wichtig, darunter die *Melaleuca*-Arten aus Indomalaysia, die das medizinisch interessante Cajaput-Öl liefern, oder die *Derris*-Arten aus Asien bzw. Australien, die unter anderem natürliche Insektizide enthalten. Aus der Gattung *Cinnamomum*, einer in Asien und Amerika beheimateten Baumgattung, gewinnt man Zimt und Kampfer. Das kosmetisch, medizinisch und technisch verwendete Rizinus-Öl stammt von *Ricinus communis*, einer in Afrika und in Mittelost beheimateten Gehölzart.

Abgesehen von den vielen weltwirtschaftlich wichtigen Nutzhölzern stammen aus den Tropen auch zahlreiche beeindruckende Ziergehölze, die gerne als Straßen- oder Parkbäume verwendet werden. Allen voran sind der Flamboyant *(Delonix regia)* aus Afrika oder der gleichermaßen spektakuläre Tohabaum *(Amherstia nobilis)* aus Asien zu nennen – beides Vertreter aus der großen Verwandtschaftsgruppe der Hülsenfrüchte. *Delonix* mit seinen korallenroten und sehr großen Blüten stammt ursprünglich aus Madagaskar, ist aber heute fast überall in den Tropen und Subtropen in Parks und großen Gärten zu sehen. Auch im tropischen Amerika sind äußerst dekorative Gehölze beheimatet, beispielsweise die über 30 *Jacaranda*-Arten, die man wegen ihrer blauen bis lila Blütenpracht schätzt, der Korallenbaum *(Erythrina* spp.) mit sehr üppigen roten oder gelben Blüten oder die hübsche Frangipanis *(Plumeria alba* und *P. rubra)* – beide kleinere, offenkronige Bäume mit einer Überfülle von stark duftenden Blüten.

Viele tropische Länder beuten nach Kräften die natürlichen Schätze ihrer Regenwälder aus, um eine „entwickelte" Volkswirtschaft zu sichern. In diesen Regenwäldern kommen allerdings zahlreiche Pflanzen- und Tierarten vor, die unterdessen am Rand der Ausrottung stehen. Manche Arten verschwinden vermutlich, bevor sie der Wissenschaft überhaupt bekannt wurden. Wenn diese zerstörerische Entwicklung unverändert fortschreitet, wird es in wenigen Jahrzehnten auf allen Kontinenten keine natürlichen Primärwälder mehr geben. Die Bewahrung der tropischen Regen- und Trockenwälder erfordern ein gekonntes und ausgewogenes Management in internationalem Rahmen. Andererseits ist es verständlicherweise schwierig, die Entwicklungs- und Schwellenländer davon zu überzeugen, dass Naturschutz und nachhaltige Bewirtschaftung ein unverzichtbares Erfordernis sind, während die entwickelten Länder ihre eigenen Ressourcen schon längst zerstört haben. Daher muss eine Drosselung der Nachfrage nach Produkten aus den Tropenwäldern in den reichen Industrieländern mit konkreten Naturschutzprojekten in den Entwicklungsländern Hand in Hand gehen, wenn die Entwicklung nicht in einer ökologischen Katastrophe enden soll, was nach der aktuellen Lage der Dinge aber zu befürchten ist.

Die verschiedenen tropischen Baumarten werden auf den folgenden Seiten alphabetisch nach ihrem botanischen Gattungsnamen vorgestellt.

LINKE SEITE Der Echte Mahagoni *(Swietenia macrophylla)* wird weltweit in allen tropischen Regionen gepflanzt. Er wächst zu einem turmhohen Giganten von bis zu 50 m Höhe mit einem schweren Stamm aus hartem, rotbraunem Holz.

Bombacaceae
Baobab – *Adansonia*

Die acht Arten dieser Gattung sind höchst eigenartige Bäume bis etwa 20 m Höhe. Von diesen Vertretern kommen sieben nur in Afrika und Madagaskar vor. Eine Art ist in Nordaustralien beheimatet. Typisch sind der stark verdickte, sukkulente Stamm und die kurzen, dicken Äste. Die – unter anderem aus dem „Kleinen Prinzen" von Saint-Exupéry – bekannteste Art ist *Adansonia digitata* aus Afrika, die man auch Affenbrotbaum nennt. Sie wird vermutlich mehrere Tausend Jahre alt.

Die Blüten aller Arten öffnen sich erst in der Dunkelheit und werden von Fledermäusen oder Kleinaffen bestäubt. Die Blüten hängen an langen Stielen, die Kronblätter überlappen sich. Aus der Rinde von *A. digitata* gewinnt man Fasern für gröbere Gewebe und Seile. Aus den Früchten bereiten die Eingeborenen ein nahrhaftes Getränk. *Adansonia gregorii*, die australische Art, speichert im weichen Holz enorme Mengen Wasser, das den Vögeln ebenso wie den Menschen zugutekommt.

Mimosaceae
Seidenakazie – *Albizia*

Die Gattung umfasst schätzungsweise etwa 120 Arten Laub werfender Bäume, Sträucher und Lianen in Asien, Afrika und – allerdings nur wenige Spezies – in Nord- und Südamerika. Alle Arten entwickeln dekorative, rosa, cremeweiße oder gelbe Blüten in Doldenrispen oder Ähren. Die langen Staubblätter bestimmen deren Gesamteindruck.

Seidenakazien werden vor allem als Ziergehölze verwendet, besonders die Art *Albizia julibrissin,* die bis zu 6 m hoch wird und eine gewölbte Krone aufbaut. Sie eignet sich besonders für Gegenden mit langen, trockenen Sommern, speziell die Sorte 'Rosea'. Meist sieht man die Vertreter der Gattung in großen Gärten und Parkanlagen, seltener auch als Straßenbäume. Viele Arten sind anfällig für Schädlinge bzw. Krankheiten. Regional verwendet man *Albizia chinensis* auch als Schattenpflanzung in Kaffee- oder Teeplantagen. *Albizia grandibracteata* aus Afrika liefert Nutzholz.

Asphodelaceae
Aloe – *Aloe*

Die umfangreiche Gattung *Aloe* besteht aus über 350 Arten sukkulenter Bäume oder kriechender, fast stammloser Pflanzen. Sie sind vom tropischen und südlichen Afrika über Madagaskar und Arabien bis zu den Kanarischen Inseln beheimatet.

Die sukkulenten Blätter stehen in wechselständig-spiraligen Rosetten an den Enden der Sprossachsen und sind an den Blatträndern meist bedornt. Die gelben oder rötlichen, meist eng röhrenförmigen Blüten werden von Vögeln bestäubt und stehen in achsel- oder endständigen Rispen oder Trauben.

Aloe-Arten werden wegen ihres Formenreichtums in vielen Gebieten gerne als besonders dekorative Garten- oder Parkpflanzen kultiviert. Einige Arten haben zusätzliche kommerzielle Bedeutung, darunter *A. ferox* und *A. vera*. Aus den Blättern der letzteren Art gewinnt man Rohstoffe für diverse Arzneimittel und Kosmetikprodukte. *A. vera* stammt ursprünglich aus Asien, ist jedoch in den südlichen USA und in Mexiko sowie in der Karibik eingebürgert.

Caesalpiniaceae
Tohabaum – *Amherstia*

Die Gattung besteht nur aus der einen Art *Amherstia nobilis*. Sie ist in Myanmar (Burma) beheimatet, wo sie allerdings so selten ist, dass man sie bislang nur zweimal in der Natur fand. Allerdings wird sie in den feuchten Tropen vielfach als Zierbaum verwendet, vor allem wegen der eindrucksvollen rosa Blüten.

Die bis zu 1 m langen Blätter sind gefiedert; die Fiedern werden bis zu 30 cm lang, sind nach dem Austrieb zunächst rot oder purpurn gefleckt und werden später üppig grün. Der Baum wird etwa 12 m hoch und entwickelt lange, hängende Trauben mit röhrigen, rosa-roten Blüten. Die jungen Blüten und Blätter sind essbar.

Anacardiaceae
Kashunussbaum – *Anacardium*

Die elf Arten dieser Gattung sind entweder Bäume oder Sträucher und stammen aus den trockeneren Gebieten der amerikanischen Tropen. Nur der Kashunussbaum *(Anacardium occidentale)* wird in vielen Gebieten kultiviert und ist heute fast überall in den Tropen eingebürgert. Der Baum wird etwa 12 m hoch und trägt einfache, in der Größe recht unterschiedliche Blätter. Die unscheinbaren Blüten stehen in kurzen Rispen.

Anacardium occidentale pflanzt man vor allem wegen seiner Früchte Die äußere fleischige Hülle enthält die vertraute Cashew-Nuss (Kashunuss), die vor dem Verzehr allerdings geröstet werden muss, da sie hitzeempfindliche Giftstoffe enthält. Sie liefert ein technisch wertvolles fettes Öl. Aus dem Holz gewinnt man einen Farbstoff, der in Tinten und Anstrichen verwendet wird. Aus den Stämmen gewinnt man einen Acajou-Gummi genannten Stoff, der früher in der Buchbinderei als Leim diente.

Annonaceae
Cherimoya, Sauerapfel – *Annona*

Die Gattung umfasst über 130 Arten immergrüner Bäume und Sträucher, die in den Tropen Amerikas und Afrikas beheimatet sind. Die baumförmigen Arten erreichen höchstens 10 m Höhe. Blätter und Blüten sind bei den verschiedenen Arten sehr unterschiedlich. Die etwas fleischigen Zwitterblüten stehen entweder einzeln oder büschelig.

Mehrere Arten tragen essbare Früchte und werden deswegen in den Tropen weithin kultiviert, darunter vor allem *Annona cherimola* aus Peru oder der Sauersack (*A. muricata*) aus Mittelamerika. *Annona squamosa* ist eine weitere, oft angebaute Art mit essbaren Früchten. In ihren Samen fand man natürliche Insektizide. Lokal wird sie volksmedizinisch eingesetzt. Eine ähnliche Verbreitung hat die als Ochsenherz bezeichnete *A. reticulata*. Die Früchte in dieser Gattung sind jeweils Sammelfrüchte, die aus spiralig gestellten Fruchtblättern hervorgehen, aber eine gemeinsame Fruchtschale entwickeln.

Arecaceae
Betelpalme – *Areca*

Zu dieser Palmengattung gehören 16 Arten, die in Indomalaysia, Australien und auf den Solomon-Inseln beheimatet sind. Sie werden bis zu 20 m hoch und tragen charakteristisch bogenartig überhängende Fiederblätter, die etwa 3–4 m lang sind. In vielen tropischen Regenwaldgebieten bilden diese kleineren Palmen den Unterwuchs. In ihrer Heimat werden sie häufig als Ziergehölze kultiviert. In Europa sieht man sie gelegentlich als Kübelpflanzen oder in Gewächshäusern.

Eine der bekanntesten Arten ist *Areca catechu*, von der die Betelnuss stammt. In Südostasien werden die Samen, die dem Nicotin verwandte Alkaloide enthalten, etwas vorzerkleinert, in die Blätter des Betelpfeffers (*Piper betle*) gehüllt, mit dem Saft von Limetten oder Uncaria gambir getränkt und dann als Anregungsmittel gekaut. Aus den Samen wird beim Kauen ein charakteristischer Farbstoff freigesetzt. Von anderen Arten, darunter *A. vestiaria*, gewinnt man die Blattfasern für die Textilherstellung.

Arecaceae
Zuckerpalme – *Arenga*

Etwa 20 meist monokarpe Palmenarten gehören zu dieser Gattung, die von Malaysia bis zum nördlichen Australien beheimatet ist. Die einzelnen Arten werden etwa 2–20 m hoch und tragen einen Schopf langer Fiederblätter, deren bleibende Blattbasen den Stamm umschließen. Aus den Blattbasen gewinnt man verspinnbare Fasern.

Die am häufigsten kultivierte Art ist *Arenga pinnata* aus Malaysia. Die großen männlichen Blütenstände werden angezapft, um einen konzentrierten Zuckersaft zu gewinnen, aus dem man Palmwein oder andere alkoholische Getränke bereitet. Diese werden zu Arrak destilliert. Andere Arten wie *A. microcarpa* werden hauptsächlich als Ziergehölze angepflanzt.

Moraceae
Brotfruchtbaum – *Artocarpus*

Die Gattung umfasst etwa 50 einhäusige, Milchsaft führende Baumarten aus dem tropischen Asien. Die wechselständigen Blätter sind oft sehr groß, können tief fiederteilig sein und weisen besonders große Nebenblätter auf.

Einige Arten wie *Artocarpus chama* werden vor allem wegen ihres festen Holzes gepflanzt. Andere verwendet man in Schattenpflanzungen für Kaffeekulturen oder kultiviert sie als Fruchtbäume. *Artocarpus altilis* ist der berühmte Brotfruchtbaum, dessen besonders große Früchte von Kapitän Bligh auf der Bounty zu den Westindischen Inseln gebracht wurden. Vor der legendären Bounty-Reise wurde *Artocarpus* in Asien schon jahrtausendelang kultiviert. Die Früchte sind eine bedeutende Kohlenhydratnahrung und werden im Ursprungsgebiet als Gemüse genutzt. Die Jackfrucht (*A. heterophyllus*) bringt eine der größten Früchte überhaupt hervor: Reif wiegen sie bei etwa 1 m Länge um 40 kg.

Avicenniaceae
Weiße Mangrove – *Avicennia*

Die Baumarten dieser Gattung sind in den Mangrovewäldern an tropischen Gezeitenküsten beheimatet. Die Familie umfasst nur diese eine Gattung, die aus etwa 70 Arten besteht. Typisch für *Avicennia* sind die eigenartigen Atemwurzeln (Pneumatophoren), die von den Hauptwurzeln durch den Schlammboden senkrecht nach oben wachsen und bei Niedrigwasser in den Luftraum ragen.

Große Flächen mit Mangroven wurden in der Vergangenheit abgeholzt, da das feste, beständige Holz sehr gefragt ist, vor allem das von *Avicennia marina*. Damit ging weiten Küstenabschnitten ein natürlicher Erosionsschutz verloren. Aus der Rinde lässt sich ein Farbstoff gewinnen. Bei manchen Arten kommt Viviparie vor: Die reifen Früchte keimen noch auf der Mutterpflanze aus, versenken sich aus dem Geäst fallend direkt in den weichen Boden und wachsen dort als natürliche Setzlinge weiter.

OBEN Die Jackfrucht (*Artocarpus heterophylla*) bringt eine der größten Früchte überhaupt hervor. Diese sitzen nur an den Stämmen oder an besonders dicken Ästen. Die außen stacheligen, dickschaligen Gebilde, die botanisch eine Sammelfrucht (Nussfruchtverband) darstellen, enthalten ein angenehm schmeckendes Fruchtfleisch.

UNTEN Die hochwüchsigen Betelpalmen (*Areca catechu*) bringen die in Asien als Anregungsmittel beliebten Samen hervor, aus denen der Betelbissen zubereitet wird.

Proteaceae
Banksie – *Banksia*

Die artenreiche Gattung ist nach Sir Joseph Banks benannt, der im späten 18. Jahrhundert die ersten Exemplare während der Endeavor-Expedition unter Kapitän James Cook sammelte. Heute sind in dieser Gattung etwa 70 Arten Bäume und Sträucher bekannt, die mit Ausnahme einer Spezies aus Neuguinea alle in Australien endemisch sind.

Die Banksien sind immergrün und werden weithin als Ziergehölze verwendet, darunter besonders häufig *Banksia aemula*. Die mitunter gesägten und unterschiedlich großen Blätter sind fest und lederig. Die Blüten stehen in dichten Ähren an den Zweigenden und sind für den Blumenhandel bedeutsam. Blätter, Blüten und Früchte lassen sich auch in attraktiven Trockensträußen verwenden.

Einige Arten wie *Banksia ornata* benötigen Buschbrände, damit sich ihre Früchte öffnen und die Samen freisetzen können. Viele Arten führen in ihren Blüten reichlich Nektar und sind eine wichtige Nahrungsquelle von Nektarvögeln oder kleinen Beuteltieren, die als Bestäuber dienen. Auch die Ureinwohner Australiens beuteten diese Nektarquellen aus.

Lecythidaceae
Paranussbaum – *Bertholletia*

Zu dieser Gattung gehört nur die eine Art *Bertholletia excelsa*, ein immergrüner Baum bis etwa 40 m Höhe aus den Regenwäldern des Amazonasgebietes. Die stattlichen Bäume entwickeln lange, gerade Stämme, verzweigen sich erst in größerer Höhe und tragen große, längliche, lederige Blätter. Die Blüten bilden aufrechte Rispen in den oberen Achseln der oberen Blätter. Die Früchte sind kopfgroße Kapseln, die die auf dem Weltmarkt als Paranüsse gehandelten, steinharten Samen enthalten.

Die meisten Paranüsse werden immer noch in den Regenwaldgebieten gesammelt. Die Bäume sind selbststeril und benötigen bestimmte Bienenarten, die als Bestäuber zwischen den isoliert wachsenden Individuen unterwegs sind. Paranüsse entwickeln sich auf mindestens zehnjährigen Bäumen und benötigen zur Reife etwa 14 Monate. Der weiße Samenkern ist sehr nahrhaft und stark fetthaltig.

Bixaceae
Anatto, Lippenstiftbaum – *Bixa*

Zur Gattung Bixa gehört nur die eine Art *Bixa orellana*, die im tropischen Amerika beheimatet ist und etwa 7 m hoch wird. Der kleine Baum ist stark verzweigt, trägt große, elliptische Blätter mit handförmig angeordneten Hauptnerven und rosa Blüten in endständigen, wenigblütigen Rispen. Jede Blüte ist etwa 5 cm breit.

Gelegentlich wird die Art in warmen Klimaten gärtnerisch in Heckenpflanzungen verwendet, zumal sie auch starken Schnitt sehr gut verträgt. Außerdem pflanzt man *Bixa* wegen der roten Samenmäntel an, die den zu den Carotenoiden gehörenden Farbstoff Bixin enthalten.

Dieses Pigment wird als Lebensmittelfarbstoff verwendet und diente früher den südamerikanischen Indios zur Körperbemalung.

Sapindaceae
Blighia – *Blighia*

Kapitän Bligh, Befehlshaber der Bounty, führte die aus 14 Arten bestehende Gattung auf den Westindischen Inseln ein. Die bis zu 20 m hoch werdenden Bäume stammen aus dem tropischen Afrika. Die kahlen, gefiederten Blätter sind wechselständig. Die kleinen, duftenden, grünlich weißen Blüten bilden blattachselständige Trauben.

Blighia sapida wird bis heute auf den Westindischen Inseln ebenso wie in der afrikanischen Heimat gerne als Ziergehölz angepflanzt. Die weißen Samenmäntel, die die glänzend schwarzen Samen umgeben, sind essbar und bilden mit der leuchtend gelbroten Fruchtschale einen starken Kontrast. Unreif sind alle Teile giftig und verursachen Störungen im Blutzuckerhaushalt.

Bombacaceae
Wollbaum – *Bombax*

Die *Bombax*-Arten sind große, Laub werfende Bäume bis zu 40 m Höhe mit imposanten Brettwurzeln, die die breit ausladende Krone stützen. Die rund 20 Arten stammen aus dem tropischen Asien und Afrika.

Bombax ceiba und *B. buonopozense* bilden ein relativ weiches Holz und werden auch gerne als Park- oder Straßenbaum gepflanzt. Diese und weitere Arten liefern dem Kapok ähnliche Fruchthaare, die auf dem Weltmarkt als Füll- und Polstermaterial gehandelt werden.

Die birnenförmigen Früchte von *Blighia sapido* werden wegen ihres schwammigen weißlich rötlichen Fruchtfleischs manchmal auch als „pflanzliche Gehirne" bezeichnet. Die essbaren Samenmäntel spielen in der karibischen Küche eine besondere Rolle: Akee ist auf Jamaika ein Nationalgericht.

Arecaceae
Borassuspalme – *Borassus*

Diese in der Alten Welt beheimatete Palmengattung besteht aus elf zweihäusigen und recht langlebigen Arten, die bis zu 30 m hoch werden. Sie tragen fächerförmige Blätter, die bis zu 3 m Länge erreichen. Die Blütenstände werden bis zu 1 m lang. Die kleinen männlichen Blüten stehen sehr dicht, die großen weiblichen meist einzeln.

In den Tropen werden die Arten dieser Gattung schon seit langem aus dekorativen Gründen angepflanzt. Die auch Palmyrapalme genannte Spezies *Borassus flabellifer* liefert ein technisch wertvolles Nutzholz, Dachdeckmaterial, Fasern und Papierrohstoff. Die Früchte und die Sämlinge sind essbar. Aus den Blütenständen wird ein zuckerhaltiger Saft abgezapft. In Indien verehrt man die imposante Borassuspalme *Borassus flabellifer* als besonders nützlichen Baum, dem man schon in der Sanskritliteratur über 800 verschiedene Nutzungsmöglichkeiten nachsagt.

Burseraceae
Weihrauchbaum – *Boswellia*

Zur gleichen Familie, aus der auch die Myrrhe gewonnen wird, gehört diese Gattung mit etwa 20 Arten zweihäusiger Bäume. Sie sind in den Trockenwäldern des tropischen Afrikas und in Asien beheimatet. Andere Vertreter der Familie sind auch in den Tropen der Neuen Welt verbreitet.

Die gefiederten Blätter stehen dicht gedrängt an den Triebenden. Die unscheinbaren Blüten bilden große, endständige Rispen. Alle Teile der Pflanzen, besonders aber die Rinde, führen ein aromatisches Harz. Vor allem aus den Arten *Boswellia sacra*, *B. carteri* und *B. fereana* wird es als Rohstoff für Weihrauch gewonnen. *Boswellia serrata* kommt auf trockenen Hügeln in Indien vor. Lokal ist die Art bedeutsam als Lieferant von Nutzholz, das man auch zu Holzkohle verarbeitet.

Moraceae
Papiermaulbeerbaum – *Broussonetia*

Die acht Arten dieser Gattung sind Laub werfende, zweihäusige Bäume und Sträucher. Ursprünglich sind sie im tropischen Asien beheimatet, mit nur einer Art auch in Madagaskar. Die Blätter sind oberseits meist rau, unterseits samtig grau behaart und gesägt oder tief gelappt. Beide Blattformen finden sich mitunter auf der gleichen Pflanze.

Die Vertreter von *Broussonetia* pflanzt man wegen ihrer ausgesprochen attraktiven Blüten gerne als Ziergehölze. Die männlichen Blüten bilden hängende Kätzchen, die weiblichen kugelige Köpfe. Die Früchte sind groß und sehr farbenfroh.

Die Gattung ist heute in warmen Gebieten weltweit vertreten und in Teilen Nordamerikas eingebürgert. Zahlreiche Sorten sind bekannt. *B. papyrifera* wurde früher in Japan zur Papierherstellung genutzt. Auf manchen pazifischen Inseln fertigte man daraus papierartige Textilien.

Solanaceae
Engelstrompete – *Brugmansia*

Die Gattung besteht aus 14 Arten Sträucher und kleinerer Bäume bis etwa 10 m Höhe. Sie sind in Südamerika beheimatet, besonders in der Andenregion. Die großen Blätter sind einfach und wechselständig. Die äußerst dekorativen, trompetenförmigen Blüten werden bis zu 20 cm lang und sind weiß, gelb oder rot. Sie hängen einzeln aus den Blattachseln.

Brugmansia aurea, von der es zahlreiche Sorten gibt, ist besonders attraktiv. Ihre duftenden Blüten sind weiß oder gelblich. Sie ist zusammen mit *B. versicolor* die Stammart der Hybriden *B. × candida*. Alle Arten der Gattung enthalten giftige Alkaloide, die Halluzinationen hervorrufen. In den Ursprungsgebieten wurden sie daher von den Schamanen eingesetzt.

Caesalpiniaceae
Pfauenblumenbaum – *Caesalpinia*

Die pantropische Gattung besteht aus acht bis zehn oder eventuell deutlich mehr Arten von Bäumen, Sträuchern und Stauden. Einige sind Kletterpflanzen. Die Sprossachsen sind meist bedornt. Als Bäume werden die *Caesalpinia*-Arten bis etwa 10 m hoch. Die Blätter sind familientypisch gefiedert.

Viele Arten der Gattung werden wegen ihres dekorativen Wertes gärtnerisch verwendet. Die Blüten erscheinen in spektakulären, endständigen Trauben und sind meist auffällig gefärbt. Die langen, vorstehenden Staubblätter zeigen oft eine andere Farbe als die Krone. *Caesalpinia pulcherrima*, auch „Stolz von Barbados" genannt, wird bis zu 3 m hoch und entwickelt leuchtend gelbe Blüten mit roten Staubblättern. *Caesalpinia ferrea* wird gerne als Straßenbaum gepflanzt. Aus *C. coriaria* und *C. paraguariensis* gewinnt man Gerbstoffe für die Lederindustie. *Caesalpinia decapetala* findet sich häufig in Heckenpflanzungen.

Annonaceae
Ylang-Ylang – *Cananga*

Zu dieser Gattung gehören nur zwei Arten immergrüner Bäume, die bis zu 30 m Höhe erreichen. Sie sind im tropischen Asien und Australien verbreitet und tragen große, einfache, elliptische Blätter. Die kleinen, duftenden Blüten erscheinen in hängenden Büscheln in den Blattachseln. Sie zeichnen sich dadurch aus, dass die Fruchtblätter eigenartigerweise nicht zum Fruchtknoten verwachsen, sondern offen sind.

Vor allem wegen der angenehm duftenden Blüten werden beide Arten von Asien bis zu den Maskarenen häufig kultiviert. Aus den Blüten von *Cananga odorata* gewinnt man durch Destillation das für die Parfümerie und andere kosmetische Anwendungen bedeutsame Ylang-Ylang-Öl.

Die weiblichen Blüten der zweihäusigen *Broussonetia*-Arten bilden rundliche Blütenstände mit bis zu 5 cm Durchmesser.

Caricaceae
Papaya – *Carica*

Insgesamt 23 Baumarten gehören zu dieser in Südamerika beheimateten Gattung. Die Bäume sind meist zweihäusig und tragen tief handförmig gelappte, große Blätter. Die röhrigen männlichen Blüten sind zu blattachselständigen Trauben zusammengefasst, die weiblichen sind weniger röhrig und stehen oft einzeln in den Blattachseln.

Carica papaya ist eigentlich eine baumförmige Staude bis etwa 10 m Höhe. Die Art wird heute fast überall in den Subtropen und Tropen wegen ihrer schmackhaften Früchte kultiviert. Sie reifen auf kurzen, fast am Stamm sitzenden Stielen heran und sind bemerkenswert vitaminreich. Andere Arten wie *C. stipularis* sind hinsichtlich der Temperatur weniger anspruchsvoll und werden deswegen auch in Neuseeland und Australien angepflanzt. Aus den Fruchtschalen gewinnt man das Protein spaltende Enzym Papain, das medizinisch eingesetzt oder als „meat tenderizer" verwendet wird.

Cactaceae
Saguaro, Riesenkaktus – *Carnegiea*

Diese dicksäulige Art, die mit 20 m Höhe zu den größten Kakteen überhaupt gehört, ist in den Wüsten der südwestlichen USA und in Mexiko beheimatet. *Carnegiea gigantea* ist die einzige Art ihrer Gattung. Sie wächst in Form kräftiger, bis zu 60 cm dicker Säulen, die sich nur wenig kandelaberartig verzweigen. Die dicht stehenden Dornen werden bis zu 7 cm lang. Die großen Blüten werden von Insekten, Vögeln und auch von Fledermäusen bestäubt. Sie entwickeln sich unterhalb der Stamm- oder Astenden, und zwar stets nach den in ihrer Wüstenheimat allerdings seltenen Regenperioden.

Die rötlich grüne Frucht von *C. gigantea* ist essbar und bildete früher ein wichtiges Nahrungsmittel der heimischen Bevölkerung. Heute ist *Carnegiea* streng geschützt.

Caesalpiniaceae
Gewürzrinde, Kassia – *Cassia*

Diese pantropisch beheimatete Gattung umfasst ungefähr 30 Arten Laub werfender oder halbimmergrüner Sträucher und Bäume bis etwa 30 m Höhe. Alle Arten tragen gefiederte Blätter, die entweder glänzend dunkelgrün, kahl oder flaumig behaart sind. Einige Arten sind bedornt. Die großen, duftenden Blüten sind rot, orange, rosa oder gelb und sind zu aufrechten oder hängenden Trauben zusammengefasst.

Viele *Cassia*-Arten werden wegen ihrer eindrucksvollen und lange haltbaren Blüten als Ziergehölze angepflanzt, darunter beispielsweise *C. fistulosa* aus Indien. Die Früchte von *C. grandis* enthalten einen Milchsaft, der medizinisch verwendet wird. Von *C. javanica* nutzt man vor allem das feste Holz.

Meliaceae
Zigarrenkistenzeder – *Cedrela*

Nach Neuordnung und Ausgliederung der nun in der Gattung *Toona* geführten Arten umfasst die Gattung nur noch acht Baumarten, die bis zu 30 m hoch werden und alle im tropischen Amerika beheimatet sind. Die relativ glattrindigen Bäume tragen gefiederte Blätter und dichte Blütenrispen in den Blattachseln oder an den Triebenden. Trotz ihres Namens sind die Bäume keine Nadelhölzer.

In ihrer Heimat sind die *Cedrela*-Arten bedeutende Nutzholzlieferanten. *Cedrela odorata* wird auf den karibischen Inseln häufig kultiviert. Das Holz duftet angenehm aromatisch und dient zur Herstellung von Zigarrenkisten und anderen Verpackungen. Auch das Holz von *Cedrela fissilis* wird für diese Zwecke verwendet.

Bombacaceae
Kapokbaum – *Ceiba*

Zur Gattung *Ceiba* gehört etwa ein Dutzend Arten großer, Laub werfender Bäume, die in den Savannen und Regenwäldern des tropischen Amerikas beheimatet sind. Die Art *Ceiba pentandra* kommt auch im tropischen Afrika vor. Sie wird bis zu 70 m hoch und ist einer der höchsten Bäume dieses Kontinents. Häufig bilden die *Ceiba*-Arten große Brettwurzeln und sind stark bedornt.

Die Samen sind in Mengen weißer Haare eingebettet, die der inneren Fruchtwand entspringen. Sie wurden früher unter dem Handelsnamen Kapok vor allem als Polstermaterial verwendet. Gebietsweise nutzt man die Fruchthaare auch anderer Arten. *Ceiba insignis* wird wegen der ansehnlichen Blüten auch als Ziergehölz gepflanzt. Die Blüten öffnen sich vor dem Laubaustrieb.

LINKS Papaya *(Carica papaya)* ist eigentlich eine besonders große, baumförmig wachsende Staude. Sie kann 15 Jahre lang große, melonenartige Früchte tragen, die dicht am Stamm sitzen.

UNTEN Der Riesenkaktus oder Saguaro *(Carnegiea gigantea)* kommt in der Ebene und in Hanglagen der großen Wüsten im südwestlichen Nordamerika vor.

10 m hoch. *Cereus*-Arten sind in den Trockengebieten der Westindischen Inseln und des östlichen Südamerika beheimatet. Die gesamte Gattung wurde in den letzten Jahren taxonomisch revidiert. Einige früher hier platzierte Gruppen von säulenförmigem Wuchs und mit nachts geöffneten Blüten gehören nun anderen Gattungen an, darunter beispielsweise die *Hylocereus*-Arten.

Die baumförmigen *Cereus*-Arten verzweigen sich stark und sind meist etwas bläulich grün. Die weißen, röhrigen Blüten können bis zu 30 cm lang werden. Von *C. repandus* werden gebietsweise die jungen Stämme verzehrt. Gärtnerisch sind die Arten wegen ihres dekorativen Wertes und aus botanischen Gründen von Interesse.

Arecaceae
Wachspalme – *Ceroxylon*

Die etwa 15 Arten dieser Gattung sind in den Anden von Venezuela bis Bolivien beheimatet und umfassen die am höchsten werdende Palmenart, nämlich die bis zu 50 m hohe *Ceroxylon quindiuense* aus Kolumbien (hier die Nationalpflanze) sowie die Palmenart mit dem Gebirgshöhenrekord – der höchste Standort von *C. andicola* liegt auf etwa 4000 m Höhe. Wachspalmen bilden unverzweigte, an der Basis leicht verdickte Stämme und tragen einen Schopf aus Fiederblättern. Sie bringen mengenweise hellrote, orange oder purpurne Früchte hervor.

Die Stämme sind etwa 5 mm dick mit Wachs überkrustet, das man früher durch Abkratzen erntete, um daraus Kerzen und andere Gebrauchsgüter herzustellen.

Caesalpiniaceae
Johannisbrotbaum – *Ceratonia*

Die kleine Gattung besteht nur aus zwei immergrünen Arten, die strauch- oder baumförmig wachsen und bis etwa 10 m hoch werden. Ursprünglich stammen sie aus Arabien und Somalia, werden aber schon seit dem Altertum auch im Mittelmeergebiet kultiviert und sind heute in vielen Wärmegebieten eingebürgert, darunter auch in den südlichen USA. Die glänzenden Blätter sind gefiedert. Die kleinen, rötlich grünen Blüten stehen büschelig in kurzen Trauben.

Mitunter werden die bemerkenswert trockenresistenten Johannisbrotbäume auch als Straßenbäume angepflanzt. Häufiger sieht man sie in Parks oder Gärten, am häufigsten *Ceratonia siliqua*. Die Früchte enthalten ein zuckerreiches, essbares und erfrischend schmeckendes Mark. Man verwendet sie als Tierfutter oder vergärt sie regional auch zu Alkohol. In der Lebensmitteltechnologie verwendet man Johannisbrotbaummehl (E410) als Dickungsmittel. Die Stämme liefern ein brauchbares Nutzholz.

Cactaceae
Baumkaktus – *Cereus*

Von den etwa 36 Arten dieser Kakteengattung wachsen etliche auch baumförmig und werden teilweise bis etwa

Arecaceae
Zwergpalme – *Chamaerops*

Die monotypische Gattung umfasst nur die eine Art *Chamaerops humilis*, die einzige auf dem europäischen Kontinent ursprünglich heimische Palmenart mit fächerförmigen Blättern. Die Art wird etwa 6 m hoch. Sie kommt im Mittelmeergebiet in den Macchien vor und gedeiht auch auf ärmeren Sandböden.

Zwergpalmen werden gärtnerisch als Kübelpflanzen verwendet und sind in den milden Gebieten Mitteleuropas sogar weitgehend winterfest. Die Blattfasern verwendete man früher als Polstermaterial. An der Zwergpalme wurde im 18. Jahrhundert entdeckt, dass die Samenbildung eine Bestäubung voraussetzt.

Rutaceae
Chloroxylon – *Chloroxylon*

Diese monotypische Gattung mit der einen, etwa 20 m hoch werdenden Art *Chloroxylon swietenia* ist in Südindien und im benachbarten Sri Lanka beheimatet. Sie trägt wechselständige, gefiederte, drüsig behaarte Blätter und kleine Blüten in achsel- oder endständigen Rispen. *Chloroxylon* wurde erstmals aus Sri Lanka beschrieben und wird heute wegen seines wertvollen, aromatisch duftenden Holzes vielfach kultiviert. Man verwendet es für feine Tischlerarbeiten.

Chrysobalanaceae
Kokospflaume – *Chrysobalanus*

Nur zwei Arten kleiner Sträucher oder Bäume bilden diese Gattung, die auf den Westindischen Inseln sowie in Mittelamerika beheimatet ist. *Chrysobalanus icaco* kommt im tropischen Westafrika vor und ist nun auch in Ostafrika, auf den Seychellen, in Vietnam und auf den Fidschi-Insel eingebürgert. Von Natur aus kommen beide Arten nur im Küstensaum vor.

Als Baum wird *Chrysobalanus* etwa 5 m hoch. Die Blätter sind einfach und an der Basis drüsig. Die unscheinbaren Blüten stehen in kleinen Rispen. Die Arten werden vor allem wegen der essbaren Früchte kultiviert, die roh oder als Konserven verzehrt werden. Das aus den Samen gewonnene fette Öl wird technisch verwendet.

Sapotaceae
Sternapfel – *Chrysophyllum*

Diese pantropisch verbreitete Gattung umfasst rund 40 Arten immergrüner Bäume oder Sträucher und kommt vor allem in Amerika vor, wo sie auch weithin kultiviert wird. Die Bäume werden bis zu 20 m hoch und tragen wechselständige Blätter. Die kleinen Blüten stehen büschelig in den Blattachseln oder direkt an den Stämmen. *Chrysophyllum cainito* kommt von Natur aus im Tiefland auf den Westindischen Inseln und in Mittelamerika vor. Obwohl auch viele weitere Arten essbare Früchte hervorbringen, ist diese Art die am häufigsten verwendete. *Chrysophyllum* eignet sich wegen seines dekorativen Aussehens auch als Ziergehölz. Von einigen Arten nutzt man auch das Holz.

Lauraceae
Zimtbaum – *Cinnanomum*

Die wirtschaftlich wichtige Gattung umfasst insgesamt etwa 350 Arten immergrüner Sträucher und Bäume, die von Südostasien bis Australien, den Fidschi-Inseln, Samoa und im tropischen Amerika verbreitet sind. Als Bäume wachsen die *Cinnanomum*-Arten etwa 30 m hoch. Ihre lederigen, meist gegenständigen Blätter enthalten aromatisch duftende, ätherische Öle. *Cinnanomum verum* liefert den Zimt, der aus der aromatischen Rinde gewonnen wird. Ähnlich verwendet man *C. aromaticum* aus Myanmar (Burma). In China wird die Art eigens angebaut. Kampfer gewann man früher vor allem durch Destillation aus den Blättern von *C. camphora* (Kampferbaum). Diese Art wird heute jedoch überwiegend forstlich für die Holzproduktion kultiviert. Von weiteren Arten wie *C. iners* und *C. burmanii* erntet man die Rinde für Gewürzstoffe oder medizinisch wirksame Komponenten.

Polygonaceae
Meertraube – *Coccoloba*

Zu dieser umfangreichen Gattung gehören etwa 120 Arten meist immergrüner Lianen, Sträucher und Bäume mit großen, wechselständigen, in der Form verschiedenen Blättern. Die Blüten erscheinen in dichten oder lockeren Ähren. Die Früchte erinnern an Weinbeeren, insbesondere diejenigen von *Coccoloba uvifera*. Diese Art ist an den Atlantikküsten des tropischen Amerikas sowie in der Karibik beheimatet. Die Früchte sind essbar. Daher wird die Art häufig angepflanzt. Auch die übrigen Arten sind im tropischen Amerika verbreitet. Die Bäume werden bis zu 20 m hoch. Manche Arten wie *C. pubescens* werden gerne als Straßenbäume oder in Parks gepflanzt.

Arecaceae
Kokospalme – *Cocos*

Die Gattung umfasst nur die eine Art *Cocos nucifera*, die bis etwa 30 m hoch werden kann. Heute wird sie überall in den Tropen kultiviert. Ursprünglich war sie wohl nur an den Küstensäumen des Pazifiks beheimatet. Der Stamm ist oft malerisch gekrümmt und an der Basis verdickt. Die Krone besteht aus großen Fiederblättern mit bis zu 5 m Länge.

Cocos nucifera ist die typische Postkartenpalme tropischer Strände. Sie gedeiht nicht nur prächtig im direkten Küstensaum, sondern schützt auch vor Erosion. Die Kokosnüsse sind botanisch korrekt Steinfrüchte. Sie werden von Meeresströmungen ausgebreitet und überleben weite Transporte im Meerwasser.

Die Kokospalme gehört zu den weltwirtschaftlich bedeutendsten Tropenbäumen. Aus den Früchten gewinnt man Kokosmilch und -öle. Das getrocknete Nährgewebe der Samenkerne ist als Kopra im Handel. Besonders beliebt ist Kokos in der asiatischen Küche. Außerdem nutzt man die Fasern für grobes textiles Gewebe oder zum Mulchen im tropischen Gartenbau als Ersatz für Torf. Die Blätter verwendet man lokal zum Eindecken von Hausdächern. Die Stämme liefern ein festes Nutzholz. Nahezu alle Teile des Baumes sind somit bemerkenswert nützlich.

Die Kokospalme *(Cocos nucifera)* entwickelt einen unverzweigten, aber mitunter gebogenen Stamm und einen Blattschopf großer Fiederblätter. Die Keim- und Jugendblätter sind ungeteilt.

Burseraceae
Myrrhenstrauch – *Commiphora*

Diese Gattung besteht aus annähernd 200 Arten im tropischen Afrika, auf Madagaskar, in Arabien, Sri Lanka und Südamerika sowie zwei Arten in Mexiko. Die meisten Arten kommen in der trockenen Buschsavanne vor, einige Arten jedoch auch in der Mangrove oder in Regenwäldern. Als Bäume werden die *Commiphora*-Arten bis etwa 20 m hoch. Ihre gefiederten Blätter sind an den Zweigenden büschelig gehäuft. Zwischen den Blättern erscheinen die in Rispen stehenden, kleinen Blüten.

Alle *Commiphora*-Arten führen in der Rinde Harze, die Verwendung finden. Die bekannte Myrrhe, die man in der Parfümerie sowie im Weihrauch verwendet, stammt von *Commiphora myrrha*, die in Arabien und Äthiopien kultiviert wird. Anderen Arten schreibt man medizinische Wirkungen zu, darunter *C. merkeri* und *C. wrightii*, die aber nur lokal volksmedizinisch genutzt werden.

Rubiaceae
Kaffeestrauch – *Coffea*

Die Gattung umfasst 90 Arten Sträucher und kleinere Bäume bis etwa 10 m Höhe, die im tropischen Afrika sowie auf den Maskarenen (Madeira, Kanaren und Azoren) beheimatet sind. Einige Arten werden heute in den Tropen weltweit kultiviert, besonders in Mittel- und Südamerika. *Coffea* wurde zuerst von den Arabern angebaut, die auch entdeckten, dass die Samen (Kaffee„bohnen") nach Rösten besondere Aromaqualitäten annehmen. Über die arabische Welt und den Umweg über die Türkei kam der Kaffee schließlich auch nach Europa. Die Hauptanbaugebiete sind heute die Hochlagen in Brasilien, Kolumbien, Westindischen Inseln, Kenia, Tansania und Äthiopien. Die besten Sorten stammen von der Art *Coffea arabica*. Die Samen von *C. canephora* und *C. robusta* werden vor allem für Instantkaffee verwendet.

Die *Coffea*-Arten sind auch als Ziergehölze geeignet. Sie tragen einfache, glattrandige, dunkelgrüne Blätter und kleine, weißliche, angenehm duftende Blüten in kleinen blattachselständigen Büscheln. Die reif roten Steinfrüchte sind ebenfalls sehr attraktiv. Von *Coffea arabica* nutzt man lokal auch das Holz.

OBEN Die weißen Blüten von *Coffea arabica* erscheinen in blattachselständigen Büscheln. Sie duften während ihrer zwei- bis dreitägigen Blütezeit intensiv nach Jasmin. Die Pflanzen blühen erstmals im Alter von zwei bis vier Jahren und meist nach der Regenperiode.

UNTEN *Commiphora glaucescens* ist in den Wüstengebieten Nordafrikas beheimatet und wird bis zu 3 m hoch. Die kurzen Äste bauen eine knorrig erscheinende Krone auf.

Sterculiaceae
Kolastrauch – *Cola*

Zu dieser Gattung gehören rund 125 meist einhäusige Baumarten, die alle in Afrika beheimatet sind. Die Bäume werden bis zu 20 m hoch. Die wechselständigen Blätter sind glattrandig, gelappt oder tief geteilt. Die kleinen Blüten stehen in blattachselständigen Büscheln oder Rispen.

Die ökonomisch wichtigste Art der Gattung ist *Cola acuminata*, von der man die bitter schmeckenden Samen (Kolanüsse) nutzt, die Coffein enthalten. Sie werden entweder ohne weitere Zubereitung gekaut, in Gebäck verwendet oder als Extrakte in Kaltgetränken.

Arecaceae
Wachspalme – *Copernicia*

Etwa 29 Arten bilden diese Gattung langsamwüchsiger Palmen, die artabhängig 1–30 m hoch werden. Sie sind in Südamerika und auf den Westindischen Inseln beheimatet. Besonders viele Arten finden sich auf Kuba. Sie kommen in Savannen und Tropenwäldern vor und ertragen recht unterschiedliche Standortbedingungen. Ihre Blätter sind fächerförmig. Die Blütenstände dieser Gattung werden bis zu 3 m lang.

Copernicia prunifera und *C. alba* werden als Ziergehölze verwendet. Aus *Copernicia prunifera* gewinnt man das bekannte Carnaubawachs, das zu Schuhpflegemitteln verarbeitet wird.

Arecaceae
Schopfpalme – *Corypha*

Die Gattung umfasst sechs Arten im tropischen Asien und Australien. Die schlanken, aufrechten, unverzweigten Stämme werden bis zu 20 m hoch und tragen fächerförmige Blätter bis zu 5 m Länge. Alle Arten sind hapaxanthisch, d. h. sie blühen nur einmal und sterben dann ab, doch brauchen sie bis zum Blütenansatz eventuell mehr als 50 Jahre. Die gigantischen Blütenstände sind aufrecht und bis zu 8 m lang. Jeder Baum bringt etwa 250 000 Früchte hervor.

Einige Arten werden angepflanzt, darunter *Corypha utan*, aus deren Blütenstand man einen vergärbaren zuckerhaltigen Saft gewinnt. Die großen Blätter von *C. umbracifolia* verwendet man zum Dacheindecken und zur Papierherstellung.

Lecythidaceae
Kanonenkugelbaum – *Couroupita*

Die vier Baumarten dieser Gattung sind allesamt im tropischen Amerika beheimatet. Sie werden bis zu 35 m hoch und tragen wechselständige, einfache Blätter, die mitunter gesägt sind. Die Blüten erscheinen in hängenden Rispen direkt am Stamm oder an den größeren Ästen (Kauliflorie) und sind sehr ansehnlich. Bei *Couroupita guianensis* werden sie bis zu 3 m lang. Die bis zu 20 cm dicken Kapselfrüchte weisen eine hölzerne Schale auf und erinnern tatsächlich an Kanonenkugeln.

Gelegentlich pflanzt man die Arten an Straßen oder Parks. Das Holz wird lokal verwendet.

Arecaeae
Drachenblutpalme, Rattan – *Daemonorops*

Zur Gattung *Daemonorops* gehören über 100 Arten zweihäusiger Kletterpalmen aus Indomalaysia. Von einigen Arten, beispielsweise *D. grandis*, verwendet man die festen, aber biegsamen Sprossachsen zur Herstellung von Rattanmöbeln und anderen Werkstücken. Die Achsen besitzen ebenso wie die Blattstiele der gefiederten Blätter kräftige Dornen als Kletterhilfe. Die Blütenstände stehen zwischen den Blättern und sind relativ kurz.

Viele Arten haben enge Beziehungen zu Ameisen, die ihre Wohnburgen zwischen den Stämmen anlegen und ihre Festung gegen Pflanzenfresser entschlossen verteidigen. Aus den Palmfrüchten gewinnt man ein Harz, das industriell für Lacke und Firnisse verwendet wird.

Fabaceae
Ebenholz – *Dalbergia*

Die Gattung mit ihren vermutlich etwa 100 Arten umfasst Lianen, Sträucher und Bäume bis zu 25 m Höhe. Sie ist in den Tropen aller Kontinente beheimatet, meist in Savannen oder in Küstenwäldern. Die *Dalbergia*-Arten tragen wechselständige, gefiederte Blätter und Blüten in endständigen Trauben. Viele Arten der Gattung werden forstlich kultiviert, da man ihr festes und meist beeindruckend gemasertes Holz außerordentlich schätzt. *Dalbergia decipularis* ist beispielsweise ein bedeutendes Nutzholz aus Brasilien. *D. latifolia* wird in Asien kultiviert und *D. melanoxylon* in Afrika. *Dalbergia nigra*, eine weitere Art aus Brasilien, wurde für den Musikinstrumentenbau und Messerfurniere so stark eingeschlagen, dass sie nunmehr auf der Liste der bedrohten Arten steht.

Bereits die Blüten des Kanonenkugelbaumes (Gattung *Coucourpita*) sind in dichten Köpfen arrangiert und zeigen große Mengen langstieliger Staubblätter. Sie duften sehr intensiv und entwickeln sich direkt am Stamm oder an den älteren Ästen.

Dracaenaceae
Rauschopf – *Dasylirion*

Die Gattung umfasst immergrüne Großstauden, die baumförmig wachsen, aber höchstens 4 m hoch werden. Die *Dasylirion*-Arten kommen von Natur aus in den südwestlichen USA und in Mexiko vor. Verwandtschaftlich stehen sie der Gattung *Yucca* nahe. Die linealischen Blätter sind am Rande dornig. Die cremeweißen Blüten stehen zahlreich in einer dichten Rispe, die bis zu 1,5 m lang werden kann.

Vor allem die Blätter werden lokal für verschiedene Zwecke genutzt. Aus den Blättern gewinnt man durch Vergären ein alkoholisches Getränk (= Sotol), beispielsweise aus *Dasylirion wheeleri*. Manche Arten entwickeln nur eine üppige Blattrosette, andere einen kurzen, gedrungenen Stamm. In den Wärmegebieten werden sie nicht selten in großen Gärten und öffentlichen Anlagen als Zierpflanzen verwendet.

Caesalpiniaceae
Flamboyant – *Delonix*

Die raschwüchsigen Bäume dieser relativ kleinen Gattung werden bis zu 10 m hoch und sind immergrün oder Laub werfend. Sie zeichnen sich durch gefiederte Blätter mit sehr kleinen Fiedern aus. Am auffälligsten sind jedoch die langlebigen, großen und spektakulär scharlachroten, gelben oder weißen Blüten, die in großen Trauben angeordnet sind. Die bekannteste und als Ziergehölz in fast allen tropischen Regionen am häufigsten verwendete Flamboyant-Art ist die besonders schmucke *Delonix regia*.

Diese Art ist heute überall in den Subtropen und Tropen als Straßen- und Parkbaum anzutreffen und ist vermutlich der am häufigsten angepflanzte Tropenbaum. Die Art stammt ursprünglich aus Madagaskar. In der Heimat ist sie unterdessen sehr selten. In Florida und in anderen Regionen ist sie eingebürgert. Der Flamboyant gedeiht insbesondere in Küstennähe.

Poaceae
Riesenbambus – *Dendrocalamus*

Obwohl man bei der Nennung der Süßgräser nicht gerade an Bäume denkt, gehören die Bambus-Arten zweifelsfrei zu diesem besonderen Konstruktionstyp der Pflanzen. Tatsächlich sind einige Arten wesentlich höher als manches andere Holzgewächse. Die Gattung *Dendrocalamus* umfasst je nach Abgrenzung etwa 30–35 Arten baumförmig wachsender Gräser, die in Indien, China, Malaysia und auf den Philippinen beheimatet sind. Einzelne Stämme wachsen mit erstaunlichen Raten – nämlich bis zu 40 cm am Tag! Ein reifer Bestand an Bambus kann 40 m Höhe erreichen.

Mehrere Arten dieser Gattung werden weltweit in den Tropen kultiviert. Alle Arten sind leicht als Bambus zu erkennen. Typische Kennzeichen sind die schmalen, streifennervigen Blätter und die röhrig-hohlen, regelmäßig gegliederten Stämme. Von *D. asper* aus Malaysia werden die jungen Sprossachsen verzehrt. Die stabilen Stämme von *D. giganteus* verwendet man häufig als Konstruktionsmaterial in der Bauindustrie.

Fabaceae
Derriswurzel, Tubawurzel – *Derris*

Die Gattung besteht aus etwa 40 Arten von Lianen-, Strauch- oder Baumwuchs in den Tieflandtropenwäldern von Südostasien und Nordaustralien. Eine Kletterpflanze der Familie, *D. trifoliata*, kommt in den Mangroven der Pazifikregion sowie in Ostafrika vor. Mit der für die Familie typischen dreizähligen Blattgestalt und ihren auffälligen, in blattachselständigen Trauben organisierten Blüten sieht die Art außerordentlich attraktiv aus.

Aus den De*rris*-Arten, speziell aus den verdickten Wurzeln, gewinnt man den Giftstoff Rotenon. Vor allem die Liane *D. elliptica* ist immer noch einer der Hauptlieferanten. Rotenon nutzte man früher als Fischgift. Heute sind gepulverte Wurzeln Bestandteil von Insektiziden für den Gartenbau. Die meisten Arten sieht man nur in botanischen Gärten.

Dipterocarpaceae
Flügelfrucht – *Dipterocarpus*

Alle etwa 70 Arten dieser bedeutenden Baumgattung sind in Indomalaysia beheimatet. Sie zeichnen sich durch wechselständige, lederige, einfache Blätter und eine harzige Rinde aus. Die meisten Arten werden etwa 20–30 m hoch. Die Blüten stehen zahlreich in hängenden, blattachselständigen Rispen.

Einige Arten, darunter *Dipterocarpus costatus*, werden in den Tropen wegen ihres wertvollen Holzes forstlich kultiviert. Weitere bedeutende Arten sind *D. tuberculatus* aus Südostasien sowie *D. zeylanicus* speziell aus Sri Lanka.

Die beeindruckenden, bis zu 6 m hohen Brettwurzeln von *Dipterocarpus dyeri* sind ungleich verdickt und geben dem massiven Stamm zusätzlichen Halt.

Sterculiaceae
Dombeya – *Dombeya*

Die mit über 250 ein- oder zweihäusigen Arten sehr umfangreiche Gattung ist von Afrika bis zu den Maskarenen verbreitet und besonders artenreich in Madagaskar vertreten. *Dombeya*-Arten sind immergrüne oder Laub werfende Sträucher oder Bäume bis etwa 20 m Höhe. Die Blätter sind einfach, wechselständig, meist herzförmig. Die duftenden Blüten sind weiß, gelb oder rot und in blattachselständigen Büscheln angeordnet.

Wegen ihres dichten Laubs und der attraktiven Blüten werden die *Dombeya*-Arten vor allem als Ziergehölze verwendet. *Dombeya wallichii* ist eine Art mit tiefrosa Blüten. Die Kreuzung *D. × cayeuxii (D. burgessiae × D. wallichii)* wird gärtnerisch in vielen Varietäten besonders häufig verwendet. Lokal nutzt man einige Arten für die Fasergewinnung.

Dracaenaceae
Drachenbaum – *Dracaena*

Zu dieser überwiegend in der Alten Welt in Asien und Afrika sowie auf den Kanarischen Inseln verbreiteten Gattung gehören etwa 60 Arten. Nur zwei Arten kommen auch in der Neuen Welt vor, eine in Kuba, die andere in Mittelamerika. Angeblich sollen die bis zu 20 m hohen Drachenbäume einige Tausend Jahre alt werden. Verbürgt sind jedoch meist nur einige Jahrhunderte. Die Blätter sind glänzend dunkelgrün, glatt und schmal länglich.

Die *Dracaena*-Arten weisen eine sehr ungewöhnliche Art des sekundären Dickenwachstums auf, indem im Rindenbereich nur einzelne Leitbündel und nicht wie sonst üblich komplette Jahrringe angelegt werden.

Das getrocknete Harz einiger Arten, beispielsweise von *D. cinnabari* und *D. draco*, ist unter dem Handelsnamen Drachenblut bekannt und wurde früher häufig für Lacke und Polituren verwendet. Der Kanarische Drachenbaum *(Dracaena draco)* gilt als besonders langlebige Art und soll bis zu 2000 Jahre alt werden. Etliche *Dracaena*-Arten werden gärtnerisch und dabei auch als Zimmerpflanzen verwendet, zumal sie auch im Halbschatten gedeihen. Von einigen Arten, darunter *D. fragrans*, gibt es Formen mit panaschierten Blättern.

Meliaceae
Australischer Mahagoni – *Drysoxylum*

Die etwa 80 Arten dieser Gattung sind von Indomalaysia bis Neuseeland und den Tonga-Inseln verbreitet. Typisch sind wechselständige Blätter und kleine, in Rispen organisierte Blüten, die direkt am Stamm oder in den Blattachseln sitzen.

Drysoxylum wird im Fachhandel mitunter als Seidenholz *(D. pettigrewianum)* oder als Australischer Mahagoni *(D. fraserianum)* geführt – beide sind in Malaysia bzw. Australien bedeutende Nutzhölzer und eng verwandt mit den echten Mahagoni-Arten *(Khaya* spp. aus Afrika bzw. *Swietenia* spp. aus Amerika). Heute werden sie vielfach auch forstlich kultiviert.

Bombacaceae
Durian – *Durio*

Die Gattung umfasst 28 Arten immergrüner Bäume mit respektablen Brettwurzeln, die im Regenwald von Malaysia und Myanmar (Burma) beheimatet sind. Die Blätter sind einfach und lederig; die von Fledermäusen bestäubten Blüten erscheinen direkt am Stamm (Kauliflorie). Die Früchte sind grüne, verholzte Kapseln mit bis zu 25 cm Durchmesser und mehrere Kilogramm schwer.

Die am besten bekannte Art ist wohl *Durio zibethicus* aus Malaysia, deren Früchte als besonders köstlich gelten. Allerdings riechen die fleischigen Samenmäntel extrem unangenehm, weswegen im Ursprungsgebiet der Konsum in öffentlichen Räumen (Restaurants, Flugzeug) untersagt ist.

Apocynaceae
Jeluong – *Dyera*

Die kleine Gattung mit nur zwei oder drei Arten ist in den Regenwäldern Malaysias beheimatet und bildet dort eindrucksvolle Bäume mit Brettwurzeln. Lokal sind sie für den Holzhandel bedeutsam, besonders die Art *Dyera costulata.* Aus den angeritzten *Dyera*-Stämmen gewann man früher einen weißen Milchsaft, der als Chicle bekannt ist und für die Kaugummi-Herstellung interessant war. Heute wird Kaugummi überwiegend aus synthetischen Stoffen hergestellt.

Der Kanarische Drachenbaum *(Dracaena draco)* kommt in den Trockenbuschgebieten der Kanarischen Inseln vor. Die Art wächst sehr langsam und benötigt für einen Zuwachs von 60–100 cm mindestens zehn Jahre. Beim Übergang in die Blühphase verzweigt sich der Stamm – etwa einmal je Jahrzehnt.

Die wirtschaftlich bedeutende Ölpalme *(Elaeis guineensis)* wird in vielen tropischen Gebieten in großen Plantagen kultiviert, in Südostasien vorwiegend auf ehemaligen Regenwaldstandorten.

Cactaceae
Baumkaktus – *Echinopsis*

Diese südamerikanische Gattung baumförmig wachsender Kakteen bereitet taxonomisch Schwierigkeiten. Entsprechend schwanken die Angaben ihrer Artenzahl zwischen 50 und 100. Gestaltlich gehören in diese Gruppe aufrechte, säulige, verzweigte Baumkakteen bis zu 8 m Höhe, aber auch strauchige, liegende Formen. Sie können entweder sehr dornig oder fast dornenlos sein. Die röhrig verlängerten Blüten erscheinen an den Stammflanken und öffnen sich tagsüber oder nachts.

Echinopsis-Arten findet man in der Kultur vor allem als Zierpflanzen, darunter vor allem *E. chiloensis*. Die fleischige Frucht dieser Art ist essbar. *E. pasacana* verwendet man im Ursprungsgebiet als lebende Zäune.

Arecaceae
Ölpalme – *Elaeis*

Die Früchte dieser elegant wirkenden Palmenart sind die Hauptquelle für Palmöl, das bei der Herstellung von Margarine und Kosmetika eine bedeutende Rolle spielt. Auf der malayischen Halbinsel ist sie eingebürgert. Ölpalmen werden etwa 20 m hoch. Der aufrechte, schlanke Stamm bleibt unverzweigt und ist von alten Blattbasen bedeckt. Die gefiederten Blätter messen etwa 4 m Länge.

Elaeis ist eine langsamwüchsige, einhäusige Palmengattung und umfasst nur zwei Arten, die man lange Zeit als konspezifisch betrachtet hat. *E. oleifera* stammt aus dem tropischen Amerika, *E. guineensis* aus dem tropischen Afrika. Wirtschaftlich ist die letztere Art die bedeutsamere. Sie wird heute in vielen tropischen Gebieten in Plantagen angebaut.

Musaceae
Abessinische Banane – *Ensete*

Die kleine Gattung mit nur acht Arten kommt in den Altwelttropen von Afrika und Asien vor. Streng genommen gehören die *Ensete*-Arten nicht zu den Bäumen, da sie keine hölzernen Stämme entwickeln. Ähnlich wie die echten Bananen (*Musa* spp.), die zur gleichen Familie gehören, sind sie mehrjährige Kräuter bzw. Stauden. Jedoch erreichen sie eine erstaunliche Wuchshöhe von bis zu 12 m und damit baumähnliche Abmessungen. *Ensete* ist monokarp – sie blüht nur einmal und stirbt dann ab. Aus dem Rhizom entwickeln sich jedoch neue Sprosse.

Die Blütenstände und Früchte sind essbar und lokal von gewisser Bedeutung, so etwa *Ensete ventricosum* in Äthiopien. Kultiviert werden die Arten jedoch hauptsächlich wegen ihres dekorativen Wertes. Ihre der Bananenstaude vergleichbaren Blätter werden bis zu 6 m lang.

Rosaceae
Wollmispel, Loquat – *Eriobotrya*

Zur Gattung *Eriobotrya* gehören 26 Arten immergrüner Bäume, die im Himalaja, in Malaysia und Ostasien beheimatet sind. Sie werden bis etwa 10 m hoch und tragen feste, lederige, wechselständige Blätter sowie angenehm duftende, weiße Blüten, die meist in endständigen Rispen organisiert sind. Die rundlichen Apfelfrüchte sind etwa pflaumengroß und messen bis zu 4 cm im Durchmesser.

Einige Arten, darunter auch die Japanische Wollmispel (*E. japonica*) sind genügend winterfest und können auch in den gemäßigten Breiten als Ziergehölze angepflanzt werden. In den Wärmegebieten kultiviert man sie jedoch überwiegend wegen ihrer schmackhaften, angenehm säuerlichen Früchte. Man verzehrt sie roh oder zubereitet. *Eriobotrya japonica*, die aus Japan und China stammt, ist die mit Abstand am häufigsten kultivierte Art. In Ostasien kennt man mehrere Hundert Cultivare.

Fabaceae
Korallenbaum – *Erythrina*

Die pantropisch verbreitete Gattung *Erythrina* umfasst mehr als 100 Arten immergrüner oder Laub werfender Sträucher und Bäume. Sie werden bis etwa 20 m hoch. Die wechselständigen Blätter sind gefiedert. Die spektakulären und meist roten oder gelben Blüten stehen in aufrechten Trauben. Sie produzieren beträchtliche Mengen an Nektar und werden deswegen sehr gerne von Kolibris angeflogen, die in Süd- und Mittelamerika die planmäßigen Bestäuber sind. Ferner leben auf den *Erythrina*-Arten fast immer auch besondere Ameisenarten, die den Baum vor Fressfeinden schützen.

Erythrina wird vor allem als Ziergehölz angepflanzt, darunter besonders häufig *E. crus-galli*, ein kleinerer Baum mit sehr auffälligen, dunkelscharlachroten Blüten. Bei manchen Arten, so auch bei *E. caffra*, sind auch die Samen attraktiv rot mit Schwarz gefärbt. Regional verwendet man beispielsweise *E. subumbrans* und *E. mitis* als Schattenspender über Kaffeeplantagen.

Die einzelnen Blüten von *Grevillea polybotrya* sind zwar recht klein, erscheinen aber äußerst zahlreich in hübschen flaschenbürstenähnlichen Blütenständen. Die in vielen Sorten angepflanzte Art blüht vom Spätwinter bis in das fortgeschrittene Frühjahr. Eines der auffälligsten Gattungsmerkmale sind die sehr langen, meist wie eine Haarnadel umgebogenen Griffel.

Myrtaceae
Pitanga, Surinamkirsche – *Eugenia*

Zur großen Gattung *Eugenia* gehören schätzungsweise mehr als 500 Arten immergrüner Sträucher und Bäume, die bis zu 30 m hoch werden. Die gegenständigen Blätter sind glänzend dunkelgrün und einfach. Die Blüten stehen auf kurzen Seitenzweigen einzeln oder in Büscheln. Die Gattung ist vor allem im tropischen Amerika verbreitet. Eine Art ist jedoch in Australien heimisch, eine weitere in Neuguinea. Früher fasste man die Gattung mit *Syzygium* zusammen, die ausschließlich Altweltarten umfasst.

Viele Arten, darunter *E. dombeyi*, werden wegen ihrer essbaren Früchte kultiviert, die man roh oder nach Zubereitung verzehren kann. *Eugenia uniflora* aus Mittelamerika trägt kirschähnliche Beerenfrüchte und wird heute fast überall in den Tropen angebaut. Nicht selten findet man sie auch in Heckenpflanzungen.

Euphorbiaceae
Baum-Wolfsmilch – *Euphorbia*

Die mit über 1000 Spezies äußerst artenreiche Gattung *Euphorbia* ist in den Tropen und in den gemäßigten Breiten zu Hause. Typisch sind die in allen Organen enthaltenen Milchröhren. Die meisten Arten sind Kräuter oder kleine Sträucher. Die afrikanische *Euphorbia candelabrum* wächst jedoch als Baum und wird bis zu 20 m hoch. Viele Vertreter der Gattung sind Sukkulenten und besiedeln subtropische Trockenstandorte. In Afrika vertreten diese beispielsweise die ursprünglich nur in der Neuen Welt beheimateten Kakteen. Bei allen Arten sind die Blüten zu komplexen, Cyathien genannten Blütenständen zusammengefasst, die von einem Kranz auffällig gefärbter Hochblätter umstanden sind.

Euphorbia abyssinica ist ebenfalls ein baumförmiger Vertreter der Gattung. *Euphorbia triucalli* nennt man wegen ihrer eigenartigen Verzweigung auch Fingerbaum. Viele Arten werden als Zierpflanzen verwendet. Von einigen Arten wird der Milchsaft gewonnen. Gegenwärtig sind Forschungen im Gange, die die Eignung verschiedener Arten als künftige Energielieferanten untersuchen.

Fouquieraceae
Ocotillo – *Fouquieria*

Zu dieser Gattung gehören Sukkulenten aus dem südwestlichen Nordamerika, die als kleine, kurzstämmige Sträucher wachsen oder Bäume bis etwa 20 m Höhe bilden. Alle Achsen sind sehr stark bedornt. Die wenigen wechselständigen Blätter werden in Trockenzeiten abgeworfen. Die meisten Arten verwendet man in den Ursprungsgebieten als Ziergehölze, vor allem wegen ihrer äußerst dekorativen Blüten.

Fouquieria columnaris aus der Sonora-Wüste im nordwestlichen Mexiko ist die größte der elf Arten dieser Gattung und besteht aus einem sukkulenten, bis etwa 20 m hohen Stamm mit Büscheln kräftig gelber, angenehm duftender Blüten. Auch eine weitere Art, *F. splendens*, wird in trocken-heißen Regionen oft als Ziergehölz oder auch in lebenden Zäunen verwendet.

Clusiaceae
Mangostane – *Garcinia*

Die Gattung umfasst etwa 200 Arten immergrüner Sträucher und Bäume in den Altwelttropen, vor allem in Asien und Südafrika. Sie werden bis etwa 15 m hoch und tragen gegenständige, lederige, dunkelgrüne Blätter. Die Blüten stehen einzeln oder in Büscheln in den Blattachseln. Die Kronen sind grünlich, weiß, rot oder gelb.

Einige Arten werden wegen ihrer essbaren Früchte angepflanzt. *Garcinia mangostana* wird vor allem in Malaysia kultiviert. Die schmackhaften Beerenfrüchte verzehrt man roh oder nach Zubereitung. Andere kultivierte Arten, deren Früchte man als Aromalieferanten verwendet, sind *G. indica* oder *G. xanthochymus*, wobei die letztere Art auch ein wichtiger Harzlieferant war. Beide Arten verwendet man auch gärtnerisch als Ziergehölze im Landschaftsbau.

Proteaceae
Silbereiche – *Grevillea*

Etwa 260 Arten gehören zu dieser umfangreichen Gattung immergrüner Sträucher und Bäume, von denen die große Mehrzahl (254 Arten) endemisch in Australien sind. Nur wenige Arten kommen von Natur aus in Indonesien und Melanesien vor. Einige baumförmige Arten werden bis zu 30 m hoch, meist bleiben sie jedoch mit 3–8 m Wuchshöhe deutlich darunter. Die wechselständigen Blätter sind am Rand gewellt oder tief gelappt. Die nektarreichen und meist recht auffälligen Blüten erscheinen in endständigen Rispen.

Grevillea-Arten werden vor allem aus dekorativen Gründen bzw. als Sichtschutz angepflanzt, darunter vor allem die raschwüchsige *G. robusta*. Diese Art zeichnet sich durch attraktiv farnartig gefiederte Blätter aus und ist in den warm-gemäßigten Breiten sehr beliebt. Die Blüten sind orange, rot oder weiß. Diese Art und die ähnliche *G. striata* liefern außerdem ein gesuchtes Nutzholz für feine Tischlerarbeiten.

Zygophyllaceae
Pockholzbaum – *Guaiacum*

Nur sechs Arten immergrüner, Harz führender Sträucher und Bäume bis etwa 10 m Wuchshöhe gehören zu dieser Gattung. Alle Spezies sind in den trockenen Küstenregionen des tropischen Amerikas beheimatet. Sie zeichnen sich durch gegenständige, gefiederte Blätter und meist blaue oder purpurne, sternförmige Blüten aus, die einzeln oder in Büscheln in den Blattachseln stehen und ausgesprochen dekorativ wirken.

Einige Arten wie *Guaiacum officinale* und *G. sanctum* schätzt man auch wegen ihres besonderen Holzes, das extrem hart, aber harzig und daher beständig ist. Man fertigt daraus Seilscheiben von Flaschenzügen oder Bowlingkugeln. An den Küsten der Wärmegebiete pflanzt man die Arten auch als Ziergehölze an. Dem Harz sagt man medizinische Wirkungen nach. Früher wurde es zur Behandlung verschiedener Beschwerden eingesetzt.

Meliaceae
Acajou – *Guarea*

Die 40 Arten dieser Gattung sind im tropischen Afrika und Amerika beheimatet. Viele davon werden als Ersatz für Mahagoni verwendet. Die Bäume werden bis etwa 25 m hoch. Die gefiederten Blätter sind wechselständig, die kleinen, meist von kleinen Nachtfaltern bestäubten Blüten entwickeln sich in dichtbüscheligen Rispen.

Die *Guarea*-Arten werden nur wenig als Ziergehölze angepflanzt. Bedeutsamer sind sie in ihrem Verbreitungsgebiet als Holzlieferanten, insbesondere *Guarea cedrata* und *G. thompsonii* im tropischen Afrika sowie *G. guidonia* im tropischen Amerika. Die letztere Art wird auch volksmedizinisch genutzt.

Caesalpiniaceae
Blutholzbaum – *Haematoxylon*

Die Gattung umfasst nur drei Arten tropisch verbreiteter Hülsenfrüchtler, von denen zwei in Amerika und eine in Namibia im südlichen Afrika vorkommen. Sie wachsen als Dornsträucher oder kleine Bäume bis zu 8 m Höhe und tragen gefiederte Blätter sowie gelbe Blüten in achselständigen Trauben. In den Ursprungsgebieten verwendet man die Dornsträucher gelegentlich in lebenden Zäunen.

Haematoxylon campechianum aus Feuchtgebieten in Mexiko, auf den Westindischen Inseln und in Mittelamerika sowie *H. brasiletto* aus Südamerika sind die beiden wirtschaftlich bedeutenden Arten. Ihr Holz verwendet man für Tischlerarbeiten und für die Farbstoffgewinnung: Vor allem das dunkle Kernholz liefert den in der Mikroskopie häufig eingesetzten Farbstoff Haematoxylin.

Euphorbiaceae
Kautschukbaum – *Hevea*

Zur außerordentlich bedeutenden Gattung *Hevea* gehören zwölf Arten, von denen *H. brasiliensis* die beste Quelle für Naturkautschuk und daher für die industrielle Nutzung von größtem Interesse ist. Die wechselständigen Blätter sind dreizählig. Die kleinen, duftenden Blüten erscheinen in Büscheln am Ende der Triebe. *Hevea brasiliensis* wird bis zu 20 m hoch und heute weltweit in Plantagen kultiviert, unter anderem auch in Malaysia und Sri Lanka. In ihrer Heimat im Amazonasbecken sammelt man den Rohkautschuk bis heute von den einzeln wachsenden Bäumen natürlicher Bestände. Plantagenanbau ist hier wegen diverser Schädlinge nicht möglich. Rohkautschuk wurde erst preiswert, nachdem es gelang, entsprechende Plantagen im südostasiatischen Raum anzulegen.

Flacourtiaceae
Chaulmugrasamenbaum – *Hydnocarpus*

Etwa 40 Arten gehören zu dieser in Indomalaysia beheimateten Gattung von Bäumen, die etwa 30 m hoch werden. Die wechselständigen, gesägten Blätter sind lederig und stehen büschelig gehäuft an den Triebenden. Aus den unauffälligen Blüten entwickeln sich ansehnliche, kugelige Früchte.

Die Samen mehrerer Arten, darunter *Hydnocarpus pentandra* aus Südostasien und *H. castanea* aus Myanmar (Burma) liefern das Chaulmugra-Öl, das man in Indien traditionell zur Behandlung von Lepra und anderen Hauterkrankungen verwendet.

Arecaceae
Dumpalme – *Hyphaene*

Die zu dieser Gattung gehörenden, zweihäusigen Palmen bilden entweder nahezu stammlose, kriechende Sträucher oder aufrechte Bäume bis etwa 10 m. Die Blätter sind fächerförmig, die bis zu 1 m langen Blütenstände entwickeln sich in den Blattachseln.

Die Gattung umfasst zehn Arten in Afrika, Madagaskar, Arabien und Indien. Sie sind lokal für Tier und Mensch von besonderer Bedeutung. Die Samen werden von Pflanzenfressern ausgebreitet, während die Blätter beispielsweise von *Hyphaene peterseniana* für die Korbflechterei verwendet werden. Ferner fertigt man daraus Seile und Matten. Die eigentliche Dumpalme ist die Art *H. thebaica* – ihre essbaren Früchte schmecken nach Pfefferkuchen. Die Art wird auch als Ziergehölz angepflanzt.

Ein Großteil des ursprünglichen Regenwaldes auf Sumatra ist durch ausgedehnte Kautschukbaum-Plantagen (*Hevea brasiliensis*) ersetzt worden, eine der am häufigsten angepflanzten und ökonomisch bedeutenden Arten im feuchten, tropischen Südostasien. Die geradstämmigen Bäume erreichen in etwa acht Jahren bis zu 20 m Höhe.

Jacaranda-Bäume öffnen ihre spektakulären Blüten geraume Zeit vor dem Laubaustrieb. Wegen des enormen dekorativen Wertes ihrer Blütenpracht werden sie gerne als Straßen- und Parkbäume angepflanzt.

Einige Arten werden gerne als Ziergehölze oder als Schattenbäume angepflanzt. *Inga laurifolia* wird im Ursprungsgebiet meist als Brennholz genutzt. Die großen, flaumig behaarten oder kahlen Hülsen mancher Arten, so etwa von *I. feulii*, sind essbar.

Bignoniaceae
Jacaranda – *Jacaranda*

Zu dieser Gattung gehören etwa 35 Arten Sträucher und Bäume bis etwa 30 m Höhe. Alle sind in den trockeneren Regionen des tropischen Amerika beheimatet. Die Blätter sind gefiedert. Die spektakulären, blauen oder purpurnen, glockenförmigen Blüten duften sehr angenehm und stehen in endständigen Trauben oder in den Blattachseln.

Jacaranda mimosifolia ist die am häufigsten als Ziergehölz verwendete Art. Sie wird bis zu 15 m hoch und trägt feinfiederige, farnartige Blätter. Vor dem Austrieb der Belaubung öffnen sich die äußerst üppig entwickelten, kräftig blauen Blütenstände. Die Art ist heute fast überall in den Tropen und Subtropen als Straßen- oder Parkbaum verbreitet. Einige Arten der Gattung, so etwa *J. copaia*, werden auch für die Zellstoffgewinnung genutzt.

Arecaceae
Honigpalme – *Jubaea*

Die Gattung ist monotypisch und umfasst nur die eine Art *Jubaea chilensis*, die in den küstennahen Tälern in Chile beheimatet ist. *Jubaea* ist eine bemerkenswert eindrucksvolle, einhäusige Palme, die bis zu 25 m hoch werden kann. Ihre Krone besteht aus einem Schopf von bis zu 5 m langen, gefiederten Blättern. Die rispigen Blütenstände werden bis etwa 1 m lang. Die Einzelblüten sind purpurn, die hühnereigroßen Früchte gelb.

Die Honigpalme verwendet man sehr gerne als Straßen- und Parkbaum. Da sie auch etwas kühlere Klimate recht gut erträgt, sieht man sie nicht nur in ihrer eigentlichen Heimat. Durch Fällen oder Anbohren der bis über 1 m dicken Stämme gewann man früher einen zuckerhaltigen Saft, der eingedickt und als Palmhonig gehandelt wurde. Wegen der Seltenheit der Art ist diese Praxis heute jedoch verboten.

Flacourtiaceae
Idesie – *Idesia*

Die nur aus einer Art *Idesia polycarpa* bestehende Gattung ist in China und Japan beheimatet. *Idesia* ist ein sommergrüner, zweihäusiger Baum bis etwa 12 m Höhe. Die wechselständigen Blätter sind angenähert herzförmig und grünlich gelb. Die duftenden Blüten sind zu hängenden Rispen zusammengefasst. Die Beerenfrüchte sind reif orangerot und bleiben auch nach dem Laubfall.

Die Art wird gerne als Ziergehölz verwendet. Man schätzt sie vor allem wegen der hübschen Blüten und des bleibenden Fruchtschmucks.

Mimosaceae
Eiscremebaum – *Inga*

Die Gattung umfasst etwa 350 Arten von Sträuchern und Bäumen bis etwa 40 m Höhe mit wechselständigen, gefiederten, dunkelgrünen und etwas ledrigen Blättern. Bei vielen Arten sind die Blattstiele geflügelt. Die zahlreichen meist weißen Blüten stehen in kleinen, dichten Ähren und wirken ausgesprochen attraktiv. Die *Inga*-Arten sind im tropischen Amerika beheimatet und kommen hier vor allem an Flussufern vor. Die Samen werden meist von Fischen ausgebreitet.

Meliaceae
Afrikanischer Mahagonibaum – *Khaya*

In der Gattung *Khaya* unterscheidet man sieben Baumarten aus Afrika und Madagaskar, die als Ersatz für den nahe verwandten Amerikanischen Mahagonibaum der Gattung *Swietenia* dienen. Die afrikanischen Arten werden bis zu 40 m hoch und tragen meist wechselständige, gefiederte Blätter und büschelige, kleine Blüten, entweder in den Blattachseln oder direkt am Stamm und an stärkeren Ästen (Kauliflorie).

Alle *Khaya*-Arten sind wegen ihrer Holzqualität sehr geschätzt und kommerziell interessant. Die für den Handel bedeutendsten Arten sind *K. grandifolia* und *K. madagascariensis*. Aus ihrer Rinde gewinnt man Arzneistoffe.

Lythraceae
Lagerstroemie – *Lagerstroemia*

Die Gattung besteht aus mehr als 50 Arten Laub werfender Bäume bis zu 40 m Höhe, die in Asien und Australien beheimatet sind. Die meist gegenständigen Blätter sind elliptisch. Die rosa oder weißen Blüten stehen in achsel- oder endständigen Rispen. Vor allem *Lagerstroemia indica* und *L. speciosa* werden auch außerhalb ihres natürlichen Verbreitungsgebietes sehr gerne als Ziergehölze angepflanzt. Von *L. indica* sind mehrere Varietäten bekannt, die sich in der Blütenfarbe unterscheiden. Diese Art entwickelt auch eine sehr attraktive Herbstfärbung. Andere Arten wie *L. hypoleuca* sowie *L. microcarpa* sind bedeutende Nutzholzarten.

Sapindaceae
Litchipflaume – *Litchi*

Die Gattung *Litchi* ist monotypisch und umfasst nur die immergrüne Art *L. chinensis,* ein im tropischen China beheimateter Baum bis etwa 25 m Höhe. Innerhalb der Art unterscheidet man drei Unterarten, die bereits seit langer Zeit als Fruchtbäume kultiviert werden. Nur *L. chinensis* ssp. *philippinensis* ist wild aus der Natur bekannt. Die beiden übrigen Unterarten *chinensis* und *javensis* kennt man nur aus der Kultur.

Die wechselständigen Blätter sind gefiedert. Die weißlichen Blüten stehen in Rispen an den Triebenden. Gelegentlich wird die Art als Ziergehölz angepflanzt, hauptsächlich jedoch wegen der vitaminreichen, saftigen Früchte kultiviert. Die anfangs harte und grüne Fruchthülle ist in der Reife rosa oder rot.

Litchis werden heute auch in Südafrika und Australien kultiviert, in kleinerem Ausmaß auch in Nordamerika. Im Anbau unterscheidet man eine Gebirgs- und eine Monsun-Form, wobei vor allem letztere in den Handel kommt. Innerhalb beider Formengruppen existieren zahlreiche Cultivare mit erhöhtem Ertrag. In der chinesischen Küche serviert man Litchis oft zusammen mit Fisch- und Fleischgerichten.

Fagaceae
Lithocarpus – *Lithocarpus*

Etwa 100 Arten immergrüner Bäume bis etwa 20 m Höhe aus Indomalaysia gehören zu dieser Gattung. Fossil ist sie auch aus Nordamerika nachgewiesen. Die Bäume erinnern im Wuchs an Eichen, doch stehen ihre männlichen Kätzchen eher aufrecht. Obwohl das Holz besondere technische Qualitäten aufweist, werden die meisten Arten dieser tropischen Gattung bislang nur relativ wenig genutzt.

Lithocarpus fissus ist eine der häufigeren Arten. Die wechselständigen, ledrigen Blätter sind im Umriss elliptisch und oberseits glänzend dunkelgrün, unterseits dagegen grauweiß flaumig. Die Früchte erinnern an eine Eichel. Verwandtschaftlich gehört diese erstaunlich umfangreiche, aber noch wenig bekannte Gattung in die Nähe von *Castanopsis*.

Arecaceae
Fächerpalme – *Livistonia*

Die Gattung umfasst 28 Arten attraktiver Palmen mit fächerförmigen Blättern. Das Verbreitungsgebiet erstreckt sich von Nordamerika bis Arabien, Indomalaysia und Australien. Die meisten Arten werden bis zu 25 m hoch, die Blätter und Blütenstände erreichen 2 m Länge. Aus den gelben Blüten reifen grüne, orange, rote oder schwarze Früchte.

In den Tropen werden die elegant wirkenden *Livistonia*-Arten häufig als Ziergehölze angepflanzt. In den kühleren Regionen sieht man sie fast ausschließlich in Kübelkultur. Die jungen Knospen der in Australien beheimateten *L. australis* werden regional gegessen.

Arecaceae
Seychellennuss – *Lodoicea*

Lodoicea maldivica ist trotz ihres etwas irreführenden Namens ein Endemit der Seychellen. Sie wird bis zu 30 m hoch und erreicht ein Alter von über 300 Jahren. Sie kommt heute nur noch auf zwei Inseln der gesamten Inselgruppe wild vor. Wegen ihres extrem langsamen Wachstums eignet sie sich kaum als Ziergehölz. Die Art ist zweihäusig, die großen Blätter sind fächerförmig. Die männlichen Blütenstände werden bis zu 2 m lang, die weiblichen bleiben etwas kürzer.

Lodoicea ist vor allem wegen ihrer außerordentlich großen Früchte bekannt: Die „coco de mer" wird bis zu 50 cm breit und erinnert in Abmessung und Aussehen an die Sitzfläche eines wohlproportionierten Mannequins. Sie benötigt viele Jahre bis zur erfolgreichen Keimung.

Proteaceae
Macadamianussbaum – *Macadamia*

Die Gattung umfasst zwölf Arten immergrüner Sträucher und Bäume mit wirteligen, einfachen oder gesägten Blättern und endständigen Rispen kleiner, rosa oder weißer Blüten, aus denen sich bei der Reife derbschalige Balgfrüchte mit großem Samenkern entwickeln. Die Heimat der Gattung ist Malaysia, Australien und Neukaledonien. Die meisten Arten sind im östlichen Australien endemisch.

Zeitweilig auch als Ziergehölze angepflanzt, kultiviert man *Macadamia* heute vor allem wegen der essbaren Samen: *Macadamia integrifolia* und auch *M. tetraphylla* sind die Hauptlieferanten. Sie werden heute auch in anderen Regionen angebaut, vor allem in Südafrika, aber auch in Nordamerika und auf Hawaii. Unterdessen sind mehrere Kulturvarietäten bekannt. Im Geschmack erinnern die zunehmend auch in Mitteleuropa gehandelten, edlen Macadamia-Samenkerne an Haselnüsse.

Die Seychellennuss (*Lodoicea maldivica)* ist berühmt wegen ihrer außerordentlich großen Früchte. Die mit riesigen Fächerblättern ausgestattete Palmenart wird bis zu 30 m hoch.

Anacardiaceae
Mangobaum – *Mangifera*

Mit ihren etwa 60 Arten gehört diese Gattung zu den wirtschaftlich bedeutendsten tropischen Gehölzen. Mangobäume sind in Indomalaysia heimisch. Die wichtigste Art ist *Mangifera indica*, die aus Indien stammt. Da sie schon seit langem in Kultur ist, gibt es mehrere Hundert Kulturvarietäten. Mangobäume werden heute weltweit in den Tropen als Fruchtgehölze angebaut und sind in vielen Regionen eingebürgert.

Die stattlichen Bäume werden über 25 m hoch und tragen einfache, wechselständige Blätter. Die kleinen Blüten erscheinen zahlreich in endständigen Rispen. Auch *M. pajang* und *M. odorata* werden wegen ihrer Früchte kultiviert. Mangofrüchte isst man roh oder nach besonderer Zubereitung, z. B. als Chutneys. Von *M. indica*, die häufig als Schattenspender gepflanzt wird, nutzt man das Holz.

Euphorbiaceae
Kassava – *Manihot*

Die Gattung ist mit ihren annähernd 100 Arten Stauden und Sträuchern vor allem im tropischen Amerika wirtschaftlich außerordentlich bedeutend. Viele Arten werden vor allem im Tiefland häufig angebaut. Die *Manihot*-Arten tragen wechselständige, gelappte Blätter und große Blüten in meist endständigen Rispen. Alle Teile führen – wie üblich in dieser Pflanzenfamilie – weißen Milchsaft, der bei dieser Gattung Verbindungen enthält, die giftige Blausäure freisetzen. Daraus erklärt sich, dass diese Pflanzen kaum von Schädlingen befallen werden.

Die wichtigste Art, *Manihot esculenta*, ist kein Baum, sondern eher eine strauchartig aussehende Großstaude. Die großen, stärkereichen Wurzelknollen (Kassava) sind eine wichtige Kohlenhydratnahrung. Ihre Giftstoffe verlieren sich beim längeren Wässern der Wurzelknollenstücke bzw. beim Garen. Außerdem gibt es weitgehend cyanidfreie Anbausorten. *Manihot* gedeiht auch auf relativ armen Böden und wird vor allem von den Indios des Amazonasbeckens angebaut. Da die Knollen jedoch nur relativ wenig Protein enthalten, kann es bei überwiegendem Konsum von Kassava zur Fehlernährung kommen. In gemahlener Form kommen die Wurzelknollen unter dem Namen Tapioka in den Handel. Dieses wird auch technisch verwendet, beispielsweise als Grundstoff für Klebemittel oder zur Gewinnung von Alkohol. Von *M. glaziovii* gewinnt man eine gummiartige Rohsubstanz.

Sapotaceae
Chicle, Sapodilla – *Manilkara*

Zu dieser pantropisch verbreiteten Gattung gehören 65 Arten großer, immergrüner Bäume bis zu 30 m Höhe. Die wechselständigen Blätter sind einfach. Die Blüten stehen einzeln oder in achselständigen Büscheln. Mit etwa 30 Arten hat *Manilkara* ihren größten Artenreichtum in Mittel- und Südamerika. Besonders intensiv genutzt wird die Gattung auf der Halbinsel Yucatan in Mexiko, in Belize und Guatemala. Aus den Stämmen von *M. budenta-*

ta gewinnt man ein milchiges Harz, das zu einer gummiartigen Masse erstarrt und industriell verarbeitet wird. *Manilkara zapota* lieferte einst den Chicle genannten Rohstoff für Kaugummi, den heute überwiegend synthetische Produkte abgelöst haben. Den Milchsaft gewann man aus den Stämmen der wild wachsenden Bäume etwa alle zwei oder drei Jahre – eine Erntepraxis, die auf die Azteken und Mayas zurückgeht. Durch deren Kultur wurden die Arten vor allem in Mittelamerika weit verbreitet. *Manilkara zapota* liefert außerdem eine pflaumenähnliche, schmackhafte Frucht. Ihr beständiges Holz findet man immer noch in vielen Maya-Ruinen. Technisch vergleichbar ist das in Indien verwendete Holz von *M. hexandra*.

Myrtaceae
Cajaputbaum – *Melaleuca*

Die Gattung umfasst etwa 220 Arten immergrüner Sträucher und Bäume, die in Indomalaysia und auf den pazifischen Inselgruppen beheimatet sind. Den größten Artenreichtum weist allerdings mit über 100 Spezies Australien auf. Die *Melaleuca*-Arten erinnern an die verwandten Vertreter von *Callistemon*: Die einfachen, drüsigen Blätter stehen büschelig, die äußerst dekorativen Blüten fallen durch sehr lange Staubblätter auf und bilden achselständige Köpfe oder Ähren.

Melaleuca cajaput wird bis zu 25 m hoch. Die Art wird gerne als Ziergehölz angepflanzt. Aus der Rinde werden Arzneistoffe extrahiert, darunter das Cajaput-Öl bzw. Niaouli-Öl aus *M. quinquenervia*. Ferner liefern die Bäume ein wertvolles Nutzholz. Der Gattungsname Cajaput leitet sich vom malayischen Wort für Holz ab.

Meliaceae
Niembaum – *Melia*

Drei Arten Laub werfender Bäume bis zu 15 m Höhe bilden diese kleine, aber bedeutende Gattung, die in den Altwelttropen sowie in Australien verbreitet ist. Die wechselständigen Blätter sind gefiedert. Die duftenden, weißen oder lila Blüten stehen in lockeren Rispen. Die in der Hauptsache angepflanzte Art ist *Melia azedarach*. Das Holz dieses Baumes wird im Bauwesen verwendet. Aus Blättern und Rinde dieser Art gewinnt man Arzneistoffe.

OBEN Der Mangobaum (*Mangifera indica*) ist ein stattlicher, tropischer Baum mit dichter, gewölbter Krone. Die lanzettlichen Blätter sind anfangs kupferfarben oder purpurn und später glänzend dunkelgrün.

UNTEN Die mit ihren langen Staubblattstielen pinselartig aussehenden Blüten der *Melaleuca*-Arten bilden dichte kopfige oder ährige Blütenstände. Die Kronblätter sind ziemlich klein und fast unauffällig.

Clusiaceae
Eisenholz – *Mesua*

Die Gattung umfasst etwa 40 Arten immergrüner, tropischer Bäume aus Indomalaysia. Sie werden durchweg höher als 10 m und tragen gegenständige, einfache, lederige Blätter sowie große, auffällige, angenehm duftende Blüten in den Blattachseln. Die hauptsächlich kultivierte Art ist *M. ferrea* – ihr Holz ist extrem hart (daher der Name) und wurde früher vor allem für Schienenschwellen verwendet. In Sri Lanka, Indien und Malaya pflanzt man die Art auch gerne in Tempelbezirken an. Den Blüten sagt man medizinische Wirkungen nach.

Myrtaceae
Eisenholzbaum – *Metrosideros*

Die 50 Arten dieser Gattung sind Sträucher, Kletterpflanzen oder Bäume bis etwa 10 m Höhe und kommen vom östlichen Malaysia über Neuseeland bis zu den pazifischen Inselgruppen und Südafrika vor. Sie sind immergrün; ihre einfachen, gegenständigen, drüsigen Blätter duften nach Zerreiben aromatisch. Die attraktiven Blüten stehen in den Blattachseln oder an den Triebenden.

Die meisten Arten werden vor allem ihrer Blüten wegen als Ziergehölze angepflanzt. Einige Arten wie *M. polymorpha* und *M. robusta* liefern ein wegen seiner Festigkeit ebenfalls Eisenholz genanntes Konstruktionsmaterial. Zu den beliebtesten Ziergehölzarten dieser Gattung zählen die in Neuseeland endemischen *M. excelsa* und *M. umbellatus*, die zur Weihnachtszeit scharlachrote Blüten tragen. Die *Metrosideros*-Arten werden mitunter auch in Hecken verwendet.

Arecaceae
Sagopalme – *Metroxylon*

Zu dieser Gattung gehören fünf Arten monokarper Palmen aus dem östlichen Malaysia, die bis zu 10 m hoch werden und bemerkenswert große Fiederblätter bis zu 7 m Länge entwickeln. Die Blütenstände erreichen ungefähr die gleiche Länge. Genutzt wird vor allem *Metroxylon sagu*. Um den Sago zu gewinnen, werden die Bäume gefällt, sobald sich die Blütenstände zeigen. Die Stammstücke werden dann gereinigt und getrocknet. Als monokarpe Bäume blühen und fruchten die Sagopalmen nur einmal. Nach dem Fällen oder Absterben entwickeln sich jedoch aus den Wurzeln neue Schösslinge.

Moraceae
Iroko – *Milicia*

Nur zwei Arten bis zu 20 m hoher Bäume gehören zu dieser im tropischen Afrika beheimateten Gattung. Beide Arten sind zweihäusig. Die männlichen Blüten stehen in dichten Ähren, die weiblichen in kugeligen Köpfen. In allen Teilen führt *Milicia* Milchsaft. Gelegentlich verwendet man die Arten als Ziergehölze, häufiger jedoch nutzt man vor allem von *M. excelsa* unter dem Handelsnamen

Afrikanisches Teak das feste und vor allem gegen Termiten resistente Holz im Bauwesen und für Möbel. Durch Übernutzung sind beide Arten bedroht.

Moringaceae
Meerrettichbaum – *Moringa*

Die zwölf Arten dieser Gattung sind in den Trockengebieten Afrikas und Asiens beheimatet. Man pflanzt sie vor allem wegen ihres dekorativen Wertes an. Auffällig sind die bis zu 8 m hohen, sukkulenten Stämme, besonders von *Moringa ovalifolia*. Die wechselständigen Blätter sind gefiedert. Die weißen oder roten, angenehm duftenden Blüten bilden große Trauben. *Moringa oleifera* ist die am häufigsten verwendete Art.

Der auffällig verdickte (sukkulente) Stamm von *Moringa ovalifolia* deutet an, dass die Art ein Spezialist trockener Standorte ist. Wie bei vielen sukkulenten Baumarten wirkt die Krone mit ihren knorrigen, kurzen Ästen nicht besonders elegant.

Musa violaceae, eine wild wachsende Bananen-Art, ist kein Gehölz, weil der Stamm nicht verholzt, sondern nur von den verdickten Blattbasen der großen Blätter gebildet wird.

Musaceae
Banane – *Musa*

Ebenso wie die Gattung *Ensete* (vgl. S. 259) sind die unter *Musa* zusammengeführten 35 Arten tropischer Großstauden streng genommen keine Bäume und nicht einmal Gehölze. Sie erreichen jedoch mit bis zu 6 m Wuchshöhe durchaus die Abmessungen kleiner Bäume. Die im Umriss elliptischen, sehr großen Blätter sind spiralig angeordnet. Die Blüten erscheinen an langen, gebogenen Ähren. *Musa* ist im tropischen Asien beheimatet. Mehrere Arten werden heute überall in den Tropen kultiviert, vor allem in Südamerika und in der Karibik.

Ursprünglich verwendete man die *Musa*-Arten in Asien als Faserpflanzen. Heute kennt man sie fast ausschließlich als Fruchtlieferanten. In vielen tropischen Ländern sind Bananenplantagen ein wichtiger Erwerbszweig. Die für den weltweiten Export geernteten Bananen sind Beerenfrüchte. Sie stammen überwiegend von *Musa acuminata* und der Hybridform *M. × paradisiaca*. Gebietsweise werden auch die Früchte anderer Arten verzehrt, beispielsweise von *M. textilis*, aus der man auch Fasern gewinnt. Bananenstauden sieht man in vielen tropischen Gebieten auch als dekorative Gartenpflanzen. In den kühl gemäßigten Regionen werden sie in Kübelkultur im Wintergarten oder Gewächshaus gehalten.

Cecropiaceae
Schirmbaum – *Musanga*

Die Gattung besteht nur aus zwei Arten tropischer Bäume: *Musanga cecropioides* und *M. smithii* sind im tropischen Afrika beheimatet und nahe verwandt mit der Gattung *Cecropia* (Trompetenbaum), wobei sie aber im Unterschied dazu keine Ameisen beherbergen. Die wechselständigen Blätter sind zusammengesetzt und bilden

endständige Rosetten. Die kleinen Blüten stehen in dichten Köpfen. *Musanga cecropioides* wird als raschwüchsiges Ziergehölz angepflanzt und erreicht etwa 20 m Höhe. Die Bäume sind mit 20–25 Jahre Höchstalter allerdings bemerkenswert kurzlebig. Beide Arten entwickeln Stelzwurzeln und bauen ein sehr leichtes Holz auf, aus dem man Flöße und andere schwimmende Objekte baut. Häufiger wird jedoch die nahe verwandte Art *Cecropia peltata* als Nutzholz verwendet.

Myristicaeae
Muskatnussbaum – *Myristica*

Die wirtschaftlich wichtige Gattung besteht aus zweihäusigen, immergrünen Bäumen bis zu 10 m Höhe. Sie sind in Asien und Australien beheimatet, werden aber heute fast überall in den Tropen angepflanzt. Die wechselständigen Blätter sind einfach und oberseits meist wachsig. Die Blüten stehen in Büscheln in den Blattachseln.

Muskatnüsse und Mazis stammen gewöhnlich von der Art *Myristica fragrans*. Die pfirsichähnlichen, gelben Balgfrüchte enthalten den schwarzen Samenkern, der seinerseits von einem leuchtend roten Samenmantel (= Mazis) umgeben ist. Die Samen werden zerrieben und dienen in dieser Form als Gewürz. Haupterzeugerländer sind Indonesien und Grenada in den Kleinen Antillen. In tropischen Küstengegenden pflanzt man den Muskatnussbaum auch als Ziergehölz an.

Fabaceae
Balsambaum – *Myroxylon*

Die Gattung umfasst nur zwei oder drei immergrüne, Harz führender Bäume, die etwa 12 m hoch werden und wechselständige, gefiederte, drüsige Blätter tragen. Die kleinen Schmetterlingsblüten erscheinen in achselständigen Trauben. *Myroxylon* ist im tropischen Amerika beheimatet, heute jedoch auch in den Altwelttropen eingebürgert.

Myroxylon balsamum aus Peru liefert aus seiner Rinde den wohlriechenden Perubalsam, der zum Aromatisieren von Arzneimitteln, für Räuchermittel und in der Parfümerie verwendet wird. Früher schrieb man dem Balsam besondere arzneiliche Wirkungen zu. Das Holz wird regional für verschiedene Zwecke genutzt. Mitunter wird die Art als Ziergehölz gepflanzt.

Myrtaceae
Myrte – *Myrtus*

Die Gattung ist von Natur aus nur in Nordamerika und im Mittelmeergebiet beheimatet. Sie umfasst zwei Arten immergrüner, strauchförmiger, kleiner Bäume bis etwa 5 m Höhe. Typisch sind gegenständige, einfache, aromatisch duftende Blätter und einzelne, weiße oder rosa Blüten in den Blattachseln.

Im Mittelmeergebiet kommt in der Macchie die Gewöhnliche Myrte *(Myrtus communis)* vor. Wegen ihrer aromatisch duftenden Blätter wurde sie schon vor langer

Zeit kultiviert. Das aus Blüten und Früchten gewonnene ätherische Öl wird heute in der Parfümerie verwendet, war früher jedoch bei vielen Ritualen und Zeremonien im Einsatz. Für den Gartenbau kennt man zahlreiche Varietäten. Die genaue ursprüngliche Verbreitung ist unklar. Aus den Wurzeln gewinnt man Gerbstoffe. Das Holz wird für feine Tischlerarbeiten verwendet.

Sapindaceae
Rambutan – *Nephelium*

Die Gattung *Nephelium* umfasst 22 Arten immergrüner Bäume bis zu 20 m Höhe. Die wechselständigen Blätter sind einfach oder zusammengesetzt. Die unscheinbaren Blüten stehen in dichten Büscheln.

Nephelium ist in Indomalaysia beheimatet. Zu dieser Gattung gehört die bedeutende Fruchtbaumart Rambutan *(N. lappaceum),* bei dem sich die Früchte eigenartigerweise apomiktisch, d. h. ohne Bestäubung entwickeln. Die Samen keimen in der Natur nur nach Darmpassage, nachdem die Früchte von Affen verzehrt wurden. *Nephelium rambutan-ake* ist eine weitere und häufig als Obstgehölz kultivierte Art, von der zahlreiche Sorten bekannt sind. Die Gattung ist nahe verwandt mit der auch in Europa zunehmend beliebten Litchipflaume.

Arecaceae
Nypapalme – *Nypa*

Zu dieser Gattung gehört nur die eine monokarpe Art *Nypa fruticans,* die in den Mangroven von Indien bis zu den Solomon-Inseln verbreitet ist. *Nypa* ist einhäusig. Ihr Stamm wächst meist liegend und mitunter sogar im Boden. Die aufrechten Teile werden bis zu 10 m hoch und tragen große Fiederblätter. Die Blütenstände stehen in den Blattachseln. Die Samen werden von Meeresströmungen ausgebreitet. Sie müssen ständig feucht bleiben, um keimen zu können. Der Keimvorgang beginnt bereits auf dem Mutterbaum.

Da die Art auch auf ständig oder im Tidenrhythmus regelmäßig überstauten Boden gedeiht, verwendet man sie in Küstengegenden sehr gerne und mit Erfolg als Erosionsschutz. Die großen Blätter dienen zum Dacheindecken und als Rohmaterial für Flechtarbeiten. Die Blütenstände werden gekappt, um den zuckerhaltigen Blutungssaft zu gewinnen. Man kann ihn zu Palmwein vergären.

Bombacaceae
Balsaholzbaum – *Ochroma*

Die Gattung besteht nur aus der einen, aber hochgradig variablen Art *Ochroma pyramidalis,* ein raschwüchsiger, bis zu 30 m hoher Baum mit imposanten Brettwurzeln. Die wechselständigen Blätter sind entweder einfach oder handförmig gelappt. Die großen, bis zu 12 cm breiten, gelblich weißen, einzeln stehenden Blüten werden ausschließlich von Fledermäusen bestäubt.

Die Art ist im Tiefland des tropischen Amerikas beheimatet und tritt hier als Pionierart auf Kahlhiebflächen

auf. Ihr Holz ist bemerkenswert leicht und tatsächlich das leichteste im Holzhandel erhältliche Material. Man verwendet es im Modellbau oder für Isolierungen.

Lauraceae
Stinkholzbaum – *Ocotea*

Etwa 350 Arten tropischer Bäume gehören zu dieser Gattung, die in den Wärmegebieten Amerikas ebenso beheimatet ist wie im tropischen Afrika, in Südafrika und in Madagaskar. Nur eine Art kommt reliktär in den Lorbeerwäldern Makaronesiens (Madeira, Kanaren und Azoren) vor. Die weitaus meisten Arten finden sich jedoch im tropischen Amerika. Sie sind meist immergrün und tragen lederige, drüsige Blätter. Die Blüten stehen in Trauben.

Ocotea-Arten werden intensiv als Nutzholz verwendet, vor allem *O. rubra* in Amerika und *O. bullata* in Afrika. *O. cymbarum* aus Brasilien führt in der Rinde Duftstoffe.

Cactaceae
Opuntie – *Opuntia*

Etwa 200 Arten gehören dieser umfangreichen Gattung an. Hinsichtlich ihrer Wuchsform reichen sie von kriechenden Formen über dichtästige Sträucher bis zu baumförmigen Gestalten bis etwa 4 m Höhe. *Opuntia brasiliensis* wird allerdings bis zu 10 m hoch. Die gegliederten Sprossachsen sind entweder zylindrisch oder seitlich stark abgeflacht. Sie sind stark bedornt und besitzen außerdem Glochiden (kleine, leicht abbrechende Haare), die nach dem Eindringen in die Haut heftige Entzündungen hervorrufen können. Die meist einzeln stehenden, großen Blüten öffnen sich tagsüber. Die Gattung ist vom südlichen Kanada bis zur Südspitze Südamerikas verbreitet.

Die rosaroten Blüten von *Opuntia fulgida* sitzen an den Spitzen der Sprossglieder und erscheinen im Hochsommer. Im Unterschied zu den übrigen *Opuntia*-Arten bleiben die reifen Früchte am Gehölz. In Folgejahr entwickelt sich aus jeder Frucht eine neue Blüte.

Der Feigenkaktus *(O. ficus-indica)* wird auch außerhalb seines natürlichen Verbreitungsgebietes häufig angepflanzt und ist im Mittelmeergebiet eingebürgert. Die reifen Früchte (Kaktusfeigen) sind essbar. Eine weitere kultivierte Art ist *O. cochenillifera*, aus deren Schildlausbesatz man einen roten Farbstoff gewinnt. Einige Arten wie *O. aurantiaca*, die man in Südafrika und in Australien einführte, verhalten sich im Weideland sehr invasiv. Versuchsweise bekämpft man sie mit Insekten, deren Larven die sukkulenten Triebe fressen.

Arecaceae
Babassupalme – *Orbignya*

Die Gattung besteht aus 20 relativ langsam wachsenden Palmen aus den Regenwäldern im tropischen Amerika. Sie werden bis etwa 15 m hoch und tragen sehr große, bis zu 8 m lange Fiederblätter. Die Arten sind einhäusig; die männlichen und weiblichen Blütenstände erscheinen zwischen den Blättern und werden je etwa 3 m lang.

Die Arten werden im Ursprungsgebiet vielfach genutzt. Vor allem gewinnt man aus den Samen von *Orbignya phalanthera* ein technisch wertvolles, fettes Öl, das für die Kosmetikindustrie von Interesse ist. Die Samenkerne anderer Arten, darunter *O. spectabilis*, werden verzehrt. Die großen Blätter dienen zum Eindecken von Dächern.

Ericaceae
Sauerholzbaum – *Oxydendrum*

Die Gattung ist monospezifisch und umfasst nur die eine Art *Oxydendrum arboreum* aus den südöstlichen USA. Sie ist Laub werfend und wird bis zu 25 m hoch. Die wechselständigen Blätter sind elliptisch, die Rinde eigenartig tiefrissig, die kleinen, weißen, zylindrischen Blüten bilden lange, endständige Rispen. Vor allem verwendet man die langsamwüchsige Art als Ziergehölz, zumal die Blüten sehr angenehm duften. Sie erscheinen erst im Spätsommer, bevor sich das Laub tief dunkelrot verfärbt.

Cactaceae
Baumkaktus – *Pachycereus*

Etwa ein Dutzend Arten gehört zu dieser Kakteengattung mit baumförmigen Vertretern in Mittelamerika. Die aufrechten Stämme sind bedornt oder fast dornenfrei und werden bis etwa 15 m hoch. Die röhrigen, mitunter wollig behaarten Blüten öffnen sich tagsüber oder nachts. Die Früchte sind saftig-fleischig.

Mehrere *Pachycereus*-Arten werden wegen ihrer dekorativen Wirkung gärtnerisch angepflanzt, darunter vor allem *P. pecten-aboriginum* und der ähnliche *P. pringlei*,

Der sogenannte Gartenkaktus *(Pachycereus pringlei)* ist im südlichen Kalifornien ein auffälliges Landschaftselement. Die Art gehört zu den größten Kakteen überhaupt; einzelne Exemplare können durchaus 20 m hoch und bis zu 5 t schwer werden. Die Blüten erscheinen nahe der Stammenden und öffnen sich nachts. Sie werden von Nektar sammelnden Fledermäusen bestäubt.

die große, weiße Blüten entwickeln. Die Früchte sind essbar. Die Samen hat man früher zu Mehl vermahlen.

Sapotaceae
Guttaperchabaum – *Palaquium*

Die Gattung umfasst über 100 Arten bis zu 30 m hoher Bäume in Indomalaysia, Taiwan und Samoa. Sie enthalten wie alle Vertreter der Familie einen weißen Milchsaft. Die Blätter sind wechselständig und einfach, die duftenden Blüten stehen büschelig.

Mehrere Arten sind geschätzte Nutzholzlieferanten. Vor allem werden die Bäume jedoch im Plantagenanbau kultiviert, weil sie in ihrem Milchsaft Guttapercha (= trans-Polyisopren) enthalten, das technisch vielfältig verarbeitet wird, beispielsweise für elektrische Isolierungen, Sportgeräte, zahntechnische Anwendungen oder Dichtungsmassen. Hauptlieferant ist *P. gutta*.

Pandanaceae
Schraubenbaum – *Pandanus*

Die mit etwa 700 Arten bemerkenswert umfangreiche Gattung ist vor allem in den Tropen der Alten Welt verbreitet, vor allem in Malaysia. Die Schraubenbäume sind immergrün und zweihäusig. Sie fallen vor allem durch ihre langen Stelzwurzeln auf und können etwa 20 m hoch werden. Zu den größeren Arten gehört *Pandanus utilis*.

Die schmalen, langen, ziemlich festen Blätter stehen am Stamm regelmäßig spiralig (daher der Name). Die Blütenstände sind endständig und von einem Hochblatt eingehüllt. Fast alle Arten kommen in Küstennähe vor und sind Bestandteil der Mangrove. Die schweren, zapfenähnlichen Früchte, die von Strömungen ausgebreitet werden, sind eine wichtige Nahrung für Meeresschildkröten oder großen Krabben. Die Früchte von *P. julianettii* sind nach Garung auch für den Menschen essbar. Die langen Blätter dienen als Dachdeckmaterial oder für Flechtarbeiten. Aus den männlichen Blütenständen von *P. fascicularis* gewinnt man Duftstoffe, weshalb die Art vor allem in Indien kultiviert wird.

Caesalpiniaceae
Jerusalemdorn – *Parkinsonia*

Vermutlich umfasst die Gattung *Parkinsonia* etwa 30 Arten meist stark bedornter, immergrüner Bäume, die in den Trockengebieten Amerikas sowie im nordöstlichen und südlichen Afrika beheimatet sind. Sie werden bis etwa 10 m hoch und fallen durch grüne Zweige und Äste auf. Die Blätter sind gefiedert. Die zahlreichen, duftenden, gelben bis orangefarbenen Blüten stehen in blattachselständigen Trauben.

P. florida ist eine der vor allem als Ziergehölze geschätzten Arten. In den südwestlichen USA sieht man diese Art häufig entlang von Wasserläufen in den Halbwüstengebieten. Aus den Stämmen der ebenfalls recht dekorativen *P. aculeata* lassen sich Fasern gewinnen, die für die Zellstoffindustrie interessant sind.

Cactaceae
Baumkaktus – *Pereskia*

Die Gattung Pereskia besteht aus 16 Arten, die in der Karibik sowie in Mittel- und Südamerika beheimatet sind. Außer in baumförmiger Gestalt bis zu 8 m Höhe wachsen einzelne Arten auch als kleinere Sträucher oder als Kletterpflanzen. Da die Stämme nicht allzu stark verdickt sind, übernehmen in dieser Verwandtschaftsgruppe die sukkulenten Blätter die Aufgabe der Wasserspeicherung. Sie repräsentieren offensichtlich eine recht primitive Entwicklungslinie innerhalb der Familie. Die kleinen einzeln oder in Rispen stehenden Blüten öffnen sich tagsüber.

Die am häufigsten angepflanzte Art *Pereskia aculeata* ist kein Baum, sondern eine Kletterpflanze bis zu 10 m Höhe. Man kultiviert sie wegen der essbaren Früchte und aus dekorativen Gründen. Auch die Früchte der eher baumförmigen und bis zu 5 m hohen *P. grandiflora* sind essbar.

Fabaceae
Afrormosia – *Pericopsis*

Die Gattung *Pericopsis* ist im tropischen Afrika mit nur drei Arten vertreten, mit einer weiteren von Sri Lanka bis Mikronesien. Früher stellte man sie in die Gattung *Afrormosia*. Die Blätter sind gefiedert, die Blüten entsprechen im Aufbau den übrigen Schmetterlingsblütengewächsen. Die Arten werden kaum angepflanzt. *P. elata* und *P. laxiflora* aus Westafrika sind lokal als Nutzhölzer von Bedeutung.

Lauraceae
Avocado – *Persea*

Die wirtschaftlich bedeutende Gattung *Persea* umfasst rund 200 Arten immergrüner Sträucher und Bäume bis etwa 20 m Höhe. Die wechselständigen Blätter sind einfach. Die unscheinbaren weißlichen Blüten bilden achsel- oder endständige Rispen.

Schon seit Jahrtausenden werden einzelne Arten wegen ihrer vitamin- und nährstoffreichen Früchte kultiviert. Die bedeutendste Art ist *Persea americana* aus Mittelamerika. Sie ist in zahlreichen Kulturvarietäten verfügbar. Hybriden mit weiteren Arten werden heute auch in Afrika und Israel angebaut. *P. borbonia* und *P. nanmu* sind lokal wichtige Nutzhölzer.

Arecaceae
Dattelpalme – *Phoenix*

Die Gattung umfasst insgesamt 17 zweihäusige Arten mit aufrechten, unverzweigten Stämmen und gefiederten Blättern bis zu 3 m Länge. Sie kommen überwiegend im tropischen Asien und Afrika vor. *Phoenix theophrasti* auf Kreta ist die einzige europäische Art. *P. canariensis* kommt auf den Kanarischen Inseln vor.

Der Blütenstand kann über 2 m lang werden und entwickelt sich zwischen den Blättern. Aus den weiblichen Blüten entwickeln sich die Datteln genannten Beerenfrüchte. Am bekanntesten sind die Früchte von *P. dactylifera*. Die Art wird bereits seit dem Altertum kultiviert. Die extrem süß schmeckenden Datteln werden frisch verzehrt oder kommen leicht getrocknet in den Handel. Von dieser Art sind mehrere Hundert Kulturformen bekannt. Die großen Blätter verwendet zum Dacheindecken, die Stämme liefern ein brauchbares Nutzholz. Aus *P. sylvestris* gewinnt man Palmzucker und ein alkoholisches Getränk. Die dekorative Kanarenpalme *(Phoenix canariensis)* pflanzt man sehr gerne an Straßen und Plätzen.

Die Dattelpalme *(Phoenix dactylifera)* ist ein stattlicher Baum bis zu 30 m Höhe. Die steif aufrechten, leicht graugrünlichen Fiederblätter können über 3 m lang werden. Ihre Blattstiele sind kräftig bestachelt. Die Phoenix-Arten sind zweihäusig.

Myrtaceae
Piment – *Pimenta*

Die fünf immergrünen Arten dieser Gattung sind allesamt in den Regenwäldern des tropischen Amerikas beheimatet. Als Bäume werden sie bis zu 15 m hoch. Die gegenständigen Blätter sind lederig und glattrandig. Die Blüten erscheinen in kurzstieligen Blütenständen. Blätter und Blüten sind drüsig und führen ein aromatisch duftendes, ätherisches Öl, ähnlich wie die übrigen Vertreter dieser Familie. *Pimenta racemosa* und weitere Vertreter der Gattung verwendete man früher zum Aromatisieren von Rum. Das unter der Handelsbezeichnung Piment bekannte Gewürz gewinnt man aus den unreifen Früchten von *P. dioica*.

Anacardiaceae
Pistazie, Mastixstrauch – *Pistacia*

Die Gattung umfasst neun Arten zweihäusiger Sträucher und kleinerer Bäume bis zu 10 m Höhe, die im Mittelmeergebiet, in Asien, Mittelamerika und in den südlichen USA beheimatet sind. Die meist Laub werfenden Arten tragen gefiederte, wechselständige Blätter und kleine, unauffällige Blüten in dichten Rispen.

Seit dem Altertum kultiviert man die immergrüne *Pistacia lentiscus*, aus der man das gummiartige Harz Mastix gewinnt. Aus *P. terebinthus* extrahiert man schon seit langem Öle – darunter das nach dieser Art benannte Terpentinöl, das in Lacken, Firnissen und ähnlichen Produkten Verwendung findet. Die essbaren Pistazien sind die Samen aus den Steinfrüchten von *P. vera*, die im mittleren und westlichen Asien beheimatet ist. Die Art wird heute auch im Mittelmeergebiet und in Nordamerika kultiviert.

Apocynaceae
Frangipani – *Plumeria*

Etwa 17 Arten Laub werfender Sträucher und kleinerer Bäume bilden diese im tropischen Amerika beheimatete Gattung. Die baumförmigen Vertreter werden bis zu 7 m hoch und entwickeln verdickte Äste, sodass die Krone kandelaberartig aussieht. Die Blätter sind einfach, glattrandig und lanzettlich. Die röhrigen, weißen, gelben oder rötlichen Blüten sind auffällig, duften angenehm und stehen in endständigen Büscheln auf blattlosen Trieben.

In den Tropen wird *Plumeria* häufig als Ziergehölz angepflanzt, insbesondere *P. rubra*, die auch die Salzbelastung küstennaher Standorte erträgt. Ihre zahlreichen Blüten werden gebietsweise als Opfergaben in Tempeln verwendet. Der Rinde dieser Gattung schreibt man abführende Wirkung zu.

Proteaceae
Protea – *Protea*

Zu dieser Gattung gehören über 100 Arten immergrüner Sträucher oder kleiner Bäume aus dem tropischen und südlichen Afrika. Besonders in Südafrika sind viele endemische Arten beheimatet. Die baumförmigen Vertreter werden bis etwa 6 m hoch und tragen wechselständige, einfache, lederige Blätter und meist einzelne, endständige, sehr ansehnliche Blüten. Planmäßige Bestäuber sind vor allem Nektarvögel, die die reichen Nektarvorräte ausbeuten. Die gärtnerisch häufig verwendeten Arten *P. neriifolia* und *P. grandiceps* aus der Kapregion Südafrikas entwickeln besonders farbenfrohe Blüten und sind in Europa auch in getrockneter Form im Handel. Selbst als Schnittblumen sind sie bemerkenswert haltbar, besonders die Art *P. cynaroides*.

Fabaceae
Padouk – *Pterocarpus*

Zu dieser pantropisch verbreiteten Gattung gehören etwa 20 Arten Laub werfender Bäume und Lianen, von denen einige als Nutzhölzer zumindest lokal bedeutsam sind. Die gefiederten Blätter sind wechselständig. Die Blüten stehen zahlreich in aufrechten Trauben. Die meisten Arten ertragen auch schattige Standorte.

Das angenehm duftende Holz von *Pterocarpus dalbergioides* sowie von *P. indicus* wird vor allem für feine Tischlerarbeiten genutzt. Außerdem verwendet man es beim Bootsbau und für Schnitzereien. Eine weitere bedeutende Nutzholzart der Gattung ist *P. santalinus*. Aus ihrem Holz gewinnen die Hindus die rote Farbe zur Kennzeichnung der verschiedenen Kasten.

Punicaceae
Granatapfel – *Punica*

Die Gattung besteht nur aus zwei Arten Laub werfender Sträucher bzw. kleiner Bäume bis etwa 2 m. Sie sind vom Mittelmeergebiet bis zum Himalaja verbreitet. Sie sind wirr verzeigt und tragen büschelig gehäufte, einfache, gegenständige Blätter. Die leicht dicklichen, röhrigen Blüten erscheinen in endständigen Büscheln und sind dekorativ hochrot.

Der Granatapfel *(Punica granatum)* wird in seiner mediterranen Heimat schon seit der Bronzezeit kultiviert. Möglicherweise stammt die Art auch aus Asien. Von den komplex aufgebauten Früchten verwendet man vor allem die angenehm säuerlich schmeckenden, glasig roten Samenhüllen. Sie werden frisch oder getrocknet verwendet. Aus diesen Samenhüllen produziert man auch den für Mixgetränke beliebten Grenadine. Im alten Ägypten bereitete man aus den Früchten einen schweren Wein. Der Granatapfel eignet sich in warmen Gegenden auch als Ziergehölz. Aus der Rinde gewinnt man medizinisch verwendbare Gerbstoffe. Die zweite Art ist *P. protopunica* und kommt als Endemit nur auf der arabischen Insel Sokotra vor. Die Spezies ist dort allerdings durch Übernutzung im Bestand hochgradig gefährdet.

Die dekorative *Protea punctata* trägt wie alle Arten ihrer Gattung auffällige, endständige Blüten. Im Kreis der großen Hochblätter stehen die zahlreichen weißrötlichen übrigen Blütenorgane.

Die vielseitig genutzte Bastpalme *(Raphia farinifera)* kommt in ihrer Heimat Madagaskar und Ostafrika vor allem an Flussufern und entlang von Seen vor. Sie besticht durch ihre anmutige Wuchsform und die enorm großen, mitunter bis zu 20 m langen Fiederblätter.

Simaroubaceae
Bitterholz – *Quassia*

Die pantropisch verbreitete Gattung umfasst 40 Arten kleiner, Laub werfender Bäume bis zu 5 m Höhe. Die wechselständigen Blätter sind gefiedert oder einfach und im Austrieb leicht rötlich, bevor sie glänzend dunkelgrün ausfärben. Die traubigen oder rispigen Blütenstände tragen kleine, jedoch meist sehr lebhaft gefärbte Blüten. Die Früchte sind groß und holzig. Verschiedene Arten werden gelegentlich wegen ihres dekorativen Aussehens gärtnerisch verwendet. In der Hauptsache kultiviert man sie jedoch wegen ihrer besonderen Inhaltsstoffe: *Quassia* enthält in allen Teilen Bitterstoffe. Man gewinnt sie vor allem aus den Arten *Q. amara* und *Q. cedron*, während aus *Q. indica* ein medizinisch wertvolles Öl extrahiert wird.

Rosaceae
Seifenrindenbaum – *Quillaja*

Nur drei Arten immergrüner Sträucher oder kleiner Bäume bis zu 10 m Höhe gehören dieser Gattung an. Sie zeichnen sich durch glänzend dunkelgrüne, einfache und wechselständige Blätter aus. Die großen, weißen, rosenähnlichen Blüten sind männlich, weiblich oder zwittrig.

Die Arten sind in den warm-gemäßigten Regionen Südamerikas beheimatet und werden regional als dekorative Ziergehölze gepflanzt. In Europa kennt man sie wegen der medizinischen Eigenschaften ihrer inneren Rinde, besonders derjenigen von *Quillaja saponaria* aus Chile: Sie enthält Saponine, die man früher bei der Seifenherstellung verwendete.

Arecaceae
Bastpalme – *Raphia*

Die Gattung enthält 28 monokarpe, nur einmal blühende Arten im tropischen Afrika. Nur eine Spezies ist auch in der Neuen Welt heimisch. *Raphia*-Arten besiedeln von Natur aus vor allem trockene Gebiete und werden bis zu 25 m hoch. Ihre gefiederten Blätter werden bis zu 20 m lang und stellen die größten Blattorgane aller Pflanzen dar. Die Blütenstände dieser Gattung sind abstehende oder hängende Rispen.

Aus den jungen Blättern isoliert man in den Ursprungsgebieten technisch interessante Fasern. Aus den älteren Blättern gewinnt man Blattwachse. Die kräftigen Stämme werden als Bauholz verwendet. *Raphia farinifera* ist die wohl am weitesten verbreitete Art. Aus den Früchten von *R. hookeri* und *R. palma-pinus* bereitet man regional Palmwein.

Strelitziaceae
Baum der Reisenden – *Ravenala*

Die einzige Art dieser Gattung, *Ravenala madagascariensis*, ist in den Regenwäldern Madagaskars heimisch. Trotz ihres palmenähnlichen Aussehens gehört sie nicht zur Familie Arecaceae und ist streng genommen auch kein Baum, sondern eine geradezu gigantische Staude: Sie wird bis zu 16 m hoch und trägt exakt zweizeilig wechselständige, bis zu 4 m lange Blätter, die radförmig aufgestellt sind.

Das Stängelmark und die Samen sind essbar. Die Hochblätter und die Blattscheiden speichern Wasser, was den deutschen Namen erklärt. *Ravenala* wird in den Subtropen und Tropen häufig als Zierpflanze verwendet.

Ericaceae
Rhododendron – *Rhododendron*

Etwa 850 Arten unterscheidet man in dieser umfangreichen Gattung. Sie umfasst immergrüne und Laub werfende Sträucher und kleinere Bäume, die auf der Nordhalbkugel beheimatet sind, vom Himalaja über Südostasien, Malaysia bis Nordamerika. Auch in der Höhenverbreitung sind sie bemerkenswert: Rhododendron-Arten trifft man vom Tiefland bis auf 5800 m Höhe (im Himalaja) an. Die einfachen, glattrandigen Blätter sind wechselständig und variieren artabhängig beträchtlich in Größe, Farbe und Textur. Die meist auffälligen und dekorativen Blüten entwickeln sich in hübschen endständigen Trauben.

Die Gattung ist gärtnerisch äußerst bedeutend. Mehrere Hundert Varietäten sind in Kultur, etwa 1000 Cultivare sind besonders benannt. Einige Arten verhalten sich als Neophyten in manchen Gebieten invasiv, so etwa *Rhododendron ponticum*, eine aus Südeuropa nach Großbritannien eingeführte und nun weitflächig verwilderte Art. Von manchen Arten, beispielsweise *R. molle* in China, verwendet man Blattextrakte als Schutz gegen Insekten. In Nordamerika bereitet man aus den Blättern *von R. tomentosum* einen Tee zu.

Euphorbiaceae
Rizinus, Wunderbaum – *Ricinus*

Die Gattung besteht nur aus der einen Art *Ricinus communis*, die ursprünglich nur in Ost- und Nordostafrika sowie im mittleren Osten beheimatet war, heute jedoch fast überall in den Tropen verbreitet ist. Rizinus ist ein kleiner, einhäusiger Baum bis zu 4 m Höhe und trägt große, wechselständige, handförmig geteilte Blätter und endständige Blütenrispen. Die weiblichen Blüten sitzen an deren Basis, die männlichen besetzen die Spitzen.

Auch in den gemäßigten Breiten sieht man Rizinus nicht selten als Zierpflanze. Im Ursprungsgebiet wird die Art schon seit mindestens 5000 Jahren vor allem wegen des technisch wertvollen Öls kultiviert, das man aus den reifen Samen gewinnt. Die Samen enthalten außerdem das stark giftige Ricin, das jedoch beim Abpressen des Samenöls im Rückstand verbleibt. Früher verwendete man Rizinusöl vor allem als Abführmittel. Heute dient es zur Herstellung hochwertiger Schmierstoffe, beispielsweise für Flugzeugmotoren. Wie die übrigen Vertreter der Familie besitzt auch Rizinus Milchsaftröhren.

OBEN Die dekorativen, stacheligen Fruchtstände von *Ricinus communis* enthalten meist drei flache Samen. Sie öffnen sich bei der Reife explosionsartig.

LINKS Die Königspalme (*Roystonea regia*) entwickelt einen relativ glatten, an der Basis deutlich verdickten Stamm. Der eindrucksvolle Blattschopf mit lang gestielten Fächerblättern überragt den geraden Stamm.

Arecaceae
Königspalme – *Roystonea*

Die Gattung umfasst etwa ein Dutzend großer, stattlicher, bis zu 25 m hoher Palmen-Arten, die in der Karibik und im nordwestlichen Südamerika beheimatet sind. Die Bäume sind einhäusig und tragen große, fächerförmige Blätter, zwischen denen sich relativ kurzästige Blütenstände entwickeln.

Vor allem die Art *Roystonea regia* wird in den tropischen Regionen weltweit sehr gerne als dekoratives Parkgehölz oder als Straßenbaum angepflanzt. Die langschäftigen, geraden Stämme beeindrucken jedoch nicht nur durch ihr prächtiges Erscheinungsbild. Von manchen Arten sind die Früchte essbar. Die Blätter werden zum Dacheindecken verwendet. Essbare Palmherzen gewinnt man vor allem von *R. regia* und *R. oleracea*.

Arecaceae
Palmetto – *Sabal*

Die Palmengattung *Sabal* umfasst 16 Arten, die von den südöstlichen USA bis nach Südamerika beheimatet sind. Neben gedrungen zwerg- bis strauchförmig wachsenden Arten gibt es auch hochwüchsige Formen: *Sabal palmetto* wird bis zu 30 m hoch. Die fächerförmigen Blätter werden 0,5–3 m lang. Die Basisteile abgestorbener Blätter bleiben am Stamm und umkleiden diesen. Zwischen den Blättern entwickeln sich die großen, rispigen Blütenstände. Die ziemlich kleinen Einzelblüten sind röhrig und meist cremeweiß.

In tropischen Regionen verwendet man einige Arten gelegentlich als Ziergehölze. Von *S. causiarum* nutzt man die Blattfasern für verschiedene technische Zwecke, unter anderem für Flechtarbeiten und Matten. Auch die Blätter von *S. palmetto* werden im Ursprungsgebiet ähnlich genutzt.

Santalaceae
Sandelholz – *Santalum*

Zu dieser weit verbreiteten Gattung gehören 25 Arten immergrüner Sträucher und kleiner Bäume bis etwa 4 m Höhe. Sie sind in Indomalaysia, Australien, auf Hawaii und den Juan Fernandez-Inseln vor der Küste Chiles beheimatet. Die gegenständigen Blätter sind sehr ledrig. Die Blüten entwickeln sich in Rispen. Alle Arten sind Halbparasiten auf den Wurzeln anderer Pflanzenarten. In der Kultur sind sie daher sehr heikel.

Santalum wird schon seit langem wegen seines ausgesprochen wohlriechenden Holzes genutzt. Das daraus durch Destillation gewonnene ätherische Öl verwendet man in der Parfümerie und im Weihrauch. Viele Arten sind durch Übernutzung selten geworden, darunter *S. freycinetianum* auf Hawaii. Die Art *S. fernandezianum* ist bereits seit dem frühen 20. Jahrhundert ausgerottet. *Santalum album* wird heute vor allem in Indien in Plantagen kultiviert, um die Nachfrage nach Duftöl zu decken. Von dieser Art schätzt man auch das helle, feste und technisch wertvolle Kernholz.

Anacardiaceae
Pfefferbaum – *Schinus*

Zu dieser Gattung gehören 27 Arten meist zweihäusiger und immergrüner Sträucher und kleinerer, bis zu 15 m hoher Bäume. Die wechselständigen Blätter sind entweder einfach und glattrandig oder stärker gezähnt und unpaarig gefiedert. Die zahlreichen Blüten stehen in reichästigen Rispen. Die beerenartigen Steinfrüchte sind etwa erbsengroß.

Schinus ist im tropischen Amerika heimisch. *Schinus molle* ist der bekannte Peruanische Pfefferbaum, der heute weltweit kultiviert wird und mit seinen getrockneten Früchten den roten Pfeffer liefert. Er wird außerdem gerne als Ziergehölz oder als Schattenspender angepflanzt. Eine weitere häufig angepflanzte Art ist *S. terebinthifolius* aus Südamerika, die in Florida eingebürgert ist. Sie ist hochgradig allergen und verursacht bei empfindlichen Personen Probleme auf der Haut oder in den Atemwegen. Sie wächst etwas hochkroniger als *S. molle* und trägt im Herbst attraktive, weiße Steinfrüchte.

Caesalpiniaceae
Senna – *Senna*

Zu dieser großen Gattung gehören über 350 Arten Kräuter, Sträucher und Bäume, die im Fall von *Senna multijuga* ausnahmsweise bis zu 40 m Höhe erreichen, während sonst eher 10 m üblich sind. Die *Senna*-Arten sind tropisch verbreitet. Eine der wenigen Ausnahme ist *S. marilandica*, die nördlich bis zum US-Bundesstaat Iowa reicht. Alle Arten tragen die typischen gefiederten Blätter der Hülsenfrüchte und kleine Schmetterlingsblüten in aufrechten Trauben. Von der Nachbargattung *Cassia* unterscheidet sich *Senna* durch die Form der Staubblattfilamente und das Fehlen von Hochblättern.

Mehrere Arten der Gattung werden als Zierpflanzen kultiviert, während man andere wegen ihrer medizinischen Eigenschaften schätzt, beispielsweise *S. auriculata*. Die handelsübliche Senna stammt meist von den Früchten und Samen der Arten *S. italica* oder *S. alexandrina*.

Der Afrikanische Tulpenbaum (*Spathodea campanulata*) entwickelt lebhaft orangescharlachrote Blüten, die bis zu 10 cm breit sein können. Da sich nur wenige Blüten gleichzeitig öffnen, erstreckt sich die gesamte Blütezeit über eine längere Periode. Die gefiederten Laubblätter sind bis zu 50 cm lang und etwas kraus.

Dipterocarpaceae
Shorea – *Shorea*

Die bedeutende Gattung *Shorea* umfasst über 350 Arten sehr großer Tropenbäume bis zu 70 m Wuchshöhe mit wechselständigen, einfachen Blättern. Die kleinen Blüten stehen meist in Trauben, die Frucht ist eine geflügelte Nuss. Die Arten dieser Gattung dominieren die Regenwälder Südostasiens. Viele Arten werden als Nutzholzlieferanten gehandelt und in großen Mengen eingeschlagen. Zu den kommerziell bedeutsamen Arten gehören *S. albida*, *S. curtisii*, *S. leprosula*, *S. macrophylla* und *S. ovata*. Das technisch wertvolle Holz verwendet man im Bauwesen, für Furniere, Parkettriegel und in Spanplatten. Alle Arten besitzen Harzkanäle und führen ein aromatisch duftendes Harz, das unter der Bezeichnung Dammarharz im Handel ist und als Bindemittel für Lacke, Firnisse und Polituren verwendet wird. Außerdem ist es als Eindeckmittel in der Mikroskopie in Gebrauch.

Bignoniaceae
Afrikanischer Tulpenbaum – *Spathodea*

Die einzige Art dieser Gattung, *Spathodea campanulata*, ist im tropischen Afrika beheimatet, aber durch Anbau in fast allen tropischen Regionen verbreitet, vor allem in Teilen Asiens. *Spathodea* wächst als bis zu 20 m hoher Baum mit eindrucksvollen Brettwurzeln. Außer den gefiederten Blättern fallen vor allem die spektakulären scharlachroten, tulpenförmigen Blüten auf, die in endständigen Rispen stehen.

Im Alter ist die Rinde dieser dekorativen Baumart tiefrissig. In den Tropen wird sie sehr gerne wegen ihres ausgesprochen dekorativen Wertes in Parkanlagen und größeren Gärten angepflanzt. Die große, breite Krone ist zudem als Schattenspender beliebt. Die Blütezeit zieht sich über viele Wochen hin.

Strelitziaceae
Strelitzie – *Strelitzia*

Die fünf Arten der Gattung *Strelitzia* kommen von Natur aus nur an Flussufern und in vergleichbaren Feuchtgebieten Südafrikas vor. Streng genommen gehören sie nicht zu den Bäumen, nehmen aber teilweise Baumgestalt an wie etwa *Strelitzia nicolai*, die bis zu 10 m hoch wird und zumindest an der Basis verholzt. Ihre der Bananenstaude vergleichbaren Blätter werden bis zu 2 m lang. Der Blütenstand entwickelt sich achselständig hinter einem großen Hochblatt. Die spektakulären Einzelblüten werden der Reihe nach freigegeben und aufgerichtet. Die Blüten sind meist sehr lebhaft gefärbt und bieten ihren Besuchern (in ihrer Heimat meist Nektarvögel) große Mengen Nektar.

Strelitzien werden heute in vielen Regionen als Zierpflanzen verwendet und auch als Schnittblumen gehandelt, am häufigsten die ausgesprochen aparte *Strelitzia reginae*. Mit nur etwa 1 m Wuchshöhe ist auch sie eher eine große Staude als ein Gehölz. *S. nicolai* ist die größte Art der Gattung und trägt attraktive weiße oder weißpurpurne Blüten.

Strychnaceae
Brechnuss – *Strychnos*

Zu dieser umfangreichen tropischen Gattung gehören etwa 190 Arten Lianen, Sträucher und Bäume bis zu 20 m Höhe. Die gegenständigen Blätter sind rundlich oder elliptisch, manchmal sitzend und papierdünn bis lederig dick. Die kleinen, meist weißlichen, gelben oder grünlichen Blüten entwickeln sich in achselständigen Köpfen.

Die meisten Arten werden kaum als Ziergehölze angepflanzt. *Strychnos potatorum* wird als Nutzholz verwendet. Vor allem sind die Arten dieser Gattung wegen ihrer hochgiftigen Alkaloide bekannt: Aus *Strychnos nux-vomica* gewinnt man das bekannte Strychnin. Andere Arten wie *S. ignatii* werden lokal für medizinische Zwecke genutzt. Aus *S. toxifera* wird eine im Pfeilgift Curare enthaltene Substanz gewonnen, die von den indigenen Völkern Südamerikas verwendet wird.

Meliaceae
Amerikanischer Mahagonibaum – *Swietenia*

Nur drei Arten gehören zu dieser wirtschaftlich wichtigen Gattung immergrüner, bis zu 40 m hoher Bäume mit wechselständigen, gefiederten Blättern und zahlreichen kleinen Blüten in reichästigen Rispen. Besonders geschätzt wird das feste, schwere Holz. Alle Arten kommen in den Regenwäldern des tropischen Amerikas vor.

Wegen der starken Nachfrage für den Schiffbau und andere Konstruktionszwecke sowie einer ziemlich rücksichtslosen Ausbeutung sind die natürlichen Mahagoni-Bestände in den Ursprungsländern stark reduziert worden. Sogenannte Urwaldriesen, die zu dieser Gattung gehören, sind fast nicht mehr vorhanden. *Swietenia mahagoni* ist die am häufigsten verwendete Art; ihr Einschlag geht unvermindert weiter. Die beiden anderen Arten, *S. humilis* und *S. macrophylla*, werden heute in Plantagen forstlich kultiviert.

Myrtaceae
Jambuse, Gewürznelke – *Syzygium*

Zu dieser umfangreichen Gattung gehören schätzungsweise weit mehr als 1000 Arten immergrüner Sträucher und Bäume bis zu 45 m Höhe, die in den Altwelttropen beheimatet sind. Die gegenständigen Blätter sind drüsig, die meist farbfrohen, kleinen Blüten erscheinen zahlreich in achselständigen Rispen.

Viele Arten werden in ihrer Heimat als Ziergehölze oder als Obstbäume angepflanzt, darunter *Syzygium jambos*, der regional als Rosenapfel bezeichnet wird, oder *Syzygium aquos*, die man auch Wasserjambuse nennt. Die rötlichen, getrockneten Blütenknospen von *S. aromaticum*, einem immergrünen Baum bis zu 20 m Wuchshöhe, liefern die bekannten Gewürznelken. Diese Baumart wird schon seit Jahrhunderten als Aromalieferant kultiviert. In China waren Gewürznelken schon vor über 2000 Jahren bekannt und wurden hier vor allem für medizinische Zwecke verwendet.

Bignoniaceae
Poui – *Tabebuia*

Die Gattung umfasst etwa 100 Arten immergrüner Bäume bis zu 30 m Wuchshöhe. Sie ist im tropischen Amerika beheimatet. Die gegenständigen Blätter sind einfach oder gefingert. Die duftenden, röhrigen Blüten erscheinen in dichten Rispen. Gleichermaßen geschätzt wegen des dekorativen Wertes und wegen des wertvollen Holzes ist beispielsweise *Tabebuia chrysantha*, eine salzverträgliche Art, die man gern in Küstenregionen anpflanzt.

Das Holz ist außerordentlich fest und beständig. Genutzt werden vor allem die Arten *T. guayacan*, *T. serratifolia* und *T. rosea*. Poui-Holz verwendet man für Konstruktionszwecke und für Inneneinrichtungen wie Treppen oder Rahmen.

Caesalpiniaceae
Tamarinde – *Tamarindus*

Die einzige Art dieser Gattung, *Tamarindus indicus*, stammt vermutlich aus dem tropischen Afrika, wird aber heute als Ziergehölz fast überall in den Tropen angepflanzt. Der immergrüne Baum wird etwa 25 m hoch und trägt gefiederte Blätter. Die zahlreichen gelben oder rötlichen Blüten entwickeln sich in hängenden Trauben.

Auch wegen ihres sonstigen Nutzens wird die Tamarinde schon seit langem kultiviert. Allen Teilen mit Ausnahme der Wurzel sagt man medizinische Wirkungen nach, und tatsächlich wird die Art in ihrem Verbreitungsgebiet auch volksmedizinisch häufig genutzt. Das fleischige Fruchtmark ist recht vitaminreich und wird roh oder nach Trocknen verzehrt. Es ist Aromabestandteil vieler Würzmischungen und Getränke.

OBEN Durch illegales Abholzen infolge anhaltender Nachfrage sind die natürlichen Mahagoni-Bestände in den letzten Jahren stark geschrumpft.

UNTEN *Tabebuia rosea* wirkt mit ihren rosafarbenen, trompetenförmigen Blüten ausgesprochen dekorativ.

Verbenaceae
Teakholzbaum – *Tectona*

Die Gattung umfasst nur vier Laub werfende, bis zu 40 m hohe Baumarten, die jedoch wirtschaftlich außerordentlich bedeutsam sind. Die einfachen, glattrandigen und mit 70 × 30 cm bemerkenswert großen Blätter stehen gegenständig oder zu zweit bis mehreren in Wirteln. Die Blüten entwickeln sich in bis zu 30 cm langen Rispen.

Beheimatet in Südostasien und Malaysia ist *Tectona grandis* die wichtigste Art. Das Holz verwendet man im Schiffbau und für Möbel. Das schlagfrische Holz ist außerordentlich schwer und sinkt im Wasser. Vor dem Einschlag wird die Rinde der zur Ernte vorgesehenen Bäume daher durch einen Ringschnitt entfernt.

Combretaceae
Terminalia – *Terminalia*

Die pantropisch verbreitete Gattung umfasst etwa 150 Arten Sträucher und Bäume, deren besonderes Merkmal die spiralig angeordneten, großen und an den Triebenden büschelig gehäuften Blätter sind. Die Bäume werden weithin als Nutzholzlieferanten forstlich kultiviert, darunter beispielsweise *Terminalia alata*. Aus anderen Arten wie *T. bellirica* und *T. chebula* gewinnt man Gerb- und Farbstoffe. In ihrer Heimat pflanzt man sie gerne als Schattenspender an Straßen an.

Obwohl viele Arten dieser Gattung in trockenen Savannen beheimatet sind, kommen einige auch im tropischen Regenwald vor, darunter *Terminalia amazonica* in Brasilien. Diese Art bildet eindrucksvolle Baumgestalten bis zu 50 m Höhe mit hochreichenden Brettwurzeln.

Sterculiaceae
Kakaobaum – *Theobroma*

Etwa 20 Baumarten gehören zu dieser wirtschaftlich bedeutsamen Gattung. Die großen, einfachen Blätter sind wechselständig, die Blüten erscheinen meist direkt am Stamm oder an größeren Ästen.

Theobroma ist in den Tieflandregenwäldern des tropischen Amerikas beheimatet. Die wichtigste Art, *T. cacao*, wird jedoch unterdessen weltweit kultiviert. Aus den fettreichen Samen wird der Rohstoff für die Kakao- und Schokoladenherstellung gewonnen. Wegen ihres Nährstoffgehalts wurde die Art in ihrer Heimat schon vor langer Zeit angepflanzt. Sir Hans Sloane (1660–1753) machte den Kakaobaum, den er erstmals in Jamaika antraf, in Europa bekannt und beschrieb den Kakao als „ungenießbares Getränk". Die auf Kakaobasis hergestellte Schokolade wurde bereits im 17. Jahrhundert von kubanischen Nonnen erfunden.

Obwohl der Kakaobaum im Gebiet des Amazonas und Orinokos beheimatet ist, sind heute afrikanische Länder (Nigeria, Ghana) die Haupterzeuger von Kakaobohnen. Die Samen enthalten einige anregende Alkaloide, darunter auch Coffein und Theobromin. Andere für die Schokoladenindustrie wichtige Arten sind *T. bicolor*, *T. angustifolium* und *T. grandiflorum*.

Meliaceae
Rotzeder – *Toona*

Toona ist eine kleine Gattung, die von Indomalaysia bis Australien verbreitet ist und früher zur Gattung *Cedrela* gestellt wurde, die in Amerika verbreitet ist. Die vier oder fünf bekannten Arten sind immergrüne oder Laub werfende Bäume bis zu 20 m Höhe mit einer dekorativen Rinde und gefiederten Blättern. Die Blüten erscheinen in lockeren Rispen.

Die *Toona*-Arten sind bedeutende Nutzholzlieferanten, allen voran *T. ciliata* (Australische Rotzeder) und *T. sinensis* (Chinesische Rotzeder), wobei angesichts der etwas irreführenden deutschen Handelsnamen ausdrücklich festzuhalten ist, dass es sich nicht um Nadelhölzer handelt. Die Bezeichnung rührt daher, dass viele Vertreter der sehr umfangreichen Familie ein besonders aromatisch duftendes Holz ähnlich wie Zedern aufweisen. *T. sinensis* pflanzt man gerne als Schattenspender in Kaffeeplantagen.

Terminalia chiriquensis ist eine im tropischen Amerika beheimatete Regenwald-Baumart mit eindrucksvollen Brettwurzeln. Die Art wird bis etwa 35 m hoch.

Arecaceae
Hanfpalme – *Trachycarpus*

Zu der vom Himalaja bis in das subtropische Asien verbreiteten Gattung gehören vier Arten einstämmiger und meist zweihäusiger Palmen, die bis etwa 20 m hoch werden. Meist wachsen sie in Bergwäldern bis in etwa 2500 m Höhe. Die Blätter sind fächerförmig. Die großen Blütenstände stehen in den Blattachseln.

Vor allem die Chinesische Hanfpalme *(Trachycarpus fortunei)* wird wegen ihres dekorativen Aussehens fast weltweit als Ziergehölz verwendet. Sie ist auch in Europa genügend winterfest und erträgt selbst strengere Fröste. Mehrere Cultivare sind bekannt. Wirtschaftlich ist sie von geringerer Bedeutung, obwohl man sie im Ursprungsgebiet als Faserlieferant für Seile, Matten und Grobgewebe nutzt. Die Blüten sind essbar.

Xanthorrhoeaceae
Grasbaum – *Xanthorrhoea*

Die 28 Arten dieser Gattung sind endemisch in Australien. Alle sind langsamwüchsige, aber langlebige und immergrüne Gehölze mit sukkulenten Stämmen und von baumartigem Aussehen. Die grasartig schmalen Blätter werden etwa 1 m lang und stehen in endständigen Büscheln. Die kleinen, weißen Blüten entwickeln sich auf lang gestielten Ähren.

Die eigenartigen *Xanthorrhoea*-Arten kommen in subtropischen Trockengebieten vor und sind ein wichtiges Kennzeichen in der Wüste. Regional kultiviert man sie auch in größeren Plantagen, da sich aus den Blattbasen ein industriell wertvolles Harz für die Herstellung von Lacken gewinnen lässt. Die Arten sind bemerkenswert feuertolerant, und tatsächlich regen gelegentliche Brände die Blütenbildung an, die sonst bis zu 100 Jahre auf sich warten lässt, wie etwa im Fall von *X. preissii*. Andere Arten blühen jedoch in kürzeren Intervallen.

Agavaceae
Joshuabaum, Yuccapalme – *Yucca*

Zur Gattung *Yucca* gehören dickstämmige Pflanzen, die entweder kräftige Stauden, kleine immergrüne Sträucher oder kleinere Bäume bis etwa 10 m Höhe sind. Alle 30 Arten sind in den südlichen USA beheimatet, ferner in

Mexiko und in der Karibik. Auffällig ist die spiralig organisierte Blattrosette an den Sprossachsenenden. Die Blätter sind meist schmal, teilweise scharf gezähnt und sehr spitz. Die glockigen, angenehm duftenden Blüten werden überwiegend von Schmetterlingen bestäubt und entwickeln sich in achselständigen Ähren.

Alle *Yucca*-Arten sind bemerkenswert dekorativ, besonders die Art *Y. gloriosa.* Aus den Blättern mancher Arten gewinnt man Fasern. Zum Aspekt der Wüsten in den südwestlichen USA gehört der eindrucksvolle und raschwüchsige Joshuabaum *(Y. brevifolia),* der in Europa auch in Topfkultur gehalten wird. Einige Arten wie *Y. elephantipes* gelten als potenzielle Energielieferanten zur Treibstoffgewinnung. Von vielen Arten sind die Früchte essbar oder werden in der Kosmetikindustrie verwendet.

Rutaceae
Zanthoxylum – *Zanthoxylum*

Die Gattung ist mit ihren ungefähr 250 Arten immergrüner oder Laub werfender Dornbäume pantropisch verbreitet. Einzelne Arten werden bis zu 20 m hoch. Die kleinen, wechselständigen Blätter sind gefiedert. Die unauffällig grünlich gelben oder weißen Blüten erscheinen in end- oder achselständigen Rispen, bei den saisonal unbelaubten Arten wie *Zanthoxylum americanum* oft vor dem Blattaustrieb.

Die Bäume besitzen aromatisch duftende Blätter und Rinde und werden gelegentlich als Ziergehölze gepflanzt. Besser bekannt sind sie jedoch wegen der medizinischen Wirkung ihrer Rinde, die verschiedene Alkaloide führt. Von *Z. acanthopodium* werden die Früchte verzehrt, von *Z. flavum* und *Z. gillettii* verwendet man das qualitativ hochwertige Holz.

Rhamnaceae
Jujube, Judendorn – *Ziziphus*

Die 68 Arten dieser Gattung mit Laub werfenden oder immergrünen Sträuchern und Bäumen bis zu 10 m Höhe sind in den Tropen und Subtropen weltweit verbreitet. Nur das ausgedehnte Verbreitungsgebiet von *Ziziphus jujuba* erreicht im Mittelmeerraum gerade noch Europa. Die wechselständigen Blätter tragen an der Basis Nebenblattdornen. Die gelben Blüten erscheinen in achselständigen Büscheln. Sie entwickeln sich zu kugeligen, fleischigen Steinfrüchten.

Von vielen Arten, darunter auch *Z. jujuba* und *Z. lotus*, sind die Früchte essbar.

OBEN Der Joshuabaum *(Yucca brevifolia)* zeichnet sich durch eine offene, bis über 4 m breite Krone mit wenigen, dicken, gabelig verzweigten Ästen aus.

LINKS Grasbäume *(Xanthorrhoea* spp.) sind sehr langsamwüchsig, aber gleichzeitig ausgesprochen langlebig: Im Einzelfall werden sie über 600 Jahre alt. Die dicken Stämme werden etwa 1 m hoch – ebenso lang wie die schlanken, grasartigen Blätter des dichten Blattschopfes.

Weiterführende Literatur

Bachofer, M., Mayer, J. (2006): **Der neue Kosmos-Baumführer**. Franckh-Kosmos, Stuttgart

Boland, D. J. u. a. (1984): **Forest Trees of Australia**. Nelson, Melbourne

Bose, T. K. u. a. (1988): **Trees of the World**. Bd. I. Regional Plant Ressource Centre, Orissa

Carr, J. D. (1966): **The South African Acacias**. Conservation Press Ltd., Johannesburg

Dharani, N. (2002): **Field Guide to the Common Trees and Shrubs of East Africa**. C. Struik, Kapstadt

Franke, W. (1997): **Nutzpflanzenkunde**. Georg Thieme, Stuttgart

Geldesen, D. M. van u. a. (1996): **Conifers**. An Illustrated Encyclopedia. Timber Press, Portland

Grandthner, M. (2005): **Elsevier's Dictionary of Trees**. Bd. 1: North America. Elsevier, Amsterdam

Heywood, V. H. u. a. (2007): **The Flowering Plant Families of the World**. Royal Botanical Garden, Kew

Johnson, H. (Hrsg.) (1993): **The International Book of Trees**. Mitchell Beazley, London

Kindel, K.-H. (1995): **Kiefern in Europa**. Gustav Fischer, Stuttgart

Kremer, B. P. (2006): **Exotische Früchte**. Franckh-Kosmos, Stuttgart

Krüssmann, G. (1960): **Die Nadelgehölze**. Paul Parey, Hamburg

Krüssmann, G. (1985): **Manual of Cultivated Conifers**. Timber Press, Portland

Little, E. L. (1994): **National Audubon Society Field Guide to North American Trees**. Western Region. Alfred A. Knopf, New York

Little, E. L. (1996): **National Audubon Society Field Guide to North American Trees**. Eastern Region. Alfred A. Knopf, New York

Mitchell, A. u. a. (1981): **Die Wälder der Welt**. Hallwag, Bern

Mitchell, A., More, D. (1987): **Laub- und Nadelbäume Europas**. Franckh-Kosmos, Stuttgart

More, D., White, F. (2005): **Die Kosmos-Enzyklopädie der Bäume**. Franckh-Kosmos, Stuttgart

Ohuri, J. (1965): **Flora of Japan**. Smithsonian Institute, Washington

Polunin, O., Everard, B. (1976): **Trees and Bushes of Europe**. Oxford University Press, Oxford

Roloff, A., Bärtels, A. (2006): **Flora der Gehölze**. Eugen Ulmer, Stuttgart

Schütt, P.: 1994): **Tannenarten Europas und Kleinasiens**. Ecomed, Landsberg

Schütt, P. u. a. (2004): **Bäume der Tropen**. Ecomed, Landsberg

Schütt, P. u. a. (2004): **Lexikon der Nadelbäume**. Nikol Verlagsgesellschaft, Hamburg

Schütt, P. u. a. (2006): **Enzyklopädie der Laubbäume**. Nikol Verlagsgesellschaft, Landsberg

Schütt, P. u. a. (2006): **Enzyklopädie der Sträucher**. Nikol Verlagsgesellschaft, Hamburg

Sternberg, G. (2004): **Native Trees for North American Landscapes**. Timber Press, Portland

Tutin, T. G., Heywood, V. H. (Hrsg.) (1964–1980): **Flora Europaea**. Cambridge University Press, Cambridge

Wyk, P. van, Wyk, B. van (1997): **Field Guide to the Trees of Southern Africa**. C. Struik, Kapstad

Glossar

Albedo Weißliches, schwammiges Gewebe zwischen der äußeren Fruchtschale (= Flavedo) und dem Fruchtfleisch der Citrus-Früchte

Alternierend An jedem Blattknoten steht nur ein Blatt (vgl. S. 18)

Amplexicaul Der Blattgrund umfasst den Stängel (vgl. S. 18)

Androeceum Gesamtheit der männlichen Fortpflanzungseinrichtungen einer Blüte, d. h. alle Staubblätter

Angiospermen Bedecktsamer; die Samenanlagen sind in einem Fruchtknoten eingeschlossen

Anthere Oberer Teil eines Staubblatts, in dem die Pollenkörner entstehen

Arillus Samenmantel, fleischige Hülle um einen Samen, die nicht zur Fruchtschale gehört

Beere Fruchttyp mit fleischiger Fruchtwand und meist mehreren Samen

Braktee Gestaltlich umgewandeltes Blatt, oft schuppenförmig

Corolla Krone einer Blüte, besteht aus den freien oder verwachsenen Kronblättern

Cultivar Kulturvarietät; Bezeichnung für Sorten oder Formen, die nur aus Gartenkultur bekannt sind und nicht in der freien Natur vorkommen

Dekussiert Kreuzgegenständig; Blätter sind in gegenständigen Paaren angeordnet, wobei das nachfolgende Blattpaar gegen das vorige um 90° gedreht ist

Dikotyl Zweikeimblättrig; die Zweikeimblättrigen (= Dicotyledoneae) umfassen nach der neuen Systematik zwei Klassen der Bedecktsamer

Diözisch Zweihäusig; männliche und weibliche Blüten befinden sich auf getrennten Individuen

Diploid Führen in jedem Zellkern zwei Chromosomensätze, einen von jedem Elter

Dolde Blütenstand, bei dem zahlreiche Blütenstiele von einem Verzweigungspunkt ausgehen

Dorn Durch Umwandlung eines Blattes oder einer Sprossachse entstandenes Organ

Einhäusig Männliche und weibliche Blüten befinden sich getrennt auf dem gleichen Individuum

Endemisch Art oder Population von sehr eingeschränkter geografischer Verbreitung

Endknospe Knospe am Triebende

Endodermis Zylindrisch angelegte Zellschicht um die Leitbündel in der Wurzel

Epicalyx Hochblatthülle außerhalb der Kelchblätter

Epidermis Äußere, schützende Zellschicht eines Pflanzenorgans

Epiphyt Art lebt ständig auf einer anderen Pflanze

Filament Stielchen eines Staubblatts, das die Anthere trägt

Flügelfrucht Nussfrucht, die als Ausbreitungshilfe durch den Wind einen breiten Saum trägt

Form Abgekürzt f. (von forma), Bezeichnung für ein abweichendes Erscheinungsbild einer Pflanze, im Rang unterhalb einer Varietät

Frucht Blüte im Zustand der Reife, geht aus dem Fruchtknoten hervor; Zapfen sind keine Früchte, da Nacktsamer keinen Fruchtknoten aufweisen

Fruchtknoten Weibliche Vermehrungseinrichtung einer Blüte; entsteht durch randliche Verwachsung von einem oder mehreren Fruchtblättern

Gegenständig Blätter stehen sich am Stängelknoten paarig gegenüber

Genus Gattung, taxonomischer Begriff für eine Sippe relativ nahe verwandter Arten

Gymnospermen Nacktsamige Pflanzen; die Samen entstehen nicht in einem geschlossenen Fruchtknoten

Gynoeceum Weibliche Vermehrungseinrichtungen einer Blüte; Gesamtheit aller Fruchtblätter bzw. Fruchtknoten

Haploid Geschlechtszellen (Gameten) enthalten in ihrem Zellkern nur einen (mütterlichen oder väterlichen) Chromosomensatz

Hülse Fruchttyp der Hülsenfrüchte, geht aus nur einem längs gefalteten Fruchtblatt hervor

Hybride Aus einer Kreuzung verschiedener Arten hervorgegangener Bastard

Hypodermis Zellschicht mit stark verdickten Zellwänden unterhalb der Epidermis

Hypogyn Unterständig; die Blütenteile (Krone und Staubblätter) sitzen unterhalb des Fruchtknotens

Inflorescenz Blütenstand, jegliche Anordnung von Blüten

Kambium Zellschicht der inneren Rinde, von der das Dickenwachstum ausgeht

Kapsel Trockene Fruchtform, die aus einem Fruchtknoten mit mehreren verwachsenen Fruchtblättern hervorgeht

Karpell Fruchtblatt

Kätzchen Ährenförmiger Blütenstand mit schlaffer, baumelnder Achse

Koniferen Zapfen tragende Nadelhölzer

Kotyledonen Keimblätter, Erstlingsblätter eines Embryos im Samen

Kurztrieb Sprossachsenstück mit eingeschränktem Längenwachstum

Langtrieb Zuwachs einer Sprossachse durch rasches Jahreswachstum

Latex Milchsaft

Lentizelle Porige, meist farblich abgesetzte Atempore an Zweigen

Liane Kletternde Holzpflanze

Megasporophyll Bei Nackt- und Bedecktsamern das die Samenanlage(n) tragende Blatt

Mikropor Zerstreutporig; Laubhölzer mit kleinkalibrigen Wasserleitbahnen

Mikrosporophyll Entspricht bei Nackt- und Bedecktsamern dem Staubblatt

Milchröhre Röhrige Struktur, in der Milchsaft entsteht und bevorratet wird

Monokotyl Einkeimblättrig; die Einkeimblättrigen (= Monocotyledoneae) umfassen nach der neuen Systematik eine Klasse der Bedecktsamer

Monopodial Verzweigungstyp mit einzelner Haupt- und untergeordneten Seitenachsen

Monotypisch Gattung besteht nur aus einer Art

Monözisch Einhäusig; männliche und weibliche Blüten befinden sich getrennt auf dem gleichen Individuum

Nadel Verkürzte Bezeichnung für das Nadelblatt der Nacktsamer

Nomenklatur Wissenschaftliche Benennung von Arten nach einem festgelegten Regelwerk

Nuss Einsamige, nicht selbst öffnende Frucht mit harter Schale

Parasit Pflanze bezieht ihre Nährstoffe aus lebenden Organismen

Perianth Blütenhülle, besteht aus Kelch und/oder Krone

Petalen Kronblätter einer Blüte

Petaloid Kronblattartig entwickelt, aber selbst kein Kronblatt

Phyllodien Blätter, deren Blattspreite stark verkleinert ist und bei denen der flächig ausgestaltete Blattstiel die Aufgaben der Spreite übernimmt

Phyllokladien Abgeflachte Sprosse, die gestaltlich wie ein Blatt aussehen

Phyllomorphe Trieb- oder Zweigenden der schuppenblättrigen Nacktsamer, sehen aus wie flächige, aber fein zergliederte Blätter

Pollen Gesamtheit der Pollenkörner eines Staubblatts oder einer Blüte

Quirl Mehrere Blätter sitzen am gleichen Stängelknoten, auch als Wirtel bezeichnet

Radiär Sternförmige bzw. strahlige Symmetrie einer Blüte

Ringporig Laubhölzer mit großkalibrigen Wasserleitbahnen

Rispe Blütenstand mit Einzelblüten auf verzweigten Seitenästen

Samenschuppe Meist weniger stark verholzter Teil eines Nadelbaumzapfens, trägt die offen liegenden Samenanlagen; vgl. Zapfenschuppe

Sektion Taxonomische Untereinheit im Rang zwischen Untergattung und Serie

Sepalen Kelchblätter einer Blüte

Serie Taxonomische Untereinheit im Rang unterhalb der Sektion

Sklerophyll Hartlaub, an besonders trockene Standorte angepasst

Spezies Biologische Art, abgekürzt sp., Mehrzahl spp.

Stachel Auswuchs der Epidermis an Stängeln

Stamen Fachausdruck für Staubblatt

Staminodium Pollensteriles oder verkümmertes Staubblatt

Staubblatt Männliche Vermehrungseinrichtung einer Blüte, produziert den Pollen

Steinfrucht Fruchttyp mit fleischiger äußerer und verholzter innerer Fruchtwand und meist nur einem Samen

Stigma Narbe, oberster Teil des Griffels, der bei der Bestäubung mit Pollen belegt wird

Stipeln Nebenblätter, sitzen an der Anheftungsstelle des Blattstiels am Stängel

Stoma Spaltöffnung, meist an der Blattunterseite; Mehrzahl: Stomata

Stylus Griffel, stielförmige Verlängerung des Fruchtknotens, trägt die Narbe

Subgenus Untergattung, taxonomische Rangstufe

Subspezies Biologische Unterart, abgekürzt ssp.

Synonym Meist unkorrekter, früher verwendeter wissenschaftlicher Pflanzenname

Systematik Biologische Disziplin, die sich mit den natürlichen Verwandtschaftsverhältnissen der Arten befasst

Taxon Beliebige Rangstufe, beispielsweise Gattung, Familie, Ordnung etc.

Taxonomie Einteilungskriterien zur Formgruppenbildung von Organismen

Tetraploid Führen in jedem Zellkern vier Chromosomensätze, zwei von jedem Elter

Transfusionsgewebe Spezialisiertes Gewebe in den Nadelblättern mancher Koniferen, umgibt das zentrale Leitbündel

Trichom Pflanzenhaar

Trieb Jährlicher Zuwachs an den Sprossspitzen

Tuberkel Rundliche bis warzige Erhebung oder Anschwellung einer pflanzlichen Oberfläche

Varietät Taxonomische Bezeichnung für eine Form innerhalb einer Art; wird vor allem in der gärtnerischen Literatur meist mit der Abkürzung var. bezeichnet

Wechselständig An jedem Blattknoten steht nur ein Blatt (vgl. S. 18)

Winterhart Pflanzen ertragen Winterfröste

Wirtel Mehrere Blätter sitzen am gleichen Stängelknoten, auch als Quirl bezeichnet

Xeromorph Besondere Anpassungsmerkmale (Kleinflächigkeit, derb) an trocken(heiße) Standorte

Zapfen Verholzter oder seltener auch fleischiger Samenstand der Nadelbäume, geht aus dem weiblichen Blütenstand hervor

Zapfenschuppe Meist stark verholzter Teil eines Nadelbaumzapfens; vgl., Samenschuppe

Zerstreutporig Laubhölzer mit kleinkalibrigen Wasserleitbahnen

Zusammengesetzt Mehrteiliges oder gefiedertes Laubblatt, besteht aus einzelnen Fiedern oder Teilblättern

Zweihäusig Männliche und weibliche Blüten befinden sich auf getrennten Individuen

Zwittrig Männliche und weibliche Fortpflanzungseinrichtungen befinden sich in der gleichen Blüte

Zygomorph Spiegelbildliche Symmetrie einer Blüte

Zyklopor Ringporig; Laubhölzer mit großkalibrigen Wasserleitbahnen

Register

Bildnachweis

Graham Bateman 21u, 43, 44, 67o, 70, 76ol, 77ur, 84, 86Ml, 87, 88ol, 88ul,
89, 93ul, 94ol, 94ul, 96, 98, 99ol, 99ur, 100l, 100r, 101or, 102, 103, 113or, 117ul,
117ur, 129, 133, 135, 139u, 150, 153, 169o, 173r, 174, 206, 210ul, 225ur, 229, 234,
238, 243, 251
Corbis / O.Alamany & E Vicens 29 / Denis Anthony 274u / Bjorn Backe
252ur / Niall Benvie 7, 50, 67u / Jonathan Blair 28 / Bohemian Nomad Pic-
turemakers 45 / Michael Boys 55, 232 / Gary Braasch 56, 242ol / Andrew
Brown 17, 57 / W Perry Conway 104 / Richard A Cooke 79or / Eric Crichton
42, 139o, 182ul, 193 / Derek Croucher 40 / Dex Images 2 / Terry Eggers 30 /
Macduff Everton 36or, 51 / Owen Franklin 114 / Carol Fuegi 6 / Raymond
Gehman 110r, 24, 31, 33, 111oM, 133o / Richard Glover 276l / Farrell Greham
205, 221 / Chinch Gryniewicz 178–179u, 218, 224, 258 / Darrell Guilin 64–65,
86or, 119 / Richard Hamilton Smith 32, 145, 148 / Ian Harwood-Ecoscene
38 / Jason Hawkes 34 / Linsay Hebberd 9 / Chris Hellier 76ur / Jeremy Hor-
ner 249u / Hal Horwitz 58, 108, 130o, 147ul, 170, 176ol / Eric & David Hos-
king 41, 59ul, 68u, 110–11uc, 159ur, 183o, 183u, / Patrick Johns 116u, 144, 178o,
195 / Peter Johnson 263 / Wolfgang Kaeler 53, 256 / Richard Klune 207, 208 /
Robert Landau 262 / W Wayne Lockwood 215 / Contantinos Loumakis 71 /
Michael Maconachie-Papilio 213 / John Macpherson 35 / Michael Manning
21M / William Manning 61 / Charles Mauzy 48 / David Muench 8, 11u, 19,
74Mr, 158, 187o, 187u, 219, 220 / Tania Midgley 176ul / Sally Morgan-Ecos-
cene 52 / Kevin Morris 37 / Francesc Muntada 155, 223 / Pat O'Hara 10 /
Hamish Park 140 / Douglas Peebles 36ul, 246, 249o, 254, 264o, 274o / Robert
Pickett 46–47 / Michael Pole 130r / Galen Rowell 72, 78, 91 / Shepard Sher-
bell 259 / David Spears 13ul / Pat Van der Hilst 12 / Randy Wells 25 / Tony
Wharton-FLPA 168 / Roger Wilmhurst-FLPA 173ol / Martin Withers-FLPA
88ul, 125, 141ol, 169u, 210o, 211 / Ed Young 197, 236
Liz Eddison 110ul, 196
Garden World Images 59Mr, 63, 68o, 75o, 75u, 77ol, 80, 81, 83ur, 85or, 90,
92or, 93or, 101ul, 113ur, 116o, 128, 131, 141u, 143, 161, 167, 184, 188, 192, 210ur,
212, 222, 225ol, 226, 235or, 237ol, 240, 242u, 250
Chris Mattison 95, 118, 121, 122–123, 164, 182ol, 185, 202, 237ur, 239, 248ul,
255ur, 265, 268, 269, 272u
Premaphotos / Ken Preston-Mafham 109, 112, 127, 137, 149, 152, 163, 214,
235ur, 248ol, 252ol, 253, 255ol, 257, 260, 261, 264u, 266, 267, 270, 271, 272ol,
273, 275, 276.

Impressum

Aus dem Englischen übersetzt von Dr. Bruno P. Kremer und
Dr. Inge Gotzmann

Copyright © 2005 The Brown Reference Group
Übersetzung © 2007 Franckh-Kosmos Verlags GmbH & Co. KG

Umschlaggestaltung von eStudio Calamar unter Verwendung
von 5 Farbzeichnungen und 3 Farbfotos aus dem Buch

Unser gesamtes lieferbares Programm und viele
weitere Informationen zu unseren Büchern,
Spielen, Experimentierkästen, DVDs, Autoren und
Aktivitäten finden Sie unter **www.kosmos.de**

Gedruckt auf chlorfrei gebleichtem Papier

© 2008, Franckh-Kosmos Verlags-GmbH & Co. KG, Stuttgart
Alle Rechte vorbehalten
ISBN: 978-3-440-10983-0
Projektleitung: Dr. Stefan Raps
Lektorat: Bärbel Oftring
Produktion: Markus Schärtlein
Printed in China / Imprimé en Chine

Naturführer – natürlich von Kosmos

Margot Spohn
Welcher Baum ist das?
978-3-440-10794-2

Margot Spohn
Welche Blume ist das?
978-3-440-10795-9

Gminder/Böhning
Welcher Pilz ist das?
978-3-440-10797-3

- Die neuen Kosmos-Naturführer – kompakt, übersichtlich und umfangreich.

- Ideal für unterwegs – handlich und mit praktischer Plastikhülle.

Jeder Band mit 256–320 Seiten, ca. 1800–2200 Fotos und Zeichnungen
Je € 9,95; €/A 10,30; sFr 19,10

Volker Dierschke
Welcher Vogel ist das?
978-3-440-10796-6

Wolfgang Hensel
Welche Heilpflanze ist das?
978-3-440-10798-0

Michael Vogel
Welcher Stern ist das?
978-3-440-10889-5

Einmalig:
der KOSMOS Digi-Guide für unterwegs – die wichtigsten Arten für Smartphone oder MDA

empfohlen vom

www.kosmos.de   Preisänderung vorbehalten

KOSMOS

Mit Kosmos wissen, was da blüht ...